普通高等教育一流本科专业建设成果教材

Glass Technology

玻璃工艺学

第二版

原晓艳　施　佩　殷海荣　编
赵彦钊　审

化学工业出版社
·北京·

内容简介

本书主要包含玻璃的基础理论（1～5章）和工艺基础（6～10章）。玻璃的基础理论主要介绍玻璃结构、组成、性能以及三者之间的相互联系等；玻璃的工艺基础主要介绍玻璃的生产工艺基本知识，包括玻璃制备工艺原理、工艺流程及其影响因素等。

本书可供高等学校无机非金属材料（玻璃材料）专业教学使用，可作为职业教育、成人教育或中等专科学校的教学参考书，也可供从事玻璃研究和生产的科研工作者及工程技术人员参考。

图书在版编目（CIP）数据

玻璃工艺学/原晓艳，施佩，殷海荣编. —2版. —北京：化学工业出版社，2023.10

ISBN 978-7-122-44400-4

Ⅰ.①玻… Ⅱ.①原… ②施… ③殷… Ⅲ.①玻璃-生产工艺-高等学校-教材 Ⅳ.①TQ171.6

中国国家版本馆CIP数据核字(2023)第213075号

责任编辑：丁文璇　　文字编辑：苏红梅　师明远
责任校对：李　爽　　装帧设计：张　辉

出版发行：化学工业出版社
（北京市东城区青年湖南街13号　邮政编码100011）
印　　装：三河市双峰印刷装订有限公司
787mm×1092mm　1/16　印张20¼　字数524千字
2024年5月北京第2版第1次印刷

购书咨询：010-64518888　　售后服务：010-64518899
网　　址：http://www.cip.com.cn
凡购买本书，如有缺损质量问题，本社销售中心负责调换。

定　　价：65.00元

前言

玻璃是一种古老而又被赋予诸多现代内涵的材料。随着科学技术的发展，玻璃材料的应用越来越广泛，在科学技术发展中的作用越来越重要。

《玻璃工艺学》是为高等学校无机非金属材料（玻璃材料方向）专业教学使用而编写的教材。本教材是在第一版教材多年教学实践的基础上，按照现用教学大纲及授课内容，结合现有玻璃工艺专业课程知识点，参考了大量相关专著及文献后编写而成的。本书亦为陕西科技大学一流本科专业建设成果教材。

本次修订内容主要如下：

1. 按最新标准，调整规范了章节内容，将原有 18 个章节调整成 10 个章节，如将第一版第 4～9 章合并成一章（第 5 章玻璃的性质）；将第一版第 10 章玻璃的原料和第 11 章玻璃的配合料合并成一章（第 6 章玻璃的原料及配合料）；将第一版第 13 章节玻璃的缺陷调整到第 7 章玻璃的熔制与缺陷；将第一版第 15 章玻璃退火与钢化中玻璃钢化内容调整到第 9 章玻璃的加工和表面处理。

2. 采用二维码形式来扩展本书内容。将一些教学内容（如第 5 章中颜色的表示方法）作简要介绍，详细内容不再放到本书中，而是采用二维码形式给出。

3. 更新了各章的部分习题，简化了玻璃的反射、吸收和透过等内容。

本书由陕西科技大学原晓艳、施佩、殷海荣编写。具体编写分工：原晓艳（第 1～4 章、第 6～8 章）、施佩（第 5 章）、殷海荣（第 9 章、第 10 章）。全书由赵彦钊教授审稿。本书由赵彦钊、高淑雅教授鼓励、倡议。在修订过程中，得到陕西科技大学材料学院领导和同事大力支持，尤其得到了玻璃教研室及实验室全体同事的大力支持，还得到陕西科技大学学科建设项目教材建设的资金支助。

本书的编写者们是在老一辈从事玻璃专业的教师言传身教下成长的，他们严谨的学风、诲人不倦的教风给我们树立了良好的榜样，在此对他们表示深深的敬意和谢意。同时，对本书引用参考文献的作者们也一并表示衷心的谢意。

由于编者水平有限，书中难免存在疏漏和不妥之处，敬请专家和读者批评指正。

编者

2023 年 6 月

目录

第1章 绪论

1.1 玻璃在国民经济中的作用

玻璃是一种具有许多优良性能的材料，它具有良好的透明性和化学稳定性；硬度大、不易磨损；在一定的温度下具有良好的可塑性；加入着色剂后可产生各种美丽、鲜艳的颜色。而且，其主要原料石英、长石、石灰石等分布很广，原料的来源丰富、价格低廉，产品可以大量推广。

玻璃制品在人们日常生活中用途非常广泛，如各种玻璃器皿、餐具等玻璃日用品，以及使用极为普遍的电灯泡、显像管等，这些制品几乎是人们随处可见的物品。

玻璃被大量用于许多工业生产部门，如建筑用的平板玻璃、双层玻璃、空心玻璃砖、镀层防眩玻璃、泡沫玻璃、夹丝安全玻璃、装饰玻璃；医药和食品工业用的玻璃器皿、玻璃瓶罐、玻璃珠；化学工业和实验室用的玻璃仪器、玻璃管道、玻璃塔柱、玻璃阀门、玻璃填充剂、显微镜；电器工业和电子工业用的各种灯壳、管件、绝缘子、电容器、电极；光学工业用的各种棱镜、透镜、滤光片、眼镜片；最新的尖端产品如光导纤维，制作精美的艺术玻璃、人造玻璃宝石、花瓶等；农业用的玻璃废料；现代技术中的激光玻璃、电光玻璃、声光玻璃、防辐射玻璃、计数器玻璃、导电玻璃、半导体玻璃、发电玻璃、蓄热玻璃、光色玻璃、微孔玻璃等。

在现代，玻璃已涉及人们的生活和工作，玻璃也已渗入到国民经济的各个部门中，与工农业生产、国防建设、科学研究、文教卫生、交通运输以及人民生活息息相关。它对现代社会的重要性是不言而喻的。

1.2 玻璃的发展历程

玻璃的出现已有5000多年的历史。近年来，在我国河南、湖南、广西、陕西、广东、山东、新疆等地古代墓葬中多次出土料珠、管珠、棱形珠、蜻蜓眼、琉璃璧、琉璃杯、琉璃瓶等文物，尤其是在湖南一些古墓中出土大量战国、西汉时期的玻璃器皿，其纹饰及图案具有鲜明的中国特色。这一批文物的出土引起国内外考古界和科技工作者的极大关注。

我国古代玻璃究竟是舶来品还是“中国制造”？大量出土的玻璃文物，经中外专家使用现代光谱鉴定，得出的共同结论是：我国的“铅钡玻璃”与国外的“钠钙玻璃”属于两个不同的玻璃系统。这一事实表明：我国古代玻璃是利用一种特有的原料制造出来的。中国科学院干福熹院士认为：尽管我国古代玻璃以“铅钡玻璃”为主，但广东、广西出土的玻璃大多是高钾、低镁玻璃，是世界少见的，氧化镁（MgO）含量仅有0.6%～1.0%；而古埃及及地中海沿岸地区出土的玻璃MgO含量高达3%～9%。这再一次说明我国古代玻璃是用国内原料制造的，即我国是最早发明玻璃的国家之一。

公元前1世纪时，古罗马人用铁管把玻璃液吹制成各种形状的制品，这一创造性发明是玻璃发展过程中的里程碑。从此人们懂得了玻璃容易加工成形的性质并加以利用，把它做成玻璃窗、玻璃屏和望远镜的透镜。

11世纪到15世纪，玻璃的制造中心在威尼斯的慕拉诺，当时生产窗玻璃、玻璃瓶、玻璃镜和其他装饰玻璃等，制品十分精美，具有高度艺术价值。

16世纪以后，慕拉诺工人开始逃亡到国外，玻璃的制造技术也随之得到了传播。到17世纪时，欧洲许多国家都建立了玻璃工厂，并开始用煤代替木柴作为燃料，玻璃工业又有了很大的发展。

1790年，瑞士人狄南（Guinand）发明搅拌法，用来制造光学玻璃，为熔制高均匀度的玻璃开创了新途径。18世纪后期，由于蒸汽机的发明，机械工业和化学工业不断地发展，路布兰制碱法问世，玻璃的制造技术也得到了进一步的提高。1828年，法国工人罗宾发明了第一台吹制玻璃瓶的机器。但由于产品质量不高，而没有得到推广。19世纪中叶，炉煤气和蓄热室池炉应用于玻璃的连续生产。随后，出现了机械成形和加工。氨法制碱以及耐火材料质量的提高，这些对于玻璃工业的发展都起了重大的促进作用。

19世纪末，德国人阿贝（Abbe）和肖特（Schott）对光学玻璃进行了系统的研究，为建立玻璃的科学基础做出了杰出贡献。

20世纪以来，玻璃的生产技术获得了极其迅速的发展，玻璃工艺学逐渐成为专门学科。1916年谢菲尔德（Sheffield）大学建立了玻璃工艺系，将玻璃工艺作为教学和研究内容。20世纪初，由于玻璃瓶罐的需求量激增，逐渐出现了各式各样的自动制瓶机代替工人的手工操作，实现了玻璃瓶的机械化生产。1905年，英国欧文斯发明了第一台玻璃瓶自动成型机。1925年相继又出现了第一台行列式制瓶机。19世纪末出现了把玻璃拉成空心圆筒的机器，筒子拉成后，切成小段，再剪成薄板。后来，比利时的发明家弗克设计出一种拉板机，经过几十年的改进，发展成为引上机，平板玻璃才开始大量生产。在经过英国皮尔金顿公司近30年的研究，于1959年开始采用浮法进行平板玻璃的工业生产。浮法技术的出现，是世界玻璃生产发展史上又一次重大变革。

近半个世纪以来，国际上有关玻璃的科学技术有了很大的发展。由于吸引了许多的物理和化学方面的科学家，应用了各种新的结构分析方法，对玻璃态物质的微观和亚微观结构了解日趋深入，形成玻璃态物质的系统不断扩大，从这些新的系统中发现了很多新的物理和化学特性，从而扩大了玻璃态物质的应用范围；此外，人们还采用了各种新的制备技术和工艺。因此，新的玻璃制品和玻璃工艺不断兴起。当前玻璃科学是固体物理和固体化学的前沿，玻璃态物质是高技术发展中的重要材料。

1.3 玻璃工艺研究发展展望

在各个领域中，玻璃必须与其他材料（例如塑料、铝）竞争，在低成本、质轻、较高强度和其他性质方面有不断的改进和提高。玻璃制造者必须不断提供比其他材料更为适用的优质玻璃制品，这些新的玻璃制品要求减少生产成本和提高所希望的性能。因此，需要发展新颖的工艺技术，这样才能使玻璃不仅保持原有市场，而且不断地向新市场扩展。

1997年，美国若干公司的技术专家聚集在一起对未来玻璃工艺的发展对策进行了探讨，提出了一系列看法：玻璃工业发展将取决于生产效率、能耗、环保和玻璃废料的再循环问题以及玻璃的新用途等四个方面。

(1) 生产效率

改进玻璃生产效率包括改进制造工艺和发展使玻璃强度和质量优化的新技术。改进玻璃生产效率有一些难点和关键技术。最重要的一些因素是模拟技术、设计、控制和材料特性以及成本，其他还包括热性质、基础研究、技术资料、教育和研究经费。其中最重要的难点在于工艺中应用的传感器和诊断、控制系统。发展工艺中检测传感器和诊断、控制系统，将能使目前的熔窑和生产线获得最佳条件，且为发展更精确的工艺模型和系统设计提供基础资料。智能控制是这一领域中最优的研究和技术。这也要求改进传感器，包括耐用的接触和非接触温度传感器、与气体燃烧有关的传感器、流速传感器和自动校准新式传感器。

改进模拟能力方面需要模拟玻璃工艺和加深对燃烧动力学和玻璃熔化的了解，特别是应当优先研究和发展同时模拟玻璃熔化和燃烧空间的能力。在材料方面，需要开发更好的耐火材料，要求耐火材料既要耐很高温度下的侵蚀和腐蚀，又不影响玻璃的质量。为提高生产效率，还需要改进工艺设计。近期研究包括配合料和碎玻璃的预热，这在增加产量方面是一个重要途径。从较长远来看，研究重点是氧气-燃料熔制技术的系统改进，最佳性能窑炉的设计以及在玻璃制造方面新方法的基础研究。

(2) 能耗

玻璃生产中主要能耗发生在熔化和澄清工艺过程中，能量效率的改进可以在四个方面中予以考虑，即原材料、熔炉技术、熔化后工艺和工艺改进。与能量效率有关的工艺包括五个方面：玻璃制造工艺的改进、模拟和验证、传感器和测量技术。在能量利用方面最主要的研究项目是开发能量效应更好的、新的或者替代型玻璃熔化工艺。非传统的澄清技术也是研究重点之一。在模拟和验证方面，希望建立精确或经典的熔窑模型，包括熔窑中配合料熔化、燃料和气体流动状况。从能量利用效率角度看，耐火材料的改进也是一个需要考虑的问题。玻璃制造工艺和材料的基础研究将有助于开发传感器、测量技术和工艺改进，从而使原料和能源的利用达到最佳效果。

(3) 环保和玻璃废料的再循环问题

环保和玻璃废料的再循环问题主要是关于减少三废排放量和对玻璃工业废料的回收问题，即玻璃废料的再循环问题。人们日益关心环保问题，因此玻璃制造者不断研究低成本防污染、排放物的控制和增加碎玻璃的再循环等问题，以减少废料及控制排放量。

玻璃工业环保目标的实现很大程度上取决于玻璃熔化工艺的改进及排放物的特性和控制。在玻璃生产中，为尽可能减少或不采用有害原料，研究采用替代材料。此外对用户返还的废玻璃，研究更好的分离和分类方法。

目前玻璃熔化和澄清技术是比较落后的，因而很需要具有优质传感器、测量装置、仪器和控制技术的新工艺，为使生产过程中废料和排放物尽可能少，一个基本要求是改进生产工艺过程中的监测和控制。对减少 NO_x 排放量最有效的方法是用氧气-燃料燃烧熔窑替代目前常用的大型高温熔窑。采用氧气-燃料燃烧熔窑的主要缺点是氧的高成本，因此，优先的工作是开发低成本制氧的方法。此外，氧气-燃料燃烧熔窑还要求改进耐火材料，以耐受这种熔窑的高腐蚀环境。在熔窑大修时，耐火材料不应成为有害废料，其可再利用。为了减少排放物，需要加深对目前熔化和澄清的排放物的形成和最终状况的了解。当开发研制出更好的传感器时，工艺就能得到监测，从而能研究排放物形成和有害物产生的影响因素，这些资料可用于开发、预测排放物的模拟工具和工艺控制系统，包括对排放物的控制在内的连续生产操作系统的设计。

材料研究工作有助于鉴别哪些材料可以替代玻璃制造中有害和有毒的材料。发展能耐久使用的模具涂层和材料，可以减少擦修次数和伴随产生的颗粒物质和挥发性有害物。另一个研究重点是改进低成本排放物控制技术。如在烟气流中使颗粒凝结并集中清除和处理的技术，有害气体反应形成非有害气体或者形成可清除的废料。

(4) 玻璃的新用途

玻璃得到广泛应用的重要原因在于玻璃的特殊性质和丰富的原材料资源。但具有某些特性的其他材料，如塑料和铝，在某些应用领域中与玻璃材料形成竞争的态势，而这种竞争趋势是日益增加的。各国之间因劳动力价格及金融条件不同，也存在玻璃制品的销售竞争。因此，玻璃工业在考虑对现有市场的占领情况的同时，应当支持开发玻璃的全新应用。此外，还要研究新的玻璃组成，并更好地了解玻璃性质和相互作用以及玻璃制造工艺的修正和改进。

在发展新产品方面最大的技术难点是对下述问题缺少了解：从分子水平上了解玻璃的性质与其他材料相互作用以及这些作用的物理现象；在熔化、澄清和形成玻璃时的化学变化。另一个技术难点是缺乏资料和对成形工艺的控制。克服有关难点，要从以下三个方面开展研究工作，即产品、工艺和分析研究。可开展产品研究的领域包括：光学/光量子学、电工/电子学、太阳能复合材料、建筑材料、高强度和优良的其他性质的材料、农用以及环保/废料处理。工艺研究则应注重发展广泛适用于各种产品的通用工艺。分析研究着重了解玻璃性质及其与此相关的测量和模拟技术。

总之，玻璃工业中优先研究的重点是玻璃熔化和澄清工艺的改进，这就要求发展更为有效的测量和控制各种工艺参数的传感器（如：温度、黏度、NO_x、氧化还原反应、气体速度、着色剂、原料分离等）。玻璃的新应用还将取决于敏感监测和玻璃制品的外形和规格，包括微波和超声波技术应用。耐火材料也被考虑作为一个重要的研究领域。对于降低生产成本和制造新产品来说，需要性能更好、价格更便宜、在熔制过程中不引起玻璃缺陷的耐火材料。要成功地开发新的玻璃制品，对玻璃的物理、化学性能的分析是关键，这里最重要的是关于玻璃表面现象的认识，包括表面修饰、表面相互作用、表面化学和玻璃与其他材料界面之间所产生的反应。与此相关的一项要求是在玻璃制造期间提高实时测量和感知玻璃性质的能力。

第2章 玻璃结构与组成

玻璃的物理化学性质不仅取决于其化学组成，而且与其结构有着密切的关系。只有认识玻璃的结构，掌握玻璃组成、结构、性能三者之间的内在联系，才有可能通过改变化学组成、热历史，或利用某些物理、化学处理方法，制取符合预期物理化学性能的玻璃材料或制品。

2.1 玻璃的定义与通性

2.1.1 玻璃的定义

玻璃是非晶态固体的一个分支，按照《辞海》的定义，玻璃，由熔体过冷所得，并因黏度逐渐增大而具有固体机械性质的无定形物体。习惯上常称之为“过冷的液体”。按照《硅酸盐词典》的定义，玻璃是由熔融物而得的非晶态固体。因此，玻璃的定义也可理解为：玻璃是熔融、冷却、固化的非结晶（在特定条件下也可能成为晶态）的无机物，是过冷的液体。

随着科学技术的进步以及人们认识水平的提高，人们对玻璃（态）物质的结构和性质的认识有了更进一步的理解。玻璃（态）物质的范围不断扩大，玻璃的定义也进行了扩充，分为广义玻璃和狭义玻璃。广义的玻璃包括单质玻璃、有机玻璃和无机玻璃。狭义的玻璃仅指无机玻璃。现今较公认的广义玻璃的定义为：结构上完全表现为长程无序的、性能上具有玻璃转变特性的非晶态固体。也可理解为：无论是有机、无机、金属，只要具备上述特性的都可称为玻璃。

2.1.2 玻璃的通性

在自然界中固体物质存在着晶态和非晶态两种状态。所谓非晶态是以不同方法获得的以结构无序为主要特征的固体物质状态。玻璃态是非晶态固体的一种，玻璃中的原子不像晶体那样在空间中呈现远程有序排列，而是近似于液体，具有近程有序排列。玻璃像固体一样能保持一定的外形，而不像液体那样在自重作用下流动。玻璃态物质具有下述主要特征：

（1）各向同性

玻璃态物质的质点排列是无规则的，是统计均匀的，所以，当玻璃中不存在内应力时，其物理化学性质（如硬度、弹性模量、热膨胀系数、热传导系数、折射率、电导率等）在各个方向上都是相同的。但当玻璃中存在应力时，结构均匀性就遭到破坏，玻璃就会显示各向异性，如出现明显的光程差等。

（2）介稳性（亚稳性）

所谓玻璃处于介稳状态，是因为玻璃是由熔体急剧冷却而得。由于在冷却过程中黏度急剧增大，质点来不及作形成晶体的有规则排列，系统的内能不是处于最低值，而是处于介稳状态（热力学因素）；尽管玻璃处于较高能态，但由于常温下黏度很大，转变成晶体的速率极小，因而实际上不能自发地转化为晶体（动力学因素）。只有在一定的外界条件下，即必须克服物质由玻璃态转化为晶态的势垒，才能使玻璃析晶。因此，从热力学的观点看，玻璃态是不稳定的，但从动力学的观点看，它又是稳定的。因为它虽具有自发放热转化为内能较低晶体的倾向，但在常温下，转变为晶态的概率很小，所以说玻璃处于介稳状态。

（3）无固定熔点

玻璃态物质由固体转变为液体是在一定温度区间（转化温度范围）内进行的，它与结晶态物质不同，没有固定熔点。当物质由熔体向固体转化时，如果是结晶过程，在系统中必有新相生成，并且在结晶温度下，许多性质会发生突变。但是，当物质由熔体向固态玻璃转化时，随着温度逐渐降低，熔体的黏度逐渐增大，最后形成固态玻璃。此凝固过程是在较宽温度范围内完成的，始终没有新的晶体生成。从熔体向固态玻璃过渡的温度范围取决于玻璃的化学组成，一般在几十到几百度内波动。因此玻璃没有固定的熔点，只有一个软化温度范围。在此范围内，玻璃由黏性体经黏塑性体、黏弹性体逐渐转变成为弹性体。这种性质的渐变过程正是玻璃具有良好加工性能的基础。

（4）性质变化的连续性（可变性）

玻璃态物质从熔融状态到固体状态的性质变化过程是连续的、可逆的。所谓连续变化，是由于除能够形成连续固熔体外，二元以上晶体化合物有固定的原子和分子比，因此，它们的性质变化不是连续的。但玻璃则不同，在玻璃形成范围内，由于化学成分可以连续变化，因此玻璃的一些物理性质必然随其所含各氧化物组分的变化而连续变化。

图 2-1 是物质从熔融态冷却过程中体积的变化情况。从图 2-1（a）可以看出，在结晶情况下，从熔融态（液体）到固态过程中，体积（或其他物理化学性质）在其熔点发生突变（沿 *ABCD* 变化）。而冷却成玻璃时，体积（或其他物理化学性质）却是连续和逐渐变化的（沿 *ABKFE*），这是玻璃态物质所独有的。而且玻璃某些性能（如密度、折射率、黏度等）随着温度变化的快慢而变化。例如玻璃的体积，随玻璃熔体冷却速率的增大而增大（如图 2-2）。

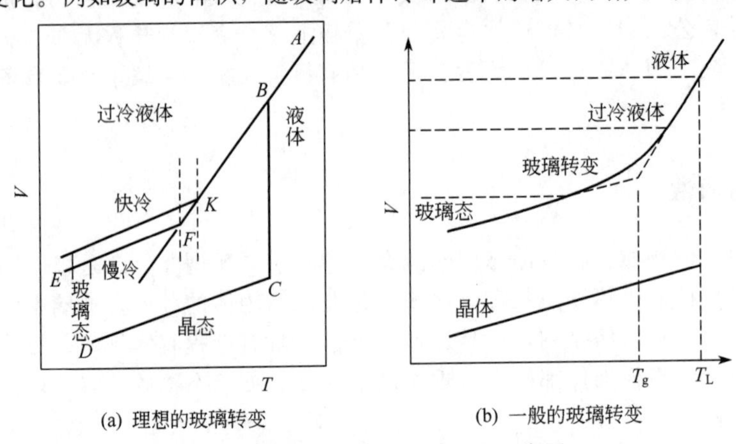

(a) 理想的玻璃转变　(b) 一般的玻璃转变

图 2-1　物质体积随温度的变化示意图

（5）性质变化的可逆性

性质变化的可逆性，是指玻璃由固体向熔融态或相反过程可以多次进行，而不会伴随新相生成。

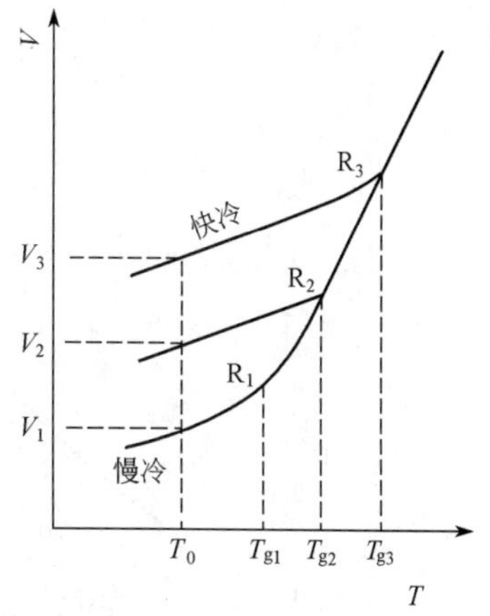

图 2-2　不同冷却速度下玻璃的体积与温度的关系

2.2　玻璃结构

人们对玻璃结构的认识，是一个实践、认识、再实践、再认识，并不断深化的过程。多年以来，人们曾提出过各种有关玻璃结构的假说，但由于涉及的问题比较复杂，到目前为止还没有完全一致的结论。

“玻璃结构”是指离子或原子在空间的几何配置以及它们在玻璃中形成的结构形成体。最早试图解释玻璃本质的是 G. Tamman 的过冷液体假说，认为玻璃是过冷液体，玻璃从熔体凝固为固体的过程仅是一个物理过程，即随着温度的降低，组成玻璃的分子因动能减小而逐渐接近，同时相互作用力也逐渐增加使黏度增大，最后形成堆积紧密的、无规则的固体物质。实际上玻璃的形成过程要比单纯分子间距的改变要复杂得多。随后有许多人做了大量工作，最有影响的近代玻璃结构的假说有：晶子学说、无规则网络学说、凝胶学说、五角形对称学说、高分子学说等，其中能够最好地解释玻璃性质的是晶子学说和无规则网络学说。

2.2.1　晶子学说

列别捷夫于 1921 年在研究光学玻璃退火中发现，在玻璃折射率随温度变化的曲线上，于 520℃附近出现突变（见图 2-3），他把这一现象解释为玻璃中的石英“微晶”发生晶形转变所致。他认为玻璃是由无数“晶子”所组成的，晶子是具有晶格变形的有序排列区域，分散在无定形介质中，从“晶子”部分到无定形部分是逐步过渡的，两者之间并无明显界线。兰德尔（Randel）于 1930 年，认为玻璃由微晶与无定形物质两部分组成，微晶具有规则的原子排列并与无定形物质间有明显的界线，微晶尺寸为 1.0～1.5nm，含量为 80%以下，微晶取向无序。

晶子学说由 X 射线衍射结构分析数据所证实，玻璃的 X 射线衍射图一般有宽广的（或弥散的）衍射峰，与相应晶体的强烈尖锐的衍射峰有明显的不同，但二者峰值所处的位置基本是相同的（见图 2-4）。另外，实验证明，把晶体磨成细粉，颗粒度小于 0.1μm 时，其 X 射线衍射图也发生一种宽广的（或弥散的）衍射峰，与玻璃类似，而且颗粒度愈小，衍射图的峰值宽度愈大。这些都是玻璃中存在“晶子”的佐证。

玻璃的晶子学说揭示了玻璃中存在有规则排列区域，即有一定的有序区域，这构成了这个学说的合理部分。这对于玻璃的分相、晶化等本质的理解有重要价值，但初期的晶子学说机械地把这些有序区域当作微小晶体，并未指出相互之间的联系，因而对玻璃结构的理解是初级的和不完善的。在长期的发展过程中，该学说将晶子的看法逐渐深化，目前倾向于晶子不同于具有正常晶格的微小晶体，而是晶格极度变形的较有规则排列的区域。在多组分玻璃中，晶子的化学组成也可不同。晶子相互间由中间过渡层所隔离，距晶子愈远，不规则程度也愈显著。总的说来，晶子学说强调了玻璃结构的近程有序性、不均匀性和不连续性。

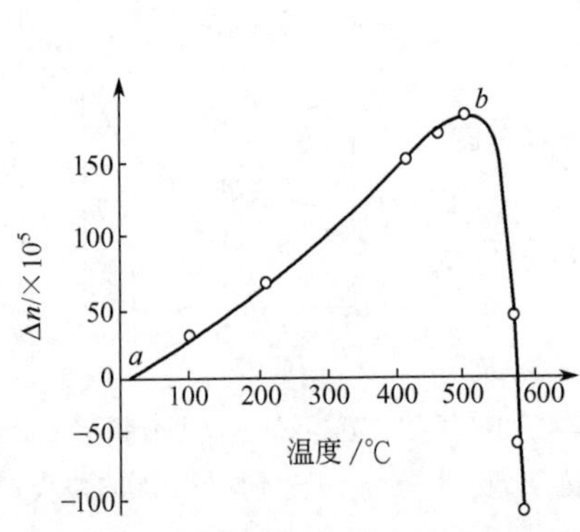

图 2-3　玻璃折射率随温度变化的曲线

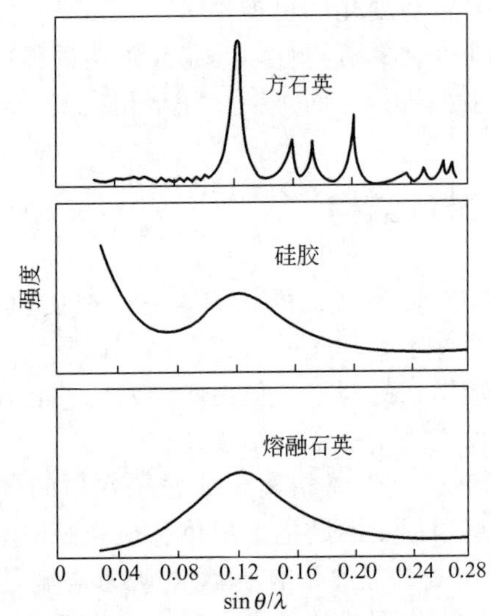

图 2-4　方石英、硅胶、熔融石英 X 射线衍射图

2.2.2　无规则网络学说

查哈里阿森（W. M. Zachariasen）于 1932 年提出了无规则网络学说。他借助于哥希密特（Goldschmidt）的离子结晶化学的一些原理，并参照玻璃的某些性能（如硬度、热传导、电绝缘性等）与相应晶体的相似性而提出来的。他描述了离子-共价键的化合物，如熔融石英、硅酸盐和硼酸盐玻璃的结构，指出玻璃的近程有序与晶体相似，即形成阴离子多面体（三角体和四面体），多面体间顶角相连形成三维空间连续的网络，但其排列是拓扑无序的。

无规则网络学说提出氧化物 A_mO_n 能形成玻璃应具备以下条件：

① 氧离子最多同两个阳离子 A 相结合；

② 围绕一个阳离子 A 的氧离子数不应过多（一般为 3 或 4)；

③ 网络中这些氧多面体以顶角相连，不能以多面体的边或面相连；

④ 每个多面体中至少有三个氧离子与相邻的多面体相连形成三维空间发展的无规则连续网络。

根据上述条件可知，B_2O_3、SiO_2、GeO_2、P_2O_5、V_2O_5、Ta_2O_5、As_2O_5、Sb_2O_5 等能形成玻璃，由他们所组成的多面体成为网络的结构单元，而 R_2O 和 RO 未能满足上述条件只能作为网络外体，处在网络之外，填充在网络的空隙之中。

对于熔融石英玻璃，该学说提出熔融石英玻璃的基本结构单元像石英晶体一样也是硅氧四面体，玻璃被看作是由硅氧四面体为结构单元的三维空间网络所组成的，但其排列是无序的，缺乏对称性和周期重复性。当熔融石英玻璃中加入碱金属或碱土金属氧化物时，硅氧网络断裂，碱金属或碱土金属离子均匀而无序地分布于某些硅氧四面体的空隙中，以维持网络中局部的电中性（见图 2-5)。对硼酸盐玻璃与磷酸盐也做了类似的描述。把简单的 B_2O_3 和 P_2O_5 玻璃看成是分别由硼氧三角体［BO_3］和磷氧四面体［PO_4］连接的无序二维空间的网络。图 2-5 是无规则网络学说的玻璃结构模型。

后来，瓦伦（B. E. Warren）等人的 X 射线衍射结果证实无规则网络学说的基本观点。随后，笛采尔（Dietzel)、孙观汉和阿本等人又从结构化学的观点，根据各种氧化物在形成玻璃结构网络中所起作用的不同，进一步区分为玻璃网络形成体、网络外体（或称为网络修

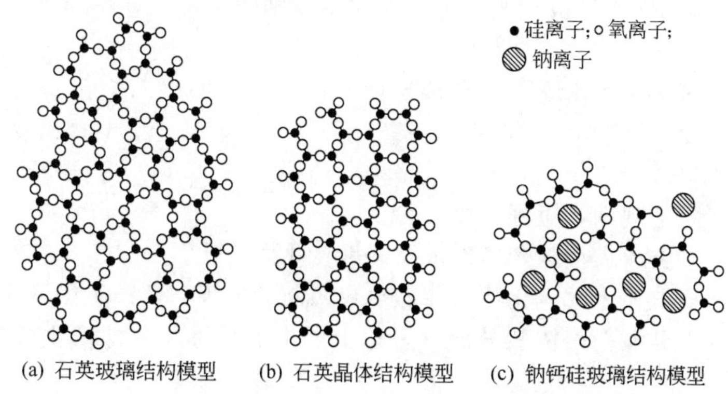

图 2-5 按无规则网络学说的玻璃结构模型示意图

饰体）和网络中间体氧化物。

无规则网络学说着重说明了玻璃结构的连续性、统计均匀性与无序性，可以解释玻璃的各向同性、内部性质均匀性和随成分改变时玻璃性质变化的连续性等。因此，这个学说获得较为广泛的应用。

2.2.3 玻璃结构理论的进展

事实上，玻璃结构的晶子学说与无规则网络学说分别反映了玻璃结构问题矛盾的两个方面。可以认为短程有序和长程无序是玻璃物质结构的特点，从宏观上看玻璃主要表现为无序、均匀和连续性，而从微观上看，它又体现出有序、微不均匀和不连续性。

近代由于使用了电子显微镜等一些现代结构分析技术，发现了液相分离（分相）是玻璃形成系统中的普遍存在现象之后，玻璃结构理论进入了一个崭新的阶段。分相是指玻璃在冷却或热处理过程中，内部形成两个互不相溶的液相（玻璃相）。玻璃中的分相大多发生在相平衡中液相线以下，在热力学上处于亚稳态，也可称为亚稳相。

迄今为止，虽然统一的、公认的玻璃结构理论尚未形成，但已有的玻璃结构的基本概念已为我们初步确定玻璃结构的模型提供可能。玻璃结构的基本概念还仅用于解释一些现象，仍处于学说阶段，对玻璃态物质结构的探索尚需进一步深入开展。相信随着科学技术的发展，在深刻揭示玻璃结构内在规律的基础上，人们对玻璃的认识必将进入更高的阶段，并为制造具有现代科学技术所需的预期性质的玻璃、扩大玻璃材料的应用提供充分的依据。

2.3 玻璃结构和熔体结构

参照玻璃的定义，玻璃是熔融、冷却、固化的非结晶（在特定条件下也可能成为晶态）的无机物，是过冷的液体。因此，玻璃的结构与熔体的结构必然有着密切的联系。这里主要讨论硅酸盐熔体结构与玻璃结构的关系。

2.3.1 硅酸盐熔体的结构

对硅酸盐熔体结构的认识近些年来进展很大，主要是由于研究手段的改进和聚合物理论在硅酸盐熔体中的应用。硅酸盐熔体的结构主要取决于形成硅酸盐熔体的条件。和其他熔体不同的是硅酸盐熔体倾向于形成相当大的、形状不规则的、短程有序的离子聚集体。其结构特点如下：

① 熔体中有许多聚合程度不同的负离子团平衡共存。即以二价金属离子为例，解聚反应和聚合反应达到以下平衡：

$$M_2[SiO_4]+M_{n+1}[Si_nO_{3n+1}] \rightleftharpoons M_{n+2}[Si_{n+1}O_{3n+4}]+MO$$

② 负离子团形状不规则，短程有序。

③ 负离子团的种类、大小随熔体组成及温度变化而变化。

④ 离子半径大而电荷小的氧化物可使硅氧集团断裂出现，负离子团变小。

⑤ 在某些情况下硅酸盐熔体会分成两种以上的不混溶液相，即产生分相。硅酸盐熔体中的分相现象是普遍的。

2.3.2 玻璃结构与熔体结构的关系

玻璃态是热力学不稳定、动力学稳定的状态，在玻璃的熔融态向玻璃态转变的过程中，由于黏度增长很快、析晶速度很小而保持熔融态的结构。因此，玻璃结构与熔体结构的关系体现在以下几个方面：

① 玻璃结构除了与成分有关以外，在很大程度上与硅酸盐熔体形成条件、玻璃的熔融态向玻璃态转变的过程有关，不能以局部的、特定条件下的结构来代表所有玻璃在任何条件下的结构状态。即不能把玻璃结构看成是一成不变的。

② 玻璃是过冷的液体，玻璃结构是熔体结构的继续。即玻璃结构与熔体结构有一定的继承性。

③ 玻璃冷却到室温时，它保持着与该温度范围内的某一温度相应的平衡结构状态和性能。即玻璃结构与熔体结构有一定的结构对应性。

2.4 单元系统玻璃

2.4.1 石英玻璃结构

（1）硅氧（Si—O）键与硅氧四面体［SiO_4］特性

硅氧（Si—O）键的结构和性质与 Si 原子和 O 原子的外电子层构型有关。Si 原子电子构型为 $1s^2 2s^2 2p^6 3s^2 3p^2$。当 Si 原子与 O 原子键合时，Si 原子处于 sp^3 杂化状态，即 s 轨道与 3 个 p 轨道共同形成 4 个 sp^3 杂化轨道，这 4 个 sp^3 杂化轨道与四面体构型相一致。Si 原子的 d 轨道是全空的，它可以作为受主与氧原子的 p 轨道形成 π 键（d_π-p_π 键）。O 原子电子构型为 $1s^2 2s^2 2p^4$。当 Si 原子与 O 原子键合时，O 原子有可能形成 3 种杂化轨道，即 sp、sp^2 和 sp^3 杂化轨道，其中任意 1 种最多只能与 2 个 Si 原子相结合，从而形成 σ 键。这 3 种杂化轨道的夹角分别为 180°、120°和 109°28′。另一方面，O 原子的已充满的 p 轨道可以作为施主与 Si 原子的 d 轨道形成 π 键（d_π-p_π 键）。d_π-p_π 键中的 π 电子不是定域的，因此其 π 键叠加在 σ 键上，使 Si—O 键增强。正是 Si—O 键的 σ 键和 π 键混合成分，导致 Si—O—Si 键角在 120°～180°可变，即 Si—Si 距离可变。

Si 原子 sp^3 杂化轨道，构成硅酸盐的基本结构单元［SiO_4］。Si 原子位于四面体的中心，O 原子位于四面体的四个顶角，O—Si—O 键角为 109°28′；在石英晶体中，四个 Si—O 键中 π 键成分相同。Si—O 键是极性共价键，离子性与共价性约各占 50%；键强较大，约为 106kcal[1]/mol。整个硅氧四面体 [SiO_4] 正负电荷重心重合，不带极性。

（2）石英玻璃结构

根据大量的实验结果，目前一般倾向于用无规则网络学说的模型来描述石英玻璃结构，认为石英玻璃结构主要是无序而均匀的。而有序范围大约只有 0.7～0.8nm，这样小的有序区，实际上已失去了晶体的意义。石英玻璃样品无明显的小角度衍射，这说明结构是连续的，不像硅胶含有独立的颗粒，因为后者有明显的小角度衍射。

X 射线衍射（结合一些新的实验技术和分析的手段）测定的熔融石英玻璃中 Si—O—Si 键角的分布见图 2-6。图 2-6 表明，玻璃的键角分配是比较宽的，大约为 120°～180°，中心点大约落在 145°角上，键角的分布范围要比结晶态的方石英宽。可是 Si—O 和 O—O 的距离在玻璃中与相应的晶体中是一样的。玻璃结构的无序性，主要是由于 Si—Si 距离（即 Si—O—Si 键角）的可变性而造成的。

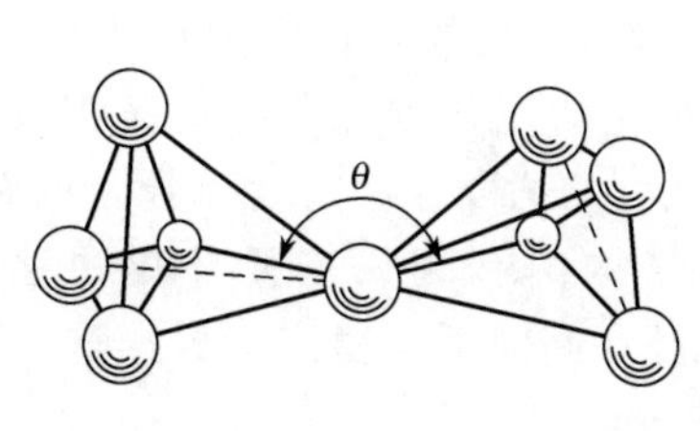

(a) 相邻两硅氧四面体之间的Si-O-Si键角示意图

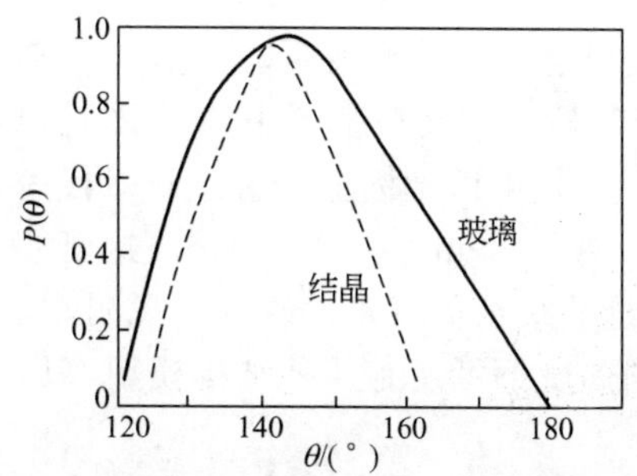

(b) 石英玻璃与方石英晶体Si-O-Si键角分布曲线

图 2-6　石英玻璃结构

X 射线衍射分析证明，硅氧四面体 [SiO_4] 之间的旋转角度完全是无序分布的。这充分说明在熔融石英玻璃中，硅氧四面体之间不可能以边或以面相连，而只能以顶角相连。

Si—O 键是极性共价键，据估计共价性与离子性约各占 50%，因此，硅原子周围四个氧的四面体分布，必须满足共价键的方向性和离子键所要求的阴阳离子的大小比。硅氧四面体 [SiO_4] 是熔融石英玻璃和结晶态石英的基本结构单元。Si—O 键强相当大（约为 106kcal/mol），整个硅氧四面体正负电荷重心重合，不带极性。硅氧四面体之间是以顶角相连，形成一种向三维空间发展的架状结构。所有这些都决定了熔融石英玻璃具有黏度及机械强度高、热膨胀系数小、耐热、介电性能和化学稳定性好等一系列优良性能。因此，一般硅酸盐玻璃 SiO_2 含量愈大，上述各种性质就愈好。

根据 X 射线衍射分析，熔融石英玻璃与方石英具有类似的结构，结构比较开放，内部存在许多空隙（估计空隙直径平均 0.24nm）。因此，在高温高压下，熔融石英玻璃具有明显的透气性，这在熔融石英玻璃作为功能材料时，是需要注意的问题。

2.4.2　氧化硼玻璃结构

（1）硼氧（B—O）键与硼氧三角体 [BO_3] 特性

同硅氧（Si—O）键一样，硼氧（B—O）键的结构和性质与 B 原子和 O 原子的外电子层构型有关。B 原子电子构型为 $1s^2\ 2s^2 2p^1$，B—O 键的形成被认为是 B 原子 sp^2 三角形杂

[1] 1cal＝4.1868J。

化的结果。B—O键同样也是σ键和π键的混合。B—O键的π键是由B原子的空p轨道作为受主与O原子的已充满的p轨道作为施主形成π键（p_π-p_π键）。

B原子的sp^2杂化轨道构成氧化硼（B_2O_3）的基本结构单元——硼氧三角体［BO_3］。［BO_3］是平面三角形结构单元；也有研究表明：B原子不在3个O原子构成的平面上，而是在3个O原子构成的平面中心上方0.045nm处。B—O键是极性共价键，共价性成分约占56%；键强略大于硅氧键，约为119kcal/mol。整个硼氧三角体［BO_3］正负电荷重心重合，不带极性。B—O—B键角可变。

（2）氧化硼玻璃结构

根据X射线衍射和核磁共振的研究，B_2O_3玻璃是由硼氧三角体［BO_3］组成的。但三角体的连接方式尚未彻底弄清。由于B_2O_3玻璃的密度（1.84g/cm^3）与六角形结晶态的B_2O_3密度（2.56g/cm^3）差别较大。故不能把结晶态B_2O_3的结构模型推广到B_2O_3玻璃方面。

X射线衍射分析数据表明，在B_2O_3玻璃中有硼氧三角体互相连接的硼氧三元环基团。

图2-7是硼氧三元环基团中原子之间距离的对比情况与B_2O_3玻璃X射线径向分布曲线。图2-7（b）中横坐标上的直线长短代表衍射强度的强弱，字母表示原子间距，c和e的最大值分别为0.29nm和0.42nm。这证明玻璃结构中有硼氧三元环集团存在。玻璃在800℃时，这些最大值将发生改变，说明硼氧三元环在高温下不稳定。根据这些数据，B_2O_3玻璃在不同温度下可能有几种结构模型（见图2-8）。

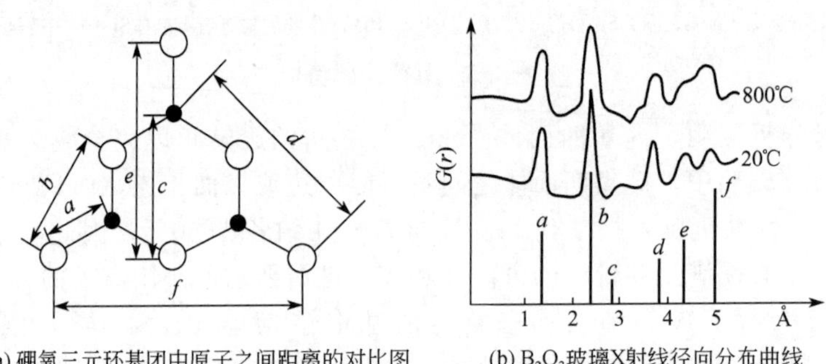

(a) 硼氧三元环基团中原子之间距离的对比图　(b) B_2O_3玻璃X射线径向分布曲线

图2-7　硼氧三元环基团中原子之间距离的对比图与B_2O_3玻璃X射线径向分布曲线

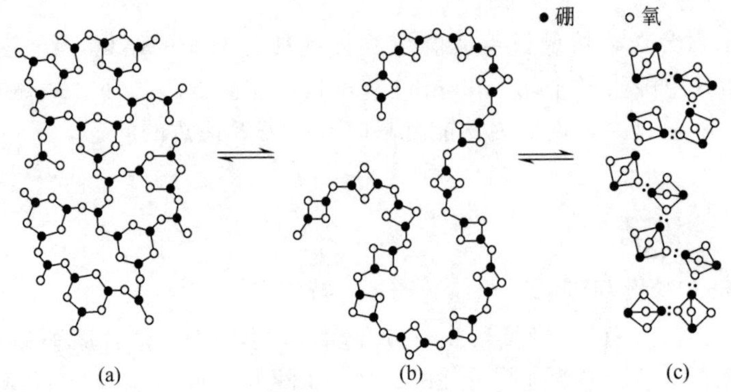

图2-8　B_2O_3玻璃在不同温度下的结构模型

从图 2-8 可以看出，在低温时 B_2O_3 玻璃结构是由桥氧连接的硼氧三角体和硼氧三元环形成的向二维空间发展的网络，属于层状结构。由于键角可以发生比较大的改变，故层与层可能交叠、卷曲或分裂成复杂的形式[见图 2-8（a）]。在温度较高时，则转变成链状结构，它是由两个三角体在两个顶角上连接（即以一个边相接）而形成的结构单元，通过桥氧连接而成的［图 2-8（b）］。图 2-8（c）的结构模型相当于更高温度下的状态，其中包含蒸气状态。每一对三角体均共用三个氧，两个硼原子则处于三个氧原子平面之外的平衡位置。这些双锥体，可以通过氧原子的两个未耦合的电子和硼接受体特性的互相作用结合成短链。

单组分的硼氧玻璃软化点低（约 450℃），化学稳定性差（置于空气中发生潮解），热膨胀系数高（约 150×10^{-7}/℃），因而没有实用价值。

值得注意的是，硼氧键能很大（约为 119kcal/mol），略大于硅氧键。但 B_2O_3 玻璃的一系列物化性能却比 SiO_2 玻璃差得多，主要是由 B_2O_3 玻璃的层状（或链状）结构的特性引起的。在 B_2O_3 玻璃结构中，尽管在同一层（或同一个链）中有强大的 B—O 键相连接，但层与层（或键与链）之间是由分子引力（或范德华力）联系在一起，这是一个弱键，是结构中的弱点，它导致 B_2O_3 玻璃一系列性能变坏。

2.4.3 五氧化二磷玻璃结构

（1）磷氧（P—O）键和磷氧四面体［PO_4］的特性

P 原子电子构型为 $1s^2 2s^2 2p^6 3s^2 3p^3$，因而可以认为 P 原子通过 sp^3 杂化形成四面体顶角取向的四个键，这是磷氧四面体［PO_4］结构单元得以存在的原因。但是由于 P 是 5 价的，其 3s 电子容易进入能级不太高的 3d 轨道，从而形成 sp^3d 杂化。这样一来，在磷氧四面体［PO_4］中 4 个键就不相同，其中一个键较短，因而键能也较高。由于存在这个短的双键则使四面体的一个顶角断裂并变形，五氧化二磷（P_2O_5）结构可看成层状结构，层间由范德华力联系着。P—O—P 键角约为 140°，［PO_4］中有一个带双键的氧，是结构的手性中心 $\left[\begin{array}{c} O \\ | \\ O—P{=}O \\ | \\ O \end{array}\right]$。

（2）五氧化二磷（P_2O_5）玻璃结构

在已知的磷氧化合物中（如 P_2O_3，P_2O_4，P_2O_5），只有 P_2O_5 才能形成玻璃。已经证明：和晶态 P_2O_5 一样，磷氧玻璃的基本结构单元是磷氧四面体［PO_4］，但每一个磷氧四面体中有一个带双键的氧。这一点与 B_2O_3、SiO_2 玻璃不同，它们的多面体都是以桥氧相连接。带双键的磷氧四面体，是 P_2O_5 玻璃结构中的手性中心 $\left[\begin{array}{c} O \\ | \\ O—P{=}O \\ | \\ O \end{array}\right]$，它是导致磷酸盐玻璃黏度小、化学稳定性差和热膨胀系数大的主要原因。有人认为 P_2O_5 玻璃的结构和晶态 P_2O_5 相同，都是由分子 P_4O_{10} 所组成（如图 2-9）。P_4O_{10} 分子之间由范德华力连接。P_2O_5 熔体的黏滞流动活化能与 B_2O_3 熔体很接近，分别为 41.5kcal/mol 和 40kcal/mol。因为 B_2O_3 是层状结构，故有人认为 P_2O_5 玻璃也是层状结构（如图 2-10），层之间由范德华力联系在一起。

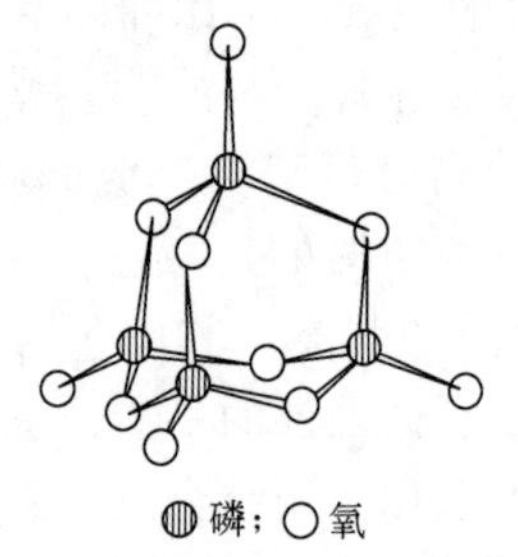

图 2-9　P_4O_{10} 分子结构示意图

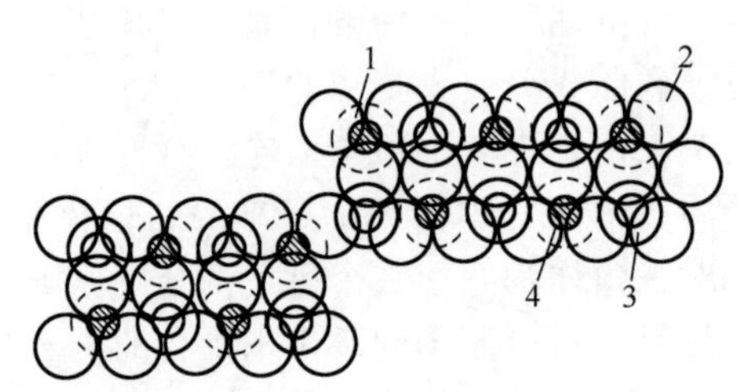

图 2-10　P_2O_5 玻璃的层状结构

1—平面图下面的氧；2—平面图中的氧；3—平面图上面的氧；4—磷

2.5　硅酸盐玻璃结构

2.5.1　碱硅酸盐玻璃结构

如前所述，熔融石英玻璃在结构、性能方面都比较理想。熔融石英玻璃硅氧比值（1∶2）与 SiO_2 分子式相同，因此可以把它近似地看成是由硅氧网络形成的独立“大分子”。如果熔融石英玻璃中加入碱金属氧化物，就使原有的（具有三维空间网络的）“大分子”发生解聚作用，主要是碱金属氧化物提供氧使硅氧比值发生改变所致。这时氧的比值已相对增大，玻璃中已不可能每个氧都为两个硅原子所共用（这种氧称为桥氧），开始出现与一个硅原子键合的氧（称为非桥氧），使硅氧网络发生断裂。非桥氧的过剩电荷被碱金属离子所中和。碱金属离子处于非桥氧附近的网穴中，碱金属离子只带一个正电荷，与氧结合力较弱，故在玻璃结构中活动性较大，在一定条件下，它能从一个网穴转移到另一个网穴。一般玻璃的析碱和玻璃的电导等大都来源于碱金属离子的活动性。图 2-11 是碱硅玻璃结构示意图。

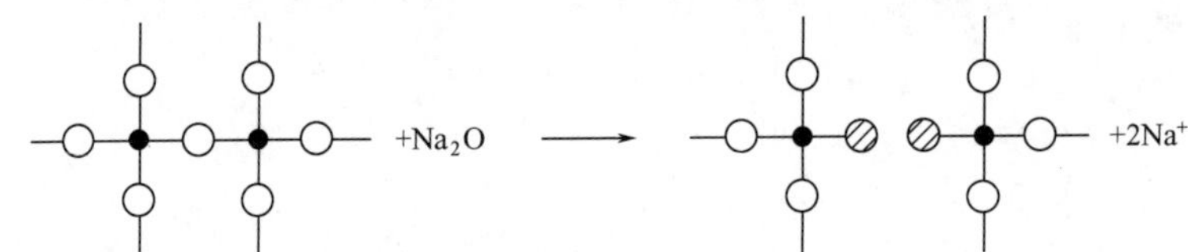

图 2-11　氧化钠与硅氧四面体间作用示意图

非桥氧的出现，使硅氧四面体失去原有的完整性和对称性。结果使玻璃结构减弱、疏松，并导致一系列物理、化学性能变差，表现在玻璃黏度变小，热膨胀系数增大，机械强度、化学稳定性和透紫外性能下降等。碱含量愈大、性能变差愈严重。实践证明，二元碱硅玻璃，由于性能不好，一般没有实用价值。

2.5.2　钠钙硅玻璃结构

碱硅二元玻璃由于结构上的原因，一系列性能都不理想，没有实用意义。当加入碱土金属氧化物时，性能大为改观。例如钠硅玻璃中加入 CaO 时，玻璃的结构和性质发生明显变化，主要表现在结构的加强，一系列物理化学性能变好，成为各种实用钠钙硅玻璃的基础。CaO 的这种特殊作用来源于它本身的特性及其在结构中的地位。Ca^{2+} 的离子半径（0.099nm）

与 Na^+（0.095nm）近似，但 Ca^{2+} 的电荷比 Na^+ 大一倍，它的场强比 Na^+ 大得多。它具有强化玻璃结构和限制钠离子活动的作用。

目前大多数的实用玻璃［例如瓶罐玻璃、器皿玻璃、保温瓶玻璃、灯泡（泡壳）玻璃、平板玻璃等］都属于以钠钙硅为基础的玻璃。为了进一步改善玻璃的性能，在钠钙硅成分的基础上还必须加入少量的 Al_2O_3 和 MgO。

图 2-12 是 Na_2O-CaO-SiO_2 三元系统相图。从降低熔制温度，防止析晶并全面考虑玻璃的性能出发，一般钠钙硅玻璃成分大致选择在鳞石英（包括部分石英）与失透石（Na_2O・3CaO・$6SiO_2$）相界线附近的狭长范围内。相当于玻璃的成分范围为：SiO_2 72%～76%（质量分数），CaO 6%～11%（质量分数），Na_2O 为余数。

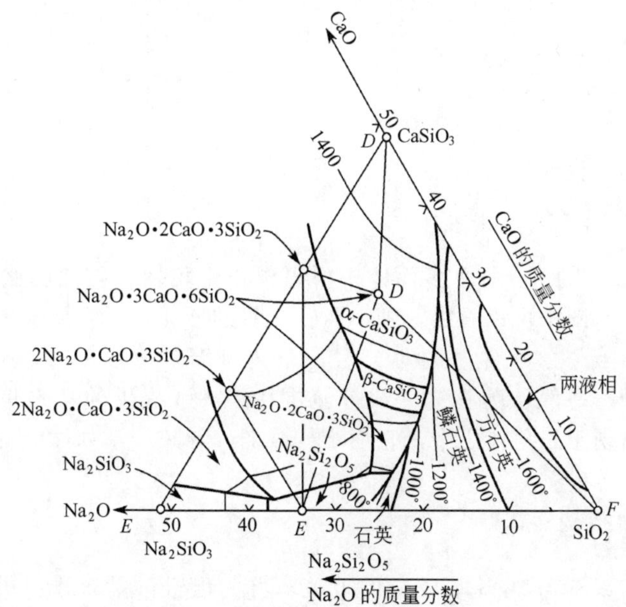

图 2-12　Na_2O-CaO-SiO_2 系统相图

从图 2-12 可以看出，上述成分范围是在三角形 *DEF* 以内，即三角形 Na_2O・3CaO・$6SiO_2$-Na_2O・$2SiO_2$-SiO_2 以内。根据相平衡原理，这类配料的熔体在平衡条件下冷却时，最后将析出 Na_2O・3CaO・$6SiO_2$、Na_2O・$2SiO_2$ 和 SiO_2 三种晶态物质。也就是说，平衡条件下的冷却产物全部是晶体，不能成为玻璃。因此为了生成玻璃，就必须偏离平衡，实行过冷（关于钠钙硅玻璃的分相，详见第 4 章中“玻璃分相”部分）。

2.6　硼酸盐玻璃结构

2.6.1　碱硼酸盐玻璃结构

核磁共振研究证明，碱金属或碱土金属氧化物加入 B_2O_3 玻璃中，将产生硼氧四面体［BO_4］。图 2-13 示出四配位硼的数量随碱金属氧化物含量而改变的情况。

从图 2-13 可以看出，在一定范围内，碱金属氧化物提供的氧，不像在熔融石英玻璃中作为非桥氧出现于结构中，而是使硼氧三角体［BO_3］转变成为完全由桥氧组成的硼氧四面体［BO_4］，导致 B_2O_3 玻璃从原来二维空间的层状结构部分转变为三维空间的架状结构，从而加强了网络，使玻璃的各种物理性质与相同条件下的硅酸盐玻璃相比，相应地向着相反的方向变化。这就是所谓“硼氧反常性”。图 2-13 表明 Na_2O 的反常成分点不是在 16%附近，而是在 30%左右。

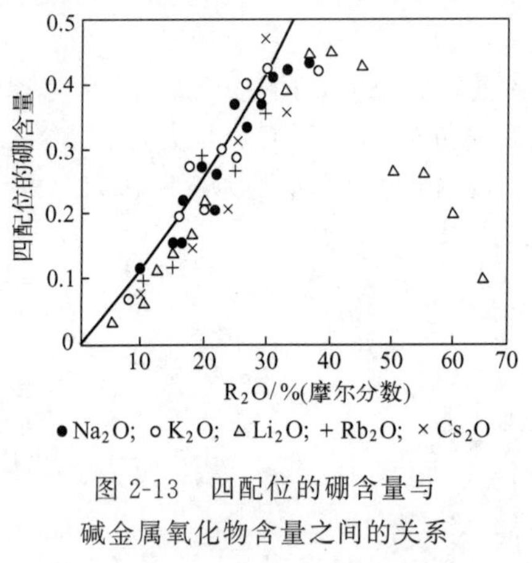

图 2-13　四配位的硼含量与碱金属氧化物含量之间的关系

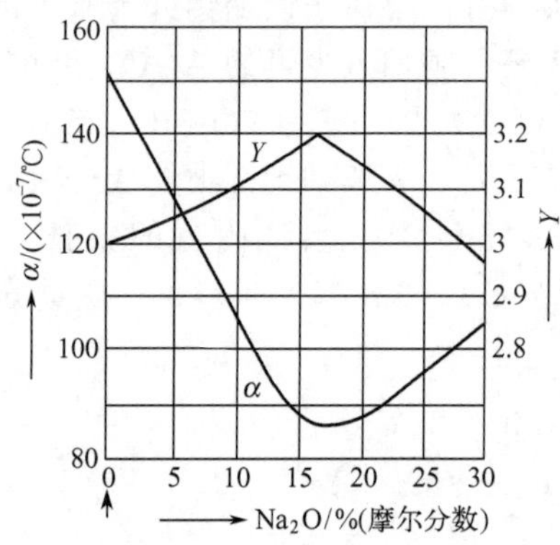

图 2-14　钠硼玻璃的 Y 与热膨胀系数 α 随 Na_2O 含量变化关系

图 2-14 是钠硼玻璃的 Y（每个多面体中桥氧离子平均数）与热膨胀系数 α 随 Na_2O 含量变化的关系曲线。从图中可以看出，随 Na_2O 含量的增加，桥氧离子平均数逐渐增大，热膨胀系数逐渐减小。当 Na_2O 含量达到 15%～16%（摩尔分数）时，桥氧数又开始减少，热膨胀系数重新上升。一般认为在这一成分范围中 Na_2O 提供的氧不是用于生成［BO_4］，而是以非桥氧形式出现于三角体之中，它使结构减弱，导致一系列性能变坏。

2.6.2　钠硼硅玻璃结构

以 Na_2O、B_2O_3、SiO_2 为基本成分的玻璃，称为硼硅酸盐玻璃。著名的“派来克斯”类玻璃是硼硅酸盐玻璃的典型代表。它的特点是热膨胀系数小，具有良好的热稳定性、化学稳定性和电学性质。

单纯含有 B_2O_3 和 SiO_2 成分的熔体，由于它们的结构不同（前者是层状结构，后者是架状结构），因此难以形成均匀一致的熔体，是不可混溶的。在高温冷却过程中，将各自集成一个体系，形成互不溶解的两相玻璃（分相）。当加入 Na_2O 后，硼的结构发生变化。通过 Na_2O 提供的游离氧，由硼氧三角体［BO_3］转变为硼氧四面体［BO_4］，使硼的结构从层状结构向架状结构转变，为 B_2O_3 与 SiO_2 形成均匀一致的玻璃创造条件。在钠硅酸盐玻璃中加入氧化硼时，往往在性质变化曲线中产生极大值和极小值，这现象也称为硼反常。这种在钠硼硅玻璃中的硼反常，是由于硼加入量超过一定限度时，它不是以硼氧四面体而是以硼氧三角体出现于玻璃结构中，因此，结构和性质发生逆转现象。在 Na_2O-B_2O_3-SiO_2 系统玻璃中，当以 B_2O_3 取代 SiO_2 时，折射率、密度、硬度、化学稳定性出现极大值，热膨胀系数出现极小值，而电导、介电损耗、表面张力则不出现硼反常现象。在钠硼硅系统玻璃中，极大值与极小值出现的地方随 Na_2O 含量而定，例如折射率极大值经常出现在 $n(Na_2O)/n(B_2O_3)=1:1$ 的地方（参见图 2-15）。“硼反常现象”是由于玻璃中硼氧三角体［BO_3］与硼氧四面体［BO_4］之间的量变而引起玻璃性质突变的结果。

除了硼反常外，在钠硼铝硅玻璃中还出现“硼-铝反常”现象。当硅酸盐玻璃中不存在 B_2O_3 时，Al_2O_3 代替 SiO_2 能使折射率、密度等上升，见图 2-16 曲线。当玻璃中存在 B_2O_3

时，同样地用 Al_2O_3 代替 SiO_2，随 B_2O_3 含量不同出现不同形状的曲线，如图 2-16 所示。当 $n(Na_2O):n(B_2O_3)=4:1$ 时出现极大值（曲线 2），而当 $n(Na_2O):n(B_2O_3)\geqslant 1$ 时，n_D（折射率）与 d（密度）显著下降（曲线 3～5）。

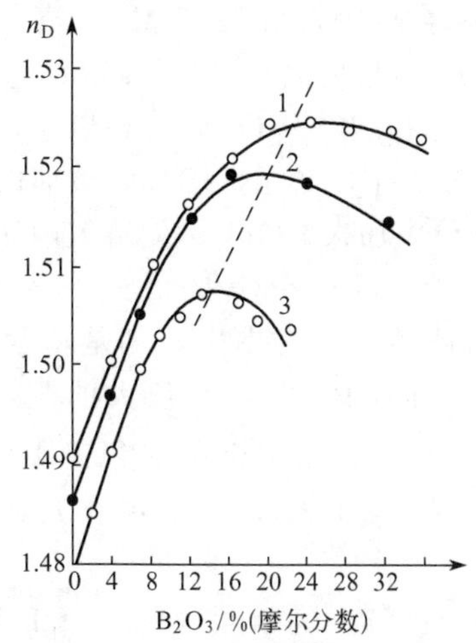

图 2-15 Na_2O-B_2O_3-SiO_2 系统玻璃折射率变化

1—Na_2O 20%；2—Na_2O 16%；3—Na_2O 13%

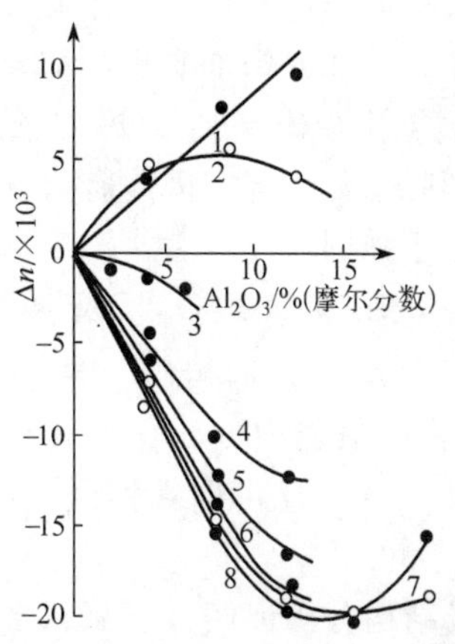

图 2-16 $16Na_2O\cdot yB_2O_3\cdot xAl_2O_3\cdot(84-x-y)SiO_2$ 系列玻璃折射率变化

1—$y=0$；2—$y=4$；3—$y=8$；4—$y=16$；5—$y=16$；6—$y=20$；7—$y=24$；8—$y=32$

而当 $n(Na_2O):n(B_2O_3)<1$ 时，性质变化曲线上出现极小值（曲线 6～8），不同的碱金属氧化物对“硼-铝反常”也有不同影响。和“硼反常现象”一样，“硼-铝反常”出现在一系列性质变化中，如折射率、密度、硬度、弹性模数。在介电常数与热膨胀系数变化曲线中显得很模糊。色散、折射度、电导与介质损耗等则不出现“硼-铝反常”。

硼硅酸盐玻璃都有发生分相的现象，往往是由于硼氧三角体的相对数量较大，并进一步富集成一定大小而造成的。一般是分成互不相溶的富硅氧相和富碱硼酸盐相。B_2O_3 的含量越高，分相倾向越大，通过一定的热处理分相愈加强烈。严重时往往使玻璃发生乳浊，在一定条件下，可以用盐酸把钠硼相从玻璃中沥滤出来。微孔玻璃和高硅氧玻璃就是利用分相制成的。

图 2-17 是 Na_2O-B_2O_3-SiO_2 系统的分相区。许多重要的商用硼硅酸盐玻璃的基础成分都包括在这一分相区中。

从图 2-17 可以看出，分相区呈扁椭圆状，大致与 SiO_2-B_2O_3 线平行。它所包括的成分范围的特点是，Na_2O 含量变动不大，限制在较低的范围内（约 5%）。而 SiO_2 和 B_2O_3 却有很大的变动。因此，在该成分范围中玻璃的性质主要取决于 SiO_2 与 B_2O_3 含量之比，当 SiO_2 与 B_2O_3 含量比较高，玻璃属于高软化点、低膨胀和化学稳定的成分（属派莱克斯类玻璃）；如 SiO_2 与 B_2O_3 含量比较小，玻璃的化学稳定性随之下降，可以通过沥滤制造微孔玻璃和高硅氧玻璃；当 SiO_2 与 B_2O_3 含量比小于 1 就成为（制造钠灯的）抗钠玻璃的基本成分。关于 Na_2O-B_2O_3-SiO_2 系统玻璃的分相详见“玻璃分相”部分。

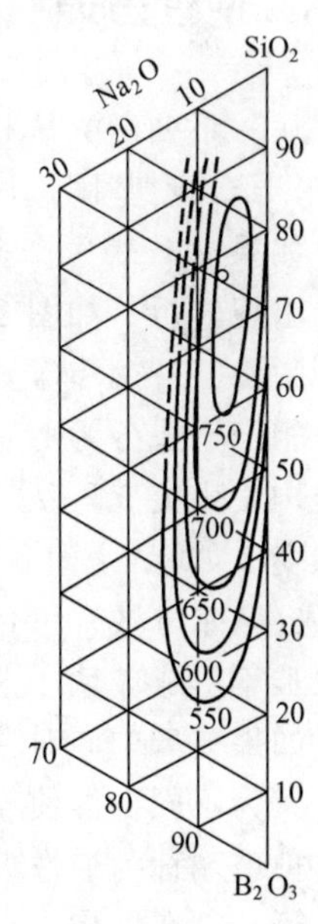

图 2-17 Na_2O-B_2O_3-SiO_2 系统的分相区

2.7 磷酸盐玻璃结构

当 P_2O_5 熔体中加入 Na_2O 时，将从层状转变为链状，键之间由 Na—O 离子键结合在一起。X 射线衍射证明，二元碱磷酸盐玻璃和二元碱硅酸盐玻璃有两个共同点，①结构单元都是四面体；②加入修饰氧化物都导致非桥氧增加。但在 RO-P_2O_5 系统玻璃中，情况却不同，当 RO 含量为 0～50%（摩尔分数）范围内时，随着 RO 含量的增加，玻璃的软化温度上升，热膨胀系数下降。因此有人认为，在 P_2O_5 玻璃中加入 RO 不是使磷氧网络断裂，而是使结构趋于强固。

经查明，在 R_2O-P_2O_5（或 RO-P_2O_5）系统的玻璃形成范围中，都是单一均匀的液相，并不存在稳定不混溶性（stable immiscibility）。因为 P_2O_5 具有很大的阳离子场强，R^+ 和 R^{2+} 在夺氧能力方面均远逊于 P^{5+}，“积聚”作用小，故不容易发生不混溶性。但在某些磷酸盐系统中还可以观察到亚微观分相。例如在 MgO-P_2O_5 玻璃中有人观察到有滴状结构。

X 射线结构分析证明，正磷酸铝（$Al_2O_3 \cdot P_2O_5$）与正磷酸硼（$B_2O_3 \cdot P_2O_5$）中的［BPO_4］和［$AlPO_4$］结构与石英的［SiO_4］结构非常类似。因此（在一定范围内）引入 Al_2O_3、B_2O_3，将使磷酸盐玻璃的一系列性能改善（如化学稳定性上升，热膨胀系数下降）。这是由玻璃中形成 $AlPO_4$ 和 BPO_4 基团，使磷酸盐原有的层状（或链状）结构转变为架状结构所致。正磷酸铝和正磷酸硼都不能形成玻璃，只有 $AlPO_4$-BPO_4-SiO_2 系统才能制成玻璃。磷酸盐玻璃常用于制造光学玻璃、透紫外线玻璃、吸热玻璃和耐氟酸玻璃等。新发展的钒磷酸盐玻璃是良好的半导体材料，其阈值开关性能可与硫属化合物玻璃相媲美。含银的磷酸盐玻璃是重要的辐射发光材料。

2.8 逆性玻璃

从一系列硼酸盐和硅酸盐玻璃结构可以看出，桥氧在结构中起着重要的作用。一般桥氧愈多，结构愈坚固，许多物理性能向好的方面转变。反之，桥氧愈少，结构和性能就愈不好。如果 y 代表每个多面体的桥氧平均数，则一般玻璃在某些性能曲线上大约在 $y=3$ 的地方会出现转折。如图 2-18 所示。

图 2-18 表示钠硅酸盐玻璃的电导率与组成以及 y 值的关系。从图中可以看出，当 $y=3$ 时（相当于成分为 $Na_2O \cdot 2SiO_2$），曲线都在这些组成点上发生转折。因为当 $y=3$ 时，网络结构发生突变，从三维空间的网络结构转变为层状和链状结构，使某些性质相应发生显著的转变。如 $y<2$ 时就难以制成玻璃。二元碱硅酸盐玻璃就是典型的例子。当 R_2O 含量大于 50%（摩尔分数），由于 $y<2$，桥氧太少，网络断裂严重，容易调整成有规则排列的晶体，因此难于形成玻璃。上述情况仅指只含一种碱金属（或碱土金属）氧化物的玻璃而言。

如果玻璃中同时存在两种以上金属离子，而且它们的大小和所带的电荷也不相同时，情况就大为不同。即使 $y<2$ 也能制成玻璃，而且某些性能随金属离子数的增大而变好。一般把这种玻璃称为逆性玻璃。“逆性”的含义有下列两个方面：

第一，在结构上它与通常玻璃是逆性的。一般玻璃的结构以玻璃形成物为主体，金属离子处于网络的空穴中，它仅起辅助性作用。逆性玻璃恰恰相反，多面体的短链反而被大量的金属离子所包围。如果金属离子比作“海洋”，那么，多面体就是“海洋”中的岛屿（见图

2-19 所示）。因此，决定玻璃聚结程度的不是多面体之间的联结，而是金属离子与多面体短链中的氧离子之间的结合。从图 2-19 可以看出，逆性玻璃的结构与无规则网络学说的结构模型是完全相反的。

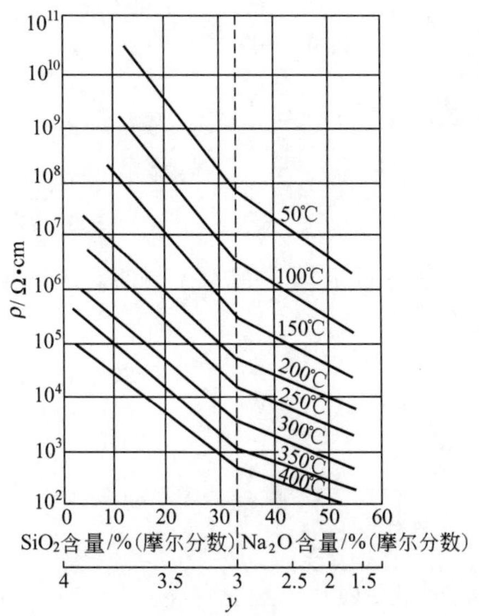

图 2-18　钠硅酸盐玻璃的电导率 ρ 在不同温度下对组成和 y 的关系

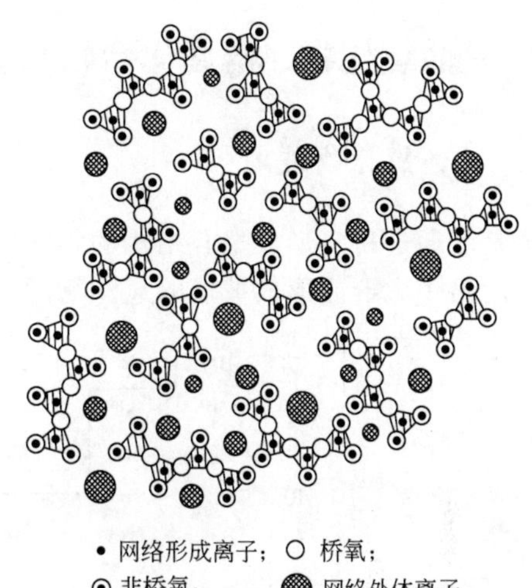

图 2-19　逆性玻璃结构示意图

第二，逆性玻璃在性质上也发生逆转性。一般玻璃的性质是随着 SiO_2 的减少（即 y 值减少）而降低。而逆性玻璃则相反，碱金属和碱土金属含量愈多（即 y 值愈小），结构愈坚固，而某些物理性质却向着一般玻璃的相反方向变化，如黏度、热膨胀系数和介电损耗等。图 2-20 和图 2-21 就是这种逆转的例子。逆性玻璃在实际上和理论上都有重要的意义。例如，在玻璃电容器方面，有时要求在通电时电容量变化很小，因此要求玻璃具有微小的电容率温度系数。逆性玻璃能很好地满足这种要求，它的高电容率和低介电损耗都具有微小的温度系数的特性。

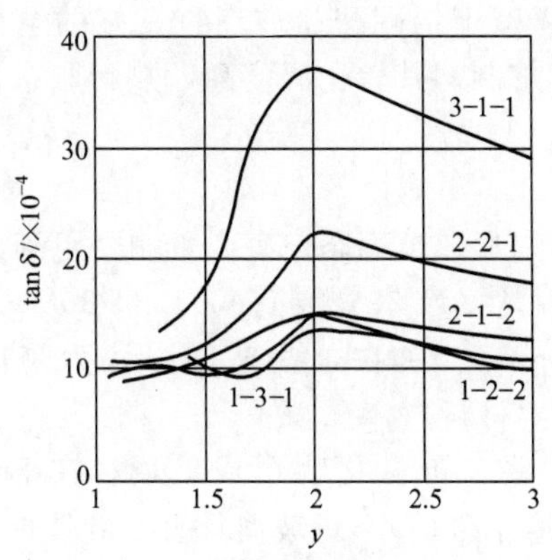

图 2-20　钾钙锶硅玻璃的介电损耗同 y 的关系

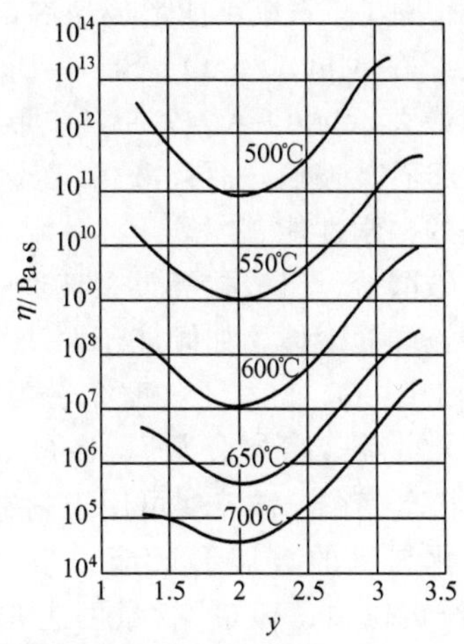

图 2-21　Na_2O-K_2O-MgO-CdO-ZnO 硅酸盐玻璃的黏度在不同温度下同 y 的关系

逆性玻璃的发现给经典的结构理论以很大的冲击，以前认为无序的三维空间网络是形成玻璃的必要条件，但逆性玻璃则说明，只要同时存在几种大小、电荷不同的金属离子的情况下，y 值小也能形成玻璃。如果说通常玻璃的玻璃态是由网络的无序所引起的，那么逆性玻璃的玻璃态性质则是由金属离子的无序所决定的。

2.9 其他氧化物、硫属化合物、卤化物玻璃

2.9.1 其他氧化物玻璃

凡是能通过桥氧形成聚合结构的氧化物，都有可能形成玻璃。有人在周期表中划定一个界限，示出一大群能形成玻璃的氧化物的元素（见图 2-22）。

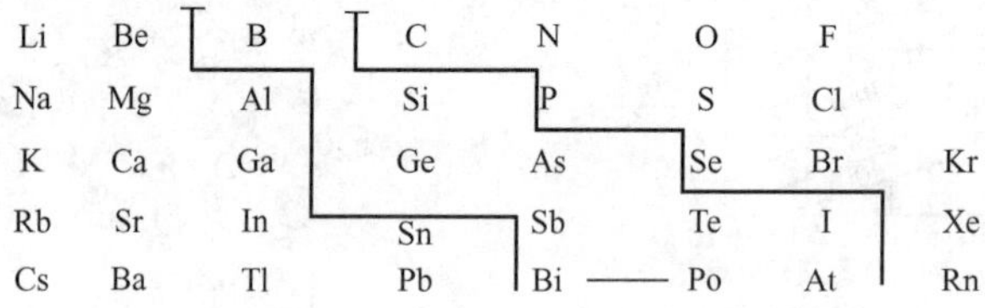

图 2-22 周期表中形成玻璃的氧化物的元素

从图 2-22 中看出。一些常见的玻璃形成氧化物都包括在其范围内。实践证明，在这范围内及靠近其边缘附近元素的氧化物，大都能单独（或与一价、二价氧化物）形成玻璃。如，As_2O_3、BeO、Al_2O_3、Ga_2O_3、Bi_2O_3 及 TeO_2 等。

（1）铝酸盐玻璃

Al_2O_3-CaO 系统能形成玻璃。CaO 含量可高达 75%（摩尔分数）。在这类玻璃中，Al^{3+} 以铝氧四面体［AlO_4］状态存在。这类玻璃容易析晶，加入一部分 SiO_2（5%）可使玻璃形成稳定。铝酸盐玻璃透红外的波长比硅酸盐玻璃长。透过波长范围可达 6μm。

Ga_2O_3 形成玻璃的性能与 Al_2O_3 类似。

（2）铝硼酸盐玻璃

Al_2O_3-B_2O_3 系统不能形成玻璃，只有加入二价氧化物才能形成玻璃，而且玻璃形成范围相当大。在 MgO、CaO、SrO、BaO、ZnO、CdO 中，以 BaO-Al_2O_3-B_2O_3 系统的玻璃形成范围最大，MgO-Al_2O_3-B_2O_3 形成范围最小。碱土铝硼酸盐玻璃有良好的电性能，电阻甚至大于石英玻璃，而且液相线温度较低，易于熔制。其软化温度高，热膨胀系数小，并且有良好的电学性能。

（3）铍酸盐、钒酸盐等类型玻璃

某些铍酸盐熔体，如倾注于两块铜板间急冷可以形成玻璃态。有人曾制得下列两种铍酸盐玻璃，①La_2O_3 33.3%（摩尔分数），BeO 66.7%（摩尔分数）；②BaO 30%（摩尔分数），CaO 20%（摩尔分数），BeO 50%（摩尔分数）。铍在这些玻璃中认为是以配位 4［BeO_4］状态存在。铍玻璃可用于制造低折射的光学材料。

五氧化二钒的玻璃形成能力较大，它能与一些二价氧化物形成玻璃。在 BaO-ZnO-V_2O_5 系统玻璃中，V_2O_5 含量可达 33%～70%（摩尔分数）。钒玻璃具有半导体性。

Sc_2O_3、Y_2O_3、Gd_2O_3、Yb_2O_3、Lu_2O_3 等氧化物，可以用特殊方法（如用激光束照射）制成玻璃态物质。它们还能与 La_2O_3 制成二元或三元系统玻璃。

从以上看来，氧化物玻璃有着广阔的发展前景，而且在周期表中能形成玻璃氧化物的元

素范围在不断扩大。

2.9.2 硫属化合物玻璃

这类玻璃是指周期表第六族主族的硫、硒、碲三元素为主要成分的玻璃。除了硫属单质或硫属本身间相结合的玻璃外，尚有硫属元素和金属（如 As、Sb、Ge 等）相结合的玻璃。由于后者具有一系列的重要性能，颇受人们的重视。硫属玻璃大部分不含氧，故又称为非氧玻璃。硫属化合物玻璃是重要的半导体材料、透红外材料、易熔封接材料等。它具有特殊的开关效应，近年来已用作光开关的光电导体，它将为玻璃在新技术应用方面开辟新的途径。单质硫和硒都能形成玻璃态物质。单质硫的分子相当于分子式 S_8。它具有环状结构，每个硫原子采取 sp^3 杂化态并形成两个共价单键，并且聚合成长链。把加热到 230℃的熔融态硫迅速注入冷水中，便成为玻璃态的弹性硫。硫属化合物玻璃主要是以砷的硫化物、硒化物和碲化物为基础制成的。硫属化合物之所以能聚合形成线型或层状结构的玻璃态物质，主要是通过硫属元素的“桥联”作用来实现的。而硫属化合物的聚合和形成链状结构的能力，则是它形成玻璃态物质的基本条件。硫属化合物玻璃中最主要的是砷-硫属系统，其代表为 As_2S_3、As_2Se_3（As_2Te_3 不能用正常的方法制得玻璃）。根据 X 射线和红外吸收光谱等结构分析证明：由 As_2S_3 所组成的玻璃很接近于线型有机聚合体（即表现为链状结构）。当引入卤素（如碘）时，链状结构被破坏，就形成类似于图 2-23 的结构。

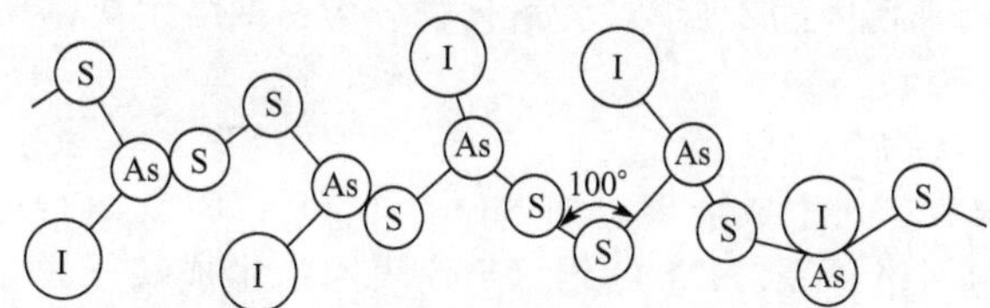

图 2-23 含碘硫砷化合物玻璃的链状结构

一般认为由 As_2Se_3 以及由 As_2Se_3-S_2Te_3 所组成的玻璃同样也是链状结构。

As_2S_3 和 As_2Se_3 玻璃具有很大的电阻。若把硫属的一部分置换为其他元素，电阻随之减小，而显示半导性。例如 Tl_2Se-As_2Se_3 是最早发现的玻璃半导体。

As-Te 系统玻璃可能形成如图 2-24 所示的几种结构类型，它们的基本结构单元为 $AsTe_{3/2}$ 四方锥体。在 As_2Te_3 玻璃成分中如 As 比值增大，将使黏度增大，有利于过冷形成玻璃。反之如 Te 比值增大，则黏度下降，熔体易于结晶。

制备非氧的硫属化合物玻璃，一般是把配合料加入透明石英玻璃容器中，进行真空密封，然后置于电炉中加热熔融，按一定的工艺规程将容器急冷、淬冷得到所需的玻璃。硫属化合物玻璃蒸气有毒，制备时必须注意防护措施。

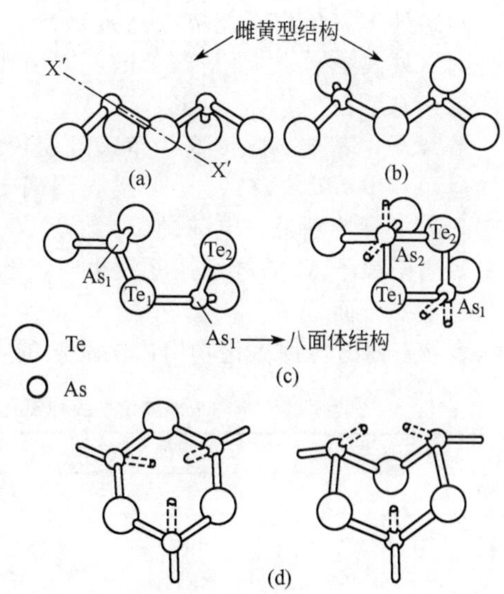

图 2-24 由 $AsTe_{3/2}$ 四方锥体构成的 As-Te 系统玻璃的结构类型

2.9.3 卤化物玻璃

这类玻璃通常是由金属卤化物（主要是氟化物）组成的。它的结构特点是通过第ⅦA族元素的“桥联”作用，把结构单元联结成架状、层状或链状结构。人们很早已研制成了 BeF_2 玻璃。一般认为［BeF_4］四面体是它的结构单元，在玻璃中形成类似于 SiO_2 结构的空间排列。它的短程有序和 α-方石英相像。已经证明，氟化铍玻璃是由［BeF_4］四面体联结成的三维空间的架状结构。而其他卤化物（如 Cl、Br、I）则常常是形成层状或链状结构。BeF_2 玻璃也可以含有碱金属氟化物和 AlF_3，如 BeF_2-AlF_3-NaF 系统的某些组成的熔体急冷可形成玻璃。BeF_2-AlF_3-KF 系统形成玻璃的范围较大，而 BeF_2-AlF_3-LiF 系统则不易形成玻璃。

氟化物玻璃具有超低折射和色散的特性，是重要的光学材料。氟化物玻璃也用作易熔封接材料。

近年来又发展一种混合型氧化物-氟化物玻璃。在此玻璃结构中氧和氟都起桥梁作用。

为了防止氟化物氧化和挥发，氟化物玻璃一般在密闭坩埚中进行熔制。氟玻璃析晶倾向大，熔好后必须快速降温。由于它析晶倾向大，故一般不易获得数量较大的玻璃。

2.10 玻璃结构中阳离子的分类

根据无规则网络结构学说的观点。一般可按元素与氧结合的单键键能（即化合物分解能与配位数之商）的大小和能否生成玻璃，将氧化物分为：网络生成体氧化物，网络外体氧化物和中间体氧化物三大类。

（1）网络生成体氧化物

网络生成体氧化物能单独生成玻璃，如 SiO_2、B_2O_3、P_2O_5、GeO_2、As_2O_5 等，在玻璃中能形成各自特有的网络体系。F—O 键（F 代表网络生成离子）是共价、离子混合键，F—O 单键键能较大，一般大于 80kcal/mol。阳离子（F）的配位数是 3 或 4，阴离子 O^{2-} 的配位数为 2。配位多面体［FO_4］或［FO_3］一般以顶角相连。

（2）网络外体氧化物

网络外体氧化物不能单独生成玻璃，不参加网络，一般处于网络之外。M—O 键（M 代表网络外离子），主要是离子键，电场强度较小，单键键能小于 60kcal/mol。常见的网络外体离子有：Li^+、Na^+、K^+、(Mg^{2+})、Ca^{2+}、Sr^{2+}、Ba^{2+} 等；此外还有 Th^{4+}、In^{3+}、Zr^{4+} 等离子，其电场强度高，单键键能较大，配位数≥6。网络外体氧化物因 M—O 键的离子性强，其中氧离子 O^{2-} 易于摆脱阳离子的束缚，是“游离氧”的提供者，起断网作用，但其阳离子（特别是高电荷的阳离子）又是断键的积聚者。这一特性对玻璃的析晶有一定的作用。当阳离子 M 的电场强度较小时，断网作用是主要方面；而当电场强度较大时，积聚作用是主要方面。

表 2-1 列出各种氧化物给出游离氧的本领（K）。

表 2-1 各种氧化物给出游离氧的本领（K）

K=1		K=0.7		K=0.3		K=0		K=−1	
离子	Z/r^2	离子	Z/r^2	离子	Z/r^2	离子	Z/r^2	离子	Z/r^2
K^+	0.52	Ca^{2+}	1.67	Li^+	1.65	Ti^{4+}	9.8	Be^{2+}	20
Na^+	0.83	Sr^{2+}	1.15	Mg^{2+}	2.9	Ga^{3+}	7.8	Al^{3+}	10
Ba^{2+}	0.91	Cd^{2+}	1.89	Zn^{2+}	3.3				
		Pb^{2+}	1.0	La^{3+}	2.80				

（3）中间体氧化物

中间体氧化物一般不能单独生成玻璃，其作用介于网络生成体和网络外体之间。I—O（I 代表中间体离子）键具有一定的共价性，但离子性占主要。单键键能为 60～80kcal/mol。阳离子的配位数一般为 6，但在夺取“游离氧”后配位数可以变成 4。当配位数≥6 时，阳离子处于网络之外，与网络外体的作用相似。当配位数为 4 时，能参加网络，起网络生成体的作用（又称补网作用）。

常见的中间体氧化物有：BeO、MgO、ZnO、Al_2O_3、Ga_2O_3、TiO_2 等。中间体氧化物同时存在夺取和给出“游离氧”的倾向。一般电场强度大，夺取能力大；电场强度小，则给出能力大。在含有不止一种中间体氧化物的复杂系统中，当游离氧不足时，中间体离子大致按下列次序进入网络。

$$[BeO_4]\rightarrow[AlO_4]\rightarrow[GaO_4]\rightarrow[BO_4]\rightarrow[TiO_4]\rightarrow[ZnO_4]$$

决定这一次序的主要因素是阳离子的电场强度。次序在后的未能夺得“游离氧”的阳离子将处于网络之外，就起着“积聚”作用。

2.11　各种氧化物在玻璃中的作用

2.11.1　碱金属氧化物的作用

前面已指出，当碱金属氧化物加入熔融石英玻璃中，促使硅氧四面体间连接断裂，出现非桥氧，使玻璃结构疏松、减弱，导致一系列性能变差。如热膨胀系数上升，电导和介电损耗，弹性模数、硬度、化学稳定性和黏度等下降。

Li_2O、Na_2O、K_2O 是玻璃中常用的碱金属氧化物。其中 K^+ 半径较大，场强小，与氧的结合力较弱，故 K_2O 给出游离氧的能力最大，Na_2O 次之，Li_2O 最小。一般说在结构中 K^+ 和 Na^+ 主要起断网作用，而 Li^+ 主要起“积聚”作用。K^+ 和 Na^+ 同属惰性气体型离子，它们在玻璃的物理化学性能和工艺性能方面的作用比较类似。Li^+ 不属于惰性气体型离子，加之离子半径小，电场强度大，作用比较特殊。主要表现在（当取代 Na^+ 或 K^+ 时）能提高玻璃的化学稳定性、表面张力和析晶能力等方面。它具有高温助熔、加速玻璃熔化的作用。这与 Li^+（因属于非惰性气体型离子）在高温时于结构中形成手性中心，以及它极化氧离子、减弱硅氧键的作用有关。

在 Li_2O-SiO_2 和 Na_2O-SiO_2 玻璃系统中都已观察到有分相现象，在液相线下有一个相当宽的不混溶区。在碱硅酸盐玻璃中一般存在富碱区和富硅氧区，因此，碱金属离子在玻璃结构中并不是均匀分布的，而是微不均匀的。经过一定的热处理，微不均性更为显著。

混合碱效应，在二元碱硅玻璃中，当玻璃中碱金属氧化物的总含量不变，用一种碱金属氧化物逐步取代另一种时，玻璃的性质不是呈直线变化，而是出现明显的极值。这一效应叫作混合碱效应，过去称之为“中和效应”。例如碱离子的扩散系数，当玻璃含有两种碱离子 A 和 B 时，不论 A 还是 B 的自扩散系数都要降低，其数值随着两种离子相对摩尔浓度而改变（见图 2-25）。

从图 2-25 看出，在 γ_{Cs} 从 0 到 1 的过程中，两种碱离子的扩散系数 D_{Na} 和 D_{Cs} 作反向变化，D_{Na} 由大变小，而 D_{Cs} 由小变大，因此得到两条 D-γ 曲线的交叉点，而在交叉点附近出现ΣD 的最低点 m。

这个最低点 m 在 $(1-x)Na_2O\cdot xCs_2O\cdot 5SiO_2$ 玻璃的许多与扩散有关的性能上得到反映，例如玻璃的热膨胀系数、电导率和介电损耗等在 m 的附近为最低，化学稳定性在 m

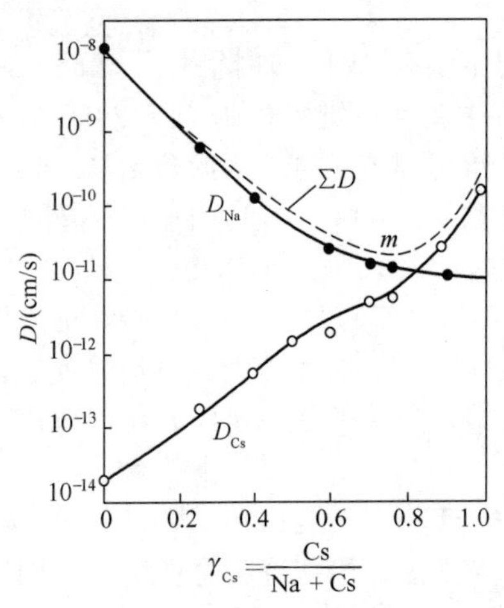

图 2-25 在 $(1-x)Na_2O \cdot xCs_2O \cdot 5SiO_2$ 玻璃中 Na^+ 和 Cs^+ 的扩散系数

点为最高。其他一些与扩散无关的性能，如折射率、密度、硬度等则不出现极值，仍与化学成分呈现直线关系。

混合碱效应已在生产实际得到应用，可以在仅仅调整碱离子种类而不变动其他成分的条件下，改变玻璃的性能。例如温度计玻璃就是采用单碱成分以防止由于混合碱效应而增大零点下降的现象发生。

人们曾提出过各种不同的观点以解释混合碱效应。但到目前为止还没有统一的看法。大致有下列几种论点：

①不同大小碱离子的相互阻挡论。认为在混合碱玻璃的扩散过程中，较小离子所留下的空位，阻挡大离子的运动，因而较大离子需要再活化，才能进行扩散；②认为同类碱离子间的排斥力大于异类碱离子之间的斥力，因此混合碱玻璃中碱离子与网络的结合力大于单碱玻璃，使混合碱玻璃中碱离子扩散活化能增大；③电动力学交互作用论。认为在玻璃中每个带正电的碱离子和它所在位置的负电荷一起，形成一个电偶极，这个电偶极同邻近的其他电偶极相互作用（即电动力学交互作用）。由于相互作用，一个碱离子就会受到其周围碱离子的牵制，因而扩散所需的活化能增加。特别是，当邻近碱离子由于种类不同而电场振荡频率不一致时，影响更大。在混合碱玻璃中，随着一种碱离子浓度的增加，对另一种碱离子来说，其邻近的进入相互作用区的异类碱离子增多，因而相互作用加强，结果扩散活化能随着异类碱离子含量的增加而变大。

2.11.2 二价金属氧化物的作用

二价金属氧化物，根据它在周期表中的不同位置，可以分成两类，第一类为碱土金属氧化物（包括 BeO、MgO、CaO、SrO、BaO），其离子具有 8 个电子外层，属于惰性气体型结构；第二类氧化物包括 ZnO、CdO 及 PbO，其离子 R^{2+} 具有 18 或 18+2 电子外层结构。这类非惰性气体型的阳离子，其电子云易变形，极化率较大，配位状态不稳定，在还原条件下易还原为金属。

二价金属氧化物的阳离子，它的离子半径大小与某些物理性质之间存在着一定的递变规律。见图 2-26 和图 2-27。从图可以看出，玻璃的折射率、密度、热膨胀系数，随 R^{2+} 半径增大而上升，硬度随半径增大而下降。此外，二价金属氧化物对碱金属氧化物有“压制效应”，实验证明，在无碱的二元玻璃中（$RO\text{-}SiO_2$），玻璃的电阻随 RO 含量增加而下降。而在含碱硅酸盐玻璃中，同样增加 RO 含量（不论取代 R_2O 或 SiO_2），电阻不是下降反而上升。这种反常现象也出现在化学稳定性和介电损耗等性质中。

常用的二价金属氧化物的作用分述如下：

(1) 氧化钙（CaO）

CaO 与 SiO_2 不能形成玻璃，在高温下只能生成两种不混溶液体。但当加入 Na_2O（或其他碱金属氧化物时）便能形成均匀的玻璃。这是 Na_2O 提供了极化度大的氧离子，缓和硅、钙离子对氧离子竞争的结果。

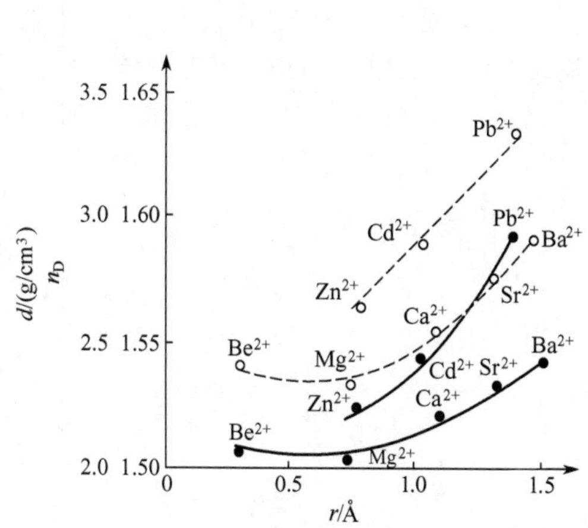

图 2-26 $18Na_2O \cdot 12RO \cdot 70SiO_2$ 系列玻璃折射率（n_D）和密度（d）的变化

虚线—n_D；实线—d

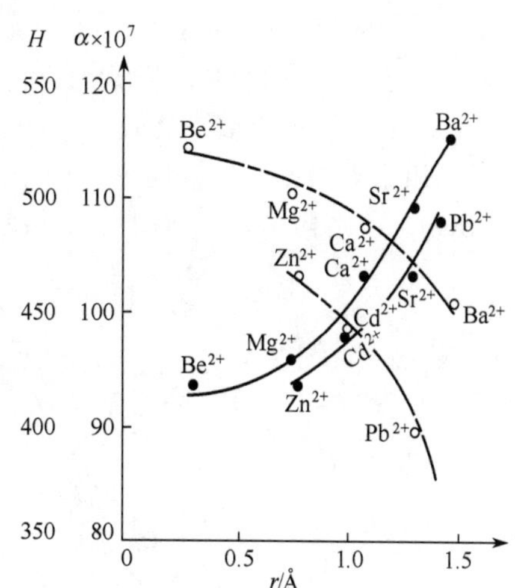

图 2-27 $18Na_2O \cdot 12RO \cdot 70SiO_2$ 系列玻璃硬度（H）和热膨胀系数（α）的变化

虚线—$H/(kg/mm^2)$；实线—$\alpha/℃^{-1}$

钙离子不参加网络，属网络外体离子，配位数一般为 6，钙离子在结构中活动性很小，一般不易从玻璃中析出，在高温时活动性较大。Ca^{2+} 有极化桥氧和减弱硅氧键的作用，这可能是它降低玻璃高温黏度的原因之一。玻璃中 CaO 含量过多，一般使玻璃的料性变短，脆性增大，这与 Ca^{2+} 对结构的积聚作用有关。在硼硅酸盐玻璃中 CaO 一般不加或少加，否则玻璃的析晶倾向增大，这也与 Ca^{2+} 的“积聚”作用有关。

（2）氧化镁（MgO）

氧化镁在硅酸盐矿物中存在着两种配位状态（4 或 6），但大多数是位于八面体中，属网络外体。只有当碱金属氧化物含量较多，而不存在 Al_2O_3、B_2O_3 等氧化物时，Mg^{2+} 才有可能处于四面体中，以［MgO］而进入网络。在钠钙硅玻璃中若以 MgO 取代 CaO，将使玻璃结构疏松，导致玻璃的密度、硬度下降，这是由于镁氧四面体进入玻璃网络所致。在钠钙硅玻璃中常以 MgO 取代部分 CaO 以降低玻璃析晶能力和调整玻璃的料性。含镁玻璃在水和碱液作用下，玻璃表面易于形成硅酸镁薄膜。在一定条件下剥落进入溶液，产生脱片现象。因此目前保温瓶和瓶罐玻璃都趋于少用或不用氧化镁组分。

（3）氧化钡（BaO）

钡是第二族主族中的最后一个元素。在碱土金属元素中，它的原子序数最大，离子半径最大，碱性最强。这些都决定了它具有提高玻璃折射率、色散、防辐射和助熔等一系列特性。它是典型的网络外体离子。它在结构中的地位和对性能的作用，介于碱土金属离子与碱金属离子之间。在一般玻璃中若以 BaO 取代 CaO 有增长料性的作用。

（4）氧化锌（ZnO）

在硅酸盐矿物中，Zn^{2+} 多处于八面体配位［ZnO_6］，而在有些矿物中（如铍榴石）则为四面体［ZnO_4］。在玻璃中锌氧四面体的含量一般随碱金属含量增大而增大，故氧化锌在有碱与无碱玻璃中的作用不同。一般来说，形成［ZnO_4］时结构比较疏松，形成［ZnO_6］时结构比较致密，表现在前者的密度和折射率小于后者。锌能适当提高玻璃的耐碱性。锌用量过多将增大玻璃的析晶倾向。

（5）氧化铅（PbO）

根据 X 射线结构分析表明，晶态氧化铅的结构如图 2-28 所示。

从图 2-28 可以看出，铅离子由八个氧离子所包围，其中四个氧离铅离子较远（0.429nm），另外四个氧离铅较近（0.23nm），形成不对称配位。铅离子外层的惰性电子对受较近的四个氧的排斥，推向另外四个氧离子的一边，因此在晶态 PbO 中组成一种四方锥体［PbO_4］的结构单元，如图 2-29 所示。

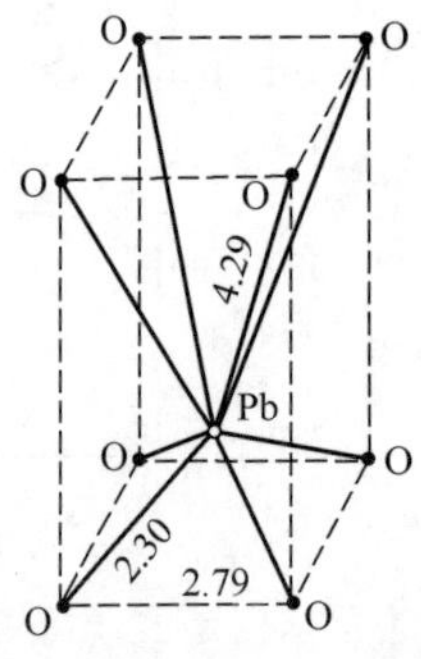

图 2-28　正方形 PbO 原子间距（Å）示意图

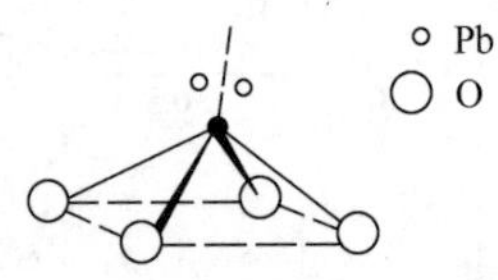

图 2-29　PbO 结构

从图 2-29 可以看出，Pb^{2+} 处于四方锥体的顶端，Pb^{2+} 的惰性电子处于远离四个 O^{2-} 的一面。一般认为，在高铅玻璃中均存在这种四方锥体，它形成一种螺旋形的链状结构，在玻璃中与硅氧四面体［SiO_4］通过顶角或共边相连接，形成一种特殊的网络，如图 2-30 所示。

正是这种特殊的网络，使 PbO-SiO_2 系统具有很宽的玻璃形成区，并决定了氧化铅在硅酸盐熔体中的高度助熔性。

铅是重金属元素，核外电子层次多，离子半径大，电子云容易变形，这些都决定了铅玻璃电阻大，介电损耗小，折射率和色散高以及吸收高能辐射等一系列特性。

为了解释铅在玻璃中一些特殊作用，有人根据 PbO 晶体的不对称结构特性，提出了铅玻璃中存在所谓“金属桥”的观点。认为在铅四方锥体中，在靠近四个 O^{2-} 的一面，因惰性电子对被推开，相当于失去两个电子，可以把这一面近似看成 Pb^{4+} 核，而远离四个 O^{2-} 的一面，相当于外加了两个电子，故可看成是零价的铅原子。这样，四方锥体中的铅离子可以以“$1/2Pb^{4+}$-$1/2Pb^0$”表示，其中 $1/2Pb^0$ 称为“金属桥”。从化学键的观点来看，铅玻璃表面应具有下列结构状态：

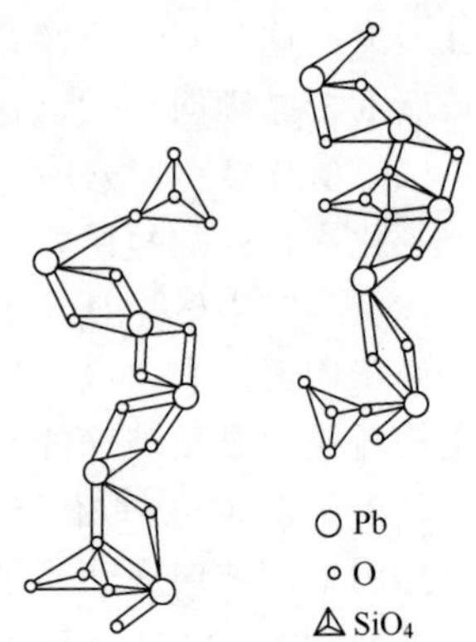

图 2-30　高铅玻璃中的链状结构

玻璃-O^{2-}-$1/2Pb^{4+}$-$1/2Pb^0$-大气

正是这一“金属桥”给铅玻璃带来一些优异的特性。例如铅玻璃对制造金红玻璃的高度适应性，就是突出的例子。由于 $1/2Pb^0$“金属桥”的存在，铅玻璃在不加保护胶（如 SnO）的条件下，也能制得颜色鲜明的金红玻璃。在金红玻璃熔制过程中，因为金属金和铅的“金属桥”同具有金属键，容易产生键合，如下式所示：

玻璃-O^{2-}-$1/2Pb^{4+}$-$1/2Pb^0$-Au-$1/2Pb^0$-$1/2Pb^{4+}$-O^{2-}-玻璃

这样使金在玻璃中处于高度分散的溶解状态，防止金颗粒成长过大（产生猪肝色），以保持金红玻璃具有鲜明的紫色。

由此看来，铅玻璃与金属封接的特有的气密黏结性，也可能与铅玻璃的“金属桥”有关。

锡离子 Sn^{2+} 的外电子层结构与 Pb^{2+} 类似，而且晶态 SnO 中也具有不对称的四方锥体结构，故 Sn^{2+} 也应具有“金属桥”的特性。玻璃镀银之前，一般都必须用 $SnCl_2$ 液冲洗玻璃表面，以加强银层与玻璃的结合力以及在制造金红、铜红玻璃中 SnO 的保护胶的作用等，显然都与 Sn^{2+} 的“金属桥”（$1/2Sn^0$）有密切的联系。下式是锡离子对强化银层与玻璃结合的结构状态：

$$玻璃\text{-}O^{2-}\text{-}1/2Sn^{4+}\text{-}1/2Sn^{0}\text{-}Ag$$

因此通过锡的“金属桥”作用，银层就能与玻璃牢固地结合。

2.11.3 其他氧化物的作用

（1）氧化铝

在硅酸盐矿物中，Al^{3+} 有两种配位状态，即位于四面体或八面体中。在玻璃中 Al^{3+} 也有这两种配位状态。在钠硅酸盐玻璃中，当 $\frac{Na_2O}{Al_2O_3}>1$ 时，Al^{3+} 均位于四面体中，而 $\frac{Na_2O}{Al_2O_3}<1$ 时，则作为网络外体位于八面体之中。场强较大的阳离子对 Al^{3+} 的配位状态有一定的影响，一般在玻璃中含有 Li^+、B^{3+}、Be^{2+} 时，由于它们有与氧离子结合的倾向，干扰了 Al^{3+} 的四面体配位，所以 Al^{3+} 就有可能处于八面体之中。

当 Al^{3+} 位于铝氧四面体［AlO_4］中，与硅氧四面体组成统一的网络。在一般的钠钙硅玻璃中，引入少量的 Al_2O_3，Al^{3+} 就可以夺取非桥氧形成铝氧四面体进入硅氧网络之中，把断网 $-\overset{|}{\underset{|}{Si}}-O^-\ Na^+$，$^-O-\overset{|}{\underset{|}{Si}}-$（$Na^+$）重新连接起来，使玻璃结构趋向紧密。因此 $-\overset{|}{\underset{|}{Si}}-O-\overset{|}{\underset{|}{Al}}-O-\overset{|}{\underset{|}{Si}}-$（$Na^+$）的形成是改进玻璃一系列性能的主要原因之一。

Al_2O_3 在磷酸盐玻璃中有特殊的作用，铝能与磷氧玻璃中带双键的氧形成铝氧四面体，有改善和强化磷酸盐玻璃结构的作用。故它能提高磷酸盐玻璃的一系列性能。一般的实用磷酸盐玻璃都含有一定数量的 Al_2O_3。

尽管 Al_2O_3 能改善玻璃的许多性能，但对于玻璃的电学性质有不良作用，这是一种反常现象。在硅酸盐玻璃中，当以 Al_2O_3 取代 SiO_2 时，介电损耗和电导率不是下降而是上升。故电真空玻璃中电学性能要求高的铅玻璃，一般都不含或少含 Al_2O_3。

关于这个问题有多种解释。一般说来铝氧四面体［AlO_4］比硅氧四面体［SiO_4］有较大的体积，因而结构疏松，空隙大，有利于碱金属离子的活动，使介电损耗和电导率相应上升。有人认为，在含铝玻璃结构中，碱离子与整个铝氧四面体结合，如 $\left[O-\overset{\overset{O}{|}}{\underset{\underset{O}{|}}{Al}}-O\right]^- R^+$。而在不含铝的玻璃中，碱离子则直接与非桥氧结合 $O-\overset{\overset{O}{|}}{\underset{\underset{O}{|}}{Si}}-O^-\ R^+$，因此前者结合力小于后者，使碱离子的扩散活化能相应下降。

（2）氧化硼

氧化硼 B_2O_3 是实用玻璃中重要的组分之一。它在玻璃中的作用比较特殊，它使玻璃形成氧化物，能单独生成玻璃。它既能改善玻璃的一系列性能，又有良好的助熔性，这是它的最大特点。前已指出，在不同条件下硼可能以三角体［BO_3］或四面体［BO_4］存在，在高温熔制条件下，一般难以形成硼氧四面体，而只能以硼氧三角体存在，这是 B_2O_3 降低玻璃高温黏度的主要原因。但低温时，在一定条件下 B^{3+} 有夺取游离氧形成硼氧四面体的趋势，使结构趋向紧密，故硼又能提高玻璃的低温黏度。在使用氧化硼时，必须考虑硼的“反常性”。

（3）氧化镧

它属稀土氧化物。玻璃中镧一般以 La^{3+} 状态存在。由于 La^{3+} 半径大（$r=0.12nm$），配位数高（8），因此氧化镧不是玻璃生成体，不能进入网络，而处于网络空隙之中，这是它与 B^{3+}、Al^{3+}、Ga^{3+} 不同之处。由于 La^{3+} 位于结构网络的空隙，又具有较高的配位数，因此含 La_2O_3 玻璃结构比较紧密，具有高的折射率。La^{3+} 又具有比较紧密的电子层结构，所以含 La_2O_3 玻璃色散并不大，这就是镧玻璃具有高折射低色散的主要原因。镧对玻璃性质的作用与 Al_2O_3 有一些类似，如引入少量 La_2O_3 能适当提高玻璃的化学稳定性，降低热膨胀系数，改善玻璃的灯工加工性能等。例如用镧掺杂的高硅氧玻璃，灯工加工性能良好，在火焰中反复加工都不易失透。

氧化镧主要用于制造高折射低色散光学玻璃和电极玻璃等，近年来也开始用于安瓿玻璃中。

（4）氧化铋

它在玻璃中的作用与 PbO 类似，能显著降低玻璃的黏度，增大玻璃的密度，常用于制造低熔点玻璃和防辐射玻璃。与 PbO 一样它本身不能形成玻璃，但在玻璃中 Bi_2O_3 加入量可以很大。氧化铋还能提高玻璃的折射率。

（5）氧化锆

在硅酸盐中氧化锆只有立方体［ZrO_8］一种配位。由于 Zr^{4+} 半径大，在玻璃结构中属网络外体。ZrO_2 在硅酸盐玻璃中溶解度小，能显著增大玻璃的黏度，并适当降低热膨胀系数。它的最大特点是能显著提高玻璃的耐碱性。ZrO_2 是微晶玻璃常用的成核剂之一。

（6）氧化钛

钛属于过渡元素，是着色物质。关于它的着色性能详见“玻璃的着色和脱色”部分。在硅酸盐玻璃中，钛常以 Ti^{4+} 状态存在。它一般位于八面体中，是网络外体离子。但在某些高碱玻璃中，有可能位于四面体中而进入网络，特别在高温条件下。氧化钛能提高玻璃的折射率、密度和电阻率。在一定范围内，TiO_2 能降低热膨胀系数，提高玻璃的耐酸性。TiO_2 常用于制造高折射光学玻璃、玻璃耐酸釉、玻璃微珠和防辐射玻璃等。TiO_2 是微晶玻璃的常用成核剂之一。

2.12 玻璃的热历史

玻璃的物理、化学性能在很大程度上取决于它的热历史。玻璃的热历史是指玻璃从高温液态冷却，通过转变温度区域和退火温度区域的经历。对某种玻璃成分来说，一定的热历史必然有其相应的结构状态，而一定的结构状态必然反映在它外部的性质上。例如急冷（淬火）玻璃较慢冷（退火）玻璃具有较大的体积和较小的黏度。在加热过程中，淬火玻璃加热到 300～400℃时，在热膨胀曲线上出现体积收缩，伴随着体积收缩还有放热效应。这种现象在良好的退火玻璃的膨胀曲线上并不存在。在一定温度下，随着保温时间的延长，淬火玻璃的黏度逐渐增大，而退火玻璃的黏度则逐渐减小，最后趋向一平衡值。淬火玻璃和退火玻璃的密度、电阻等亦有这种情况。显然，这些现象都与玻璃的热历史密切相关。

为了正确理解玻璃的结构、性质随热历史的递变规律，首先必须认识玻璃在转变温度区间的结构及其性质的变化情况。

2.12.1 玻璃在转变区的结构、性能的变化规律

玻璃熔体自高温逐渐冷却时，要通过一个过渡温度区，在此区域内玻璃从典型的液体状态逐渐转变为具有固体各项性质（即弹性、脆性等）的物体。这一区域称之为转变温度区。一般以通用符号 T_f 和 T_g 分别表示玻璃转变温度区的上下限：T_f 通称膨胀软化温度；T_g 通称转变温度。

上述两个温度均与试验条件有关，因此一般以黏度作为标志，即 T_f 相当于 $\eta=10^8\sim10^{10}$ Pa·s 时的温度，T_g 相当于 $\eta=10^{12.4}$ Pa·s 时的温度。

在 T_g 和 T_f 转变温度范围内，由于温度较低，黏度较大，质点之间将按照化学键和结晶化学等一系列的要求进行重排，是一个结构重排的微观过程。因此玻璃的某些属于结构灵敏的性能都出现明显的连续反常变化，而与晶体熔融时的性质突变有本质的不同，如图 2-31 所示，其中 G 表示热焓、比热容等性质；$\frac{dG}{dT}$ 表示其对温度的导数如热容、线膨胀系数等；$\frac{d^2G}{dT^2}$ 表示与温度二阶导数有关的各项性质如热导率、力学性质等。

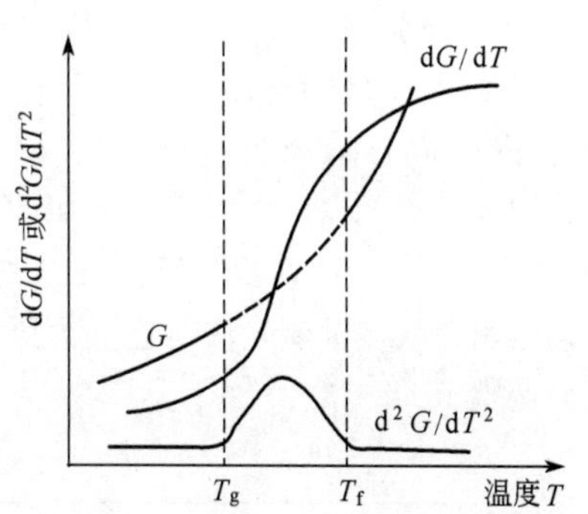

图 2-31 玻璃在转变温度范围的性质变化

曲线均有三个线段，低温线段和高温线段，其性质几乎与温度变化无关；中间线段，其性质随温度急速变化。温度区间（$T_g\sim T_f$）的大小取决于玻璃的化学组成。对一般玻璃来说，该温度区间的变动范围由几十度到几百度。

在 $T_g\sim T_f$ 范围及其附近的结构变化情况，可以从三个温度范围来说明：

（1）在 T_f 以上

由于此时温度较高，玻璃黏度相应较小，质点的流动和扩散较快，结构的改变能立即适应温度的变化，因而结构变化几乎是瞬时的，经常保持其平衡状态。因而在该温度范围内，温度的变化快慢对玻璃的结构及其相应的性能影响不大。

（2）在 T_g 以下

玻璃基本上已转变为具有弹性和脆性特点的固态物体，温度变化的快慢，对结构、性能影响也相当小。当然，在该温度范围（特别是靠近 T_g 时）玻璃内部的结构组团间仍具有一定的永久位移的能力。如在这一阶段热处理，在一定限度内仍可以清除以往所产生的内应力或内部结构状态的不均匀性。但由于黏度极大，质点重排的速度很慢，以致实际上不可能觉察出结构上的变化，因此，玻璃的低温性质常常落后于温度。这一区域的黏度范围相当于 $10^{12}\sim10^{13.5}$ Pa·s之间。这个温度间距一般称为退火区域。低于这一温度范围，玻璃结构实际上可认为已被“固定”，即不随加热及冷却的快慢而改变。

（3）在 $T_g\sim T_f$ 范围内

玻璃的黏度介于上述两种情况之间，质点可以适当移动，结构状态趋向平衡所需的时间较短。因此玻璃的结构状态以及玻璃的一些结构灵敏的性能，由 $T_g\sim T_f$ 区间内保持的温度

所决定。当玻璃冷却到室温时，它保持着与该温度区间的某一温度相应的平衡结构状态和性能。这一温度也就是图尔（Tool）提出的著名的“假想温度”。在此温度范围内，温度越低，结构达到平衡所需的时间越长，即滞后时间越长。

玻璃的热历史主要是指这一温度范围的热历史。

2.12.2 热历史对性能的影响

玻璃的热历史对玻璃的一系列物理化学性能都有显著的影响，就密度、黏度和热膨胀系数分述如下。

(1) 密度

急冷（淬火）和慢冷（退火）的同成分玻璃，它们的密度有较大的差别。前者由于迅速越过 $T_g \sim T_f$ 区，质点来不及取得其平衡位置，结构尚未达到平衡状态，质点之间距离较大，表现为分子体积较大，结构疏松，故密度较小。后者由于在 $T_g \sim T_f$ 范围内停留了足够的时间，然后冷却至室温，质点有足够的时间进行调整，使其接近于结构的平衡状态，表现为分子体积较小，结构较为致密，故密度较大（如图 2-32 所示）。将这两种玻璃在 520℃保温，淬火玻璃的密度随时间的增加而增大，退火玻璃的密度则随时间的增加而下降，最后（经 100h 保温）两者达到密度为 2.5215g/cm^3 的平衡密度值，此时结构达到平衡状态。从图 2-32 还可以看出，快冷玻璃较快地趋于达到平衡密度，这说明快冷玻璃的相对疏松的结构，较慢冷玻璃容易调整。

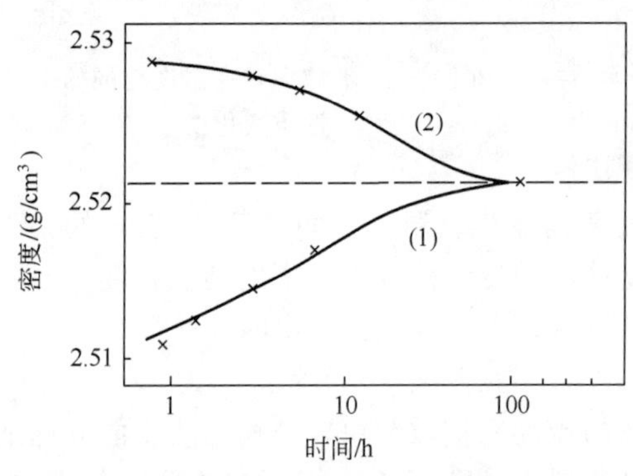

图 2-32 淬火玻璃（1）与退火玻璃（2）在 520℃时密度的平衡过程

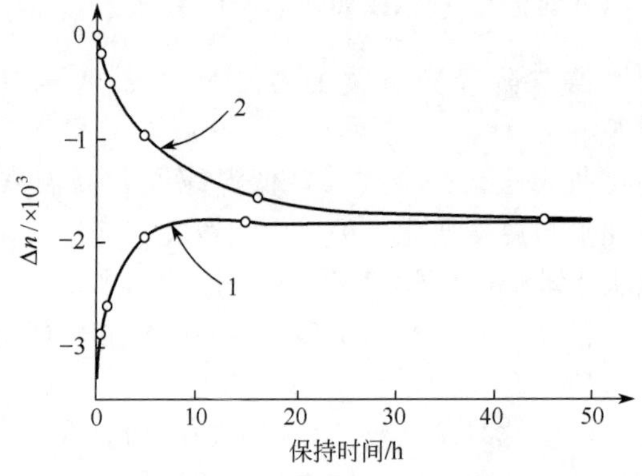

图 2-33 光学玻璃在某一曲线温度保温（620℃）时折射率随时间的变化

1—淬火样品；2—退火样品

必须指出，与密度有直接关系的玻璃折射率，也有同样的变化规律，图 2-33 表示淬火样品和退火样品在某一温度（620℃）保温时，折射率趋向于平衡的典型变化曲线。

(2) 黏度

黏度不仅是温度的函数，也和热历史有关。如钠钙硅玻璃急冷试样和经 477.8℃退火试样，同在 486.7℃下保温，分别随时间的延长而出现黏度增大和减小的现象，最后共同趋向一平衡值，如图 2-34 所示。

(3) 热膨胀

玻璃的热膨胀系数也与玻璃的热历史有关。一般地说，$T_g \sim T_f$ 之间的热历史对热膨胀系数有明显的影响。同成分的淬火玻璃比退火玻璃的热膨胀系数约大百分之几，见图 2-35。

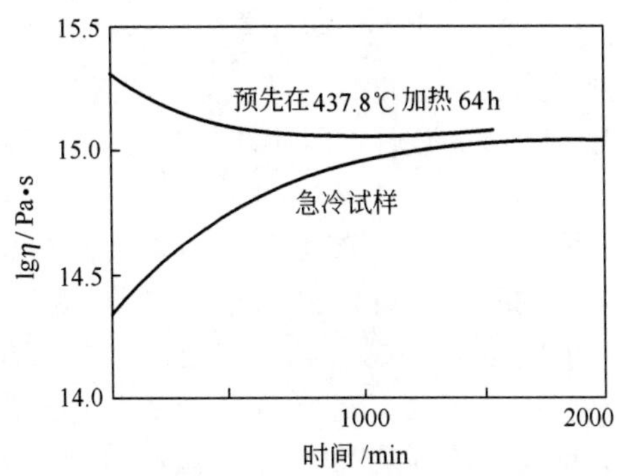

图 2-34　两个不同玻璃试样在 486.7℃保温的黏度-时间曲线

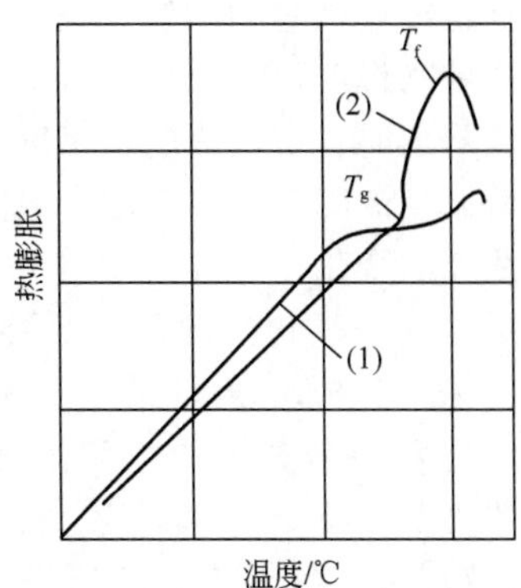

图 2-35　淬火玻璃（1）和退火玻璃（2）的热膨胀曲线

从图 2-35 还可以看出，退火玻璃在退火温度以上（高于 T_g）热膨胀系数迅速增大，直到玻璃软化为止。而淬火玻璃的热膨胀曲线则是另一种类型。

图尔等对硼硅酸盐玻璃和火石玻璃的热膨胀和热效应进行过一系列的研究，图 2-36 是其中一部分数据。

从图 2-36 可以看出，急冷试样在高于 250℃的温度，在正常膨胀率上出现了收缩［图 2-36（a）］。这种收缩随着温度的升高而增加。待到 350℃时，玻璃已具有明显的负膨胀。如在 443℃保温一段时间，试样仍将继续收缩。但在 360℃处理过的退火试样［图 2-36（b）］，在 443℃保温则呈现膨胀。这两种试样在 443℃保温后的冷却曲线几乎完全相同。

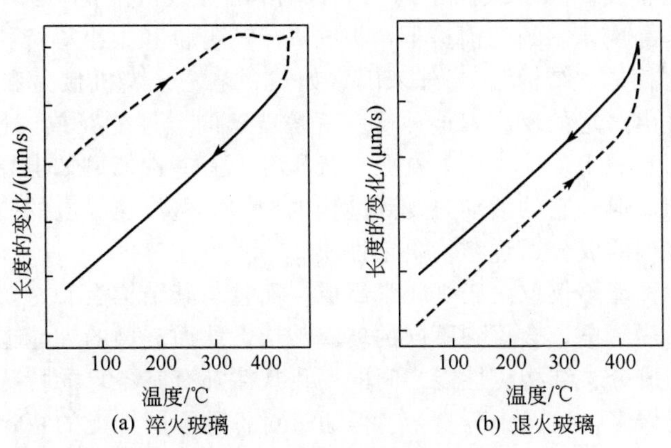

图 2-36　不同热历史玻璃的膨胀曲线

虚线—加热曲线；实线—冷却曲线

根据玻璃的热历史对热膨胀和热效应的影响，图尔等提出了“假想温度”和在这个温度下存在的物理-化学平衡态（即平衡结构）。从“假想温度”随温度或时间的变化关系，他们导出一个经验式。其计算值和实验结果大致符合。因而图尔所提的“假想温度”和相应的物理-化学态概念为一般人所接受。

2.12.3　理论分析

多年以来，人们曾经用不同的理论，解释有关玻璃热历史引起玻璃性能变化的种种现象。前面已提到图尔的“假想温度”对这方面的解释。后来人们又利用结晶物质在晶格缺陷方面的成就来说明，认为玻璃熔体在高温时含有大量的肖特（Schottky）型空位。当冷却至软化温度附近时，空位浓度随温度下降逐渐减少。到转变温度区以下，认为空位已被冻结，此时随着温度的降低，空位浓度的降低非常缓慢。到达室温后，即使在长时间内也不能觉察到空位浓度的变化。

如果玻璃从软化温度附近急冷至室温，就可能将相应于软化温度附近的空位浓度保存到室温来，这时玻璃即保存了大量的过剩空位，因此，可以认为玻璃在高温急冷时所保存的状态，即是高温的空位浓度状态。所谓相应温度（或“假想温度”）的平衡态即是空位浓度的平衡态。玻璃某些性能受热历史的制约，也正是空位所起的作用。玻璃在 $T_g \sim T_f$ 这段温度区间内性能所发生的变化，也正是由空位浓度在这段温度范围内的变化所引起的。例如将急冷玻璃在转变温度区某一温度保温，随着时间的延长，空位浓度随之减小，因此密度、折射率随之增大，热膨胀系数减小，最后达到某一平衡值。这说明，玻璃一系列性能因热历史不同所引起的变化，也可以从空位浓度在 $T_g \sim T_f$ 温度区间内的消长过程来解释。

热历史对玻璃的分相也有重要的作用（参见“熔体和玻璃体的相变”一章）。

2.13 玻璃成分、结构、性能之间的关系

前面在讨论不同系统玻璃结构中，从不同程度的玻璃成分、结构、性能之间的关系来说明玻璃结构问题。这里简略介绍上述三者间的一般关系。

玻璃可以近似地看成是原子或离子的一个聚合体。当然它们不是毫无规律地集合在一起，而是在结构化学等规律制约的前提下，根据离子的电价和大小等特性，使离子彼此以一定方式组织起来，这就是“结构”。当外来因素如热、电、光、机械力和化学介质等作用于玻璃时，玻璃就会做出一定的反应，这种反应就是玻璃的“性能”或“性质”。玻璃通常是以整个结构对外来因素做出反应。例如抗张、抗压等。有些性能例如电导，一般是通过碱金属离子的活动进行的。但是它的活动要受到结构的制约，例如在导电的同时还呈现电阻。因此，总的规律是：玻璃的成分通过结构决定性质。

玻璃的物理化学性能不仅取决于其化学组成，而且与其结构有着密切的关系。同种成分的玻璃，经过不同的热历史，会得到不同的玻璃结构，从而玻璃的性能也就不同。

不同系统玻璃的成分、结构、性能之间的变化规律都有其各自的特殊性。加之，玻璃成分及其物化性能种类繁多，情况十分复杂。但通过对各种不同性能的特定变化规律的归纳和分析，在玻璃性能和成分、结构间仍存在着某些一般的规律性。根据不同性能之间的共同特性，可以把常见的玻璃性能分成以下两大类：第一类性能在玻璃成分和性能间不是简单的加和关系，而可以用离子迁移过程中克服势垒的能量来标志这些性能。当玻璃从高温熔融状态冷却，经过转变区域时，这些性能一般是逐渐变化的，见图 2-37(a)。属于这类性能的有电导、电阻（ρ）、黏度（η）、介电损耗、离子扩散速度以及化学稳定性等。第二类性能和玻璃成分间的关系比较简单，一般可以根据玻璃成分和某些特定的加和法则进行推算。当玻璃从熔融状态经过转变区域冷却时，它们往往产生突变，见图 2-37(b)。属于这类性能的有折射率（n）、分子体积（V_m）、色散、密度、弹性模数（E）、扭变模数（G）、硬度、热膨胀系数以及介电常数等。

第一类性能就是具有迁移特性的性能。这些性能一般是通过离子（主要是碱金属离子）的活动或迁移体现出来的。因此离子在结构中的活动（或迁移）程度的大小，往往是衡量这

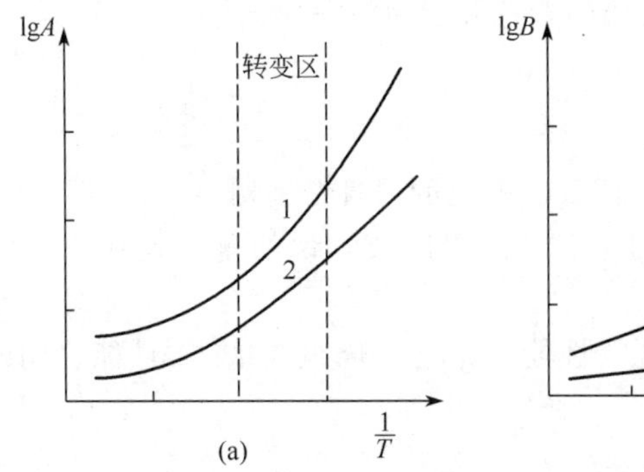

图 2-37 玻璃各性质随温度变化的关系

1—电阻；2—黏度；3—折射率，分子体积；4—弹性及扭变模数

些性能的标志。例如玻璃的电导和化学侵蚀主要决定于网络外阳离子（如 Na^+）的迁移活动性。离子的迁移性越大，电导和化学侵蚀越大，反之越小。当然阳离子的迁移活动性要受到玻璃结构特性的影响。

第二类性能是它对外来因素不是通过某一种离子的活动来做出反应，而是由玻璃网络（骨架）或网络与网络外阳离子来起作用。例如玻璃的硬度，首先来源于网络（骨架）对外来机械力的反抗能力，网络外阳离子也起一定的作用。因此网络形成氧化物（如 SiO_2）含量愈高，网络外阳离子场强愈大，硬度愈大，反之愈小。在常温下玻璃的这类性质可大致假设为构成玻璃的各离子性能的总和。例如玻璃密度取决于离子半径大小与其堆积的紧密程度。折射率决定于密度及离子极化率，热膨胀系数取决于阴阳离子间吸引力等。这类性能的变化规律，可以从各元素或离子在周期表上位置来判断。

在简单的硅酸盐玻璃系统（R_2O-SiO_2）中，当一种碱金属氧化物被另一种所替代时，第二类性能差不多呈直线变化，而第一类性能的变化完全不同，在"成分-性能"图中呈现极大或极小值，如图 2-38 所示。这种现象一般称中和效应（或混合碱效应），在第一类性能中反应非常明显。例如，同时含两种碱金属氧化物玻璃的电阻率（$\lg\rho$）可以比只含一种碱金属氧化物玻璃的电阻率大几千倍。而玻璃的介电损耗率（$\tan\delta$）和化学稳定性（S）则数值减小，性质改善。

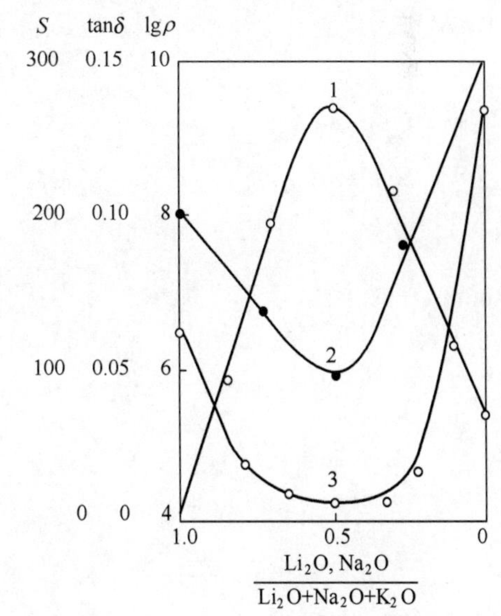

图 2-38 R_2O-SiO_2 系统玻璃性能的变化

1—电阻率（$\lg\rho$），$(40-x)\ K_2O \cdot xLi_2O \cdot 60SiO_2$；

2—介电损耗率（$\tan\delta$），$(25-x)\ K_2O \cdot xNa_2O \cdot 75SiO_2$；

3—化学稳定性（S）/(mg/mm²)，

$(14-x)\ K_2O \cdot xNa_2O \cdot 9PbO \cdot 77SiO_2$

玻璃分相的结构类型对第一类性能也有重要的作用（详见第 4 章"熔体和玻璃体的相变"）。

玻璃的光吸收性能尚未包括在上述两类性能中。光吸收主要是由于电子在离子内部不同轨道间的跃迁（在可见光区引起吸收），在不同离子间的电荷迁移（引起紫外吸收），以及原子或原子组团的振动（引起红外吸收）的结果，吸收波长的位置受配位体中阳离子的电子层结构、价态原子量的大小及其周围配位体等的影响（详见第5章“玻璃的着色和脱色”一节）。

思考题

1. 广义或狭义的玻璃的定义是什么？玻璃的通性都有哪些？

2. 玻璃结构的两大主要学说的论点、论据以及学说的重点是什么？玻璃结构的特点是什么？

3. 典型氧化物玻璃的结构特征及性能，论述玻璃组成-结构-性能之间的关系？

第3章 玻璃的形成规律

既然玻璃是物质的一种存在状态，那么是否任何物质都可以形成玻璃呢？塔曼曾经断言，几乎任何物质都可以转变成无定形态，但这一著名论断至今还不能给以充分证明。就目前而言，并非一切物质都能形成玻璃。实践证明：有些物质如石英（SiO_2）熔融后容易形成玻璃，而食盐（NaCl）却不能形成玻璃。究竟怎样的物质才能形成玻璃？玻璃形成的条件和影响因素又是什么？这些正是研究玻璃形成规律的对象。

研究玻璃形成规律不仅对研究玻璃结构有深刻的影响，而且也是寻找更多具有特殊性能的新型玻璃的必要途径。因此，研究和认识玻璃形成规律在理论和实践上都有重要的意义。

3.1 玻璃的形成方法

为了合成更多的新型无机非晶态固体材料，以适应科学技术发展的需要，材料科学家进行了大量的探索，发现了许多新的制备玻璃态物质（非晶态固体）的工艺和方法。目前，除传统的熔体冷却法外，还出现了气相和电沉积、真空蒸发和溅射、液体中分解合成等非熔融的方法。因此，过去许多用传统的熔体冷却法不能得到的玻璃态物质，现在都可以成功地制备了。

形成玻璃的方法很多。总的可分为熔体冷却（熔融）法和非熔融法两类。

熔体冷却（熔融）法是形成玻璃的传统方法，把单组分或多组分物质加热熔融后冷却固化而不析出晶体。近年来冷却工艺已得到迅速发展，冷却速度可达 $10^6 \sim 10^7$ ℃/s 以上，使过去认为不能形成玻璃的物质也能形成玻璃，如金属玻璃和水及水溶液玻璃。对于加热时易挥发、蒸发或分解的物质，现已有加压熔制淬冷新工艺，获得了许多新型玻璃。

非熔融法形成玻璃是近些年才发展起来的新型工艺。它包括气相和电沉积、真空蒸发和溅射、液体中分解合成等方法。表3-1列出了非熔融法形成玻璃的一些方法。

表3-1中所列的形成玻璃新方法，能够得到一系列性能特殊、纯度很高和符合特殊工艺要求的新型玻璃材料，极大地扩展了玻璃形成范围。

表 3-1　非熔融法形成玻璃一览表

原始物质	形成原因	获得方法	实例
固体（晶体）	切应力	冲击波	石英、长石等晶体通过爆炸，夹于铝板中受 600kbar（$1bar=10^5Pa$）的冲击波而非晶化，石英变为 $d=2.22g/cm^3$、$N_D=1.46$，接近于玻璃，350kbar 不发生晶化
		磨碎	晶体通过磨碎，粒子表面逐渐非晶化
	反射线辐射	高速中子射线或 α 射线	石英晶体，1.5×10^{20} 中子/cm^2 照射而非晶化，$d=2.26g/cm^3$、$N_D=1.47$
液体	形成络合物	金属醇盐的水解	Si、B、P、Al、Zn、Na、K 等醇盐的酒精溶液，水解得到凝胶，加热（$T<T_g$）形成单组分、多组分氧化物玻璃
气体	升华	真空蒸发沉积	低温极板上气相沉积非晶态薄膜，有 Bi、Ga、Si、Ge、B、Sb、MgO、Al_2O_3、ZrO_2、TiO_2、Ta_2O_5、Nb_2O_5、MgF_2、SiC 及其他各种化合物
		阴极溅射及氧化反应	低压氧化气氛中，将金属或合金进行阴极溅射，极板上沉积氧化物，有 SiO_2、PbO-TeO_2 薄膜、PbO-SiO_2 薄膜、莫来石薄膜、ZnO
	气相反应	化学气相沉积	$SiCl_4$ 水解，SiH_4 氧化而形成 SiO_2 玻璃；$B(OC_2H_5)_3$ 真空加热 700～900℃形成 B_2O_3 玻璃
	电解	辉光放电	辉光放电形成原子态氧，低压中金属有机化合物分解，基板上形成非晶态氧化物薄膜。无须高温，如 $Si(OC_2H_5)_4$ 形成 SiO_2
		阳极法	电解质水溶液电解，阳极析出非晶态氧化物，如 Ta_2O_5、Al_2O_3、ZrO_2、Nb_2O_5 等

3.2　玻璃形成的条件

3.2.1　玻璃形成的热力学条件

玻璃一般是从熔融态冷却而成。在足够高温的熔制条件下，晶态物质中原有的晶格和质点的有规则排列被破坏，发生键角的扭曲或断键等一系列无序化现象，它是一个吸热的过程，体系内能因而增大。然而在高温下，$\Delta G=\Delta H-T\Delta S$ 中的 $T\Delta S$ 项起主导作用，而代表焓效应的 ΔH 项居于次要地位，也就是说溶液熵对自由能的负的贡献超过热焓 ΔH 的正的贡献，因此体系具有最低自由能组态，从热力学上说熔体属于稳定相。当熔体从高温降温，情况发生变化，由于温度降低，$-T\Delta S$ 项逐渐转居次要地位，而与焓效应有关的因素（如离子的场强、配位等）则逐渐增强其作用。当降到某一定的温度时（例如液相点以下），ΔH 对自由能的正的贡献超过溶液熵的负的贡献，使体系自由能相应增大，从而处于不稳定状态。故在液相点以下，体系往往通过分相或析晶的途径放出能量，使其处于低能量的稳定态。因此，从热力学角度来看，玻璃态物质（较之相应结晶态物质）具有较大的内能，因此它总是有降低内能向晶态转变的趋势，所以通常说玻璃是不稳定的或亚稳的，在一定条件下（如热处理）可以转变为多晶体。

然而由于玻璃与晶体的内能差值不大，析晶动力较小；另一方面，玻璃处于一个小的能谷中，析晶首先要克服势垒，因此玻璃这种能量上的亚稳态（介稳态）在实际上能够保持长时间的稳定。一般说同组成的晶体与玻璃体的内能差别愈大，玻璃愈容易结晶，即愈难于生成玻璃；内能差别愈小，玻璃愈难结晶，即愈容易生成玻璃。

3.2.2 玻璃形成的动力学条件

形成玻璃的条件虽然在热力学上应该有所反应，但是并不能期望热力学条件能够单独解释玻璃的形成。这是由于热力学忽略了时间这一重要因素，热力学考虑的是反应的可能性以及平衡态的问题，但玻璃的形成实际是非平衡过程，也就是动力学过程。

前已述及，从热力学的角度看，玻璃是介稳的，但从动力学观点分析，它却是稳定的。它转变成晶体的概率很小，往往在很长的时间内也观察不到析晶迹象。这表明，玻璃的析晶过程必须克服一定的势垒（析晶活化能），它包括成核所需建立新界面的界面能以及晶核长大所需的质点扩散的激活能等。如果这些势垒较大，尤其当熔体冷却速度很快时，黏度增加甚大，质点来不及进行有规则排列，晶核形成和长大均难以实现，从而有利于玻璃的形成。

事实上如果将熔体缓慢冷却，最好的玻璃生成物（如 SiO_2、B_2O_3 等）也可以析晶；反之，若将熔体快速冷却，使冷却速度大于质点排列成为晶体的速度，则不宜玻璃化的物质如金属合金亦有可能形成金属玻璃。

因此从动力学的观点看，生成玻璃的关键是熔体的冷却速度（即黏度增大速度）。故在研究物质的玻璃生成能力时，必须指明熔体的冷却速度和熔体数量（或体积）的关系，因为熔体的数量大，冷却速度小；数量小则冷却速度大。

塔曼最先提出在熔体冷却过程中可将物质的结晶分为晶核生成和晶体长大两个过程，并研究了晶核生成速率、晶体生长速度与过冷度之间关系。晶核生成速率、晶体生长速度与过冷度之间关系的典型曲线见图 3-1。这两个过程都各自有适当的冷却程度，但这并不是说冷却程度愈大、温度愈低愈有利。塔曼认为玻璃的形成正是由过冷熔体中晶核形成最大速率所对应的温度低于晶体生长最大速度所对应的温度所致。因为当熔体冷却，温度降低到晶体生长最大速度时，晶核生长速率很小，只有少量晶核长大；而温度降低到晶核形成最大速率时，晶体生长速度也很小，晶核不可能充分长大，最终不能结晶而形成玻璃。因此，两曲线重叠区愈小，愈容易形成玻璃；反之，两曲线重叠区愈大，愈容易析晶，而难于形成玻璃。由此可见，要使析晶本领大的熔体成为玻璃，只有采取增加冷却速度以迅速越过析晶区的方法，使熔体来不及析晶而玻璃化。

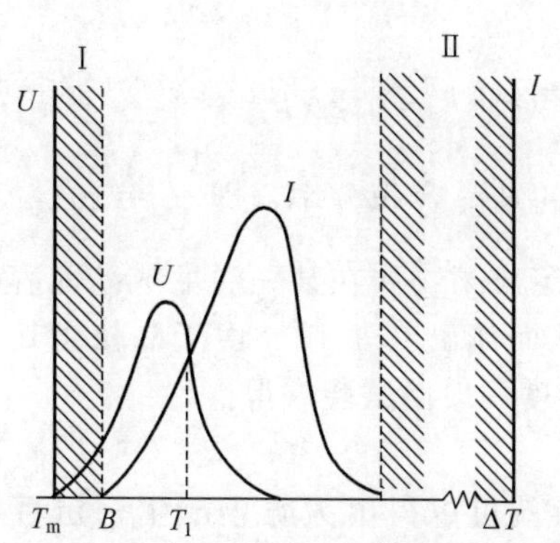

图 3-1 晶核生成速率、晶体生长速度与过冷度之间关系的典型曲线

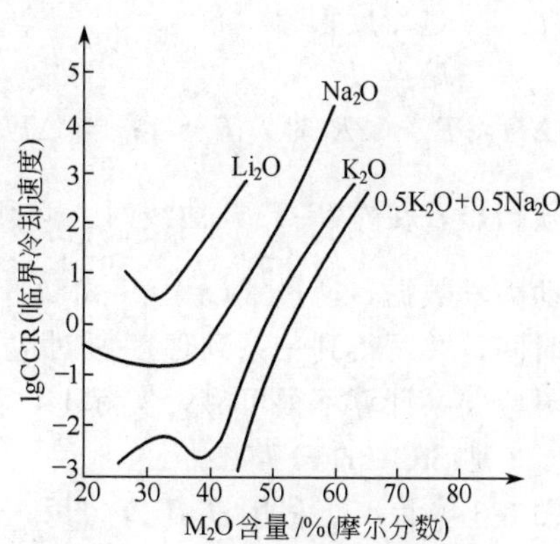

图 3-2 M_2O-SiO_2 系统玻璃成分和临界冷却速度的关系

后来，笛采尔（Dietzel）、斯梯弗斯（Stevels）等不断发展了塔曼的学说，设想用各种表征冷却速度的标准来衡量玻璃的形成能力。例如用晶体线生长速度（γ）的倒数（$1/\gamma$），临界冷却速度（即能获得玻璃的最小冷却速度）（参见图 3-2）。乌尔曼（D. R. Uhlmann）提出三 T 图

来研究玻璃的转变，取得很大成功，成为玻璃形成动力学理论中十分重要的方法之一。

所谓三 T 图，是通过 T-T-T（即温度-时间-转变）曲线法，以确定物质形成玻璃的能力大小。在考虑冷却速度时，必须选定可测出的晶体大小，即某一熔体究竟需要多快的冷却速度，才能防止产生能被测出的结晶。据估计，玻璃中能测出的最小晶体体积与熔体之比大约为 10^{-6}（即容积分率 $\frac{V_L}{V}=10^{-6}$）。由于晶体的容积分率与描述成核和晶体长大过程的动力学参数有密切的联系，为此提出了熔体在给定温度和给定时间条件下，微小体积内的相转变动力学理论。作为均匀成核过程（不考虑非均匀成核），在时间 t 内单位体积的结晶 V_L/V 描述如下：

$$V_L/V \approx \frac{\pi}{3} I_v u^3 t^4 \tag{3-1}$$

式中 I_v——单位体积内结晶频率，即晶核生成速度；

u——晶体生长速度。

$$u=\frac{f_s KT}{3\pi a_0^2 \eta}\left[1-\exp\left(-\frac{\Delta H_f \Delta T_r}{RT}\right)\right] \tag{3-2}$$

$$I_v=\frac{10^{30}}{\eta}\exp\left(-\frac{B}{T_r \Delta T_r^2}\right) \tag{3-3}$$

式中 a_0——分子直径；

K——玻尔兹曼常数；

ΔH_f——摩尔熔化热；

η——黏度；

f_s——晶液界面上原子易于析晶或溶解部分与整个晶面之比；

R——气体常数；

B——常数；

T——实际温度：

$$T_r=T/T_m,\Delta T_r=\Delta T/T_m,\Delta T=T_m-T$$

ΔT——过冷度；

T_m——熔点。

当 $\Delta H_f/T_m<2R$ 时，$f_s\approx 1$；当 $\Delta H_f/T_m>4R$ 时，$f_s=0.2\Delta T_r$。

必须指出，在作 T-T-T 曲线时，必须选择一定的结晶容积分率（即 $\frac{V_L}{V}=10^{-6}$）。利用测得的动力学数据，通过式(3-1)～式(3-3)，可以确定出某物质在某一温度成结晶容积分率所需的时间，并可得到一系列温度所对应的时间，从而作出三 T 图。由于晶核生长速度与温度的对应关系计算不很可靠，实际上，晶核生长速度一般由试验求得。

图 3-3 是 SiO_2 的三 T 图。

从图 3-3 可看出，利用 T-T-T 图和公式(3-1)，就可以得出为防止产生一定容积分率（即 $\frac{V_L}{V}=10^{-6}$）结晶的冷却速度。由 T-T-T 曲线"鼻尖"点可粗略求得该物质的形成玻璃的临界冷却速度（$\frac{dT}{dt}$）$_c$，由下式表示。

$$\left(\frac{dT}{dt}\right)_c \approx \frac{\Delta T_N}{\tau_N} \tag{3-4}$$

$$\Delta T_N = T_m - T_N$$

式中 T_N——T-T-T 曲线“鼻尖”之点的温度；

τ_N——T-T-T 曲线“鼻尖”之点的时间；

T_m——熔点。

样品的厚度直接影响到样品的冷却速度，因此过冷却形成玻璃的样品厚度是另一个描述玻璃形成能力的参数，如不考虑样品表面的热传递，则样品的厚度 Y_c 大致有如下的数量级：

$$Y_c \approx (D_{Th}\tau_N)^{1/2} \tag{3-5}$$

式中 D_{Th}——样品的热扩散系数。

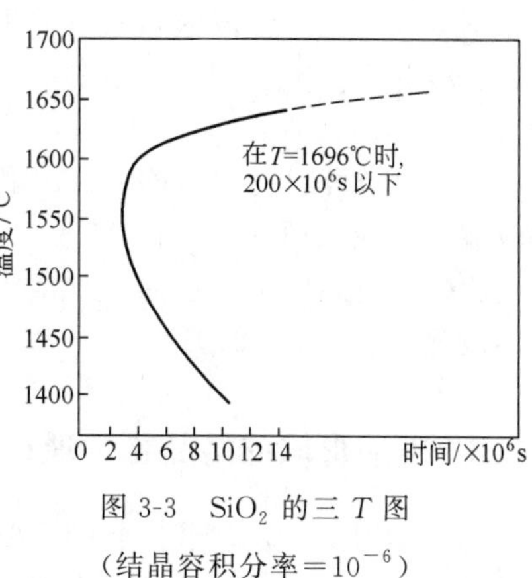

图 3-3 SiO_2 的三 T 图

（结晶容积分率＝10^{-6}）

关于玻璃生成的动力学观点的表达方式很多，下列两种物理化学因素是主要的，①为了增加结晶的势垒，在凝固点（热力学熔点 T_m）附近的熔体黏度的大小，是决定能否生成玻璃的主要标志。②在相似的黏度-温度曲线情况下，具有较低的熔点，即 T_g/T_m 值较大时，玻璃态易于获得。表 3-2 列出一些化合物的物理化学性能和形成玻璃的性能。

表 3-2 某些化合物的物理化学性能和形成玻璃性能

性能	化合物						
	SiO_2	GeO_2	B_2O_3	Al_2O_3	As_2O_3	Se	BeF_2
T_m/℃	1710	1115	450	2050	280	225	540
$\eta(T_m)$/Pa·s	10^6	10^5	10^4	0.06	10^4	10^2	10^5
E_η/(kcal/mol)	120	73	38	30	54	44	73
T_g/T_m	0.74	0.67	0.72	~0.5	0.75	0.65	0.67
(dT/dt)/(℃/s)	10^{-5}	10^{-2}	10^{-6}	10^3	10^{-5}	10^{-3}	10^{-5}
$K(T_m)/\Omega^{-1}\cdot cm^{-2}$	10^{-5}	$<10^{-5}$	$<10^{-6}$	15	10^{-5}	$<10^{-5}$	10^{-8}

从表 3-2 可以看出，随黏度 η 的增大，化合物生成玻璃的冷却速度（dT/dt）减小，即冷却速度较小（与其他化合物对比）也能生成玻璃。

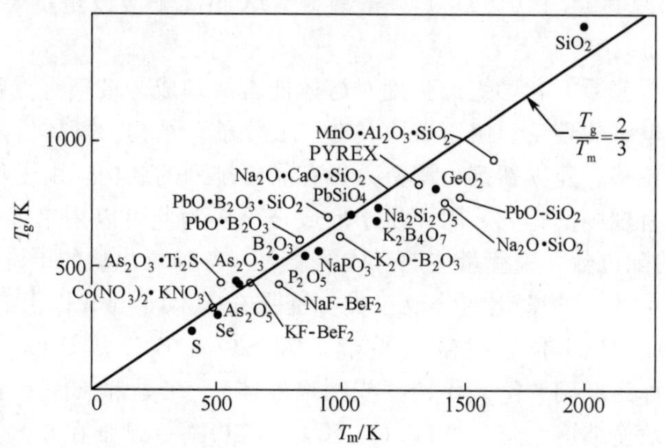

图 3-4 一些玻璃形成化合物和单质的转变点温度（T_g）与熔点温度（T_m）的关系

图 3-4 表示一些玻璃形成化合物和单质的转变点温度（T_g）与熔点温度（T_m）的关系，直线为 $T_g/T_m=2/3$。通常称为“三分之二”规则。作为衡量物质形成玻璃能力的粗略参数之一。

从图 3-4 可以看出，除 GeO_2 和 As_2O_3 与直线有些偏离外，这些玻璃形成物质的点都比较靠近直线。而 GeO_2 和 As_2O_3 的偏离可能是由于结构因素所致。一般说易生成玻璃的氧化物位于直线的上方，而较难生成玻璃的氧化物则位于直线的下方。图中还列出一些实用玻璃成分 T_g 与 T_m 的关系。

3.2.3 玻璃形成的结晶化学理论

动力学因素虽是玻璃形成的重要条件，但它毕竟是反映物质内部结构的外部属性。玻璃形成只有对决定物质构造的基本因素，如化学键性质、质点堆积、单质和化合物结构类型进行研究才能获得根本性的规律，而以上所有专题都归属于结晶化学的内容。因此，在玻璃形成理论中，结晶化学条件是研究最广泛和最令人感兴趣的领域。

（1）熔体结构

熔体自高温冷却，原子、分子的动能减小，它们必将进行聚合并形成大阴离子［如 $(Si_2O_5)_n^{2-}$，层状；$(SiO_3)_n^{2-}$，链状等］，从而使熔体黏度增大。一般认为，如果熔体中阴离子集团是低聚合的，就不容易形成玻璃。因为结构简单的小阴离子基团（特别是离子），便于位移、转动，容易调整成为晶体，而不利于形成玻璃。反之，如果熔体中阴离子集团是高聚合的，例如形成具有三维空间的网络或二维空间的层状、一维空间链状结构的大阴离子（在玻璃中通常三者兼而有之，相互交叠），这种错综复杂的网络，由于位移、转动、重排困难，所以不易调整成为晶体，即容易形成玻璃。例如氯化钠熔体是由自由的 Na^+ 与 Cl^- 构成，在冷却过程中，很容易排列成为 NaCl 晶体，不利于形成玻璃。而 SiO_2 熔体是一种高聚合的三维空间网络的大阴离子，因此在冷却过程中，由于网络大，熔体结构复杂，转动、重排都很困难，结晶激活能力较大，故不易调整成为晶体，玻璃形成能力很大。B_2O_3 熔体是一种链状结构，由于阴离子基团聚合程度较高，在冷却过程中，也不易排列成为晶体，易于形成玻璃；但熔体的阴离子基团的大小并不是能否形成玻璃的必要条件，低聚合的阴离子因特殊的几何构型或因其间有某种方向性的作用力存在，只要析晶激活能比热能相对大得多，都有可能成为玻璃。

对于无机玻璃，因其凝固点（T_m）一般较高，大阴离子应该是重要条件之一。

（2）键强

根据许多试验数据来看，化学键的强度对熔体能否冷却成为玻璃有重要的影响。其中较重要的有孙光汉提出的单键能理论。由于熔体具有“大分子”结构。熔体析晶必须破坏熔体内原有的化学键，使质点位移，建立新键，调整为具有晶格排列的结构，由于化学键强大者不易被破坏，难以调整成为有规则的排列，因而易于形成玻璃。为此可以用单键强度（即 MO_x 的解离能除以阳离子 M 的配位数）来衡量玻璃形成的能力（各种氧化物的单键强度见表 3-3）。

根据单键强度的大小，将氧化物分成三类：键强在 80kcal/mol 以上者称为玻璃形成氧化物（或网络形成体），它们本身能生成玻璃，如 SiO_2、B_2O_3、P_2O_5、GeO_2 等。键强在 60kcal/mol 以下者，称为玻璃调整氧化物（或网络外体），在通常条件下不能形成玻璃，但能改变玻璃的性能，一般使结构变弱，如 Na_2O、K_2O、CaO 等。键强在 60～80kcal/mol 者称为中间体氧化物（或网络中间体），其玻璃形成能力介于玻璃形成氧化物与玻璃调整氧化物之间，但本身不能单独形成玻璃。将其加入玻璃中能改善玻璃的性能，如 Al_2O_3、BeO、ZnO、TiO_2 等。

表 3-3　各种氧化物的单键强度

元素	原子价	每个 MO_x 的分解能价 E_d/kcal	配位数	M—O单键键能/(kcal/mol)	类型	元素	原子价	每个 MO_x 的分解能价 E_d/kcal	配位数	M—O单键键能/(kcal/mol)	类型
B	3	356	3	119	网络形成体	Th	4	588	12	49	网络外体
Si	4	423	4	106		Sn	4	278	6	46	
Ge	4	431	4	108		Ga	3	267	6	45	
Al	3	402～317	4	101～79		In	3	259	6	43	
B	3	356	4	89		Pb	4	232	6	39	
P	5	442	4	111～88		Mg	2	222	6	37	
V	5	449	4	112～90		Li	1	144	4	36	
As	5	349	4	87～70		Pb	2	145	4	36	
Se	5	339	4	85～68		Zn	2	144	4	36	
Zr	4	485	6	81	网络中间体	Ba	2	260	8	33	
Th	4	588	8	74		Ca	2	257	8	32	
Ti	4	435	6	73		Sr	2	256	8	32	
Zn	2	144	"2"	72		Cd	2	119	4	30	
Pb	2	145	"2"	73		Na	1	120	6	20	
Al	3	402～317	6	53～67		Cd	2	119	6	20	
Be	2	250	4	63		K	1	115	9	13	
Zr	4	485	8	61		Rb	1	115	10	12	
Cd	2	119	"2"	60		Hg	1	68	6	11	
Sc	3	362	6	60		Cs	1	114	12	10	
La	3	407	7	58							
Y	3	399	8	50							

注："2"表示配位数不完全确定。

也有人提出另一种表示键强的阳离子场强（Zc/a^2），作为衡量玻璃形成能力的标准。凡是场强大于1.8的阳离子如 Si^{4+}、B^{3+}、P^{5+} 等，都是网络形成体，能够形成玻璃。凡是场强小于0.8的阳离子如碱金属、碱土金属离子，则是网络外体，又称为网络修改物，其本身不能形成玻璃。阳离子场强介于0.8～1.8之间的是中间体氧化物，它们可作为调整离子出现，有时又可以类似于网络形成体而参加网络。

键强是衡量玻璃形成条件之一，对许多氧化物是适用的，但有一定的局限性。例如计算解离能的方法和数据不够严格，某些阳离子的配位数还不确定。另外由于原子间距难以确定，因此利用单键强度或阳离子场强来衡量玻璃形成能力，并不是很精确的。

（3）键性

化学键的性质是决定物质结构的主要因素，因而它对玻璃的形成也有重要的作用。

化学键是纯净分子内或晶体内相邻两个或多个原子（或离子）间强烈作用力的统称，一般分为金属键、共价键、离子键三种形式。但这三种键不是绝对的，还存在着相互之间的过渡形式，例如共价键与离子键，共价键与金属键之间有过渡形式。

离子键没有方向性和饱和性，离子倾向于紧密排列，原子间相对位置容易改变，因此离子相遇组成晶格的概率比较大，故离子化合物的析晶激活能不大，容易调整成为晶体。例如离子键化合物 NaCl、CaF_2 等在熔融状态时，以单独离子存在，流动性很大，在凝固点靠库仑力迅速组成晶格。

共价键有方向性与饱和性，作用范围较小。但是单纯共价键的化合物大多为分子结构，而作用于分子间的为范德华力。由于范德华力无方向性，组成晶格的概率比较大，一般容易在冷却过程中形成分子晶格，所以共价键化合物一般也不易形成玻璃。

金属键无方向性、饱和性，金属结构倾向于最紧密排列，在金属晶格内形成一种最高的配位数（12），原子间相遇组成晶格的概率最大，因此最不容易形成玻璃。

从以上分析可见，比较单纯的键型如金属键、离子键化合物在一般条件下不容易形成玻璃，而纯粹的共价键化合物也难于形成玻璃。当离子键和金属键向共价键过渡时，形成由离子-共价、金属-共价混合键所组成的大阴离子时，就最容易形成玻璃。例如离子与共价键的混合键（极性共价键），它主要在于有 sp 电子形成杂化轨道，并构成 σ 和 π 键。这种混合键，既具有离子键易改变键角、易形成无对称变形的趋势，又具有共价键的方向性和饱和性，不易改变键长和键角的倾向。前者造成玻璃的长程无序，后者赋予玻璃短程有序，因此极性共价键化合物较易形成玻璃。例如具有极性共价键的 SiO_2、B_2O_3 等都容易形成玻璃。

在 SiO_2 玻璃中，［SiO_4］四面体内表现为共价键特性，其 O—Si—O 键角符合理论值 109.4°，而四面体共顶角时，Si—O—Si 键角能在较大范围内无方向性地连接起来，体现了离子键的特性。实践表明：在离子与共价键的混合键中，键的离子性质为 50%左右才能形成玻璃。表 3-4 列出若干氧化物的键性和玻璃形成倾向。

表 3-4　若干氧化物的键性和玻璃形成倾向

氧化物的分子式	配位数	结构类型	键的离子性/%	玻璃形成倾向
SO	4	分子结构	20	不形成玻璃
P_2O_5	4	层状结构	39	形成玻璃
B_2O_3	3 或 4	层状结构	42	形成玻璃
SiO_2	4	三维空间结构	50	形成稳定玻璃
GeO_2	4	三维空间结构	55	形成稳定玻璃
Al_2O_3	4 或 6	刚玉型结构	60	难形成玻璃
MgO	4 或 6	NaCl 型结构	70	不形成玻璃
Na_2O	6 或 8	CaF_2 型结构	80	不形成玻璃

极性共价键的形成是由于离子或多或少的极化而使原子核间电子滞留。一般也可用电负性来估价离子键性。参见下式：

$$\text{离子键性}=\left\{1-\exp\left[-\frac{1}{4}(x_A-x_B)^2\right]\right\}\times 100\% \tag{3-6}$$

式中 x_A-x_B 为 A、B 两元素电负性差值。图 3-5 为它们的计算结果曲线。图中两个箭头间的曲线表示可形成玻璃的键性范围。必须指出：用电负性来估价离子键性，判断形成玻璃能力有一定局限性，如 Si 和 Sn 的电负性值相等，但 SiO_2 和 SnO_2 形成玻璃的能力却完全不同。

3.2.4　温特（Winter）的原子构造理论

温特从元素的原子构造出发提出了一个有关玻璃形成规律的新假说。他在研究周期表中各元素的电子构型（即电子组态）与玻璃形成的关系时发现，所有的玻璃形成体都属于周期表第Ⅲ族至第Ⅵ族，在它们的外电子壳层中都有 s 电子和 p 电子。例如可以作为玻璃形成体的氧化物中元素的电子壳层结构为：

第Ⅲ族（B、Al、Ga、In、Tl）s^2p^1

第Ⅳ族（C、Si、Ge、Sn、Pb）s^2p^2

第Ⅴ族（N、P、As、Sb、Bi）s^2p^3

第Ⅵ族（O、S、Se、Te）s^2p^4

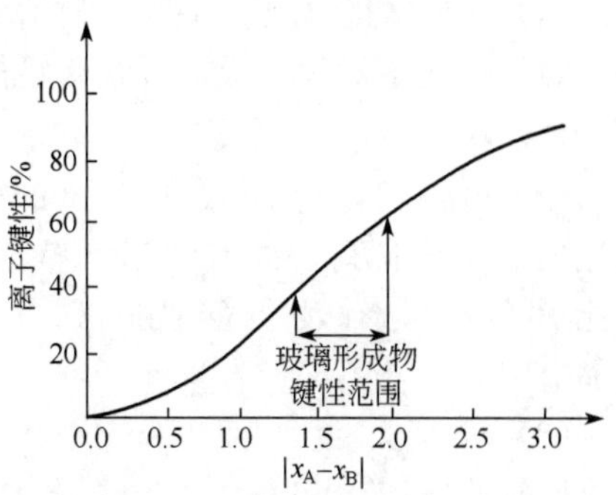

图 3-5　原子电负性差值 $|x_A-x_B|$ 与离子键性的计算结果曲线

由此温特推测，当相互作用的原子在最外层有 p 电子时，就具有形成玻璃能力。温特还根据第Ⅵ族中 S 和 Se 可以从熔体过冷而形成稳定的玻璃，而且由第Ⅵ族元素相互化合或与其他族（Ⅲ、Ⅳ、Ⅴ）元素化合有可能形成玻璃的事实认为，电子外壳层结构中具有 4 个 p 电子的元素对于玻璃形成最为有利。从这一观点出发，温特分析了大量数据后于 1955 年提出可以按照物质原子的外电子壳层中 p 电子数目来确定这一元素或化合物是否能够形成玻璃。p 电子判据为：化合物中各原子外电子壳层中 p 电子数之和与组成玻璃的原子数之比 $\sum p/\sum Z>2$ 时能形成玻璃，她计算了 SiO_2 和某些硅酸盐玻璃的 p 电子数据（见表 3-5）。按判据来确定形成玻璃性质与实际很相近。

表 3-5　某些硅酸盐玻璃的 p 电子数据与形成玻璃性质

化合物	SiO_2	$Na_2O\cdot 2SiO_2$	$Na_2O\cdot 2CaO\cdot 3SiO_2$	$Na_2O\cdot SiO_2$	$3Na_2O\cdot 2SiO_2$	$2Na_2O\cdot SiO_2$
p 电子数	10	24	42	14	22	18
原子数 Z	3	9	16	6	15	9
$\sum p/\sum Z$	3.3	2.66	2.63	2.33	2.1	2
成玻璃性质	易形成玻璃			可形成玻璃，易析晶		不形成玻璃

由表可见，$\sum p/\sum Z>2.63$ 时，例如偏硅酸钠能够制成很稳定的玻璃；而 $\sum p/\sum Z<2.0$ 时，只有经过急冷才能获得玻璃态。当组分中外层含有 5 个 p 电子的第Ⅶ族元素时，这一规则也能适用，例如 BeF_2 的 $\sum p/\sum Z=3.33$（与 SiO_2 相同），它能够形成稳定玻璃。但显而易见，这一判据也不是普遍适用的。尽管温特是在极端急冷的条件下来讨论玻璃形成规律，但是对于外层 p 电子等于 4 的 Te 能够生成玻璃是难于令人信服的，而且 O、S、Se、Te 的高价化合物（高于 4 价），有些 $\sum p/\sum Z$ 比值比较高，但不一定能形成玻璃，例如 ThO_2，其 $\sum p/\sum Z=2.66$，可是它不能成玻璃。

虽然温特判据有一些例外和难以解释的问题，但温特却是利用它制得了许多以前没有的玻璃，而且这一判据在理论上的含义也是不难理解的。p 电子的存在表明会形成 s-p 或 s-p-d 杂化轨道而成键，这类键有利于熔体过冷形成玻璃。

3.3　氧化物玻璃形成区

3.3.1　一元系统玻璃

(1) B_2O_3

熔体属高聚合物质，形成链状结构，B—O 键是离子-共价混合键，键能很大。在 B_2O_3

中［BO_3］为结构单元。B—O 键的离子性使氧趋向于紧密排列，使 B—O—B 键角可以改变，容易造成不对称变形，所有这些都说明 B_2O_3 容易形成玻璃。

（2）Al_2O_3

Al—O 键具有比 B—O 键较高的离子性，在 Al_2O_3 中，Al^{3+} 有较高的配位数（6）使氧倾向于紧密排列，故有利于调整成为有规则排列的晶体，因此，Al_2O_3 形成玻璃的倾向比 B_2O_3 小，有人曾经利用特殊方法制备了玻璃态 Al_2O_3，但这种玻璃很不稳定，容易结晶。

（3）SiO_2

硅氧四面体［SiO_4］是 SiO_2 各种变体及硅酸盐中的结构单元。Si—O 键是离子-共价混合键，键能很大。Si—O 键的离子性使氧趋向于紧密排列，Si—O—Si 键角可以改变，使［SiO_4］可以不同方式互相结合，这对于形成不规则网络具有重要的意义。共价性使［SiO_4］成为不变的结构单元，不易改变硅氧四面体内的键长及键角。总之，SiO_2 具有极性共价键、大阴离子、键甚强，易造成无对称变形等特点，故是良好的玻璃形成物。

3.3.2 二元系统玻璃

二元系统玻璃形成的规律要比一元系统复杂。在二元系统中，不同阳离子之间的电场强度之差，对玻璃形成有显著作用。如果差别较大（例如碱硅酸盐），则易于形成玻璃，反之，则难于形成玻璃（例如碱土硅酸盐）。因为电场强度差别小，两者都力图按自身的配位要求“争夺”氧，使体系内能增大，最终引起分相，导致析晶。

根据各种氧化物在玻璃形成时的不同特性，可将其分为网络形成体（F）、中间体（I）和网络修饰体（M）。它们可组合成 6 种方式(F-M、F-I、F-F′、I-I′、M-M′、I-M）的二元系统。后面 3 种无网络形成体，一般不能形成玻璃。

（1）F-M 二元系统

① R_mO_n-B_2O_3 二元系统玻璃。从试验得知，本系统的玻璃形成范围与 R 离子的半径 r、电价、极化率和配位数等因素有关，其中离子半径 r 是主要的。图 3-6 示出 R_mO_n 的最大可加入量与 r 的关系。

从图 3-6 可以得出下列规律：

a. 在电价相同的基础上作比较，当阳离子半径 r 增大时，玻璃形成范围随之增大。例如：电价=1，$Li^+ \rightarrow Na^+ \rightarrow K^+$；电价=2，$Mg^{2+} \rightarrow Ca^{2+} \rightarrow Sr^{2+} \rightarrow Ba^{2+}$。显然半径 r 增大，玻璃形成范围也增大。这是因为随着 r 的增大，阳离子的电场强度减小，与硅争夺氧的能力减小，而有利于形成玻璃。这条规律仅适用于 R_2O 和 RO。

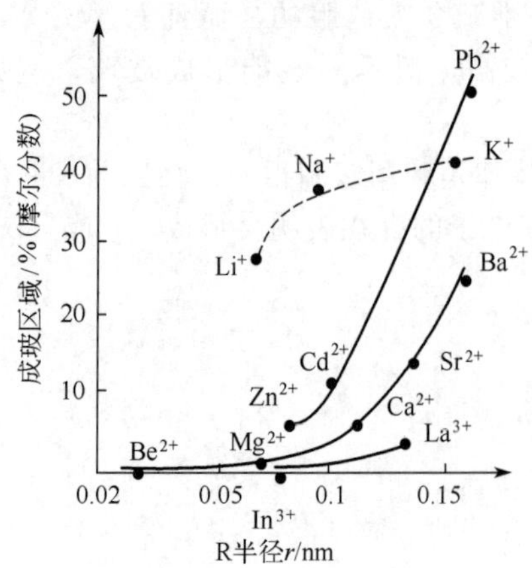

图 3-6 R_mO_n-B_2O_3 二元系统玻璃与离子半径 r 关系

b. 当半径 r 相近时，阳离子 R 电价较高者，其玻璃形成能力较小。例如：$Li^+ > Mg^{2+}$（$> Zr^{4+}$），$Na^+ > Ca^{2+}$（$> La^{3+}$）。这是因为 R_2O 和 RO 的作用，一方面给出游离氧，使网络断开，但同时阳离子 R 又极力要求周围的 O^{2-}，按照自身的配位数来排列，即所谓“积聚”。这种积聚作用常使玻璃体积收缩，并且往往是析晶的前奏，当阳离子的电价较高时，其电场强度也较高，因此积聚作用也就较大。

c. 电场强度很高，并且配位数=6的正离子，其可加入量极小。这一点可以用积聚和分相作用来说明。例如：

阳离子	Th^{4+}	In^{3+}	Zr^{4+}
电场强度 $E=\frac{Z}{r^2}$	3.3	3.53	45
配位数	12	7	6或8

② R_2O-SiO_2 二元系统玻璃。当分子比 $\frac{R_2O}{SiO_2}<\frac{1}{2}$ 时，R_2O 的加入对玻璃的形成有利，但是随着 R_2O 用量增大 $\left(\frac{R_2O}{SiO_2}=\frac{1}{2}\sim1\right)$，析晶倾向上升而形成玻璃能力下降，直到 $\frac{R_2O}{SiO_2}\geqslant1$ 时就很难形成玻璃。也就是说：R_2O 的用量以50%（分子比）为限。RO-SiO_2 二元系统的玻璃形成情况与此相似。RO的用量必须<50%（分子比），并且比 R_2O 的玻璃形成能力要低些。所有这些，都是对二元系统来说的，这里的RO仅指常用的碱土金属氧化物，不包括BeO、ZnO、PbO之类的氧化物。例如PbO-SiO_2 系统的玻璃形成范围是很广的。

表3-6列出一些二元系统玻璃形成范围。

表3-6　一些二元系统玻璃形成范围　　%（分子比）

类别	SiO_2	B_2O_3	P_2O_5
Li_2O	64～100	57～100	40～100
Na_2O	48～100	60～100	40～100
K_2O	46～100	62～100	53～100
Tl_2O	33～50	25～100	20～100
BeO	60～100	—	34～100
MgO	55～61	55～57	40～100
CaO	45～70	59～73	43～100
SrO	60～80	57～76	43～100
BaO	60～100	60～83	42～100
ZnO	51～65	36～56	36～100
CdO	44～100	45～61	43～100
PbO	33～100	24～80	38～100

另外从相图中的位置来看，二元玻璃形成区一般处于相图的层状结构区，并在网络形成物较多一侧的低共熔点处。因具有层状结构的熔体，其黏度较大足以阻止析晶。在层状结构区，配料组成点选择适当时，还可以避免出现两个不混溶液相。当玻璃的组成点落在低共熔点上时，如果析晶，则将有两个晶相同时析出，它们相互干扰，反而不利于析晶而有利于形成玻璃。但是，如果低共熔点含网络修饰体过多，则网络断裂过多，失去层状（和链状）结构，却又有利于积聚而导致析晶，特别是网络外体离子具有高电场强度时。

（2）F-I二元系统

这个系统玻璃形成范围极小。因为中间体氧化物I（如 Al_2O_3）一方面可给出"游离氧"使网络断裂，同时由于这类氧化物的阳离子（如 Al^{3+}）电场强度大，极力要"争夺"

其周围的氧离子，按其配位排列，从而产生积聚作用，使玻璃分相和析晶，因而玻璃形成范围很小。

(3) F-F′二元系统

此系统（如 SiO_2-B_2O_3 系统）因两者均能单独形成玻璃，似乎两者以任意比例混合都可以形成玻璃，但实际上常常发生两液相分离，以致不能形成均一的玻璃。这可能是由两者中的阳离子对氧亲和力的差异引起的。

3.3.3 三元系统玻璃

三元玻璃的形成区种类繁多，情况十分复杂，但根据它们之间的共性和特性，经分析归纳，亦可从中找出其规律性。三元玻璃含有三个氧化物，其中至少一个，至多三个是网络形成体。三元玻璃的形成区可基本上看成是二元系统的加合，但它们和简单的加合不同，还必须注意以下几点：由于新的共融区的形成，三元系统形成区中部出现突出部分；含有两种网络形成体（F）的三元系统，突出位置受共熔点位置的影响，即突向熔点低一侧；三元系统只有一种网络形成体（F）时，突出部分偏向低熔点氧化物一侧；网络中间体（I）可使网络修饰体（M）较多的区域重新形成玻璃，在有 I 的三元系统中，形成区突出偏向 M 一侧，呈半圆形；F-I、F-M 等不能形成玻璃的二元系统中加入新的氧化物，由于新的共熔物的形成，可在其中间部位形成较小的不稳定的玻璃形成区。

三元玻璃形成范围的大小，即限制玻璃生成的因素仍不外乎析晶和分相；而析晶和分相的原因可归纳为断网、积聚、极化、配位数改变、阳离子电场强度和有关的动力学因素等。根据网络形成体种类可以分成下列三种情况：

① 仅含有一个网络形成体（用 F 表示）的三元系统。这种三元系统有十五种（见表 3-7），主要是由所含网络外体（用 M 表示）不同而区分。网络修改物可分为四类，即：M_1 是 R_2O 类；M_2 是 RO（碱土金属氧化物）类；M_3 是含有易极化的阳离子的氧化物，如 PbO、CdO、Bi_2O_3 等；M_4 是含有高价的，起积聚作用的阳离子的氧化物，如 La_2O_3、ZrO_2、Ta_2O_5、Nb_2O_5 等。上述四类 M，还有中间氧化物 I，共 5 种，在三元组分中可任取 2 种，并允许重复（同一类取 2 种，如 Na_2O 和 K_2O 同属 M_1 类，下文用 M_1 和 M_1'表示），可得 15 种组合，加入 F，成为 15 种三元系统。

表 3-7　含一个网络形成体时三元系统的组合

项目	M_1'	M_2'	M_3'	M_4'	I'
M_1	√	√	√	√	√
M_2		√	√	√	√
M_3			√	√	√
M_4				√	√
I					√

② 含有两个网络形成体（用 F 和 F′表示）的三元系统。这种三元系统有五种，除了组分 F 和 F′外，分别以 M_1、M_2、M_3、M_4 和 I 为第三组分。

③ 含有三种网络形成体的三元系统。该系统只有 F-F′-F″一种。

(1) 含有一个网络形成体

含有一个网络形成体的玻璃形成区如图 3-7 所示。现分别描述。

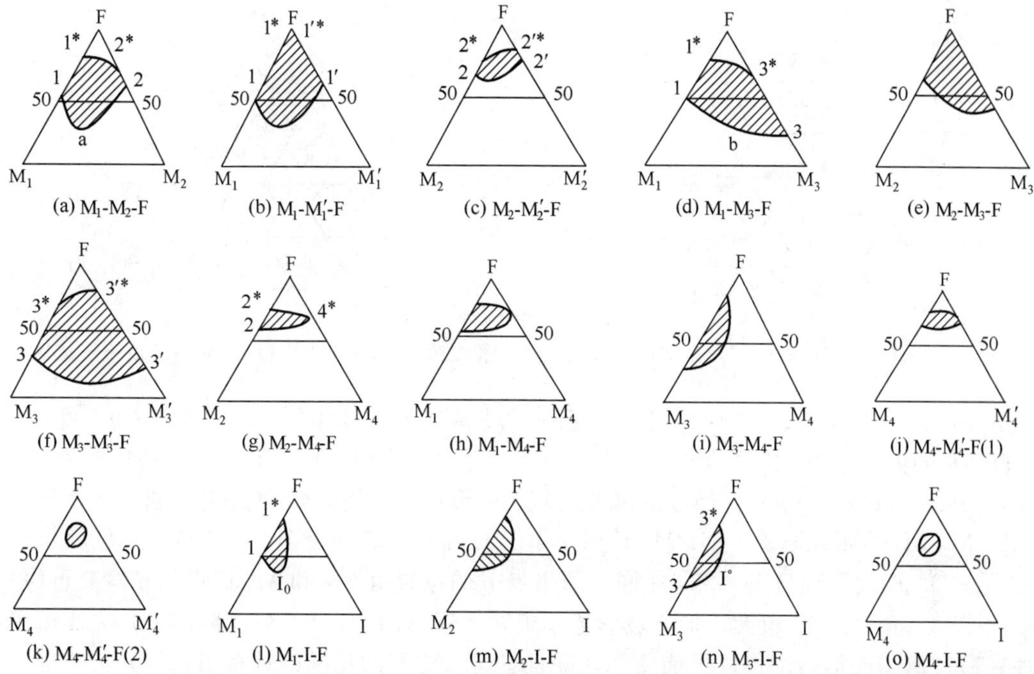

图 3-7　含有一个网络形成体的玻璃形成区图

① M_1-M_2-F 三元系统。M_1-M_2-F 三元系统玻璃形成区见图 3-7（a）。本系统由三个二元系统 M_1-F、M_2-F 和 M_1-M_2 组成，其中 M_1-M_2 不能形成玻璃。在 M_1-F 二元系统中，由点 1 至点 1^* 是二元玻璃形成范围；其中点 1 的位置（约为 50% M_1）受到析晶倾向的限制，当 M_1 含量超过点 1 时，引入“游离”氧过多，网络断裂过甚，以致易于析晶而难以形成玻璃。点 1^* 出现在高 F 区，其具体位置（% M_1）由 M-F 二元相图中最适宜的低共熔点决定（参阅“二元玻璃形成区”）。由点 2 至点 2^* 是 M_2-F 二元系中的形成玻璃范围；点 2^*（在高 F 区）的位置受分相（不混溶液）的制约，点 2 的位置受制于积聚和由此导致的析晶倾向。可以看出，跨度 11^* 大于跨度 22^*，这是因为电场强度 R^+（在 M_1 中）$<R^{2+}$（在 M_2 中）。从三元相图的构成来看，可以认为：M_1-F 二元系统为基础，逐步加入第三组分 M_2，此时液相曲面逐步下降（熔融温度下降），直到出现三元低共熔点 $E_{三元}$ 为止；当继续加入 M_2 时，液相曲面回升，直到 M_2-F（此时 M_1 含量等于零）为止。由于这个缘故，在三元相图 M_1-M_2-F 中形成一个连续区域 $11^*\ 22^*$，即三元玻璃形成区。此区的界线 1-2 上常有一个凸出点 a，其位置在 50-50 线以下，并偏向 M_1-F 一侧（因 M_1 的熔点较低之缘故）。

典型实例是 Na_2O-CaO-SiO_2 系统的玻璃形成区，见图 3-8。

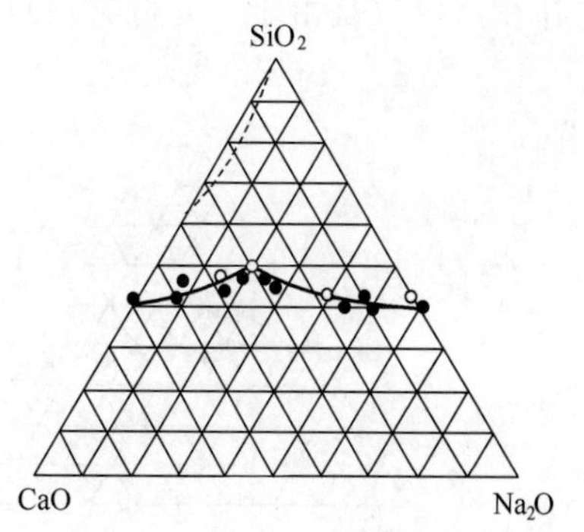

图 3-8　Na_2O-CaO-SiO_2 三元系统玻璃形成区

② M_1-M_1'-F 三元系统。M_1-M_1'-F 三元系统的玻璃形成区见图 3-7（b）。其玻璃形成区 $11^*\ 1'1'^*$ 与上述 $11^*\ 22^*$ 相似，所不同的只是点 $1'$ 和 $1'^*$ 的具体位置不同于 2 和 2^*。如 Li_2O-Na_2O-SiO_2 系统的玻璃形成区，见图 3-9。

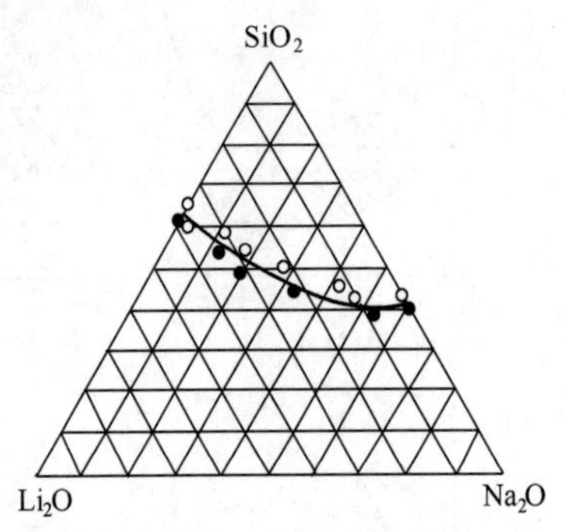

图 3-9　Li_2O-Na_2O-SiO_2 三元系统玻璃形成区

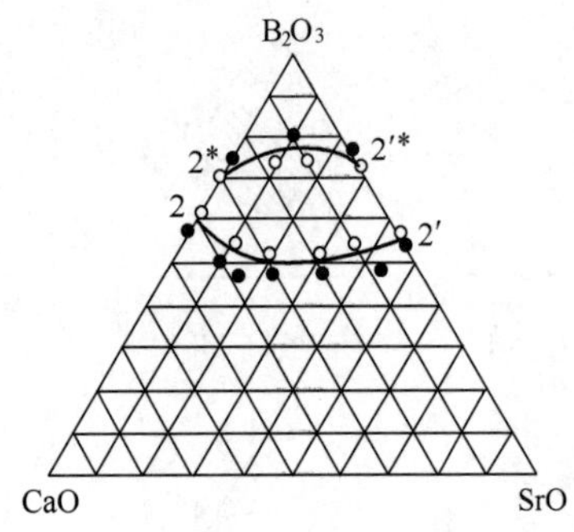

图 3-10　CaO-SrO-B_2O_3 三元系统玻璃形成区

③ M_2-M_2'-F 三元系统。M_2-M_2'-F 三元系统的玻璃形成区照此类推，见图 3-7（c）。可以推测形成区面积的大小是 $11^*1'^*1'$>11^*22^*>$22^*2'^*2'$。如 CaO-SrO-B_2O_3 系统的玻璃形成区，见图 3-10。从图可以看出，这些三元系统玻璃形成区的形状、取向、大小与理论分析基本相符。

④ M_1-M_3-F 三元系统。M_1-M_3-F 三元系统的玻璃形成区见图 3-7（d）。其玻璃形成区为 11^*33^*，构成原理与 11^*22^* 相同。凸出点 b 的位置由 M_1 和 M_3 熔点的相对高低决定。值得注意的是跨度 $3\text{-}3^*$ 很大，形成玻璃范围很宽。这是因为：M_3 所含阳离子具有高度可极化性，通过离子变形，配位数可能变小，并且它与氧之间的化学键具有相当的共价成分，因此有可能进入网络。

⑤ M_2-M_3-F 三元系统。M_2-M_3-F 三元系统的玻璃形成区照 M_1-M_3-F 三元系统类推，见图 3-7（e）。

⑥ M_3-M_3'-F 三元系统。M_3-M_3'-F 三元系统的玻璃形成区见图 3-7（f）。其玻璃形成区 $33^*3'^*3'$面积较大，M_3+M_3'含量总和可达 90%以上。这是因为：跨度 $3\text{-}3^*$ 和 $3'\text{-}3^*$ 都很大，并且三元低共熔点 E 的存在进一步使玻璃形成区扩大。图 3-11、图 3-12、图 3-13 和图 3-14 分别为 Na_2O-PbO-SiO_2、BaO-PbO-B_2O_3、Bi_2O_3-PbO-SiO_2 和 Bi_2O_3-PbO-B_2O_3 系统的玻璃形成区。从图可以看出这些三元系统玻璃形成区的形状取向和大小与理论分析基本相符。

⑦ M_2-M_4-F 三元系统。M_2-M_4-F 三元系统的玻璃形成区见图 3-7（g）。含有高积聚离子的氧化物 M_4 的三元系统有一个特点，在硅酸盐系统相图中，三元生成玻璃区一般不触及 M_4-F 线，因为高积聚离子使二元系统 M_4-F 不能形成玻璃，即 $4\text{-}4^*$ 跨度等于零（下文用 4°表示）。

在 M_2-M_4-F 三元系统（如 BaO-Nb_2O_5-SiO_2 系统，见图 3-15）中，玻璃形成区 22^*4° 的存在，仅仅是由于三元低共熔点 $E_{三元}$扩充了二元形成玻璃范围 22^*。

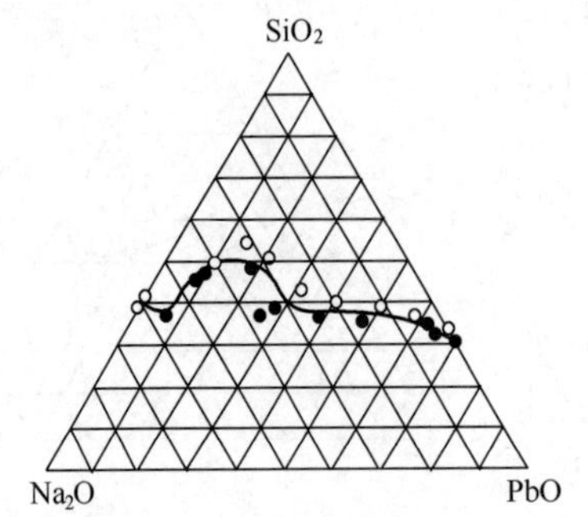

图 3-11　Na_2O-PbO-SiO_2 三元系统玻璃形成区

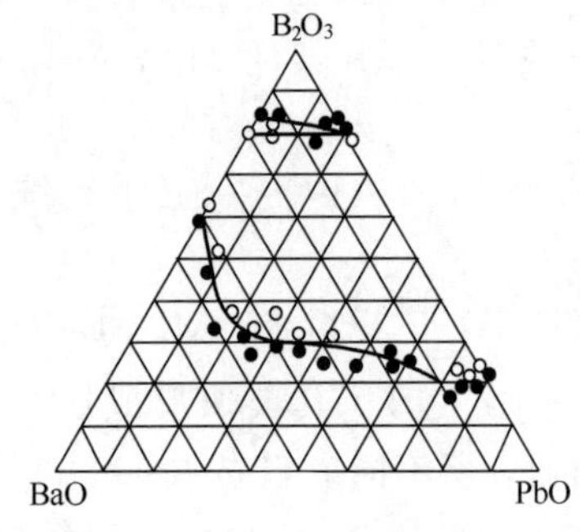

图 3-12　BaO-PbO-B_2O_3 三元系统玻璃形成区

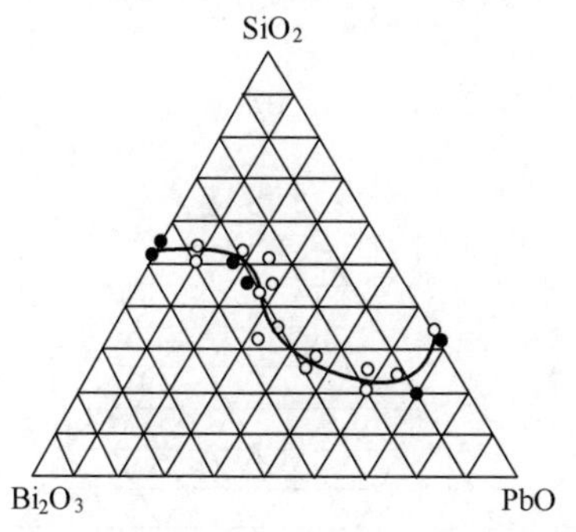

图 3-13 Bi_2O_3-PbO-SiO_2 三元系统玻璃形成区

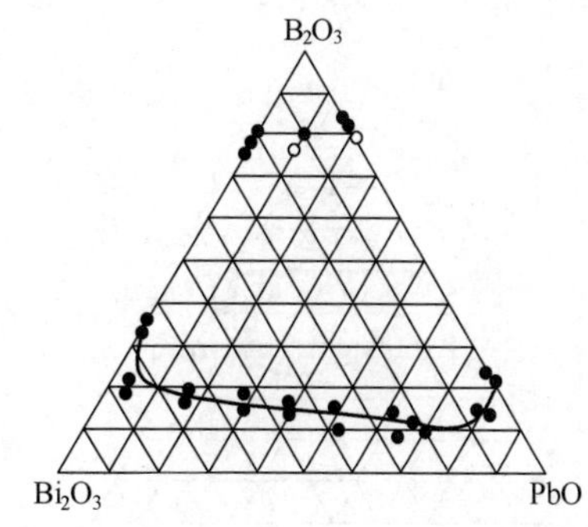

图 3-14 Bi_2O_3-PbO-B_2O_3 三元系统玻璃形成区

⑧ M_1-M_4-F 三元系统。M_1-M_4-F 三元系统的玻璃形成区见图 3-7（h）。在硅酸盐系统相图中，M_1-M_4-F 系统玻璃形成区照 M_2-M_4-F 三元系统类推。

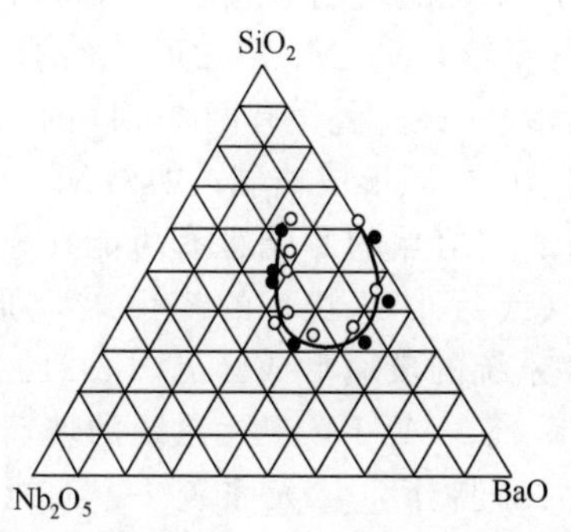

图 3-15 BaO-Nb_2O_5-SiO_2 三元系统玻璃形成区

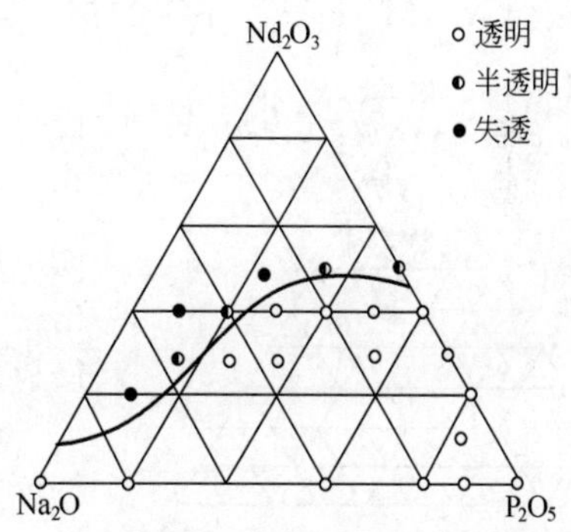

图 3-16 Na_2O-Nd_2O_3-P_2O_5 三元系统玻璃形成区

然而在磷酸盐系统相图中，在 M_4-F 线形成玻璃的范围却相当大（参见图 3-16），这可能与 P^{5+} 具有特别大的场强以及磷氧四面体的带双键的氧，使离子的积聚作用减弱有关。硼酸盐系统也有类似的情况（参见图 3-17），这可能是硼氧玻璃具有层、链结构的特性所致。图 3-18 是 Na_2O-Nd_2O_3-SiO_2 系统玻璃形成范围。从图 3-16～图 3-18 可以看出：在 M_1-M_4-F 三元系统的玻璃生成范围，磷酸盐＞硼酸盐＞硅酸盐。图 3-19 为 Li_2O-Ta_2O_5-SiO_2 系统的玻璃形成区。

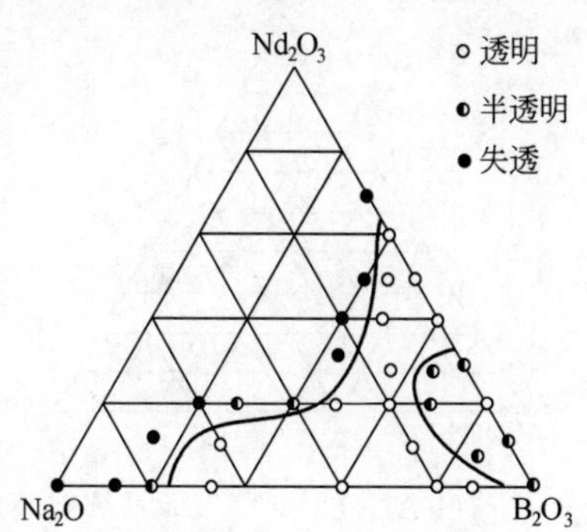

图 3-17 Na_2O-Nd_2O_3-B_2O_3 三元系统玻璃形成区（Na_2O 0～50，Nd_2O_3 0～50，B_2O_3 50～100，摩尔分数/%）

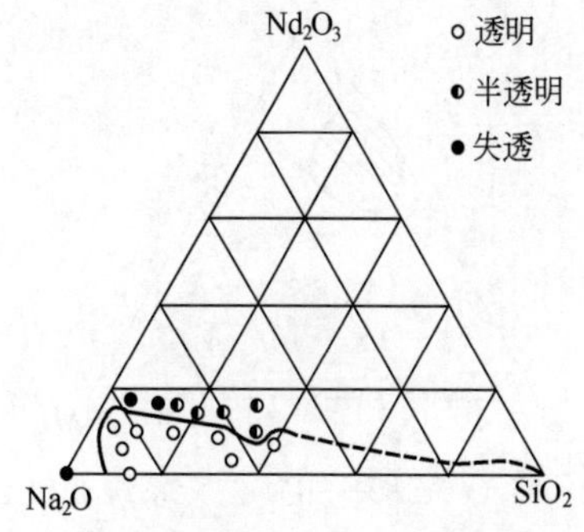

图 3-18 Na_2O-Nd_2O_3-SiO_2 三元系统玻璃形成区（Na_2O 0～50，Nd_2O_3 0～50，SiO_2 50～100，摩尔分数/%）

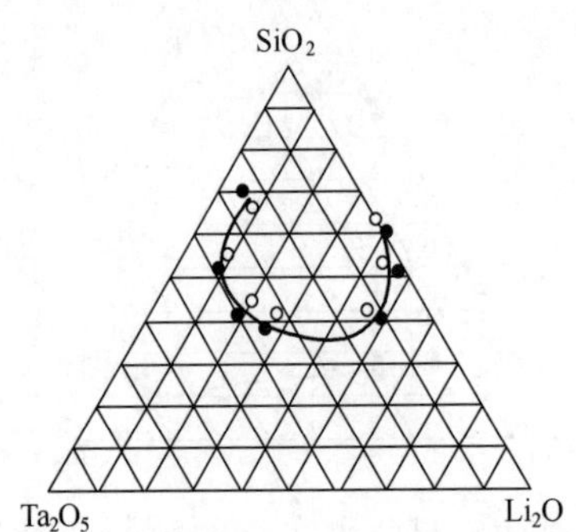

图 3-19　Li_2O-Ta_2O_5-SiO_2 三元系统玻璃形成区

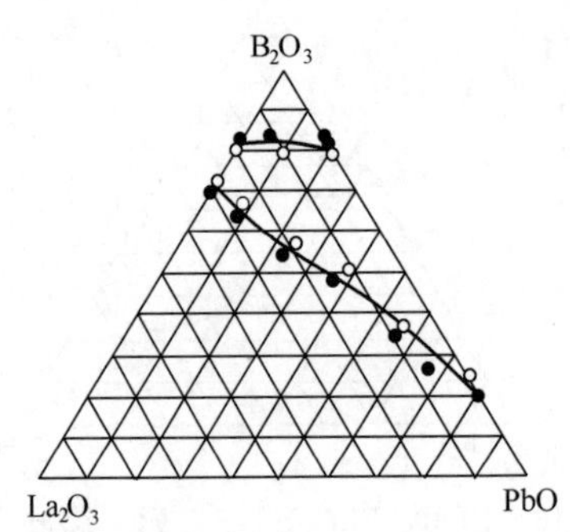

图 3-20　PbO-La_2O_3-B_2O_3 三元系统的玻璃形成区

⑨ M_3-M_4-F 三元系统。M_3-M_4-F 三元系统的玻璃形成区见图 3-7（i）。硅酸盐系统玻璃形成区照 M_2-M_4-F 三元系统类推。PbO-La_2O_3-B_2O_3 系统的玻璃形成区见图 3-20。

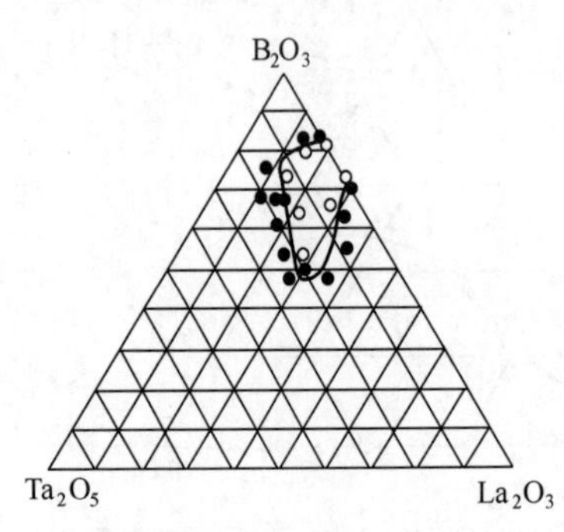

图 3-21　La_2O_3-Ta_2O_5-B_2O_3 三元系统玻璃形成区

⑩ M_4-M_4'-F 三元系统。M_4-M_4'-F 三元系统的玻璃形成区见图 3-7（j）或图 3-7（k）。在含有两个 M_4 的三元系统相图中，只能在很狭窄的区域形成玻璃；如果 M_4-F 本来不能形成玻璃，由于新的共熔点的影响也有可能在相图中部出现了一个孤岛状（或近似岛状）的三元玻璃形成区。La_2O_3-Ta_2O_5-B_2O_3 系统的玻璃形成区见图 3-21。

⑪ M_1-I-F 三元系统。M_1-I-F 三元系统的玻璃形成区见图 3-7（l）。在通常条件下，二元系统 I-F 不能形成玻璃。但是在三元系统中，由于 M_1 提供“游离”氧，为中间体离子转入四配位创造了条件。[IO_4] 四面体进入网络，使断网（来自 M_1-F 二元系统）重新连接起来（即“补网”作用）。通过“补网”，玻璃生成范围 1-1* 获得扩充，成为三元的 11* I°。I°为凸出点，其位置与三元低共熔点 $E_{三元}$ 有关。如果 M_1 的熔点远低于 I 的熔点，则 I°点偏向 M_1F 一侧。整个 11* I°区指向 I，由 11* 延伸到 50-50 线之外，形象地表明 I 的补网作用。

图 3-22 和图 3-23 分别为 Li_2O-Al_2O_3-SiO_2、Na_2O-Al_2O_3-SiO_2 三元系统玻璃形成区。

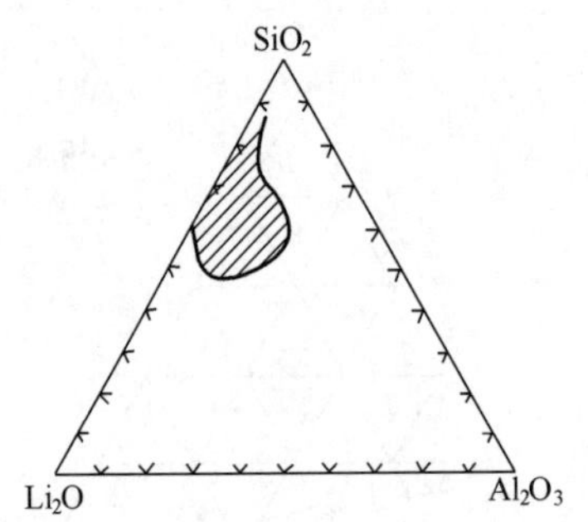

图 3-22　Li_2O-Al_2O_3-SiO_2 三元系统玻璃形成区

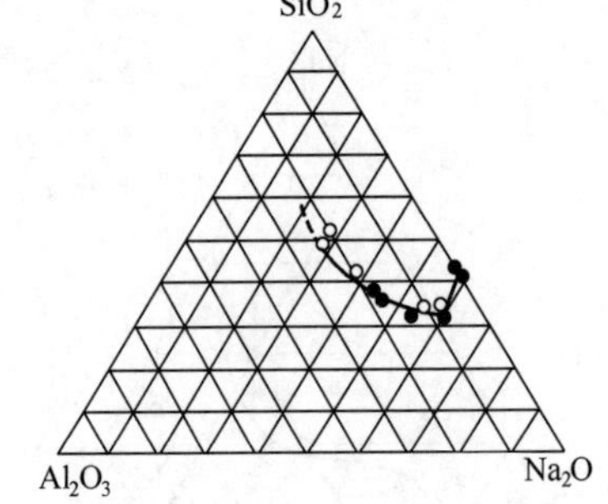

图 3-23　Na_2O-Al_2O_3-SiO_2 三元系统玻璃形成区

⑫ M_2-I-F 三元系统。M_2-I-F 三元系统的玻璃形成区 22* I°照 M_1-I-F 三元系统类推，见图 3-7（m）。图 3-24、图 3-25 分别为 CaO-Al_2O_3-SiO_2、CaO-Al_2O_3-B_2O_3 三元系统玻璃形成区。

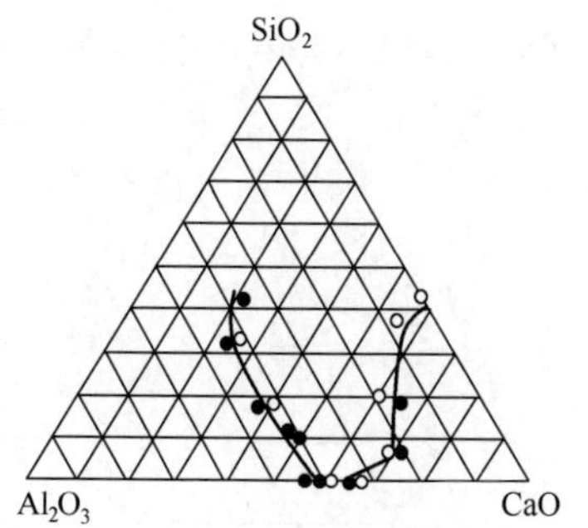

图 3-24　$CaO\text{-}Al_2O_3\text{-}SiO_2$ 三元系统玻璃形成区

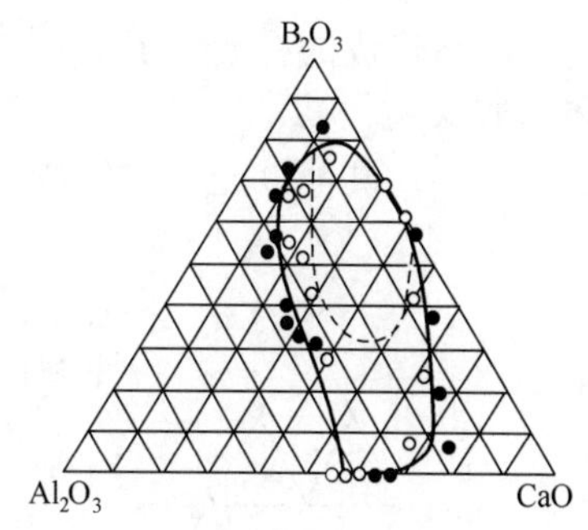

图 3-25　$CaO\text{-}Al_2O_3\text{-}B_2O_3$ 三元系统玻璃形成区

⑬ M_3-I-F 三元系统。M_3-I-F 三元系统的形成玻璃区 33* I°照 M_1-I-F 三元系统类推，见图 3-7（n）。

⑭ M_4-I-F 三元系统。M_4-I-F 三元系统一般不能成玻璃，因为二元系统 M_4-F 和 I-F 都不能成玻璃，其情况与 M_4-M_4'-F 相似，见图 3-7（o）。

⑮ I-I′-F 三元系统。根据上述同一理由，含有两种 I 的三元系统也不能生成玻璃。

（2）含有两个网络形成体

这种三元系统玻璃有 5 种，除了组分 F 和 F′外，分别以 M_1、M_2、M_3、M_4 和 I 为第三组分。在这类三元系统中，首先值得注意的是 F 和 F′的关系。即使它们在高温下互溶，成为一个均匀的液相，但在低温时常常分解为两个玻璃（例如硼酸盐和硅氧）。其次要分别看 M 与 F、M 与 F′或 I 与 F 以及 I 与 F′的关系，才能估计或解释其三元系统玻璃的形成。形成区图见图 3-26（a）～（e），这些图形可用上述原理（二元系统生成玻璃范围、分相、积聚、三元低共熔点的存在等）来解释。图 3-27、图 3-28 分别为 $BaO\text{-}B_2O_3\text{-}SiO_2$ 和 $K_2O\text{-}B_2O_3\text{-}P_2O_5$ 三元系统的玻璃形成区。

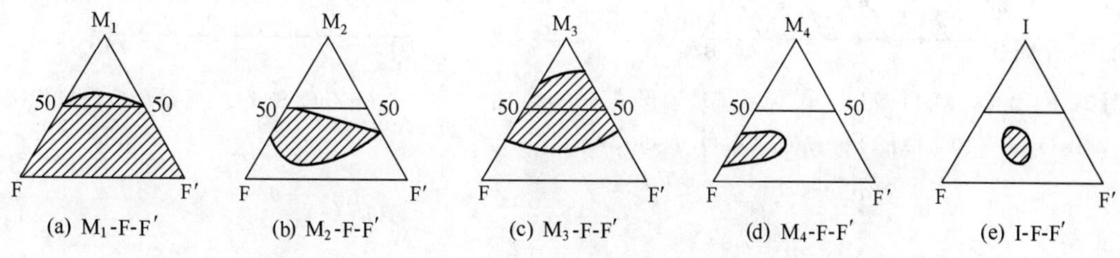

图 3-26　含有两个网络形成体的三元系统玻璃形成区

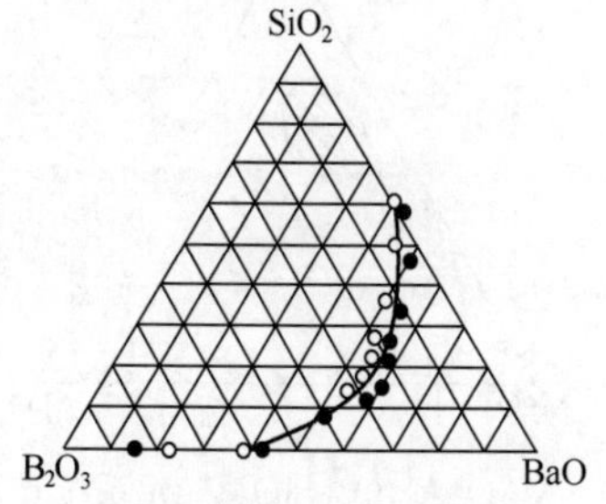

图 3-27　$BaO\text{-}B_2O_3\text{-}SiO_2$ 三元系统玻璃形成区

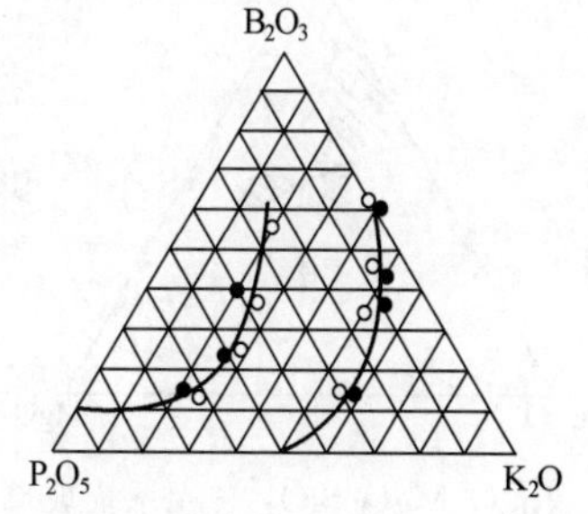

图 3-28　$K_2O\text{-}B_2O_3\text{-}P_2O_5$ 三元系统玻璃形成区

(3) 含有三个网络形成体

由三种网络形成的三元系统 F-F′-F"，例如 B_2O_3-SiO_2-P_2O_5，其中可能存在不析晶区，但研究还不够深入。

下面介绍一些其他三元系统的玻璃形成区图（见图 3-29～图 3-38），以供参考。

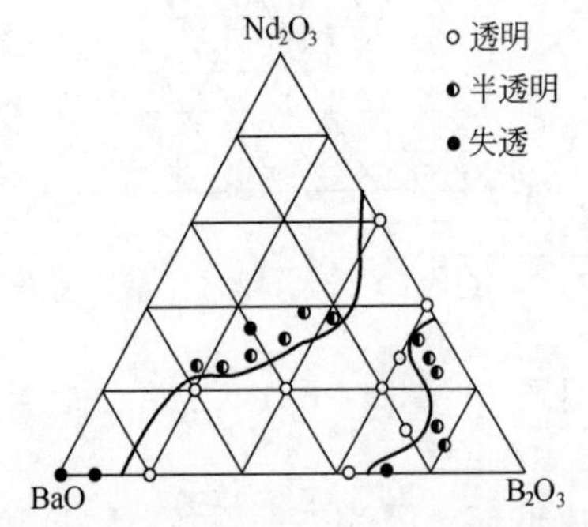

图 3-29　B_2O_3-BaO-Nd_2O_3 三元系统玻璃形成区
[B_2O_3 50～100，BaO 0～50，Nd_2O_3 0～50，%（摩尔分数）]

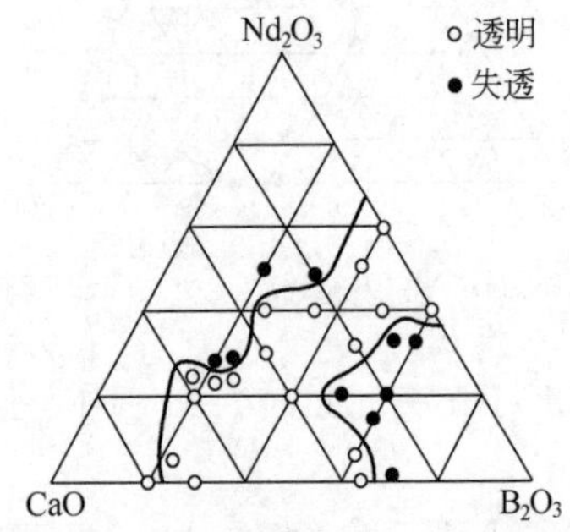

图 3-30　B_2O_3-CaO-Nd_2O_3 三元系统玻璃形成区
[B_2O_3 50～100，CaO 0～50，Nd_2O_3 0～50，%（摩尔分数）]

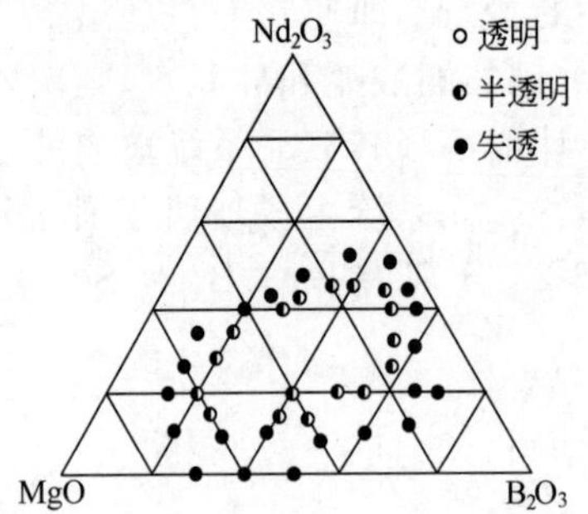

图 3-31　B_2O_3-MgO-Nd_2O_3 三元系统玻璃形成区
[B_2O_3 50～100，MgO 0～50，Nd_2O_3 0～50，%（摩尔分数）]

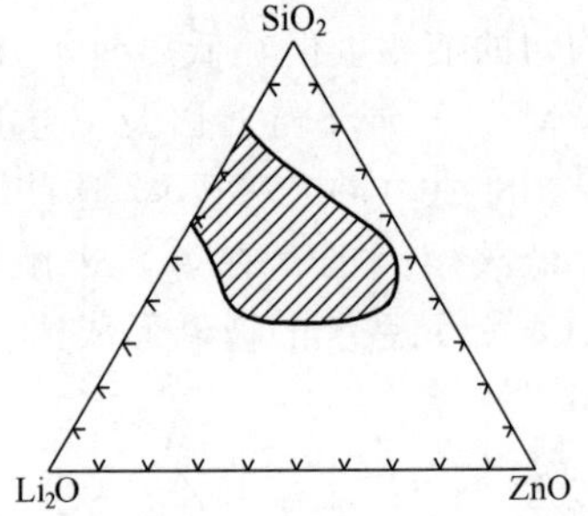

图 3-32　Li_2O-ZnO-SiO_2 三元系统玻璃形成区

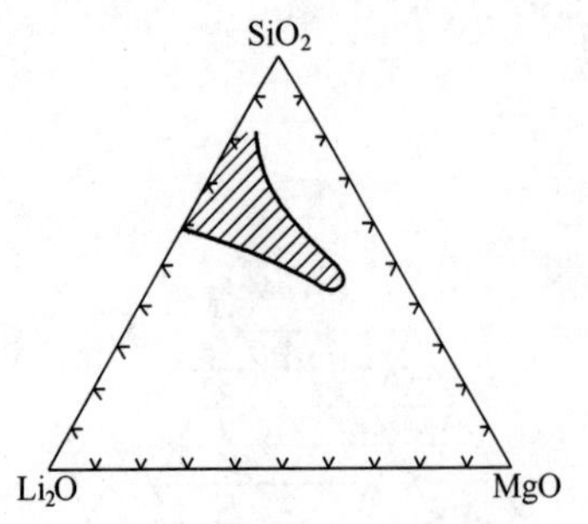

图 3-33　Li_2O-MgO-SiO_2 三元系统玻璃形成区

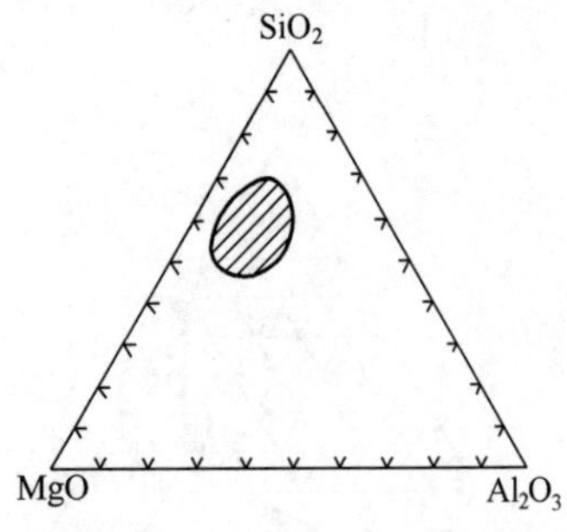

图 3-34　MgO-Al_2O_3-SiO_2 三元系统玻璃形成区

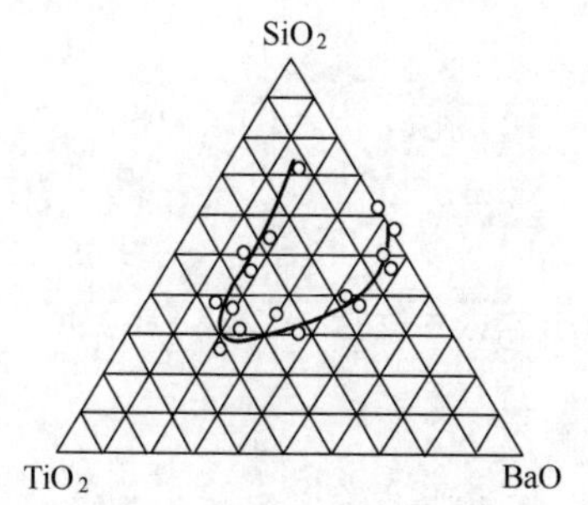

图 3-35 BaO-TiO_2-SiO_2 三元系统玻璃形成区

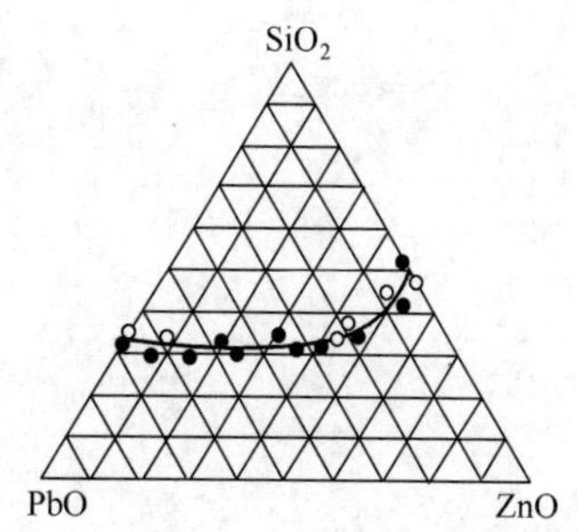

图 3-36 PbO-ZnO-SiO_2 三元系统玻璃形成区

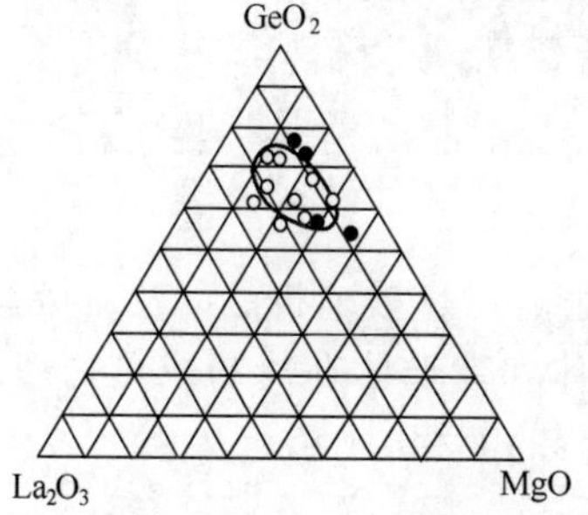

图 3-37 MgO-La_2O_3-GeO_2 三元系统玻璃形成区

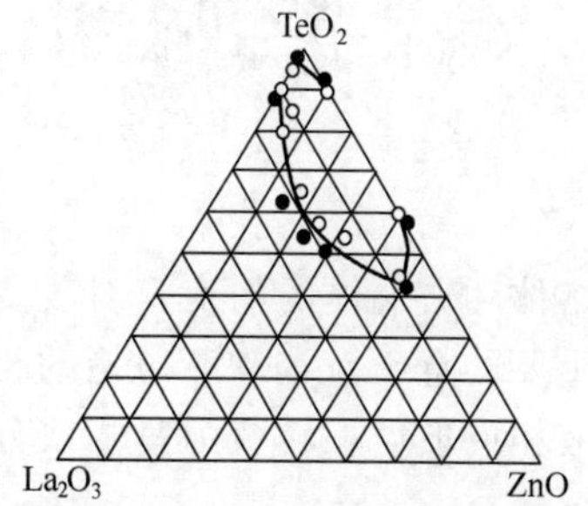

图 3-38 ZnO-La_2O_3-TeO_2 三元系统玻璃形成区

思考题

1. 混合键性为何易形成玻璃？
2. 如何利用三 T 曲线，获得临界冷却速度？
3. 从单键键能的角度谈氧化物的分类。
4. 画出 M_1-M_1'-F、M_1-M_2-F、M_1-I-F 的玻璃形成区图并用文字详细说明。

第 4 章
熔体和玻璃体的相变

研究熔体和玻璃体的相变，对改变和提高玻璃的性能、防止玻璃析晶以及对微晶玻璃的生产具有重要的意义。本章所讨论的相变，主要是指熔体和玻璃体在冷却或热处理过程中，从均匀的液相或玻璃相转变为晶相或分解为两种互不相溶的液相。

4.1 玻璃分相

玻璃在高温下为均匀的熔体，在冷却过程中或在一定温度下热处理时，由于内部质点迁移，某些组分发生偏聚，从而形成化学组成不同的两个相，此过程称为分相。分相区一般可从几纳米至几百纳米，因而属于亚微结构不均匀性。这种微分相区只有在高倍电子显微镜下，有时要在 T_g 点附近经适当热处理才能观察到。

早在 1926 年，特纳（Turner）和温克斯（Winks）首先指出硼硅酸盐玻璃中存在着明显的微分相现象，他们发现，在一定的条件下用盐酸处理硼硅酸钠玻璃可使其中的 Na_2O 全部萃取出来。基于这一发现，诺德伯格（Nordberg）和霍恩德（Hond）于 1934 年制得了高硅氧玻璃。1956 年欧拜里斯（Oberlies）获得了第一张硼硅酸钠玻璃中微分相的电子显微镜照片。电子显微镜的应用使得玻璃的微分相研究得到迅速发展，人们发现玻璃分相在玻璃系统中广泛存在，使得玻璃结构理论进入了一个崭新的阶段。人们可以利用分相原理，采取必要的措施来阻止玻璃的分相，如在制造派来克斯（Pyrex）玻璃时引入可抑制 Al_2O_3 分相；反之，也可利用其得到所需的新相，如在微晶玻璃的生产中可利用分相来获得需要的晶相。

碱土金属和一些二价金属氧化物（如 MgO、FeO、ZnO、CaO、SrO 等）与二氧化硅的二元系统，都产生或大或小的稳定的（液相线上）不混溶区，如图 4-1（图中为：MgO、FeO、ZnO、CaO、SrO）所示。从图看出，不混溶区依氧化物的碱性递增而缩小。图 4-1 中还显示出 $BaO\text{-}SiO_2$ 二元系统的不混溶区，它的特点是液相线呈 S 形、产生亚稳的（在液相线下的）不混溶区。碱金属硅酸盐系统也有类似的情况。

由此可知，有两种不同类型的不混溶特性，一种是以 $MgO\text{-}SiO_2$ 系统为代表，在液相线以上就开始发生分相，这种分相从热力学上称为稳定分相（或稳定不混溶性）。它给玻璃生产带来困难，玻璃会产生分层或强烈的乳浊现象。另一种是以 $BaO\text{-}SiO_2$ 系统为代表，往往是在液相线温度以下才开始发生分相，这种分相称为亚稳分相（或亚稳不混溶性）。它对玻璃有重要的实际意义。现已查明，绝大部分玻璃系统都是在液相线下发生亚稳分相，分相是玻璃形成系统中的普遍现象。它对玻璃的结构和性质有重大的影响。

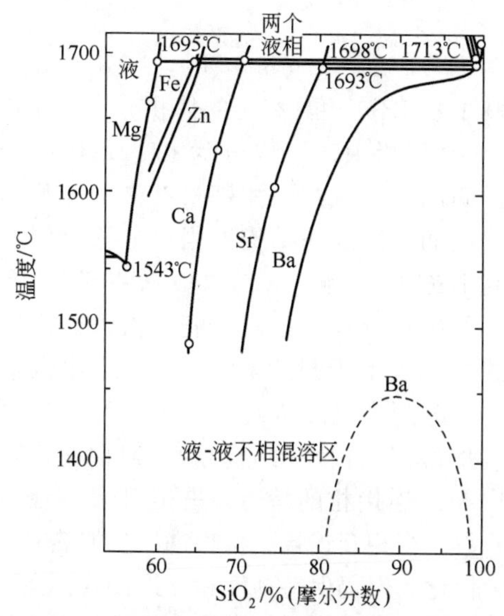

图 4-1 二元碱土金属硅酸盐系统混溶区和亚稳混溶区示意图

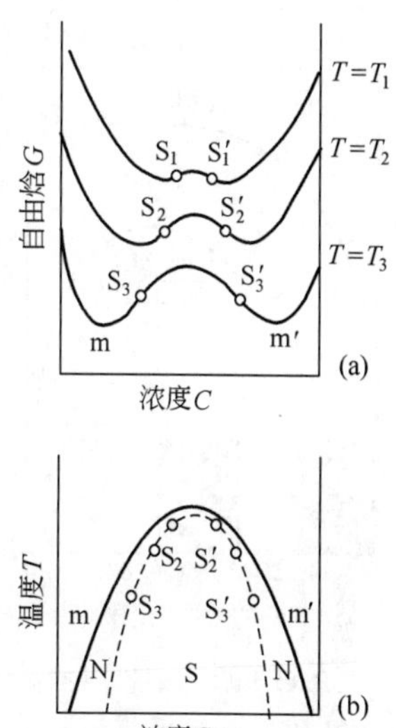

图 4-2 组成-自由焓曲线（a）和组成-温度曲线（b）

在相平衡图中不混溶区内，自由焓 G 与浓度 C 的关系曲线上存在着拐点 S（inflection point；spinode），其位置随温度而改变［见图 4-2（a）］。作为温度的函数，拐点的轨迹，即 S-T 曲线称为亚稳极限曲线。在此曲线上的任一点，$\frac{\partial^2 G}{\partial C^2}=0$，见图 4-2（b）的虚线。其外围的实曲线为不混溶区边界。亚稳极限曲线所围成的区域（S 区），称为亚稳分解区（或不稳区）。介于亚稳极限曲线以外和不混溶区边界所围成的区域，即 N 区，称为不混溶区（或亚稳区）。

从图 4-2（b）可以看出，在 S 区内，$\frac{\partial^2 G}{\partial C^2}<0$，成分无限小的起伏导致自由焓减小，单相是不稳的，分相是瞬时的、自发的。在 S 区发生亚稳分解。高温均匀液体冷却到亚稳极限曲线上时，晶核形成功趋于零，穿越亚稳极限曲线进入 S 区之后，就不再存在成核势垒，因此液相分离是自发的，只受不同种类分子的迁移率所限制。新相的主要组分由低浓度相向高浓度相扩散。在亚稳分解区（S 区）中，成分和密度的无限小的起伏产生了一些中心，由这些中心出发，产生了成分的波动变化。这是一种从均匀玻璃的平均组成出发在径向上成分的逐渐改变。

在 N 区内，$\frac{\partial^2 G}{\partial C^2}>0$，成分无限小的起伏导致自由焓增大，因此单相液体对成分无限小的起伏是稳定的或亚稳的。在该亚稳区内，新相的形成需要做功（即新相形成不是自发的），并可以由成核和生长的过程来分离成一个平衡的两相系统。形成晶核需要一定的成核能，若形成液核就要创造新的界面而需要一定的界面能。当然它比晶核成核能小得多，因此液核较容易形成。在该亚稳区内，晶核一旦形成，其长大通常由扩散过程来控制。随着某些颗粒的长大，颗粒群同时在恒定的体积内发生重排。随后，大颗粒在消耗小颗粒的过程中长大。

4.1.1 两种不同分相结构及机理

用电子显微镜在研究 $BaO-SiO_2$ 系统分相时，发现随着成分的变化可以得到不同的分相结构（见图 4-3）。

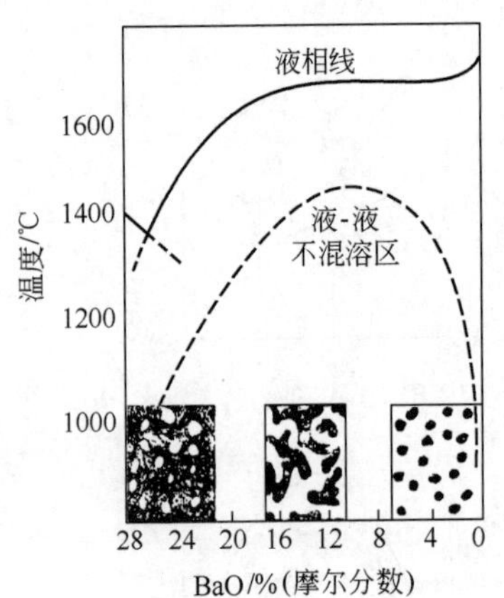

图 4-3 $BaO-SiO_2$ 系统相图及其不混溶区

当成分为 $0.04BaO-0.96SiO_2$ 时，它处于混溶区间的高石英区，其中富 BaO 相具有小的体积分数，呈液滴状嵌于高硅氧的连续基相中；当成分为 $0.1BaO-0.9SiO_2$ 时，它处于混溶区间的中部，则两相都具有高的体积分数，互相成为高度连接的三维空间结构；当成分移向混溶区间的另一侧，即高 BaO 的一侧（$0.24BaO-0.76SiO_2$），其中高硅氧相具有小的体积分数，并以液滴状嵌入于高钡的连续基相中。上述情况表示于图 4-3 中，并显示出近似于电子显微镜照片的分相形态（结构）。上述 $BaO-SiO_2$ 系统玻璃中的两种不同形态（结构）的分相，普遍存在于其他系统玻璃中。其中相互连接相的特点，一般都表现在两相均具有高的体积分数。当相互连接结构相进一步加热时，在某些情况下会发生粗化、但仍保持高度相互连接的特性；在其他情况下，连接相也可能发生粗化、收缩并转变为球体状。

电子显微镜研究表明，在亚稳区（或稳定区）中分相后形成一种分散的孤立滴状结构；而在不稳区（或亚稳分解区）则形成一种三维空间相互连接的连通结构。这已经被试验所证实，充分说明玻璃分相结构与玻璃的成分和热处理温度都有密切的联系。

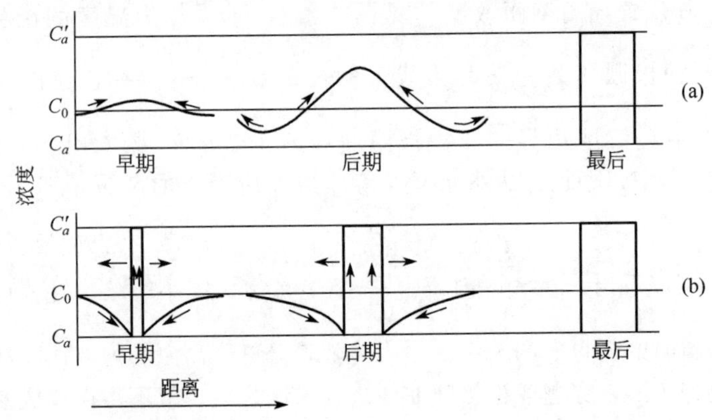

图 4-4 亚稳分解（a）和成核生长（b）机理之间浓度剖面示意图

图 4-4 为亚稳区相不稳区两种不同分相机理的特征。可以看出，图（a）为不稳区的分相类型，起始浓度（成分）波动程度很小，但空间弥散范围较大，后来波动程度越来越大，最终达到分相（即亚稳分解机理）；图（b）开始成核时浓度（成分）变化程度大，而成核所牵涉的空间范围小（即成核和晶体生长机理）。

4.1.2 二元系统玻璃的分相

当网络外体氧化物（如碱金属和碱土金属氧化物）加入 SiO_2 玻璃或 B_2O_3 玻璃中时，往往发生不混溶现象。图 4-5 为二元碱金属硅酸盐系统的混溶区和亚稳混溶区。二元碱土金属（以及 FeO、ZnO）硅酸盐系统的混溶区和亚稳混溶区见图 4-5。

从图 4-5 可以看出，当 MgO、FeO、ZnO、CaO、SrO 或 BaO 加入于 SiO_2 时都发现有不混溶区间，它们大多数都产生稳定的（液相线上的）不混溶区。只有在加入 BaO 的情况下，其不混溶区是亚稳的（在液相线下）。从图 4-5 可以看出，在碱金属硅酸盐中 Li_2O-SiO_2 和 Na_2O-SiO_2 系统有亚稳不混溶区；而 K_2O-SiO_2 系统的低温下的亚稳不混溶区是推测性的，它可能不发生分相。

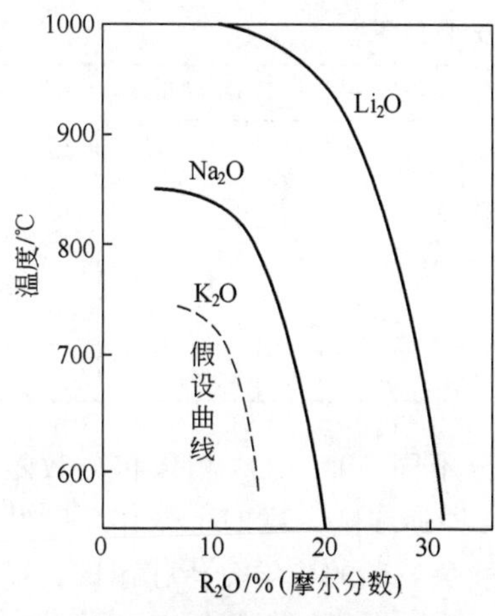

图 4-5 二元碱金属硅酸盐系统的混溶区和亚稳混溶区

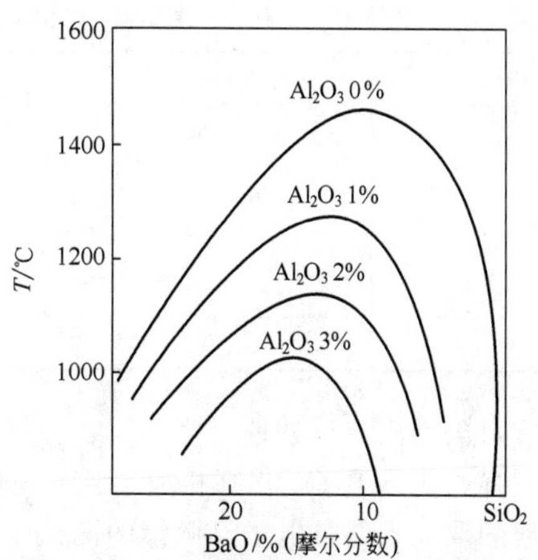

图 4-6 Al_2O_3 对 BaO-SiO_2 系统玻璃的分相作用

P_2O_5 能促进 Na_2O-SiO_2 二元系统的分相，Al_2O_3、ZrO_2、PbO 等都能抑制其分相，而 B_2O_3 加入少量时能抑制分相，加入量大时则促进分相。

图 4-6 为 Al_2O_3 对 BaO-SiO_2 系统分相的作用。从图可以看出，Al_2O_3 有抑制玻璃分相的作用。

4.1.3 三元系统玻璃的分相

以 Na_2O-B_2O_3-SiO_2 和 Na_2O-CaO-SiO_2 系统玻璃为例加以说明。对这两系统玻璃的分相已进行过广泛的研究。

(1) Na_2O-B_2O_3-SiO_2 系统玻璃的分相

图 4-7 为钠硼硅系统中的不混溶等温面和两种玻璃不同等温面的连接线。

从图 4-7 可以看出，在 Na_2O-B_2O_3-SiO_2 系统中有三个不混溶区（Ⅰ、Ⅱ、Ⅲ）。Ⅰ区在 Na_2O-SiO_2 边，并与Ⅱ区相连接。在 Na_2O-B_2O_3 边出现独立的Ⅲ区。高硅氧和派莱克斯等一系列重要商用玻璃都处于Ⅱ区。许多化学仪器类硼硅酸盐玻璃的不混溶等温面，均通过或靠近其转变温度区，因此这些玻璃都能在较高温度熔制和成形而不致发生分相。通过调节退火制度，使之具有必要性能的分相结构，是此类玻璃的最大特点。Ⅱ区的不混溶曲面呈椭圆

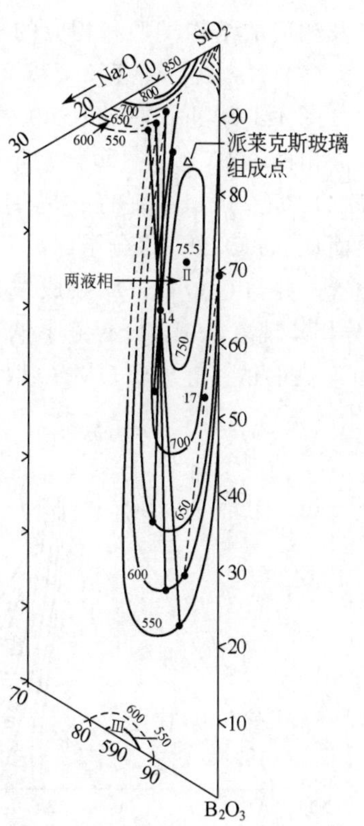

图 4-7 Na_2O-B_2O_3-SiO_2 系统玻璃的不混溶等温曲面图

形。混溶温度 T_e=755℃。等温面温度逐步向外圈下降（等温面之间的温度是逐步过渡的）。整个不混溶区实际上是一立体的椭圆“屋顶”。

图中显示出两种玻璃（14#、17#）在各等温曲面间的连线。每一连线的两头与等温平面相交的两个节点，代表经过相应温度热处理后分相玻璃中富 SiO_2 相和富 B_2O_3 相的体积分数，它服从杠杆规则。从组分点指向相图 B_2O_3 一端的线段长度，代表富 SiO_2 相的体积分数，指向 SiO_2 一端的线段代表富 B_2O_3 的体积分数（见表 4-1）。

表 4-1　两相的体积分数的分析结果

组分点	热处理温度/℃	富硅相(SiO_2)体积分数/%	富硼相(B_2O_3)体积分数/%
14#	550	75±5	30±5
	600	60±5	40±5
	650	50±5	50±5
	715	35±5	65±5
17#	600	60±5	40±5

从表可以看出，热处理温度不同，分相后相的成分不同。富 SiO_2 相体积分数随温度的升高而下降，而富 B_2O_3 相则相应增大。反映在图中，即连线随温度的上升作顺时针方向旋转。连线的取向是通过电子显微镜的测试、沥滤液及残余玻璃的化学分析作出的。在Ⅱ区中连线的取向大致与椭圆的长轴平行。同时有试验数据表明：在不同温度下分相的结构类型也是不同的。它反映结构类型随温度而发生改变，而且改变得相当快。

从以上可以看出，亚稳不混溶相图和玻璃在不混溶等温面间的连线提供不同的分相温度以及相应的结构类型和相应的相的成分。它对硼硅酸盐玻璃的生产有重要的指导意义。

（2）Na_2O-CaO-SiO_2 系统玻璃的分相

图 4-8 为 Na_2O-CaO-SiO_2 三元系统的不混溶区和混溶温度等温线相图。不混溶区一部分在液相曲面以上，一部分在液相面以下。图中虚线表示析出初晶相界线。从图可以看出，Na_2O-CaO-SiO_2 系统的不混溶区出现在高 SiO_2 一角的广大区域。在低 SiO_2 一侧的不混溶区曲面从 Na_2O 20%（分子比）开始，沿 Na_2O-SiO_2 组成线扩展至大约 CaO 50%（分子比）的位置，并与 CaO・SiO_2 组成线连成一片。因此含 SiO_2 高的钠钙硅玻璃一般都会发生不混溶（分相）现象。Al_2O_3 有缩小钠钙硅玻璃不混溶区的作用，故加入 Al_2O_3 可以制得均匀的含 SiO_2 高的钠钙硅玻璃。MgO 取代部分的 CaO 能显著降低钠钙硅玻璃的不混溶温度。

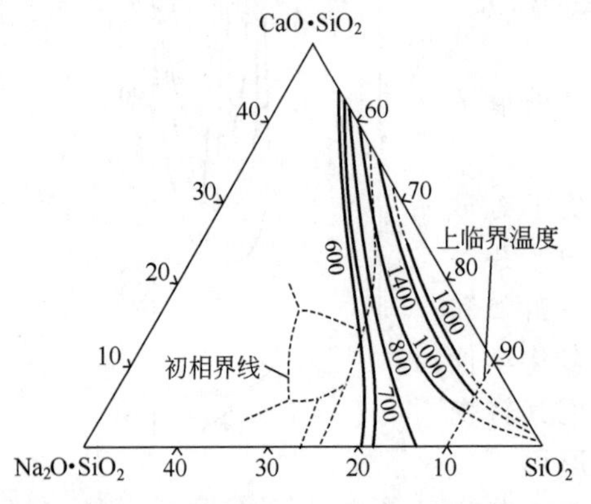

图 4-8　Na_2O-CaO-SiO_2 系统的不混溶等温曲面图

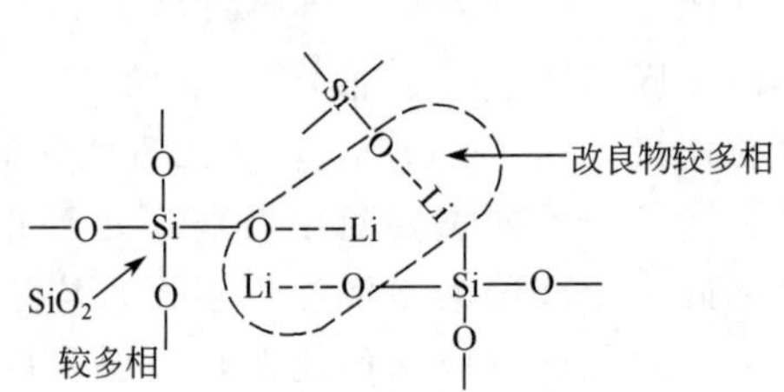

图 4-9　Li_2O-SiO_2 系统玻璃中分相示意图

4.1.4 玻璃分相的原因

从结晶化学的观点解释氧化物玻璃熔体产生不混溶性（分相）的原因。一般认为氧化物熔体的液相分离是由于阳离子对氧离子的争夺所引起。在硅酸盐熔体中，桥氧离子已被硅离子以硅氧四面体的形式吸引到自己周围，因此网络外体（或中间体）阳离子总是力图将非桥氧离子吸引到自己的周围，并按本身的结构要求进行排列。如图 4-9 所示。

正是由于它们与硅氧网络之间结构上的差别，当网络外的离子势较大、含量较多时，由于系统自由能较大而不能形成稳定均匀的玻璃，它们就会自发地从硅氧网络中分离出来，自成一个体系，产生液相分离，形成一个富碱相（或富硼相）和一个富硅相。实践证明，阳离子势的大小，对氧化物玻璃的分相有决定性的作用。

表 4-2 列出不同阳离子势（Z/r）及其氧化物和 SiO_2 二元系统的液相线形状。

表 4-2 不同阳离子势（Z/r）及其氧化物和 SiO_2 的液相线形状

离子	离子半径 r/nm	电价 Z	离子势(Z/r)	液相线形状
Cs^+	0.165	1	0.61	直线
Rb^+	0.149	1	0.67	直线
K^+	0.133	1	0.75	S形(直线)
Na^+	0.099	1	1.02	S形
Li^+	0.078	1	1.28	S形
Ba^{2+}	0.143	2	1.40	S形(见图 4-1)
Sr^{2+}	0.127	2	1.57	两个液相(见图 4-1)
Ca^{2+}	0.106	2	1.89	两个液相(见图 4-1)
Mg^{2+}	0.078	2	2.56	两个液相(见图 4-1)

从表 4-2 和图 4-1 可以看出，当 Z/r 值>1.4 时（如 Mg^{2+}、Ca^{2+}、Sr^{2+}），在液相线温度以上产生液-液不混溶区（即稳定不混溶区），分相温度较高。Z/r 值介于 1.4～1.00 之间（如 Ba^{2+}、Li^+、Na^+）时，液相线呈 S 形，在液相线以下有一亚稳不混溶区。当 Z/r <1.00（如 K^+、Rb^+、Cs^+）时，则熔体完全不发生分相。由上可知，二元系统玻璃中分相主要取决于两种氧化物的离子势差$\left(\Delta\dfrac{Z}{r}\right)$，离子势差愈小愈容易分相。例如碱金属离子，由于只带一个正电荷，离子势小，争夺氧离子的能力较弱，因此，（除 Li^+，Na^+ 外）一般都与 SiO_2 形成单相熔体，不易发生液相分离。但碱土金属离子则不同，由于带两个正电荷，阳离子势大，争夺氧离子能力较强，故在二元碱土硅酸盐熔体中容易发生液相分离。

4.1.5 分相对玻璃性质的影响

分相对玻璃的性质有重要的作用。它对具有迁移性能如黏度、电导、化学稳定性等的影响较为敏感。图 4-10 为 KF-BeF_2 系统玻璃的分相和性质变化示意图。从图 4-10 可以看出，这些性质的变化主要决定于高黏度、高电阻和易溶解的分相区域的亚微结构（或形态）。连通结构的分相区域对黏度活化能 E_η 和电阻 $\lg\rho$ 有显著的变化，而形成封闭的滴状的分相区域对性质影响较小。从图 4-10 还可以看出，分相对具有加和特性的另一类性质，如折射率、密度、热膨胀系数和弹性模量等是不那么敏感的。在变化曲线上只形成不明显的折曲点。它们的性质变化取决于分相区域的体积分数和成分，仍符合加和原则。

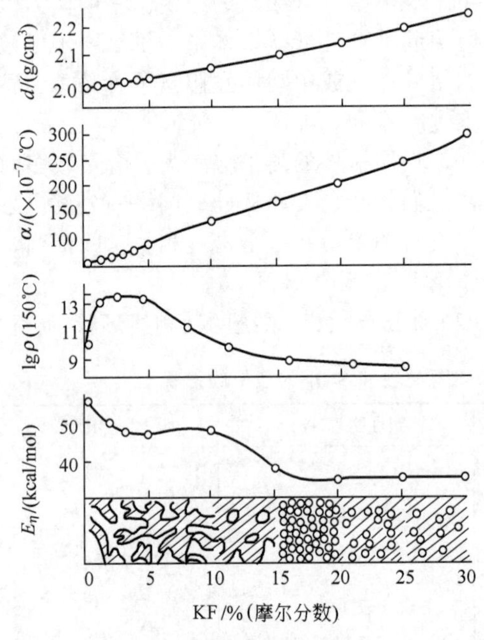

图 4-10　KF-BeF$_2$ 系统玻璃的分相和性质变化

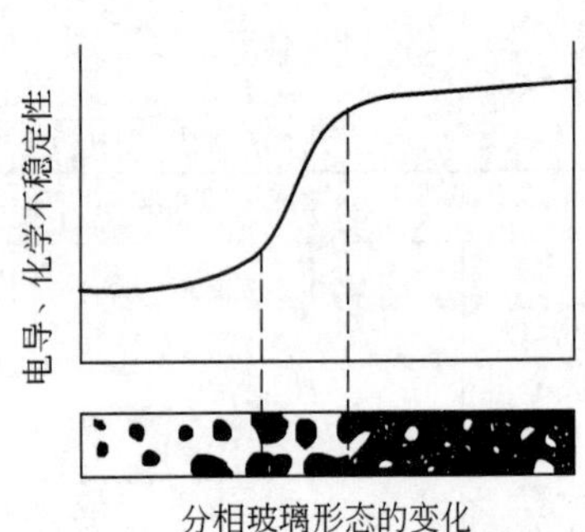

图 4-11　分相形态（结构）对性能的影响示意图

（1）对具有迁移性能的影响

图 4-11 为电导、化学不稳定性随分相形态变化而变化的情况。

图中横坐标表示分相形态（结构）变化的情况，黑色部分表示低黏度相、高电导相或低化学稳定性相的部分。当这些相（黑色部分）成为分散液滴状时，则整个玻璃表现为高黏度、低电导或较高化学稳定性，当这种分散相逐渐过渡为连通相时，玻璃就由高黏度、低电导或化学稳定的转变为低黏度、高电导或化学不稳定的玻璃。就是说，这些性能由分相玻璃的连通相所决定。

在硼硅酸盐玻璃生产中，必须注意分相对化学稳定性的影响。例如派来克斯类型玻璃在生产过程中，有时由于分相过于强烈而发生化学稳定性突然恶化的现象。必须指出，分相对性能的影响视分相的形态（即亚微结构）而定。就化学稳定性来说，如果富碱硼相以滴状分散嵌入于富硅氧基相中时，由于化学稳定性不良的碱硼相被化学稳定性好的硅氧相所包围，掩护碱硼相免受介质的侵蚀，这样的分相将提高玻璃的化学稳定性。反之，如果在分相过程中，高钠硼相和高硅氧相形成相互连通结构时，由于化学稳定性不良的碱硼相直接暴露于侵蚀介质中，玻璃的化学稳定性将发生恶化。分相的形态（亚微结构）与玻璃成分以及热处理的温度和时间有关。凡是侵蚀速度随热处理时间而增大的玻璃，一般都具有相互连通的结构。另外，富碱硼相的成分对侵蚀速度也有一定的影响，碱硼相中 SiO_2 含量多的侵蚀速度较慢，反之侵蚀速度较快。

图 4-12 为几种商用玻璃侵蚀速度与热处理时间的关系图。从图 4-12 可以看出，玻璃的侵蚀情况分为两类，第一类为 1、2、5 号玻璃，其侵蚀速度随分相而增大，开始时增大较快，后来逐渐变为恒值，进一步延长热处理时间，侵蚀又略有下降。第二类为 3 号玻璃，其侵蚀速度实际上不随分相而发生改变。通过电子显微镜和小角度 X 射线衍射分析证明，表

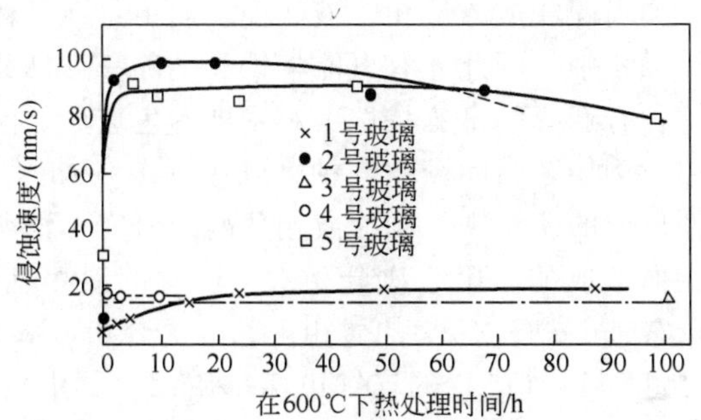

图 4-12　几种硼硅酸盐玻璃的氟氢酸侵蚀速度与热处理（600℃）时间的关系（侵蚀介质为 20℃的 10%HF）

4-3 中几种玻璃除 4 号玻璃外，在热处理过程中都发生分相；3 号玻璃分相呈分散滴状，故其侵蚀速度不随分相而改变；5 号玻璃的分相形态属于相互连通相，故其侵蚀速度随分相而增大。

表 4-3　几种商用玻璃成分　　%（质量分数）

玻璃	SiO_2	B_2O_3	Al_2O_3	Na_2O	K_2O	PbO	MgO	Li_2O	康宁牌号
1	80.5	12.8	2.2	3.8	0.4	—	—	—	7740
2	73.0	16.5	2.0	4.5	—	4.0	—	—	7720
3	70.0	28.0	1.1	—	0.5	—	—	1.2	7070
4	67.0	22.0	2.0	—	—	—	—	—	7052
5	67.3	24.6	1.7	4.6	1.0	—	0.2	—	7050

由于分相对硼硅酸盐玻璃的性质有重大影响，因此在生产实际中除了稳定玻璃化学成分外，还必须严格控制退火制度，以保证产品质量的稳定。

（2）对玻璃析晶的影响

① 为成核提供界面。玻璃的分相增加了相之间的界面，成核总是优先产生于相的界面上。试验证明一些微晶玻璃的成核剂（例如 P_2O_5）正是通过促进玻璃强烈分相而影响玻璃的结晶。

② 分散相具有高的原子迁移率。分相导致两液相中之一相具有较母相（均匀相）明显大的原子迁移率。这种高的迁移率，能够促进均匀成核。因此，在某些系统中，分相对促进晶相成核起主要作用，可能就是因为形成具有高的原子迁移率的分散相。

③ 使成核剂组分富集于一相。分相使加入的成核剂组分富集于两相中的一相，因而起晶核作用。如含 TiO_2 4.7%的铝酸盐玻璃，热处理过程中最初出现 $Al_2O_3 \cdot 2TiO_2$ 的晶核。继续加热能制得 β-锂霞石微晶玻璃，最后转变为含 β-锂辉石和少量金红石的微晶玻璃。不含 TiO_2 的同成分玻璃，虽然在冷却过程中也分相，但热处理时只能是表面析晶。

由此可以看出，分相作为促进玻璃态向晶态转化的一个过程应该是肯定的。然而分相和晶体成核、生长之间的关系是十分复杂的问题，而且有些情况还不十分清楚，需要进一步深入研究。

（3）对玻璃着色的影响

试验证明，含有过渡金属元素（如 Fe、Co、Ni、Cu 等）的玻璃在分相过程中，过渡元素几乎全部富集在微相（如高碱相或碱硼相）液滴中，而不是在基体玻璃中。例如高硅氧玻璃的铁含量总是富集于钠硼相中，因此才有可能将铁和钠硼一道沥滤掉而使最后产品中的铁含量甚微。过渡元素的这种有选择的富集特性，对发展颜色玻璃、激光玻璃、光敏玻璃以及光色玻璃都有重要的作用。例如著名陶瓷铁红釉大红花（图 4-13），就是利用铁在玻璃分相过程中有选择富集的特性形成的。对铁红釉的液相分离的研究，证明铁红釉大红花是通过含 Fe_2O_3 玻璃釉经两次分相而形成的。第一次分相：从连续的液相基质中分离出大小为 3μm 左右的棕黄色球形液滴，它是 Fe_2O_3 富集的微相。第二次分相，从 3μm 左右富 Fe_2O_3 微相中，再分离出贫铁相和棕色富 Fe_2O_3 相的连续第四基质相。其中贫铁相成长为红花的黄色花心，棕色富铁的第四基质相即形成朱红色花瓣，经鉴定证明它是 α-Fe_2O_3 晶体。

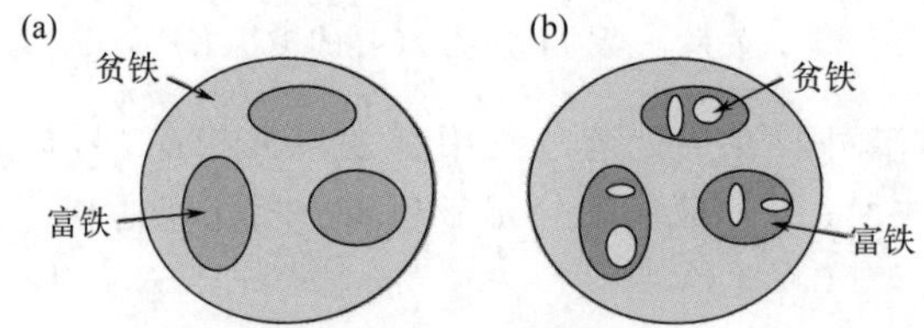

图 4-13　铁红釉第一次（a）和第二次（b）分相示意图

从以上几点来看，分相在理论和实践上都有重要的意义。在玻璃生产中，可以根据玻璃成分的特点及其分相区的温度范围，通过适当的热处理，控制玻璃分相的结构类型（滴状相或连通相）、分相的速度、分相进行的程度以及最终相的成分等，以提高玻璃制品的质量和发展新品种、新工艺。例如通过热处理和酸处理制造微孔玻璃、高硅氧玻璃（需经烧结）和蚀刻雕花玻璃是众所周知的。通过控制分相区域的结构，使易溶解的钠硼相形成为高硅相封闭的玻璃滴，能生产性质类似于派莱克斯玻璃的低温易熔的硼硅酸盐玻璃。在玻璃软化点附近加上拉应力，使分相区域形成针状有规则排列，呈现各向异性，可以作为自聚焦光导、双折射和偏振材料等。一般光学玻璃和光导纤维中要力求避免分相，以降低光的散射损耗。

4.2　玻璃的析晶

从热力学的观点，玻璃内能高于同成分晶体的内能，因此熔体的冷却必然导致析晶。熔体的能量和晶体的能量之差越大，则析晶倾向越大。然而从动力学观点来看，由于冷却时熔体黏度增加甚快，析晶所受阻力甚大，故亦可能不析晶而形成过冷的液体。在液相线温度以上结晶被熔化，而在常温时固态玻璃的黏度极大，因此都不可能析晶。一般析晶在相应于黏度为 $10^3 \sim 10^5$ Pa·s 左右温度范围内进行。

析晶过程包括晶核形成和晶体生长两个阶段，成核速度和晶体生长速度都是过冷度和黏度的函数。

4.2.1　成核过程

成核过程，可分为均匀成核和非均匀成核。均匀成核是指在宏观均匀的玻璃中，在没有外来物参与下，与相界、结构缺陷等无关的成核过程，又称本征成核或自发成核。非均匀成核是依靠相界、晶界或基质的结构缺陷等不均匀部位而成核的过程，又称非本征成核。相界一般包括：容器壁、气泡、杂质颗粒或添加物等与基质之间的界面，由于分相而产生的界面，以及空气与基质的界面（即表面）等。

在生产实际中常见的是非均匀成核，而均匀成核一般不易出现。

(1) 均匀成核

处于过冷状态的玻璃熔体，由于热运动引起组成上和结构上的起伏，一部分变成晶相。晶相内质点的有规则排列导致体积自由能的减小。然而在新相产生的同时，又将在新生相和液相之间形成新的界面，引起界面自由能的增加，对成核造成势垒。因此，在新相形成过程中，同时存在两种相反的能量变化。当新相的颗粒太小时，界面对体积的比例大，整个体系的自由能增大。但当新相达到一定大小（临界值）时，界面对体积的比例就减小，系统自由能的变化 ΔG 为负值，这时新生相就有可能稳定成长。这种可能稳定成长的新相区域称为晶核。那些较小的不能稳定成长的新相区域称为晶胚。

假定晶核（或晶胚）为球形，其半径为 r，则以上的讨论可表示为：

$$\Delta G=\frac{4}{3}\pi r^3\Delta G_v+4\pi r^2\sigma \tag{4-1}$$

式中，ΔG_v 为相变过程中单位体积的自由能变量；σ 为新相与熔体之间的界面自由能（或称表面张力）。根据热力学推导：

$$\Delta G_v=n\frac{D}{M}\times\frac{\Delta H\Delta T}{T_e} \tag{4-2}$$

式中，n 为新相所含分子数；D 为新相密度；M 为新相的分子量；ΔH 为焓变；T_e 为新、旧二相的平衡温度，即“熔点”或析晶温度；$\Delta T=T_e-T$，即过冷度，T 为系统实际所在温度。

当系统处于过冷状态时，$\Delta T>0$，但 $\Delta H<0$（因有结晶潜热放出），因此 $\Delta G_v<0$，即式(4-1) 的第一项为负值。由于 σ 必为正值，故系统的自由能总变量 ΔG 为正或为负取决于式(4-1) 中第一和第二两项绝对值的相对大小；而这两项都是 r 的函数。将 ΔG 对 r 作图，得图 4-14。由图可见，当 r 很小时 ΔG 为正值，因为这时式(4-1) 的第二项占优势；而当 r 大于某一数值时 ΔG 为负值，因为这时式(4-1) 的第一项占优势。曲线 ΔG-r 有一个极大值，为此相应的核半径称为“临界核半径”，用 r^* 表示。

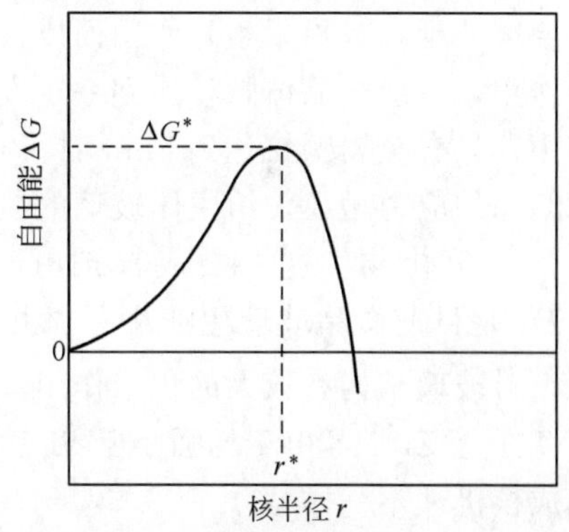

图 4-14 核的自由能与半径的关系

根据图 4-14，当 $r=r^*$ 时，ΔG 的一阶导数应等于 0，即 $\mathrm{d}(\Delta G)/\mathrm{d}r=0$。由此可以解出

$$r^*=-\frac{2\sigma MT_e}{nD\Delta H\Delta T} \tag{4-3}$$

r^* 是形成稳定的（不致消失的）晶核所必须达到的核半径，其值越小则晶核越易形成。r^* 的数值取决于物系本身的属性 σ、M、T_e、D 和 ΔH。

(2) 非均匀成核

很早以前人们就发现在某些过饱和溶液中，加入某些晶态物质（晶种）可以实现诱导结晶。在 20 世纪 40 年代有人根据碘化银与冰在晶格常数方面的相似性（点阵匹配），曾经利用碘化银作为成核剂成功地进行了人工降雨。通过成核剂实现结晶，以及在熔体外表面或容器壁上形成晶核等，一切借助于界面的成核过程都属于非均匀成核的范畴。

非均匀成核的理论是在微晶玻璃的研制过程中发展和充实起来的，它又反过来为微晶玻璃的发展起着指导作用。有控制的析晶或诱导析晶是制造微晶玻璃的基础。适当地选择玻璃成分、成核剂种类及热处理制度，就可能有意识地控制玻璃的成核和晶体长大，以获得一系列具有优异性能的微晶玻璃。微晶玻璃被认为是二十世纪玻璃品种上的重大突破。目前已能成功地生产透明、半透明、不透明，负膨胀、零膨胀到正膨胀［$(-20\sim200)\times10^{-7}$/℃］，高强度，具有良好电性能，耐磨和耐腐蚀等微晶玻璃。

在非均匀成核情况下，由成核剂或二液相提供的界面使界面能［式(4-1) 中的 σ］降低。因而影响到相应于临界半径 r^* 时的 ΔG 值。此值与熔体对晶核的润湿角 θ 有关：

$$\Delta G=\frac{16\pi\sigma^3}{3(\Delta G_v)^2}\times\frac{(2+\cos\theta)(1-\cos\theta)^2}{4} \tag{4-4}$$

当 $\theta<180°$时，非均匀成核的自由能势垒就比均匀成核小。当 $\theta=60°$时，势垒为均匀成核的六分之一左右。因此非均匀成核比均匀成核易于发生。

一般说来，成核剂和初晶相之间的界面张力越小，或它们之间的晶格常数越接近，成核就愈容易。

用于微晶玻璃的成核剂有下列几种类型：

① 贵金属盐类。贵金属 Au、Ag、Cu、Pt 和 Rh 等的盐类熔入玻璃后，在高温时以离子状态存在，而在低温则分解为原子状态。经过一定热处理将形成高度分散的金属晶体颗粒，从而促成“诱导析晶”。斯图基（Stookey）发现的第一批 Li_2O-Al_2O_3-SiO_2 系统的微晶玻璃，就是用金和银的化合物作为成核剂。目前贵金属盐仍广泛用于制造光敏微晶玻璃。

影响金属核化能力的因素主要有晶格常数相近和金属颗粒的大小。晶格常数相近：一般认为，金属颗粒诱导析晶时，只要金属和被诱导的晶核间晶格常数之差不超过 10%～15% 就会因外延（或称附生）作用而成核。金属颗粒的大小：金属颗粒的大小对核化能力有重要的作用，一般当晶体颗粒达到一定大小时，才能诱导主体玻璃析晶。例如在 Li_2O、SiO_2 玻璃中，只有金属颗粒达到 8nm 时，才能使玻璃发生结晶。因为核粒小，曲率半径就小，核化结晶的应力增大，给主体玻璃的核化和晶化带来困难。

② 氧化物。这一类成核剂有 TiO_2、P_2O_5、ZrO_2 和 Cr_2O_3 等，其中 TiO_2、ZrO_2、P_2O_5 是目前微晶玻璃生产中最常用的成核剂。它们的共同特点是，阳离子电荷高、场强大，对玻璃结构有较大的积聚作用。其中 P^{5+} 由于场强大于 Si^{4+}，有加速玻璃分相的作用。而 Ti^{4+}、Zr^{4+} 等由于场强小于 Si^{4+}，（当加入少量时）又有减弱玻璃分相的作用。因此它们成核机理不一样。

TiO_2 的成核机理比较复杂，目前尚未彻底弄清。一般认为在核化过程中，首先析出富含钛氧的液相（或玻璃相）。它是一种微小（约 5nm）悬浮体，在一定条件下（如热处理）将转变为结晶相，进而使母体玻璃成核和长大。X 射线衍射证明，在含钛的 MgO-Al_2O_3-SiO_2 玻璃中析出的悬浮体是钛酸镁。其他一些含钛玻璃（如 Na_2O-Al_2O_3-SiO_2 玻璃），分相后的析出物都不是单纯的二氧化钛 TiO_2，而是一种钛酸盐。

Ti^{4+} 在玻璃结构中属于中间体阳离子，在不同的条件下它可能以六配位［TiO_6］或四配位［TiO_4］状态存在。在高温（由于配位数降低）Ti^{4+} 可能以四配位参加硅氧网络，而与熔体产生良好的混溶。当温度降低，钛将从钛氧四面体转变为低温的稳定状态——钛氧八面体，这时由于［TiO_6］与［TiO_4］结构上的差别，TiO_2 就会与其他 RO 类型的氧化物一起从硅氧网络分离出来（分液），并以此为晶核，促使玻璃微晶化。

TiO_2 有缩小 Na_2O-SiO_2 玻璃不混溶区的作用（如图 4-15 所示）。从图 4-15 可以看出，TiO_2 在一定程度有减小玻璃分相的作用，因此 TiO_2 不可能通过分相来促使玻璃的核化。

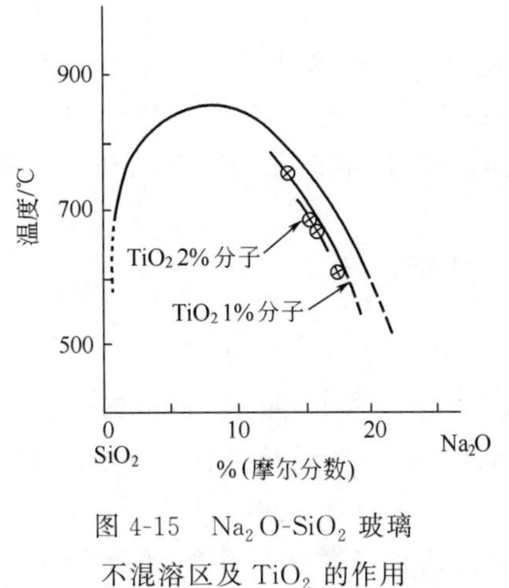

图 4-15　Na_2O-SiO_2 玻璃不混溶区及 TiO_2 的作用

```
              |
              O
              |
         —O—Si4+—O—
    |         |         |
    O         O         O
    |         |         |
—O—Si4+—O—P5+—O—Si4+—O—
    |         ‖         |
    O         O         O
    |                   |
```

图 4-16　[PO_4] 在硅氧网络结构中的作用

P_2O_5 是玻璃形成氧化物，对硅酸盐玻璃具有良好的成核能力。常与 TiO_2、ZrO_2 共用或单独用于 Li_2O-Al_2O_3-SiO_2、Li_2O-MgO-SiO_2 和 MgO-Al_2O_3-SiO_2 等系统微晶玻璃。P_2O_5 在硅氧网络中易形成不对称的磷酸多面体（如图 4-16 所示）。加之 P^{5+} 的场强大于 Si^{4+}，因此它容易与 R^+ 或 R^{2+} 一起从硅氧网络中分离出来。一般认为 P_2O_5 在玻璃中的核化作用，来源于分相。因为分相能降低界面能，使成核活化能下降。

试验数据表明：P_2O_5 能大大提高 Na_2O-SiO_2 玻璃的不混溶温度并扩大其不混溶区，这主要是由晶态 $AlPO_4$ 与方石英在结构上相似所致。

关于 ZrO_2 的核化作用，一般认为先是从母相中析出富含锆氧的结晶（或生成约 5nm 的富含 ZrO_2 的微不均匀区），进而诱导母体玻璃成核。试验证明：在 Li_2O-Al_2O_3-SiO_2、MgO-Al_2O_3-SiO_2 等系统的微晶玻璃中，ZrO_2 主要诱导形成主晶相为 β-石英固溶体，次晶相为细颗粒的立方 ZrO_2 固溶体。

ZrO_2 在硅酸盐熔体中，溶解度小，一般超过 3% 就溶解困难而常常从熔体中析出，这是 ZrO_2 作为成核剂的不利一面。如引入少量 P_2O_5 能促进 ZrO_2 的溶解。

③ 氟化物。氟化物是著名的乳浊剂和加速剂。常用的氟化物有氟化钙（CaF_2）、冰晶石（Na_3AlF_6）、氟硅化钠（Na_2SiF_6）和氟化镁（MgF_2）等。当氟含量大于 2%～4%时，氟化物就会在冷却（或热处理）过程中从熔体中分离出来，形成细结晶状的沉淀物而引起玻璃乳浊。利用氟化物乳浊玻璃的原理，可促使玻璃成核，其中氟化物微晶体就是玻璃的成核中心。氟化物的晶核形成温度，通常低于晶体生长温度，因此用氟化物核化、晶化的玻璃，是一种数量巨大的微小晶体，而不是数量少的粗晶。

F^- 半径（0.136nm）与 O^{2-} 半径（0.14nm）非常接近，因此 F^- 能取代 O^{2-} 而不致影响到玻璃结构中离子的排布。但 F^- 是负一价，O^{2-} 为负二价，因此只能两个 F^- 取代一个 O^{2-} 才能达到电性中和。反映在结构上相当于用两个硅氟键（≡Si—F）取代一个硅氧键（≡Si—O—Si≡）。≡Si—F 群的出现，意味着硅氧网络的断裂，导致玻璃结构的减弱。一般认为，氟减弱玻璃结构的作用，是氟化物诱导玻璃成核长大的主要原因。因此氟化物一般都使玻璃的黏度下降，热膨胀系数增大。

近年来新出现的云母型可切削的微晶玻璃，也是用氟化物作为晶核剂的。

4.2.2 晶体生长

当稳定的晶核形成后，在适当的过冷度和过饱和度条件下，熔体中的原子（或原子团）向界面迁移。到达适当的生长位置，使晶体长大。晶体生长速度取决于物质扩散到晶核表面的速度和物质加入晶体结构的速度，而界面的性质对于结晶的形态和动力学有决定性的影响。

就正常生长过程来说，晶体的生长速度 u 由下式表示：

$$u=\upsilon a_0\left[1-\exp\left(-\frac{\Delta G}{KT}\right)\right] \tag{4-5}$$

式中，u 为单位面积的生长速度；υ 为晶液界面质点迁移的频率因子；a_0 为界面层厚度，约等于分子直径；ΔG 为液体与固体自由能之差（即结晶过程自由焓的变化）。

当过程离开平衡态很小时，即 T 接近于 T_m（熔点），$\Delta G \ll KT$。这时晶体生长速度与推动力（过冷度 ΔT）成直线关系。就是说在这种条件下，生长速度随过冷度的增大而增大。

但当过程离开平衡态很大（过冷度大）时，即 $T \ll T_m$，故 $\Delta G \gg KT$、式(4-5) 中的 $\left[1-\exp\left(-\frac{\Delta G}{KT}\right)\right]$ 项接近于 1，即 $u \to \upsilon a_0$。也就是说晶体生长速度受到原子（通过界面）扩散速度的控制。在此条件下，晶体生长速度达到极限值。就液态物质来说，这一极限值一般在 10^5 cm/s 范围内。

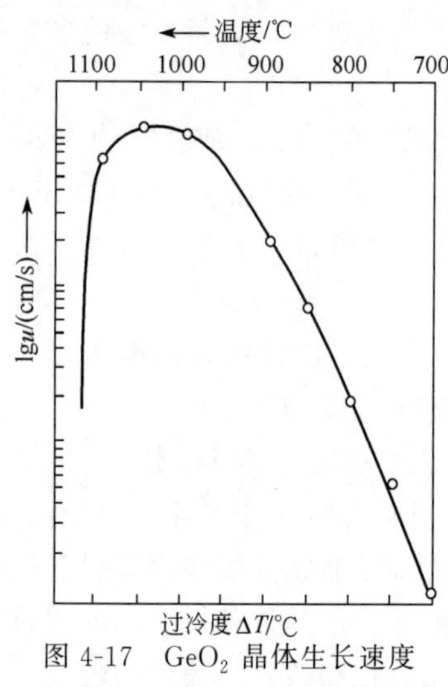

图 4-17 GeO_2 晶体生长速度与过冷度的关系图

图 4-17 为 GeO_2 晶体生长速度与过冷度的关系图。从图 4-17 可以看出，在熔点下，生长速度为零，温度从熔点 T_m 下降，随着过冷度 ΔT 的增大，晶体生长的动力也随之增大，故生长速度增长，且生长速度与过冷度成线性关系，然后达到最大值。当进一步过冷，即温度 T 距 T_m 很远时，由于黏度的增大，相界面迁移的频率因子 υ 下降，导致生长速率减小。

4.2.3 影响玻璃析晶的因素

(1) 温度

当熔体从 T_m 冷却时，ΔT（即过冷度，T_m-T）增大，因而成核和晶体生长的驱动力增大；但是，与此同时，黏度随之增大，成核和晶体生长的阻力增大。为此，成核速度和 ΔT 的关系曲线以及晶体长大和 ΔT 的关系曲线都出现峰值，两条曲线都是先上升然后下降。在上升阶段，ΔT 的驱动作用占主导地位，而在下降阶段则是黏度的阻碍作用占优势。两个峰值的位置主要由玻璃的化学组成和结构决定，并可通过试验测出。如果目的在于析晶（如微晶玻璃）则应先在适当温度成核，然后升温以促进晶核长大至适当尺寸。

(2) 黏度

当温度较低时（即远在 T_m 点以下时），黏度对质点扩散的阻碍作用限制着结晶速度，尤其是限制晶核长大的速度。图 4-18 是钠硅酸盐玻璃 SiO_2 含量与结晶线速度的关系。从图

4-18 可以看出，随着 SiO_2 含量的增大，曲线位置依次往下移动，说明玻璃的结晶线速度相应减小。显然这是由于黏度随 SiO_2 含量而增大的结果。

（3）杂质

加入少量杂质可能会促进结晶，因为杂质引起成核作用，还会增加界面处的流动度，使晶核更快地长大。杂质往往富集在分相玻璃的一相中，富集到一定浓度，会促使这些微相由非晶相转化为晶相。在一些硅酸盐和硒酸盐熔体中，水能增大熔体的流动度，因而有促进结晶的作用。

（4）界面能

固液界面能越小，则核的生长所需能量越低，因而结晶速度越大。加入外来物，杂质和分相等都可以改变界面能，因此可以促进或抑制结晶过程。

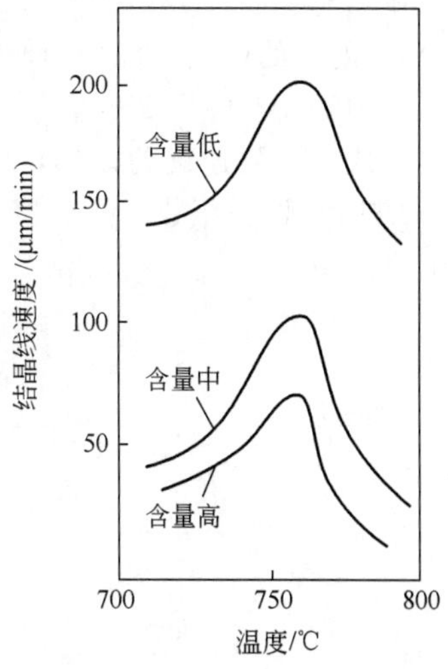

图 4-18　不同 SiO_2 含量与钠硅酸盐玻璃结晶线速度的关系

4.3　微晶玻璃的核化和晶化

微晶玻璃是用适当组成的玻璃控制析晶或诱导析晶而成。它含有大量（典型的约占 95%～98%）细小的（在 1μm 以下）晶体和少量残余玻璃相。此种材料在力学性能、化学稳定性、电性能等方面都较玻璃优良。

有控制的析晶或诱导析晶是制造微晶玻璃的基础，而成核和晶体长大是实现有控制析晶的关键，对成核相晶体长大过程的控制，可使玻璃形成具有一定数量和大小的晶相，以赋予微晶玻璃所需的种种特性。为此目的，除了适当选择玻璃成分外，正确地选择成核剂和热处理制度有特别重要的意义。

微晶玻璃一般是在玻璃的转变温度以上，主晶相的熔点以下进行成核和晶体长大。成核通常是在相当于 10^{10}～10^{11} Pa·s 黏度的温度下保持 1～2h，其晶核粒度约 3～7nm。在成核过程中必须严格控制升温速度和成核温度。成核一经完成，便升温至晶体长大温度（一般约高于成核温度 150～200℃）。这时必须注意防止制品变形和不必要的多晶转变或某些晶核的重新溶解，以免影响最终制品的质量。

最常见的成核剂是 TiO_2 和 ZrO_2，往往是二者共同使用。TiO_2 与 ZrO_2 混合成核剂有许多优点，例如在低膨胀微晶玻璃中，它能使微晶玻璃具有大量细而粒度均匀的微晶体，而且在热处理过程中成核和晶体长大的温度范围比较宽（即对热敏感性小），制成透明微晶玻璃的相对稳定区较大。TiO_2 的用量通常为 4%～12%，而 ZrO_2 为 4%～5%。二者共用时其用量分别为 2%左右。图 4-19 是微晶玻璃的典型的热处理示意曲线。

下面以透明超低膨胀微晶玻璃为例，介绍微晶玻璃中成核和晶体长大的基本情况。

4.3.1　低膨胀锂铝硅微晶玻璃的晶相

在低膨胀 Li_2O-Al_2O_3-SiO_2 系统微晶玻璃中，有两个重要的晶相，高石英（或称 β-石英）固溶体与 K-石英固溶体（即 β-锂辉石），二者都是从纯 β-石英（二氧化硅）衍生出来的。β-石英的晶体是由大量［SiO_4］四面体连接成的比较开放的六角螺旋结构。它具有较低的膨胀系数（5×10^{-7}/℃）。当 β-SiO_2 中的 Si^{4+} 有规则地用（$Li^{+}+Al^{3+}$）离子取代时，便生成具有不同成分和性质的β-石英固溶体。此时 Al^{3+} 位于 Si^{4+} 的格点位置，而 Li^{+} 填充于 Al^{3+} 附近的网络空隙中而使电性达到中和。其中比较稳定的成分是半数 Si^{4+} 被取代，即生成 $Li_2O \cdot Al_2O_3 \cdot 2SiO_2$（可简写为 LAS_2），常称为锂霞石的晶体。β-LAS_2 和β-石英之间可形成一系列连续的固体，因为它们具有同样的六角螺旋结构。它们在螺旋所指的方向（c 轴方向）膨胀系数都是负值，其他方向都是正值，但微小结晶体堆积而成的材料的总膨胀值也是负值。

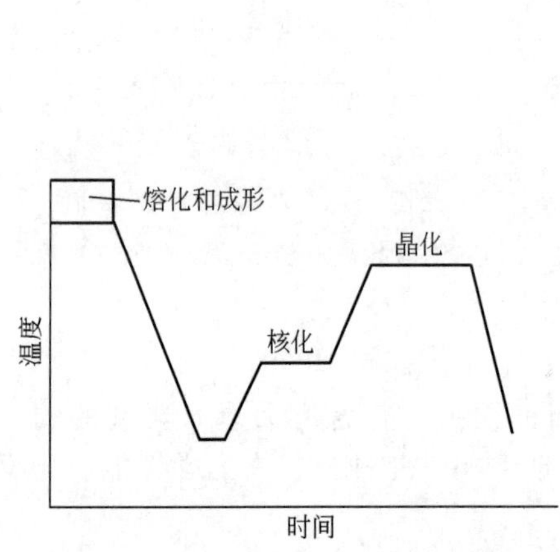

图 4-19 微晶玻璃典型热处理示意曲线

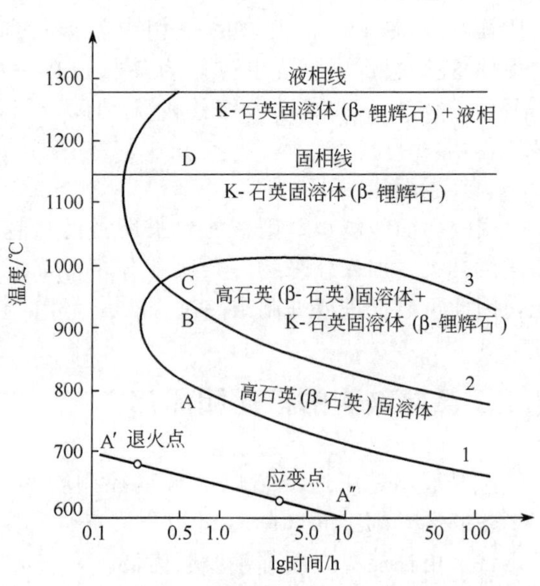

图 4-20 锂铝硅玻璃在加热时的相变

锂铝硅微晶玻璃在加热时，随着温度上升发生下列相变：玻璃→β-石英固溶体→β-锂辉石→液相，如图 4-20 所示。从图 4-20 可以看出，加热至线 1 时，出现β-石英固溶体，实际上是六方的β-锂霞石固溶体。进一步加热至线 2 时，后者转变为β-锂辉石固溶体（K-石英固溶体），高于线 3 时，全部转化为 K-石英固溶体。超过固相线时就会产生液相。实际上，可能造成制品的变形。从图 4-20 也可以看出，加热时间对晶相转变也有一定的作用。如加热时间较长，则相应晶相的转变可在较低温度下进行。根据这些相变规律，可以按照产品的性能要求，比较具体地制定热处理制度以获得相应的晶相。

β-石英的固溶体可以从含有 Li_2O-Al_2O_3-SiO_2 组成的玻璃中以微晶状态析出来，这样得到的微晶玻璃含有β-石英固溶体和残余玻璃等相。前者的负膨胀和后者的正膨胀相抵消，就成为膨胀系数接近于零的微晶玻璃。

4.3.2 低膨胀锂铝硅微晶玻璃的成核剂

为了使β-石英固溶体能够在热处理过程中顺利地从玻璃中以微晶状态析出，一般添加少量的晶核形成剂加以诱导。它们是 TiO_2 及 ZrO_2，在微晶玻璃发展的初期，TiO_2 使用比较普遍，但后来发现除 TiO_2 外再添 ZrO_2，有助于使形成的β-石英固溶体增加其稳定性。如果没有 ZrO_2，则析出的β-石英固溶体微晶很容易转变为膨胀系数较大的β-锂辉石微晶，并使玻璃失去透明性。图 4-21 是 TiO_2、ZrO_2 核化剂和热处理温度对主晶相转变的影响。从图 4-21 可以看出，在一定的热处理条件下，单用 TiO_2 或 ZrO_2 作晶核剂时，β-石英固溶体和 K-石英固溶体（即β-锂辉石）几乎都在同一温度出现。如果使用 TiO_2+ZrO_2 混合晶核剂，就会降低从玻璃中析出β-石英固溶体的温度，并提高K-石英固溶体开始出现的温度。结果大大扩大了β-石英固溶体的温度区域，因而相应提高热处理的稳定性，并扩大获得透明微晶玻璃的热处理温度范围。

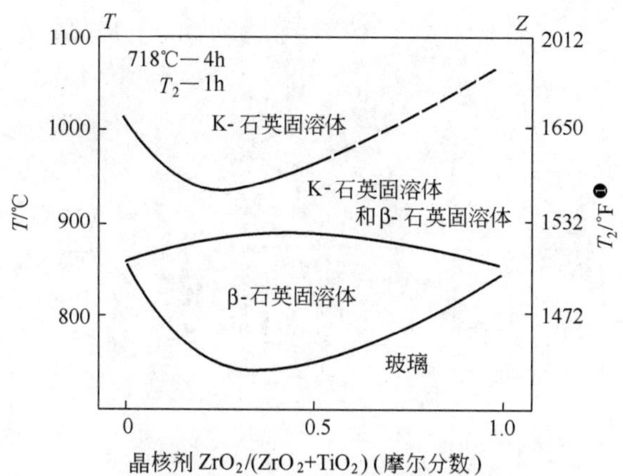

图 4-21 主晶相随热处理与晶核剂不同的变化情况

4.3.3 低膨胀锂铝硅微晶玻璃的热处理过程

玻璃在热处理过程中所产生的变化可分为三个阶段：

① 两液分相：这一阶段从玻璃母体中分出许多小液滴，其直径很小，只有4nm左右，有时在玻璃冷却过程中即已产生。

② 晶核生成：在分出的液相界面首先析出含 TiO_2 化合物和立方体 ZrO_2 的微小晶核，对进一步从玻璃中析出微晶起诱导作用。

③ 晶粒长大：β-石英固溶体的晶粒在核的表面不断沉淀和长大。在这一阶段的初期，刚析出的结晶和母体玻璃的膨胀系数相差很大，内部出现很大的微观应力，因而很容易裂开，而且玻璃中亦产生乳浊现象。以后，微小晶体吸收玻璃液滴中含 SiO_2 较高的组分形成外壳，晶体与玻璃间的膨胀系数差逐渐减小。在这一阶段的后期，长成为平均直径为0.1μm以下的结晶颗粒（颗粒间由20%～30%的残余玻璃相加以胶结）。这时由于析出的晶体和母体玻璃的折射率差已减小，微晶玻璃透明度大大增加，膨胀系数降至零左右。

思考题

1. 玻璃分相的类型和分相结构特点如何？
2. 在硼硅酸盐玻璃中，分相如何影响玻璃的性能？
3. 高硅氧玻璃的制备原理及工艺过程。
4. 玻璃析晶的两个阶段及其相互间的关系如何？

---

❶ $t/℃=\frac{5}{9}(t/°F-32)$。

第 5 章 玻璃的性质

5.1 玻璃的黏度

在重力、机械力和热应力等的作用下，玻璃液（或玻璃熔体）中的结构组元（离子或离子基团）相互间发生流动。如果这种流动是通过结构组元依次占据结构空位的方式来进行，则称为黏滞流动。当作用力超过“内摩擦”阻力时，就能发生黏滞流动。

黏滞流动用黏度衡量。黏度是指面积为 S 的两平行液面，以一定的速度梯度 $\frac{dV}{dx}$ 移动时需克服的内摩擦阻力 f，如式(5-1) 所示。

$$f=\eta S\frac{dV}{dx} \tag{5-1}$$

式中 η——黏度或黏滞系数；

S——两平行液面间的接触面积；

dV/dx——沿垂直于液流方向液层间的速度梯度。

黏度是玻璃的一个重要物理性质，它贯穿于玻璃生产的全过程。在熔制过程中，石英颗粒的溶解、气泡的排除和各组分的扩散都与黏度有关。在工业上，有时应用少量助熔剂降低熔融玻璃的黏度，以达到澄清和均化的目的。在成形过程中，不同的成形方法与成形速度要求不同的黏度和料性。在退火过程中，玻璃的黏度和料性对制品内应力的消除速度都有重要作用。高黏度的玻璃具有较高的退火温度，料性短的玻璃退火温度范围一般较窄。

影响玻璃黏度的主要因素是化学组成和温度，在转变温度范围内，还与时间有关。不同的玻璃对应于某一定黏度值的温度不同。例如黏度为 10^{12} Pa·s 时，钠钙硅玻璃的相应温度为 560℃左右，钾铅硅玻璃为 430℃左右，而钙铝硅玻璃为 720℃左右。

在玻璃生产中，许多工序（和性能）都可以用黏度作为控制和衡量的标志（见表 5-1)。使用黏度来描述玻璃生产全过程较温度更确切与严密，但由于温度测定简便、直观，而黏度和组成关系具有复杂性及习惯性，因此习惯上用温度来描述和规定玻璃生产工艺过程的工艺制度。

5.1.1 黏度与温度关系

由于结构特性的不同，因而玻璃熔体与晶体的黏度随温度的变化有显著的差别。晶体在高于熔点时，黏度变化很小，当到达凝固点时，由于熔融态转变成晶态的缘故，黏度呈直线上升。玻璃的黏度则随温度下降而增大。从玻璃液到固态玻璃的转变，黏度是连续变化的，其间没有数值上的突变。

所有实用硅酸盐玻璃，其黏度随温度的变化规律都属于同一类型，只是黏度随温度的变化速率以及对应于某给定黏度的温度有所不同。图 5-1 表示两种不同类型玻璃的黏度-温度曲线。这两种玻璃随着温度变化其黏度变化速率不同，因为具有不同的料性。曲线斜率大的玻璃 B 属于“短性”玻璃；曲线斜率小的玻璃 A 属于“长性”玻璃。如果用温度差来判别玻璃的料性，则差值 ΔT 越大，玻璃的料性就越长，玻璃成形和热处理的温度范围就越宽广，反之就狭小。

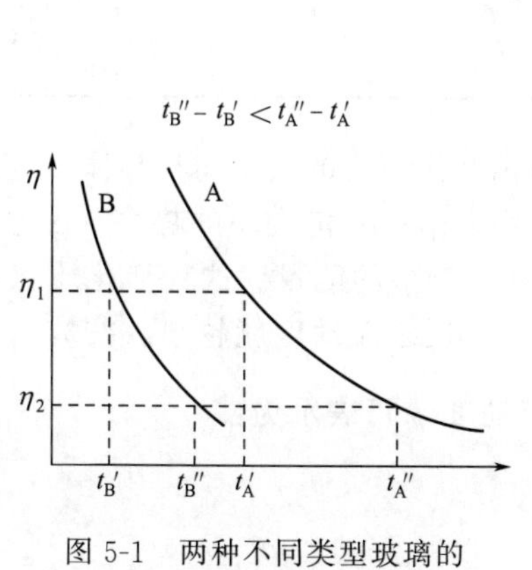

图 5-1 两种不同类型玻璃的黏度-温度曲线示意图

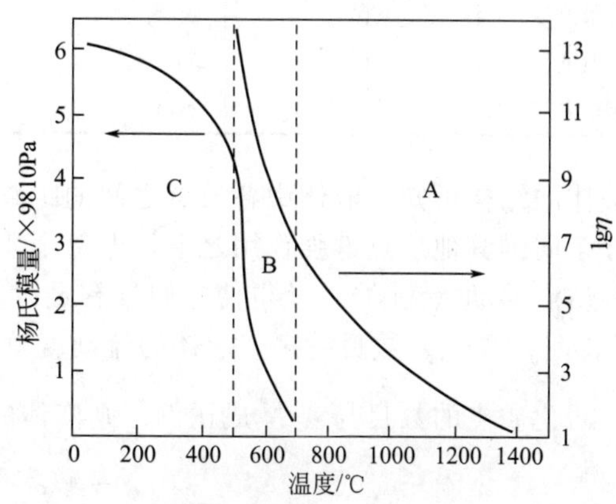

图 5-2 Na_2O-CaO-SiO_2 玻璃的弹性、黏度与温度的关系曲线

图 5-2 是 Na_2O-CaO-SiO_2 玻璃的弹性、黏度与温度的关系曲线。图中分三个区。在 A 区因温度较高，玻璃表现为典型的黏性液体，它的弹性性质近于消失。在这一温度区中黏度仅取决于玻璃的组成与温度。当温度进入 B 区（温度转变区），黏度随温度下降而迅速增大，弹性模量也迅速增大。在这一温度区，黏度（或其他性质）除取决于组成和温度外，还与时间有关。当温度继续下降进入 C 区，弹性模量进一步增大，黏滞流动变得非常小。在这一温度区，玻璃的黏度（或其他性质）又仅取决于组成和温度，而与时间无关。上述变化现象可以从玻璃的热历史加以说明。

表 5-1 黏度与特性温度的关系

工艺流程	相应的黏度 /Pa·s	温度/℃		
		最大范围	一般范围	以 Na_2O-CaO-SiO_2 玻璃为例
1. 澄清	10	1000～1550	1200～1400	1460
2. 成形				
开始成形	10^2～10^3	850～1350	1000～1100	1070～1230
机械供料				
吹料	10			
落料	10^3			
吹制成形	$10^{2.7}$～$10^{3.7}$			
压制成形	$10^{2.6}$～10^5			800
制品出模	10^6			

续表

工艺流程	相应的黏度/Pa·s	温度/℃		
		最大范围	一般范围	以 Na_2O-CaO-SiO_2 玻璃为例
3. 热处理及其他				
开始结晶	10^3			1070
结晶过程	$10^4\sim10^5$			870～960
软化温度	$10^{6.5}\sim10^7$		580～915	
烧结温度	$10^8\sim10^9$			
变形温度	$10^9\sim10^{10}$		550～650	640～680
退化上限温度	10^{12}			
应变温度	$10^{13.5}$			510
退化下限温度	10^{14}			410

由液体的结构可知，液体中各质点之间的距离和相互作用力的大小均与晶体接近，每个质点都处于周围其他质点键强作用之下，即每个质点均是落在一定大小的势垒（Δu）之中。要使这些质点移动（流动），就得使它们具有足以克服该势垒的能量。这种活化质点（具有大于 Δu 能量的质点）数目越多，液体的流动度就越大；反之流动度就越小。按玻尔兹曼分布定律，活化质点的数目与 $e^{-\frac{\Delta u}{KT}}$ 成比例。则液体的流动度 ϕ 可表示为：

$$\phi = A' e^{-\frac{\Delta u}{KT}} \tag{5-2}$$

因 $\phi=1/\eta$，故

$$\eta = A e^{\frac{\Delta u}{KT}} \tag{5-3}$$

式中　Δu——质点的黏滞活化能；

A——与组成有关的常数；

K——玻尔兹曼常数；

T——热力学温度。

式(5-3) 表明，液体黏度主要取决于温度和黏滞活化能。随着温度升高，液体黏度按指数关系递减。当黏滞活化能（Δu）为常数时，将式(5-3) 取对数可得：

$$\lg\eta = \alpha + \frac{\beta}{T} \tag{5-4}$$

式中　β——$\frac{\Delta u}{K}\lg e$，为常数；

α——$\lg A$，常数。

式(5-4) 表明，$\lg\eta$ 与 $\frac{1}{T}$ 呈简单的线性关系。这是因为温度升高，质点动能增大，使更多的质点成为“活化”质点之故。

图 5-3 是一般玻璃的 $\lg\eta$ 与 $\frac{1}{T}$ 的关系曲线，高温区域 ab 段和低温区域 cd 段都近似直线，而 bc 段不呈直线，这是因为式(5-4) 仅对不缔合的简单液体具有良好的适应性。对多数硅酸盐液体（如熔融玻璃）而言，高温时熔体基本上未发生缔合，低温时缔合趋于完毕，Δu 都为常数，故 ab 段和 cd 段都呈直线关系。但当玻璃从高温冷却时，对黏度起主要作用的阴离子团（$Si_xO_y^{2-}$）不断发生缔合，成为巨大、复杂的阴离子基团。伴随着阴离子基团

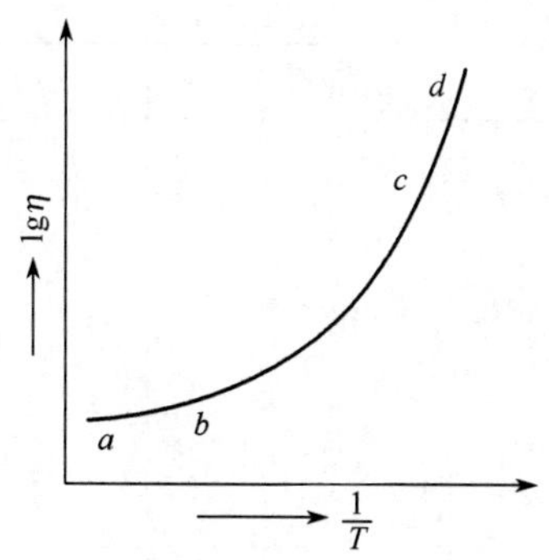

图 5-3 玻璃的 $\lg\eta$ 与 $1/T$ 的关系

的缔合，其黏滞活化能亦随之增大，尤其在 T_g-T_f 温度范围内。因而在 bc 段不呈直线关系，与式(5-4) 产生很大偏差。

进一步研究指出，$\Delta u=\frac{b}{T}$，说明黏滞活化能是温度的函数，Δu 与键强 b 成正比，与热力学温度 T 成反比。代入式(5-4)，则：

$$\lg\eta=\alpha+\frac{b'}{T^2} \tag{5-5}$$

式中，$b'=\frac{b}{K}\lg e$。

式(5-4)、式(5-5) 都为近似公式，因而有人提出更精确的黏度计算公式(5-6)，但其很复杂不便计算，故式(5-4)、式(5-5) 通常被采用。

$$\lg\eta=a+\frac{\alpha'}{T}e^{\frac{r}{T}} \tag{5-6}$$

式中，$\alpha'=\frac{\lg e}{K}\alpha$，$a$、$r$ 为常数。

富尔切尔（Fulcher）为了符合图 5-3 中的 bc 段，提出了另一个方程式：

$$\lg\eta=A+\frac{B}{T-T_0} \tag{5-7}$$

式中 A、B——常数；

T_0——温度常数；

T——热力学温度。

这一方程的特点是有三个任意常数，使用者可任意选择适当的 A、B 和 T_0 的最佳值。

钠钙硅玻璃的黏度-温度数据见表 5-2，从表 5-2 中可看出，随着温度的下降，玻璃黏度的温度系数 $\Delta\eta/\Delta T$ 迅速增大。

表 5-2 钠钙硅玻璃的黏度-温度数据

黏度/Pa·s	温度/℃	$\lg\eta$	黏度范围/Pa·s	温度范围/℃	黏度系数/Pa·s·℃$^{-1}$
10	1451	1.0			
3.16×10	1295	1.5	$10\sim10^2$	273	2.3
10^2	1178	2.0			
10^3	1013	3.0	$10^3\sim10^4$	110	8.2×10

续表

黏度/Pa·s	温度/℃	lgη	黏度范围/Pa·s	温度范围/℃	黏度系数/Pa·s·℃$^{-1}$
10^4	903	4.0			
10^5	823	5.0			
10^6	764	6.0	10^5～10^6	59	1.5×10^4
10^7	716	7.0			
10^8	674	8.0	10^7～10^8	42	2.3×10^6
10^9	639	9.0			
10^{10}	609	10.0	10^9～10^{10}	30	2.8×10^8
10^{11}	583	11.0			
10^{12}	559	12.0	10^{11}～10^{12}	24	3.8×10^{10}
10^{13}	539	13.0			
10^{14}	523	14.0	10^{13}～10^{14}	16	5.6×10^{12}

5.1.2 黏度与熔体结构的关系

玻璃的黏度与熔体结构密切相关，而熔体结构又取决于玻璃的化学组成和温度。熔体结构较为复杂，目前有不同解释。就硅酸盐熔体来说，大致可以肯定，熔体中存在大小不同的硅氧四面体群或络合阴离子，如［SiO_4］$^{4-}$、［$(Si_2O_5)^{2-}$］$_x$、［SiO_2］$_x$，其中 x 为简单整数，其值随温度高低而变化不定。硅氧四面体群的种类有岛状、链状（或环）、层状和架状，主要由熔融物的氧硅比（O/Si）决定。有人认为由于Si—O—Si键角约为145°，因此硅酸盐熔体中的硅氧四面体群优先形成三元环、四元环或短键。同一熔体中可能出现几种不同的硅氧四面体群，它们在不同温度下以不同比例平衡共存。例如：在O/Si≈3的熔融物中有较多的环状$(Si_3O_9)^{6-}$存在，它是由三个硅氧四面体通过公用顶角组成的；而在O/Si≈2.5的熔融物中则形成层状的硅氧四面体群［$Si_2O_5^{2-}$］$_x$。这些环和层的形状不规则，并且在高温下分解而在低温下缔合。

熔体中的硅氧四面体群有较大的空隙，可容纳小型的硅氧四面体群穿插移动。在高温时由于空隙较多较大，有利于小型硅氧四面体群的穿插移动，表现为黏度下降。当温度降低时，空隙变小，硅氧四面体群的移动受阻，而且小型硅氧四面体群聚合为大型四面体群，表现为黏度上升。在 T_g～T_f 之间表现特别明显，此时黏度随温度急剧变化。

在熔体中碱金属和碱土金属以离子状态 R^+ 和 R^{2+} 存在。高温时它们较自由地移动，同时具有使氧离子极化而减弱硅氧键的作用，使熔体黏度下降。但当温度降低时，阳离子 R^+ 和 R^{2+} 的迁移能力降低，有可能按一定的配位关系处于某些硅氧四面体群中。其中 R^{2+} 还有将小型硅氧四面体群结合成大型硅氧四面体群的作用，因此，在一定程度有提高黏度的作用。

5.1.3 黏度与玻璃组成的关系

玻璃的化学组成与黏度之间存在复杂的关系，氧化物对玻璃黏度的影响，不仅取决于该氧化物的性质，而且还取决于它加入玻璃中的数量和玻璃本身的组成。一般来说，当加入 SiO_2、Al_2O_3、ZrO_2 等氧化物时，因这些阳离子的电荷多、离子半径小，故作用力大，总是倾向于形成更为复杂巨大的阴离子基团，使黏滞活化能变大，增加玻璃的黏度。当引入碱金属氧化物时，因能提供“游离氧”，使原来复杂的硅氧阴离子基团解离，使黏滞活化能变小，降低玻璃的黏度。当加入二价氧化物时对黏度的影响较为复杂，它们一方面与碱金属离子一样，给出游离氧使复杂的硅氧阴离子基团解离，使黏度减小，另一方面这些阳离子电价较高、离子半径又不大，可能夺取原来复合硅氧阴离子基团中的氧离子于自己周围，致使复合硅氧阴离子基团“缔合”而黏度增大。另外，CaO、B_2O_3、ZnO、Li_2O 对黏度影响最为复杂。低温时 ZnO、Li_2O 增大黏度，高温时降低黏度。低温时 CaO 增加黏度，高温时含量＜10%～12%降低黏度，含量＞10%～12%增加黏度。低温时 B_2O_3 含量＜15%增加黏度，含量＞15%降低黏度，高温时降低黏度。

玻璃组成与黏度之间存在复杂的关系。下面从氧硅比、键强、离子的极化、结构的对称性以及配位数等方面加以说明。

(1) 氧硅比

在硅酸盐玻璃中，黏度大小首先取决于硅氧四面体网络的连接程度。而硅氧四面体网络的连接程度又与氧硅比的大小有关。当氧硅比增大（例如熔体中碱含量增大，游离氧增多），大型硅氧四面体群分解为小型硅氧四面体群，导致黏滞活化能降低，熔体黏度下降。反之，熔体黏度上升。如表 5-3 所示。

表 5-3 钠硅酸盐在 1400℃ 的黏度

组成	氧硅比 O∶Si	$[SiO_4]$连接程度	1400℃时的黏度/Pa·s
SiO_2	2.0	骨架状	10^9
$Na_2O·2SiO_2$	2.5	层状	28
$Na_2O·SiO_2$	3.0	链状	0.16
$2Na_2O·SiO_2$	4.0	岛状	＜0.1

其他阴离子与硅的比值对黏度也有显著的作用。例如水（H_2O）一般以 OH^- 状态存在于玻璃结构中，使玻璃中的阴离子与硅之比值增大，因此能降低玻璃的黏度。从某种意义上说，水对硅氧四面体群起着解聚作用。玻璃中以氟化物取代氧化物时（例如以 CaF_2 取代 CaO），由于阴离子与硅之比值增大，也有降低黏度的作用。

(2) 键强与离子的极化

在其他条件相同的前提下，黏度随阳离子与氧的键强增大而增大。在碱硅二元（R_2O-SiO_2）玻璃中，当 O/Si 比值较高时，硅氧四面体间连接较少，已接近于岛状结构，硅氧四面体间很大程度依靠 R—O 相连接，因此键强最大的 Li^+ 具有最高的黏度，黏度按 Li_2O＞Na_2O＞K_2O 顺序递减。但当 O/Si 比值较低时，则熔体中硅氧阴离子基团很大，对黏度起主要作用的是 $[SiO_4]$ 四面体之间的键强。这时 R_2O 除提供“游离氧”以断裂硅氧网络外，R^+ 在网络中还对 Si—O 键有反极化作用，从而减弱了 Si—O 间的键强，降低熔体的黏度。Li^+ 半径最小，电场强度最大，反极化作用最强，降低黏度的作用也最大，故黏度按 Li_2O＞Na_2O＞K_2O 顺序增加。

离子间的相互极化对黏度也有显著影响。阳离子极化力大，使（硅氧键的）氧离子极化、变形大，它们之间的共价成分增加而减弱了硅氧键，使熔体黏度下降。一般来说非惰性气体型阳离子（包括 18 电子壳层、过渡金属离子和类氦电子结构的阳离子如 Pb^{2+}、Cd^{2+}、Zn^{2+}、Sn^{2+}、Bi^{3+}、Fe^{2+}、Cu^{2+}、Co^{2+}、Mn^{2+}、Li^+、Be^{2+}、B^{3+} 等）的极化力大于惰性气体型阳离子，故前者减弱硅氧键的作用较大，使玻璃具有较低的黏度。

（3）结构的对称性

在一定条件下，结构的对称性对黏度有重要的作用。如果结构不对称就可能在结构中存在缺陷或薄弱环节，使黏度下降。例如，硅氧键（Si—O）和硼氧键（B—O）的键强属于同一数量级，然而石英玻璃的黏度却比硼氧（B_2O_3）玻璃大得多，这正是由于二者结构的对称程度不同所致。又如磷氧键（P—O）与硅氧键键强也属于同一数量级，但磷氧（P_2O_5）玻璃的黏度比石英玻璃小得多。主要是磷氧四面体（O—P═O，P上下各连一个O）中有一个带双键的氧，使结构不对称产生薄弱环节的缘故。

（4）配位数

阳离子的配位状态对玻璃的黏度也有重要的影响，氧化硼表现特别明显。图 5-4 表示 $16Na_2O \cdot xB_2O_3 \cdot (84-x)\ SiO_2$ 系统玻璃当 B_2O_3 含量改变时黏度的变化。

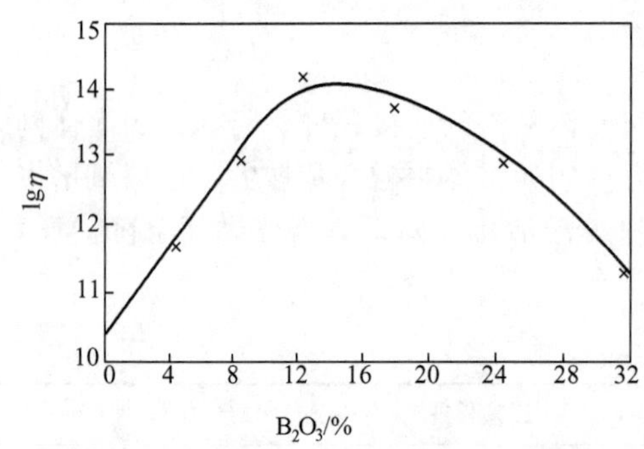

图 5-4　$16Na_2O \cdot xB_2O_3 \cdot (84-x)\ SiO_2$ 系统玻璃在 B_2O_3 含量改变时的黏度变化

由图 5-4 可见，B_2O_3 含量较少时，硼离子以［BO_4］四面体形式存在，并将断裂的硅氧网络连接起来，使结构网络聚集紧密，黏度随 B_2O_3 含量的增加而增大。当硼含量增至 $Na_2O/B_2O_3<1$ 时，增加的 B_2O_3 开始处于［BO_3］三角体中，使结构疏松，黏度下降。

Al_2O_3 对黏度的影响也很复杂。Al_2O_3 在硅酸盐玻璃中也有 4 和 6 两种配位状态。当 Al^{3+} 处于铝氧四面体［AlO_4］中，可与［SiO_4］共同组成网络；当 Al^{3+} 处于铝氧八面体［AlO_6］中，则是处于网络之外。Al^{3+} 的配位状态主要取决于熔体中碱金属或碱土金属氧化物提供游离氧的数量，当 $Na_2O/Al_2O_3>1$ 时，Al^{3+} 位于四面体中，当 $Na_2O/Al_2O_3<1$ 时，Al^{3+} 位于八面体中。在一般的钠钙硅酸盐玻璃中，Al_2O_3 的引入量较少，$Na_2O/Al_2O_3>1$，Al^{3+} 夺取非桥氧形成铝氧四面体，与硅氧四面体组成统一的网络，形成复杂的铝硅氧阴离子基团，使玻璃结构趋于紧密，从而使黏度迅速增大。

在加入配位数相同阳离子的情况下，各氧化物取代 SiO_2 后黏度的变化决定于 R—O 键强的大小。因此 $\eta_{Al_2O_3}>\eta_{Ga_2O_3}$ 和 $\eta_{SiO_2}>\eta_{GeO_2}$。

在电荷相同的条件下随阳离子配位数 N 的上升，增加了对硅氧基团的积聚作用，促使黏度上升。故有：

$$\eta_{In_2O_3}(N=6)>\eta_{Al_2O_3}(N=4)$$

$$\eta_{ZrO_2}(N=8)>\eta_{TiO_2}(N=6)>\eta_{GeO_2}(N=4)$$

综上所述，各常见氧化物对玻璃黏度的作用，可归纳如下：

① SiO_2、Al_2O_3、ZrO_2 等提高黏度。

② 碱金属氧化物降低黏度。

③ 碱土金属氧化物对黏度的作用较为复杂。一方面类似于碱金属氧化物，能使大型的四面体解聚，使黏度减小；另一方面这些阳离子电价较高（比碱金属离子大一倍），离子半径又不大，故键强较碱金属离子大，有可能夺取小型四面体群的氧离子于自己周围，使黏度增大。前者在高温时是主要的，而后者主要表现在低温。碱土金属离子对黏度增加的顺序一

般为：$Mg^{2+}>Ca^{2+}>Sr^{2+}>Ba^{2+}$。

④ PbO、CdO、Bi_2O_3、SnO 等降低黏度。

此外，Li_2O、ZnO、B_2O_3 等都有增加低温黏度、降低高温黏度的作用。

5.1.4 黏度参考点

鉴于玻璃生产的需要，一般把生产控制常用的黏度点同黏度-温度曲线上数值相近的点联系起来，可以反映出玻璃生产工艺中各个特定阶段的温度值，如图 5-5 所示。常用的黏度参考点为：

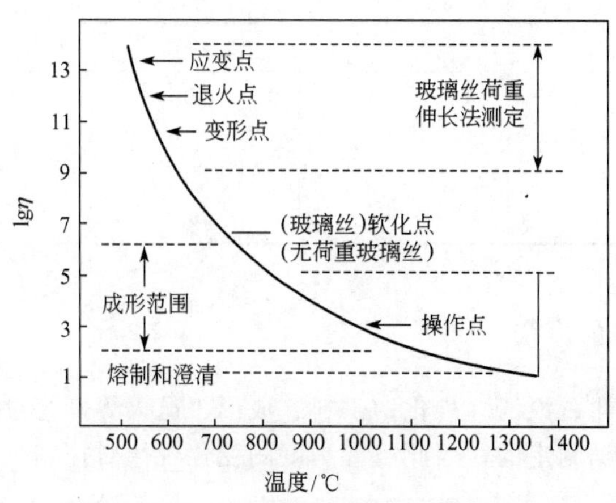

图 5-5 硅酸盐玻璃的黏度-温度曲线

① 应变点：大致相当于黏度为 $10^{13.6}$Pa·s 的温度，即应力能在几小时内消除的温度，也称退火下限温度。

② 转变点（T_g）：相当于黏度为 $10^{12.4}$Pa·s 的温度，高于此点玻璃进入黏滞状态，开始出现塑性变形，力学性能开始迅速变化。

③ 退火点：大致相当于黏度为 10^{12}Pa·s 的温度，即应力能在几分钟内消除的温度，也称退火上限温度。

④ 变形点：相当于黏度为 $10^{10}\sim10^{11}$Pa·s 的温度范围。

⑤ 软化温度（T_f）：它与玻璃的密度和表面张力有关。相当于黏度为 $3\times10^6\sim1.5\times10^7$Pa·s之间的温度。密度约为 2.5g/cm^3 的玻璃相当于黏度为 $10^{6.6}$Pa·s 的温度。软化温度大致相当于操作温度的下限。

⑥ 操作范围：相当于成形时玻璃液表面的温度范围。$T_{上限}$ 指准备成形操作的温度，相当于黏度为 $10^2\sim10^3$Pa·s 的温度。$T_{下限}$ 指成形时能保持制品形状的温度，相当于黏度$>10^5$Pa·s 的温度。操作范围的黏度一般为 $10^3\sim10^{6.6}$Pa·s。

⑦ 熔化温度：相当于黏度为 10Pa·s 的温度，在此温度下玻璃能以一般要求的速度熔化。

⑧ 自动供料机供料的黏度：$10^2\sim10^3$Pa·s。

⑨ 人工挑料的黏度：$10^{2.2}$Pa·s。

⑩ 挑料入衬炭模的黏度：$10^{3.5}$Pa·s。

⑪ 脱模（衬炭模）的黏度：10^6Pa·s。

表 5-4 列出了部分实用玻璃的黏度-温度数据。

表 5-4　部分实用玻璃的黏度-温度数据

氧化物	玻璃成分(质量分数)/%				
	石英玻璃	高硅氧玻璃	高铝玻璃	派莱克斯玻璃	钠钙硅玻璃
SiO_2	99.9	96.0	62.0	81.0	73.0
H_2O	0.1				
Al_2O_3		0.3	17.0	2.0	1.0
B_2O_3		3.0	5.0	13.0	
Na_2O			1.0	4.0	17.0
MgO			7.0		4.0
CaO			8.0		5.0
黏度参考点/Pa·s	温度/℃				
操作点 10^3	—	—	1202	1252	1005
软化点 $10^{5.6}$	1580	1500	915	821	696
退火点 10^{12}	1084	910	712	560	514
应变点 $10^{13.5}$	956	820	667	510	743

5.1.5　黏度在生产中的应用

在生产中玻璃的熔化、澄清、均化、供料、成形、退火等工艺过程的温度制度，一般都是以其对应的黏度为依据制定的，因此掌握黏度的变化规律对控制生产提高制品产量、质量是有利的。

（1）玻璃熔制

玻璃熔制温度范围所对应的黏度一般为 $10^{0.7}$～10Pa·s（如钠钙硅玻璃相当于 1451～1566℃）。经验证明，在该黏度的温度下，玻璃能较快熔化。

在玻璃熔制过程中，石英颗粒是最后进入玻璃熔体的物质，它的溶解、扩散关系到整个熔制过程的速度。随之而来的澄清、均化等过程都与玻璃液的黏度有关。例如在澄清过程中，气泡的上升速度与黏度成反比，因而生产中常通过提高温度或引入少量助熔剂来降低黏度，达到加速玻璃澄清和均化的目的。

（2）玻璃成形

根据玻璃制品形状的不同，玻璃一般用吹、压、拉、轧（或这些方法的组合）等进行成形。在成形过程中黏度具有重要作用，往往是控制因素。玻璃成形开始和终了所需的黏度与成形方法、玻璃颜色、制品的形状和质量等许多因素有关，这些因素在成形过程中对成形速度具有决定性的作用。通常成形开始黏度为 $10^{1.5}$～10^3 Pa·s，成形终了的黏度为 10^5～10^7 Pa·s。

除黏度外，玻璃成形还与玻璃的热传导、表面张力、比热容、密度和热膨胀等因素有关。

（3）玻璃退火

玻璃中的应力消除一般是通过黏滞流动和弹性松弛来消除的。在黏度为 $10^{11.5}$～10^{13} Pa·s 的温度范围内，主要通过黏滞流动消除应力，应力消除的速度与黏度成反比，与应力大小成正比。10^{12} Pa·s 的黏度可作为退火过程的参考点。当温度较低（黏度低于 10^{13} Pa·s 的温度，特别是低于黏度为 10^{14} Pa·s 的温度）时有相当一部分应力是通过弹性松弛来消除的。这时应力的消除与黏度无关（仅与应力大小有关）。

典型的钠钙硅玻璃在黏度 10^{11}～10^{13} Pa·s 的温度为 583℃至 539℃。这是工业生产中常用的退火温度范围。

除黏度外，应力的消除还决定于玻璃的滞后弹性、热传递和热膨胀等。

此外，在玻璃制品的热处理，如显色、分相、微晶化、烧结和钢化等过程中温度制度的制定，黏度同样是一个重要的考虑因素。

5.1.6　黏度的计算和测试

（1）黏度的计算

在实际工作中，需要根据组成对玻璃黏度进行近似计算。下面介绍三种方法：

表 5-5　根据玻璃黏度值计算相应温度的常数表

玻璃黏度 /Pa·s	系数数值				以 1% MgO 代替 1% CaO 时所引起相应的温度提高/℃
	A	B	C	D	
10^2	−22.87	−16.00	6.50	1700.40	9.0
10^3	−17.49	−9.95	5.90	1381.40	6.0
10^4	−15.37	−6.25	5.00	1194.22	5.0
$10^{5.5}$	−12.19	−2.19	4.58	980.72	3.5
10^6	−10.36	−1.18	4.35	910.86	2.6
10^7	−8.71	0.47	4.24	815.89	1.4
10^8	−9.19	1.57	5.34	762.50	1.0
10^9	−8.75	1.92	5.20	720.80	1.0
10^{10}	−8.47	2.27	5.29	683.80	1.5
10^{11}	−7.46	3.21	5.52	632.90	2.0
10^{12}	−7.32	3.49	5.37	603.40	2.5
10^{13}	−6.92	5.24	5.24	651.50	3.0

① 奥霍琴法。此法适用于含有 MgO、Al_2O_3 的钠钙硅系统玻璃，当 Na_2O 在 12%～16%、CaO+MgO 在 5%～12%、Al_2O_3 在 0～5%、SiO_2 在 64%～80%范围内时，可应用公式计算：$T_\eta=Ax+By+Cz+D$，式中，T_η 为该黏度值对应的温度；x、y、z 分别为 Na_2O、CaO+MgO 3%、Al_2O_3 的质量分数；A、B、C、D 分别为 Na_2O、CaO+MgO 3%、Al_2O_3、SiO_2 的特性常数，随黏度值而变化，见表 5-5。

如果玻璃成分中 MgO 含量不等于 3%，必须加以校正。

【例 5-1】 已知某玻璃成分为：SiO_2 74%，Na_2O 14%，CaO 6%，MgO 3%，Al_2O_3 3%，试求黏度为 10^{12} Pa·s 时的温度。

解： 根据表 5-5 查得 $\eta=10^{12}$ Pa·s 时的各氧化物特性常数及已知的氧化物质量分数代入上式即可得：

$$T_{\eta=10^{12}}=-7.32\times14+3.49\times(6+3)+5.37\times3+603.40\approx548(℃)$$

【例 5-2】 已知某玻璃成分为：SiO_2 73%，Na_2O 15%，CaO 8%，MgO 1%，Al_2O_3 3%，试求黏度为 10^4 Pa·s 时的温度。

解： 根据表 5-5 查得 $\eta=10^4$ Pa·s 时的各氧化物特性常数及已知的氧化物质量分数代入上式即可得：

$$T_{\eta=10^4}=-15.37\times15-6.25\times(8+1)+5.00\times3+1194.27\approx922(℃)$$

校正：MgO 实际含量比 3%低 2%，查表 5-5 可知，黏度为 10^4 Pa·s 时，当 1% MgO 被 1% CaO 所取代时，温度将降低 5℃，则温度共降低 2×5=10℃，因此：

$$T_{\eta=10^4}=922.47-10=912(℃)$$

② 富尔切尔（Fulcher）法。此法适用于实用工业玻璃。其成分以相对于 SiO_2 为 1.00mol 含量来表示，即以氧化物的物质的量/SiO_2 物质的量表示。计算系统适用玻璃的成分范围为：SiO_2 1.00mol；Na_2O 0.15～0.20mol；CaO 0.12～0.20mol；MgO 0.00～0.051mol；Al_2O_3 0.0015～0.073mol。此时黏度-温度关系式：$T=T_0+\dfrac{B}{\lg\eta+A}$，式中，$A$、$B$ 和 T_0 可从下式求出。

$$A=-1.4788Na_2O+0.8350K_2O+1.6030CaO+5.4936MgO-1.5183Al_2O_3+1.4550$$

$$B=-6039.7Na_2O-1439.6K_2O-3919.3CaO+6285.3MgO+2253.4Al_2O_3+5736.4$$

$$T_0=-25.07Na_2O-321.0K_2O+544.3CaO-384.0MgO+294.4Al_2O_3+198.1$$

注意：式中 η 的单位为 P（$1P=10^{-1}Pa\cdot s$），该体系适应的黏度范围为 $10\sim10^{12}Pa\cdot s$。试验与计算的一般偏差为 3℃。

③ 博-洁涅尔法。适用于瓶罐和器皿玻璃组成的调整。此法不能直接应用于计算一定温度下的黏度值。应用此法，必须先知道接近待算玻璃组成在一定温度的黏度值，然后再利用表 5-6 所列的数据即可确定出待算玻璃在该黏度下的温度值。

表 5-6 当以 1%某氧化物置换 1% SiO_2 时保持恒值所必需的温度变化

$\times10^{-1}Pa\cdot s$

用于置换 SiO_2 的氧化物	置换范围/%	为保持下列黏度时所提高(+)或降低(−)的温度/℃							
		10^3	10^4	10^5	10^6	10^7	10^8	10^{10}	10^{12}
Al_2O_3	0～5	+10.6	+9.0	+7.6	+7.0	+6.0	+5.0	+4.0	+3.0
Fe_2O_3	0～5	−9.0	−7.0	−5.0	−3.5	−2.5	−1.5	−0.5	0.0
MgO	0～5	−6.0	−3.5	−2.0	−0.5	0.0	+1.0	+2.0	+3.0
CaO	0～6	−23.0	−14.0	−9.0	−5.0	−2.0	+0.5	+4.5	+7.0
CaO	6～10	−16.0	−11.5	−8.0	−5.0	−2.6	−0.4	+3.0	+6.0
PbO	30～35	−10.5	−9.0	−8.0	−7.0	−6.0	−5.0	−4.0	−3.0
Na_2O	13～17	−14.0	−11.0	−9.0	−7.5	−6.5	−5.5	−4.5	−3.5

注：PbO 的数据属钠铅硅酸盐玻璃，其他氧化物数据均属普通硅酸盐玻璃。

（2）黏度的测定

由于玻璃组成、温度不同，各种玻璃的黏度值范围很广（$1\sim10^{15}Pa\cdot s$），因此不可能用一种方法把整个范围的黏度都测出来，需要分段测定。

① 旋转法。本法能测定玻璃熔化、澄清、成形等温度范围内的黏度。测定范围为 $1\sim10^7Pa\cdot s$。

此法是将玻璃熔体充满在共轴的旋转体与坩埚之间，当给旋转体和坩埚以不同的角速度，则坩埚和旋转体因玻璃熔体的黏滞阻力而产生扭力矩。通过扭矩测量装置测出扭力矩，即可获得玻璃熔体的黏度。假定承载玻璃熔体的坩埚不动，而使旋转体以一定的角速度旋转时，根据下式计算玻璃熔体的黏度：$\eta=K\dfrac{M}{\omega}$，式中，K 为仪器常数，是由坩埚、旋转体的形状及其设定位置等所确定的常数；M 为扭力矩；ω 为角速度。

此法设备复杂，但测定范围宽，且容易实现自动化，缩短测定时间，操作简单，准确度和精确度高。

② 落球法。本方法能测定玻璃熔化、澄清和成形开始等温度范围的黏度，测量范围为 $1\sim10^3Pa\cdot s$。

此法的原理是根据斯托克斯定律，即球在一个无边界的广阔的液体中等速运动时，液体的黏度可按公式计算：$\eta=\frac{2}{9}gr^2\frac{(\rho-\rho')}{V}$，式中，$\eta$ 为黏度（Pa·s）；g 为重力加速度（m/s^2）；r 为球半径（m）；ρ 为球的密度（g/m^3）；ρ'为玻璃液密度（g/m^3）；V 为球运动速度（m/s）。

斯托克斯定律只有当球体在一无限范围的液体中运动中才是正确的，在实际测量中，必须考虑有限的边界条件即坩埚臂和底带来的影响，因此，实际使用黏度计时，引入仪器常数 K 加以修正。

此法特点：设备结构简单，容易制造，准确度较高；操作不方便，黏度值测定范围较窄。

③ 压入法。本法测定玻璃黏度范围为 $10^7\sim10^{12}$ Pa·s。

此法是在平板试样上，用加有一定负荷的针状、球状或棒状的压头压入，以压头压入的速度求黏度的方法。黏度可由公式算出：$\eta=\frac{9}{32}\times\frac{Pt}{\sqrt{2}R}\times\frac{1}{l^{\frac{3}{2}}}$，式中，$P$ 为负荷；l 为压头压入深度；t 为从 $l=0$ 到 l 所需的时间；R 为球的半径。

④ 拉丝法。本法测定的玻璃黏度范围为 $10^7\sim10^{14}$ Pa·s，为低温黏度。

该法用一定长度和直径的无缺陷的玻璃丝，在直立的管状电炉中受一定的荷重作用时伸长，其伸长过程可分为三个阶段（如图 5-6），最初的弹性伸长（曲线 ab），以后的缓慢伸长（曲线 bc），最后到达黏性的均匀伸长（曲线 cd）。当玻璃的黏度不很大时，前两个阶段经历的时间很短，故可利用最后一阶段的伸长速率按下式计算黏度：$\eta=\frac{plg}{3\pi r^2\frac{\Delta l}{\Delta t}}$，式中，$\eta$ 为黏度（Pa·s）；g 为重力加速度（m/s^2）；l 为玻璃丝长度（m）；p 为所加荷重（kg）；r 为玻璃丝半径（m）；$\frac{\Delta l}{\Delta t}$为玻璃丝伸长速率（m/s）。

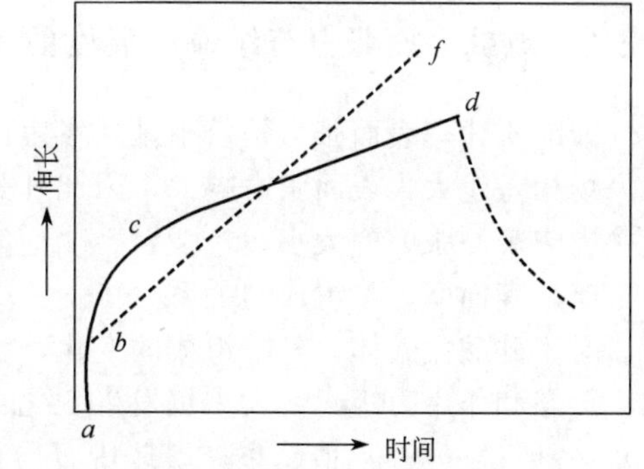

图 5-6 玻璃丝伸长与时间的关系

5.2 玻璃的表面张力

5.2.1 玻璃表面张力的物理与工艺意义

与其他液体一样，熔融玻璃表面层的质点受到内部质点的作用而趋向于熔体内部，使表面有收缩的趋势，即玻璃液表面分子间存在着作用力，即表面张力。增加熔体表面，相当于将更多质点移到表面，必须对系统做功。为此表面张力的物理意义为：玻璃与另一相接触的相分界面上（一般指空气），在恒温、恒容下增加一个单位表面时所作的功。它的国际单位为 N/m 或 J/m^2。硅酸盐玻璃的表面张力一般为 $(220\sim380)\times10^{-3}$ N/m，较水的表面张力大 3～4 倍，也比熔融的盐类大，而与熔融金属数值接近。

熔融玻璃的表面张力在玻璃制品的生产过程中有着重要意义，特别是在玻璃的澄清、均化、成形，玻璃液与耐火材料相互作用等过程中起着重大作用。

在熔制过程中，表面张力在一定程度上决定了玻璃液中气泡的长大和排除，在一定条件下，微小气泡在表面张力作用下，可溶解于玻璃液内。在均化时，条纹及节瘤扩散和溶解的速度决定于主体玻璃和条纹表面张力的相对大小。如果条纹的表面张力较小，则条纹力求展开成薄膜状，并包围在玻璃体周围，这样条纹就很快地溶解而消失。相反，如果条纹（节瘤）的表面张力较主体玻璃大，条纹（节瘤）力求成球形，不利于扩散和溶解，因而较难消除。

在玻璃成形过程中，人工挑料或吹小泡及滴料供料时，都要借助表面张力，使之达到一定形状。拉制玻璃管、玻璃棒、玻璃丝时，由于表面张力的作用才能获得正确的圆柱形。玻璃制品的烘口、火抛光也是借助表面张力。

近代浮法平板玻璃的生产原理，也是基于玻璃的表面张力作用，而获得了可与磨光玻璃表面相媲美的优质玻璃。另外，玻璃液的表面张力还影响到玻璃液对金属表面的附着作用，同时在玻璃与金属材料和其他材料封接时也有重要作用。

但是，表面张力有时对某些玻璃制品的生产带来不利影响。例如在生产压花玻璃及用模具压制的玻璃制品，其表面图案往往因表面张力作用使尖锐的棱角变圆，清晰度变差。在生产玻璃薄膜和玻璃纤维时，必须很好地克服表面张力的作用。在生产平板玻璃，特别是薄玻璃拉制时要用拉边器克服因表面张力所引起的收缩。

5.2.2 玻璃表面张力与组成、温度的关系

如前所述，表面张力是由于排列在表面层（或相界面）的质点受力不均衡引起的，故这个力场相差越大，表面张力越大，因此凡是影响熔体质点间相互作用（键）力的因素，都将直接影响表面张力的大小。

（1）表面张力与组成的关系

对于硅酸盐熔体，随着组成的变化，特别是 O/Si 比值的变化，其复合阴离子基团的大小、形态和作用力矩 e/r 大小也发生变化（e 是阴离子团所带的电荷，r 是阴离子基团的半径）。一般说 O/Si 比值越小，熔体中复合阴离子基团越大，e/r 值变小，相互作用力越小，因此，这些复合阴离子基团就部分地被排挤到熔体表面层，使表面张力降低。一价金属阳离子以断网为主，它的加入能使复合阴离子基团解离，由于复合阴离子基团的 r 减小使 e/r 值增大，相互间作用力增加，表面张力增大，如图 5-7 所示。

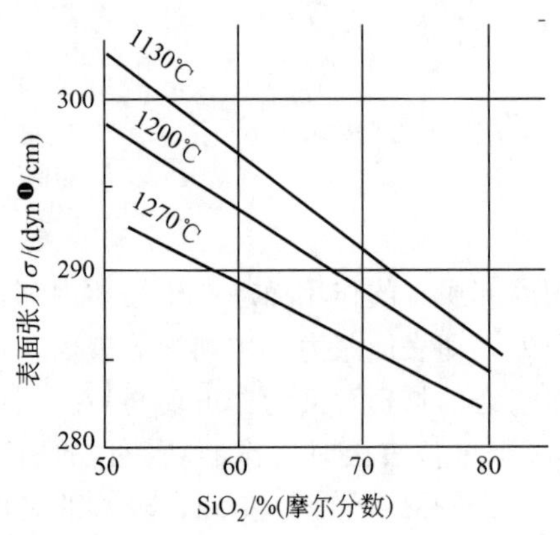

图 5-7 Na_2O-SiO_2 系统熔体成分对表面张力的影响

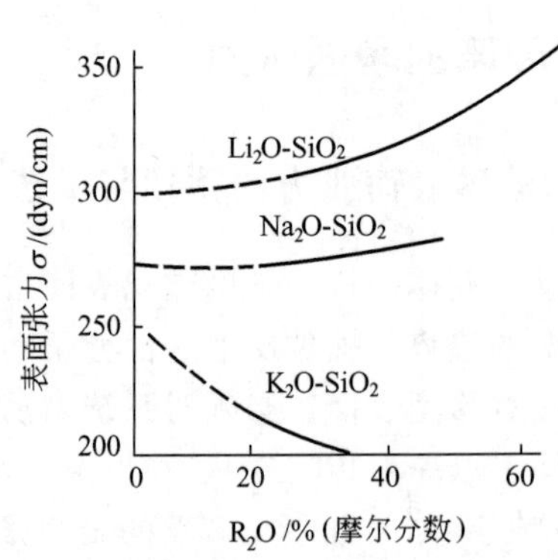

图 5-8 1300℃时 R_2O-SiO_2 系统的表面张力与成分关系

❶ 1dyn＝10^{-5}N。

从图 5-7 中可以看出，在不同温度下，随着 Na_2O 含量增多，表面张力增大。但对于 $R_2O\text{-}SiO_2$ 系统，随着离子半径的增大，这种作用依次减小。其顺序为：

$$\sigma(Li_2O \cdot SiO_2) > \sigma(Na_2O \cdot SiO_2) > \sigma(K_2O \cdot SiO_2) > \sigma(Cs_2O \cdot SiO_2)$$

到 K_2O 已经起到降低表面张力的作用，如图 5-8 所示。

各种氧化物对玻璃的表面张力的影响是不同的，Al_2O_3、CaO、MgO 等增大表面张力，引入大量的 K_2O、PbO、B_2O_3、Sb_2O_3 等氧化物则起显著的降低效应，而 Cr_2O_3、V_2O_5、MoO_3、WO_3 等氧化物，即使引入量较少，也可剧烈地降低表面张力。例如，在锂硅酸盐玻璃中引入 33%的 K_2O 可能使表面张力从 317×10^{-3}N/m 降到 212×10^{-3}N/m，往同样玻璃中只需引入 7%的 V_2O_5 时，表面张力就降到 100×10^{-3}N/m。

一般能使熔体表面张力剧烈降低的物质称为表面活性物质。表面活性物质与非表面活性物质对多元硅酸盐系统表面张力影响的程度有很大差别。表 5-7 是当玻璃熔体与空气为界面时，各种组分对表面张力的影响。

表 5-7 氧化物组成对玻璃表面张力的影响

类别	组分	组分的平均特性常数 $\bar{\sigma}_i$（1300℃时）	备注
Ⅰ 非表面活性组分	SiO_2	290	La_2O_3、Pr_2O_5、Nd_2O_3、GeO_2 也属于此类
	TiO_2	250	
	ZrO_2	350	
	SnO_2	350	
	Al_2O_3	380	
	BeO	390	
	MgO	520	
	CaO	510	
	SrO	490	
	BaO	470	
	ZnO	450	
	CdO	430	
	MnO	390	
	FeO	490	
	CoO	430	
	NiO	400	
	Li_2O	450	
	Na_2O	290	
	CaF_2	420	
Ⅱ 中间性质的组分	K_2O、Rb_2O、Cs_2O、PbO、B_2O_3、Sb_2O_3、P_2O_5	可变的、数值小，可能为负值	Na_3AlF_6、Na_2SiF_6 也能显著降低表面张力
Ⅲ 难熔且表面活性强的组分	As_2O_3、V_2O_5、WO_3、MoO_3、CrO_3(Cr_2O_3)、SO_3	可变的，并且是负值	这种组分能使玻璃的 σ 降低 20%～30%或更多

第Ⅰ类组成氧化物对表面张力符合加和性法则，可用下式计算：

$$\sigma=\frac{\sum \bar{\sigma}_i \alpha_i}{\sum \alpha_i} \tag{5-8}$$

式中 σ——玻璃的表面张力；

$\bar{\sigma}_i$——各种氧化物的平均表面张力因数（常数，见表 5-7）；

σ_i——每种氧化物的摩尔分数。

如果组成氧化物用质量分数计算时，则可用表 5-8 所给出的表面张力因数计算。

第Ⅱ类和第Ⅲ类组成氧化物对熔体的表面张力影响，不符合加和法则。这时熔体的表面张力是组分的复合函数，因为这两类组分氧化物为表面活性物质，它们总是趋于自动聚集在表面（这现象为吸附）以降低体系的表面能，从而使表面层与熔体内的组成不均一所致。

表 5-8　不同温度下的表面张力因数　　10^{-3}

组分	温度/℃			
	900	1200	1300	1400
SiO_2	340	325	324.5	324
B_2O_3	80	23	—	−23
Al_2O_3	620	598	591.5	585
Fe_2O_3	450	450	—	440
CaO	480	492	492	492
MgO	660	577	563	549
BaO	370	370	—	380
Na_2O	150	127	124	122
K_2O	10	0.0	—	−75

（2）表面张力与温度的关系

从表面张力的概念可知，温度升高，质点热运动增强，体积膨胀，相互作用力松弛，因此，液-气界面上的质点在界面两侧所受的力场差异也随之减少，即表面张力降低，因此表面张力与温度的关系几乎呈直线。在高温时，玻璃的表面张力受温度变化的影响不大，一般温度每增加 100℃，表面张力约减少 $(4\sim10)\times10^{-3}$N/m。当玻璃温度降到接近其软化温度范围时，其表面张力会显著增大，这是因为此时体积突然收缩，质点间作用力显著增大，如图 5-9 所示。

由图 5-9 可看出，在高温及低温区，表面张力均随温度的增加而减小，二者几乎呈直线关系，可用下述经验式表示：$\sigma=\sigma_0(1-bT)$，式中：b 为与组成有关的经验常数；σ_0 为一定条件下开始的表面张力值；T 为温度变化值。

上式对于不缔合或解离的液体具有良好的适用性。但由于硅酸盐熔体随着温度变化，复合硅氧阴离子基团会发生解离或缔合作用，因此在软化温度附近出现转折，不呈直线关系，不能用上述经验公式表示。

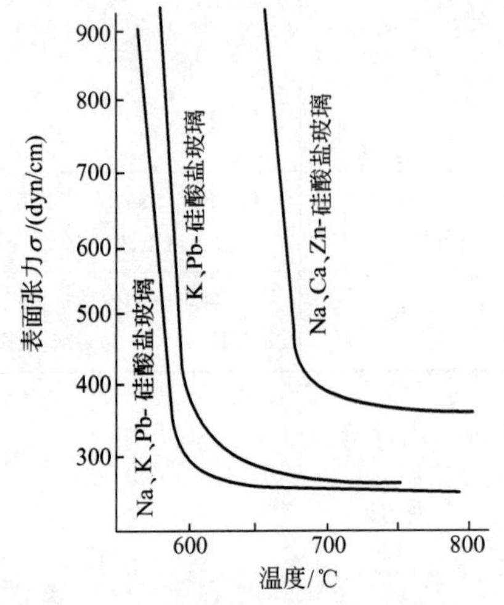

图 5-9　三种玻璃的表面张力与温度的关系

另外某些系统，如 $PbO-SiO_2$ 出现反常现象，其表面张力随温度升高而变大，温度系数为正值。这可能是 Pb^{2+} 具有较大的极化率之故。一般含有表面活性物质的系统均有与此相似的行为，这可能与较高温度下出现的“解吸”过程有关。对硼酸盐熔体，随着碱含量减少，表面张力的温度系数由负逐渐接近零值，当碱含量再减少时 $\frac{d\sigma}{dT}$ 将出现正值。这是由于温度升高时，熔体中各组分的活动能力增强，扰乱了熔体表面 $[BO_3]$ 平面基团的整齐排列，致使表面张力增大。B_2O_3 熔体在 1000℃左右的 $\frac{d\sigma}{dT}\approx 0.04\times 10^{-3}$ N/m。

一般硅酸盐熔体的表面张力温度系数并不大，波动范围为：$(-0.06\sim+0.06)\times 10^{-3}$ N/(m・℃) 之间。

玻璃熔体周围的气体介质对其表面张力也产生一定的影响，非极性气体如干燥的空气、N_2、H_2、He 等对玻璃表面张力影响较小，而极性气体如水蒸气、SO_2、NH_3 和 HCl 等对玻璃表面张力影响较大，通常使表面张力有明显降低，而且介质的极性越强，表面张力降低得越多，即与气体的偶极矩成正比。特别在低温时（如 550℃左右），此现象较明显。当温度升高时，由于气体被吸附的能力降低，气氛的影响同时减小，在温度超过 850℃或更高时，此现象完全消失。在实际生产中，玻璃较多和水蒸气、SO_2 等气体接触，因此研究这些气体对玻璃表面张力的影响具有一定意义。

此外熔炉中的气氛性质对玻璃液的表面张力有强烈影响。一般还原气氛下玻璃熔体的表面张力较氧化气氛下大 20%。由于表面张力增大，玻璃熔体表面趋于收缩，这样促使新的玻璃液达到表面，这对于熔制棕色玻璃时色泽的均匀性，有着重大意义。

5.2.3　玻璃的润湿性及影响因素

（1）玻璃的润湿性

在实际生产中，经常遇到玻璃液对耐火材料、金属材料或液体对玻璃的润湿性问题。例如在金属与玻璃的封接中，玻璃与金属封接得密实与否，首先取决于玻璃对金属的润湿情况。润湿情况越好、润湿角越小，则相互间黏着力越好，最后封接得越密实。

润湿性实际上是表征各接触相自由表面能相互之间的关系，润湿能力可以用表面张力表示。当液滴处于平衡状态时（见图 5-10）各相界面上的表面张力必服从下式：

$$\sigma_{S\text{-}g}=\sigma_{L\text{-}g}\cos\theta+\sigma_{S\text{-}L} \tag{5-9}$$

式中，$\sigma_{S\text{-}g}$ 为固-气界面上的表面张力；$\sigma_{L\text{-}g}$ 为液-气界面上的表面张力；$\sigma_{S\text{-}L}$ 为固-液界面上的表面张力；θ 为润湿角。

由式(5-9) 可得：

$$\cos\theta=\frac{\sigma_{S\text{-}g}-\sigma_{S\text{-}L}}{\sigma_{L\text{-}g}} \tag{5-10}$$

显然，当液-固相间表面张力很大时，熔体趋向形成球状，以减小两相界面，这时 θ 角很大，见图 5-10（a）。$\theta>90°$，称为液相不润湿固相；当 $\theta\approx180°$ 与 $\cos\theta=-1$ 时，则称完全不润湿。如固-气相间表面张力很大时，熔体趋于扩张成层状，以便完全覆盖固相表面，减小系统能量，见图 5-10（b）。这时 θ 角很小，$\theta<90°$，称为液相润湿固相；当 $\theta\approx0°$ 与 $\cos\theta=1$ 时，则称完全润湿。

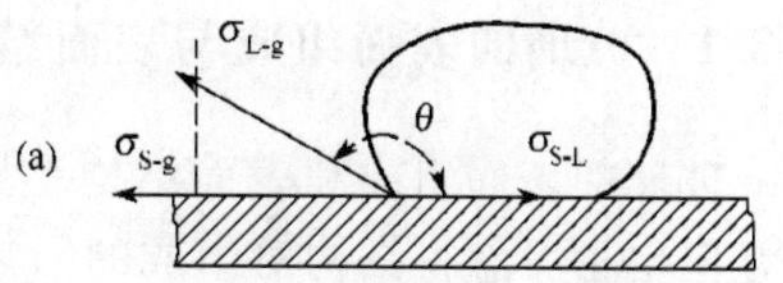

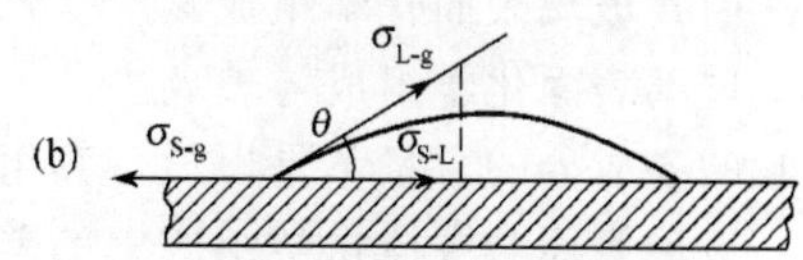

图 5-10　液滴平衡状态时各相界面张力的关系

（a）润湿性较好；（b）润湿性较差

（2）影响因素

① 气体介质。熔融的玻璃液对金属的润湿能力相对较差。一般认为，纯净的金属是不被熔融玻璃润湿的。表 5-9 表示真空中熔融玻璃对纯净金属的润湿角。但在空气中和氧气中的润湿情况比较好。表 5-10 表示 900℃时在不同气体中钠钙硅酸盐玻璃对某些金属的润湿角。表中玻璃对一些金属在氧和空气的气氛下润湿

角等于 0°，这是由于在这些金属表面形成一层金属氧化物，促使了润湿性的增加。

润湿性也与金属表面的氧化程度有关，一般在金属表面形成低价氧化物的润湿性比高价氧化物好，见表 5-11 所示。

表 5-9　真空中熔融玻璃对纯净金属的润湿角

金属	Cr	Ni	Pt	Mo	Co	Cu	Ag
润湿角 θ	154°	145°	149°	146°	138°	130°	124°

表 5-10　900℃时在不同气体介质中钠钙硅酸盐玻璃对某些金属的润湿角

气体介质	Cu	Ag	Au	Ni	Pd	Pt
氧	0°	0°	53°	0°	20°	0°
空气	0°	0°	55°	0°	25°	0°
氢	60°	73°	45°	60°	40°	43°
氦	60°	70°	60°	55°	55°	60°

表 5-11　钼及其氧化物的润湿角

金属或氧化物名称	Mo	MoO_3	MoO_2
润湿角 θ	146°	120°	60°

② 温度。温度升高时，一般能提高润湿能力，对玻璃和陶瓷材料，这种作用更加显著。

③ 玻璃的化学组成。玻璃液对金属的润湿能力也与本身组成有关。加入少量表面活性氧化物如 V_2O_5、WO_3、MoO_3、Cr_2O_3 等显著增加玻璃液的润湿能力。加入大量的 Fe_2O_3、Na_2O 等会降低玻璃液的润湿能力。

另外，玻璃制品在使用过程中，经常会接触到不同的液体，如水或水溶液、油类、有机液体等，若在其表面涂覆憎水或憎油膜可大大降低液体对玻璃的润湿性。

5.3　玻璃的表面性质

玻璃的表面性质，不仅对玻璃的化学稳定性、力学性能、电性能、光学性能等有很大的影响，而且对于玻璃的封接、蚀刻、镀银、表面装饰等也有重要意义，可以通过改变玻璃的表面性质来改善玻璃的性质。

5.3.1　玻璃的表面组成与表面结构

玻璃的表面组成和表面结构是紧密联系的，两者互为因果，一般来说化学组成决定结构，但也不可忽视结构对组成的影响。

(1) 玻璃表面化学组成

玻璃表面化学组成与玻璃主体（整体）的化学组成有一定的差异，即沿着玻璃截面（深度）的各成分的含量不是恒值，其组成随深度而变化。

玻璃表面与主体化学组成上的差异，主要是因为熔制、成形和热加工过程中，由于高温时一些组分的挥发，或者由于各组分对表面能贡献的大小不同，造成表面中某些组分的富集，某些组分的减少。当玻璃处于黏滞状态下，使表面能减小的组分，就会富集到玻璃表面，以使玻璃表面能尽可能降低；相反，赋予表面能高的组分，会从玻璃表面向内部移动，所以这些组分在表面含量比较低。常用的组分中 B_2O_3 能降低玻璃表面能。阳离子极化率大的组分，也能显著地降低玻璃表面能，如碱金属氧化物中，K^+ 的极化率远比 Li^+ 大，因而 K_2O 能降低玻璃熔体的表面能。PbO 也能强烈降低玻璃的表面能。

另外，挥发引起组分含量减少，又由于降低表面能引起组分富集，两者有时会互相矛盾，如硼易挥发，表面浓度会减少，而从降低表面能观点来看，B_2O_3 应富集于表面，但两者相比，挥发是主要的，故含 B_2O_3 组分的玻璃，表面的硼含量往往比主体的硼含量低。

对不同品种玻璃的表面组成，由于样品所处条件不同和测试技术条件不同，使得所测数据有时相差较大。

(2) 玻璃表面结构

玻璃表面原子的排列和内部是有区别的，当玻璃表面从高温成形冷却到室温，或断裂而出现表面时，表面就存在不饱和键，即断键。以二氧化硅玻璃为例，当［SiO_4］四面体组成的网络断裂，出现新表面时，即形成 E 基团和 D 基团。E 基团为过剩氧单元，即 Si^{4+} 不仅由四面体中三个氧离子键合，还与一个未同其他阳离子键合的氧离子相连，因而造成此基团氧过剩，带负电荷，即：$[Si^{4+}(O^{2-}/2)_3O^{2-}]^-$ 或 $(Si^{4+}O^{2-}_{2.5})^-$，D 基团为不足氧单元，即 Si^{4+} 仅与四面体中三个氧离子键合，造成氧不足（缺氧），此基团带正电荷，即：$[Si^{4+}(O^{2-}/2)_3]^+$ 或 $(Si^{4+}O^{2-}_{1.5})^+$。为保持表面中性和化学计量组成，断裂的二氧化硅玻璃新鲜表面保持相等数量的 E 基团和 D 基团。

当没有活性分子存在时，断裂的二氧化硅玻璃新鲜表面排列着 E 基团和 D 基团，分别具有过剩的正电荷和负电荷。电子能否从 E 基团转移到 D 基团，使新生的表面具有较低表面能，魏尔（Weyl）认为这种转移是不可能的，因为这将导致形成 Si^{3+} 外层有（8+1）个电子，这种电子构型是不稳定的，所以未必通过这种途径来降低表面能。一般认为通过吸附大气中活性分子的途径来降低表面能是比较合理的。

大气中最普通的活性介质是水蒸气，玻璃表面的不饱和键，能很快吸附大气中的水蒸气，并且和吸附的水分子反应，形成各种羟基团。根据红外光谱测定，硅酸盐表面存在下列几种类型的羟基团：

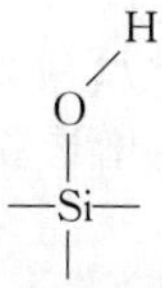

H O Si H O O H Si H H O O Si Si O

单羟基 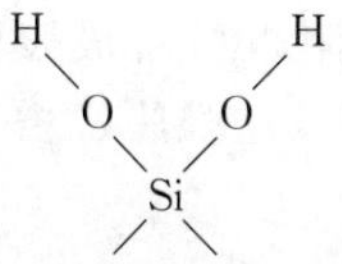　　双羟基 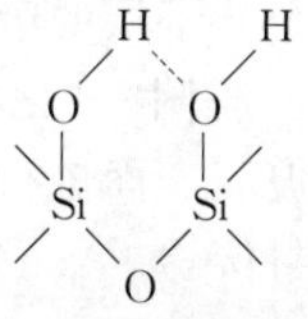　　闭合羟基团

玻璃表面单羟基团的密度为 14 个$/10^{-18}m^2$，闭合羟基团的密度为 32 个$/10^{-18}m^2$。对于钠钙硅玻璃来说，水分子中的水合氢离子（H_3O^+）和质子（H^+）会和玻璃表面上的钠离子（Na^+）发生离子交换（见第 5.8 节玻璃的化学稳定性），使硅酸盐的网络解聚，结果形成键的断裂和硅羟基集团 Si—OH 的生成。由于 Si—OH 基团的形成，玻璃表面的通道由氢键连接，但氢键比离子键要弱，因而使表面区域键强降低，易形成表面缺陷，同时此通道也有利于表面的互扩散。这些缺陷有可能构成表面的格里菲斯（Griffith）微裂纹。

由此可看出，Si—OH 的生成意味着 Si—O—Si 键的断裂，桥氧减少，这将影响玻璃的机械性能、电性能和光学性能等。

5.3.2 玻璃表面的离子交换

把玻璃表面涂覆某些盐类或浸在某些盐类的熔融物中，玻璃中某些离子就会同熔盐中的离子互相交换。进行交换的离子主要是一价正离子。交换现象通常是从表面开始的，通过交换，玻璃中原有的较小离子被熔盐中的较大离子所置换，则在玻璃表面上产生压应力，从而使玻璃的强度增加。例如，把 Na_2O-Al_2O_3-SiO_2 玻璃浸在熔融的 KNO_3 中，温度为 623℃，时间 24h 可使玻璃机械强度提高。

玻璃中的离子交换，一般可用下式表示：

$$A^{+}(\text{玻璃})+B^{+}(\text{熔盐})=B^{+}(\text{玻璃})+A^{+}(\text{熔盐}) \tag{5-11}$$

上式属于互扩散反应。

在实际生产中，常用半径较大的阳离子置换半径较小的阳离子，由于这种类型的离子交换在转变温度以下进行，因此，一般不会产生任何结构松弛。表面压应力系大离子挤压的结果。由大离子挤压效应产生的压应力大小主要与以下因素有关：

① 交换离子的离子半径比；

② 产生交换的程度；

③ 热膨胀系数的变化；

④ 表面结构重组所产生的应力松弛情况；

⑤ 压应力层的厚度。

压应力层的厚度是主要因素，如果厚度很小将无法抵御机械损伤，因为裂纹就深入在表面层内。卡斯特勒（Kistler）发现，强度高的压应力层是 30～50μm。

5.3.3 玻璃的表面吸附

玻璃表面吸附分为物理吸附和化学吸附两大类型。

物理吸附是由范德华力引起的，是玻璃和被吸附物质作用最弱的一类吸附。由于范德华力无方向性，所以对吸附气体无选择性，对任何气体均可进行物理吸附，吸附不限于一个分子层，往往是多分子层，吸附速度快，很快达到平衡，并且是可逆的。

化学吸附是通过玻璃表面断键（悬挂键）与被吸附分子发生电子转移的化学键合过程，一般只能在表面吸附一个分子层的吸附质，吸附气体是有选择性的，吸附过程大部分是不可逆的，不容易发生解吸（脱附）。化学吸附也可看成表面化学反应，所以吸附速度比较慢。利用这一性质，可以在玻璃表面进行涂膜（增强膜、憎水膜、增透膜、导电膜等）改变玻璃的性质以使玻璃与金属封接。

5.4 玻璃的力学性能

玻璃的力学性能主要包括：玻璃的机械强度、玻璃的弹性、玻璃的硬度和脆性以及玻璃的密度等。对玻璃的使用有着非常重要的作用。

5.4.1 玻璃的机械强度

玻璃是一种脆性材料，它的机械强度可用抗压、抗折、抗张、抗冲击强度等指标表示。玻璃之所以得到广泛应用，原因之一就是它的抗压强度高，硬度也高。由于它的抗折和抗张强度不高，并且脆性较大，玻璃的应用受到一定的限制。为了改善玻璃的这些性能，可采用退火、钢化（淬火）、表面处理与涂层、微晶化、与其他材料制成复合材料等方法。这些方法中有的可使玻璃抗折强度成倍甚至数几倍地增加。

玻璃的强度与组成、表面和内部状态、环境温度、样品的几何形状、热处理条件等因素有关。

（1）理论强度与实际强度

所谓材料的理论强度，就是从不同理论角度来分析材料所能承受的最大应力或分离原子（离子或分子等）所需的最小应力。其值决定于原子间的相互作用及热运动。

玻璃的理论强度可通过不同的方法进行计算，其值大约为 $10^{10} \sim 1.5 \times 10^{10}$ Pa。由于晶体和无定形物质结构的复杂性，物质的理论强度可近似地按 $\sigma_{th} = xE$ 计算。E 为弹性模量，x 为与物质结构和键型有关的常数，一般 $x = 0.1 \sim 0.2$。按此式计算，石英玻璃的理论强度为 1.2×10^{10} Pa。

表 5-12 列出一些材料的弹性模量、理论强度与实际强度的数据。

表 5-12 不同材料的弹性模量、理论强度与实际强度

材料名称	键型	弹性模量 E/Pa	系数 x	理论强度/Pa	实际强度/Pa
石英玻璃纤维	离子-共价键	12.4×10^{10}	0.1	1.24×10^{10}	1.05×10^{10}
玻璃纤维	离子-共价键	7.2×10^{10}	0.1	0.72×10^{10}	$(0.2 \sim 0.3) \times 10^{10}$
块状玻璃	离子-共价键	7.2×10^{10}	0.1	0.72×10^{10}	$(8 \sim 15) \times 10^{7}$
氯化钠	离子键	4.0×10^{10}	0.06	0.24×10^{10}	0.44×10^{7}
有机玻璃	共价键	$(0.4 \sim 0.6) \times 10^{10}$	0.1	$(0.04 \sim 0.06) \times 10^{10}$	$(10 \sim 15) \times 10^{7}$
钢	金属键	20×10^{10}	0.15	3.0×10^{10}	$(0.1 \sim 0.2) \times 10^{10}$

由表 5-12 可看出，块状玻璃的实际强度比理论强度低得多，与理论强度相差 2～3 个数量级。块状玻璃实际强度这样低的原因，是由玻璃的脆性和玻璃中存在有微裂纹（尤其是表面微裂纹）和内部不均匀区及缺陷造成应力集中所引起的（由于玻璃受到应力作用时不会产生流动，表面上的微裂纹便急剧扩展，并且应力集中，以致破裂）。其中表面微裂纹对玻璃强度的影响尤为重要。

（2）玻璃的断裂力学

断裂力学是固体力学中研究带裂纹材料强度的一门学科，它在生产上有着重要的应用价值。断裂力学首先承认材料内部有裂纹存在，着眼于裂纹尖端局部地区的应力和变形情况来研究带裂纹构件的承载能力和材料抗脆断性能（断裂韧性）与裂纹之间的定量关系，研究裂纹发生和扩展的力学规律，从而提出容许裂纹设计方法，防止材料的脆断。

① 断裂力学的基本概念。在 1920 年首先由格里菲斯总结出的材料断裂机理，解释了玻璃材料实际强度比理论强度低的原因，提出了著名的脆性断裂理论。该理论的要点如下：

假定在一个无限大的平板内有一椭圆形裂纹，它与外力垂直分布，长度为 $2c$（如图 5-11），在一定应力 σ 作用下，此裂纹处弹性应变能为：

$$-\frac{c^2\sigma^2\pi}{E} \tag{5-12}$$

而同时产生两个新裂口表面，相应的表面断裂能为：

$$4\gamma_z c \tag{5-13}$$

因而在外力作用下，裂纹得以扩展的条件为：

$$\frac{d}{d_c}\left(4\gamma_z c - \frac{c^2\sigma^2\pi}{E}\right) = 0$$

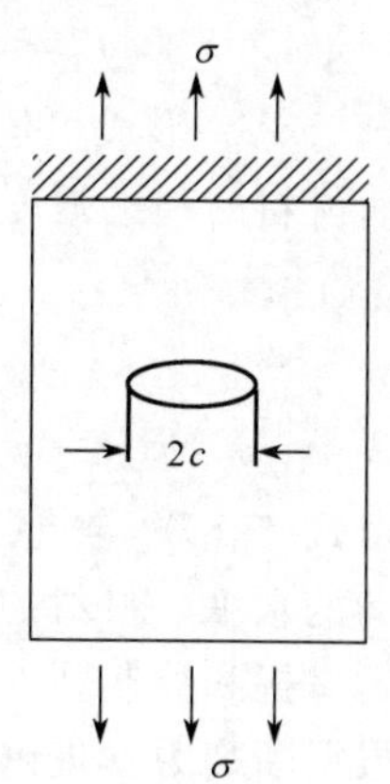

图 5-11 施加一定应力 σ 于一端固定的平板（有裂纹）

得到：

$$4\gamma_z - \frac{2c\sigma^2\pi}{E} = 0 \tag{5-14}$$

式中 γ_z——形成新裂纹的表面能。

这时的 σ 相当于断裂应力 σ_f，则：

$$\sigma_f = \sqrt{\frac{2E\gamma_z}{\pi c}} \tag{5-15}$$

当外力超过 σ_f 时，则裂纹自动传播而导致断裂。而且当裂纹扩展时，上式 c 随之变大，σ_f 也相应下降，故裂纹继续发展所要求的应力条件就更低。

玻璃极限强度（临界强度），即试样发生断裂时的负荷，比理论强度低。常用脆性材料中的微裂纹引起强度降低这一概念来加以解释，格里菲斯认为：不同大小的裂纹需要不同的应力才能扩展。裂纹的形状，裂纹与张应力的作用方向等不同时，其玻璃的极限强度计算公式也不同。此外，若材料中不仅存在微裂纹，而且还有晶格位错时，其强度降低更多。

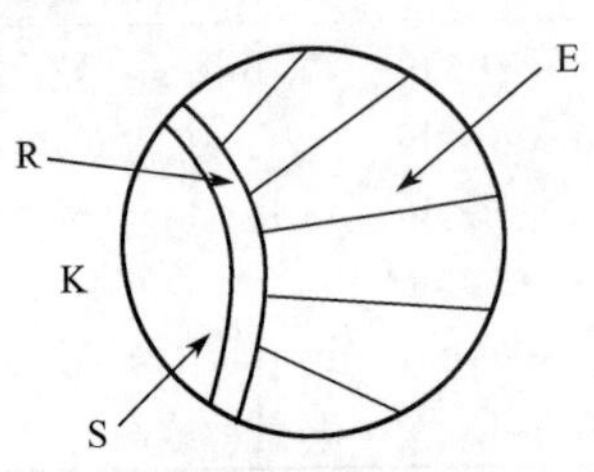

图 5-12　玻璃棒轴向拉力断裂示意图
K—裂纹源；S—镜平面；
R—粗糙度逐渐增大的区域；E—辐射裂纹

② 玻璃材料的缺陷及裂纹的扩展。玻璃材料由于在其表面和内部存在着不同的杂质、缺陷或微不均匀区，在这些地方引起应力的集中导致微裂纹的产生。外加负荷越小，裂纹增长越慢。经过一定时间后，裂纹尖端处的应力越来越大，超过临界应力时，裂纹就迅速分裂，使玻璃断裂。由此可见，玻璃断裂过程分为两个阶段（见图 5-12）：第一阶段主要是初生裂纹缓慢增长，形成断裂表面的镜面部分；第二阶段，随着初生裂纹的增长，次生裂纹同时产生和增长，在其相互相遇时就形成以镜面为中心的辐射状碎裂条纹。如果裂纹源在断裂的表面，则产生呈半圆形的镜面；如果裂纹源从内部发生，则镜面为圆形。

按照格里菲斯的概念，在裂纹的尖端存在着应力集中，这种应力的集中是驱使裂纹扩展的动力。

从裂纹扩展过程中的能量平衡，可推导出临界断裂应力 σ_c 的近似值为：

$$\sigma_c = A'\sqrt{\frac{E\gamma}{c}} \tag{5-16}$$

式中 A'——常数；

γ——形成单位面积新表面的表面能。

而材料的理论强度计算公式为：

$$\sigma_{th} = \sqrt{\frac{E\gamma_z}{r_0}} \tag{5-17}$$

式中，r_0 为原子间平衡距离。

由式(5-16) 与式(5-17) 相比较，当裂纹长度 c 接近于 r_0，也就是裂纹尺寸控制在原子间距离的水平，材料的强度可达到理论值，这实际是很难做到的。由此可见，研究裂纹源的产生，掌握和控制裂纹的大小及传播速度就显得非常重要。

根据断裂力学理论的推导对裂纹前缘应力场的研究，以应力强度因子 K 来描述这个应力场，一般 K 可用下式表示：

$$K = a\sqrt{c\sigma\pi} \tag{5-18}$$

式中，a 为随裂纹形状而异的常数。

满足式(5-18) 的临界条件时的 K 值为 K_c，K_c 值称为临界应力强度因子或断裂韧度。则：

$$K_c = a\sqrt{c\sigma_c\pi} \tag{5-19}$$

表 5-13　各种玻璃的 K_c 值　　$\times 10^3$ Pa

玻璃	成分									真空,三点受力弯曲测试 K_c
	SiO_2	Al_2O_3	B_2O_3	Na_2O	K_2O	CaO	MgO	BaO	PbO	
石英	99.9									0.753±0.030
高硅氧玻璃	96	0.3	3							0.709±0.040
铝硅酸盐玻璃	57	15	5			7	10			0.836±0.032
硼硅酸盐玻璃	81	2	13	4						0.777±0.032
硼冕玻璃	20		11	10	7	0.2		2		0.904±0.014
铅玻璃	35			4					61	0.643±0.009

各种玻璃的 K_c 值见表 5-13 所示。K_c 值根据其成分波动在 $(0.62\sim0.63)\times10^3$ Pa。

当玻璃受力情况下 K 值大于 K_c 值时，玻璃即发生断裂。根据已知的 K_c 值，从式(5-19) 还可求出玻璃的临界裂纹半长度 C_a：

$$C_a = \frac{1}{\pi\sigma_c^2}\left(\frac{K_c}{a}\right)^2 \tag{5-20}$$

如果裂纹长度小于临界裂纹长度，玻璃还可以使用，接近裂纹长度，就不能再使用，达到临界裂纹长度，玻璃就要断裂。

玻璃的实际裂纹长度可以利用扫描电子显微镜或其他测试设备测定，测出的表面微裂纹的长度与计算出的临界裂纹长度比较，如远小于临界裂纹长度，说明玻璃在此应力下可以使用。

裂纹的扩展速度为：

$$(0.4\sim0.6)\times\sqrt{\frac{E}{\rho}} \tag{5-21}$$

式中　ρ——密度；

E——玻璃的弹性模量。

(3) 影响玻璃强度的主要因素

① 化学组成。固体物质的强度主要由各质点的键强及单位体积内键的数目决定。对不同化学组成的玻璃来说，其结构间的键强及单位体积的键数是不同的，因此强度的大小也不同。对硅酸盐玻璃来说，桥氧与非桥氧所形成的键，其强度不同。石英玻璃中的氧离子全部为桥氧，Si—O 键强很高，因此石英玻璃的强度最高。就非桥氧来说，碱土金属的键强比碱金属的键强要高，所以含大量碱金属离子的玻璃强度最低。单位体积内的键数也即结构网络的疏密程度，结构网络稀疏，强度就低。图 5-13 表示了上述三种不同结构强度的玻璃。

在玻璃组成中加入少量 Al_2O_3 或引入适量 B_2O_3（小于 15%），会使结构网络紧密，玻璃强度提高。此外 CaO、BaO、PbO、ZnO 等氧化物对强度提高的作用也较大，MgO、Fe_2O_3 等对抗张强度影响不大。

玻璃的抗张强度范围为：$(34.3\sim83.3)\times10^6$ Pa，各组成氧化物对玻璃抗张强度提高作用顺序为：

$$CaO > B_2O_3 > Al_2O_3 > PbO > K_2O > Na_2O > (MgO、Fe_2O_3)$$

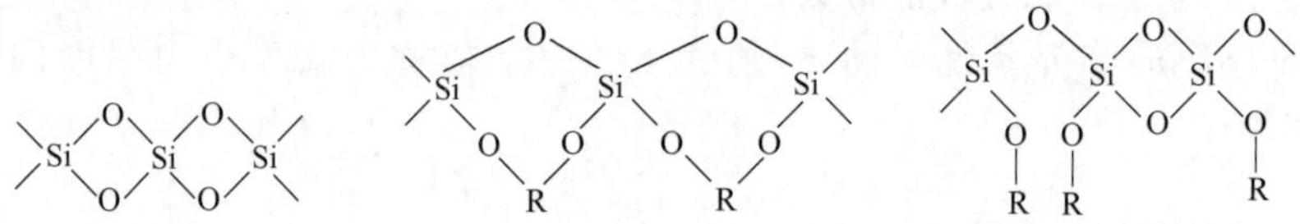

石英玻璃　　含有 R^{2+} 的硅酸盐玻璃　　含有 R^{+} 的硅酸盐玻璃

图 5-13　三种不同结构强度的玻璃

各组成氧化物对玻璃抗压强度提高作用的顺序为：

$$Al_2O_3>(SiO_2、MgO、ZnO)B_2O_3>Fe_2O_3>(BaO、CaO、PbO)>Na_2O>K_2O$$

（括号中的成分作用大致相同）

玻璃的抗张强度 σ_f 和抗压强度 σ_c 可按加和法利用下式计算：

$$\sigma_f=p_1F_1+p_2F_2+\cdots+p_nF_n \tag{5-22}$$

$$\sigma_c=p_1C_1+p_2C_2+\cdots+p_nC_n \tag{5-23}$$

式中，p_1、p_2、…、p_n 为玻璃中各氧化物的质量分数；F_1、F_2、…、F_n 为各组成氧化物的抗张强度计算系数；C_1、C_2、…、C_n 为各组成氧化物的抗压强度计算系数。

表 5-14　计算抗张强度及抗压强度的系数

系数	氧化物											
	Na_2O	K_2O	MgO	CaO	BaO	ZnO	PbO	Al_2O_3	As_2O_3	B_2O_3	P_2O_5	SiO_2
抗张强度	0.02	0.01	0.01	0.20	0.05	0.15	0.025	0.05	0.03	0.065	0.075	0.09
抗压强度	0.52	0.05	1.10	0.20	0.65	0.60	0.48	1.00	1.00	0.90	0.76	1.23

这些计算系数见表 5-14，应当指出，由于影响玻璃强度的因素很多，因而计算所得的强度精度往往较低，只具有参考价值，一般最好进行测定。

② 表面微裂纹。前面所述玻璃强度与表面微裂纹密切相关。格里菲斯（Griffith）认为玻璃破坏时是从表面微裂纹开始，随着裂纹逐渐扩展，导致整个试样的破裂。据测定，在 $1mm^2$ 玻璃表面上含有 300 个左右的微裂纹，它们的深度在 4～8nm，由于微裂纹的存在，玻璃的抗张、抗折强度仅为抗压强度的 1/15～1/10。

为了克服表面微裂纹的影响，提高玻璃的强度，可采取两个途径。其一是减少和消除玻璃的表面缺陷。其二是使玻璃表面形成压应力，以克服表面微裂纹的作用。为此可采用表面火焰抛光、氢氟酸腐蚀，以消除或钝化微裂纹；还可采用淬冷（物理钢化）或表面离子交换（化学钢化），以获得压应力层。例如，把玻璃在火焰中拉成纤维，在拉丝的过程中，原有微裂纹被火焰熔去，并且在冷却过程中表面产生压应力层，从而强化了表面，使其强度增加。

③ 微不均匀性。通过电镜观察证实，玻璃中存在微相和微不均匀结构。它们是由分相或形成离子群聚所致。微相之间易生成裂纹，且其相互间的结合力比较薄弱，又因成分不同，热膨胀系数不一样，必然会产生应力，使玻璃强度降低。微相之间的热膨胀系数差别越大，冷却过程中生成微裂纹的数目也越多。

不同种类玻璃的微不均匀区大小不同，有时可达 20nm。微相直径在热处理后有所增加，而玻璃的极限强度是与微相大小的开方成反比，微相增加则强度降低。

④ 玻璃中的宏观和微观缺陷。宏观缺陷如固体夹杂物（结石）、气体夹杂物（气泡）、化学不均匀（条纹）等常因成分与主体玻璃成分不一致，热膨胀系数不同而造成内应力。同时由于宏观缺陷提供了界面，从而使微观缺陷（如点缺陷、局部析晶、晶界等）常常在宏观缺陷的区域集中，从而导致裂纹产生，严重影响玻璃的强度。

⑤ 活性介质。活性介质（如水、酸、碱及某些盐类等）对玻璃表面有两种作用：一是渗入裂纹像楔子（斜劈）一样使微裂纹扩展；二是与玻璃起化学作用破坏结构（例如使硅氧键断开）。因此在活性介质中玻璃的强度降低。水引起玻璃的强度降低最大。玻璃在醇中的强度比在水中高 40%，在醇中或其他介质中含水量越高，越接近在水中的强度。在酸或碱的溶液中 pH=1～11.3 范围内（酸和碱都在 0.1mol/L 以下），强度与 pH 值无关（与水中相同，在 1mol/L 的浓度时，对强度稍有影响，酸中强度减小，碱中强度增大，6mol/L 时各增减约 10%）。

干燥的空气、非极性介质（如煤油等）、憎水性有机硅等，对强度的影响小，所以测定玻璃强度最好在真空中或液氮中进行，以免受活性介质的影响。相反，在 SO_2 气氛中退火玻璃，可在玻璃表面生成一层白霜（Na_2SO_4），这层白霜极易被冲洗掉，结果使玻璃表面的碱金属氧化物含量减少，不仅增加了化学稳定性，也提高了玻璃的强度。

⑥ 温度。低温与高温对玻璃强度的影响是不同的。在接近绝对零度（−273℃附近）到 200℃范围内，强度随温度的上升而下降。此时由于温度的升高，裂纹端部分子的热运动增强，导致键的断裂，增加了玻璃破裂的概率。在 200℃左右强度为最低点。高于 200℃时，强度逐渐增加，这可归因于裂口的纯化，从而缓和了应力的集中。

⑦ 玻璃中的应力。玻璃中的残余应力，特别是分布不均匀的残余应力，使强度大为降低。试验证明，残余应力增加到 1.5～2 倍时，抗弯强度降低 9%～12%。玻璃进行钢化后，使其表面产生均匀的压应力、内部形成均匀的张应力，则能大大提高制品的机械强度。经过钢化处理的玻璃，其耐机械冲击和热冲击的能力比经良好退火的玻璃要高 5～10 倍。

⑧ 玻璃的疲劳现象。在常温下，玻璃的破坏强度随加荷速度或加荷时间而变化。加荷速度越大或加荷时间越长，其破坏强度越小，短时间不会破坏的负荷，时间久了可能会破坏，这种现象称之为玻璃的疲劳现象。玻璃在实际使用时，当经受长时间、多次负荷的作用，或在弹性变形温度范围内经受多次温差的冲击，都会受到“疲劳”的影响。例如用玻璃纤维作试验，若短时间内施加为断裂负荷 60%的负荷时，只有个别试样断裂，而在长时间负荷作用下，全部试样都断裂。

研究表明，玻璃的疲劳现象是由加荷作用下微裂纹的加深所致。此时周围介质特别是水分将加速与微裂纹尖端的 SiO_2 网络结构反应，使网络结构破坏，导致裂纹的延伸。而玻璃在液氮、更低温度下和真空中，不出现疲劳现象。此外，疲劳与裂纹大小无关。

5.4.2 玻璃的弹性

材料在外力的作用下发生变形，当外力去掉后能恢复原来的形状的性质称为弹性。在 T_g 温度以下，玻璃基本上是服从胡克定律的弹性体。

玻璃的弹性主要是指弹性模量 E（即杨氏模量）、剪切模量 G、泊松比 μ 和体积压缩模量 K。它们之间有如下关系：

$$\frac{E}{G}=2(1+\mu) \tag{5-24}$$

$$\frac{E}{K}=3(1-2\mu) \tag{5-25}$$

弹性模量是表征材料应力与应变关系的物理量，是表示材料对形变的抵抗力。在 T_g 温度以下，玻璃的弹性模量可用下式表示：

$$E=\frac{\sigma}{\varepsilon} \tag{5-26}$$

式中　σ——应力；

ε——相对的纵向变形。

一般玻璃的弹性模量为（441～882）$\times 10^8$Pa，而泊松比在0.11～0.30范围内变化。各种玻璃的弹性模量见表5-15。

表5-15　各种玻璃的弹性模量及泊松比值

玻璃类型	$E/\times 10^8$Pa	泊松比 μ
钠钙硅玻璃	676.2	0.24
钠钙铅玻璃	578.2	0.22
铝硅酸盐玻璃	842.8	0.25
硼硅酸盐玻璃	617.4	0.20
高硅氧玻璃	676.2	0.19
石英玻璃	705.6	0.16
微晶玻璃	1204	0.25

（1）玻璃的弹性模量与成分的关系

玻璃的弹性模量主要取决于内部质点间化学键的强度，同时也与结构有关。质点间化学键强度越大，变形越小，则弹性模量就越大。玻璃结构越坚实，弹性模量也越大。

质点间的键强度大小与原子半径和价电子数有关，因此在常温下弹性模量是原子序数的周期函数。在同一族中的元素例如Be、Mg、Ca、Sr及Ba，随原子序数的递增和原子半径的增大，弹性模量E则降低。E的大小几乎和这些离子与氧离子间吸引力$\frac{2Z}{a^2}$成直线关系，同一氧化物当处于高配位时其弹性模量要比处于低配位时高。所以在玻璃中引入离子半径较大、电荷较低的Na^+、K^+、Sr^{2+}、Ba^{2+}等离子是不利于提高弹性模量的。相反，引入半径小、极化能力强的离子（如Li^+、Be^+、Mg^{2+}、Al^{3+}、Ti^{4+}、Zr^{4+}）则能提高玻璃的弹性模量。

石英玻璃中Si—O的键强较大，为106kcal/mol，且具有三维空间的架状结构，应具有较高的弹性模量，但从表5-15中所示，石英玻璃的弹性模量并不高，这是因为在石英玻璃结构中含有较多的空穴。另外，在高应变的情况下，石英玻璃纤维和一般钠钙硅玻璃纤维都偏离了胡克定律，石英玻璃纤维变得更“硬”了，而后者变得更“软”了（如图5-14）。这充分说明，在负荷作用下，石英玻璃纤维中硅氧基团的空穴减少，Si—O键较强的键性显示了作用，而钠钙硅玻璃纤维因网络外体的引入，使结构疏松，应变增大。

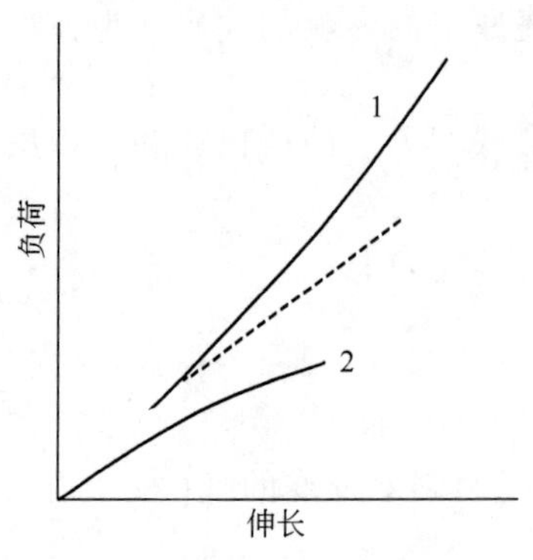

图5-14　石英玻璃纤维（1）和Na_2O-CaO-SiO_2玻璃纤维（2）的应力与应变图

纯B_2O_3玻璃由于层状结构比较疏松，因此具有很低的弹性模量，仅为175×10^8Pa。但随着Na_2O含量的增加，其弹性模量可增加到600×10^8Pa。这是由于硼离子由三配位转变为四配位，层状结构向三维空间结构转化，且Na^+又填充了网络空间的结果。

在铝硼硅酸盐玻璃中，弹性模量同样出现硼铝反常现象。当摩尔比

$$\frac{n(Na_2O-Al_2O_3)}{n(B_2O_3)}=\varphi>1$$

时，B^{3+}和Al^{3+}都能成为四面体，处于结构网络中，使结构连接紧密，弹性模量E增加。当摩尔比$1>\varphi>$

0 时，Al_2O_3 代替 SiO_2 后，由于 Na_2O 不足，Al^{3+} 可以形成四面体进入结构网络，而 B^{3+} 由四面体转变为三角体，因此弹性模量 E 减小。当 Na_2O 更少时（$\varphi<0$），B^{3+} 全部处于［BO_3］三角体的配位状态，而 Al^{3+} 以较高的配位状态［AlO_6］填充于网络外空隙部分，使玻璃网络坚实，弹性模量 E 再度增大。所以弹性模量的增减实质上反映了玻璃内部结构的变化。

各种氧化物对玻璃弹性模量的提高作用顺序是：

$$CaO>MgO>B_2O_3>Fe_2O_3>Al_2O_3>BaO>ZnO>PbO$$

弹性模量可用下式近似地计算：

$$E=E_1P_1+E_2P_2+\cdots+E_nP_n \tag{5-27}$$

式中　E_1、E_2、…、E_n——玻璃中氧化物的弹性系数；

P_1、P_2、…、P_n——玻璃中氧化物的质量分数。

计算玻璃弹性模量的各种氧化物的系数见表 5-16。

表 5-16　几种玻璃的弹性模量系数值

氧化物	硅酸盐玻璃	无铅硼硅酸盐玻璃	含铅硼硅酸盐玻璃
Na_2O	61	100	70
K_2O	40	70	30
MgO	—	40	30
CaO	70	70	—
ZnO	52	100	—
BaO	—	70	30
PbO	46	—	55
B_2O_3	—	60	25
Al_2O_3	180	150	130
SiO_2	70	70	70
P_2O_5	—	—	70
As_2O_3	40	40	40

（2）玻璃的弹性模量与温度的关系

大多数硅酸盐玻璃的弹性模量随温度的升高而降低，这是由离子间距离增大，相互作用力降低所致。此外，高温时质点热运动的增加也是造成弹性模量 E 降低的原因之一。到变形温度以上，玻璃逐渐失去弹性，变形随着温度的上升而增大，并趋于软化。

弹性模量与温度的关系对某些玻璃却有正比关系，例如热膨胀系数小的石英玻璃、高硅氧玻璃和派来克斯玻璃，当温度升高时，其弹性模量反而增加。这个反常现象与热膨胀系数和玻璃的组成有很大关系，当温度升高时，离子间距增大而造成相互作用力减弱，导致弹性模量 E 下降的原因已不复存在。相反由于温度升高，引起玻璃内部结构的重组，使较弱结合的结构基团转化为较强结合的结构基团这一因素起作用。对于硼硅酸盐玻璃的弹性模量 E，不论是淬火的还是退火的，都随温度升高而增大，只有在接近 T_g 温度时，退火玻璃的弹性模量与淬火玻璃的行径不同。

（3）玻璃的弹性模量与热处理的关系

由于弹性模量随温度的升高而降低，淬火玻璃基本保持了高温状态的疏松结构，因此同组成的淬火玻璃的弹性模量较退火玻璃小，一般低 2%～7%，具体降低的幅度与淬火的程度、玻璃的组成有关。同样，玻璃纤维的弹性模量要比同组成的退火玻璃的低，这是由于玻璃纤维是在几十分之一秒的瞬间内凝固而成的。例如块状玻璃的弹性模量 E 为 803.6×10^8 Pa，而同成分的玻璃纤维的弹性模量 E 仅为 774.2×10^8 Pa，这可能是常温下玻璃纤维的结构在一定程度上保持了高温状态的结构。但玻璃纤维只要在300～350℃热处理若干时间后，再冷却到室温，其弹性模量E就与块状玻璃的相同。

玻璃在微晶化后，弹性模量是增高的，对不同组成的Li_2O-K_2O-Al_2O_3-SiO_2系统玻璃以Au为成核剂诱导析晶后，其弹性模量普遍增高。其增高值随组成不同可达10%左右，当Al_2O_3含量为7%时，出现最高值。微晶化后弹性模量的增高幅度主要取决于析出的主晶相的种类和性质。

除此之外，玻璃的弹性模量还与其测试制度和条件有关。目前用静态法和动态法进行测定的。静态法是直接根据试样弯曲及扭转力矩后的变形大小来进行测定的。动态法是根据弹性波在玻璃介质传输过程中，其振动频率与介质固有频率相同时发生共振而得到最大的振幅。此时，介质固有频率、试样大小、质量和杨氏模量间有如下关系：

$$E=\frac{4l^2 f_L d}{981\times10^5} \tag{5-28}$$

5.4.3 玻璃的硬度与脆性

(1) 玻璃的硬度

硬度可以理解为固体材料抵抗另一种固体深入其内部而不产生残余形变的能力。玻璃硬度的表示方法有：莫氏硬度（划痕法）、显微硬度（压痕法）、研磨硬度（磨损法）和刻化硬度（刻痕法）等。一般玻璃用显微硬度表示。此法利用金刚石正方锥体以一定负荷在玻璃表面打入印痕，然后测量印痕对角线的长度，按式(5-29) 进行计算：

$$H=\frac{1.854P}{L^2} \tag{5-29}$$

式中 H——显微硬度；

P——负荷，N；

L——印痕对角线长度，mm。

玻璃的硬度主要决定于化学成分及结构。在硅酸盐玻璃中，以石英玻璃为最硬，硬度在$(67\sim120)\times10^8$Pa之间。含有B_2O_3 10%～14%硼硅酸盐玻璃的硬度也较大。高铅的或碱性氧化物的玻璃硬度较小。

一般地说，网络生成体离子使玻璃硬度增加，而网络外体离子则使玻璃硬度降低，随着网络外体离子半径的减小和原子价的上升硬度增加。硼反常现象、硼铝反常现象及“压制效应”同样反映在硬度-组成的关系中，使硬度出现极值。此外，阳离子的配位数对硬度也有很大影响，一般硬度随配位数的上升而增大。

各种氧化物对玻璃硬度提高的作用顺序大致如下：

$$SiO_2>B_2O_3>(MgO、ZnO、BaO)>Al_2O_3>Fe_2O_3>K_2O>Na_2O>PbO$$

一般玻璃的硬度为5～7（莫氏硬度）。

玻璃的硬度还与温度、热历史等有关。温度升高时分子间结合强度降低，硬度下降。淬火玻璃，由于结构疏松，故硬度也有所下降。

玻璃的硬度同玻璃的冷加工工艺密切相关。例如玻璃的切割、研磨、抛光、雕刻等应根据玻璃的硬度来选择切割工具、磨料和抛光材料的硬度、磨轮的材质及加工方法等。

(2) 玻璃的脆性

玻璃的脆性是指当负荷超过玻璃的极限强度时，不产生明显的塑性变形而立即破裂的性质。玻璃是典型的脆性材料之一，它没有屈服延伸阶段，特别是受到突然施加的负荷（冲击）

时，玻璃内部的质点来不及作出适应性的流动，就相互分裂。松弛速度低是脆性的重要原因。

玻璃的脆性通常用它破坏时所受到的冲击强度来表示。也可用玻璃的抗压强度与抗冲击强度之比来表示。若以 D 代表玻璃的脆弱度（其值越大，玻璃的脆性越大），则有下式：

$$D=\frac{C}{S} \tag{5-30}$$

式中　D——玻璃的脆弱度；

C——玻璃的抗压强度；

S——玻璃的抗冲击强度。

当玻璃的抗压强度 C 相近时，S 值越大则脆弱度 D 越小，即脆性越小。

玻璃的抗冲击强度测试方法：将质量为 P 的钢球，从高度 h 自由落下冲击试样的表面，如果钢球几次以不同的高度冲击试样的同一表面直至破裂，则钢球所作的全部功为 $\sum Ph$，设试样的体积为 V。则玻璃的抗冲击强度 S 为：

$$S=\frac{\sum Ph}{V} \tag{5-31}$$

玻璃的脆性也可用测定显微硬度的方法：把压痕发生破裂时的负荷值——“脆裂负荷”作为玻璃脆性的标志。如石英玻璃的显微硬度测定表明，在负荷 30g 时压痕即开始破裂，因而其脆性是很大的。当加入碱金属和二价金属氧化物时玻璃的脆性将随加入离子半径的增大而增加。见表 5-17。

表 5-17　R^+ 和 R^{2+} 对玻璃脆性的影响

玻璃组成	$16R_2O \cdot 84SiO_2$			$12Na_2O \cdot 18RO \cdot 70SiO_2$							
加入氧化物	Li_2O	Na_2O	K_2O	BeO	MgO	CaO	SrO	BaO	ZnO	CdO	PbO
脆裂负荷/g	170	80	70	170	120	70	30	20	70	50	50

对于硼硅酸盐玻璃来说，硼离子处于三角体时比处于四面体时脆性要小。表 5-18 列出了 Na_2O-B_2O_3-SiO_2 系统中，以 B_2O_3 代替 SiO_2 时脆裂负荷的变化。

表 5-18　B_2O_3 含量对 Na_2O-B_2O_3-SiO_2 系统玻璃脆性的影响

玻璃成分	$16Na_2O \cdot \chi B_2O_3 \cdot (84-\chi)SiO_2$								$(32-\chi)Na_2O \cdot \chi B_2O_3 \cdot 68SiO_2$				
B_2O_3 含量(χ)/%	0	4	8	12	16	20	24	32	4	12	20	24	28
脆裂负荷/g	80	50	30	30	30	30	40	60	50	30	40	100	150

因此，为了获得硬度大而脆性小的玻璃，应当在玻璃中引入离子半径小的氧化物，如 Li_2O、BeO、MgO、B_2O_3 等。

此外，玻璃的脆性还决定于试样的形状、厚度、热处理条件等。因为抗冲击强度随试样厚度的增加而增加，热处理对抗冲击强度的影响也很大，经均匀淬火的玻璃抗冲击强度是退火玻璃的 5～7 倍，从而脆性大大降低。

5.4.4　玻璃的密度

玻璃的密度表示玻璃单位体积的质量。它主要取决于构成玻璃原子的质量，也与原子的堆积紧密程度以及配位数有关，是表征玻璃结构的一个标志。在考虑玻璃制品的重量及玻璃池窑的热工计算时都要用到有关玻璃密度的数据。在实际生产中，通过测定玻璃密度来控制工艺过程，借以控制玻璃成分。

(1) 玻璃密度与成分的关系

玻璃密度与成分关系十分密切，在各种实用玻璃中，密度的差别是很大的。例如石英玻璃密度最小，仅为 2.21g/cm^3，而含有大量 PbO 的重火石玻璃可达 6.5g/cm^3，某些防辐射玻璃的密度可达 8g/cm^3，普通钠钙硅玻璃的密度为 2.5g/cm^3 左右。

一般单组分玻璃的密度最小。例如硼氧玻璃（B_2O_3）的密度为 1.833g/cm^3，磷氧玻璃（P_2O_5）的密度为 2.737g/cm^3，它们单纯由网络生成体构成，当添加网络外体时，密度就增大。因为这些网络外体离子在不太改变网络大小的情况下，增加了存在的原子数，此时网络外离子对密度增加的作用大于网络断裂、膨胀及体积增加而导致密度下降的影响。

在硅酸盐、硼酸盐及磷酸盐的玻璃中引入 R_2O 和 RO 氧化物时，一般随着它们离子半径的增大，玻璃密度增加。加入半径小的阳离子如 Li^+、Mg^{2+} 等可以填充于网络的空隙，虽然其使硅氧四面体的连接断裂但并不引起网络结构的扩大，结构紧密度增加。加入半径大的阳离子如 K^+、Ba^{2+}、La^{3+} 等其半径比网络间空隙大，因而结构网络扩张，使结构紧密度下降。

同一种氧化物在玻璃中配位状态改变时，对其密度也产生明显的影响。如 B_2O_3 从硼氧三角体［BO_3］转变为硼氧四面体［BO_4］，或者中间体氧化物 Al_2O_3、Ga_2O_3、MgO、TiO_2 等从网络内四面体［RO_4］转变为网络外八面体［RO_6］而填充于网络空隙中，均使密度增加。因此当连续改变这类氧化物含量至产生配位数的变化时，在玻璃组成-性质变化曲线上就出现极值或转折点。在 Na_2O-B_2O_3-SiO_2 系统玻璃中，当 $Na_2O/B_2O_3>1$ 时，B^{3+} 由三角体转变为四面体，把结构网络中断裂的键连接起来，且［BO_4］的体积比［SiO_4］体积小，使玻璃结构紧密，密度增加。当 $Na_2O/B_2O_3<1$ 时，由于 Na_2O 的不足，［BO_4］又转变成［BO_3］，促使玻璃结构疏松，密度下降，出现“硼反常现象”。

Al_2O_3 对玻璃密度的影响更为复杂。一般在玻璃中引入 Al_2O_3 使密度增加，但在钠硅酸盐玻璃中，当 $Na_2O/Al_2O_3>1$ 时，Al^{3+} 均位于铝氧四面体［AlO_4］中，由于［AlO_4］体积大于［SiO_4］，其密度减小；当 $Na_2O/Al_2O_3<1$ 时，Al^{3+} 作为网络外体位于八面体［AlO_6］中，填充于结构网络的空隙，使玻璃密度增大，出现“铝反常现象”。

在玻璃中含有 B_2O_3 时，Al_2O_3 对玻璃密度的影响更为复杂。由于［AlO_4］比［BO_4］较为稳定，所以引入 Al_2O_3 时，先形成［AlO_4］。当玻璃中含 R_2O 足够多时，才能使 B^{3+} 处于［BO_4］中。

玻璃的密度可通过玻璃的化学组成和比容关系进行计算：

$$V=\frac{1}{\rho}=\sum V_m f_m \tag{5-32}$$

式中 ρ——密度；

V_m——各种组分的计算系数，见表 5-19；

f_m——玻璃中氧化物的质量分数。

表 5-19 中 N_{si} = Si 原子数/O 原子数，对于相同的氧化物 N_{si} 不同则其系数不同。例如 SiO_2 玻璃的 $N_{si}=0.5$，添加了其他氧化物则 $N_{si}<0.5$。N_{si} 的计算方法如下：

$$N_{si}=\frac{P_{si}}{M_m\sum S_m f_m}=\frac{P_{si}}{60.06\sum S_m f_m} \tag{5-33}$$

式中 P_{si}——玻璃中 SiO_2 的质量分数；

S_m——常数，见表 5-19；

M_m——SiO_2 的分子量。

表 5-19 玻璃的比容 V_m 计算系数值

氧化物	$S_m \times 10^2$	N_{si}=0.270～0.345	N_{si}=0.345～0.400	N_{si}=0.400～0.435	N_{si}=0.435～0.500
SiO_2	3.330	0.4063	0.4281	0.4409	0.4542
Li_2O	3.347	0.452	0.402	0.350	0.262
Na_2O	1.6131	0.373	0.349	0.324	0.281
K_2O	1.0617	0.390	0.374	0.357	0.329
Rb_2O	0.53487	0.266	0.258	0.250	0.236
BeO	3.997	0.348	0.289	0.227	0.12
MgO	2.480	0.397	0.360	0.322	0.256
CaO	1.7852	0.285	0.259	0.231	0.184
SrO	0.96497	0.200	0.185	0.171	0.145
BaO	0.65206	0.142	0.132	0.122	0.104
ZnO	1.2288	0.205	0.187	0.168	0.135
CdO	0.77876	0.138	0.126	0.114	0.0935
PbO	0.44801	0.106	0.0955	0.0926	0.0807
$B_2O_3[BO_4]$	4.3079	0.590	0.526	0.460	0.345
$B_2O_3[BO_3]$	4.3079	0.791	0.727	0.661	0.546
Al_2O_3	2.9429	0.462	0.418	0.373	0.294
Fe_2O_3	1.8785	0.282	0.255	0.225	0.176
Bi_2O_3	0.6438	0.106	0.0985	0.858	0.0687
TiO_2	2.5032	0.311	0.282	0.243	0.176
ZrO_2	1.6231	0.232	0.198	0.173	0.130
Ta_2O_3	1.1318	0.164	0.147	0.130	0.0997
Ga_2O_3	1.6005	0.25	—	—	0.18
Yb_2O_3	1.3284	0.23	—	—	0.15
In_2O_3	1.0810	0.14	—	—	0.09
CeO_2	1.1619	0.17	—	—	0.10
ThO_2	0.7572	0.12	—	—	0.08
MoO_2	2.084	0.37	—	—	0.25
WO_2	1.2935	0.19	—	—	0.12
UO_2	1.0487	0.15	—	—	0.09

(2) 玻璃密度与温度及热处理的关系

随着温度的升高，玻璃的密度随之下降。对一般工业玻璃，当温度自室温升高到1300℃时，密度下降约为6%～12%。在弹性变形范围内密度的下降与玻璃的热膨胀系数有关。玻璃的密度不仅与温度有关，而且与热处理有关。(详见第2章玻璃的热历史)

玻璃在退火温度范围内，密度的变化存在着如下规律：

① 玻璃从高温状态冷却下来，同成分的淬火（急冷）玻璃的密度比退火（慢冷）玻璃的低。

② 在一定退火温度下保持一定的时间后，淬火玻璃和退火玻璃的密度趋向该温度时的平衡密度。

③ 冷却速度越快，偏离平衡密度的温度愈高，其 T_g 温度愈高。

根据这些规律，在生产上可用密度值来判断退火质量的好坏，见表5-20所示。

玻璃析晶是一个结构有序化过程，因此玻璃析晶后密度是增加的。玻璃晶化（包括微晶化）后密度的大小主要取决于析出晶相种类。由此可通过控制热处理条件，得到不同的晶相，制得具有不同物理性质的微晶玻璃。

表 5-20　不同热处理情况下玻璃瓶密度的变化

热处理情况	$d/(g/cm^3)$	Δd
成形后未退火	2.5000	0
退火较差	2.5050	0.005
退火良好	2.5070	0.007

（3）玻璃密度与压力关系

当玻璃承受高压或超高压后，玻璃的密度发生变化，且在一定温度下，随着压力的增加玻璃的密度随之增加。这是由于在高压后玻璃网络结构的容积减小，玻璃密度增大。例如石英玻璃在承受 200×10^8Pa 压力后密度由 2.22g/cm^3 增至 2.61g/cm^3，除去压力后，此密度的增大可在室温下持久地保存下来，只有把这种密度玻璃重新进行退火后才能恢复原状。

玻璃密度变化的幅度除与压力有关外，还与玻璃的组成有关。在高压下，不同的玻璃组成其密度有很大差别。一般来说，含网络形成离子多的玻璃具有较大的空隙，因而在加压下密度增加较大。但含网络外离子多的玻璃，由于它们填充于网络的空隙，因此加压后密度变化很小。

5.5 玻璃的热学性质

玻璃的热学性质包括热膨胀系数、导热性、比热容、热稳定性以及热后效应等，其中以热膨胀系数较为重要，其与玻璃制品的使用和生产都有着密切关系。

5.5.1 玻璃的热膨胀系数

玻璃的热膨胀对玻璃的成形、退火、钢化、封接（玻璃与玻璃的封接、玻璃与金属的封接以及玻璃与陶瓷的封接）以及玻璃的热稳定性等性质都有着重要的意义。

（1）玻璃的热膨胀

物体受热后都要膨胀，其膨胀多少是由它们的线膨胀系数和体膨胀系数来表示的。线膨胀系数是当物体升高 1℃时，在其原长度上所增加的长度。一般用某一段温度范围内的平均线膨胀系数来表示。设玻璃被加热时，温度自 t_1 升到 t_2 时，其长度自 L_1 增加到 L_2，则 $t_1\sim t_2$ 温度范围内的平均线膨胀系数 α 为：

$$\alpha=\frac{L_2-L_1}{L_1(t_2-t_1)}=\frac{\Delta L}{L_1\Delta t} \tag{5-34}$$

式中　ΔL——试样从 t_1 加热到 t_2 时长度的伸长值，cm；

Δt——试样受热后温度的升高值，℃。

如果把每一温度 t 及该温度下物体的长度 L 作图，并在所得的 L-t 曲线上任取一点 t_A 则在这点上曲线的斜率 dL/dt 表示温度为 t_A 时玻璃的真实线膨胀系数。

体膨胀系数是指当物体温度升高 1℃时，在其原体积上所增加的体积。体膨胀系数用 β 表示，α 和 β 之间有下式所示的近似关系：

$$\beta\approx3\alpha \tag{5-35}$$

根据式(5-35) 知道线膨胀系数 α，就可粗略估计体膨胀系数 β。从测试技术而言，测定 α 要比 β 简便而精确得多。为此在讨论玻璃热膨胀性质时，通常是指线膨胀系数。

不同组成的玻璃的热膨胀系数可在 $(5.8\sim150)\times10^{-7}$/℃范围内变化，若干非氧化物玻璃的热膨胀系数甚至超过 200×10^{-7}/℃。微晶玻璃可获得零膨胀或负膨胀的材料，为玻璃开辟了新的应用领域。表5-21为温度从0～100℃范围内几种典型玻璃及有关材料的平均线膨胀系数。

表5-21 几种典型玻璃及有关材料的平均线膨胀系数

玻璃	线膨胀系数/($\times10^{-7}$/℃)	玻璃	线膨胀系数/($\times10^{-7}$/℃)
石英玻璃	5	钨系玻璃	36～40
高硅氧玻璃	8	(钨)	44
派来克斯玻璃	32	钼系玻璃	40～50
钠钙硅酸盐玻璃	60～100	(钼)	55
平板玻璃	95	铂系玻璃	86～93
光学玻璃	55～85	(铂)	94
氧化硼玻璃	150		

玻璃按其膨胀系数大小分成硬质玻璃和软质玻璃两大类：

$$硬质玻璃\ \alpha<60\times10^{-7}/℃$$

$$软质玻璃\ \alpha>60\times10^{-7}/℃$$

玻璃的热膨胀系数在很大程度上取决于玻璃的化学成分，温度的影响也很大，此外还与玻璃的热历史有关。

(2) 玻璃的热膨胀系数与成分的关系

当温度上升时，玻璃中质点的热运动振幅增加，质点间距变大，因而呈现膨胀。但是质点间距的增大，必须克服质点间的作用力，这种作用力对氧化物玻璃来说，就是各种阳离子与氧离子之间的键强 f，$f=\dfrac{2Z}{a^2}$，式中 Z 为阳离子的电价，a 为阳离子和氧离子间的中心距离。f 值越大，玻璃膨胀越困难，热膨胀系数越小，反之，玻璃的热膨胀系数越大。Si—O键的键强较大，所以石英玻璃具有很小的热膨胀系数。R—O的键强较小，因此 R_2O 的引入使 $\alpha_{玻}$ 变大且随着 R^+ 半径的增大，f 不断减弱以致 $\alpha_{玻}$ 不断增大。RO的作用和 R_2O 相类似，只是由于电价较高，f 较大，因此RO对热膨胀系数的影响较 R_2O 为小。碱金属氧化物和二价金属氧化物对玻璃热膨胀系数影响的次序为：

$$Rb_2O>Cs_2O>K_2O>Na_2O>Li_2O$$

$$BaO>SrO>CaO>CdO>ZnO>MgO>BeO$$

(3) 热膨胀系数与温度及热处理的关系

玻璃的热膨胀系数 α 随着温度的升高而增大，但从0℃起直到退火下限温度，玻璃的热膨胀曲线实际上是由若干线段组成的折线，每一线段仅适用于一个狭窄的温度范围，见表5-22。因此，在给出一种玻璃的热膨胀系数时，应当标明是在什么温度范围内测定的，如 $\alpha_{20/100}$ 则表明是在20～100℃温度范围内的热膨胀系数。

表5-22 Na_2O-CaO-SiO_2 玻璃在软化点以下的线膨胀系数

玻璃成分			转变点/℃	软化点/℃	线膨胀系数/($\times10^{-7}$/℃)						
SiO_2	CaO	Na_2O			0～75℃	75～190℃	190～240℃	240～310℃	310～370℃	370～T_g	T_g～软化点
75.25	9.370	15.38	500	560	84.4	87.8	91.8	98.6	101.3	105.9	173.9
75.80	10.21	13.99	518	577	79.6	82.4	85.6	91.3	92.3	107.9	149.6
74.07	10.01	15.45	512	568	85.8	88.7	94.0	100	102.0	111.8	198.6
70.64	14.41	15.00	522	570	87.4	91.8	94.6	57.7	102.8	114.1	167.2

从表5-22可看出，在转变温度T_g以上时，热膨胀系数随着温度升高而显著的增大，直到软化为止。

通过热膨胀曲线的测定，可以确定一些工艺上有参考价值的温度。图5-15表示退火玻璃的典型膨胀曲线各切点的相应温度。图中切点T_1为应变温度，即退火下限温度，其相应的黏度值为$10^{13.6}$Pa·s。T_g为转变温度，其相应的黏度值为$10^{12.4}$Pa·s。切点T_2为退火温度，其相应的黏度值为10^{12}Pa·s。切点T_3为变形温度，其相应的黏度值为10^{10}～10^{11}Pa·s。T_f为膨胀软化温度，其相应的黏度值为10^8～10^{10}Pa·s。

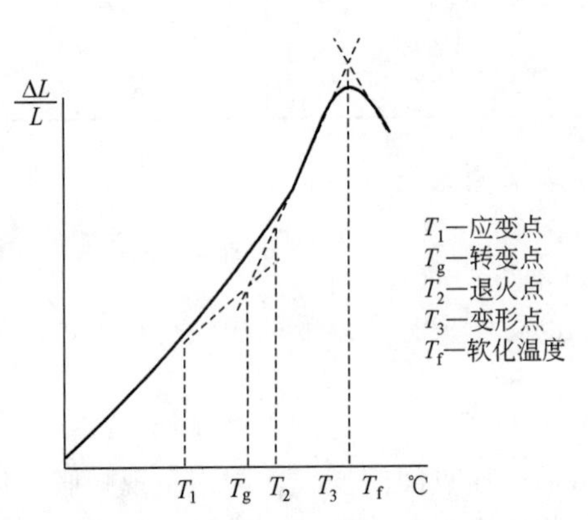

图5-15　典型膨胀曲线各切点的分析

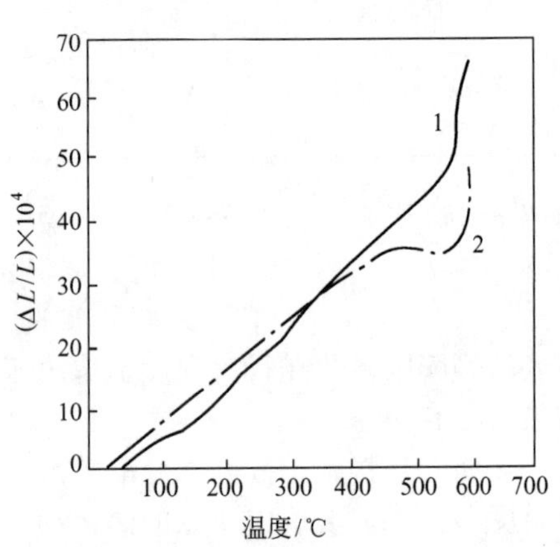

图5-16　淬火玻璃与退火玻璃的热膨胀曲线

1—退火充分玻璃；2—淬火玻璃

玻璃热处理对玻璃的热膨胀系数有明显的影响。组成相同的淬火玻璃比退火玻璃的热膨胀系数大百分之几（见图5-16）。将曲线2（淬火玻璃）同曲线1（退火充分玻璃）进行对比可以看出：①在约330℃以下，曲线2在曲线1之上；②约在330℃至500℃之间，曲线2在曲线1之下；③在约500～570℃之间，曲线2折向下行，这时玻璃试样2不是膨胀而是收缩；④在570℃处，两条曲线都急转向上，这个温度是T_g点。①～③的现象可用玻璃试样2中存在着巨大应变来解释。由于应变的存在和在T_g点以下，玻璃内部质点已不能发生流动。在330℃以下，由于质点间距较大，相互间的吸引力较弱，因此，在升温过程中显出热膨胀较高。在330～570℃之间，有两种作用同时发生，即：由于升温而膨胀以及由于应变的存在而收缩（这是因为玻璃试样2是从熔体通过快冷得到的，它保持着较高温度时的质点间距，这一间距相对于330～570℃平衡结构来说显然偏大而引起收缩）。在330～500℃之间，因温度还不是太高，质点调整还较困难，故应变的存在而产生的收缩未占主导地位，总的效果是膨胀大于收缩，不过此时曲线已明显趋于平坦。而在500～570℃之间，由于温度的不断提高，收缩逐渐超过膨胀，并占据主导地位，此时收缩大于膨胀。到T_g点时，质点可以移动，玻璃试样2内存在的巨大应变迅速松弛，结构也即趋向平衡，使膨胀曲线迅速上升。不同退火程度的该成分玻璃，它们的热膨胀系数曲线将介于图5-16中曲线1和2之间。

玻璃在晶化后，微观结构的致密性是减小热膨胀系数的因素之一，另外其结晶学特征、晶粒间的几何排列等都可能对材料的热膨胀系数有影响。所以微晶化后的膨胀系数由析出晶体的种类以及它们的晶体学特点等而定。在大多数情况下热膨胀系数趋于降低。

必须指出，原始玻璃具有较高的热膨胀系数［$\alpha=(50\sim70)\times10^{-7}/℃$］。但微晶化后的玻璃根据晶化条件不同，可从零膨胀到负膨胀或低膨胀。

(4) 热膨胀系数的测定方法

① 石英膨胀仪法。石英膨胀仪是一个经典的方法。它的测量原理是利用置于石英玻璃管中的玻璃试样与高纯度石英玻璃的热膨胀系数的不同，测定两者在加热过程中的相对伸长。石英玻璃试管中放置同质量的石英棒和试样，升温时管和石英棒的伸长相等，且它们的热膨胀系数是已知的，因此玻璃试样的总伸长应该是千分表读数与样品等长的石英管的伸长之和。应用这个原理制作的膨胀仪基本可以分为立式和卧式两大类。

② 双丝法。双丝法是用待测玻璃和已知热膨胀系数的标准玻璃棒或小块熔合在一起，拉成一定长度和均匀厚度的丝，这样就形成一个与双金属类似的系统。若两种玻璃的热膨胀系数有差别时，双玻璃丝冷却后就会弯曲，我们可通过测定玻璃丝弯曲时的弦长和弦高，计算出已知热膨胀系数的标准玻璃试样与待测玻璃的热膨胀系数之差，从而获得待测玻璃的热膨胀系数。弯曲的双玻璃丝，其内面必是热膨胀系数较大的玻璃。

必须指出，双丝法测定玻璃的热膨胀系数时，需采用成分相近的玻璃，这样它们有着相近的黏度-温度变化规律，此时曲率与热膨胀系数之差才符合反比规律。

③ 干涉法。干涉法测定热膨胀系数的原理是当两种玻璃的热膨胀系数有差别时，在交界面上会产生永久应力或不变应力，从而出现双折射，可以测出双折射，计算出玻璃的热膨胀系数。

5.5.2 玻璃的导热性

物质靠质点的振动把热能传递至较低温度方面的能力称为导热性。物质的导热性以热导率 λ 来表示。玻璃的热导率是用在温度梯度等于 1 时，在单位时间内通过试样单位横截面积上的热量来测定的。其国际单位为 W/(m·K)，常用单位为 cal/(cm·s·K)。

设单位时间内通过玻璃试样的热量为 Q 则：

$$Q=\lambda S\Delta t/\delta \tag{5-36}$$

式中 Q——热量，J；

S——截面积，m^2；

Δt——温差，℃；

δ——厚度，m；

λ——热导率。

热导率表征着物质传递热量的难易，它的倒数值称为热阻。玻璃是一种热的不良导体，其热导率较低，介于 0.712～1.340W/(m·K)之间，热导率主要取决于玻璃的化学组成、温度及其颜色等。

热导率十分重要，在设计熔炉、设计玻璃成形压模以及计算玻璃生产工艺的热平衡时，都要首先知道材料的热导率。

(1) 玻璃热导率与温度的关系

玻璃内部的导热可以通过热传导和热辐射来进行，即热导率 λ 是热传导系数 $\lambda_{导}$ 和热辐射系数 $\lambda_{辐}$ 两者之和。低温时 $\lambda_{导}$ 占主要地位，其大小主要决定于化学组成。在高温下通过热辐射的传热即 $\lambda_{辐}$ 起主导作用，因此在高温时，玻璃的导热性随着温度的升高而增加。普通玻璃加热到软化温度时，玻璃的导热性几乎增加一倍。

(2) 玻璃热导率与组成的关系

各种玻璃中石英玻璃的热导率最大，其值为 1.340W/(m·K)，硼硅酸盐玻璃的热导率也很大，约为 1.256W/(m·K)，普通钠钙硅玻璃为 0.963W/(m·K)，含有 PbO 和 BaO

的玻璃热导率较低，例如含50% PbO的玻璃其λ约为0.796W/(m·K)。因此玻璃中增加SiO_2、Al_2O_3、B_2O_3、CaO、MgO等都能提高玻璃的导热性能。

低温时热传导系数占主导地位，故化学成分对玻璃导热性能的影响可从化学键强度来分析。键强度愈大，热传导性能应愈好。因此在玻璃中引入碱金属氧化物会减小热导率。

热导率可按鲁斯的经验公式计算：

$$\lambda=\frac{1}{\sum V_i K_i} \tag{5-37}$$

$$V_i=\frac{P_i/\rho_i \times 100}{\sum P_i/\rho_i}(K_i,\rho_i\text{ 值见表 5-23})$$

式中 P_i——组成氧化物的质量分数，%；

ρ_i——组成氧化物的密度系数。

玻璃的热导率也可用巴里赫尔公式进行计算：

$$\lambda=\sum P_i\lambda_i(\lambda_i\text{ 值见表 5-23}) \tag{5-38}$$

（3）玻璃热导率与其颜色的关系

玻璃颜色的深浅对热导率的影响也较大，玻璃的颜色愈深，其导热能力也愈小。这对玻璃制品的制造工艺具有显著的影响。当熔制深色玻璃时，由于它们的导热性比无色透明玻璃差，透热能力低，所以沿炉池深度方向上，表层玻璃液与底层玻璃液存在着较大的温差。因此对于熔制深色玻璃的池炉来说，池深一般要求设计得比较浅，否则深层玻璃液得不到足够的热量，而使熔化发生困难，而当温度处于析晶温度范围时，还将产生失透等缺陷，严重时在底层甚至形成不动层，造成玻璃液在流液洞中凝结，影响正常生产。当冷却时，深色玻璃内部的热量又不易散出，导致内外温度差大，使玻璃退火不良。但对钢化却是有利的。熔制有色的玻璃液，其耗热量较低。

表 5-23 计算玻璃热导率的系数

氧化物	鲁斯公式		巴里赫尔公式
	ρ_i	K_i	$\lambda_i/\times10^3$
SiO_2	2.30	3.00	0.0020
B_2O_3	2.35	3.70	0.0150
Al_2O_3	3.20	6.25	0.0200
Fe_2O_3	3.87	6.55	—
MgO	3.90	4.55	0.0084
CaO	3.90	8.80	0.0320
BaO	7.10	11.85	0.0100
ZnO	5.90	8.65	0.0100
PbO	10.0	11.70	0.0080
Na_2O	2.90	10.70	0.0160
K_2O	2.90	13.40	0.0010

注：λ单位为cal/(s·cm·K)，将计算结果乘以418.7可得出单位为cal/(s·cm·K)的λ值。

5.5.3 玻璃的热稳定性

玻璃经受剧烈温度变化而不破坏的性能称为玻璃的热稳定性。它是一系列物理性质的综合表现，而且与玻璃试样的几何形状和厚度也有一定关系。

玻璃的热稳定性可用下式表示：

$$K=\frac{P}{\alpha E}\sqrt{\frac{\lambda}{Cd}} \tag{5-39}$$

式中　K——玻璃的热稳定性系数；

P——玻璃的抗张强度极限；

α——玻璃的热膨胀系数；

E——玻璃的弹性模量；

λ——玻璃的热导率；

C——玻璃的比热容；

d——玻璃的密度。

在上式中，P 和 E 通常以同倍数改变，所以 P/E 比值基本保持恒定。$\lambda/(Cd)$ 对 K 影响较小，只有热膨胀系数 α 随着组成的改变有很大的不同，有时甚至可达 20 倍以上，因此 α 对玻璃的热稳定性具有决定性意义。因此玻璃热稳定性的大小也可用玻璃在保持不破坏情况下能经受的最大温差 Δt 近似地表示：

$$\alpha\Delta t=1150\times10^{-6} \tag{5-40}$$

上式表示玻璃的热膨胀系数愈小，其热稳定性就愈好，试样能承受的温度差也愈大。凡是能降低玻璃热膨胀系数的成分都能提高玻璃的热稳定性，如 SiO_2、B_2O_3、Al_2O_3、ZrO_2、ZnO、MgO 等。碱金属氧化物 R_2O 能增大玻璃的热膨胀系数，故含有大量碱金属氧化物的玻璃，热稳定性就差。例如，石英玻璃的热膨胀系数很小（$\alpha=5.6\times10^{-7}$/℃），因此它的热稳定性极好。透明石英玻璃能承受高达 1100℃左右的温度差，即将赤热的石英玻璃投入冷水中而不破裂。仪器玻璃中的 SiO_2 含量高，R_2O 含量低且 B_2O_3 的含量也达 12%～14%，其热稳定性也很高，Δt 可达 280℃以上，而普通钠钙硅玻璃如瓶罐玻璃、平板玻璃等由于 Na_2O 的含量较高，热稳定性就较差。

玻璃本身的机械强度对其热稳定性影响亦很显著。凡是降低玻璃机械强度的因素，都会降低玻璃的热稳定性，反之则能提高玻璃的热稳定性。尤其是玻璃的表面状态，例如表面上出现擦伤或裂纹以及存在各种缺陷，都能使玻璃的热稳定性降低，当玻璃表面经受火抛光或 HF 酸处理后，由于改善了玻璃的表面状况，就能使玻璃的热稳定性提高。微晶玻璃具有高强度性能，即使它们的热膨胀系数较高，其热稳定性比相应成分的玻璃还高。

另外玻璃受急热要比受急冷强得多。比如：同一玻璃试样能迅速加热至 450℃，但当急冷至 160℃时就会破裂。原因在于急热时，玻璃的表面产生压应力，而急冷时，玻璃表面形成的是张应力，玻璃的抗压强度比抗张强度要大十多倍。因此在测定玻璃热稳定性时应使试样受急冷。

淬火能使玻璃的热稳定性提高 1.5～2 倍，这是由于玻璃经淬火后，表面具有分布均匀的压应力，此种压应力可与制品受急冷时表面产生的张应力相抵消而致。

玻璃的热稳定性还与制品的厚度有关。对于外形相似而只有厚度或热膨胀系数不同的玻璃制品，导致破裂的最小温度差可用下式表示：

$$\Delta t=\frac{P}{n\alpha\sqrt{d}} \tag{5-41}$$

式中　Δt——导致破裂的最小急变温度；

P——抗张强度极限；

n——比例常数；

α——热膨胀系数；

d——棒状、管状或板状玻璃的厚度。

实际上，对于同成分的玻璃，由于制品的大小、形状、厚度各不相同，成形方法的差异，其破裂的最小温差往往出入很大，因此在实践中，对各种玻璃制品的热稳定性所规定的破裂最小温度差，应以制品的实际测定数据为准，这样才可以衡量同种规格的制品是否符合使用要求。

5.6 玻璃的电学及磁学性质

玻璃的电学性质和磁学性质是玻璃物理性质的重要组成部分。例如玻璃由于不同的化学组成和工艺条件使其具有绝缘性、半导性，甚至良好的导电性，因而成为电器和电子工业的重要材料之一。

5.6.1 玻璃的导电性

在常温下一般玻璃是绝缘材料，但是随着温度的上升，玻璃的导电性迅速提高，特别是在转变温度 T_g 以上，导电性能飞跃增加，达到熔融状态，玻璃变成良导体。例如，一般玻璃的电阻率在常温下为 $10^{11} \sim 10^{12} \Omega \cdot m$，而在熔融状态下为 $10^{-2} \sim 3\times10^{-3} \Omega \cdot m$。

利用玻璃在常温下的低电导率，可制造照明灯泡、电真空器件、高压绝缘子、电阻等，玻璃已成为电子工业重要材料。导电玻璃可用于光显示。利用玻璃在高温下较好的导电性，可进行玻璃电熔和电焊。

(1) 玻璃的导电机理

玻璃具有离子导电和电子导电的特性。某些过渡元素氧化物玻璃及硫属化物半导体玻璃具有电子导电的特性，一般的硅酸盐玻璃为离子导电。

离子导电是以离子为载电体，在外电场作用下，载电体由原先无定向的离子热运动纳入电场方向的概率增加，转为做定向移动而显示出导电性。载电体通常是玻璃中的阳离子，尤其以玻璃中所含能动度最大的碱金属离子为主（如 Na^+、K^+ 等)，二价阳离子能动度要小得多，在能动度相差很大的情况下，全部电流几乎由一种阳离子负载。例如在 Na_2O-CaO-SiO_2 玻璃中，可以认为全部电流都由 Na^+ 传递，而 Ca^{2+} 的作用可以忽略不计。在常温下，玻璃中作为硅氧骨架或硼氧骨架的阴离子基团，在外电场作用下几乎没有移动的能力。当温度提高到玻璃的软化温度以上时，玻璃中的阴离子开始参加电流的传递，随着温度的升高，参与传递电流的碱离子和阴离子数也逐渐增多。

(2) 玻璃的电导率

固体材料的电导率是表示通过电流的能力。其大小主要由带电粒子的浓度和它们的迁移率所决定。玻璃的电导率分为体积电导率和表面电导率两种，一般系指体积电导率而言。电导率与材料的截面积成正比，与其长度成反比。电导率的单位为 S/m。玻璃的电导率与玻璃的化学组成、温度及热历史有关。

① 玻璃电导率与组成的关系。玻璃导电由离子迁移所致，因此玻璃组成（由于其影响迁移离子数目和迁移离子速度）是影响玻璃电导率的重要因素。

对电导率影响特别显著的是碱金属氧化物。石英玻璃具有良好的电绝缘性。如果在石英玻璃中加入 Na_2O，就会使电阻率 ρ 迅速下降（例如，石英玻璃 200℃时电阻率为 $10^{17} \Omega \cdot m$，当加入 0.04×10^{-6} Na^+ 在 300℃时的电阻率约为 $10^{13} \Omega \cdot m$，而 Na^+ 的含量为 20×10^{-6} 时，电阻率即降低到 $5\times10^{9} \Omega \cdot m$）。

当碱金属离子浓度相同时，玻璃的电导率与碱金属离子的键强和半径有关。例如 K^+，虽然 K—O 键强较弱，但离子半径较大，具有较大的阻力，妨碍了离子的运动。Li^+ 则正好相反，因此二者的电导率相差很小，一般按 $Li^+ \rightarrow Na^+ \rightarrow K^+$ 的顺序电阻率 ρ 值略微增大。但是当网络外体离子的含量大到足以将玻璃结构显著扩张时，K^+ 会更易于移动，顺序的排列就倒过来了。

当玻璃中同时存在两种碱金属时，在组成与电导率的关系曲线上将出现明显的极值，即"混合碱效应"。而且两种碱金属离子半径相差愈大，此效应越显著；总的碱含量越低，此效应愈不明显。同时"混合碱效应"随着温度的升高逐渐减弱。

二价金属氧化物也能增加玻璃的电导率，但与碱金属氧化物相比因其键强大，故作用不明显。其对玻璃电导率的影响，一般随离子半径的增大而减小，即：$Be^{2+} > Mg^{2+} > Ca^{2+} > Sr^{2+} > Pb^{2+} > Ba^{2+}$。这是由二价离子对碱金属离子的"压制效应"所致。

在含碱玻璃中引入 Al_2O_3 时对其电阻率有特殊的影响，当引入少量 Al_2O_3 时，玻璃的电阻率随之增加，到 $Al_2O_3/Na_2O \approx 0.2$ 时达最大值；进一步提高 Al_2O_3 的含量，因有较多的［AlO_4］四面体形成（因［AlO_4］四面体的体积大于［SiO_4］四面体），从而使结构松弛，网络空隙增大，碱金属离子活动性增加，导致电阻率下降；在 $Al_2O_3/Na_2O=1$ 时，电阻率达到最小值。继续增加 Al_2O_3 的含量，此时 Al^{3+} 以［AlO_6］八面体形式填充于网络空隙中，阻碍了 Na^+ 的迁移，使电阻率迅速上升。因此，为了保持绝缘性能好，在含碱玻璃中加入大量的 Al_2O_3 是不适宜的。一般在低碱或无碱玻璃中加入 Al_2O_3 对玻璃电阻率的影响较小。

B^{3+} 配位数的改变同样对玻璃的电导率有影响。当 B^{3+} 由［BO_3］转变为［BO_4］时，B_2O_3 不仅起到补网作用，而且由于生成［BO_4］四面体的体积小于［SiO_4］四面体的体积，使结构趋于致密，电阻率随之增加，反之亦然。

另外，高场强、高配位的离子如 Y^{3+}、La^{3+}、Zr^{4+} 和 Th^{4+} 等，将填充于网络空隙，阻碍碱金属离子的移动，使玻璃的电导率下降。

② 玻璃电导率与温度的关系。玻璃的电导率随温度的升高而增大。在 T_g 温度以下，由于玻璃结构是相对稳定的，因此电导率与温度呈直线关系，用下式表示：

$$\lg k = A - \frac{B}{T} \tag{5-42}$$

式中，k 为玻璃的电导率；A、B 为与玻璃成分有关的常数，取决于可迁移离子数目和电导活化能的大小。

当温度高于 T_g 时，玻璃结构中质点发生了重排，离子的电导活化能不再保持常数，$\lg k$ 与 $\frac{1}{T}$ 关系式由直线转化为曲线，公式(5-42) 不再适用，k 随温度上升剧烈增大。玻璃这种结构变化在 $T_g \sim T_f$ 温度范围内一直延续。

自软化温度 T_f 以上，$\lg k$ 与 $\frac{1}{T}$ 关系曲线趋于平坦，此时电导率与温度的关系可用下式表示：

$$\lg k = A_1 - \frac{B_1}{T} e^{\frac{-a_1}{T}} \tag{5-43}$$

式中，A_1、B_1、a_1 为与玻璃组成有关的常数。

在电真空工业中，常用 $T_{K\text{-}100}$（即电阻率 ρ 为 100MΩ·cm 时所需的温度）来衡量玻璃的电绝缘性能。$T_{K\text{-}100}$ 越高，玻璃的电绝缘性能就越好。

图 5-17 和图 5-18 所示为玻璃的化学成分、温度和电导率的关系，图中标出了 $T_{K\text{-}100}$ 值，从图中看出 K_2O 比 Na_2O 更能提高玻璃的 $T_{K\text{-}100}$ 值。各种 RO 对 $T_{K\text{-}100}$ 的提高作用是：

$$PbO > BaO > CaO > MgO > ZnO\text{(同摩尔分数)}$$

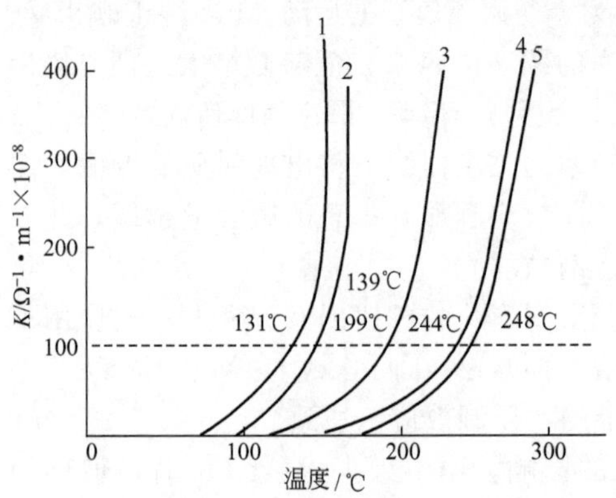

图 5-17　Na_2O-RO-6SiO_2 玻璃的电导率与温度关系

1—ZnO；2—MgO；3—CaO；4—BaO；5—PbO

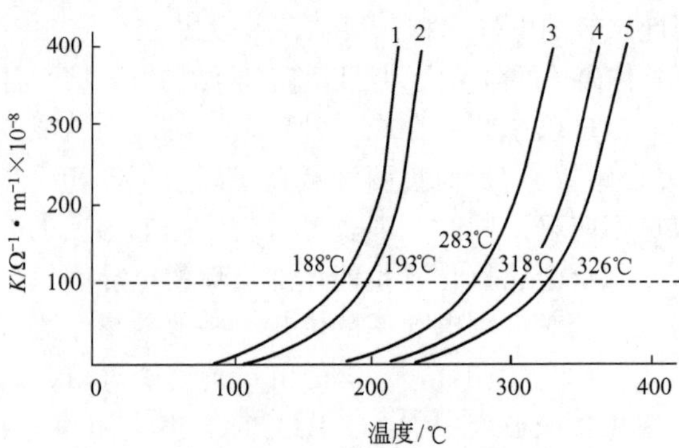

图 5-18　K_2O-RO-6SiO_2 玻璃的电导率与温度关系

1—ZnO；2—MgO；3—CaO；4—BaO；5—PbO

在 R_2O_3 类氧化物中，Al_2O_3 能降低 $T_{K\text{-}100}$ 值，B_2O_3 则能提高 $T_{K\text{-}100}$ 值。

③ 玻璃的电导率与热处理的关系。热处理对玻璃的电导率有很大的影响。离子导电的玻璃经淬火后，其电导率比退火玻璃的高；相反，电子导电的玻璃则降低。

当玻璃中存在应力时，电导率就增加，因此未退火的玻璃电导率约为退火玻璃的 3 倍，玻璃退火越好，它的电导率就越小。玻璃经淬火后其电导率比退火玻璃更高，约高 3～7 倍，这是因为淬火玻璃保持了高温的疏松结构，离子迁移阻力较小。

对于含碱性氧化物的玻璃使之完全析晶，其电导率能降低几个数量级。玻璃局部析晶时，其电导率则视碱性氧化物在晶相与玻璃相内的分配情况而定。

玻璃微晶化后能大大提高电绝缘性能（见表 5-24），提高程度与析出晶相的种类及玻璃相的组成有关。

此外，分相也会影响玻璃的电导率，但不同的分相结构，影响也不同。如果电导率大的相以相互隔离的滴状形式出现，玻璃的电导率就会下降，反之亦然。如果分相后形成相互连通的结构，则需视各个相是直径相等的还是大小不均的，后者将大大提高电阻率。

表 5-24　Li_2O-ZnO-SiO_2 系微晶玻璃的电阻值

温度/℃	Li_2O-ZnO-SiO_2 型 lgρ/Ω·cm	
	玻璃	微晶玻璃
20	11.1	15.5
100	8.6	13.4
200	6.1	11.5
300	4.4	9.3
400	3.4	7.7

（3）玻璃的表面电导率

玻璃的表面电导率，是指边长为 1cm 的正方形面积，在其相对两边上测得的电导率。单位为：Ω^{-1}。当温度低于 100℃时，在潮湿空气中，玻璃的表面电导率比体积电导率大得多。玻璃表面层的吸附水分和易溶解的碱性氧化物都使玻璃表面电导率增加。

表面电导率主要决定于玻璃的组成、空气的湿度和温度。

玻璃组成对表面电导率的影响为：

① 玻璃中碱金属氧化物含量高时，表面电导率增大，且 K_2O 比 Na_2O 的作用更为显著。

② 在 Na_2O-SiO_2 系统玻璃中，以 CaO、MgO、BaO、PbO、Al_2O_3 等取代 SiO_2 时，若取代量在 10%～12%以下时，玻璃的表面电导率减小，若超过上述取代分数时，表面电导率反而增加。

③ 以 B_2O_3、Fe_2O_3 取代 Na_2O-SiO_2 系统玻璃中的 SiO_2 时，如果取代量在 20%以下，玻璃表面电导率将显著降低。

空气中湿度增加，能明显提高玻璃的表面电导率。这是因为玻璃表面吸附空气中的水分，并与玻璃中的 Na^+ 进行离子交换生成 NaOH 或 Na_2CO_3 溶液，最后在玻璃表面形成了一层连续的溶液膜，膜中的 Na^+（和其他离子）具有较高的迁移能力，导致了表面电导率的增大。在空气相对湿度为 30%～80%，表面电导率增加的幅度较大。

自室温至 100℃，玻璃的表面电导率不断增高，当温度高于 100℃时，表面电导率与体积电导率已无区别。

玻璃表面的状态对表面电导率影响很大。表面经磨光、火抛光及酸处理后它们的表面电导率之比为 18∶14∶1。

玻璃表面涂层是改变玻璃表面导电性的有效方法之一。为降低玻璃表面导电性可以采用涂覆憎水层（如有机硅化合物、石蜡等）。为增加玻璃表面导电性，可涂具有半导体性的氧化物或金属薄膜。当这些氧化物（SnO_2、CdO、TiO_2、InO_3 及 PbO 等）的薄膜厚度为 0.05～2μm 时，它们的表面电导率为 10^2～$10^8\Omega^{-1}$ 左右。应用这种涂层通电后可使玻璃防雾、防霜。

5.6.2 玻璃的介电性

玻璃的介电性主要包括介电常数、介电损耗和介电强度。

（1）玻璃的介电常数（ε）

无机玻璃的 ε 一般介于 4～20 之间。作为高频绝缘材料，ε 要小，特别是用于高压绝缘时。用作电容器时，则要求 ε 要大，尤其是制造小型电容器时（可携带的电子仪器）。

影响 ε 的因素主要是玻璃的化学组成、温度和电场频率。

玻璃的介电常数与其化学组成的关系可从离子极化率和迁移率的大小来考虑。在石英玻璃和 B_2O_3 玻璃中，Si^{4+} 的极化率比 B^{3+} 大，且 B—O 的键能也比 Si—O 的键能大，故石英玻璃中的桥氧离子的极化率也比 B_2O_3 玻璃中的桥氧离子大，所以石英玻璃 ε（3.8）大于 B_2O_3 玻璃的 ε（3.2）。

在石英玻璃中加入碱金属氧化物，使玻璃中出现了较易极化的非桥氧离子，从而增大了介电常数。在二元碱金属硅酸盐玻璃中，当碱含量相同时，随着阳离子半径的增大，场强的减小，与非桥氧结合力的降低，介电常数按 Li→Na→K 的顺序增大；但当用 Na^+、K^+ 取代 Li^+ 后，玻璃的 ε 随之降低，这是因为 Li^+ 活动性比 K^+ 大和单位体积内离子的数量多，所以含 Li^+ 的玻璃 ε 要大些。

对于碱土金属氧化物，随着阳离子场强减小，介电常数增大。副族元素本身的极化率也在介电常数上表现出来，例如 PbO 引入玻璃中时，介电常数可超过 10。碱金属硼酸盐玻璃的情况与碱金属硅酸盐玻璃的情况类似。

温度的升高虽然对离子的极化率影响不大，可是会增大阳离子的迁移率，从而使介电常数增加很多。玻璃在 100℃以下时，ε 变动不大，从 20℃到 100℃平均增加 3%～10%。但当

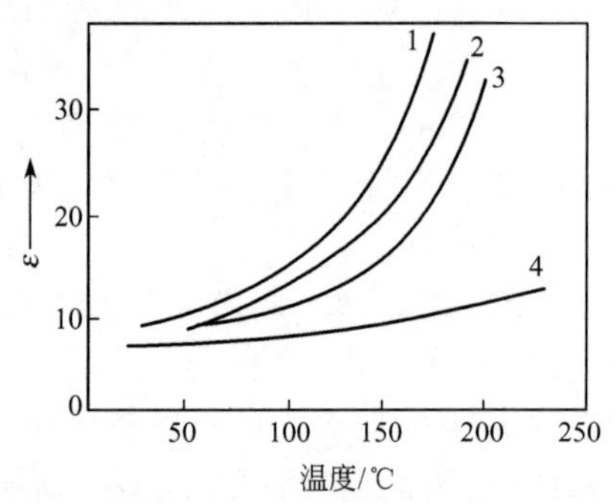

图 5-19　不同频率下玻璃的介电常数与温度关系

1—10Hz；2—4×10^2Hz；3—10^3Hz；4—10^5Hz

温度进一步升高时 ε 迅速增大（如图 5-19）。这与玻璃中 R_2O 含量有关，R_2O 含量越大，ε 迅速增大时的温度越低。PbO 也有同样的作用。

介电常数还与测定的频率有关。外电场频率越低，ε 越大，随着频率的增高，电子云变形发生困难，使 ε 减小（如图 5-19），并且频率越低，在玻璃温度升高过程中 ε 迅速变大的温度也越低。

在低温时，频率的影响较高温小，这是因为在高温时离子和偶极子的热运动加强，导致 ε 增大的结果。

如果微晶玻璃中含有铁电体化合物的晶体，如 $BaTiO_3$、$CdNbO_3$ 等，ε 可高达 2000 左右。一般结晶玻璃的 ε 比相应玻璃的小。

（2）玻璃的介电损耗

玻璃中的介电损耗按性质包括以下四种：

① 电导损耗。电导损耗由网络外体离子沿电场方向移动而产生。电导损耗与频率关系如下：

$$\tan\delta=\frac{2\gamma}{f\varepsilon} \tag{5-44}$$

式中，γ 为比电导；ε 为介电常数；f 为频率。

电场频率越高，离子沿电场方向来不及移动，因此电导损耗下降。当温度升高时，比电导 γ 增加，因而电导损耗增加。所以电导损耗随着温度的升高、频率的降低而增大。

② 松弛损耗。松弛损耗是由网络外体离子在一定势垒间移动而产生的。这种损耗出现在较高频率（50～10^5Hz）处。松弛损耗在温度或频率变化曲线上出现极值。当温度升高时，它的极大值向高频方向移动，而增大频率时，则向高温方向移动。

③ 结构损耗。结构损耗是由于玻璃网络松弛变形而造成的，属于松弛损耗的一种。它随温度和频率而变化。

④ 共振损耗。共振损耗是由网络外体离子或网络形成体的本征振动吸收能量而产生的。网络外体离子的本征振动频率处于超高频范围内（$>10^7$Hz），而网络形成体的本征振动频率在红外光谱区，共振损耗与温度及频率的变化曲线上皆有一定的极大值。

上述各种损耗与温度和频率间的关系见图 5-20。

在室温以上，频率在 10^6Hz 以下，玻璃的介电损耗主要是电导损耗和松弛损耗。其大小主要取决于网络外体离子的浓度、离子活动的程度和结构强度等。因此，在玻璃化学组成中凡是能增大电导率的氧化物都会增大介电损耗。含有碱金属氧化物的玻璃将具有较大的介电损耗，加入重金属氧化物能降低含碱玻璃的介电损耗，其中以 BaO、PbO、SrO 较为显著。同样在介电损耗上也存在“混合碱效应”“压制效应”以及由［BO_3］→［BO_4］时，$\tan\delta$ 减小。而形成［AlO_4］时因构成了较大的氧环，使碱金属离子迁移率增加从而使 $\tan\delta$ 值增大。

玻璃的介电损耗随温度的升高而增大，因温度升高结构网络疏松，碱离子的活动能力增大，在 20～80℃时玻璃的 $\tan\delta$ 可增大 4～6 倍。

一般情况下，玻璃的介电损耗随频率的增加而增大。例如在常温、1MHz 时，硅酸盐玻

璃的 $\tan\delta$ 为 9×10^{-4}，而在 3000MHz 时，则为 36×10^{-4}。

热处理同样能对玻璃的介电损耗产生影响。从 T_g 以上温度急冷的玻璃由于保持了高温疏松的结构，所以其介电损耗比退火玻璃的大。

微晶玻璃的介电损耗比同组成的玻璃要小。

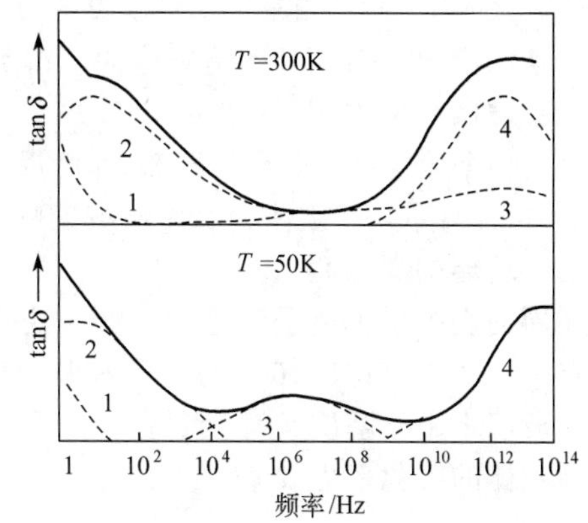

图 5-20　玻璃的 $\tan\delta$ 和频率的关系

1—电导损耗；2—松弛损耗；3—结构损耗；4—共振损耗

(3) 玻璃的介电强度

当施加于电介质的电压超过某一临界值时，介质中的电流突然增大，这一现象称为电击穿。发生电击穿时的电压，称为电介质的耐击穿强度，又称介电强度，常用 V/cm 表示，cm 为试样的厚度。

击穿的机理可分为热击穿和电子击穿两类。

热击穿是因电压作用，玻璃受电流所产生的热量而加热，使电阻下降，以致材料的局部发生热破坏，甚至局部熔化。一般来说，试样越厚，击穿强度越小。

电子击穿是由于电压直接加速了物质内部电子对其他原子的冲击，从而激发更多电子从价带跃迁到导带，最后引起电子的雪崩过程而击穿。

还有一种原因，认为是电化学击穿，即玻璃长时间停留在恒定的电场中，使组成破坏，产生不可逆的化学变化，改变了电极附近的化学成分。结果玻璃中的电场变得不均匀甚至产生导致破裂的巨大应力而击穿。电化学击穿的产生时间与玻璃电导率的大小有关。

玻璃的组成对介电强度有很大影响。通常引入能提高玻璃电阻率的氧化物可使玻璃的介电强度增大。例如玻璃中引入 SiO_2 能提高玻璃的介电强度，透明石英玻璃的介电强度可达 400kV/cm，不透明石英玻璃则在 150～200kV/cm 之间。而引入碱金属氧化物时，玻璃的介电强度降低。例如厚度为 2～6mm 的工业玻璃，其极限电压为 30～70kV。最好的玻璃能经受 5000kV/cm 的电场强度而不会被击穿。

此外，玻璃的介电强度随温度的升高而降低，同时还与电压增高的速度、玻璃内部的缺陷以及电场的均匀与否有关，对于大功率、高电压的电子器件使用玻璃作为绝缘零件时，要特别注意。

5.6.3　玻璃的磁学性质

含有过渡金属离子和稀土金属离子的氧化物玻璃一般具有磁性。例如，含 Ti^{3+}、V^{4+}、Fe^{3+}、Co^{3+} 等氧化物的磷酸盐玻璃、硼酸盐玻璃、硅酸盐玻璃、铝硅酸盐或氟化物玻璃都具有磁性，而且是一种强磁性物质。

(1) 玻璃的磁化率

磁化率可用下式表示：

$$\mu=\frac{I}{H} \tag{5-45}$$

式中，I 为磁感应强度；H 为磁场强度；μ 为磁化率。

μ 很小（$\sim10^{-6}$），为弱磁性物质，如果 μ 为负值（$\mu<0$），称为反磁性物质。如果 μ

为正值（$\mu>0$），称为顺磁性物质。另外如果磁感应强度 I 与磁场强度 H 不呈直线关系，而是更复杂的函数关系，且不是单值的，这类物质称为铁磁性物质。

（2）玻璃的反磁性

以酸性氧化物构成的酸性玻璃是反磁体，含有不成对电子的稀土离子（如 La^{3+}、Cd^{3+}）的玻璃亦为反磁体。反磁性玻璃的磁化率与含有的极化离子的原子数成正比。

（3）玻璃的顺磁性

在周期表中稀土离子和过渡元素（铁族、钯族、铂族、锕族）离子都是顺磁性离子，前者具有$\cdots 4f^{0-14}5s^2 5p^6 5d^2 6s^2$ 的电子构型，后者具有未充满的 3d～6d 的电子壳层。

在玻璃中由于基质具有反磁性，故只有当顺磁离子浓度超过定值时整个玻璃才为顺磁体。顺磁体的磁化率为 μ_p。

$$\mu_p=\frac{Nu^2}{3KT} \tag{5-46}$$

式中，N 为 1g 玻璃中含有顺磁性离子数；K 为玻尔兹曼常数；u 为单位顺磁性离子的磁导率；T 为热力学温度。

此式为顺磁体在弱磁场时的磁化率与温度的关系（居里定律）。在温度很低或磁场很强时，即 $\mu_0 H\gg KT$ 时，I 和 H 的直线关系被破坏。

一般玻璃为弱磁性物质，但含有铁磁性晶体的微晶玻璃具有强磁性。如 B_2O_3-BaO-Fe_2O_3 玻璃在合适的热处理制度下析出 $BaFe_{12}O_{19}$ 或 $Fe_2O_3\cdot Fe_3O_4$；B_2O_3-MnO-Fe_2O_3 玻璃也可析出铁磁性微晶。含铁磁物质的玻璃通过快冷就可以得到含 10nm 左右的铁磁颗粒，并通过热处理微晶化的方法控制析出晶相和大小，以改变玻璃的磁性。强磁性微晶玻璃随微晶颗粒的大小不同，可以有不同的磁性。大的微晶粒子属于多畴区，磁畴由畴壁分开，多个磁畴存在于一个颗粒中，这时材料以狭窄的磁滞回线为特征，具有低的矫顽力；较细的晶粒属于单畴区，此时颗粒内没有畴壁形成，每一颗粒是一个磁畴，靠磁畴转动来磁化；颗粒再小达到超顺磁区，这时颗粒也是单畴，但单磁畴很小，使热能可以克服各向异性，并扰乱磁化方向，使小粒子内部的铁磁性和反铁磁性耦合起来，使材料的磁性在“阻塞温度”以上为顺磁性，在此温度以下为铁磁性（具有磁滞现象）。

玻璃的磁性与玻璃组成的电子构型有密切的关系。而电子构型对磁性的贡献强烈地受周围电场的影响，这与光的吸收特性极为相似，因此顺磁性和光吸收用配位场理论可作最好的解释。

5.7 玻璃的光学性质

玻璃的光学性质是指玻璃的折射、反射、吸收和透射等性质。玻璃常用作透光材料，因此对其光学性质的研究在理论上和实践上都具有重要意义。

玻璃是一种高度透明的物质，可以通过调整成分、着色、光照、热处理、光化学反应以及涂膜等物理和化学方法，获得一系列重要光学性能，以满足各种光学材料对特定的光性能和理化性能的要求。

玻璃的光学性能涉及范围很广。本章仅在可见光范围内（包括近紫外和近红外）讨论玻璃的折射率、色散、反射、吸收和透射。

为了便于讨论玻璃的光学性质，先简略介绍光的本质。外来能源激发物质中的分子或原子，使分子或原子中的外层电子由低能态跃迁到高能态，当电子跳回到原来状态时，吸收的能量便以光的形式对外产生辐射，此过程称为发光。光是一种电磁波，具有一定的波长和频率，且以极高的速度在空间传播（光速约为 3×10^8m/s）。可见光、紫外线、红外线以及其他电磁辐射的波长频率范围见图 5-21。

从图 5-21 中可看出，可见光在整个电磁波中只是很窄的一个波段（390～770nm）。在这一狭窄的波段内，存在着各种不同的色光，包括红、橙、黄、绿、青、蓝、紫等光谱。常说的“白光”应该当作“全色光”来理解。棱镜把太阳光分解为七色颜色光的相应波段，每一波段人眼看来是单一的色，称作单色光，但它不是单一的，只不过人眼区别颜色的能力有限，看不出单色复杂性而已。

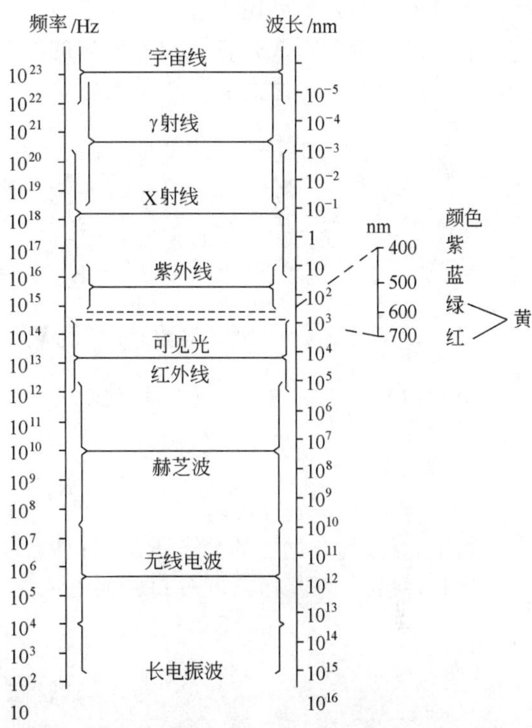

图 5-21 电磁波的频率和波长范围

5.7.1 玻璃的折射率

当光照射到玻璃时，一般产生反射、透过和吸收。这三种基本性质与折射率有关。

玻璃的折射率可以理解为电磁波在玻璃中传播速度的降低（以真空中的光速为准）。如果用折射率来表示光速的降低，则：$n=C/V$，式中，n 为玻璃的折射率；C 为光在真空中的传播速度；V 为光在玻璃中的传播速度。

一般玻璃的折射率为 1.5～1.75。

光在真空中的传播速度不同于在玻璃中的传播速度，因为光波是电磁波，而玻璃内部有着各种带电的质点，如离子、离子基团和电子。对玻璃来说，光波是一个外加的交变电场，故光通过玻璃时，必然会引起玻璃内部质点的极化变形。在可见光的频率范围内，这种变化表现为离子或原子核外电子云的变形，并且随着光波电场的交变，电子云也反复来回变形。玻璃内这种极化变形需要能量，这个能量来自光波，因此，光在通过玻璃过程中，光波给出了一部分能量，于是引起光速降低，即低于在空气或真空中的传播速度。

玻璃的折射率也可以用光的入射角的正弦与折射角的正弦之比来表示。如式(5-47）和图 5-22 所示。

$$n=\sin\angle AOB/\sin\angle COD \tag{5-47}$$

式中，$\angle AOB$ 为入射角；$\angle COD$ 为折射角。

玻璃的折射率与入射光的波长，玻璃的密度、温度、热历史以及玻璃的组成有密切的关系。

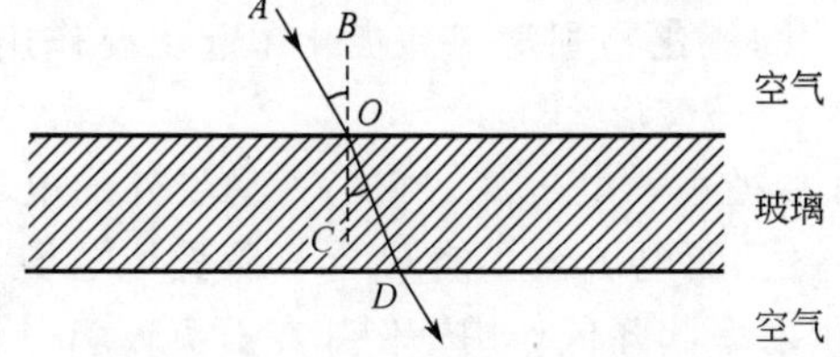

图 5-22 光在玻璃中的折射示意图

（1）玻璃折射率与组成的关系

总的来说，玻璃折射率取决于玻璃内部离子的极化率和玻璃的密度。玻璃内部各离子的极化率（即变形性）越大，当光波通过后被吸收的能量也越大，传播速度降低也越大，则其折射率也越大。另外，玻璃的密度越大，光在玻璃中的传播速度越慢，其折射率越大。

若把玻璃近似看成是各氧化物均匀的混合物，则就每一种氧化物来说，它的极化率 α_i，密度 d_i 与折射率 n_i 之间有如下关系：

$$\alpha_i = \frac{1}{\frac{4\pi}{3} \times N} \times \frac{n_i^2 - 1}{n_i^2 + 2} \times \frac{M_i}{d_i} = K \frac{n_i^2 - 1}{n_i^2 + 2} \times \frac{M_i}{d_i} \tag{5-48}$$

式中，N 为阿伏伽德罗常数；M_i 为氧化物分子量。

用 V_i 代表$\frac{M_i}{d_i}$，用 R_i 代表$\frac{\alpha_i}{K}$，则得：

$$R_i = \frac{n_i^2 - 1}{n_i^2 + 2} V_i \tag{5-49}$$

式中，R_i 为氧化物的分子折射度；V_i 为氧化物的分子体积。

经整理后，式(5-49) 可改写成：

$$n_i = \sqrt{\frac{1 + 2\frac{R_i}{V_i}}{1 - \frac{R_i}{V_i}}} \tag{5-50}$$

从式(5-50) 可知，氧化物（组分）的折射率 n_i 是由它的分子体积 V_i 和分子折射度 R_i 决定的。分子折射度越大，玻璃折射率越大；分子体积越大，则玻璃折射率越小。

玻璃的分子体积标志着结构的紧密程度。它决定于结构网络的体积以及网络外空隙的填充程度。它们都与组成玻璃各种阳离子半径的大小有关。对原子价相同的氧化物来说，其阳离子半径越大，玻璃的分子体积越大（对网络离子是增加体积，对网络外离子是扩充网络）。

玻璃的折射度是各组成离子极化程度的总和。阳离子极化率取决于离子半径以及外电子层的结构。原子价相同的阳离子其半径越大，则极化率越高。而外层含有惰性电子对（如 Pb^{2+}、Bi^{3+} 等）或 18 电子结构（Zn^{2+}、Cd^{2+}、Hg^{2+} 等）的阳离子比惰性气体电子层结构的离子有较大的极化率。此外离子极化率还受其周围离子极化的影响，这对阴离子尤为显著。氧离子与其周围阳离子之间的键强越大，则氧离子的外层电子被固定得越牢固，其极化率越小。因此当阳离子半径增大时不仅其本身的极化率上升而且也提高了氧离子的极化率，因而促使玻璃分子折射度迅速上升。

由于当原子价相同的阳离子半径增加时，分子体积与分子折射度同时上升，前者降低玻璃的折射率，而后者使之增高，故玻璃折射率与离子半径之间不存在直线关系（见图 5-23）。从图 5-23 可看出，当原子价相同时，阳离子半径小的氧化物和半径大的氧化物都具有较大的折射率，而离子半径居中的氧化物在同族氧化物中具有较低的折射率。这是因为离子半径小的氧化物对降低分子体积起主要作用而离子半径大的氧化物则对提高极化率起主要作用。综合这两种效果，故玻璃的折射率与离子半径之间呈“马鞍形”。

Si^{4+}、B^{3+}、P^{5+} 等网络形成体离子，由于本身半径小，电价高，它们不易受外加电场的作用而极化。不仅如此，它们还紧紧束缚周围的 O^{2-} 的电子云，使 O^{2-} 不易受外电场的作用而极化。鉴于上述原因，网络形成离子对玻璃折射率起降低作用。例如在石英玻璃中除了 Si^{4+} 属于网络形成体离子外，其余的都是桥氧离子，这两种离子的极化率都很低，因此

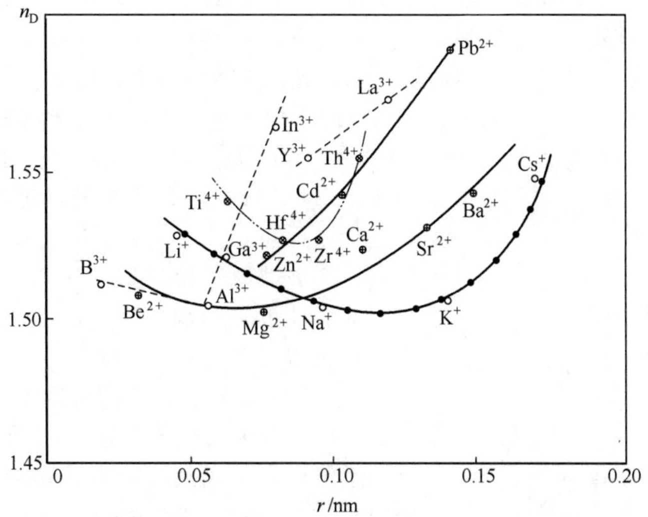

图 5-23　阳离子半径与玻璃折射率的关系曲线

石英玻璃的折射率很小，仅为 1.4589。受外电场作用而变形的 O^{2-}，主要是非桥氧，一般说非桥氧越多，折射率越高。通常提高碱金属氧化物的含量，可使非桥氧的数量增多，玻璃的折射率即增大。

氟离子的可极化性低于氧离子，F^- 的分子折射度（2.4）低于 O^{2-} 的分子折射度（7.0）。因此氟化物玻璃具有较低的折射率。

玻璃的折射率也可根据加和公式进行计算：

$$n=n_1p_1+n_2p_2+\cdots+n_ip_i \tag{5-51}$$

式中　p_1，p_2，…，p_i——玻璃中各氧化物的组成（摩尔分数），%；

n_1，n_2，…，n_i——玻璃中各氧化物成分的折射率计算系数（见表 5-25）。

表 5-25　玻璃中各氧化物成分的折射率计算系数

氧化物	n_i	氧化物	n_i
Na_2O	1.590	ZnO	1.705
K_2O	1.575	PbO	2.15～2.5①
MgO	1.625	Al_2O_3	1.52①
CaO	1.73	B_2O_3	1.46～1.72①
BaO	1.87	SiO_2	1.458～1.475①

① 见干福熹等著《光学玻璃》。

表 5-25 所列仅为一部分氧化物的折射率计算系数，其中 PbO、Al_2O_3、B_2O、SiO_2 等氧化物，需按特定方法计算，详见干福熹等著《光学玻璃》一书。

（2）玻璃的色散

玻璃折射率随入射光波长不同而不同的现象，称为色散。在测量玻璃的折射率和色散值时，是指一定的波长而言的。由于色散的存在，白光可被棱镜分解成七色光谱。若入射光不是单色光，通过透镜时由于色散，将在屏上出现模糊的彩色光斑，造成色差而使透镜成像失真。这点在光学系统设计中必须予以考虑，并常用复合透镜予以消除。

光波通过玻璃时，其中某些离子的电子要随光波电场变化而发生振动。这些电子的振动有自身的自然频率（本征频率），当电子振子的自然频率同光波的电磁频率相一致时，振动就加强，发生共振，结果大量吸收了相应频率的光波能量。玻璃中电子振子的自然频率在近紫外区，因此，近紫外区的光受到较大削弱。绝大多数的玻璃，在近紫外区折射率最大并逐步向红光区降低。在可见光区玻璃的折射率随光波频率的增大而增大。这种折射率随波长减小而增大，当波长变短时，变化更迅速的色散现象，叫正常色散。大部分透明物质都具有这种正常色散现象。当光波波长接近于材料的吸收带时所发生的折射率急剧变化，在吸收带的长波侧，折射率高，在吸收带的短波侧，折射率低，这种现象称为反常色散，如图 5-24 所示。

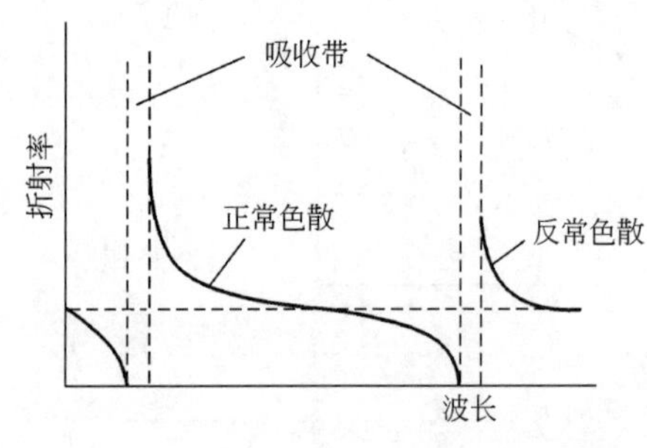

图 5-24　色散曲线示意图

玻璃内部相邻离子间的相互作用，对于电子的振动也有影响。因此，不同类型玻璃的色散曲线相似，但又不尽相同。

(3) 玻璃折射率与温度、热历史的关系

玻璃的折射率是温度的函数，它们之间的关系与玻璃组成及结构有密切的关系。当温度上升时，玻璃的折射率将受到作用相反的两个因素的影响，一方面由于温度上升，玻璃受热膨胀使密度减小，折射率下降，另一方面由于温度升高，阳离子对 O^{2-} 的作用减小，极化率增加，使折射率变大，且电子振动的本征频率随温度上升而减小，使（因本征频率重叠而引起的）紫外吸收极限向长波方向移动，折射率上升。因此，玻璃折射率的温度系数值有正负两种可能。

对固体（包括玻璃）来说，这两种因素可用下式表示：

$$\frac{\partial n}{\partial t}=R\frac{\partial d}{\partial t}+d\frac{\partial R}{\partial t} \tag{5-52}$$

从式(5-52) 可知，玻璃折射率的温度系数决定于玻璃折射度随温度的变化$\left(\frac{\partial R}{\partial t}\right)$和热膨胀系数随温度的变化$\left(\frac{\partial d}{\partial t}\right)$。前者主要和玻璃的紫外吸收极限有关。一般光学玻璃的热膨胀系数变化不大［约为 $(60\sim80)\times10^{-7}$/℃］，故其折射率温度系数主要决定于$\left(\frac{\partial R}{\partial t}\right)$。随着温度的上升，原子外层电子产生跃迁的禁带宽度下降，紫外吸收极限向长波移动，折射率上升。若某种情况下玻璃的紫外吸收极限在温度上升时变化不大，而玻璃热膨胀系数有明显的差别，则后者$\left(\frac{\partial d}{\partial t}\right)$对折射率温度系数起主要作用。热膨胀系数大的，由于折射率的温度系数主要决定于$\left(\frac{\partial d}{\partial t}\right)$，折射率随温度上升而下降。例如硼氧玻璃和磷氧玻璃，其热膨胀系数甚大［$(150\sim160)\times10^{-7}$/℃］，折射率温度系数为负值。热膨胀系数甚小的石英玻璃，折射率主要决定于$\left(\frac{\partial R}{\partial t}\right)$，故折射率系数为正值，图 5-25 是几种氧化物折射率与温度的关系。

热历史对玻璃折射率的影响表现为以下几方面：

① 如将玻璃在退火区内某一温度保持足够长的时间后达到平衡结构，以后若以无限大速率冷却到室温，则玻璃仍保持此温度下的平衡结构及相应的平衡折射率。

② 把玻璃保持于退火温度范围内的某一温度，其趋向平衡折射率的速率与所保持的温度有关，温度越高趋向该温度下的平衡折射率速率越快。

③ 当玻璃在退火温度范围内达到平衡折射率后，不同的冷却速度将得到不同的折射率。

冷却速度快，其折射率低；冷却速度慢，其折射率高。

④ 当成分相同的两块玻璃处于不同退火温度范围内保温，分别达到不同的平衡折射率后，以相同的速度冷却时，保温时的温度越高，其折射率越小，保温时的温度越低，其折射率越高。

由于热历史不同而引起的折射率变化，最高可达几十个单位（每个折射率单位为 0.0001）。因此，人们可通过控制退火温度和时间来修正折射率的微小偏差，以达到光学玻璃的使用要求。

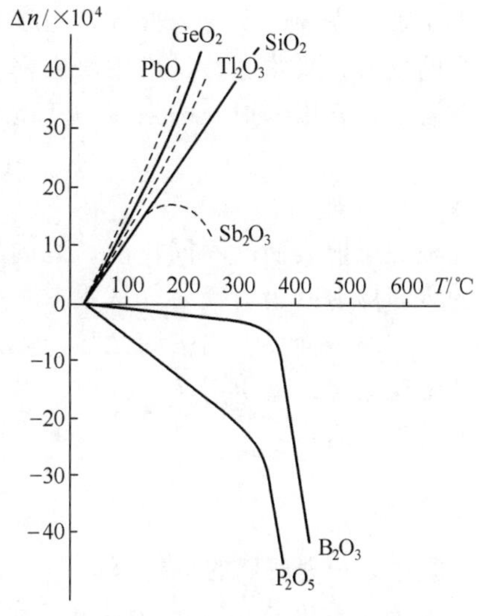

图 5-25　几种氧化物折射率与温度的关系

5.7.2　玻璃的光学常数

玻璃的光学常数包括玻璃的折射率、平均色散、部分色散和色散系数。

玻璃的折射率以及与此有关的各种性质都与入射光的波长有关。因此，为了定量地表示玻璃的光学性质，首先必须确立某些特殊谱线的波长作为标准波长。在可见光部分中，玻璃折射率和色散的测定值通常采用下列波长，这些波长代表着氢、氦、钠（双线的平均值）、钾（双线的平均值）、汞等发射的某些谱线，其数据见表 5-26。

表 5-26　各种光源的谱线

谱线符号	A	C	D	d	e	F	g	G	h
波长/nm	768.5	656.3	589.3	587.6	546.1	435.8	435.8	434.1	404.7
光源 元素符号 光谱色	钾 K 红	氢 H 红	钠 Na 黄	氦 He 黄	汞 Hg 绿	氢 H 浅蓝	汞 Hg 浅蓝	氢 H 蓝	汞 Hg 紫

在上述波长下测得的玻璃折射率分别用 n_D、n_d、n_F、n_C、n_g、n_G 表示。在实际应用中比较不同玻璃波长时，一律以 n_D 为准。

玻璃的色散，有下列几种表示方法：

① 平均色散即 n_F 与 n_C 之差（n_F-n_C），有时用 Δ 表示，即 $\Delta=n_F-n_C$。

② 部分色散常用的是 n_d-n_D、n_D-n_C、n_g-n_G 和 n_F-n_C 等。

③ 色散系数（阿贝数）以符号 ν 表示

$$\nu=\frac{n_D-1}{n_F-n_C}$$

④ 相对部分色散，如 $\frac{n_D-n_d}{n_F-n_C}$ 等。

光学常数中最基本的是 n_D 和 n_F-n_C，由此可算出阿贝数，阿贝数是光学系统设计中消除色差经常使用的参数，也是光学玻璃的重要性质之一。

5.7.3　玻璃的反射、吸收和透过

当光线通过玻璃时也像通过任何透明介质一样，发生光能的减少。光能所以减少，部分

是由于玻璃表面的反射，部分是由于光被玻璃本身所吸收，只剩下一部分光透过玻璃。玻璃对光的反射、吸收和透过可用反射率 R、吸收率 A 和透过率 T 来衡量，这三个性质可用百分数表示，若以入射光的强度为 100%，则：

$$R\%+A\%+T\%=100\% \tag{5-53}$$

（1）反射

根据反射表面的不同特征，光的反射可分为“直反射”和“漫反射”两种。光从平整光滑的表面反射时为直反射，从粗糙不平的表面反射时为漫反射。

从玻璃表面反射出去的光强与入射光强之比称为反射率 R，它决定于表面的光滑程度、光的入射角、玻璃折射率和入射光的频率等。它与玻璃折射率的关系在光线与玻璃表面垂直时可用下式表示：

$$R=\left(\frac{n-1}{n+1}\right)^2 \tag{5-54}$$

式中，n 为玻璃的折射率。

如果入射角<20°，此公式也近似适用。光的反射大小取决于下列几个因素：

① 入射角的大小。入射角增加，反射率也增加。

② 反射面的光洁度。反射面愈光滑，被反射的光能愈多。

③ 玻璃的折射率。玻璃的折射率愈高，反射率也愈大。

为了调节玻璃表面的反射系数，常在玻璃表面涂以一定厚度的和玻璃折射率不同的透明薄膜，使玻璃表面的反射系数降低或增高。若在玻璃表面涂以比玻璃折射率小的物质且符合 $n_f=\sqrt{n_G}$（n_f——膜的折射率，n_G——玻璃的折射率）以及膜的厚度为 $\lambda/4$ 时，则玻璃的反射系数降低，这层薄膜称增透膜（或减反膜）。这是由于在反射时两个不同界面的反射光将会引起干涉，由于两个表面反射光强相等，而波的相位差为半个波长，这种情况下就产生了消光，则表面不再有光反射出来。在涂膜过程中，要获得膜厚为 $\lambda/4$ 有困难时，只要膜厚是 $\lambda/4$ 的奇数倍即可。但即使薄膜厚度有误差，也能减少反射。

凡用单层增透膜不能获得满意效果时，可以涂多层增透膜。

如果光学仪器需要提高玻璃表面的反射光，则可涂以折射率比玻璃折射率大一些的物质。

（2）散射

由于玻璃中存在着某些折射率的微小偏差而产生光的散射。散射现象是由于介质中密度不均匀的破坏而引起的。一般玻璃中的散射特别小，除乳白玻璃和光通信纤维玻璃等特殊玻璃以外，在实际上都可以不予考虑。但它可作为研究分相的重要手段。

光的散射服从瑞利散射定律，即

$$I_{\beta\cdot r}=\frac{(d'-d)^2}{d^2}(1+\cos^2\beta)\frac{M\pi V^2}{\lambda^4 r^2} \tag{5-55}$$

式中，$I_{\beta\cdot r}$ 为入射光以 β 角度投射于颗粒时的散射强度；d' 为粒子的光密度；d 为介质的光密度；M 为颗粒的数量；λ 为入射光波长；V 为颗粒的体积；r 为观测点的距离。

由式(5-55) 可知，散射光的强度与波长的四次方成反比，而与微粒体积的平方成正比。如散射颗粒的大小与波长相差不多，则不遵守上述规律。

一般玻璃的乳浊性主要决定于微粒的大小、折射率和微粒的体积。但影响最大的是微粒与玻璃的折射率之差，其差值越大，乳浊性越大。如二氧化钛（金红石）的折射率（2.76）与玻璃（1.84）差别最大，是最有效的乳浊剂，常用于乳浊度要求高的玻璃仪器标度用的耐酸釉和搪瓷制品等。玻璃中常用的乳浊剂为氟化物，其折射率比玻璃小，因此适当增大玻璃的折射率（加入一些 PbO、ZnO 等）也可提高乳浊性。

（3）吸收和透过

当光线通过玻璃时，玻璃将吸收一部分光的能量，光强度 I 随着玻璃的厚度 l 而减弱，并有下列关系：

$$I=I_0 e^{-al} \tag{5-56}$$

式中，I_0 为开始进入玻璃时光的强度（已除去反射损失，即 $I_0=1-R$）；l 为光深入玻璃的深度直至光透出玻璃为止，又称为"光程长度"；I 为在光程长度为 l 处光的强度；a 为玻璃的吸收系数，由于 $I<I_0$，因此 a 前有负号

从上式可得：

$$\ln \frac{I}{I_0}=-al \tag{5-57}$$

令 $\frac{I}{I_0}=T$（透光率）

则有

$$T=e^{-al}\text{（兰别尔定律）} \tag{5-58}$$

由式(5-58)可知，当 l 的单位为 cm 时，a 的单位应是 cm^{-1}。对于平板玻璃来说，由于有两个表面，光将在表面反复反射和吸收，此时总透过率 T 为：

$$T=\frac{I}{I_0}=(1-R)^2 e^{-al} \tag{5-59}$$

因为 $R=\left(\frac{n-1}{n+1}\right)^2$

所以

$$T=\left[1-\frac{(n-1)^2}{(n+1)^2}\right]^2 e^{-al} \tag{5-60}$$

实际上有时常用光密度 D 来表示玻璃的吸收和反射损失。光密度 D 与透过率 T 有如下关系：

$$D=\lg \frac{1}{T} \tag{5-61}$$

表 5-27 是光密度与透过率的对应关系。

表 5-27 光密度与透过率的对应关系

光密度	透过	透过率/%
2	0.01	1
1	0.10	10
0.5	0.316	31.6
0.1	0.794	79.4

如果玻璃对可见光谱内各波长的光吸收是相等的，则光线通过玻璃后，光谱组成不发生变化，白光仍是白光，只是它的强度减弱而已。如果对可见光谱内各波长光吸收不相等，而是有选择的，则光线通过玻璃后必然要改变原来光谱的成分，即成了颜色光。

在着色玻璃中，选择性吸收主要是由着色剂所引起的，其吸收强度取决于着色剂的种类和浓度，并与这两个因素成正比，即

$$\varepsilon c=D \tag{5-62}$$

式中 c——着色剂浓度；

ε——着色剂的吸收系数（或消光系数）。

如把式(5-62)代入式(5-56)中的 a，则得颜色玻璃的透过强度与入射强度的关系如下：

$$I=I_0 e^{-\varepsilon cl}=I_0 e^{-Dl} \tag{5-63}$$

当玻璃中含有不止一种着色剂时，$D=D_1+D_2+\cdots=\varepsilon_1 c_1+\varepsilon_2 c_2+\cdots=\sum\varepsilon c$，因此得

$$I=I_0 e^{-\sum\varepsilon cl} \tag{5-64}$$

此式仍为颜色玻璃的兰别尔定律。

5.7.4 玻璃的红外和紫外吸收

一般无色透明的玻璃，在可见光区（390～770nm）几乎没有吸收，只有小部分由于散射而产生的损失。在近红外波段基本上也是透明的，但在2700nm则有一吸收带，这是由溶解在玻璃中的结合水而产生的。到了紫外（$\lambda<0.35\mu m$）及中红外（$\lambda>3\mu m$）的波段，吸收很快增加。其原因是：当入射光作用于介质（如玻璃等）时，介质中的偶极子、分子振子及由核及壳层电子组成的原子产生极化并且随之振荡。若入射光的频率处于红外波段而与介质中分子振子（包括离子或相当于分子大小的原子团）的本征频率相近或相同时，就引起共振而产生红外吸收。即玻璃对该段频率的光不透过了。若入射光的频率处于紫外波段时，则和介质里的价电子或束缚电子的本征频率重叠，产生电子共振而引起紫外吸收。正是由于玻璃内部组成中的分子振子和电子振动频率处在红外段和紫外段，因共振引起在红外和紫外区吸收而不透过。

一般硅酸盐玻璃的透光和光吸收性，随SiO_2含量的增加而接近于石英玻璃。图5-26为石英玻璃的透光曲线。图中1.4μm、2.75μm和4.25μm分别为杂质FeO、游离OH^-和结合OH^-的吸收带。石英玻璃的紫外和红外的吸收极限波长位置取决于玻璃的厚度和杂质含量。

（1）红外吸收

玻璃在红外区的吸收属于分子光谱，吸收主要是由红外光（电磁波）的频率与玻璃中分子振子（或相当于分子大小的原子团）的本征频率相近或相同引起共振所致的。物质的振动频率（本征频率）ν决定于力学常数和原子量的大小，如下式所示：

$$\nu=\frac{1}{2\pi}\sqrt{\frac{f}{M}} \tag{5-65}$$

式中，f为力常数（表示化学键对于变更其长度的阻力）；M为原子量。

玻璃形成氧化物如SiO_2、B_2O_3、P_2O_5等原子量均较小，力学常数较大，故本征频率大，只能透过近红外，不能透过中、远红外。铅玻璃以及一些硫属化合物玻璃，因具有较大的原子量和较小的力学常数，故红外吸收极限波长较一般氧化物玻璃要大。例如，石英玻璃的红外透过波段只能到5μm左右，而Ge-As-S系统非氧化物玻璃的透过波段可达12μm左右，见图5-26和图5-27。

（2）紫外吸收

紫外吸收属于电子光谱范畴，相应的吸收光谱频率处于紫外波段。对于一般无色透明玻璃在紫外波段并不出现吸收峰，而是一个连续的吸收区。在透光区与吸收区之间是一条坡度很陡的分界线，通常称之为吸收极限。小于吸收极限波长的光全部吸收，大于吸收极限波长的光全部透过。而离子着色玻璃在连续光谱中常出现一个或多个选择性的吸收带或吸收峰。因此，无色透明玻璃在紫外区的吸收现象与离子着色玻璃的选择性吸收有本质的不同。一般认为无色玻璃在紫外区的吸收是由一定能量的光子激发氧离子的电子到高能级所致的。凡是能量大于（或波长小于）吸收极限波长的光都能把阴离子上的价电子激发到激发态（或导带），故全部吸收。而能量小于（或波长大于）吸收极限波长的光，由于能量小，不足以激发价电子，故全部透过。激发价电子所需的光子能量可用下式表示

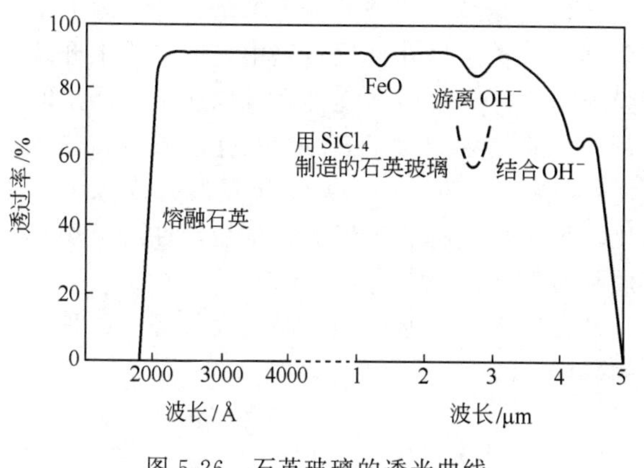

图 5-26 石英玻璃的透光曲线

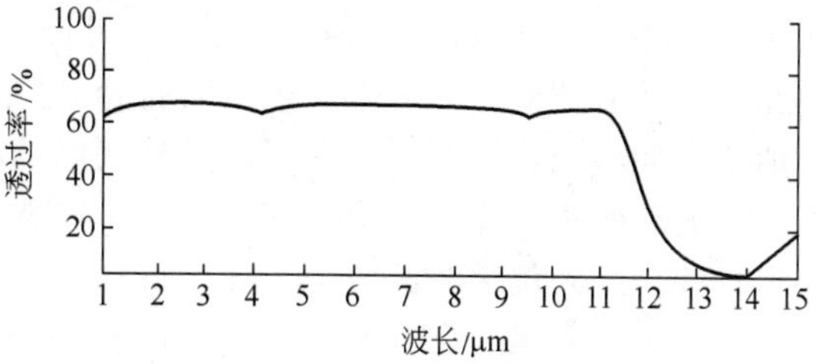

图 5-27 Ge-As-S 系统玻璃的红外透光曲线
（As 20%，Ge 30%，S 50%）

$$h\nu = E + M - \varphi \tag{5-66}$$

式中，$h\nu$ 为光子能量（h 为普朗克常数，ν 为光频率）；E 为阴离子的亲电势（氧化物玻璃中主要为氧）；M 为克服阴阳离子间的库仑力所做的功；φ 为阴离子被极化（变形）所获得的能量。

就硅酸盐玻璃来说，阴离子基本是 O^{2-}，因此激发价电子所需光子能量大小主要决定于阴阳离子间的库仑引力 M，因此玻璃透紫外光的性能主要决定子氧与阳离子之间的化学键强的特性，而这种化学键强的特性又与阳离子的电荷、半径大小、配位数等有密切联系。

石英玻璃具有优异的透紫外性，它能透过 0.22～0.4μm 波段的紫外区，仅吸收 0.193μm 以下的远紫外波段。石英玻璃的紫外吸收是硅氧四面体中桥氧上的价电子受激发跃迁至激发态（或导带）需要较大的能量的结果。当石英玻璃中加入各种金属氧化物后，都发生紫外吸收极限向长波移动的现象。这是因为此时有非桥氧产生，则激发非桥氧上的价电子所需能量较小，同时产生了比≡Si—O—Si≡键较弱的≡Si—O⋯R 键，使 O^{2-} 上的价电子静电位能下降。导致紫外吸收极限向长波移动，透紫外性能变差。一般来说，网络外体加入量越多、离子半径越大、电荷越小则玻璃的紫外吸收极限波长也越长。

Fe_2O_3 和 CeO_2 等氧化物强烈吸收紫外线，当加入玻璃中时，将引起紫外吸收极限移向长波。

含 CdS、CdSe、CdTe（包括它们的混晶）的玻璃（即常见的镉黄、硒红和碲黑玻璃），其光谱特性与无色玻璃在紫外波段的吸收曲线极为类似，可以认为它们的光吸收机理应属于同一类型。但由于 S^{2-}、Se^{2-}、Te^{2-} 阴离子亲电势比 O^{2-} 小得多，故能量较小的光就能激发它们的价电子到激发态，使它们的吸收极限从紫外区进入可见光区，而导致玻璃的着色。试验证明，含有这些阴离子玻璃的短波吸收极限波长，随 $O^{2-} > S^{2-} > Se^{2-} > Te^{2-}$ 亲电势的减小而逐渐向长波移动，玻璃颜色加深。

5.8 玻璃的化学稳定性

玻璃制品在使用过程中要受到水、酸、碱、盐、气体及各种化学试剂和药液的侵蚀，玻璃对这些侵蚀的抵抗能力称为玻璃的化学稳定性。

玻璃具有较高的化学稳定性，常用于制造包装容器，盛装食品、药液和各种化学制品。在实验室以及化学工业的生产过程中，也广泛采用玻璃设备，如玻璃仪器、玻璃管道、耐酸泵、化学反应锅等。但是，玻璃的化学稳定性在使用中有时还不能满足要求。例如，普通的窗玻璃在长期承受大气和雨水的侵蚀下，玻璃表面失去光泽，使玻璃变为晦暗，并在表面上出现油脂状薄膜、斑点等受侵蚀的痕迹；光学仪器的各类透镜在使用过程中，因受周围介质的作用，光学零件蒙上了“雾”状膜、聚滴薄膜或白斑等，影响透光性和成像质量，严重时将造成报废；化学仪器因玻璃受侵蚀而影响分析、化验结果；对于安瓿瓶、盐水瓶，在热压灭菌及各种气候条件下长期与药液接触，玻璃就会溶解于药液中，甚至出现脱片现象。因此，对任何玻璃制品，都必须具有符合规定的化学稳定性指标。玻璃的化学稳定性对玻璃的加工、如磨光、镀银、蚀刻以及玻璃制品的存放都有重要的意义。

玻璃的化学稳定性决定于玻璃的抗蚀能力以及侵蚀介质（水、酸、碱及大气等）的种类和特性。此外侵蚀时的温度、压力等也有很大的影响。

5.8.1 玻璃的侵蚀机理

玻璃对于不同介质具有不同的抗蚀能力，因此应该对玻璃的耐水性、耐酸性、耐碱性以及耐气体侵蚀性等分别进行研究。

(1) 水对玻璃的侵蚀

水对不同成分的玻璃侵蚀情况不同。硅酸盐玻璃在水中的溶解过程比较复杂，水对玻璃的侵蚀开始于水中的 H^+ 和玻璃中的 Na^+ 进行离子交换，其反应为：

$$\equiv Si-O-Na^+ + H^+OH^- \xrightarrow{交换} \equiv Si-OH + NaOH \tag{5-67}$$

这一交换又引起下列反应：

$$\equiv Si-OH + \frac{3}{2}H_2O \xrightarrow{水化} Si(OH)_4 \tag{5-68}$$

$$Si(OH)_4 + NaOH \xrightarrow{中和} [Si(OH)_3O]^- Na^+ + H_2O \tag{5-69}$$

反应式(5-69) 的产物为硅酸钠，其电离度低于 NaOH 的电离度。因此这一反应使溶液中 Na^+ 浓度降低，促使反应式(5-68) 进行。这三个反应互为因果，循环进行，而总的反应速度取决于离子交换反应式(5-67)，因为它控制着 $\equiv Si-OH$ 和 NaOH 的生成速度。

另外 H_2O 分子（区别于 H^+）也能与硅氧骨架直接起反应：

$$\equiv Si-O-Si\equiv + H_2O = 2(\equiv Si-OH) \tag{5-70}$$

随着该水化反应继续，Si 原子周围原有的四个桥氧全部成为—OH，形成 $Si(OH)_4$，这是 H_2O 分子对硅氧骨架的直接破坏。

反应产物 $Si(OH)_4$ 是一种极性分子，它能使周围的水分子极化，而定向地附着在自己周围，成为 $Si(OH)_4 \cdot nH_2O$（或写成 $SiO_2 \cdot xH_2O$），这是一个高度分散的 SiO_2-H_2O 系统，通常称为硅酸凝胶，除有一部分溶于水溶液外，大部分附着在玻璃表面，形成一层薄膜。它具有较强的抗水和抗酸能力，因此，有人称之为“硅胶保护膜”，并认为保护膜层的存在，使 Na^+ 和 H^+ 的离子扩散受到阻挡，离子交换反应速度越来越慢，以致停止。

但许多实验证明，Na^+ 和 H_2O 分子在凝胶层中的扩散速度比在未被侵蚀的玻璃中要快得多。其原因是：①由于 Na^+ 被 H^+ 代替，H^+ 半径远小于 Na^+ 半径，从而使结构变得疏松；②由于 H_2O 分子破坏了网络，也有利于扩散。因此，硅酸凝胶薄膜并不会使扩散变慢。

进一步侵蚀之所以变慢以至停顿，是由于在薄膜内的一定厚度中，Na^+ 已很缺乏（见图 5-28），而且随着 Na^+ 含量的降低，其他成分如 R^{2+}（碱土金属或其他二价金属离子）的含量相对上升，这些二价阳离子对 Na^+ 的“抑制效应”（阻挡作用）加强，因而使 H^+ 与 Na^+ 交换缓慢，在玻璃表面层中，反应式(5-67) 几乎不能继续进行，从而使反应式(5-68) 和式(5-69) 相继停止，结果使玻璃在水中的溶解量几乎不再增加，水对玻璃的侵蚀也就停止了。

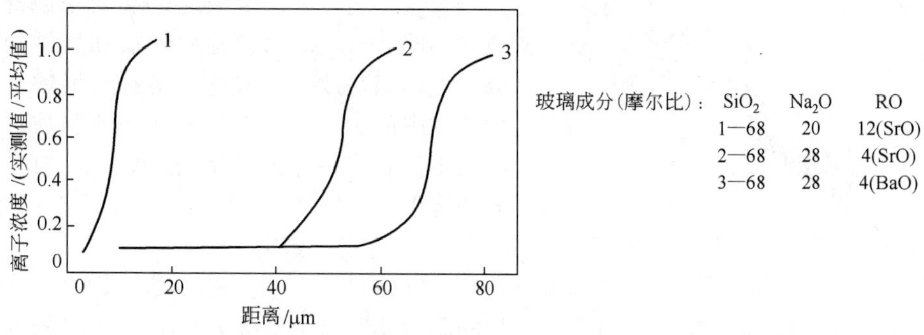

图 5-28　在 40℃用水浸渍的玻璃中 Na^+ 的分布

对于 Na_2O-SiO_2 系统的玻璃，在水中的溶解将长期继续下去，直到 Na^+ 几乎全部被侵蚀出为止。但在含有 RO、R_2O_3、RO_2 等三组分或多组分系统玻璃中，由于第三、第四等组分的存在，对 Na^+ 的扩散有巨大影响。它们通常能阻挡 Na^+ 的扩散，且随 Na^+ 相对浓度（相对于 R^{2+}、R^{3+}、R^{4+} 的含量）的降低，所受阻挡越大，扩散越来越慢，以致几乎停止。

（2）酸对玻璃的侵蚀

除氢氟酸外，一般的酸并不直接与玻璃起反应，而是通过水对玻璃起侵蚀作用。酸的浓度大意味着其中水的含量低，因此，浓酸对玻璃的侵蚀能力低于稀酸。

然而酸对玻璃的作用又与水对玻璃的作用有所不同。首先，在酸中 H^+ 浓度比水中的 H^+ 浓度大，所以 H^+ 与 Na^+ 的离子交换速度在酸中比在水中快，即在酸中反应式(5-67) 有较快的速度，从而增加了玻璃的失重；其次在酸中由于溶液的 pH 值降低，从而使 $Si(OH)_4$ 的溶解度减小，也即减慢了式(5-69) 的反应速度，从而减少了玻璃的失重。当玻璃中 R_2O 含量较高时，前一种效果是主要的；反之，当玻璃含 SiO_2 较高时，后一种效果是主要的。即高碱玻璃的耐酸性小于耐水性，而高硅玻璃的耐酸性则大于耐水性。

（3）碱对玻璃的侵蚀

硅酸盐玻璃一般不耐碱，碱对玻璃的侵蚀是通过 OH^- 破坏硅氧骨架（≡Si—O—Si≡），使 Si—O 键断裂，网络解体产生≡Si—O^- 群，使 SiO_2 溶解在碱液中，其反应为：

$$\equiv Si—O—Si\equiv + OH^- \longrightarrow \equiv Si—O^- + HO—Si\equiv \qquad (5\text{-}71)$$

又由于在碱液中存在如下反应：

$$Si(OH)_4 + NaOH \longrightarrow [Si(OH)_3O]^- Na^+ + H_2O \qquad (5\text{-}72)$$

能不断地进行（此时 NaOH 不像水对玻璃的侵蚀那样仅由离子交换而得）使碱对玻璃的侵蚀过程不生成硅胶薄膜，而是玻璃表面层不断脱落，玻璃的侵蚀程度与侵蚀时间成直线关系。此外，玻璃的侵蚀程度还与阳离子的种类有关，见图 5-29。由图 5-29 可知，在相同 pH 值的碱溶液中，不同阳离子的侵蚀顺序为：$Ba^{2+} > Sr^{2+} \geqslant NH_4^+ > Rb^+ \approx Na^+ \approx Li^+ > N(CH_3)_4^+ > Ca^{2+}$。

另外，阳离子对玻璃表面的吸附能力以及侵蚀后玻璃表面形成的硅酸盐在碱溶液中溶解度大小，对玻璃的侵蚀也有较大影响。例如 $Ca(OH)_2$ 溶液对玻璃的侵蚀较小，其原因就在于玻璃受侵蚀后生成硅酸离子与 Ca^{2+} 在玻璃表面生成溶解度小的硅酸钙，从而阻碍了进一

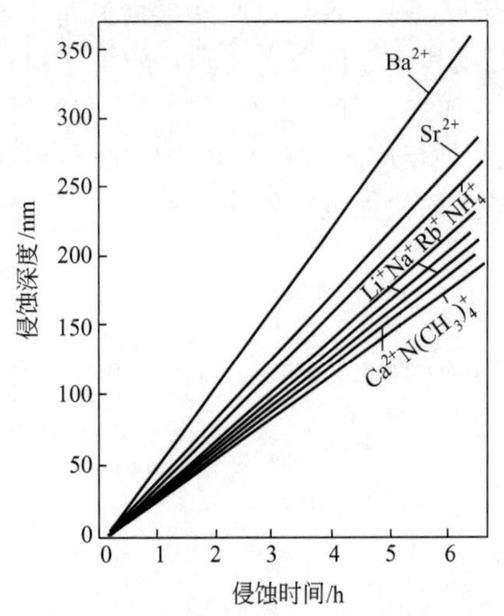

图 5-29 Na_2O-CaO-SiO_2 玻璃［Na_2O 15.5，CaO 12.5，SiO_2 70.0，%（质量分数）］在 70℃，pH 为 11.50 的碱溶液中的侵蚀

步被侵蚀的缘故。

除此之外，玻璃的耐碱性还与玻璃中 R—O 键的强度有关。R^+ 和 R^{2+} 随着离子半径的增加，耐碱性降低，而高场强、高配位的阳离子能提高玻璃的耐碱性。

综上所述，碱性溶液对玻璃的侵蚀机理与水或酸不同。水或酸（包括中性盐和酸性盐）对玻璃的侵蚀只是改变、破坏或溶解（沥滤）玻璃结构组成中的 R_2O、RO 等网络外体物质；而碱性溶液不仅对网络外体氧化物起作用，而且也对玻璃结构中的硅氧骨架起溶蚀作用。

（4）大气对玻璃的侵蚀

大气的侵蚀实质上是水汽、CO_2、SO_2 等作用的总和。玻璃受潮湿大气的侵蚀过程首先开始于玻璃表面。玻璃表面的某些离子吸附了空气中的水分子，在玻璃表面形成了一层薄薄的水膜，如果玻璃组成中 R_2O 等含量少，这种薄膜形成后就不再继续发展；如果玻璃组成中 R_2O 含量较多，则被吸附的水膜会变成碱金属氢氧化物的溶液，并进一步吸附水，同时使玻璃表面受到破坏。

实践证明，水汽比水溶液具有更大的侵蚀性。水溶液对玻璃的侵蚀是在大量水存在的情况下进行的，因此从玻璃中释出的碱（Na^+）不断转入水溶液中（不断稀释）。所以在侵蚀的过程中，玻璃表面附近水的 pH 值没有明显的改变。而水汽则不然，它是以微粒水滴黏附于玻璃的表面。玻璃中释出的碱不能被移走，而是在玻璃表面的水膜中不断积累。随着侵蚀的进行，碱浓度越来越大，pH 值迅速上升，最后类似于碱液对玻璃的侵蚀。从而大大加速了玻璃的侵蚀。因此水汽对玻璃的侵蚀先是以离子交换为主的释碱过程，后来逐步过渡到以破坏网络为主的溶蚀过程，即水汽比水对玻璃的侵蚀更强烈。在高温、高压下使用的水位计玻璃侵蚀特别严重，就是与水汽的侵蚀特性有关。

5.8.2 影响玻璃化学稳定性的因素

玻璃的化学稳定性主要决定于玻璃的化学组成、热处理、表面处理及温度和压力等。

（1）化学组成的影响

① 硅酸盐玻璃的耐水性和耐酸性主要是由硅氧和碱金属氧化物的含量来决定的。二氧化硅含量越高，硅氧四面体相互连接程度则越大，玻璃的化学稳定性也越高。因此石英玻璃有极高的抗水、抗酸侵蚀能力。当石英玻璃中引入 R_2O，随着碱金属氧化物含量的增多，玻璃的化学稳定性降低。且随着碱金属离子半径增大，键强减弱，其化学稳定性一般是降低的，即耐水性 $Li^+ > Na^+ > K^+$，见图 5-30。

② 当玻璃中同时存在两种碱金属氧化物时，由于“混合碱效应”使玻璃的化学稳定性出现极值，这一效应在铅玻璃中表现更为明显，图 5-31 所示是在铅玻璃中，当 K_2O 与 Na_2O 互相取代时对化学稳定性的作用。由图可见，在 K_2O-Na_2O-PbO-SiO_2 玻璃中，当摩尔比 $n(K_2O)$：$n(Na_2O)\approx 1$ 时，玻璃的耐酸性最强，这一比值在 PbO 和 SiO_2 的任何含量下都是适用的。

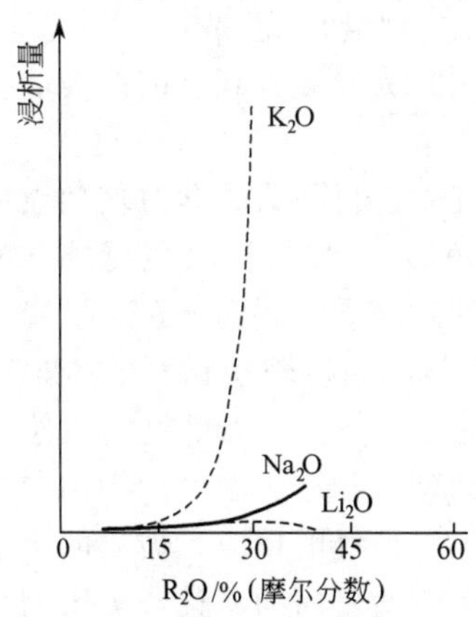

图 5-30 二元碱金属硅酸盐玻璃的水侵蚀

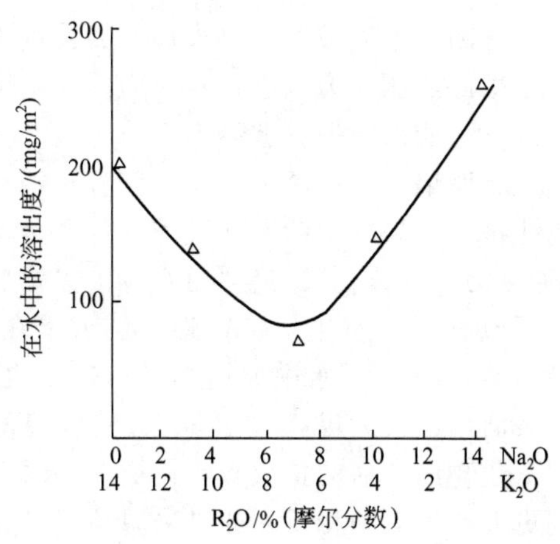

图 5-31 $14R_2O \cdot 9PbO \cdot 77SiO_2$ 玻璃的化学稳定性

③ 在硅酸盐玻璃中以碱土金属或其他二价金属氧化物置换硅氧时，也会降低玻璃的化学稳定性。但是，降低稳定性的效应比碱金属氧化物弱。在二价氧化物中，BaO 和 PbO 降低化学稳定性的作用最强烈，MgO 和 CaO 次之。

④ 在化学成分为 $100SiO_2+(33.3-x)\ Na_2O+xRO$（$R_2O_3$ 或 RO_2）的玻璃中，用 CaO、MgO、Al_2O_3、TiO_2、ZrO_2、BaO 等氧化物依次置换部分 Na_2O 后，对耐水性和耐酸性的顺序如下：

耐水性 $ZrO_2>Al_2O_3>TiO_2>ZnO>MgO>CaO>BaO$

耐酸性 $ZrO_2>Al_2O_3>ZnO>CaO>TiO_2>MgO>BaO$

在玻璃组成中，ZrO_2 不仅耐水、耐酸性能最好，而且耐碱性也最好，但难熔。BaO 则都不好。

⑤ 在三价氧化物中，氧化硼对玻璃的化学稳定性同样会出现“硼反常”现象，见图 5-32。从图 5-32 可以看出，以 B_2O_3 代替 SiO_2 时，最初 B^{3+} 位于［BO_4］四面体中，可使原来断裂的键重新连接起来，加强了网络结构，使水溶出度显著下降。若继续用 B_2O_3 取代 SiO_2 至 $Na_2O/B_2O_3<1$ 时，即 B_2O_3 达到 16%以上时，B^{3+} 将位于［BO_3］三角体中，又促使水溶出度增大。

在 Na_2O-CaO-SiO_2 玻璃中，加入少量 Al_2O_3 时，能大大提高其化学稳定性，这是因为此时 Al^{3+} 位于［AlO_4］四面体中，对硅氧网络起补网作用；如果 Al_2O_3 含量过高时，由于［AlO_4］四面体体积大于［SiO_4］四面体的体积，使网络紧密程度下降，因而玻璃的化学稳定性也随之下降。

⑥ 在钠钙硅酸盐玻璃 $xNa_2O \cdot yCaO \cdot zSiO_2$ 中，如果氧化物的含量符合关系式(5-73)则可以得到相当稳定的玻璃。

$$z=3\left(\frac{x^2}{y}+y\right) \tag{5-73}$$

综上所述，凡是能加强玻璃结构网络并使结构完整致密的氧化物，都能提高玻璃的化学稳定性，反之，将使玻璃的化学稳定性下降。

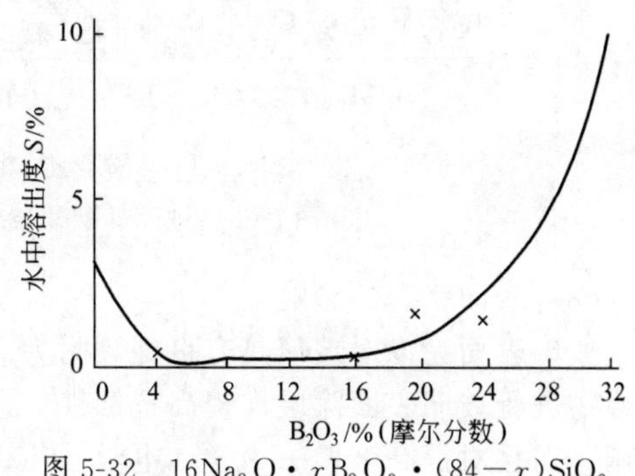

图 5-32 $16Na_2O \cdot xB_2O_3 \cdot (84-x)SiO_2$ 玻璃在水中的溶解度（2h）

（2）热处理的影响

一般来说，退火玻璃比淬火玻璃的化学稳定

性高，这是因为退火玻璃比淬火玻璃的密度大，网络结构比较紧密。但是，玻璃经淬火后，表面处于很高的压应力状态，对表面的疏松结构有抵消作用。为此淬火程度高的玻璃，其化学稳定性有可能高于退火玻璃。

退火有明焰和暗焰两种方式。前者是指玻璃制品在炉气中进行退火，此时玻璃表面的碱金属氧化物能与炉气中的酸性气体（主要是 SO_2）中和，而形成"白霜"（主要成分为硫酸钠），通称为"硫霜化"，当"白霜"被去掉后，玻璃表面的碱金属氧化物含量有所降低，从而提高了玻璃制品的化学稳定性。例如，在 CO_2 和 SO_2 中将平板玻璃试样在 420℃加热 3h，然后测定在 80℃水中加热 3h 的 Na_2O 溶出量，结果见表 5-28。显而易见，酸性气体处理玻璃表面可以大大提高其化学稳定性。且随着退火时间的延长和退火温度的提高，有利于碱金属氧化物向表面的扩散，将使更多的碱金属氧化物参加与炉气的反应，玻璃的化学稳定性得到更大的提高。相反，如果采用暗焰退火，将引起碱在玻璃表面的富集，玻璃的化学稳定性反而随退火时间的增长和退火温度的提高而降低。为此，工厂有时为了改进玻璃制品的化学稳定性而用含硫量高的燃料进行明焰退火或向退火炉中加入 SO_2 及硫酸铵、硫酸铝等盐类。

表 5-28 平板玻璃用酸气处理表面 Na_2O 溶出量

试样编号	Na_2O 溶出量/(mg/m^2)		
	不处理	CO_2	SO_2
1	18.0	9.0	8.7
2	12.5	4.9	7.7
3	15.0	10.3	9.1

硼硅酸盐玻璃在退火过程中会发生分相，分成富硅氧相和富钠硼相。分相后如形成孤岛滴球状结构，如图 5-33（a）所示，钠硼相为富硅氧相所包围，使易溶的钠硼相免受介质的侵蚀，则玻璃的化学稳定性将会提高。如果分相后钠硼相与硅氧相形成连通结构，如图 5-33（c）所示，则玻璃的化学稳定性将会大大降低，由于易溶的钠硼相能不断地被侵蚀介质浸析出来（高硅氧玻璃就是利用钠硼硅酸盐玻璃的分相原理来制造的）。因此对含 B_2O_3 较高的玻璃，其化学稳定性与退火制度的关系必须予以注意（如退火温度不能过高，退火时间也不宜过长，要尽量避免重复退火等）。

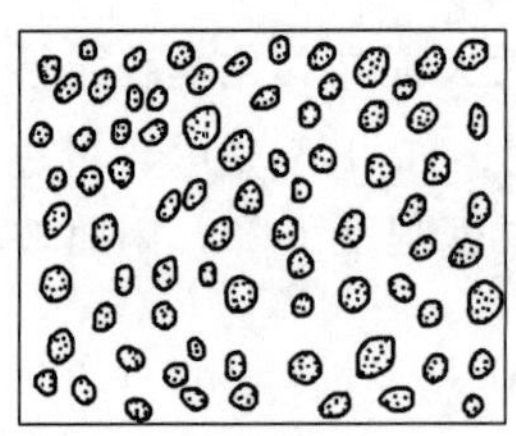
(a) 孤岛滴球状结构

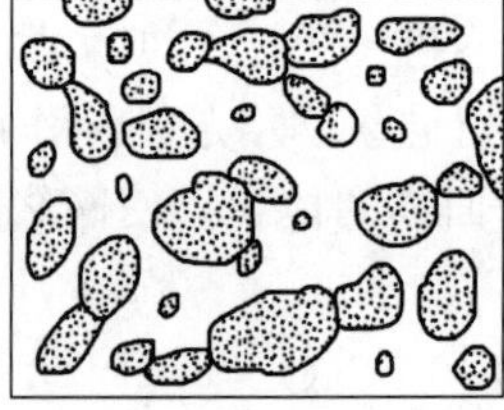
(b) 半连通结构

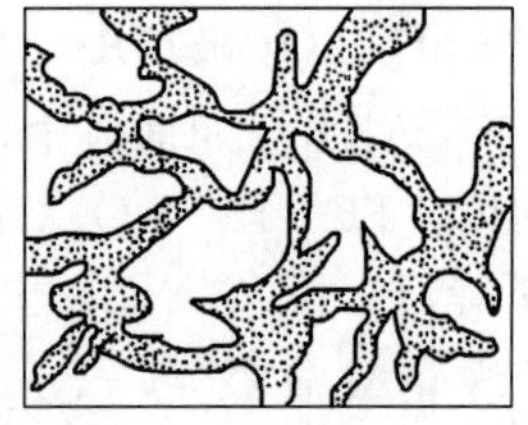
(c) 连通结构

富含硅氧相　富含钠硼酸盐相

图 5-33 钠硼硅酸盐玻璃在退火过程中结构变化示意图

（3）表面状态的影响

玻璃表面涂以对玻璃具有良好黏附力而对侵蚀介质具有低亲和力的物质，通常用硅有机化合物进行玻璃表面涂层来提高抗蚀性。硅有机化合物不仅对提高耐水性和耐酸性有显著的作用，而且对提高玻璃的力学和电学性质也有重要的作用。此外还采用氟化物、氧化物和金属等进行无机涂膜。

(4) 温度和压力的影响

玻璃的化学稳定性随温度和压力的升高而剧烈地变化。在 100℃以下，温度每升高 10℃，侵蚀介质对玻璃的浸析速度增加 50%～250%，100℃以上时（如在热压容器中），侵蚀作用始终是剧烈的，只有含锆多的玻璃才是稳定的。

压力对玻璃化学稳定性的影响也很大，当压力提高到 $(29.4 \sim 98) \times 10^5$ Pa 时，甚至化学性能较稳定的玻璃也可在短时期内剧烈地被破坏，同时有大量的氧化硅转入溶液中。高压水位计玻璃受侵蚀的现象，就是典型的代表。

5.8.3　特殊的侵蚀情况

(1) 玻璃的脱片现象

盛装药液和饮料用的玻璃瓶，在受到水或碱溶液的侵蚀后，当化学稳定性不良时会产生脱片现象。如保温瓶在盛装一段时间热水后，在水中经常发现有脱片；盛装碱性注射剂的安瓿瓶，在热压消毒过程中或长期存放中，常因药剂的侵蚀而产生脱片，严重影响药液质量，损害用药者的健康，甚至危及生命。

玻璃脱片首先是药液侵蚀玻璃表面，溶出氧化钠、硼酸钠等易溶成分，在玻璃表面上留下一层膜状含水硅氧骨架即硅胶膜。而后药液中的碱性成分继续侵蚀这层硅胶膜，使之产生微小空穴，侵蚀剂沿着形成的空穴向内层进一步渗透、侵蚀，并使空穴不规则地向深层发展，从而使玻璃表面在一定厚度内形成疏松的多孔层。当玻璃受到冷热交替或外力振动时，多孔层发生溃散、剥离，形成大小、厚薄、外形不一致的闪光薄片，大多数呈片状，也有针状、絮状者。形成的脱片一般是玻璃体，但脱片的化学成分与玻璃主体有较大差别，一般是易溶成分进入溶液而难溶成分成为脱片，即 Na_2O、B_2O_3、SiO_2 较原玻璃减少，而 CaO、MgO、ZnO、MnO_2、Fe_2O_3 较原玻璃大大提高。

表 5-29　玻璃瓶的组成和碱溶出量　　　　%（质量分数）

瓶号	SiO_2	Al_2O_3	B_2O_3	CaO	MgO	ZnO	Na_2O	碱溶出量 NaO/mg
A	71.2	7.4	13.4			1.2	6.8	0.03
B	73.3	5.9	12.8				7.8	0.05
C	74.0	6.5	12.1				7.4	0.03
D	70.0	3.6	14.4		2.3	1.4	8.5	0.07
E	72.9	4.6	1.3	1.8	0.8		18.3	0.87
F	74.2	4.1	1.1	1.1			19.3	1.93
G	74.1	3.1	1.4	2.1			19.3	1.52
H	72.7	3.9	4.7	0.9			17.9	0.12

保温瓶脱片的研究表明，含 MgO 高的玻璃容易引起脱片，即使玻璃中不含 MgO，而盛装的热水中含 Mg^{2+}，当 pH≈8 时也易引起脱片，这两种情况都产生硅酸镁晶体。这说明脱片的产生可分为水与玻璃成分反应生成的原生脱片和侵蚀溶液的离子与玻璃成分反应生成的次生脱片两种。

有人对玻璃脱片、水质和玻璃组成之间的关系进行了研究，在同样的条件下，对组成不同的玻璃（见表 5-29）进行脱片试验，结果发现，蒸馏水几乎不发生脱片；自来水容易脱片；pH 值低的水不容易脱片，pH 值高的水容易脱片（见表 5-30）。同样条件下的水，对于碱溶出量多的玻璃和组成中引入 MgO 的玻璃，也容易发生脱片。另外，脱片随溶液温度的升高，侵蚀时间的增长而加剧。

表 5-30 脱片试验结果（加热至 90℃）

装入瓶中的水	水的 pH 值（试验前）	产生脱片的瓶		
		8h	24h	32h
蒸馏水	5.8	—	—	—
蒸馏水添加 Na_2CO_3	8.0	—	C	—
自来水	6.6	—	F	B,C
自来水添加 Na_2CO_3	8.0	B,C,E,F	A,D,H,G	—

（2）玻璃的生物发霉

在湿度大、气温高的地方使用光学仪器时常发生光学玻璃透镜发霉的现象。玻璃一经发霉，霉是很难擦去的，轻者影响仪器的性能，重者使仪器报废。许多研究者确实从霉点上检查出多种菌体的存在，并用电子显微镜摄得霉点处凹凸不平的侵蚀表面，但对玻璃的生物发霉本质还研究得不多，对于解释和解决生物发霉现象的途径还存在着不同的观点。

尽管人们对细菌、微生物在分解天然矿物形成土壤中的生物化学过程作出了许多成功的研究和解释，但对菌体在玻璃表面上滋生现象的分析还存在困难，实际上最容易产生霉斑的是那些化学稳定性（耐水性）差的玻璃透镜，而在实验室条件下，在玻璃表面上作菌种培养时发现，菌类最容易在石英玻璃表面滋生，显然因为其表面是中性的缘故。与此相反，一些在湿气的作用下在表面上形成碱性介质的却抑制菌类的生长。但在多数情况下，清洁玻璃表面受潮属于碱性环境，是不利于菌类滋生的，因此有人认为如果玻璃表面上没有有机物质的污染，清洁的玻璃表面是不会滋生微生物群的。由此不妨推论玻璃生物发霉的起点首先是潮气作用于玻璃表面，形成一层碱性水膜，受到外来有机物的污染，碱性被中和，形成有机盐类，成为菌类的养分，菌类落在玻璃表面上开始滋长。由于菌类的繁衍，吸收空气中的水分、CO_2 分解出有机酸，更加剧了侵蚀，菌体深入玻璃表层，破坏了玻璃表面。由此可见，提高玻璃的化学稳定性，首先是抗水性，是提高玻璃抗霉能力的首要条件。但是由于光学玻璃品种很多，用调整玻璃成分的方法提高其化学稳定性不是都能满足抗霉要求的。试验证实，向玻璃组成中引入 Ag、Cu、Mo、Tl、Cd、Ti、As 等（因其有抑制微生物滋长的作用）的氧化物对部分微生物（特别是霉菌）有抑制作用，但对细菌类没有明显的抑制作用。为此人们提出，为了防止玻璃发霉可采取向玻璃组成中引入少量抑菌金属离子和在玻璃表面涂覆杀菌剂的方法，如在涂膜中引入汞盐或汞的有机化合物，光学零件在涂膜前，先在常温下于 0.25%的甲氧基乙基乙酸的酒精溶液中处理 18～20h 也是一种有效方法。

（3）金属蒸气对玻璃的侵蚀

气体放电灯（例如汞灯、钠灯、铯灯等）在科学技术上用作单色光源，并被广泛地用于机场、工地、剧院、街道等照明。钠光灯是透过云雾的最好光源。

气体放电灯利用高温金属蒸气的激发光谱，正常照明时温度在 300℃以上，气体放电灯对玻璃的要求除了必须经受得住启动和关闭时的温度急变外，还需不受金属蒸气的作用而变质。

汞蒸气对于硅酸盐玻璃没有作用。钠蒸气则侵蚀硅酸盐玻璃使之逐渐变黑不能使用。石英玻璃、水晶都被钠蒸气强烈侵蚀，而 LiF、CaF_2、MgO 和 Al_2O_3 制品几乎不被钠蒸气侵蚀，同样，在玻璃中 SiO_2 是不利于抗钠蒸气侵蚀的，而 Al_2O_3、RO、R_2O 比例越大，抗钠蒸气侵蚀的能力越强。铯蒸气在铯灯工作温度下（350～400℃）对石英玻璃没有明显的破坏作用，但冷却后与铯蒸气接触的表面呈金黄色，重新加热后石英玻璃又变为无色透明。

5.8.4 玻璃化学稳定性的测试方法

测定玻璃化学稳定性通常采用粉末法和表面法。

（1）粉末法

粉末法是将一定颗粒度的玻璃粉末在水、酸、碱等溶液中进行侵蚀，最后以粉末损失的质量或用酸、碱滴定测出转移到溶液中的成分（主要是 Na_2O）含量即析碱量来表示。该方法测定快速而简易，但受到颗粒大小及均匀度、玻璃热历史、侵蚀液体积与试样质量之比等因素影响。该法只能反映玻璃材料本身特性，而不考虑玻璃表面状态。

（2）表面法

表面法用单位面积的析碱量或失重来表示玻璃受侵蚀程度。该法不仅能反映玻璃表面的特性，而且也能反映出玻璃材料本身特性。

5.9 玻璃的着色和脱色

玻璃的着色在理论上和实践上都有重要意义。它不仅关系到各种颜色玻璃的生产，也是一种研究玻璃结构的手段。而且由于离子的电价、配位、极化等灵敏地影响到玻璃的颜色和光谱特性，因此可通过玻璃的着色来探讨玻璃的结构，以及随玻璃成分的递变和不同物理化学处理而发生的结构变化。

物质着色的基本原因是对光的吸收和对光的散射，以前者为常见。物质吸收光的波长与呈现的颜色如表 5-31 所示。

表 5-31 物质吸收光的波长与呈现的颜色①

吸收光		呈现的颜色	吸收光		呈现的颜色
波长/nm	颜色		波长/nm	颜色	
400	紫	绿黄	530～559	淡黄绿	紫
430	蓝紫	黄	559～571	黄绿	紫
430～460	紫蓝	黄橙	571～580	黄	蓝紫
460～482	蓝	橙	580～587	黄橙	紫蓝
482～487	绿蓝	橙红	587～597	橙	蓝
487～493	蓝绿	红	597～620	红橙	绿蓝
493～530	绿	玫瑰	620～675	红	蓝绿

① 被吸收光的颜色与观察到的颜色互称补色，互为补色的两种光合在一起就是白光。

颜色的产生是物质与光作用的结果。当白光照射到透明物质上时，如果物质全部吸收它，则呈黑色；如果对所有波长的光的吸收程度相差不多时，就呈灰色；如果物质对光的吸收极小，使光几乎全部透过，物质就是无色透明的。如果吸收某些波长的光，而透过另一些波长的光，则呈现所有透过部分的光综合起来的颜色；如果它们吸收某些波长又强烈散射另一些波长的光，那么呈现全部散射光相综合的颜色。

根据物质结构的观点，物质对光的吸收是由原子中电子（主要是价电子）受到光能的激发，从能量较低（E_1）的“轨道”跃迁至能量较高（E_2）的“轨道”，亦即由基态跳跃至激发态所致。因此，只要基态和激发态之间能量差（$E_2-E_1=h\nu$）处于可见光的能量范围时，相应波长的光就被吸收从而呈现颜色。能量差愈小，吸收光的波长愈长，呈现的颜色愈深。反之，能量差愈大，吸收光的波长愈短，则呈现的颜色愈浅。

根据着色机理的特点，颜色玻璃大致可分为离子着色、硫硒化物着色和金属胶体着色三大类。

5.9.1 离子着色

铁、钒、铬、锰、铁、钴、镍、铜、铈、镨、钕等过渡金属，在玻璃中以离子状态存在时，它们的价电子在不同能级间跃迁，由此引起对可见光的选择性吸收，导致玻璃着色。玻璃的光谱特性和颜色主要取决于离子的价态及其配位体的电场强度和对称性。此外，玻璃的组成、熔制温度、时间、气氛等对离子的着色也有重要影响。

（1）离子的电子层结构与光吸收的关系

根据玻璃中离子对光的吸收、价态等与电子层结构的关系，可把玻璃中常见的阳离子大致分为下列三种类型。

① 惰性气体型阳离子。这类离子中电子层结构稳定，在玻璃中一般不变价，无色，不吸收紫外线等（其中 Ce^{4+} 例外，在玻璃中变价，且强烈吸收紫外线）。

② 18 或 18+2 电子壳阳离子。这类离子的电子层结构也较稳定，但不及惰性气体型离子。这些离子本身是无色的，但是形成某些化合物后能产生较大的极化，这时电子能级也发生变化，使基态与激发态的能量差变小，从而能吸收可见光成为着色离子。例如 Ag^{+} 和 I^{-} 都是无色的，但 AgI 却呈黄色。又如 Cd^{2+}、Sb^{3+} 等的硫化物和硒化物都有色。此外，这类离子中某些离子也可因变价而吸收紫外线，在玻璃中一般较容易还原为金属状态。

③ 不饱和电子壳阳离子（属于过渡元素）。这类离子的 3d 或 4f 轨道是部分填充或不饱和的。电子层结构很不稳定。在最外层或次外层上含有未配对的电子，它们的基态和激发态的能量比较接近，一般可见光就可以使其激发。因此表现出它们在玻璃中有色、变价、吸收紫外线等特征（其中钴、镍、镨、钕在玻璃中不变价，常以 Co^{2+}、Ni^{2+}、Pr^{3+}、Nb^{3+} 状态存在，Co^{2+}、Ni^{2+}、Pr^{3+} 不吸收紫外线）。

由此可得出如下规律：最外层或次外层上含有未配对的电子或“轨道”部分填充者，电子容易在 3d 或 4f 轨道中发生跃迁，因此都是有色的；最外层或次外层上的电子都已配对（包括全充满、全空）或半充满者，都是无色的（或着色很弱）；在玻璃中凡是变价的阳离子，由于金属阳离子与周围氧离子之间有电荷迁移，产生荷移吸收，因此在紫外或近紫外区有强烈的吸收。

（2）第四周期过渡金属离子的着色

铁、钒、铬、锰、铁、钴、镍、铜在周期表中组成了第一系列（第四周期）过渡金属着色离子。在它们最大容量 10 个电子的 3d 轨道中只有 1～9 个电子，未填满。因此，可以在 3d 轨道中跃迁（称为 d-d 跃迁），在可见光区产生选择性吸收，从而使玻璃着色。它们是颜色玻璃中用途最广的着色物质。此外，它们在玻璃中（除钴、镍外）尚可失去不等的 3d 电子，因此常常呈现变价，不同的价态又表现出不同的颜色和光谱特性．当它们的光谱项具有相同的角量子数时，它们具有类似的光吸收．例如 D 态离子（角量子数 $L=2$，如 Ti^{3+}、Mn^{3+}、Fe^{2+} 及 Cu^{2+}），它们的共同特点是，在可见光区只有一个宽广的吸收带，其中三价离子 Ti^{3+} 与 Mn^{3+}，二价离子 Fe^{2+} 与 Cu^{2+} 的吸收峰类型十分接近，着色也类似。Ti^{3+} 与 Mn^{3+} 均为紫色；Fe^{2+} 与 Cu^{2+} 均为蓝色。F 态离子（角量子数 $L=3$，如 V^{3+}、Cr^{3+}、Co^{2+}、Ni^{2+}）它们的共同特点是在可见光区有两个或两个以上的吸收带，光谱特征比较复杂。其中三价离子 V^{3+} 与 Cr^{3+}，二价离子 Co^{2+} 与 Ni^{2+} 的吸收峰类型十分接近，着色也类似，V^{3+} 与 Cr^{3+} 均为绿色，Co^{2+} 与 Ni^{2+} 在它们各自特有的着色中均略带紫色。S 态离子（$L=0$，如 Ti^{4+}、Mn^{2+}、Fe^{3+}、Cu^{+}）它们的共同特点是在可见光区不出现或出现很弱的吸收带。其中 Ti^{4+} 和 Cu^{+} 的 3d 轨道分别为全空和全充满，在 3d 轨道中不可能发生“d-d”跃迁，因此是无色的。Mn^{2+} 与 Fe^{3+} 的 3d 轨道为半充满，5 个 3d 轨道中的每个轨道都含有一个电子，电子在这些轨道中跃迁是自旋禁戒的，跃迁概率很小，产生很弱的吸收带。例如 Mn^{2+} 的吸收强度仅为 Mn^{3+} 在同种玻璃中的百分之一。在钠硅酸盐玻璃中，当以 Na_2O 取代 SiO_2；以 Li_2O 取代 Na_2O，或以 Na_2O 取代 K_2O 时，吸收峰均向短波方向移动。在这方面 D 态离子表现得特别明显。

表 5-32 玻璃编号及化学组成

玻璃编号		1	2	3	4	5		6	7
玻璃组成/摩尔比	Na_2O	1	1	1	1	K_2O	1	Al_2O_3 0.1	Al_2O_3 0.2
	SiO_2	4	3.5	2.5	1.5	4		B_2O_3 0.1，P_2O_5 0.8	B_2O_3 0.1，P_2O_5 0.7

表 5-33 第四周期过渡金属离子的基态电子配布①

离子	3d 电子数	3d 轨道的磁量子数					$L=M_L$ 最大 $=\sum_{mL}$	$S=M_S$ 最大 $=\sum_{mS}$	$J=L\pm S$	基态光谱项
		2	1	0	−1	−2				
							$J:L-S$			
Ti^{4+}	0						0	0	0	$^1S_0$
Ti^{3+}	1	↑					2	1/2	3/2	$^2D_{3/2}$
V^{3+}	2	↑	↑				3	1	2	$^3F_2$
Cr^{3+}	3	↑	↑	↑			3	3/2	3/2	$^4F_{3/2}$
Mn^{3+}	4	↑	↑	↑	↑		2	2	0	$^5D_0$
							$J:L+S$			
Mn^{2+}	5	↑	↑	↑	↑	↑	0	5/2	5/2	$^6S_{5/2}$
Fe^{3+}	5	↑	↑	↑	↑	↑	0	5/2	5/2	$^6S_{5/2}$
Fe^{2+}	6	↑↓	↑	↑	↑	↑	2	2	4	$^5D_4$
Co^{2+}	7	↑↓	↑↓	↑	↑	↑	3	3/2	9/2	$^4F_{9/2}$
Ni^{2+}	8	↑↓	↑↓	↑↓	↑	↑	3	1	4	$^3F_4$
Cu^{2+}	9	↑↓	↑↓	↑↓	↑↓	↑	2	1/2	5/2	$^2D_{5/2}$
Cu^{+}	10	↑↓	↑↓	↑↓	↑↓	↑↓	0	0	0	$^1S_0$

① 角量子数 $L=2$ 的 3d 亚层共有 5 个轨道，它们的磁量子数 m_1 依次等于−2、−1、0、+1、+2。$M_L=\sum m_1$ 是离子的总磁量子数，它的最大值即离子的总角量子数 L。$M_S=\sum m_s$ 是离子的总自旋量子数沿磁场的分量，它的最大值即离子的总自旋量子数 S。$J=L\pm S$ 是离子的总内量子数，它表示轨道和自旋角动量总和的大小。“光谱项”是 L、S、J 这三个量子数的代号。光谱项的中间大写的英文字母表示 L：$L=0123456$ 符号 SPDBGHI 左上角的数字表示光谱项的多重性，它等于 $2S+1$。右下角的数字，即内量子数 J。例如：Mn^{3+} 的 $L=2$，用大写英文字母 D 表示，$S=2$，则 $2S+1=5$；$J=0$，所以 Mn^{3+} 的光谱项用 $^5D_0$ 表示。

第四周期过渡金属离子的基态电子配布以及光谱曲线（图中曲线序号为不同化学组成的玻璃见表 5-32）分别示于表 5-33 和图 5-34 至图 5-43 中。

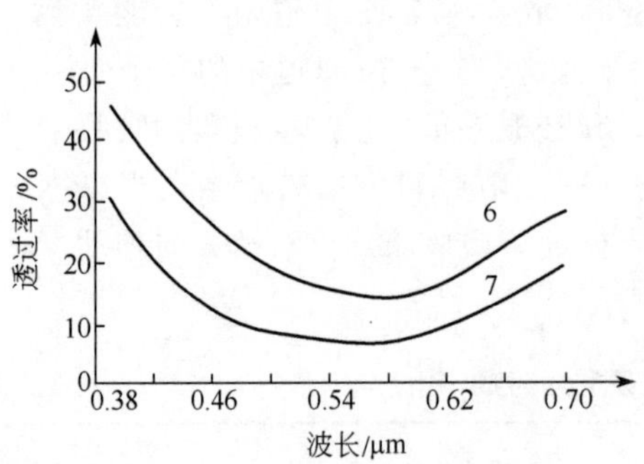

图 5-34　含 Ti^{3+} 玻璃的透光曲线

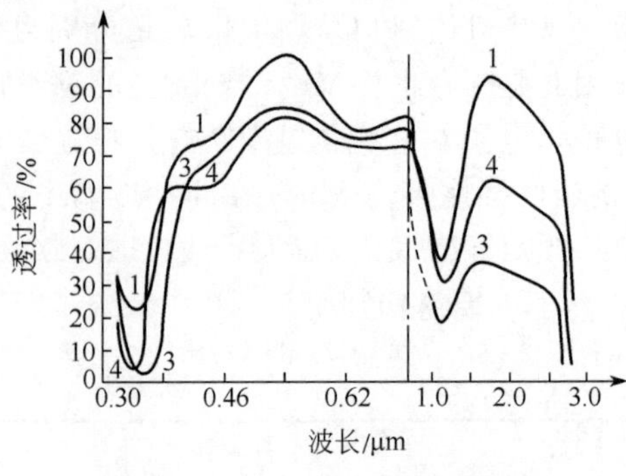

图 5-35　含 V^{3+} 玻璃的透光曲线（一）

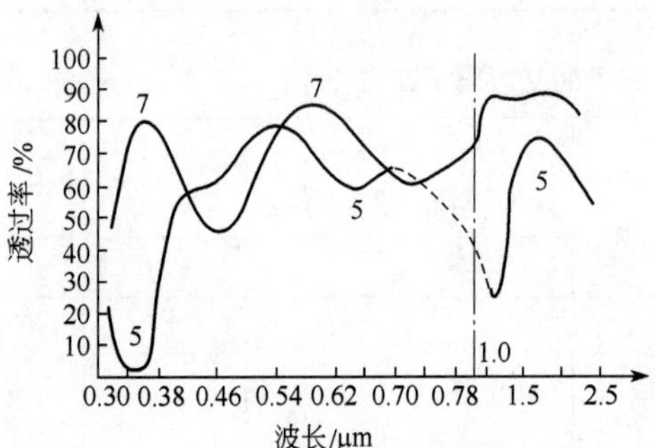

图 5-36　含 V^{3+} 玻璃的透光曲线（二）

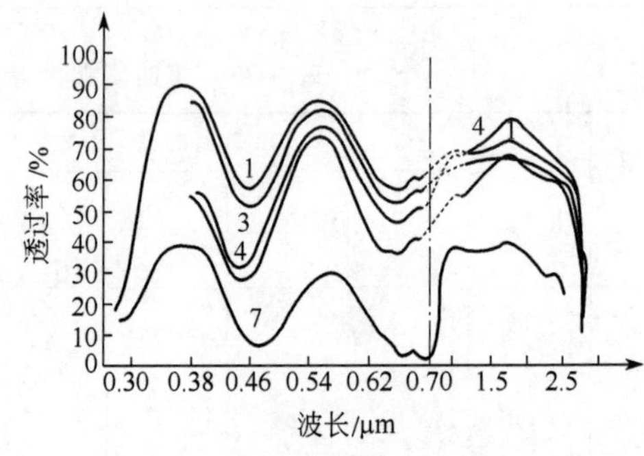

图 5-37　含 Cr^{3+} 玻璃的透光曲线

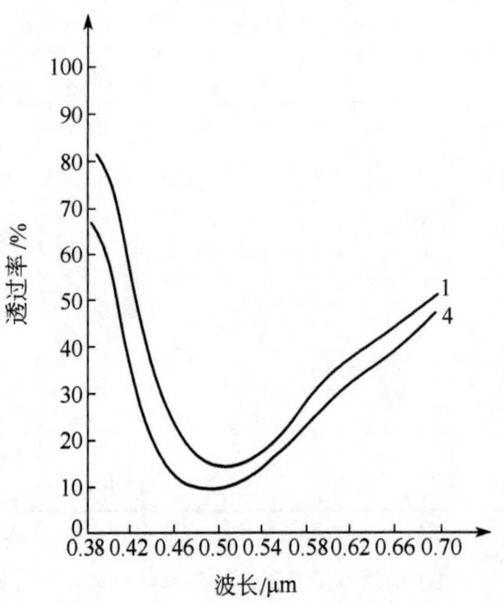

图 5-38　含 Mn^{3+} 玻璃的透光曲线

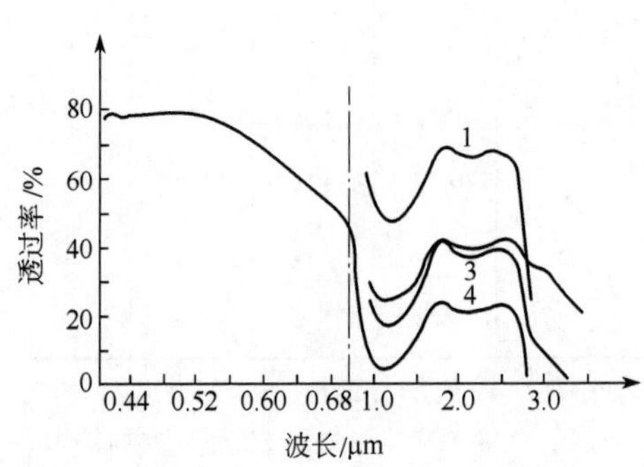

图 5-39　含 Fe^{2+} 玻璃的透光曲线（一）

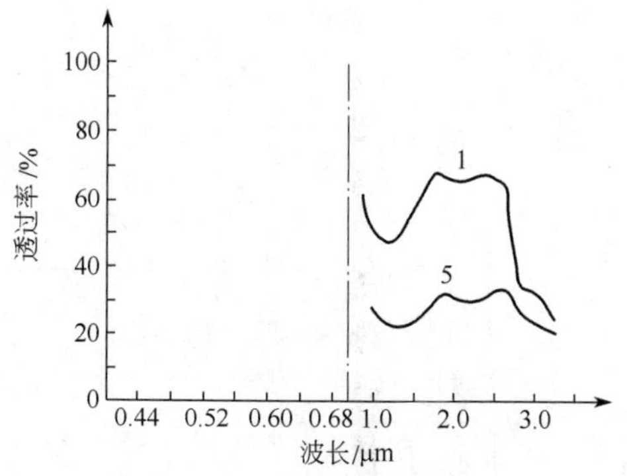

图 5-40 含 Fe^{2+} 玻璃的透光曲线（二）

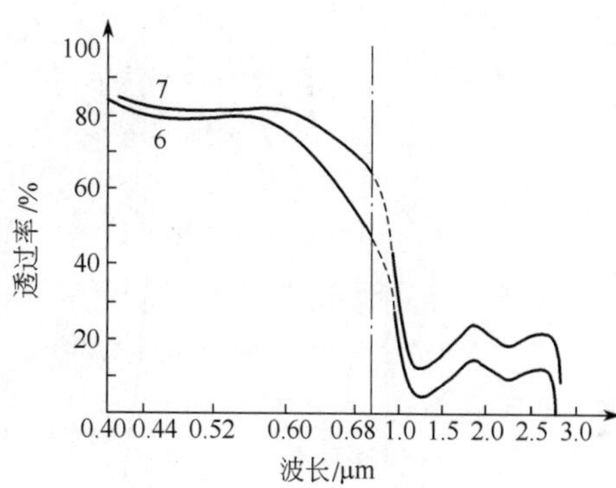

图 5-41 含 Fe^{2+} 玻璃的透光曲线（三）

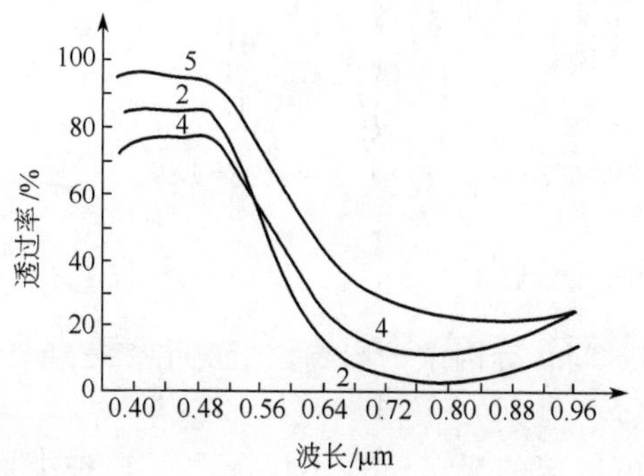

图 5-42 含 Cu^{2+} 玻璃的透光曲线（一）

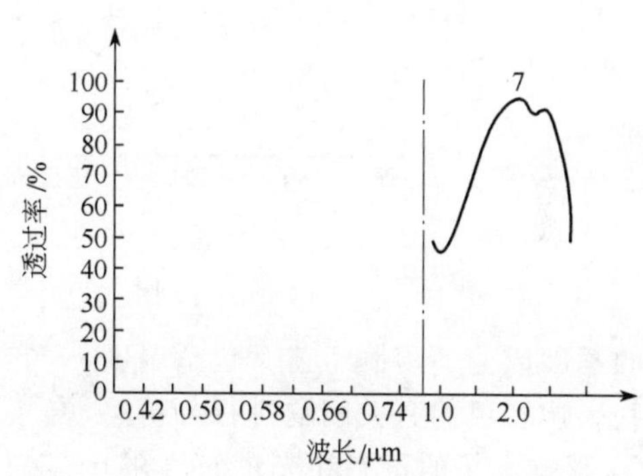

图 5-43 含 Cu^{2+} 玻璃的透光曲线（二）

（3）稀土金属离子着色

稀土金属（或镧系）是属于内过渡元素。由于它们的 4f 轨道的电子是部分填充的，容易产生 f-f 跃迁而引起光吸收，使玻璃着色。其中 La^{3+} 和 Lu^{3+} 分别具有 0 和 14 个 4f 电子（f^0，f^{14}），是无色的。具有 4f 轨道为 7 个电子的 Gd^{3+}（f^7），由于半充满，特别稳定，难以激发，也是无色的。此外，具有 f^1 及 f^{13} 结构的离子由于接近于 f^0 和 f^{14}、f^6 和 f^8 也接近于 f^7，所以也是无色的。其他离子都是有色的。

由于 4f 轨道受到 $5s^2$，$5p^6$ 电子层所屏蔽，与核结合较好，所以 f-f 激发能受到外场（配位场）的影响较小，使镧系元素在玻璃中（或化合物中）的吸收光谱基本保持自由离子的线状光谱，而且几乎不受外界的作用。因此稀土离子着色不随熔制气氛的变化而改变，着色稳定，颜色鲜艳美丽。这点与 d-d 跃迁的第四周期过渡元素在玻璃中的光谱不同。d 轨道处于过渡金属离子的最外层，外面没有其他电子层屏蔽，受配位场和外界作用影响较大，所以同一元素在不同玻璃（或化合物）中的吸收光谱常常不同，又由于谱线位置的移动，吸收光谱由气态自由离子的线状光谱转变为化合物或溶液（玻璃）中的带状光谱。图 5-44 为稀土离子的吸收光谱。

稀土离子具有复杂的吸收光谱，使它们的颜色在不同的光源下变化多端（例如钕），这是它们的另一特点。稀土元素也是良好的荧光和激光物质。但由于稀土金属离子的着色很浅，价格又贵，因而除 Nd 外，其他稀土离子则较少用作着色剂。

（4）离子着色理论

从大量的试验数据看出，金属离子的电子层结构、价态及其周围氧离子的配位状态等，对离子的光谱特性和着色有重要的作用。而金属离子的价态及周围氧离子的配位状态，又受

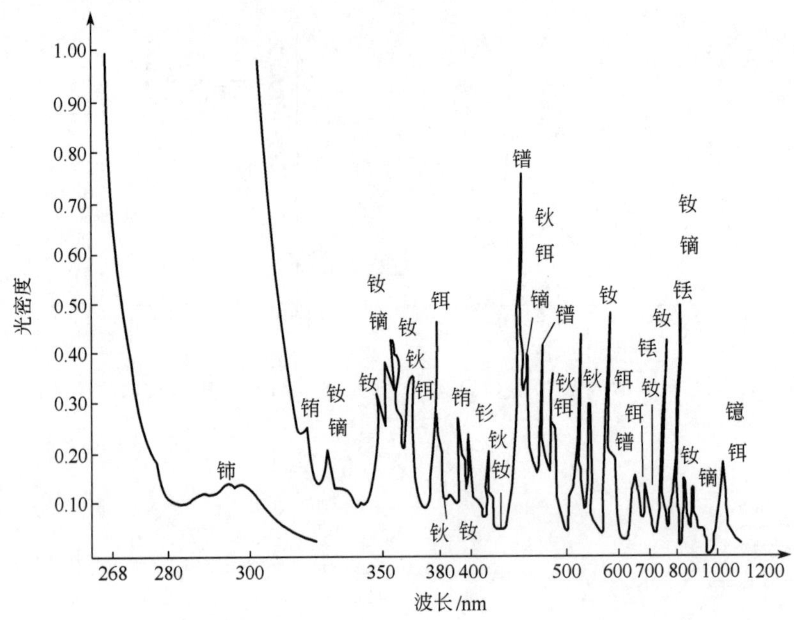

图 5-44　稀土离子的吸收

玻璃的基础成分、熔制工艺（包括温度、气氛和时间）等因素的影响，情况错综复杂，下面就这些影响着色的有关问题进行分析。

① 影响离子的价态和光谱特性的因素。颜色玻璃的光谱特性不仅随离子的种类而异，而且在很大程度上取决于离子的价态。同种元素的离子，其价态不同时光谱特性也不同。例如，Fe^{3+} 与 Fe^{2+}、Cr^{6+} 与 Cr^{3+}、Mn^{3+} 与 Mn^{2+} 等，虽分别属于同一元素，但由于价态不同，它们的光谱特性各异。

过渡金属离子都是可变价的，在玻璃中也是如此。离子的变价实质上是氧化还原问题。对某一变价离子来说，一定的氧化还原状态必定存在着不同价态之间的平衡关系。影响离子氧化还原状态的因素很多，对玻璃来说主要有：玻璃的基础成分、不同变价离子间的相互作用、熔制工艺以及热处理和光照等。

a. 玻璃的基础成分。玻璃的基础成分直接影响离子的价态。玻璃的酸碱性对离子的氧化还原状态有重要的影响。实践证明，一般在酸性玻璃中（即含 SiO_2、B_2O_3 或 P_2O_5 高的玻璃）离子有利于向低价和高配位转变，而在碱性玻璃中，则有利于转向高价和低配位。因为碱性玻璃游离氧较多，酸性玻璃游离氧较少，故前者易使玻璃保持高价，而后者则有利于低价。例如，锰离子在铅玻璃（高碱玻璃）中以 Mn^{3+} 存在，使玻璃呈紫色，而在硼硅酸盐玻璃中 Mn^{3+} 含量相应减少，玻璃的紫色大为减弱。又如钴和镍在磷酸盐玻璃中以［NiO_6］和［CoO_6］形态存在，而在铅玻璃中则以［NiO_4］及［CoO_4］形态存在。含钴的钠硅酸盐玻璃中含有［CoO_4］基团，玻璃呈蓝色；而在 B_2O_3 玻璃中存在［CoO_6］基团，玻璃呈玫瑰色。硼硅酸盐玻璃中两者同时存在，因而呈紫红色。

玻璃中 R_2O（或 RO）含量越大，游离氧越多，越有利于着色离子保持高价状态。当碱含量（摩尔分数）相同，随着碱金属（或碱土金属）离子半径的增大，R—O 键强减弱，给出游离氧的能力增强，有利于着色离子保持高价状态。因此钾玻璃比钠玻璃更有利于 Mn^{3+} 的存在。

必须指出，玻璃的酸碱性，只是相对而言，一般是根据玻璃中酸性氧化物和碱性氧化物含量的多少，大致估计哪些玻璃偏于酸性，哪些玻璃偏于碱性，其间并无严格的界线。

b. 不同变价离子间的影响。氧化还原是相对的，因此在不同的变价离子相互间也有氧化还原作用。由于不同离子的氧化还原能力不同，彼此间必然发生氧化还原反应。根据它们氧化能力的大小可按下列顺序排列：

$$Cr^{6+} > Mn^{3+} > Ce^{4+} > V^{5+} > Cu^{2+} > As^{5+} > Sb^{5+} > Fe^{3+} > Sn^{4+}$$

氧化能力大的氧化物能氧化氧化能力小的氧化物，同时它本身被还原。例如 Sb_2O_5 对于 FeO 来说是氧化剂，但对于 CrO_3 来说却是还原剂，其余类推。因此，在玻璃的实际熔制过程中，由于受温度和变价氧化物浓度等因素的影响，情况要复杂得多。

c. 熔制工艺因素的影响。玻璃在熔制过程中，变价离子的高低价态之间存在着动态平衡关系，如：

$$Cr^{6+}(\text{黄绿色}) + 3e^- \rightleftharpoons Cr^{3+}(\text{绿色})$$

$$Mn^{3+}(\text{紫色}) + e^- \rightleftharpoons Mn^{2+}(\text{无色或弱黄色})$$

$$Cu^{2+}(\text{蓝色}) + e^- \rightleftharpoons Cu^{+}(\text{无色})$$

显然这些平衡将影响玻璃的最后着色。一般来说，熔制温度越高、熔制时间越长（有利于高价氧化物的分解），越有利于着色离子从高价转向低价。熔制时保持氧化气氛（或配合料中引入氧化剂）有利于着色离子从低价向高价转变。反之，在还原气氛下（或加入还原剂）则有利于从高价转向低价。

表 5-34 表示硅酸盐玻璃中加入氧化剂 CeO_2 时，Fe^{3+}/Fe^{2+} 比值显著增加。

表 5-34　氧化剂 CeO_2 引入量不同时，Fe^{3+} 与 Fe^{2+} 浓度比

氧化剂 CeO_2 引入量/%	0	0.07	0.1
Fe^{3+}/Fe^{2+} 浓度比	3.3	14.4	20.6

d. 光照和热处理。光照和热处理也能引起变价离子不同价态之间的转变。例如，无色透明的玻璃中当含有0.05%的金离子和0.05%～0.1%的氧化铈，经紫外线照射后在其内部进行氧化还原反应，使金离子还原成原子状态，若进一步热处理可产生金的胶体着色。

$$Ce^{3+} + h\nu \longrightarrow Ce^{4+} + e^-$$

$$Au^{+} + e^- \longrightarrow Au^{0}$$

又如在含有 Fe 和 Mn 两种离子的玻璃中，经光照后，进行氧化还原反应使玻璃从原有的淡黄绿色转为浅紫色，这种光照作用在300～400℃温度下退火后玻璃的颜色又将复原。

$$Fe^{3+} + Mn^{2+} \underset{\text{退火}}{\overset{h\nu}{\rightleftharpoons}} Fe^{2+} + Mn^{3+}$$

当玻璃快速冷却时，由于黏度迅速增加，保持了玻璃在高温时的结构状态，如［CoO_4］及［NiO_4］将处于低配位状态；反之，长时间退火有利于玻璃质点的重排，部分［CoO_4］和［NiO_4］转变为［CoO_6］和［NiO_6］，使玻璃颜色随之改变。

e. 着色离子浓度。一般着色离子加入量越多，它在玻璃中价态的平衡是向高价方向转化，并且配位数的平衡是向低价方向移动。例如，在钠钙硅酸盐玻璃中，氧化铁含量增加时，玻璃中 Fe^{3+} 含量增加（即 Fe^{3+}/Fe^{2+} 比值增加），玻璃的颜色随之由浅蓝绿色向浅黄色变化。见表 5-35。

表 5-35　氧化铁含量不同时 Fe^{3+}/Fe^{2+} 浓度比

氧化铁含量/%	0.5	1.0	1.25	1.5	2.0	2.5
Fe^{3+}/Fe^{2+} 浓度比	5.3	6.0	8.4	9.6	9.7	16.2

② 配位场理论。在玻璃结构中，着色离子总是处于氧离子包围之中，形成各种不同的配位状态。在氧离子电场的作用下（氧离子电场的大小，受附近其他阳离子的影响），着色离子的电子能级将发生变化，而最终影响到离子的光谱特性。离子的光谱特性取决于离子的种类、价态、配位场以及氧多面体附近阳离子等因素。它们之间相互联系，相互制约。这就是配位场理论所要解决的实质性问题。

配位场理论是络合物和络合物溶液的结构理论。目前已把这一理论应用到颜色玻璃方面，成为离子着色的基本理论。它能解释在氧离子配位场（配位体施加于金属离子的电场）的作用下，着色离子的电子能级如何改变，并可根据玻璃的化学成分估计离子吸收带波长的位置以及颜色随成分而递变的规律。

第四周期过渡金属离子的最外层有两个 s 电子（也有例外），d 层有 1～10 个 3d 电子（以下称 d 电子）。d 电子的能量很接近 s 电子的能量，因此都能起价电子的作用。过渡金属的另一共性是它容易和外来离子或分子结合成络合物。这是由于 d 轨道没有充满的结果。d 亚层有 5 个 d 轨道，共能容纳 10 个电子。但过渡金属离子往往只有 1～9 个电子，有空轨道，这就为 d 电子从一个轨道迁移到另一个轨道提供了条件。d 轨道处于离子的外层，因此轨道中的 d 电子要受到周围的配位体（玻璃中的氧离子）电场的强烈影响。图 5-45 是 5 个 d 轨道的示意图，可以看出它们具有显著的方向性。

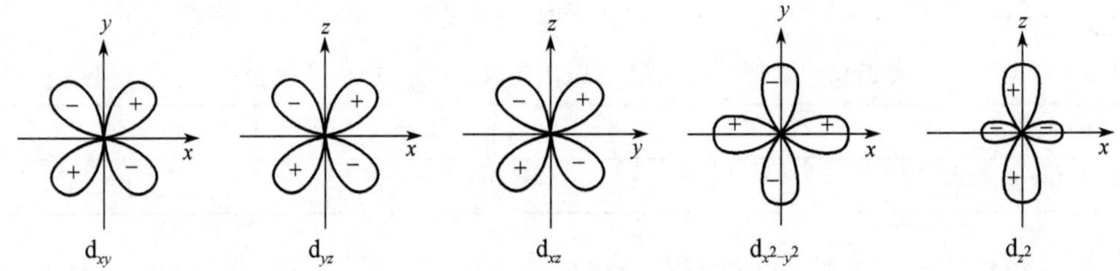

图 5-45　5 个 d 轨道的示意图

配位场理论认为，当过渡金属离子作为“自由离子”存在，即没有配位体而远离其他离子的影响时，5 个 d 轨道具有相同的能值，这种情况称作能级简并。此时 d 电子从任何一个 d 轨道转移到另一个 d 轨道时无需吸收能量，因此没有光吸收，显然不会着色。但在实际中（例如在固体或溶液中）常处于阴离子或分子包围中，与阴离子或分子形成了配位多面体。此时，在配位体电场的作用下，原来简并的 5 个 d 轨道能级就会发生分裂，能级不再相同。能级分裂的方式和程度主要与配位体的排列和对称性有关。在玻璃中，着色离子通常有两种配位状态即 6 配位（形成正八面体）和 4 配位（形成四面体）。现将过渡金属离子在八面体配位场和四面体配位场下的能级分裂情况分述如下：

八面体配位：当 6 个相同的配位体分别沿 $\pm x$、$\pm y$、$\pm z$ 的方向向中心离子接近形成正八面体络离子时，配位体就与 d_{z^2} 和 $d_{x^2-y^2}$ 轨道处于迎头相撞的状态，见图 5-46（a），因此配位体的负电荷必将排斥 d_{z^2} 和 $d_{x^2-y^2}$ 轨道的电子，使这两个轨道的能量上升；而 d_{xy}、d_{xz} 和 d_{yz} 轨道的电子云正好插入配位体的空隙中间，见图 5-46（b），受到较小的排斥，因此，这三个轨道的能量降低。这样，在八面体的络合物中，配位体的电场把原来具有相同能量的 5 个 d 轨道分裂为两组：一组是能量较高的 d_{z^2} 和 $d_{x^2-y^2}$，称为 d*r* 轨道；另一组是能量较低的 d_{xy}、d_{xz} 和 d_{yz} 轨道，称 d*e* 轨道。这两组轨道的能量差叫作 Δ 或 $10D_q$（晶体场分裂强度）。图 5-47 为 d 轨道在不同配位场中 Δ 的相对值。

从图 5-47 可以看出：

$$E_{dr}-E_{de}=10D_q(=\Delta) \tag{5-74}$$

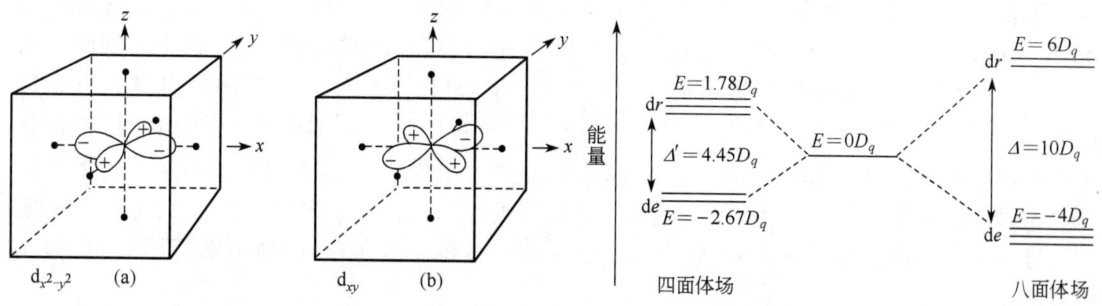

图 5-46　5 个 d 轨道在正八面体配位场中的情况

图 5-47　d 轨道在不同配位场中 Δ 的相对值

式中，E_{dr} 为高能轨道 dr 的能量；E_{de} 为低能轨道 de 的能量；Δ 或 $10D_q$ 为分裂后两组轨道的能量差，又称配位场分裂能（它可以根据给定离子的光谱中某一吸收带位置，通过实验求得）。

由于 d 轨道在分裂前后的总能量保持不变，而在 dr 轨道上可容纳 4 个电子，de 轨道上可容纳 6 个电子，因总能量变化为零，即有：

$$4E_{dr}+6E_{de}=0 \tag{5-75}$$

解式(5-74) 和式(5-75) 可得：

$$E_{dr}=6D_q=0.6\Delta \qquad E_{de}=-4D_q=-0.4\Delta$$

根据量子力学的计算，影响 Δ 值大小的因素可由下式表示：

$$\Delta(10D_q)=\frac{5}{3}\times\frac{eqr^4}{R^5} \tag{5-76}$$

式中，e 为电子电荷；r 为 3d 电子离原子核的平均距离（约等于着色离子的半径）；q 为配位体的电荷或电矩（包括由极化产生的偶极矩）；R 为金属离子中心至配位体中心的距离。

从式(5-76) 可以看出，配位体的特性（包括电荷、大小、极化和变形等）对 Δ 值有重要的影响。

四面体配位：图 5-48（b）示出 d_{xy} 轨道的四个部分，每个部分指向立方体边线的中心点，并和一个配位体接近。这些轨道上的电子受到配位体负电荷的排斥，因而能量上升。图 5-48（a）示出 $d_{x^2-y^2}$（或 d_{z^2}）轨道的每个部分都指向立方体的面心，距离配位体远。因此在四个配位体向中心离子靠近过程中，d_{xy}、d_{xz} 和 d_{yz} 轨道中的电子受到配位体的排斥，使能级上升，而 $d_{x^2-y^2}$ 和 d_{z^2} 轨道的能级相应地下降，由此产生和八面体相反方向的分裂。但是分裂后所产生的能量差 Δ′只有八面体的 4/9，见图 5-47。

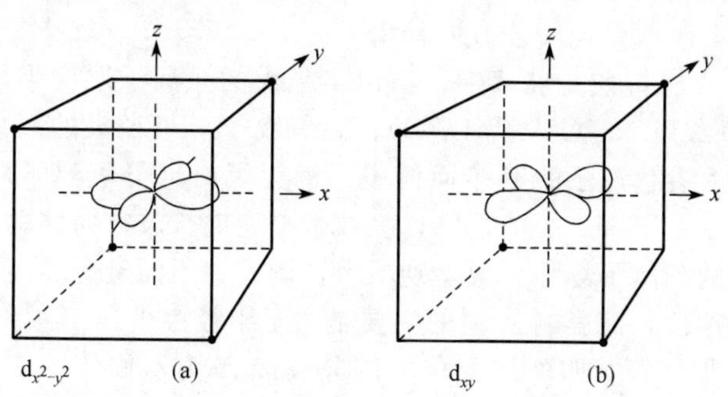

图 5-48　5 个 d 轨道在正四面体配位场中情况

下面以 Ti^{3+} 为例说明它在八面体配位场中光吸收的情况。Ti^{3+} 在 d 轨道中只含有一个电子。在自由离子时，电子可以占据 d 轨道中任一轨道，因为这些轨道是简并的（同能值的)。当 Ti^{3+} 在八面体配位场作用下（例如 $[Ti(H_2O)_6]^{3+}$），5 个 d 轨道便分裂为三个低能轨道组（d_{xy}、d_{xz}、d_{yz}）和两个高能轨道组（d_{z^2}、$d_{x^2-y^2}$），如图 5-49 所示。从图 5-49 可以看出，d*e* 轨道是 $[Ti(H_2O)_6]^{3+}$ 的基态，d*r* 轨道是激发态，电子在 d*r*-d*e* 之间进行跃迁，结果在可见光区产生单一的吸收带，见图 5-50。图中吸收带的位置表明 $[Ti(H_2O)_6]^{3+}$ 的 Δ 值（或 $10D_q$）为 $20000cm^{-1}$，这就是电子从 d*e* 轨道跃迁到 d*r* 轨道所吸收的能值。

从图 5-50 可以看出 $[Ti(H_2O)_6]^{3+}$ 在紫外区和红光区透过最大，因此它呈紫红色。

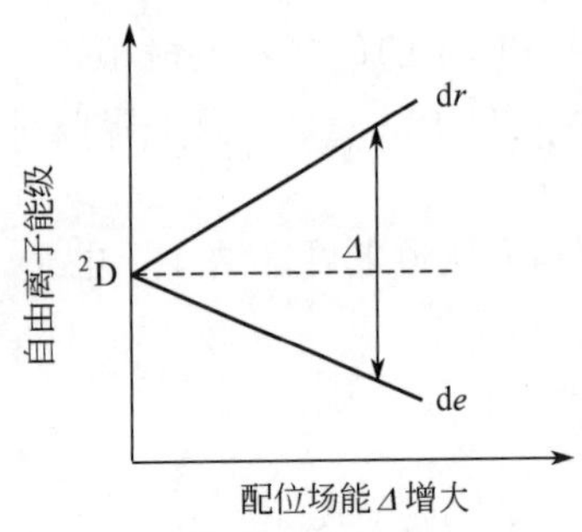

图 5-49　Ti^{3+} 的 d 轨道在八面体配位场中的分裂情况

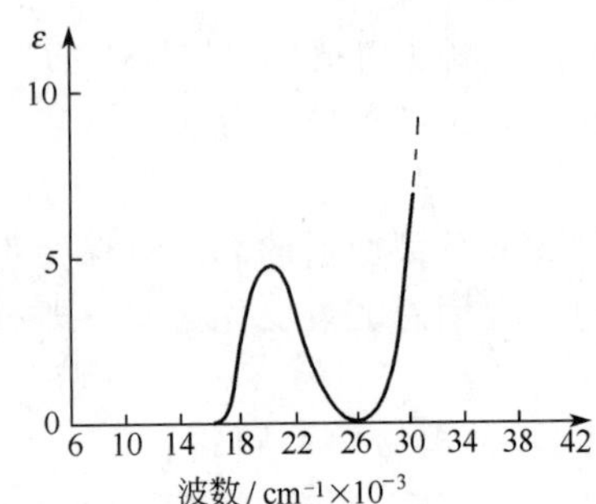

图 5-50　Ti^{3+} 在 $[Ti(H_2O)_6]^{3+}$ 中的光谱特性

③ 影响吸收带波长位置的因素。同一价态的着色离子的吸收带位置，主要取决于氧离子配位场的强度（即有效电场强度）。配位场强度越大，d 轨道分裂后的两组轨道的能量差越大，即 Δ 值越大；反之，Δ 值越小。Δ 值一经确定后，吸收带的位置随之而定。根据式(5-76)，从 r、q 和 R 对 Δ 的作用来看，影响吸收带位置的主要因素有以下几个方面：

a. 阳离子场强。阳离子场强对着色离子的光谱特性有显著的作用。在氧化物玻璃中，氧是配位体，它是不变的。但氧离子本身（施加于着色离子）的有效电场则是可变的（它实际上代表 q 值）。它受附近阳离子场强的作用而改变。例如 Si^{4+}、Ca^{2+}、Na^+ 等阳离子，由于它们的场强不同，对氧离子产生的极化作用也不同（即 $Si^{4+} > Ca^{2+} > Na^+$）。氧离子被其他阳离子极化越大，意味着它对中心金属离子的有效电场的减弱越多。因此，外来阳离子场强越大，氧离子的有效电场下降程度越大，Δ 值也越小，结果吸收带的位置越易向能量较小的长波方向移动。

例如，在钠硅酸盐玻璃中，当以 Na_2O 取代 SiO_2 时，由于 Na^+ 的场强小于 Si^{4+}，使氧离子的极化相对下降，吸收带向短波方向移动。

b. 阳离子半径。在碱硅酸盐玻璃中，当以半径大的碱离子取代半径小的碱离子时（例如以 K_2O 取代 Na_2O 或以 Na_2O 取代 Li_2O），因氧离子对半径大的阳离子屏蔽不完全，阳离子的部分正电场进入着色离子的氧多面体中，消耗了一部分氧离子对中心离子（着色离子）的有效电场，使 q 值下降，Δ 值下降，吸收带相应向长波方向移动。

不同碱金属离子的阳离子场强一般差别不大，因此在不同碱金属离子的取代中，阳离子场强的作用属于次要地位，而影响 Δ 值的主要是离子半径大小。

c. 配位状态。根据计算，四面体配位场的分裂能 Δ 为八面体的 4/9。因此同一价态的着色离子，配位状态不同，吸收带波长位置也不一样。例如，钴离子在八面体 $[CoO_6]$ 时，吸收带在 550nm 附近，将玻璃着色成玫瑰红色，而四面体时则在 620nm 处，使玻璃呈蓝色。

d. 着色离子的价态。对于同一着色离子，当着色离子电价增高时，使 q 值大，所以高价着色离子的 Δ 值比低价的高。因此在其他条件相同的情况下，高价离子的吸收带（比低价离子）总是处于波长较短的波段。例如 Fe^{3+} 的吸收带在紫外区而 Fe^{2+} 吸收带在近红外区。

e. 温度。一般来说，吸收带随玻璃的温度上升向长波方向移动（红移）。这是由于随着温度升高，着色离子至配位体中心的距离 R 增大，根据式(5-76) 可知，由于 R 增大，导致 Δ 值下降，使吸收带位置向长波段方向移动。

（5）几种常见离子的着色

a. 钛的着色。钛可能以 Ti^{3+}、Ti^{4+} 两种状态存在于玻璃中。Ti^{4+} 的 3d 轨道是空的，不能发生“d-d”跃迁，故是无色的。但 Ti^{4+} 强烈吸引紫外线，吸收带常进入可见区的紫蓝光部分，使玻璃产生棕黄色。钛有加强过渡元素着色的作用。钛在铅玻璃中着色特别强烈。在硅酸盐玻璃中，钛一般以 Ti^{4+} 状态存在，难以形成 Ti^{3+}，只有在磷酸盐玻璃中，在还原条件下才能得到紫色的 Ti^{3+}。含 Ti^{3+} 玻璃的透光曲线见图 5-34。另外少量铁、钛或钛、锰共用都能产生深棕色。含钛、铜的玻璃呈现绿色。钛还是制造微晶玻璃的重要成核剂。

b. 钒的着色。钒能以 V^{3+}、V^{4+} 和 V^{5+} 三种状态存在于玻璃中。钒在钠钙硅玻璃中产生绿色。一般认为是 V^{3+} 产生的。图 5-51 是钒在钠钙硅玻璃中的光谱特性。

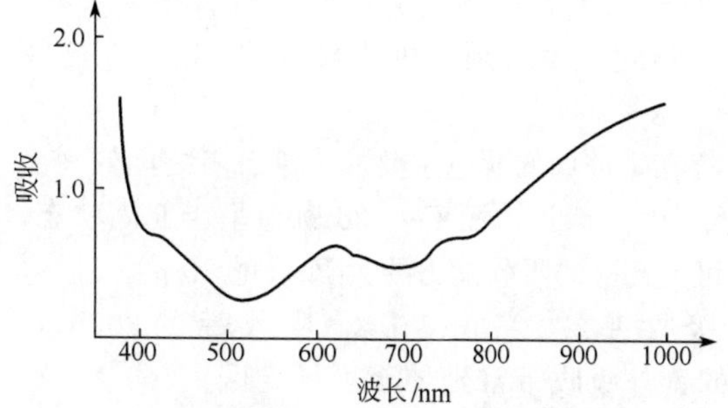

图 5-51　氧化钒在钠钙硅玻璃中的吸收曲线
[玻璃厚度 10mm，含 V_2O_5 0.5%（质量分数）]

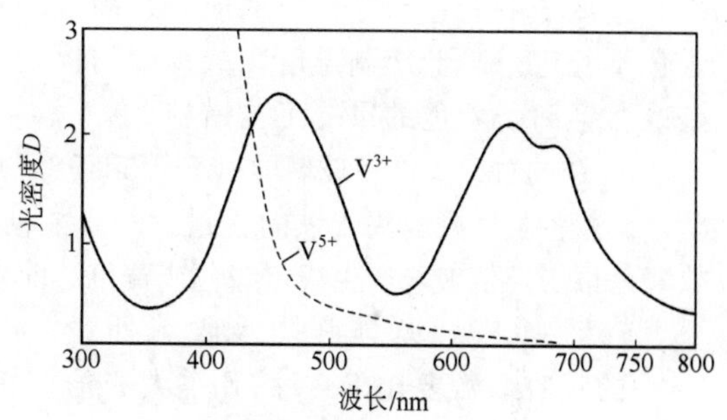

图 5-52　V^{3+} 和 V^{5+} 在玻璃中的光谱特性

V^{3+} 在钠钙硅玻璃中吸收带在 425nm 和 645nm 处，透过率极大值在 525nm 附近，使玻璃呈绿色。含 V^{3+} 的玻璃，经光照还原作用会转变为紫色，被认为是 V^{3+} 还原为 V^{2+} 所致；V^{4+} 的吸收带在 1100nm 红外区处，可见光区无吸收、不着色；V^{5+} 的 3d 轨道是空的，不能发生“d-d”跃迁，故不着色。但在近紫外区有强烈的吸收，有时因向长波方向移动而延伸到紫外区，当 V^{5+} 含量较高时甚至延伸到蓝色区，使玻璃着成黄色至棕色。因此钒的化合物在玻璃着色实践中未得到广泛应用。图 5-52 为 V^{3+} 和 V^{5+} 在玻璃中的光谱特性。

c. 铬的着色。铬在玻璃中总是以两种氧化价态存在，即 Cr^{3+} 和 Cr^{6+}。前者产生绿色，后者产生黄色。在强还原条件下，尤其在碱含量低的玻璃中，可能完全以 Cr^{3+} 出现。Cr^{6+} 在高温下不稳定，所以在玻璃中常以 Cr^{3+} 出现。在碱含量高和熔制温度较低的铅玻璃中，有利于形成 Cr^{6+}，图 5-53 是铬在钠钙硅玻璃中的光谱特性。

铬的着色极为有效，当玻璃中含有 0.1%的 Cr_2O_3 时便能呈现出浓厚的色彩。但是铬的化合物在玻璃中的溶解度小，给铬着色玻璃生产带来困难。当 Cr_2O_3 的浓度大于 1.5%～2%时，在熔体冷却时会析出绿色的 Cr_2O_3 薄片，形成铬金星玻璃。

d. 锰的着色。锰能形成+2～+7 的多种氧化物，但在玻璃中主要以 Mn^{2+} 和 Mn^{3+} 存

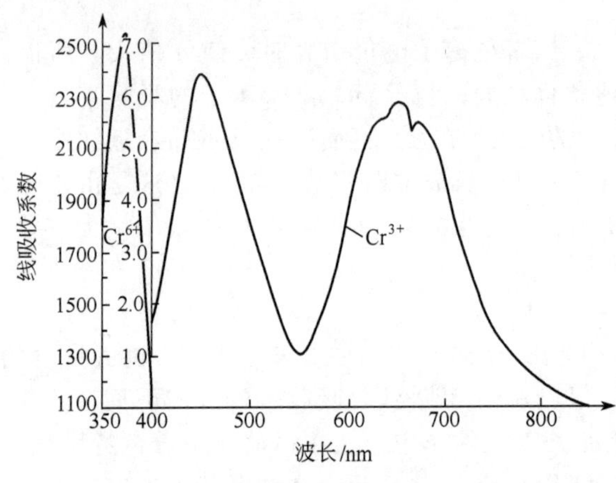

图 5-53　氧化铬在钠钙硅玻璃中的吸收曲线

在，它的高价氧化物在熔制中一般分解为 Mn^{2+} 和 Mn^{3+}。在氧化条件下多以 Mn^{3+} 形态存在，在还原条件下则以 Mn^{2+} 形态存在。

Mn^{2+} 的 3d 轨道为半充满，故着色很弱，近于无色。在 430nm 附近有一弱吸收带。Mn^{3+} 的着色强度比 Mn^{2+} 大得多，它在玻璃中一般以［MnO_6］状态存在，在 490～500nm 处出现强烈吸收，随着周围氧离子极化状态的不同，吸收峰可在 470～520nm 间移动。Mn^{3+} 在紫色和红色部分有较高的透过，呈现紫红色。

锰在钠硼酸盐玻璃中，产生棕色，吸收带在 450nm 附近，随 Na_2O 含量增加吸收带向长波方向移动。在钠磷酸盐玻璃中产生紫色，吸收带在 495nm 附近。在铅硅酸盐玻璃中产生棕红色，吸收带在 490nm 附近。

锰离子的着色与基础玻璃成分、周围配位体的极化状态、熔制温度、气氛有很大关系，着色不稳定。降低熔制温度，减少锰的挥发，采用氧化气氛有利于生成较多的 Mn^{3+}，这些是改善锰离子着色的重要工艺措施。

e. 铁的着色。铁在玻璃中以 Fe^{3+} 和 Fe^{2+} 形式存在，玻璃的颜色主要取决于二者之间的平衡状态。着色强度则取决于铁的含量。Fe^{2+} 能使玻璃产生浅蓝色，而 Fe^{3+} 3d 轨道呈半充满状态，故着色很弱，使玻璃产生浅黄绿色或黄色。前者在可见光区的吸收能力约为 Fe^{3+} 的 10 倍。

Fe^{3+} 和 Fe^{2+} 均能强烈吸收紫外线，Fe^{3+} 吸收带在 225nm，Fe^{2+} 吸收带在 200nm。Fe^{3+} 的吸收系数要比 Fe^{2+} 的几乎大一倍，它们的紫外吸收带常延伸至可见光区。

Fe^{3+} 分别在 380nm、420nm、435nm 有三个弱吸收带。Fe^{2+} 在 1050nm 有一个吸收带，故吸收红外线。图 5-54 是 Fe^{3+} 和 Fe^{2+} 离子在钠钙硅玻璃中的光谱特性。

在磷酸盐玻璃中，在还原条件下，铁有可能完全处于 Fe^{2+} 状态，它是著名的吸热玻璃，其特点是吸热性好，可见光透过率高。为提高化学稳定性必须加入适当的稳定剂如 Al_2O_3、MgO 及 ZnO。根据铁离子的紫外和红外吸收特性，常用来生产太阳眼镜和电焊片玻璃。

影响 Fe^{3+}/Fe^{2+} 比值的主要因素有：玻璃熔制温度和时间（提高熔制温度，有利于 Fe^{2+} 含量的增加，反之亦然）；气氛（氧化气氛有利于增加 Fe^{3+} 含量，还原气氛有利于增加 Fe^{2+} 含量，故吸热玻璃的熔制必须保持强还原气氛）；玻璃组成（在碱硅酸盐玻璃中，随 Na_2O 含量的增加，Fe^{3+} 含量也增加。故用铁作着色剂的玻璃，组成的酸碱性对着色的深浅影响较大）；铁含量（铁含量增加，Fe^{3+} 增加）等。

f. 钴的着色。在一般玻璃熔制条件下，钴常以低价钴 Co^{2+} 状态存在。故实际上钴在玻璃中不变价，着色稳定，受玻璃组成和熔制工艺条件影响较小。根据玻璃成分不同，Co^{2+} 在玻璃中可能有［CoO_6］和［CoO_4］两种配位状态，前者吸收带处于 550nm 附近，颜色偏紫；后者吸收带在 620nm 附近，颜色偏蓝。但在硅酸盐玻璃中多以［CoO_4］出现，［CoO_6］较多地存在于低碱硼酸盐和低碱磷酸盐等偏酸性玻璃中。图 5-55 为［CoO_6］和［CoO_4］两种配位状态的光谱特性。钴的光谱特性和玻璃组成有较大关系：在碱硼酸盐玻璃中当 $Na_2O:B_2O_3=1:5$ 时，在 630～690nm 处出现一个吸收峰，在近红外 1250nm 和 1750nm 处也出现吸收峰。

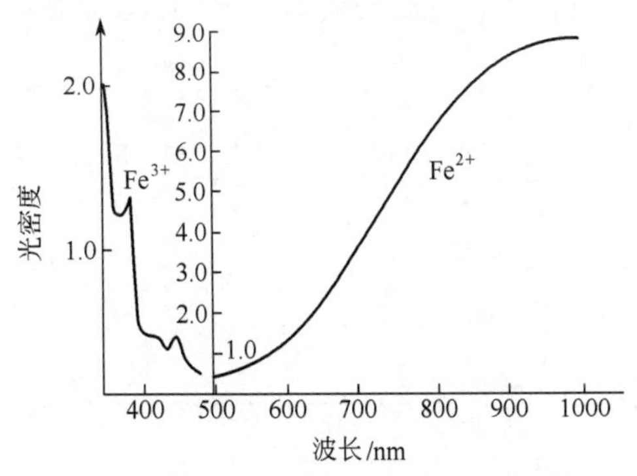

图 5-54　Fe^{2+} 和 Fe^{3+} 的吸收曲线

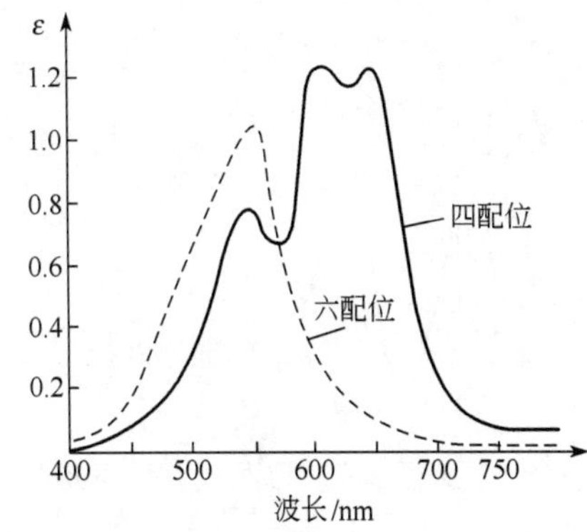

图 5-55　钴离子 [CoO_6] 和 [CoO_4] 的光谱特性

在二元碱硅酸盐玻璃中，当以 K_2O 取代 Na_2O 时，因阳离子半径增大，使配位场分裂能 Δ 下降，Co^{2+} 的吸收带移向长波，颜色呈纯蓝色。在钠硅酸盐玻璃中随 Na_2O 含量增大，颜色也从紫色转变为蓝色，在钠硼酸盐玻璃和钠磷酸盐玻璃中也有类似现象。这与 Co^{2+} 从 [CoO_6] 向 [CoO_4] 转变有关。

玻璃的熔制温度和热历史对钴离子的着色也有一定的影响。玻璃熔制温度的升高，金属离子周围的氧离子数目会减少，有利于生成 [CoO_4]，并在急冷时易保持这一低配位状态。

钴的着色能力很强，只要引入 0.01% Co_2O_3，就能使玻璃产生深蓝色。钴不吸收紫外线，在磷酸盐玻璃中与氧化镍共用制造黑色透短波紫外线玻璃。在高能辐射下，钴玻璃会发生变色现象，而且变色稳定，变色程度与高能辐射的剂量成一定比例关系，因此常用于生产剂量玻璃。

g. 镍的着色。镍与钴类似，在玻璃中不变价，一般以 Ni^{2+} 状态存在，故着色也较稳定。Ni^{2+} 在玻璃中也有 [NiO_6] 和 [NiO_4] 两种状态，因此其光谱特性与基质玻璃的组成有关，尤其与玻璃中所含的碱有关。在钾硅酸盐玻璃中，镍主要以 [NiO_4] 存在，光透过的极大值在可见光区的边缘，即在紫色和红色区，使玻璃呈灰紫色。而在钠硼酸盐玻璃中，由于硼的存在，Ni^{2+} 主要以 [NiO_6] 状态存在，吸收带处于较短波段，呈灰黄色。图 5-56 为镍在这两种玻璃中的光谱曲线。

试验证明，在碱钙硅酸盐玻璃中，随着碱离子半径的增大，给氧能力增强，Ni^{2+} 由以 [NiO_6] 为主逐渐过渡到以 [NiO_4] 为主，玻璃着色由灰黄色逐渐变为紫色。

玻璃的热历史对 Ni^{2+} 的着色有一定的影响。淬火玻璃保留高温的低配位 [NiO_4] 较多，吸收带处于长波段，退火玻璃则含高配位 [NiO_6] 较多，吸收带处于较短波段。

h. 铜的着色。根据氧化还原条件的不同，Cu 以 Cu^0、Cu^+ 和 Cu^{2+} 三种价态存在于玻璃中。Cu^{2+} 呈现天蓝色（Cu^{2+} 在不同玻璃中的光谱特性见图 5-42 和图 5-43）。Cu^+ 因 3d 轨道为全充满，故是无色的。原子状态的 Cu^0 能使玻璃产生红色或呈过饱和态时而形成铜金星玻璃。由于 Cu^{2+} 在红光区有强烈的吸收，因此常与铬用于制造绿色信号玻璃。

在碱硅二元玻璃中若以半径大的碱离子取代半径小的碱离子时，吸收带将向长波方向移动。碱土金属也有类似的作用。见图 5-57。

在钠硼玻璃中，Na_2O 含量低时，Cu^{2+} 为绿色。随着 Na_2O 含量增大，颜色由绿转为青绿直至湖蓝色。Cu^{2+} 在铅玻璃中产生绿色。

i. 铈的着色。铈能以 Ce^{3+} 和 Ce^{4+} 两种状态存在于玻璃中，Ce^{4+} 的 4f 轨道全空（$4f^0$），可见光区透过率很高，但强烈地吸收紫外线，克罗克斯眼镜片玻璃正是利用铈的这一特性来制造的。在一定条件下，Ce^{4+} 的紫外吸收带常进入可见光区，使玻璃产生淡黄色。

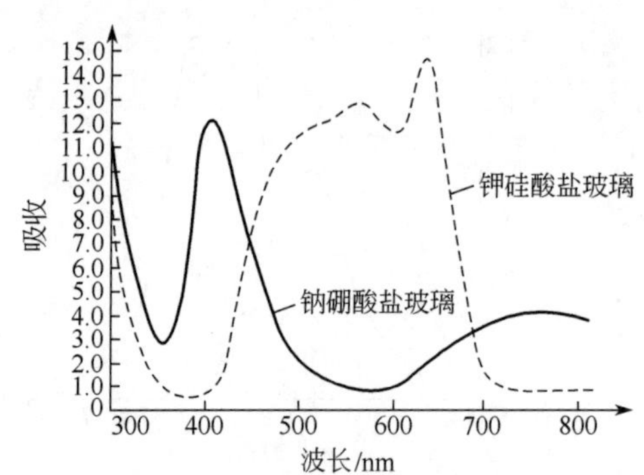

图 5-56　镍在钠硼酸盐和钾硅酸盐玻璃中的光吸收曲线

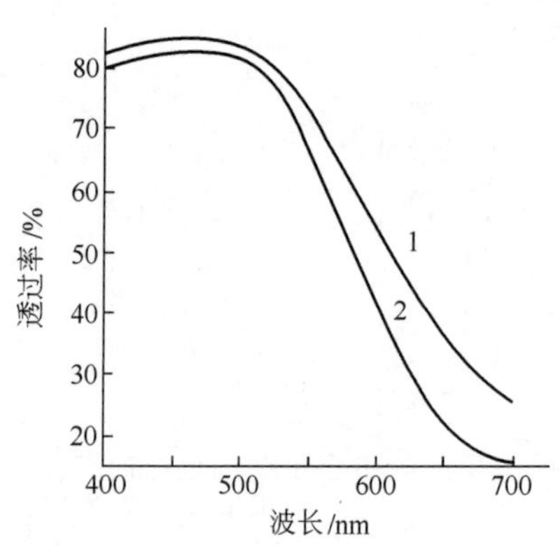

图 5-57　含铜玻璃的透光曲线

1—含铜玻璃的典型透光曲线；2—以 Mg^{2+} 取代 Ca^{2+} 时，含 Cu^{2+} 玻璃的透光曲线（玻璃的红光吸收增加）

含有氧化铈的玻璃，在强电场作用下具有防止辐射变色的作用。如彩色显像管玻璃，当电子束在高电压作用下射到荧光屏上后约有 0.25%的动能转化成 X 射线，荧光屏玻璃在电子束和 X 射线的作用下产生自由电子或空穴。众所周知，在玻璃网络中存在着各种缺陷，而这种缺陷与 X 射线和电子束辐射下产生的自由电子或空穴复合将形成“色心”，因被“色心”捕获的自由电子或空穴都具有一定的能带结构，其能级间距相当于可见光谱的光子能量，使它们在可见光区产生吸收而着色。但当玻璃中有铈存在时［引入 0.2%（质量分数）］，辐射引起的自由电子或空穴首先与铈离子反应（铈发生价态改变，但其价态变化引起的吸收带位于紫外区，故不发生着色和影响透过率），不引起色心建立，即 Ce^{4+} 捕获自由电子，Ce^{3+} 捕获空穴，从而防止了辐射变色。正是由于这一特性，铈成为制造感光玻璃的重要增感剂。

铈和钛可使玻璃产生金黄色。在不同的基础玻璃成分下变动铈与钛比例，可以制成黄、金黄、棕、蓝等一系列的颜色玻璃，它们是重要的混合着色剂材料，通常称为“铈钛黄”。

j. 钕的着色。钕以 Nd^{3+} 状态存在于玻璃中，一般不变价。4f 轨道为 $5s^2 5p^6$ 轨道所屏蔽，因此它的光谱特性和着色都十分稳定，受玻璃组成和工艺的影响都较小。不同碱金属离子和碱土金属离子对含钕玻璃光谱特性有一定的影响，钕的吸收带随上述阳离子的场强增大而变宽，即：$Li^+ > Na^+ > K^+ > Rb^+$；$Mg^{2+} > Ca^{2+} > Sr^{2+} > Ba^{2+}$。

含钕玻璃的光谱特性比较复杂，从紫外、可见光到红外光区出现一系列尖峭的吸收峰（见图 5-58），而且吸收峰的位置十分稳定，常用作校正分光光度计的标准玻璃。Nd^{3+} 的电子能级具有长寿命的激发态（即亚稳态），故可以作为激光物质。含钕玻璃是著名的固体激光材料。

钕玻璃在黄光（586nm）和绿光（530nm）部分有强烈的吸收峰，因此它具有特殊的双色性（即在不同的光源下显示不同的颜色）。钕在玻璃中产生美丽的紫红色，可用于制造高级艺术玻璃制品。其紫色能与铁的黄绿色互补，是良好的脱色剂。

（6）离子的混合着色

在实际生产中，常常是同时使用两种或两种以上的着色物质进行着色。选择合适的混合着色剂可以制得比加入单一着色剂更鲜艳的颜色玻璃，而且创造了能与天然色彩相媲美的各种色调，绚丽多彩。

a. 铈钛混合着色。使用氧化铈和氧化钛的混合着色，可以获得令人满意的金黄色玻璃，

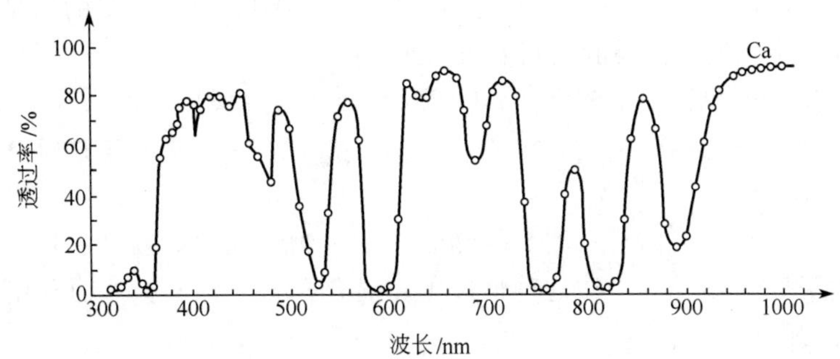

图 5-58　含钕玻璃（2mm）光谱特性

适于制造低热膨胀系数的耐热黄玻璃，它熔制简便，澄清良好，且不必进行显色处理，这些都是镉黄玻璃难以达到的。

在铈钛着色时，保持一种着色剂的含量不变，增加另一种着色剂的含量，均能使光谱的吸收极限向长波区域移动，色泽加深。

玻璃的基础组成对铈钛着色玻璃的光谱特性有显著的影响。在硅酸盐玻璃中随着碱金属阳离子半径的增加，其光谱吸收极限向长波方向移动，着色加深。碱土金属也有类似作用；对酸性氧化物（如 B_2O_3）含量高的玻璃可以使铈钛获得很深的颜色，甚至少量的 CeO_2 和 TiO_2 也能获得较深的色泽，单独引入 CeO_2 或 TiO_2 也可获得深棕黄色。

另外气氛对铈钛着色的光谱特性也有影响。熔制过程中随着还原气氛的不断加强，玻璃色泽加深，透光率降低。

使用铈钛着色的玻璃可在中性、弱氧化或弱还原气氛中进行。但由于这类玻璃组成中含有较高的 TiO_2，故在成形时要避免瓷化（晶化），操作要迅速，如果采用人工成形，挑料次数要少。显色处理对这类玻璃的光谱特性影响很小。

b. 锰和钴的混合着色。图 5-59 和图 5-60 为 Mn^{3+} 和 Co^{2+} 的 ε-λ 曲线，这两个曲线有一个共同点，就是两头低中间高，这就使锰和钴可混合使用以获得紫和蓝之间的多种色调（红＋蓝＝紫）。但必须注意，由于 Co^{2+} 的 ε 值大，曲线陡峭，吸收峰和透射峰之间差距大，即 Co^{2+} 的着色能力比 Mn^{3+} 强。因此混合使用时应当钴少锰多，否则锰的作用不明显，色调的变化也就不显著。由于 Co^{2+} 不需要氧化（无还原作用），因此对于高价锰（Mn^{3+}）的存在影响不大。

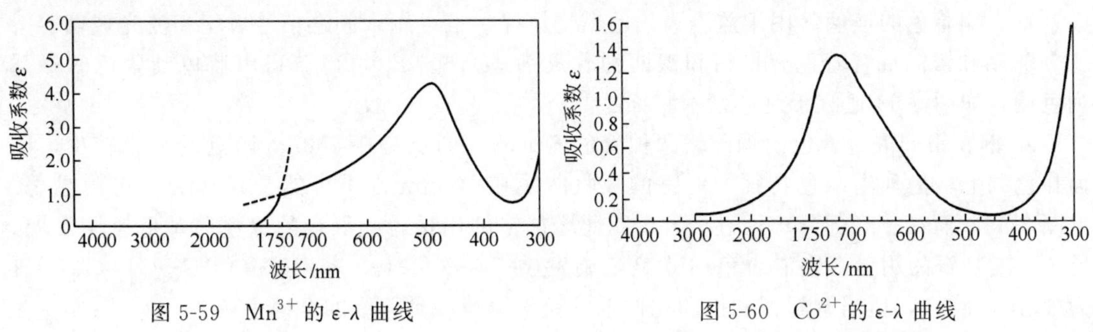

图 5-59　Mn^{3+} 的 ε-λ 曲线

图 5-60　Co^{2+} 的 ε-λ 曲线

从 Co^{2+} 的光谱特性看，蓝色之中带有紫色的色调，Mn^{3+} 的加入由于其中一部分会转化成 Mn^{2+}（Mn_2O_3 在高温下分解），而 Mn^{2+} 的 ε-λ 曲线吸收紫色较多，吸收蓝色甚少，因此适量的 Mn^{2+} 能增加 Co^{2+} 的蓝色色调。但当 Mn^{3+} 存在量很大时，则反过来，对蓝色的吸收多于紫色和红色（见图 5-59），因此能增加紫的色调。总之，锰的用量不仅起着调节色调的作用，在适当比例下锰还能起到节约钴的作用。

c. 锰和铬的混合着色。少量的 $K_2Cr_2O_7$ 和 MnO_2 混合使用，能大大加强玻璃的紫色，显然这是由 Cr^{6+} 保持了 Mn^{3+} 的高价状态。但是当进一步增加铬的用量时，玻璃会带有显著的灰色色调。

将 Cr^{3+} 和 Mn^{3+} 的吸收曲线（图 5-53 和图 5-59）叠加起来，就几乎把整个可见光范围的光谱全部吸收了，见图 5-61。在这种情况下，混合失去了意义。然而利用这种原理可以制得黑色或黑色透红外线玻璃。

d. 锰和铁的混合着色。锰和铁的混合可以产生褐紫色或黄棕色。色调随混合着色剂的用量和具体情况而不同，缺乏规律性，其原因可能在于 $Mn^{3+}+e^- \rightleftharpoons Mn^{2+}$ 和 $Fe^{3+}+e^- \rightleftharpoons Fe^{2+}$ 的平衡，以及锰和铁之间的复杂关系。这些关系随着混合剂的含量、熔制温度和气氛而改变，不能一概而论，要具体分析。

锰铁着色的玻璃因原料价格便宜，可制作廉价的包装容器或武器瞄准装置用的玻璃。

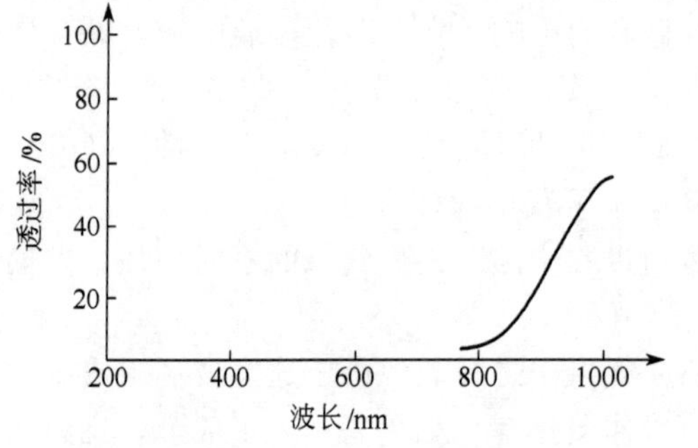

图 5-61　铬和锰在 Na_2O-CaO-SiO_2 系统中的光谱曲线［Cr_2O_3 0.5%（摩尔分数），Mn_2O_3 2.0%（摩尔分数）］

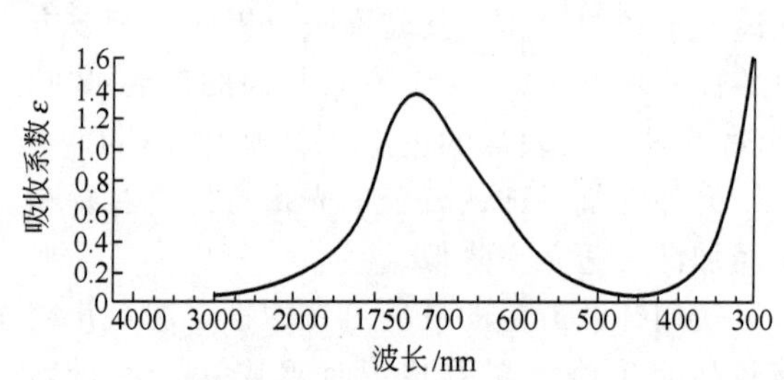

图 5-62　Cu^{2+} 的 ε-λ 曲线

e. 钴和铜的混合着色。从 Co^{2+} 的 ε-λ 曲线（见图 5-60）和 Cu^{2+} 的 ε-λ 曲线（见图 5-62）可以看出，钴能吸收 500nm 以上的波长，正好消除铜的绿色成分，而铜能吸收 650nm 以上的波长，正好消除钴的红色成分。结果，两者的配合可得到浅蓝到淡青之间的色调，特别在钴用量不多时，效果更佳。

钴、铜着色的玻璃常用于监测火焰的燃烧情况，也可用来制造信号玻璃和滤光玻璃。

f. 钴和镍的混合着色。将钴和镍两种着色剂适当配比，可以获得由蓝色到紫色的一系列色调，如图 5-63 适宜于制作艺术装饰品。

g. 铜和铬的混合着色。铜和铬两种着色离子的共同点是在 500nm 附近的吸收较少，因而在色调上均呈现出绿色特征。但铬的吸收曲线在 500nm 以下突然升高（Cr^{6+} 更为显著，见图 5-53）而在黄光部分却透过很大，因此增加铬的用量，则混合的绿色向黄色色调发展；反之，增加铜的用量，则混合色向蓝色色调发展。在实际上，若以 CuO：Cr_2O_3＝1.5：1 为中心（纯绿），适当调配铜和铬的比例，可获得由黄绿到蓝绿的全部色调。

h. 铁和钴的混合着色。铁与钴的混合着色可以获得灰色（略带淡黄色调），又称中性灰玻璃。随着铁、钴的比例不同，可以获得一系列深度不同的中性玻璃。

i. 铁、铬、铜、镍混合着色。这四种着色剂的混合使用，基本上将紫外和红外部分光能全部吸收，而让少量的可见光透过，玻璃呈黑色。使用一般的光源很难测定其光谱曲线，

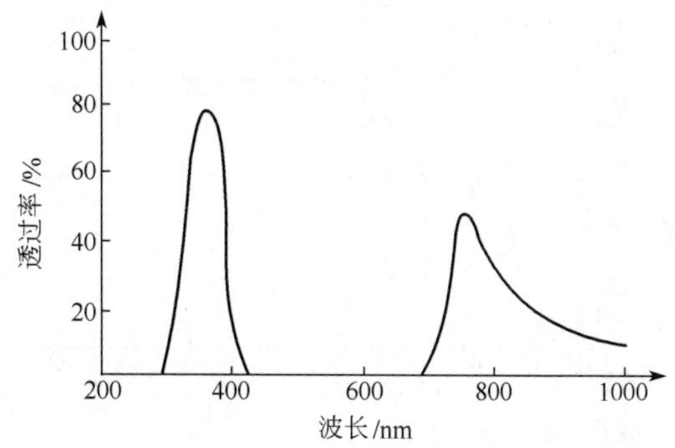

图 5-63　钴和镍在 Na_2O-CaO-SiO_2 系统中的光谱曲线
[CoO 0.025%（摩尔分数），NiO 0.052%（摩尔分数）]

仅在制品很薄的条件下或使用特殊光源才能测得其光谱曲线。

这类玻璃适宜于制造电焊护目玻璃，它是一种用途很广的劳动防护玻璃。

从上述混合着色的几个实例可以说明一个规律，即两种着色离子的综合效果，可以从它们的吸收曲线叠加中推测得知，但对离子间相互产生价态变化的铬和锰、铁和锰的混合着色不适用。

5.9.2　硫、硒及其化合物的着色

在颜色玻璃制造中，使用硫、硒及其化合物的着色可以得到颜色鲜明、用途广泛的一系列制品。尤其是镉黄和硒红玻璃颜色纯正，光吸收曲线最陡峭，广泛应用于艺术玻璃、建筑玻璃、信号玻璃和滤光玻璃等领域。

硫和硒同是周期表中第六主族元素，属于典型的非金属元素。它们可能有－2、0、＋4、＋6 等四种价态。根据玻璃组成和熔制条件不同，它们在玻璃中可以存在下列几种状态：

① 硫化物和硒化物：在还原条件下形成。例如无色的 Na_2S、Na_2Se 以及棕色的 FeS、FeSe 等。

② 多硫化物和多硒化物：在弱还原条件下形成。例如 Na_2S_x 和 Na_2Se_x 等。

③ 硫酸盐和硒酸盐：在氧化条件下形成。例如无色的 Na_2SO_3 和 Na_2SeO_3 等，在还原条件下它们又进一步分解。硫和硒也能与氧直接反应生成气态的 SO_2 和 SeO_2。

④ 单质硫硒：存在于中性偏氧化条件下。

上述四种形态在玻璃中存在着一定的平衡关系，这些平衡关系将随玻璃组成、熔制制度和氧化-还原条件的变化而发生改变。同时硫、硒熔点低，挥发性大，所有这些都决定了硫、硒及其化合物在玻璃中着色的不稳定性，给生产带来一系列困难。

下面介绍几种常见的硫、硒及其化合物着色的玻璃。

(1) 硫硒着色玻璃

① 硫硒着色玻璃的光谱特性和颜色。硫和硒在中性和弱氧化性气氛中都能使玻璃着色。适量的单质硫可使玻璃呈现淡黄色，单质硒在中性条件下可使玻璃呈现淡紫红色。在氧化条件下其紫色显得更纯更美，若氧化气氛过强将生成 SeO_2 或无色硒酸盐，使玻璃着色减弱或不着色。为防止产生无色碱硒化物以及棕色的 FeSe，又必须严防还原作用（为消除有机杂质的影响，熔制一般在弱氧化条件下进行）。图 5-64 为单质硫、硒和硫硒混合着色玻璃的光谱曲线。

② 硫硒含量对光谱特性的影响。硫硒混合着色玻璃其颜色比硫碳着色略红。图 5-65 为在 Na_2O-CaO-SiO_2 玻璃中 Se 含量不同时，对光谱曲线的影响。由图可见，随 Se 引入量的

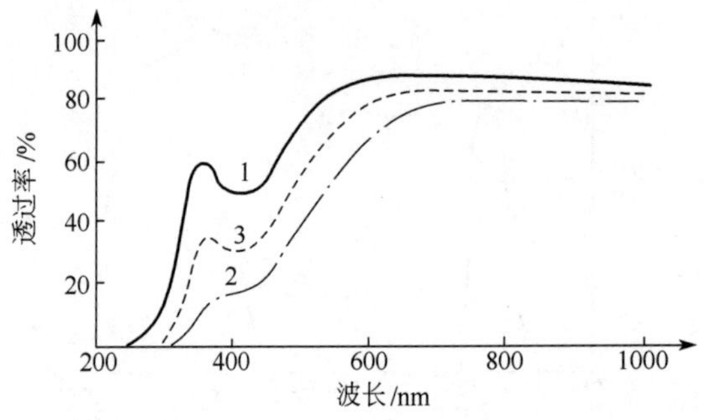

图 5-64　单质硫、硒和硫硒混合着色玻璃的光谱曲线

组成/%（摩尔分数）：SiO_2（72.0）、Al_2O_3（2.0）、CaO（6.0）、ZnO（2.0）、Na_2O（18.0）

1—0.5%（质量分数）S；2—0.5%（质量分数）Se；3—1.0%（质量分数）S 和 0.5%（质量分数）Se

增加，光谱吸收曲线向长波区域移动，颜色加深，透过率下降。

图 5-66 为在 Na_2O-CaO-SiO_2 玻璃中当 Se 含量在 0.13%（摩尔分数）时，分别引入 0.5%、1.0%和 2.0%（摩尔分数）S 的光谱曲线。由图可见，随着 S 引入量的增加，光谱吸收曲线向长波区域移动，颜色加深，透过率下降。

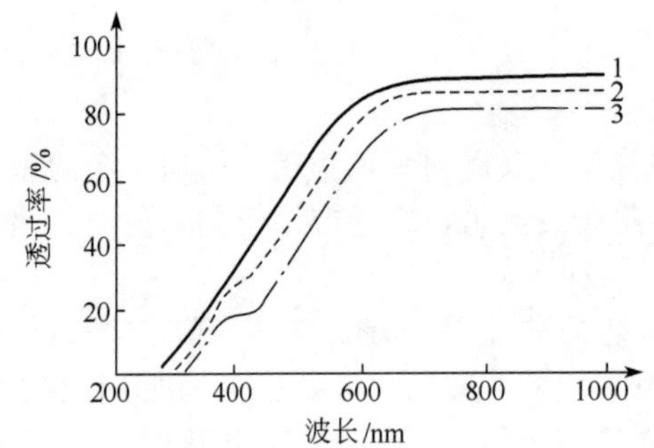

图 5-65　Na_2O-CaO-SiO_2 玻璃中（组成同图 5-64）引入不同量 Se 对光谱曲线的影响

1—0.1%（摩尔分数）Se；2—0.2%（摩尔分数）Se；3—0.4%（摩尔分数）Se

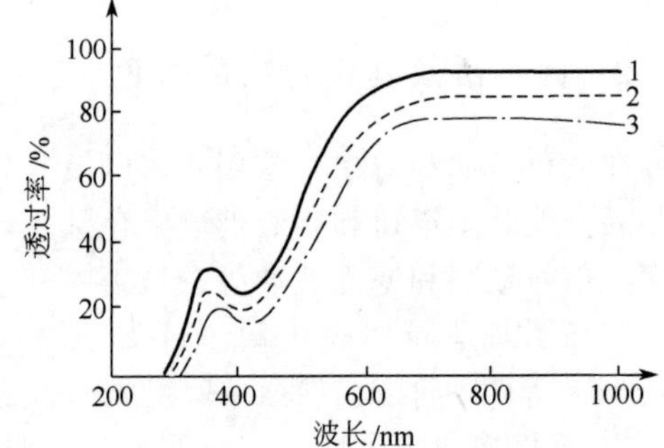

图 5-66　Na_2O-CaO-SiO_2 玻璃中（组成同图 5-64）引入不同量 S 对光谱曲线的影响

1—0.5%（摩尔分数）S；2—1.0%（摩尔分数）S；3—2.0%（摩尔分数）S

（2）硫碳着色玻璃

“硫碳”着色玻璃，颜色棕而透红，色似琥珀，又称琥珀色玻璃。广泛用于瓶罐玻璃和器皿玻璃。在硫碳着色玻璃中，碳仅起还原剂作用，并不参加着色，因此“硫碳着色”一词并不确切，但由于它在国内外已使用多年，流传较广，故一直为人们所采用。

① 着色机理。“硫碳”着色玻璃的着色机理，过去有过不同争论。目前一般认为它的着色是 S^{2-} 和 Fe^{3+} 共存而产生的。道格拉斯（Douglas）等认为，硫碳着色的棕色基团由铁氧四面体中的一个氧离子被硫离子所取代而形成。玻璃中的 Fe^{2+}/Fe^{3+} 和 S^{2-}/SO_4^{2-} 的比值对玻璃的着色情况有重要的影响。一般来说 Fe^{3+} 和 S^{2-} 含量越高，着色越深；反之着色越淡。因此 Fe^{3+} 和 S^{2-} 之积是衡量色心浓度的标志。

② 影响着色的主要因素。影响这类玻璃着色的主要因素是硫的氧化-还原和碳的还原作用。玻璃中杂质离子（如铁离子等）对琥珀颜色的形成也有一定的作用。

a. 硫对玻璃熔体氧化-还原平衡的影响。在硫碳着色玻璃中，决定着色强弱的主要因素是硫的含量，在其他条件固定不变的情况下，增加硫的含量，相对地使“游离氧”浓度减少，玻璃颜色加深。反之，当硫含量减少玻璃着色就相应变淡。这说明玻璃着色强弱在很大程度上取决于硫的引入量。硫是改变玻璃熔体氧化-还原平衡的很敏感因素。图5-67为在Na_2O-CaO-SiO_2系统中引入硫着色的光谱曲线。

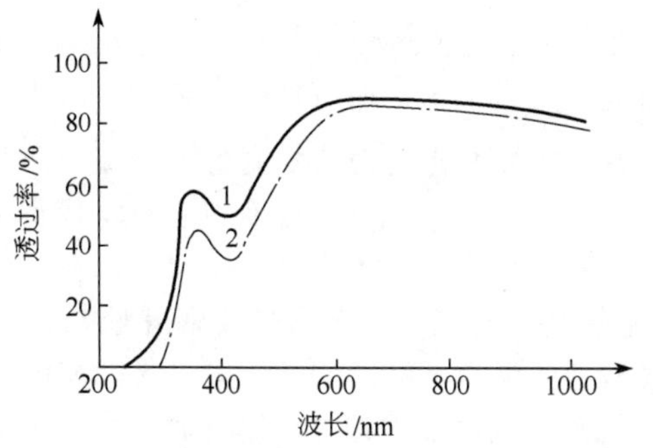

图5-67 Na_2O-CaO-SiO_2玻璃中引入硫着色的光谱曲线
1—0.5%（摩尔分数）S；
2—1.0%（摩尔分数）S

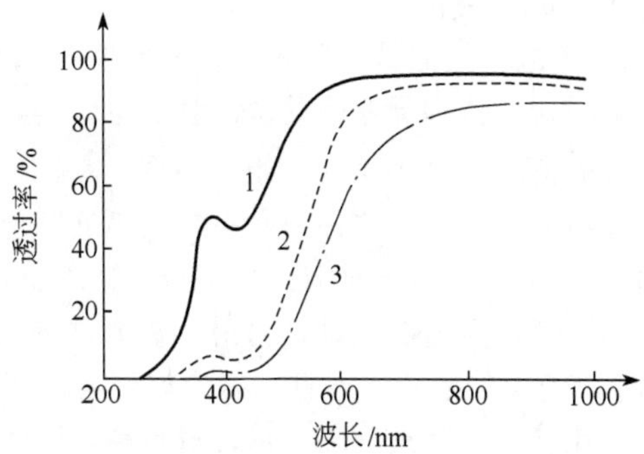

图5-68 碳对硫着色玻璃的光谱特性的影响
1—0.2%（摩尔分数）C和1.0%（摩尔分数）S；
2—0.4%（摩尔分数）C和1.0%（摩尔分数）S；
3—0.8%（摩尔分数）C和1.0%（摩尔分数）S

在玻璃中S^{2-}大部分是处于两个Si^{4+}之间的桥联位置，处于这种状态的Si^{4+}—S^{2-}键的稳定性取决于附近阳离子对S^{2-}的极化作用。一般来说，网络外体阳离子的场强越大（即极化能力越大）Si^{4+}—S^{2-}键的稳定性将越差，S^{2-}的含量越小，最终导致色心浓度下降。实践证明，这种网络外体阳离子的场强对Fe^{2+}/Fe^{3+}比值影响较小。

b. 碳对玻璃熔体氧化-还原平衡的影响。一般认为碳在硫碳着色中并不参与着色，但碳的引入可以减少硫的氧化，随着碳用量的增加，减少“游离氧”的浓度，相应增加了玻璃中残存硫的浓度，使玻璃颜色加深。例如在基础玻璃{SiO_2 72，Al_2O_3 2，CaO 6，ZnO 2，Na_2O 18 [%（摩尔分数）]}中，碳的引入量从0.2%增加到1.6%（摩尔分数）时，对玻璃颜色几乎没有影响。若只引入硫，玻璃颜色也很淡。只有同时引入适量的硫和碳才能使玻璃获得满意的颜色，图5-68所示为碳对硫着色玻璃的光谱特性的影响。

c. 铁离子对玻璃熔体氧化-还原平衡的影响。硫碳着色玻璃中的铁几乎是随原料中杂质与机械操作带入的。铁在玻璃中存在亚铁（Fe^{2+}）和高铁（Fe^{3+}）的平衡关系。Fe^{2+}/Fe^{3+}和S^{2-}/SO_4^{2-}都是氧化还原电对，它们的比值都受玻璃熔体氧活度［熔体氧活度是指熔体系统中总的氧有效性，它必定等于与熔体处于热力学平衡的熔体上空一个大气压（1.013×10^5Pa）下的氧活度］的影响。由于氧化物Fe^{3+}和还原物S^{2-}共存于玻璃之中，故氧活度的增减对Fe^{3+}和S^{2-}的形成产生完全相反的作用。当氧活度增大时，Fe^{3+}含量上升，S^{2-}含量下降。反之，Fe^{3+}含量下降，而S^{2-}含量上升。因此适当控制玻璃氧活度是保证获得琥珀玻璃的重要因素。实践证明，琥珀色玻璃的氧活度相当于氧压力为$10^{-10}\sim10^{-8}$的大气压（$\times1.013\times10^5$Pa）。

d. 基础成分对玻璃熔体氧化-还原平衡的影响。基础组成对琥珀玻璃颜色也有显著影响。一般碱金属和碱土金属氧化物含量愈多（即给出游离氧愈多），则玻璃熔体氧活度愈大，颜色越浅；反之，其颜色就越深。

③ 硫碳着色玻璃的缺陷

a. 颜色不纯。理想的硫碳着色玻璃必须色泽鲜明，棕而透红。其颜色的纯度和亮度与

550nm 透光率有密切关系。玻璃中硫、铁、碳的含量越高，550nm 处透光率就越低，颜色越暗。在合适的硫、铁、碳含量下，S^{2-}/Fe^{3+}、S^{2-}/C^{4+} 比值越大，颜色越红，越有利于形成优美的琥珀色。因此要获得色泽鲜艳的琥珀色，必须充分注意原料纯度。若石英砂中铁含量过高，就易生成硫化铁而使玻璃颜色发暗。保证玻璃在还原性气氛中熔制是获得稳定琥珀色玻璃的重要因素。

b. 气泡。气泡是“硫碳”着色玻璃的常见缺陷，在坩埚炉熔制中尤为严重。在还原条件下，硫酸盐（特别是亚硫酸盐）会发生分解，产生 O_2 和 SO_2，从而以气泡形式逸出。在氧活度增大的情况下（还原气氛相对较弱），硫化物中 S^{2-} 又有可能失去电子变为单质硫，而以硫蒸气气泡形式出现（这种气泡不呈饱满的圆球形状，往往向泡内凹进，且泡内还有少量黄色沉淀物）。当温度制度波动时，易造成二次气泡的产生，为此必须严格控制温度制度，不允许澄清好的玻璃发生温度波动。另外，原料中水分含量过高，不仅易和配合料中硫化物反应产生 H_2S，加速硫的氧化。而且也易使玻璃熔体产生气泡［因为水可能以 OH^- 形式化学溶解于玻璃中，在玻璃中硅氧（SiO_2）含量越高，网络外体阳离子断网能力越大，则玻璃中溶解水的量越多，在一定条件下，这种化学结合的水有可能从玻璃结构中析出而形成气泡］。

使用硫碳着色来制造琥珀色玻璃较其他着色剂有更大的优势，这类产品被广泛使用于玻璃器皿、药品试剂瓶，还常应用于验血计的指数器、瞄准器、检验感光材料用的暗室安全玻璃和拍摄电影用的校正色温的玻璃等。

（3）硫化镉和硒化镉着色玻璃

① 光谱特性和着色机理。硫硒化镉着色的玻璃具有特殊的光谱特性。首先是颜色纯粹、鲜艳，透光率高，光吸收曲线陡峭［吸收与透过界限分明，二者分界线称为吸收极限（或截短波极限）］，能在很狭窄的波段内使透过率几乎由零达到最大值。其次是这类玻璃的颜色变化具有连续性，如在纯硫化镉着色的镉黄玻璃中引入少量硒（或硒化镉），颜色即转为橙色，且随着 CdSe/CdS 比值的增大玻璃颜色逐渐由黄转为橙、红及深红，光吸收曲线逐渐向长波移动，可制得从 520～760nm 波长的一系列颜色。第三是在透可见光范围内，最大透光率能大于 90%（试样厚度以 2nm 计），而且由此直到近红外区都能保持最大的透光率，低于吸收极限波长的光可以全部吸收。显然，这类玻璃着色机理与离子着色玻璃有着本质的区别。

由于硫硒化镉着色的玻璃具备以上特点，因而使其成为制造器皿玻璃、信号玻璃和滤光玻璃的良好材料。

过去认为这类玻璃属于胶体着色，但从 X 射线结构分析发现，它的着色决定于 CdS/CdSe 混晶的组成，而与胶体颗粒大小关系不大，因此镉黄和硒红玻璃不属于胶体着色。

我国学者黄熙怀认为硫硒化镉玻璃着色与 CdS 和 CdSe 的半导体性有关。CdS 和 CdSe 单晶都是半导体，它们同属六方晶系，可形成连续混晶（固溶体）。硫硒化镉玻璃的吸收特性与 $CdSx \cdot CdSe(1-x)$ 单晶极为类似（例如含 CdS 的镉黄玻璃和硫化镉单晶的吸收极限所处的波长都在 480nm 附近），二者的吸收极限都随 CdS/CdSe 比值的减小向长波方向移动，而与此相应的禁带宽度 ΔE 随之下降。因此这类玻璃的着色与 CdS 和 CdSe 的半导体性有关。

也有人认为硫硒化镉玻璃的着色与无色玻璃在紫外区吸收的机理属于同一类型（参阅 5.7.4 玻璃的红外和紫外吸收）。

图 5-69 为氧化镉、硫化镉、硒化镉和碲化镉玻璃的光谱曲线。

从图可看出，氧化镉玻璃是无色的，硫化镉玻璃是黄色的，硫硒化镉玻璃随 CdS/CdSe 比值的减小，颜色由橙红到深红，碲化镉玻璃是黑色的。它们的吸收极限值随 $O^{2-} \rightarrow S^{2-} \rightarrow Se^{2-} \rightarrow Te^{2-}$ 的顺序向长波转移，即这些阴离子的亲电势越小，吸收极限所处的波长越长，颜色越深。

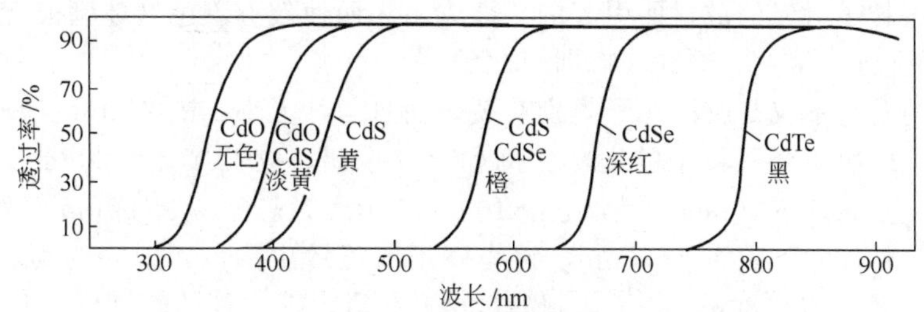

图 5-69 CdO、CdS、CdSe 和 CdTe 玻璃的光谱曲线

② 胶态硫硒化镉的形成。镉黄、硒红一类的玻璃，通常是在含锌［5%～25%（质量分数）］的硅酸盐玻璃中加入一定量的硫化镉和硒粉（或硒化物如 CdSe、ZnSe 等）熔制而成的，有时还需二次显色。

胶态 CdS 和 CdSe 的形成主要是由于硫化物在硅酸盐熔体中的溶解度很小，当熔体从高温冷却（特别是经过一定热处理），硫化物（如 ZnS、CdS）便从玻璃熔体中析出形成第二个相（液相或固相）并进一步长大为微晶体。这是镉黄和硒红玻璃显色的第一阶段，即形成 CdS 晶核的阶段。在一定条件下 CdS 晶核进一步长大成较大的胶态颗粒，最终成为黄色的镉黄玻璃。至于硒红玻璃，则在加热显色时，由于 Se^{2-} 扩散进入 CdS 晶格之中生成硫硒化镉混晶，使玻璃产生红色（由于 S^{2-} 半径比 Se^{2-} 小，故熔体冷却时总是 CdS 或 ZnS 首先析出）。

加入适量的氧化锌可获得稳定优质的硫硒化镉玻璃。有人认为在玻璃熔制过程中，S 和 Se 能与 Zn 化合，从而起到抑制 S、Se 挥发的作用。只是在加热显色时才转变为 CdS 和 CdSe，它们按下列反应式进行：

$$ZnSe + CdO \rightleftharpoons CdSe + ZnO$$

$$ZnS + CdO \rightleftharpoons CdS + ZnO$$

试验证明，ZnO 含量降低时，S、Se 的挥发量将增大，但当 ZnO 含量过大时，在低温（显色）时，ZnS、ZnSe 就不能转变为 CdS 和 CdSe，故玻璃为无色。

锑红玻璃和硒化锑玻璃的着色机理与硫硒化镉玻璃类似。它们的着色物质分别为胶态的 Sb_2S_3 和 Sb_2Se_3。硒化锑玻璃是一种重要的黑色透红外材料。

③ 显色（热处理）。根据产品种类和成形工艺不同，硫硒化镉玻璃的着色分为一次显色和二次显色。对于形状复杂而光谱特性要求不高的制品，一般采用一次显色，即制品成形后即产生颜色。二次显色适合于光谱特性要求高的制品（如滤光玻璃、信号玻璃等），目的是通过严格的显色工艺（在规定的显色温度和时间下）来获得所需要的光谱特性。

实践证明，在显色过程中随着显色温度的提高（因为有利于 Se^{2-} 扩散进入 CdS 晶格中，使硫硒化镉混晶中 CdSe 的比例增大），玻璃颜色由黄向橙黄、红色转变。一般显色温度每提高 10℃，吸收极限向长波方向移动 5nm 左右。但当温度超过一定值后，颜色加深即将停止，因这时玻璃中 CdSe 的形成已达到饱和。在一定范围内，颜色也随保温时间延长而加深，但不及温度的作用显著。因此改变显色温度和时间，在一定程度上可以控制玻璃的光谱特性或光吸收曲线。滤光玻璃和信号玻璃就是利用这个原理制造的。

二次显色温度一般略高于玻璃的退火温度。显色的温度和时间应根据所要求的光谱特性并通过实验来确定。

5.9.3 金属胶体着色

金属胶体着色是由于不同胶体粒子对各种单色光具有不同程度的选择性吸收（选择性吸

收是由胶态金属粒子对光的散射而引起的）能力，因而使玻璃着色（玻璃被看成是着色剂的胶体溶液）。如金红、银黄、铜红玻璃即属此类。

这类玻璃的着色不仅与胶体粒子类别有关，而且与其大小、浓度和形状有关。玻璃的颜色在很大程度上取决于金属粒子的大小。例如金红玻璃，胶粒尺寸＜20nm 为淡玫瑰红色，20～50nm 为红色，50～100nm 为紫红色，100～150nm 为蓝色，＞150nm 将发生金粒沉析。铜红玻璃中铜胶粒尺寸下限为 3～5nm，再小就不能显示出颜色，上限约为 70～80nm，若玻璃组成中含有大量 70～80nm 粒子，制品就会产生乳浊或很深的暗红色。

铜、银、金是贵重金属，它们的氧化物都易于分解为金属状态，这是金属胶体着色物质的共同特点。为了实现金属胶体着色，它们先是以离子状态溶解于玻璃熔体中，然后还原成金属原子，最后使金属原子聚集长大成胶体状态，使玻璃着色。金属胶体着色一般分下列几个过程：

（1）金属离子的溶解

金属离子（Cu^+、Ag^+、Au^+）充分溶解于玻璃熔体之中是金属胶体着色的前提，因此应以氯化金溶液、硝酸银溶液及氧化亚铜（或乙酸铜）作为着色剂引入。由于这三种着色剂的化学活泼性不一致，因而它们被还原和形成胶体粒子析出的性能也不同，对熔制气氛的要求也不一样。铜最易氧化，银次之，金却易被还原，因此铜红玻璃必须在还原条件下熔制（原料中引入酒石、锡粉等），使之呈 Cu^+ 状态，防止铜氧化为蓝色的 Cu^{2+}。金红玻璃则必须在氧化条件下熔制使 Au 呈 Au^+ 状态，以防止还原过甚引起金颗粒成长太大产生乳浊。银的化学活泼性介于金和铜之间，故熔制银黄玻璃可在中性气氛下进行。

（2）金属离子的还原

前已指出，在高温下铜、银、金都是以离子状态存在于玻璃中（当然也不排除有原子状态，特别是金），玻璃自高温降温，由于冷却速度较大，这些离子被冻结而保留在玻璃中，因此必须把金属离子还原为金属原子。还原一般通过下列两种方法来实现：

① 热还原法。在原料中预先加入锡、锑等多原子价元素，在 T_g 以上的适当温度进行热处理，多原子价的离子会使上述金属离子还原，如下式所示：

$$2Au^+ + Sn^{2+} \longrightarrow 2Au^0 + Sn^{4+}$$
$$2Ag^+ + Sn^{2+} \longrightarrow 2Ag^0 + Sn^{4+}$$
$$2Cu^+ + Sn^{2+} \longrightarrow 2Cu^0 + Sn^{4+}$$

② 光化学还原法。

$$Au^+ + Ce^{3+} \xrightarrow{h\nu} Au^0 + Ce^{4+}$$
$$Ag^+ + Ce^{3+} \xrightarrow{h\nu} Ag^0 + Ce^{4+}$$
$$Cu^+ + Ce^{3+} \xrightarrow{h\nu} Cu^0 + Ce^{4+}$$

在紫外线照射下，Ce^{3+} 中的 4f 电子被激发出来与 Ag^+（或 Cu^+、Au^+）结合，形成银原子 Ag^0（或 Cu^0、Au^0）。

（3）金属原子的成核和长大

金属离子还原为原子状态后，必须进行适当的热处理（显色）使分散于玻璃中的金属原子聚集、成核并长大为胶体。这个过程往往是与金属离子的还原同时进行的。一般来说，显色温度越高，越有利于胶体颗粒数量增加和长大，使玻璃吸收峰向长波方向移动，颜色加深。显色时间延长也有同样的作用，但不及提高温度显著。必须指出，在热处理（显色）过程中，金属颗粒常常由于成长过大使玻璃乳浊而产生"猪肝色"。为防止这种现象的发生，除了适当控制显色工艺制度外，一般在玻璃中加入适量的氧化亚锡（铜红常用锡粉）。主要利用锡离子的“金属桥”（$1/2Sn^0$）特性，使金属原子在玻璃熔制过程中（或显色过程中）与锡的“金属桥”形成合金，使金属在玻璃中处于高度分散的溶解状态，以防止金属原子进一步长大而发生乳浊。如下式表示：

$$\text{玻璃}-O^{2-}-\frac{1}{2}Sn^{4+}-\frac{1}{2}Sn^0-Au-\frac{1}{2}Sn^0-\frac{1}{2}Sn^{4+}-O^{2-}-\text{玻璃}$$

由上式可以看出，金属原子处于$\frac{1}{2}Sn^0$之间，形成高度分散的溶解状态，玻璃经适当热处理（显色）便得到鲜明的紫色。这就是锡在金属胶体着色中起所谓“保护胶”作用的实质。由于铅也具有“金属桥”的特性，故此时锡可少用或不用。

有人发现铜红玻璃的吸收光谱和金属铜胶体溶液的吸收光谱差别较大，而更接近于Cu_2O胶体溶液的吸收光谱。而且铜红玻璃中Cu_2O的存在可用X射线衍射法证实。因此认为铜红玻璃是Cu_2O胶体着色。也有人认为铜红玻璃的着色是由Cu_2O的半导体性所引起的。

玻璃的其他着色方法

银黄玻璃由于着色不稳定等原因，缺乏实用意义。铜和银还常通过离子交换在玻璃表面进行扩散着色。两者混合使用时能产生棕红色，常用于温度计、玻璃量器等的计量线标度（它具有标度清晰、耐腐蚀、耐磨和颜色永不改变等特点）。铜也能在玻璃中形成金光闪闪的大颗粒铜晶体来制造铜金星玻璃。

颜色玻璃的着色除以上介绍的以外，还包括辐射着色、热喷涂着色、感光着色和扩散着色等，详细内容见二维码。

颜色的表示方法

此外，国内外常用CIE-XYZ标准色度系统中的x-y颜色图来表征玻璃的颜色，并通过确定x-y颜色图中x、y坐标点的位置，求得颜色玻璃的色度。详细介绍见二维码。

5.9.4 玻璃的脱色

在玻璃生产中，由于种种原因总是有少量的铁进入玻璃熔体中，使玻璃产生不良的黄绿色，降低玻璃的透明度和“白度”，影响玻璃产品的质量。为此在制造高级艺术玻璃和器皿玻璃时，必须对玻璃进行脱色。实际上玻璃的脱色就是减弱和中和铁的着色作用。

（1）玻璃脱色原理

玻璃脱色分为化学脱色和物理脱色两类。化学脱色一般是在配料中加入氧化剂（如$As_2O_3+NaNO_3$、CeO_2等），使着色较强的Fe^{2+}转变为着色较弱的Fe^{3+}。另外氟化物能与铁形成无色的$[FeF_6]^{3-}$络离子，也属于化学脱色范畴。

化学脱色只是在一定程度上减弱铁的着色，不能完全消除玻璃的颜色，因此在化学脱色的同时还需进行物理脱色。物理脱色是通过颜色互补来消除玻璃的颜色，使玻璃变为白色或灰色。

一般情况下，两种颜色符合下列关系即为互补色：

$$(\lambda_K-565.52)(497.78-\lambda_C)=223.02$$

式中 λ_K——位于光谱红色一端颜色的波长；

λ_C——位于光谱蓝色一端颜色的波长。

其互补关系为：红-绿；橙-蓝绿；黄-蓝；黄绿-紫。

根据此互补关系，铁主要产生黄绿色，与它互补颜色为蓝（补黄色）和紫色（补黄中带绿），因此能产生紫、蓝色的着色剂如硒、钴、镍、锰、钕等都是物理脱色剂。氧化锰还有化学脱色作用。对于普通无色的钠钙硅玻璃，最常用的是硒钴脱色。

由于物理脱色是通过颜色互补来实现的，即两种颜色的综合，使整个可见光区的各波段达到全面地按比例均匀吸收，这必然造成玻璃的透明度下降，因此当玻璃中铁含量>0.2%，效果就不太好（主要是透光率太低），一般铁含量较低时（0.06%～0.07%以下），采用物理脱色效果较好。

(2) 硒-钴脱色

在硒钴脱色中，钴着色稳定（蓝色），便于掌握，关键是如何控制硒的着色作用。前已指出，根据玻璃熔体中的氧化还原条件不同，硒有四种价态存在，相互间存在着复杂的平衡关系，只有在中性或弱氧化条件下熔制才能生成单质硒，使玻璃产生紫色（参看5.9.2硫、硒及其化合物的着色）。因此在生产实践中，要根据情况确定硒钴用量和熔制的氧化还原条件，制定合理的工艺制度，以保证脱色的稳定性。

(3) 硒钴脱色中的问题

① 硒是易挥发物质，为了减少硒的挥发，在配料中尽量使用无水或含水少的原料，因水有加速硒挥发的作用。使用硒的化合物代替硒粉有利于减少硒的挥发。

② 白砒（与硝酸盐共用）是氧化剂，它能使紫色的单质硒转变为无色的亚硒酸盐，减弱硒的脱色作用，因而导致硒的用量相应增大。例如100kg玻璃中，当含$As_2O_3$0.1%（质量分数）时，需3～4g的硒，若不含As_2O_3时，硒的用量可减少到0.4～0.5g。As_2O_3对硒脱色的影响，在其用量为0.1%（质量分数）以下时最为显著，超过0.1%（质量分数）后，随着其用量的递增，影响逐渐趋于不变。白砒还有促进硒钴脱色玻璃在退火或“曝晒”过程中的变色现象。这些都是不利因素。但白砒有稳定硒钴脱色的作用。因为它在玻璃中可以有As_2O_3和As_2O_5两种状态存在。在某些情况下（如挥发量增大），引起硒含量不足时，由于变价可起到“储藏硒”的作用，使脱色稳定。同时在熔制过程中，当氧化还原条件波动时，白砒起到“缓冲剂”的作用，使脱色稳定。氧化锑也有类似作用。

③ 硫酸钠在一定程度上具有抑制硒脱色的作用。当硫酸盐用量超过0.3%时，将会增强玻璃中的黄绿色，且暗度较大，这不仅需增加硒的用量，而且会降低玻璃的透明度，使玻璃带有明显的黄色调。

④ 硒钴脱色玻璃在退火过程中，往往发生颜色变深现象，可以由无色变紫，紫色加深或由紫转变为棕褐色等。一般认为这是由退火时，炉内的还原气体扩散进入玻璃内部，使无色的亚硒酸盐分解形成紫色的单质晒所致。也有人认为退火过程中颜色加深与硒的显色或形成FeS有关。

由于扩散是由表及里的过程，因此硒钴脱色玻璃经退火常使表面层颜色较深，内部色泽较浅，形成颜色梯度现象。硒钴脱色玻璃具有退火变色的特性，因此在实际生产中必须根据退火中变色的情况，对硒钴用量和熔制工艺作适当估算和调整。

必须指出，在铅玻璃中不能用硒钴作为脱色剂，因它能形成棕色的PbSe，故一般用氧化镍来脱色，且氧化镍脱色剂对温度与气氛不敏感，故脱色重复性非常好。在铅玻璃中，每100kg玻璃的用量约为0.3～0.7g。

氧化钕（紫色）也是一种良好的脱色剂，但价格较高，故一般仅用于高级器皿玻璃的脱色。

第6章 玻璃的原料及配合料

6.1 原料的选择原则及标准化、专业化生产和均化技术

6.1.1 原料的选择原则

采用何种原料来引入玻璃中的氧化物，是玻璃生产中的一个主要问题。原料的选择，应根据已确定的玻璃组成、玻璃的性质要求、原料的来源、价格与供应的可靠性、制备工艺等全面地加以考虑。原料的选择是否恰当，对原料的加工工艺，玻璃熔制过程，玻璃的质量、产量、生产成本均有影响。一般来说，选择原料时，应注意以下几个原则。

① 原料的质量必须符合要求，而且稳定。原料的质量要求包括原料的化学成分、原料的结晶状态（矿物组成）及原料的颗粒组成等指标。要求这些指标要符合质量要求。首先原料的化学主要成分（对简单组成或矿物也可称为纯度）、杂质应符合要求。有害杂质特别是铁的含量，一定要在规定的范围内。其次是原料的矿物组成、颗粒度也要符合要求。再次原料的质量要稳定，尤其是化学成分要比较稳定，其波动范围根据玻璃化学成分所允许的偏差值确定。在不调整玻璃配合料配方的情况下，原料的化学成分所允许的偏差见表6-1。

表6-1 原料的化学成分所允许的偏差

原料	化学成分/%(质量分数)						
	SiO_2	Al_2O_3	CaO	MgO	Na_2SO_4	$MgSO_4$	$CaSO_4$
硅砂	0.35～0.45	0.3～0.4	—	—	—	—	—
石灰石、白垩	0.2	—	0.6～1.0	0.2	—	—	—
白云石	0.2～0.3	0.2～0.3	0.4～0.5	0.6～1.0	—	—	—
硫酸钠	—	—	—	—	2～3	0.8～1.2	0.6～0.9

如原料的化学成分变动较大，则要调整配方，以保证玻璃的化学组成。原料的颗粒组成、含水量和吸湿性原料也应要求稳定。

② 易于加工处理。选取易于加工处理的原料，不但可以降低设备投资，而且可以减少生产费用。如石英砂和砂岩，若石英砂的质量合乎要求就不用砂岩。因为石英砂一般只要经

过筛分和精选处理就可以使用，而砂岩要经过煅烧、破碎过筛等加工过程。采用砂岩时，其加工处理设备的投资以及生产费用都比较高，所以在条件允许时，应尽量采用石英砂。

有的石灰石和白云石含 SiO_2 多，硬度大。增加了加工处理的费用，应尽量采用硬度较小的石灰石和白云石。白垩质地松软，易于粉碎，如能采用白垩，就不采用石灰石。

③ 成本低，能大量供应。在不影响玻璃质量要求的情况下，应尽量采用成本低，离厂区近的原料。如瓶罐玻璃厂，制造深色瓶时，就可以采用就近的含铁量较多的石英砂等。作为大工业化生产，要考虑原料供应的可靠性，有一定的储量保证。

④ 少用过轻和对人体健康、环境有害的原料。轻质原料易飞扬，容易分层，如能采用重质纯碱，就不用轻质纯碱。再如尽量不采用沉淀的轻质碳酸镁、碳酸钙等。

对人体有害的白砒等应尽量少用，或与三氧化二锑共用，使用铅化合物等有害原料时要注意劳动保护并定期检查身体。

随着人们对环境保护认识的提高及可持续发展政策的深入，尽量不用或减少使用对环境有害的原料，如含氟或含铅的原料。

⑤ 对耐火材料的侵蚀要小。氟化物，如萤石、氟硅酸钠等是有效的助熔剂，但它对耐火材料的侵蚀较大，在熔制条件允许不使用时，最好不用。硝酸钠对耐火材料的侵蚀也较大，而且价格较贵，除了作为澄清剂、脱色剂以及有时为了调节配合料气体率而少量使用外，一般不作为引入 Na_2O 的原料。

6.1.2 原料的标准化、专业化生产

由于中国地域广阔，原料产地多、品种多、成分变化大，各厂使用的原料也不一样，给玻璃工业原料的综合利用带来困难。许多企业都有自己的原料加工厂，一旦矿源发生变化，工艺配方都需变化，进而造成玻璃制品质量的变化；同时各企业都有原料加工厂，小而全、质量控制点多，需要的技术工艺流程长，玻璃制品质量控制难度大。

现迫切需要实现原料生产的标准化、专业化，建设原料生产基地。

6.1.3 原料的均化技术

原料均化，对于合理利用资源，稳定玻璃熔窑的热工制度，提高熔窑熔化的产量和质量都是十分重要的。原料均化也不仅仅是某一环节的均化技术问题，而是要树立起均化意识，在原料制备和生产中，充分引入均化概念。均化措施要贯穿于原料制备的全过程，从而形成一个完善的均化系统。

(1) 原料均化系统

原料均化系统由矿山开采、厂内储存、配合料制备三大环节构成，每个环节都承担着一定的均化任务。

① 矿山开采。国内浮法玻璃生产厂中，无固定矿山供料的情况多，进厂原料成分波动大，解决矿山均化问题迫在眉睫。矿山均化工作（图 6-1）要在矿山基地化基础上形成一个均化链，首先要综合分析、研究地质资料，掌握矿床品位分布规律，再编制开采网点和采样网点，设计出以质量控制为中心的采掘方案。不同品位的台段搭配开采。最后根据工厂对原料质量要求，对不同品位的原料矿物，以不同的比例搭配装运。有条件的矿山，在装运前，采用简易的均化措施，确保进厂原料成分波动在规定的允许范围内。

根据水泥工业工作经验，矿山承担的均化任务应占整个均化系统中均化工作量的

10%～20%左右。

如某一浮法企业，要求砂矿矿山提供的硅砂质量是：SiO_2 含量 96%～99%，波动范围＜±0.3%；Al_2O_3 含量 1.6%～0.5%，波动范围＜±0.1%；Fe_2O_3 含量 0.14%～0.1%，波动范围＜±0.005%。矿山经合理开采、洗选、搭配装运、均化等一系列措施取得较好效果，满足了企业用砂的产量和质量要求，矿山某一段时间所提供的硅砂质量如表 6-2：

表 6-2　矿山某一段时间所提供的硅砂质量　　%（质量分数）

批序号	SiO_2	Al_2O_3	Fe_2O_3	批序号	SiO_2	Al_2O_3	Fe_2O_3
1	97.56	1.11	0.090	6	97.59	1.11	0.093
2	97.43	1.11	0.093	7	97.61	1.15	0.097
3	97.57	1.17	0.090	8	97.77	1.07	0.093
4	97.51	1.12	0.090	9	97.55	1.15	0.097
5	97.49	1.11	0.091	10	97.57	1.11	0.096

某石灰石矿山 SiO_2 含量较高，波动较大，质量不均匀，品位变化大。近年来，矿山实行计划开采，搭配装运，使石灰石的 $CaCO_3$ 合格率由原 45%提高到 80.52%，大幅度提高了矿石的产量和质量。该矿山均化工序图如图 6-1 所示。

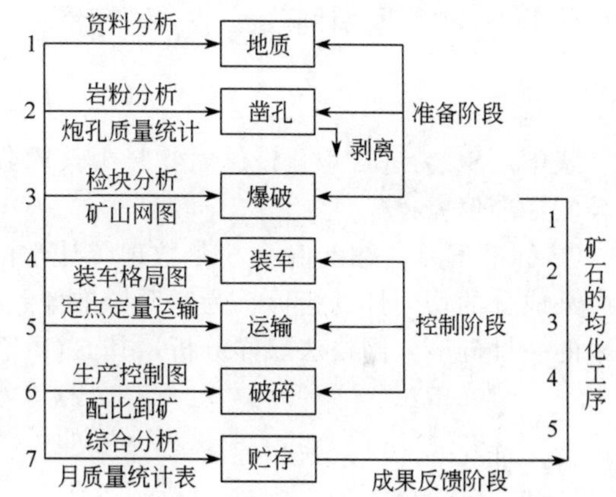

图 6-1　某石灰石矿山均化工序

② 原料厂内储存均化。原料进厂后，都有一定时间的储存，在原料储存与取用的过程中，同时完成均化任务。对于生产规模大，自动化程度高，投资较多的厂，破碎后的中小块原料或细粒状的原料，可采用均化堆场进行均化。对于生产规模小，投资少的中小型厂，可采用较易实现的方法均化，如多库搭配、机械倒库、小型平铺直取式等均化方法。

③ 配合料制备中的均化。玻璃是一种化学组成既定而又均质化的材料，生产厂为生产优质产品，在所用原料化学组成的分析、调整及配料计算等方面花费了大量人力物力，力求玻璃的化学组成基本恒定或在允许的范围内波动。由此可见，配合料制备中的称量、混合实质上就是一种均化过程。各种料每次称量尽量准确、恒定。称量设备尽量选用精度较高、准确度好的电子秤。由于在一组计量中，尽管精度很高，但准确度不一定很好；反之，若准确度好，则精度一定高。所以当原料中含有水分时，即使采用了精度高、准确度好的称量设备，也不能确保配比的恒定。消除原料中水分对配比影响的方法有：烘干法，通过各种烘干机可使水分降到 1%以下。另外可在秤斗中设置测水仪，测出的水分转换为电信号，并反馈到称量控制系统中，对该秤料进行自动补偿。

称量后的料运输到混合机的距离应尽可能短，运输方式和运输流程尽可能简单，倒动环节尽可能少，防止输送过程中撒料、漏料、粘料、飞料等弊病。

混合状态是混合与分料之间的一种平衡状态，原料与原料间的相对密度差异，原料的粒级差异，是使混合产生分料的重要因素，物料在混合过程中，重粒、粗粒向下运动，轻粒、细粒向上运动，微小粒子飞扬离开混合料，造成混合料层间成分上的差异。要使分层或分料降到最低限度，使混合达到最佳程度。对流混合（又称移动混合）最少分料，选用以对流混合原理为主的强制式混合机较好。在工艺上还要选出最佳混合时间，采用先干混的工艺制度。湿混阶段，向混合料中加热水，通蒸汽，保持混合料料温在45℃以上，防止分层和结团。

混合料卸出和运输中尽量减少落差和振动，最大限度地缩短混合机与熔窑窑头料仓的距离，倒动次数减到最低程度，使处于最佳程度的完全混合状态的混合料离析分料最少。

一个完整的均化系统，要强调装置和管理两方面的因素，它决定了均化在生产中所能发挥作用的大小及所取得的经济效益。树立均化系统的观念，科学地运用均化理论指导生产，才能取得预期的效果。

（2）物料均匀性的评价和计算

衡量均化系统中设施性能，评估原料均化后的均匀性，通常引用三个参数，即均化效果、标准偏差和波动范围。

① 均化效果。均化效果（又称均化效率、均化倍数）H 表示进均化设施前物料中某成分的标准偏差和出均化设施后物料中某成分的标准偏差之比。H 值愈大，均化效果愈好。均化效果 H 可用下式计算：

$$H=\frac{S_1}{S_2} \tag{6-1}$$

式中，S_1 为进入均化设施时物料中某成分的标准偏差；S_2 为卸出均化设施时物料中某成分的标准偏差。

② 标准偏差。标准偏差 S 是数理统计学中的概念，在均化系统中，标准偏差是表示原料中某成分的均匀性的指标。为阐明标准偏差的概念，现举例说明。设某玻璃用砂矿山采掘出来的一批硅砂，网格法取样分析，其 SiO_2 含量值如下面30个数据。

96.72	98.05	96.23	98.70	97.84	99.21
97.14	99.16	97.84	99.12	97.32	99.35
97.72	99.04	98.01	96.82	98.48	96.76
96.11	98.25	97.00	98.05	97.02	98.34
96.42	97.24	97.95	96.86	96.62	97.76

采用统计方法，首先要求出举例中30个试样的平均值。“样本平均值”计算公式如下：

$$\overline{x}=\frac{1}{n}\sum_{i=1}^{n}x_i \tag{6-2}$$

式中，n 为样本数目（即试样的数目30）；x_i 为样本值（即30个试样中某一个分析数据）。

举例中的 SiO_2 含量平均值为97.7%。

样本值与样本平均值之差的平方和称之为方差，其计算式为：

$$S^2=\frac{1}{n-1}\sum_{i=1}^{n}(x_i-\overline{x})^2 \tag{6-3}$$

方差的平方根即标准偏差，用 S 表示，其计算式为：

$$S=\sqrt{\frac{1}{n-1}\sum_{n-1}^{n}(x_i-\overline{x})^2} \tag{6-4}$$

式中，n 为样本数目；$\overline{x}$ 为样本平均值；x_i 为样本值。

举例中的标准偏差 S=0.906。S 值愈小表示所测物料的成分愈均匀。反之，离散程度愈大。

③ 波动范围。用标准偏差这个基本特征数，还不足以阐明集中或离散程度的真实状态，需要两种特征数的联合使用。即波动范围（又称相对离差和变导系数）R，这种复合型特征数其计算公式为：

$$R=\frac{S}{\bar{x}}\times 100\% \tag{6-5}$$

式中 R——波动范围（相对离差）。

这样就将成分的算术平均质量分数也包括进去了，比较确切地反映了某成分在原料内部的离散程度。

使用上述三个参数，必须考虑以下情况。当均化设施的进料成分围绕其平均值的波动符合高斯定律的正态分布时，上述三公式的理解是正确的。如进料成分偏离正态分布较远，求出的标准偏差是一个近似值，比真值偏大。如出料成分的波动基本符合正态分布，其标准偏差接近真值。这样所得均化效果就偏大。所以在一定条件下，直接用均化出料的标准偏差来表示均化的好坏，比单纯用均化效果来表示要更接近实际。

(3) 均化类型及推取料方式

均化设施的类型和均化方式多种多样，我国大型水泥厂，从国外引进的技术中，多数采用均化堆场，又称预均化堆场。新型建材工业也从国外引进过圆形均化堆场。玻璃行业除个别合资企业采用了均化堆场外，其他厂使用甚少。近年来，水泥工业采用均化措施的厂越来越多，不但重视大型厂的均化环节，也研究成功一些投资少，易实施，并能获得较满意的均化效果的均化设施，以下作简略的介绍。

① 均化堆场及取料方式。采用均化堆场（又称预均化堆场），其均化效果可使原料成分波动缩小到原来的1/15～1/10，原料中某成分在未均化前波动为±10%，均化后，波动可降低到±1%。而均化效果的优劣取决于堆料方法和取料方法。从理论上分析，堆料料层平行重叠层数多，且料层厚薄均匀，取料时切割的料层也多，均化效果就好。这种堆场可设在露天，也可设在厂房内。下面重点简介堆、取料方法。

均化堆场堆料方法繁多，下面列举常用的几种方法。

人字形堆料法，其堆料形状如图6-2所示。堆料机的堆料点设在料堆纵向的中心线上，并沿矩形料堆的长度，以一定的速度从一端移动到另一端，完成一层原料的堆料工作，重复多次，就完成数层的堆料工作，使料堆横截面形成一层一层的人字形状。这种堆料方式的堆料机宜采用随料堆高度变化而变化的悬臂皮带堆料机，也有采用固定式悬臂皮带机或S形皮带卸料小车堆料机。后者由于堆料高度固定，开始堆料时落差大，扬尘亦大，物料成堆时，粒度离析作用显著。

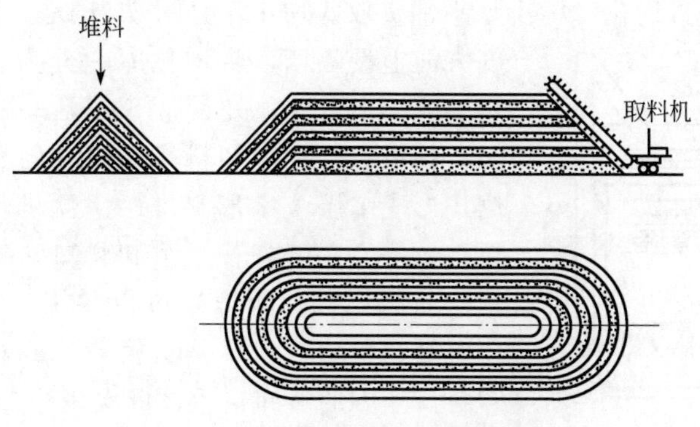

图6-2 人字形堆料法（端面取料）

波浪形堆料法，其堆料形状如图 6-3 所示。其堆料点在料堆纵向的多条平行线上。堆料机在料堆底部的整个宽度内堆成许多横截面呈等腰三角形的又互相平行的条形小料堆，在每层料面上形成波浪形的波峰和波谷，堆料机每堆一层料，就将前一堆的波谷堆成波峰，直至整个料堆形成为止。从料堆的横截面看，是许多菱形犬牙交错、重叠堆积的料堆。这种堆料法是基于减少成堆时的粒度离析作用而产生的，所以适宜于粒度大小差别较大的物料堆料。

这种堆料法采用的堆料机是横向能伸缩、能回转的悬臂式皮带堆料机。

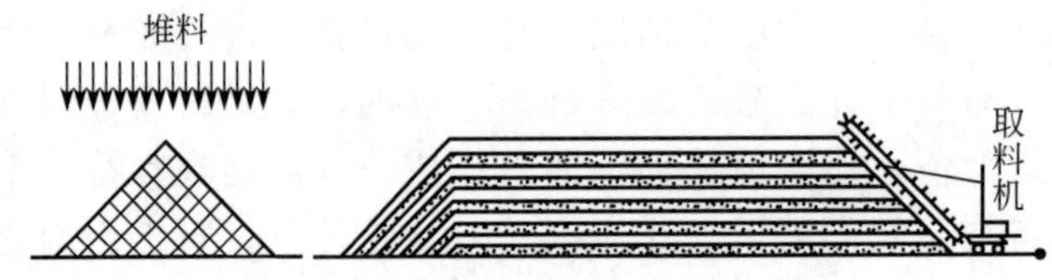

图 6-3　波浪形堆料法（端面取料）

水平层堆料法，形状如图 6-4。这种堆料方法是堆料机先沿料堆底部水平地、厚度均匀地铺堆一层料。然后在前一料层上重复、均匀地再铺堆一层，周而复始，直至料堆堆完。这种堆料方式可完全消除粒度离析作用。每层料的纵向或横向其均匀性有较大的改善。但堆料机的动作多、结构复杂，所以只有在多种物料需相互混合配料的情况下才采用。

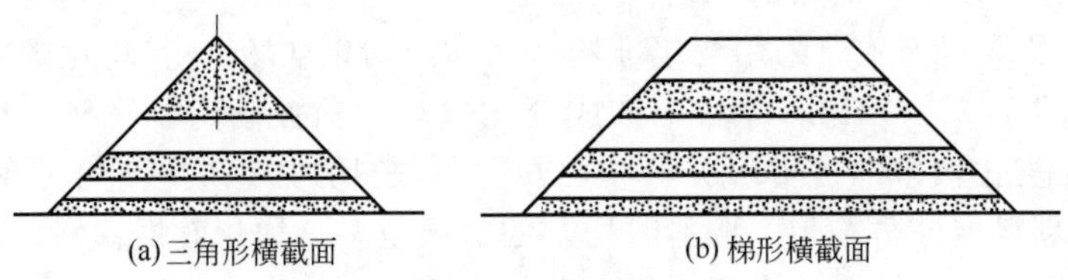

图 6-4　水平层堆料法

均化堆场取料方式有端面取料、侧面取料、底部取料三种。端面取料是在料堆横截面上截取横截面上的所有料层。作业进程是从料堆的一端推向另一端。这种取料方式适宜于人字形、波浪形、水平层堆料法。这种堆、取料方式相配合，能取得满意的均化效果。侧面取料是沿着料堆的纵向往返推进取料。这种取料法适于倾斜堆料的料堆。这种堆、取料方式配合亦能取得较满意的效果，但比端面取料方式的效果差。底部取料在料堆底部的缝形仓处，由叶轮取料机沿料堆的纵向往返进行。它仅适于圆锥形料堆的取料。

② 小型平铺直取式均化库。小型平铺直取式均化库（图 6-5）是一种矩形库。沿库内长度方向上设隔墙，将均化库一分为二，形成两个矩形堆场。隔墙上方库顶处设带 S 形活动卸料小车的皮带布料机，物料通过皮带卸料小车，均匀布入堆场两侧中的一侧，形成多层人字形料堆。一侧堆料时，另一侧进行卸料。每侧库底设有若干个卸料口，每个卸料口下配有电磁振动给料机。两排卸料口共用一条皮带输送机送料。库底给料机卸料程序是从第一个卸料口开始，待第一个卸料口上方的料卸空后，依次是第二、第三卸料口卸料，直至最后一个卸料口卸空为止。

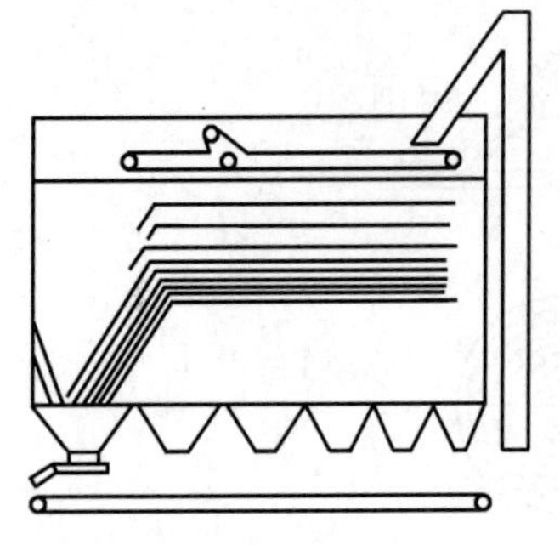

图 6-5　小型平铺直取式原料均化库

卸料时，物料从漏斗式卸料口卸出，物料基本上是垂直于料层方向截取卸出的，因而起到了均化作用。其均化效果可达3～6，出料标准偏差为1.0%～1.5%。若物料黏性大，易堵卸料口，不宜采用此设施均化。

③ 简易端面取料式均化堆场。在矩形堆场内，沿堆场长度方向建一隔墙，将矩形堆场等分为二，隔墙上方设一架空皮带走廊，走廊上安装S形活动卸料小车皮带堆料机，分别向两侧堆料，形成人字形料堆。取料时，采用装载机（铲斗车）端面取料，一侧堆料时，另一侧取料。这种堆、取料的均化效果和出料标准偏差，等于或优于小型平铺直取式均化库。

④ 仓式均化法。仓式均化法是由若干个圆形库组成的，库顶设S形活动卸料小车皮带堆料机，堆料机在库顶往复运动，通过卸料小车将物料均匀布入库内，当料堆达到一定高度时开始卸料。物料由库底各卸料口的电磁振动给料机按一定比例卸出，由集料皮带输送机送至使用地点。这种均化方法的特点综合了均化堆场、平铺直取及漏斗式均化方法的优点。均化效果可达到5～6。出料标准偏差为0.8%～1%。这种均化方法的工艺流程如图6-6和图6-7所示。

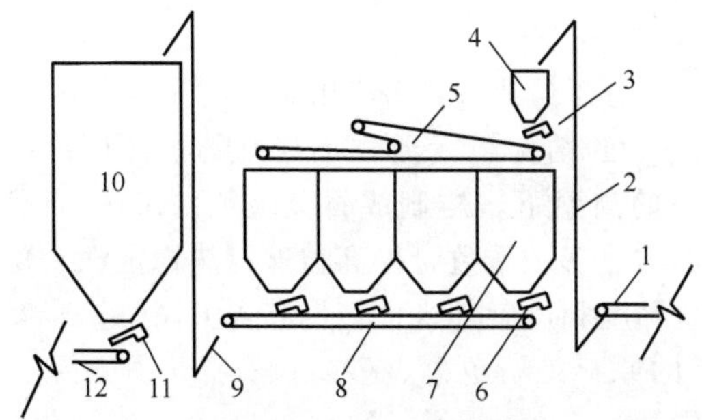

图6-6　仓式均化示意图

1—破碎后的物料皮带输送机；2—进料提升机；3—给料电振机；4—缓冲仓；5—皮带小车；6—卸料电振机；7—均化仓；8—出料皮带机；9—入库提升机；10—储库；11—用料电振机；12—用料皮带输送机

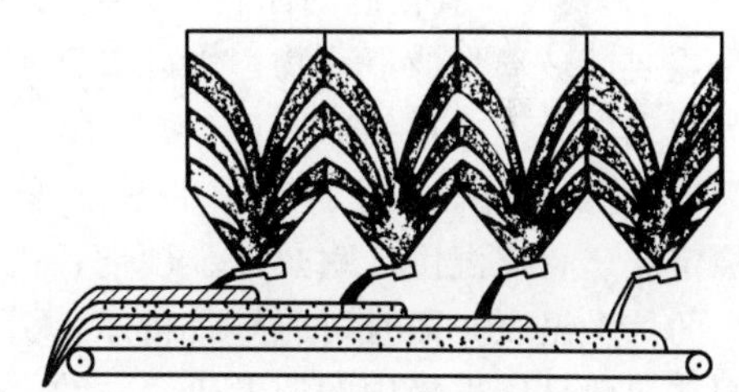

图6-7　仓库均化原理示意图

⑤ 机械倒库均化法。机械倒库均化是按仓式均化法的原理，采用机械倒库的均化方法。在一组圆库中，将其中几个库的物料按一定比例卸出，经机械设备运输送到另外几个库内。如发现有均化效果不满意时，还可进一步重复地倒库均化，直至满意为止，这种方法具有一定的灵活性，系统简单，投资少，均化效果好等优点。但要求有较高的管理水平，否则，容易倒错，事倍功半。该均化法的工艺流程如图6-8所示。

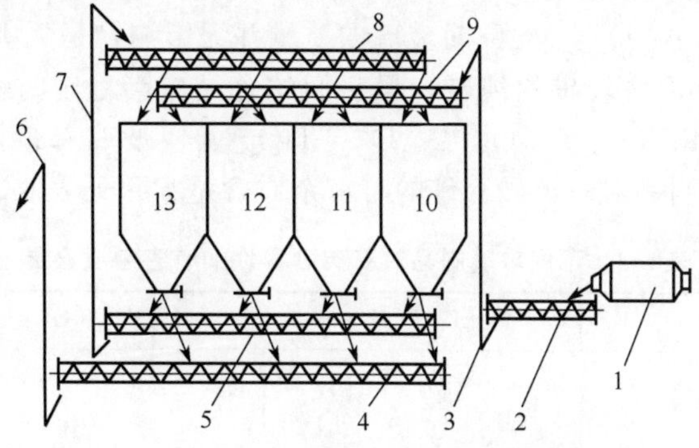

图6-8　机械倒库均化工艺流程示意图

1—破碎机；2—输送绞刀；3—入库提升机；4—均化后出库绞刀；5—倒库绞刀；6—入库输送提升机；7—倒库提升机；8—回库绞刀；9—入库绞刀；10、11—搭配均化库；12、13—合格库（或搭配均化库）

6.2 玻璃的原料

用于制备玻璃配合料的各种物质，统称为玻璃原料。根据玻璃原料的用量和作用不同，玻璃原料可分为主要原料和辅助原料两类。主要原料，是指往玻璃中引入各种组成氧化物的原料，如石英、长石、石灰石、纯碱、硼砂、硼酸、铅化合物、钡化合物等。辅助原料，是指使玻璃获得某些必要的性质和加速熔制过程的原料。它们的用量少，但作用却很重要。根据作用的不同，分为澄清剂、着色剂、乳浊剂、氧化剂、助熔剂（加速剂）等。碎玻璃也可以作为玻璃的原料，特别是它在日用玻璃中的用量高达30%。其他玻璃原料还有天然含碱原料、矿渣原料和稀土原料。

6.2.1 主要原料

(1) 引入酸性氧化物的原料

① 引入二氧化硅的原料。二氧化硅（SiO_2），分子量为60.06，相对密度为2.4～2.65，是重要的玻璃形成氧化物，以硅氧四面体［SiO_4］的结构组元形成不规则的连续网络，成为玻璃的骨架。单纯的 SiO_2 可以在1800℃以上的高温下，熔制成石英玻璃（SiO_2 的熔点为1713℃）。在钠-钙-硅玻璃中 SiO_2 能降低玻璃的热膨胀系数，提高玻璃的热稳定性、化学稳定性、软化温度、耐热性、硬度、机械强度、黏度和透紫外光性。但其含量高时，需要较高的熔融温度，而且可能导致析晶。引入 SiO_2 的原料是石英砂、砂岩、石英岩和石英。它们在一般日用玻璃中的用量较多，约占配合料质量的60%～70%以上。

石英砂又称硅砂，它的主要成分是石英，它是由石英岩、长石和其他岩石受水和碳酸酐以及温度变化等作用，逐渐分解风化而成的。以长石风化为例，其反应式大致如下：

$$\underset{\text{长石}}{K_2O\cdot Al_2O_3\cdot 6SiO_2}+2H_2O+CO_2 = \underset{\text{高岭土}}{Al_2O_3\cdot 2SiO_2\cdot 2H_2O}+\underset{\text{石英}}{4SiO_2}+K_2CO_3$$

石英砂经常含有黏土、长石、白云石、海绿石等轻矿物和磁铁矿、钛铁矿、硅线石、蓝晶石、赤铁矿、褐铁矿、金红石、电气石、黑云母、黄蜡石、榍石等重矿物，也常常有氢氧化铁、有机物，锰、镍、铜、锌等金属化合物的包膜，以及铁和二氧化硅的固溶体。同一产地的石英砂，其化学组成往往波动很大，但就其颗粒度来说，常常是比较均一的。

高质量的石英砂含 SiO_2 应在99%～99.8%（在本章中如无特别指明，成分均指质量分数）以上。Al_2O_3、MgO、CaO、Na_2O、K_2O 是一般玻璃的组成氧化物，Na_2O、K_2O、CaO 和一定含量以下的 Al_2O_3、MgO 对玻璃的质量并无影响，是无害杂质。特别是 Na_2O、K_2O 还可以代替一部分价格较贵的纯碱，但它们的含量应当稳定。一级的石英砂，Al_2O_3 的含量不大于0.3%。Fe_2O_3、Cr_2O_3、V_2O_5、TiO_2 能使玻璃着色，降低玻璃的透明度，是有害杂质。不同玻璃制品对石英砂容许的有害杂质含量大致见表6-3。

表6-3 不同玻璃制品对石英砂容许的有害杂质含量 %（质量分数）

玻璃种类	允许 Fe_2O_3	允许 Cr_2O_3	允许 TiO_2
高级晶质玻璃	<0.015	—	—
光学玻璃	<0.01	<0.001	<0.05
无色器皿	<0.02	<0.001	<0.10
磨光玻璃	<0.03	<0.002	—

续表

玻璃种类	允许 Fe_2O_3	允许 Cr_2O_3	允许 TiO_2
窗玻璃	<0.10～0.20	—	—
电灯泡	<0.05	—	—
化学仪器、保温瓶、药用玻璃	<0.10	—	—
半白色瓶罐玻璃	<0.30	—	—
暗绿色瓶罐玻璃	<0.5以上	—	—

石英砂的颗粒度与颗粒组成是重要的质量指标。

首先，颗粒度适中。颗粒大时会使熔化困难，并常常产生结石、条纹等缺陷。实践证明：硅砂的熔化时间与其粒径成正比。粒度粗熔化时间长，粒度细熔化时间短，熔化0.4mm粒径硅砂所需的时间要比熔化0.8mm粒径硅砂所需的时间少3/4。但过细的砂容易飞扬、结块，使配合料不易混合均匀，同时过细的砂常含有较多的黏土，而且由于其比表面大，附着的有害杂质也较多。细砂在熔制时虽然玻璃的形成阶段可以较快，但在澄清阶段却多费很多时间。当往熔炉中投料时，细砂容易被燃烧气体带进蓄热室，堵塞格子体，同时也使玻璃成分发生变化。

其次，要求粒度组成合理。要达到粒度组成合理，仅控制粒级的上限是远远不够的，还要控制细级别（－120目）含量。在同一种原料的不同粒级中，特别是细级别（－120目）中，其化学成分含量差异显著。表6-4中的数据反映出某种硅质原料不同粒级的化学成分。

表6-4　某种硅质原料不同粒级的化学成分　　%（质量分数）

筛分网目	含量	化学成分				
		SiO_2	Fe_2O_3	Al_2O_3	CaO	MgO
＋40	23.95	98.13	0.16	0.78	—	0.17
＋60	20.20	98.46	0.16	0.78	—	0.11
＋80	13.30	98.43	0.16	0.78	—	0.14
＋100	10.75	98.07	0.17	0.97	—	0.14
－100	31.8	96.35	0.43	2.64	—	0.17

从表中数据可以看出，小于100目粒级中的化学成分波动严重，含 SiO_2 量低，Fe_2O_3、Al_2O_3 杂质含量高，偏离平均数值远。细级别含量高，其表面能增大，表面吸附和凝聚效应增大。当原料混合时，发生成团现象。另外，细级别多，在储存、运输过程中，受振动和成堆作用的影响，与粗级别间产生强烈的离析。这种离析的结果，使得进入熔窑的原料化学成分，处于极不稳定状态。

一般来说，易于熔制的软质玻璃、铅玻璃，石英砂的颗粒可以粗些；硼硅酸盐、铝硅酸盐、低碱玻璃，石英砂的颗粒应当细一些；池炉用石英砂稍粗一些；坩埚炉用石英砂则稍细一些。通过生产实践，认为池炉熔制的石英砂最适宜的颗粒尺寸一般为0.15～0.8mm之间。而0.25～0.5mm的颗粒不应少于90%，0.1mm以下的颗粒不超过5%。采用湿法配合料粒化或制块时，可以采用更细的石英砂。

矿物组成也是衡量石英砂质量的一项指标，它与确定矿源和选择石英砂精选的方法有关。石英砂中磁铁矿、褐铁矿、钛铁矿、铬铁矿是有害杂质，蓝晶石、硅线石等，熔点高，化学性质稳定，难以熔化，在熔制时容易形成疙瘩、条纹和结石。

优质的石英砂不需要经过破碎、粉碎处理，成本较低，是理想的玻璃原料。含有害杂质较多的砂，不经浮选除铁，不宜采用。

另一种引入 SiO_2 的原料是砂岩。它是石英砂在高压作用下，由胶结物胶结而成的矿岩。根据胶结物的不同，有二氧化硅（硅胶）胶结的砂岩、黏土胶结的砂岩、石膏胶结的砂岩等。砂岩的化学成分不仅取决于石英颗粒，而且与胶结物的性质和含量有关。如二氧化硅胶结的砂岩，纯度较高，而黏土胶结的砂岩则 Al_2O_3 含量较高。一般说来，砂岩所含的杂质较少，而且稳定。其质量要求是含 SiO_2 大于 98%，含 Fe_2O_3 不大于 0.2%。

砂岩的硬度高，近于莫氏七级，开采比石英砂复杂，而且一般需经过破碎、粉碎、过筛等加工处理（有时还要经过煅烧再进行破碎，粉碎处理），因而成本比石英砂高。粉碎后的砂岩通常称为石英粉。

石英岩和脉石英也可以作为引入 SiO_2 的原料。石英岩系石英颗粒彼此紧密结合而成，是砂岩的变质岩。石英岩硬度比砂岩高，强度大，使用情况与砂岩相同。脉石英的主要成分是孪生的石英集晶体，一般为无色、乳白色或灰色。透明无色的是水晶。脉石英有明显的结晶面，用它作为石英玻璃的原料。

几种二氧化硅原料的化学成分见表 6-5。

表 6-5 几种二氧化硅原料的化学成分 %（质量分数）

原料名称	SiO_2	Al_2O_3	CaO	MgO	Na_2O	K_2O	Fe_2O_3	灼减
昆明硅砂	99.50	0.46	—	—	—	—	0.006	—
广州硅砂	99.14	0.41	—	—	—	—	0.11	0.43
湘潭硅砂	97.86	1.62	—	—	—	0.3	0.30	—
内蒙硅砂	86～91	5～7	1.0	—	1～1.5		0.20	—
威海硅砂	91～95	3～6	0.1	—	2～3		0.10	—
南口砂岩	98～99	—	—	—	—	—	0.15	—
潮州石英	98.32	0.96	0.46	0.05	—	—	0.03	0.25
房山石英	99.86	0.18	—	—	—	—	—	—
汨罗石英	99.78	—	—	—	—	—	<0.1	—
海城石英	98～99	0.24	0.24	—	—	—	0.03	—
蕲春石英	99.85	—	—	—	—	—	0.02	—

② 引入氧化硼的原料。氧化硼（B_2O_3），分子量为 69.62，相对密度为 1.84，也是玻璃的形成氧化物，它以硼氧三角体［BO_3］和硼氧四面体［BO_4］为结构组元，在硼硅酸盐玻璃中与硅氧四面体［SiO_4］共同组成结构网络。B_2O_3 能降低玻璃的热膨胀系数，提高玻璃的热稳定性、化学稳定性，增加玻璃的折射率，改善玻璃的光泽，提高玻璃的力学性能。B_2O_3 在高温时能降低玻璃的黏度，在低温时则提高玻璃的黏度，所以含 B_2O_3 较高的玻璃，成形的温度范围较窄，因之可以提高机械成形的机速。B_2O_3 还起助熔剂的作用，加速玻璃的澄清和降低玻璃的结晶能力。B_2O_3 常随水蒸气挥发，硼硅酸盐玻璃液面上因 B_2O_3 挥发减少，会产生富含 SiO_2 的析晶料皮，当 B_2O_3 引入量过高时，由于硼氧三角体［BO_3］增多，玻璃的热膨胀系数等反而增大，发生反常现象。B_2O_3 是耐热玻璃、化学仪器玻璃、温度计玻璃、部分光学玻璃、电真空玻璃以及其他特种玻璃的重要组分。引入 B_2O_3 的原料为硼酸、硼砂和含硼矿物。

硼酸（H_3BO_3），分子量为61.82，相对密度为1.44，含$B_2O_3$36.65%，H_2O 43.55%。它是白色鳞片状三斜结晶，具有特殊光泽，触之有脂肪感觉，易溶于水，加热至100℃则失水而部分分解，变为偏硼酸（HBO_2）。在140～160℃时，转变为四硼酸（$H_2B_4O_7$），继续加热则完全转变为熔融的B_2O_3。在熔制玻璃时，B_2O_3的挥发与玻璃的组成及熔制温度、熔炉气氛、水分含量和熔制时间有关，一般为本身质量的5%～15%，也有高达15%以上的。在熔制含硼酸玻璃时，应根据玻璃的化学分析确定B_2O_3的挥发量，并在计算配合料时予以补充。对硼酸的质量要求：H_3BO_3＞99%，Fe_2O_3＜0.01%，SO_4^{2-}＜0.02%。

硼砂分为十水硼砂（$Na_2B_4O_7 \cdot 10H_2O$）、五水硼砂（$Na_2B_4O_7 \cdot 5H_2O$）和无水硼砂（$Na_2B_4O_7$）。含水硼砂是坚硬的白色菱形结晶，易溶于水，加热则先熔融膨胀而失去结晶水，最后变为玻璃状物质。在熔制时同时引入Na_2O和B_2O_3，B_2O_3的挥发与硼酸相同。必须注意，含水硼砂在贮放中会失去部分结晶水发生成分变化。对十水硼砂的质量要求：B_2O_3＞35%，Fe_2O_3＜0.01%，SO_4^{2-}＜0.02%。

含硼矿物。硼酸和硼砂价格都比较贵。使用天然含硼矿物，经过精选后引入B_2O_3经济上较为有利。我国辽宁、吉林、青海、西藏等省（自治区）有丰富的硼矿资源。天然的含硼矿物，主要有：

a. 硼镁石（$2MgO \cdot B_2O_3 \cdot H_2O$），含$B_2O_3$19.07%～40.88%，MgO 3.51%～44.60%，R_2O_3（$Al_2O_3+Fe_2O_3$）0.18%～3.78%。

b. 钠硼解石（$NaCaB_5O_9 \cdot 8H_2O$），含Na_2O 7.7%，CaO 13.8%，$B_2O_3$43.8%，H_2O 35.5%，K_2O和MgO以杂质形式存在。

c. 硅钙硼石［$Ca_2B_2(SiO_4)_2$］，含CaO 35%，$B_2O_3$21.8%，$SiO_2$37.6%，H_2O 5.6%。

③ 引入氧化铝的原料。Al_2O_3属于中间体氧化物，当玻璃中Na_2O与Al_2O_3的分子比大于1时，形成铝氧四面体［AlO_4］并与硅氧四面体［SiO_4］组成连续的结构网络。当Na_2O与Al_2O_3的分子比小于1时，则形成铝氧八面体［AlO_6］，为网络外体而处于硅氧结构网络的空穴中。Al_2O_3能降低玻璃的结晶倾向，提高玻璃的化学稳定性、热稳定性、力学强度、硬度和折射率，减轻玻璃对耐火材料的侵蚀，并有助于氟化物的乳浊。Al_2O_3能提高玻璃的黏度。绝大多数玻璃都引入1%～3.5%的Al_2O_3，一般不超过8%～10%。在水表玻璃和高压水银灯等特殊玻璃中，Al_2O_3的含量可达29%以上。引入Al_2O_3的原料有长石、黏土、黄蜡石、氧化铝、氢氧化铝等，也可以采用某些含Al_2O_3的矿渣和选矿厂含长石的尾矿。

长石，是玻璃中引入Al_2O_3的主要原料之一。常用的是钾长石和钠长石［K_2O（Na_2O）$\cdot Al_2O_3 \cdot 6SiO_2$］，它们的化学组成波动较大，常含有$Fe_2O_3$。因此，质量要求较高的玻璃，不采用长石。长石除引入Al_2O_3外，还引入Na_2O、K_2O、SiO_2等。由于长石能引入碱金属氧化物，减少了纯碱的用量，在一般玻璃中应用甚广。长石的颜色多以白色、淡黄色或肉红色为佳，常具有明显的结晶解理面，硬度为6～6.5，相对密度为2.4～2.8，在1100～1200℃之间熔融，含长石的玻璃配合料易于熔制。对长石的质量要求，Al_2O_3＞16%，Fe_2O_3＜0.3%；R_2O（Na_2O+K_2O）＞12%。

部分长石原料的化学成分见表6-6。

表6-6 部分长石原料的化学成分 %（质量分数）

原料名称	SiO_2	Al_2O_3	CaO	MgO	K_2O	Na_2O	Fe_2O_3	灼减
湖南长石	63.41	19.18	0.36	痕量	13.79	2.36	0.17	0.46
唐山长石	65.95	19.58	0.28	0.06	13.05		0.40	0.66

续表

<table>
<tr><th>原料名称</th><th>SiO_2</th><th>Al_2O_3</th><th>CaO</th><th>MgO</th><th>K_2O</th><th>Na_2O</th><th>Fe_2O_3</th><th>灼减</th></tr>
<tr><td>秦皇岛长石</td><td>65.86</td><td>19.88</td><td>0.17</td><td>0.39</td><td colspan="2">14.29</td><td>0.21</td><td>—</td></tr>
<tr><td>南京长石</td><td>62.84</td><td>21.40</td><td>0.31</td><td>—</td><td>12.30</td><td>2.31</td><td>0.21</td><td>—</td></tr>
<tr><td>忻县长石</td><td>65.66</td><td>18.38</td><td>—</td><td>—</td><td>13.37</td><td>2.64</td><td>0.17</td><td>0.33</td></tr>
<tr><td>北京长沟长石</td><td>66.09</td><td>18.04</td><td>0.83</td><td>—</td><td colspan="2">13.50</td><td>0.22</td><td>—</td></tr>
</table>

瓷土（$Al_2O_3 \cdot 2SiO_2 \cdot 2H_2O$），主要矿物组成是高岭石，一般含 Fe_2O_3 杂质较多，相对密度为 2.4～2.6，硬度不高，较易粉碎，常呈白色，有时因含有机物而呈黑色、灰色。其理论成分为：Al_2O_3 39.5%，SiO_2 46.5%，H_2O 14%，是重要的陶瓷原料。在玻璃工业多用于制造高铝玻璃或乳浊玻璃。对瓷土的质量要求：$Al_2O_3>16\%$，$Fe_2O_3<0.4\%$，其他成分要求稳定。

部分瓷土的化学成分见表 6-7。

表 6-7　部分瓷土的化学成分　　%（质量分数）

<table>
<tr><th>原料名称</th><th>SiO_2</th><th>Al_2O_3</th><th>CaO</th><th>MgO</th><th>K_2O</th><th>Na_2O</th><th>Fe_2O_3</th><th>灼减</th></tr>
<tr><td>苏州土</td><td>43.39</td><td>40.48</td><td>0.19</td><td>0.05</td><td>0.03</td><td>0.22</td><td>0.41</td><td>15.00</td></tr>
<tr><td>界牌土</td><td>59.05</td><td>29.42</td><td>0.28</td><td>0.14</td><td>0.33</td><td>0.07</td><td>0.21</td><td>10.45</td></tr>
<tr><td>叙永土</td><td>37.35</td><td>34.34</td><td>0.76</td><td>—</td><td>0.01</td><td>—</td><td>0.12</td><td>19.45</td></tr>
<tr><td>大同砂石</td><td>43.94</td><td>38.79</td><td>0.14</td><td>0.51</td><td colspan="2">1.35</td><td>0.17</td><td>15.90</td></tr>
</table>

黄蜡石（$Al_2O_3 \cdot 4SiO_2 \cdot H_2O$），是一种水化硅酸铝，主要矿物是叶蜡石，含有石英和高岭石。黄蜡石的理论成分：SiO_2 66.65%，Al_2O_3 28.35%，H_2O 5%。相对密度为 2.8～2.9，硬度为 1～2.5。对黄蜡石的要求：$Al_2O_3>25\%$，$SiO_2<70\%$，$Fe_2O_3<0.4\%$，而且成分要求稳定。黄蜡石常用于制造乳浊玻璃与玻璃纤维。

部分黄蜡石的化学成分见表 6-8。

表 6-8　部分黄蜡石的化学成分　　%（质量分数）

原料名称	SiO_2	Al_2O_3	CaO	MgO	K_2O	Na_2O	Fe_2O_3	灼减
青田蜡石	71.01	22.82	0.26	0.07	0.14	0.13	0.31	0.31
宁海蜡石	54.82	31.58	0.91	0.02	0.32	0.03	0.28	11.87
临海蜡石	69.60	21.23	0.63	0.16	0.03	0.02	0.15	8.03

氧化铝（Al_2O_3）与氢氧化铝［$Al(OH)_3$］。它们都是化工产品，一般纯度较高。氧化铝在理论上含 100%的 Al_2O_3，氢氧化铝理论上含 Al_2O_3 65.40%，H_2O 34.60%。因它们的价格较贵，一般玻璃中不常采用，只用于生产光学玻璃、仪器玻璃、高级器皿、温度计玻璃等。Al_2O_3 为白色结晶粉末，相对密度为 3.5～4.1，熔点为 2050℃。$Al(OH)_3$ 为白色结晶粉末，相对密度为 2.34，加热则失水而成 γ-Al_2O_3。γ-Al_2O_3 活性大，易与其他物料化合，所以采用氢氧化铝比采用氧化铝容易熔制。同时氢氧化铝放出的水汽，可以调节配合料的气体率，有助于玻璃液的均化。但某些氢氧化铝的配合料在熔制时容易发生溢料（泼缸）现象，常在配合料中加大氟化物如萤石或冰晶石予以防止。对氧化铝的要求：$Al_2O_3>96\%$，$Fe_2O_3<0.05\%$。对氢氧化铝的要求：$Al_2O_3>50\%$，$Fe_2O_3<0.05\%$。

④ 引入五氧化二磷的原料。五氧化二磷（P_2O_5）是玻璃形成氧化物，它以磷氧四面体

［PO_4］形成磷酸盐玻璃的结构网络。P_2O_5 能提高玻璃的色散系数和透过紫外线的能力，但降低玻璃的化学稳定性。单纯的磷酸盐玻璃极易水解。P_2O_5 用于制造光学玻璃和透紫外线玻璃。引入 P_2O_5 的主要原料为磷酸铝、磷酸钠、磷酸二氢铵、磷酸钙等。

(2) 引入碱金属氧化物的原料

① 引入氧化钠的原料。氧化钠（Na_2O），分子量为 62，相对密度为 2.27。Na_2O 是玻璃网络外体氧化物，钠离子（Na^+）居于玻璃结构网络的空穴中。Na_2O 能提供游离氧使玻璃结构中的 O/Si 比值增加，发生断键，因而可以降低玻璃的黏度，使玻璃易于熔融，是良好的助熔剂。Na_2O 可增加玻璃的热膨胀系数，降低玻璃的热稳定性、化学稳定性和机械强度，所以引入量过多，一般不超过 18%。引入 Na_2O 的原料主要为纯碱和芒硝，有时也采用一部分氢氧化钠和硝酸钠。

纯碱（Na_2CO_3），是引入玻璃中 Na_2O 的主要原料，分为结晶纯碱（$Na_2CO_3 \cdot 10H_2O$）与煅烧纯碱（Na_2CO_3）两类，玻璃工业中采用煅烧纯碱。煅烧纯碱是白色粉末，易溶于水，极易吸收空气中的水分而潮解，产生结块，因此必须储存于干燥仓库内。纯碱中常含有硫酸钠、氧化铁等杂质。含氯化钠和硫酸钠杂质多的纯碱，在熔制玻璃时会形成“硝水”。放置较久的纯碱，常含有 9%～10%的水分，在使用时应进行水分的测定。同时在熔制玻璃时 Na_2O 的挥发量约为本身质量的 0.5%～3.2%，在计算配合料时应予以考虑。对纯碱的质量要求：$Na_2CO_3>98\%$，$NaCl<1\%$，$Na_2SO_4<0.1\%$，$Fe_2O_3<0.1\%$。

煅烧纯碱可分为轻质和重质两种。轻质的容积密度为 0.61g/cm^3，是细粒的白色粉末，易于飞扬、分层，不易与其他原料均匀混合；重质的容积密度为 0.94g/cm^3 左右，也有报道重质碱的容积密度高达 1.5g/cm^3，是白色颗粒，不易飞扬，分层倾向也较小，有助于配合料的均匀混合。国外玻璃生产中多采用重质碱，国内也已接受这一理念。我国轻质碱与美国重质碱的粒度分布见表 6-9、表 6-10。

表 6-9　中国轻质碱的粒度分布

筛网	网目/目	+16	+20	+40	+80	+120	+160	+200	−200
	粒度/mm	1.19	0.840	0.420	0.177	0.125	0.097	0.074	0.074
质量分数/%	个别	0.150	0.360	0.950	6.380	32.060	4.370	24.770	30.960
	累计	0.150	0.510	1.460	7.840	39.900	44.270	69.040	100.00

表 6-10　美国重质碱的粒度分布

筛网	网目/目	+20	30	+50	+70	+100	+140	+200	−325
	粒度/mm	0.84	0.590	0.297	0.210	0.149	0.105	0.074	0.042
质量分数/%	个别	0.02	0.08	26.60	38.10	27.00	6.70	1.20	0.30
	累计	0.02	0.10	26.70	64.80	91.80	98.50	99.70	100.00

从上面两组数据比较看：美国重质碱，0.149～0.59mm 粒级占 90.8%，小于 0.105mm 粒级占 1.5%；中国轻质碱 0.125～0.420mm 粒级占 47.74%，小于 0.097mm 粒级占 55.73%。

天然碱有时也作为纯碱的代用原料。天然碱是干涸碱湖的沉积盐，我国内蒙古、青海等地均有出产。它常含有黄土、氯化钠、硫酸钠和硫酸钙等杂质，而且还含有大量的结晶水。较纯的天然碱，含碳酸钠约为 37%。天然碱对熔炉耐火材料侵蚀较快，而且其中的硫酸钙、硫酸钠分解困难，易形成硫酸盐气泡。天然碱还易产生“硝水”。脱水的天然碱可以直接使用。含结晶水的天然碱，一般先溶解于热水，待杂质沉淀后，再将溶液加入配合料中。在国外天然碱都经过加工提纯后再用。

部分天然碱的化学成分见表6-11。

表6-11 部分天然碱的化学成分 %（质量分数）

天然碱名称	SiO_2	Na_2CO_3	Fe_2O_3	NaCl	Na_2SO_4	不溶物	水分
赛拉	—	33.8	—	0.3	—	—	—
乌杜淖	2.3	68.5	0.3	0.0	17.4	1.0	50～60
哈马湖	8.4	60.0	0.3	4.5	24.5	—	—
海勃湾	5.7	58.0	0.02	6.5	27.8	—	—

芒硝分为天然的、无水的、含水的多种。无水芒硝是白色或浅绿色结晶，它的主要成分是硫酸钠（Na_2SO_4）。直接使用含水芒硝（$Na_2SO_4 \cdot 10H_2O$）比较困难，要预先熬制，以除去其结晶水，再粉碎、过筛，然后使用。对于芒硝的质量要求：$Na_2SO_4>85\%$，$NaCl<2\%$，$CaSO_4<4\%$，$Fe_2O_3<0.3\%$，$H_2O<5\%$。

无水芒硝或化学工业的副产品硫酸钠（盐饼），884℃熔融，热分解温度较高，在1120～1220℃之间。但在还原剂的作用下，其分解温度可以降低到500～700℃，反应速度也相应地加快。还原剂一般使用煤粉，也可以使用焦炭粉、锯末等。为了促使Na_2SO_4充分分解，应当把芒硝与还原剂预先均匀混合，然后加入配合料内。还原剂的用量，按理论计算是Na_2SO_4质量的4.22%，但考虑到还原剂在未与Na_2SO_4反应前的燃烧损失以及熔炉气氛的不同性质，根据实际情况进行调整，实际上为4%～6%，有时甚至在6.5%以上。用量不足时Na_2SO_4不能充分分解，会产生过量的"硝水"，对熔炉耐火材料的侵蚀较大，并使玻璃制品产生白色的芒硝泡。用量过多时会使玻璃中的Fe_2O_3还原成FeS和生成Fe_2S_3，与多硫化钠形成棕色的着色团——硫铁化钠，从而使玻璃着成棕色。

硝水中除Na_2SO_4外，还有NaCl与$CaSO_4$。为了防止硝水的产生，芒硝与还原剂的组成最好保持稳定，预先充分混合，并保持稳定的热工制度。在坩埚熔制中，如发现硝水，挖料时切勿带水进入玻璃液内，否则会发生爆炸。有经验的工人常用烧热的耐火砖或红砖，放在玻璃的液面上，吸收硝水，将其除去。

芒硝与纯碱比较有以下的缺点：

a. 芒硝的分解温度高，二氧化硅与硫酸钠之间的反应要在较高的温度下进行，而且速度慢，熔制玻璃时需要提高温度，耗热量大，燃料消耗多。

b. 芒硝蒸气对耐火材料有强烈的侵蚀作用，未分解的芒硝，在玻璃液面上形成硝水，也加速对耐火材料的侵蚀和使玻璃产生缺陷。

c. 芒硝配合料必须加入还原剂，并在还原气氛下进行熔制。

d. 芒硝较纯碱Na_2O含量低，往玻璃中引入同样质量的Na_2O时，所需芒硝的量比纯碱多34%，相对增加了运输和加工储备等生产费用。

氢氧化钠（NaOH），俗称苛性钠，白色结晶脆性固体，极易吸收空气中的水分和二氧化碳，变为碳酸钠，易溶于水，有腐蚀性。近年来瓶罐玻璃厂常采用50%的氢氧化钠溶液，代替部分纯碱引入一定量的Na_2O，可以湿润配合料，降低粉尘，防止分层，缩短熔化过程。在粒化配合料中，同时用作黏结剂。

硝酸钠（$NaNO_3$），又称硝石，我国所用的都是化工产品，分子量为85，相对密度为2.25，含Na_2O为36.5%。$NaNO_3$是无色或浅黄色六角形的结晶。在湿空气中能吸水潮解，溶解于水。熔点318℃，加热至350℃，则分解放出氧（$2NaNO_3 = 2NaNO_2 + O_2\uparrow$）。继续加热，则生成的亚硝酸钠又分解放出氮气和氧气（$4NaNO_2 = 2Na_2O + 2N_2\uparrow + 3O_2\uparrow$）。

在熔制铅玻璃等需要氧化气氛的熔制条件时，必须用硝酸钠引入一部分 Na_2O。此外，硝酸钠比纯碱的气体含量高，有时为了调节配合料的气体率，也常用硝酸钠来代替一部分纯碱。

硝酸钠也是澄清剂、脱色剂和氧化剂。硝酸钠一般纯度较高，应储存在干燥的仓库或密闭箱中。对它的质量要求：$NaNO_3>98\%$，$Fe_2O_3<0.01\%$，$NaCl<1\%$。

② 引入氧化钾的原料。氧化钾（K_2O），分子量为94.2，相对密度为2.32，是网络外体氧化物，它在玻璃中的作用与 Na_2O 相似。钾离子（K^+）的半径比钠离子（Na^+）大，钾玻璃的黏度比钠玻璃大，能降低玻璃的析晶倾向，增加玻璃的透明度和光泽等。K_2O 常引入于高级器皿玻璃、晶质玻璃、光学玻璃和技术玻璃中。由于钾玻璃有较低的表面张力，硬化速度较慢，操作范围较宽，在压制有花纹的玻璃制品中，也常引入 K_2O。引入 K_2O 的原料，主要为钾碱和硝酸钾。

钾碱（K_2CO_3）。玻璃工业中，采用煅烧碳酸钾，分子量为138.2，理论上含 K_2O 68.2%，CO_2 31.8%。它是白色结晶粉末，相对密度2.3，在湿空气中极易潮解而溶于水，故必须保存于密闭的容器中。使用前必须测定水分。碳酸钾在玻璃熔制时，K_2O 的挥发损失可达本身质量的12%。对于碳酸钾的要求：$K_2CO_3>96\%$，$K_2O<0.2\%$，$KCl+K_2SO_4<3.5\%$，水不溶物<0.3%，水分<3%。

硝酸钾（KNO_3），又称钾硝石、火硝。分子量为101.11，理论上含 K_2O 46.6%。KNO_3 是透明的结晶，相对密度为2.1，易溶于水，在湿空气中不潮解，熔点334℃，继续加热至400℃则分解而放出氧，化学反应式为 $4KNO_3 = 2K_2O + 2N_2\uparrow + 5O_2\uparrow$。硝酸钾除往玻璃中引入 K_2O 外，也是氧化剂、澄清剂和脱色剂。对硝酸钾的要求：$KNO_3>98\%$，$KCl<1\%$，$Fe_2O_3<0.01\%$。

③ 引入氧化锂的原料。氧化锂（Li_2O），分子量为29.9，是网络外体氧化物。它在玻璃中的作用比 Na_2O 和 K_2O 特殊。当O/Si比小时，主要为断键作用，助熔作用强烈，是强助熔剂。锂的离子半径小于钠、钾的离子半径，当O/Si比大时，主要为积聚作用，Li_2O 代替 Na_2O 或 K_2O 使玻璃的热膨胀系数降低，结晶倾向变小，过量 Li_2O 又使结晶倾向增加。在一般玻璃中，引入少量 Li_2O（0.1%～0.5%），可以降低玻璃的熔制温度，提高玻璃的产量和质量。引入 Li_2O 的原料，主要为碳酸锂和天然的含锂矿物。

碳酸锂 Li_2CO_3，分子量为73.9，含 Li_2O 40.46%，CO_2 59.54%，白色结晶粉末。

天然含锂矿物主要有锂云母（含 Li_2O 6%），透锂长石（含 Li_2O 7%～10%），锂辉石（含 Li_2O 8%）等。其中锂云母（$LiF\cdot KF\cdot Al_2O_3\cdot 3SiO_2$）由于容易熔化，适合作为助熔剂使用。

（3）引入碱土金属氧化物和其他二价金属氧化物的原料

① 引入氧化钙的原料。氧化钙（CaO），分子量为56.08，相对密度为3.2～3.4。它是二价的网络外体氧化物，在玻璃起稳定剂作用，即增加玻璃的化学稳定性和机械强度，但含量较高时，能使玻璃的结晶倾向增大，而且易使玻璃发脆。在一般玻璃中，CaO 的含量不超过12.5%。CaO 在高温时，能降低玻璃的黏度，促进玻璃的熔化和澄清；但当温度降低时，黏度增加得很快，使成形困难。含 CaO 高的玻璃成形后退火要快，否则易爆裂。CaO 是通过方解石、石灰石、白垩、沉淀碳酸钙等原料来引入的。

方解石是自然界分布极广的一种沉积岩，外观呈白色、灰色、浅红色或淡黄色，主要化学成分是碳酸钙。纯粹的碳酸钙（$CaCO_3$）分子量100，含 CaO 56.08%，CO_2 43.92%。无色透明的菱面体方解石结晶体，称为冰洲石，应用于制造光学仪器，价格很高。用作玻璃原料的是一般不透明的方解石，硬度为3，相对密度为2.7。粗粒方解石的石灰岩称为石灰石。细粒疏松的方解石的质点与有孔虫软体动物类的方解石屑的白色沉积岩称为白垩（也有人认为白垩是无定形碳酸钙的沉积岩）。石灰石硬度为3，相对密度为2.7，常含有石英、黏土、碳酸镁、氧化铁等杂质。白垩一般比较纯，仅含有少量的石英、黏土、碳酸镁、氧化铁等杂质，质地软，易于粉碎。

对于方解石、石灰石和白垩的质量要求：$CaO>50\%$，$Fe_2O_3<0.15\%$。

沉淀碳酸钙是生产氯化钙的副产品，纯度较高，常用于生产高级器皿玻璃、光学玻璃等质量要求较高的玻璃。$CaCO_3$ 的含量要求大于98%。轻质的沉淀碳酸钙体积大，易飞扬并不易均匀混合。

② 引入氧化镁的原料。氧化镁（MgO），分子量为40.32。它在钠钙硅酸盐玻璃中是网络外体氧化物。玻璃中以3.5%以下的MgO代替部分CaO，可以使玻璃的硬化速度变慢，改善玻璃的成形性能。MgO还能降低结晶倾向和结晶速度，增加玻璃的高温黏度，提高玻璃的化学稳定性和机械强度。引入氧化镁的原料有白云石、菱镁矿等。

白云石又叫苦灰石，是碳酸钙和碳酸镁的复盐，分子式为 $CaCO_3 \cdot MgCO_3$，理论上含MgO 21.9%，CaO 30.4%，CO_2 47.7%。一般为白色或淡灰色，含铁杂质多时，呈黄色或褐色，相对密度为2.8～2.95，硬度为3.5～4。白云石中常见的杂质是石英、方解石和黄铁矿。对白云石的质量要求：$MgO>50\%$，$CaO<32\%$，$Fe_2O_3<0.15\%$。白云石能吸水，应储存在干燥处。

菱镁矿，亦称菱苦土，为灰白色、淡红色或肉红色。它的主要成分是碳酸镁 $MgCO_3$，分子量为84.39，理论上含MgO 47.9%，CO_2 52.1%。菱镁矿含 Fe_2O_3 较高，在用白云石引入MgO的量不足时，才使用菱镁矿。

有时也使用沉淀碳酸镁来引入MgO，它与沉淀碳酸钙相似，优点是杂质较少，缺点是质轻，易飞扬，不易使配合料混合均匀。

③ 引入氧化钡的原料。氧化钡（BaO），分子量为153.4，相对密度为5.7。它也是二价的网络外体氧化物。它能增加玻璃的折射率、密度、光泽和化学稳定性，少量的BaO（0.5%）能加速玻璃的熔化，但含量过多时，由于发生 $2BaO+O_2 \longrightarrow 2BaO_2$ 反应，使澄清困难。含BaO玻璃吸收辐射线的能力较大，但对耐火材料侵蚀较严重。BaO常用于高级器皿玻璃、化学仪器、光学玻璃、防辐射玻璃等。瓶罐玻璃中也常加入0.5%～1%的 $BaSO_4$，作为助熔剂和澄清剂。BaO是由硫酸钡和碳酸钡来引入的。

硫酸钡（$BaSO_4$），分子量为233.4，相对密度为4.5～4.6，白色结晶。天然的硫酸钡矿物称为重晶石，含有石英、黏土、铁的化合物等。对硫酸钡的质量要求：$BaSO_4>95\%$，$SiO_2<1.5\%$，$Fe_2O_3<0.5\%$。

碳酸钡（$BaCO_3$）的分子量为197.4，相对密度为4.4。无色的细微六角形结晶，天然的 $BaCO_3$ 称为毒重石。对碳酸钡的质量要求：$BaCO_3>97\%$，$Fe_2O_3<0.1\%$，酸不溶物<3%。

在制造光学玻璃时，有时用硝酸钡［$Ba(NO_3)_2$］或氢氧化钡［$Ba(OH)_2$］来引入BaO。含钡原料都有毒性，使用时应当注意。

④ 引入氧化铅的原料。氧化铅（PbO），分子量为223.0，相对密度为9.3～9.5。PbO是中间体氧化物，一般情况下为网络外体，当PbO含量高时，铅离子（Pb^{2+}）容易极化变形，或降低其配位数而居于玻璃的结构网络中。PbO能增加玻璃的相对密度，提高玻璃的折射率，使玻璃具有特殊的光泽和良好的电性能。铅玻璃的高温黏度小，熔制温度低，易于澄清。铅玻璃的硬度小，便于研磨抛光。在熔制时，必须在氧化条件下进行，否则PbO容

易还原变为金属铅（Pb），使玻璃发黑或变灰，而且金属铅沉积在坩埚底部易使坩埚穿孔。为此，在配合料中必须加入一定量的硝酸盐原料作为氧化剂。铅玻璃对耐火材料的侵蚀比较严重，需要高质量的耐火材料。铅玻璃的化学稳定性较差，但吸收辐射线的能力很强。PbO主要用于生产光学玻璃、晶质器皿玻璃、灯泡芯柱玻璃、X射线防护与防辐射玻璃、人造宝石等。引入PbO的主要原料为铅丹和密陀僧。

铅丹（Pb_3O_4），它是橙红色粉末，又称红丹，分子量为685.6，相对密度为9.07，理论上含PbO为97.7%。加热至550℃以上则分解放出氧（$2Pb_3O_4 = 6PbO + O_2$）。铅丹中常含有SiO_2、Al_2O_3、Fe_2O_3以及Pb、Cu等杂质。对铅丹的要求：$Pb_3O_4>95\%$，$Fe_2O_3<0.03\%$，$SiO_2<0.3\%$。铅易被还原，必须在氧化气氛中熔制。

密陀僧（PbO），它是黄色粉末，又称黄丹，分子量为223，相对密度为9.3～9.4，常含有Pb等杂质且易被还原。玻璃工业中常用红丹。红丹和黄丹都是有毒原料，使用时应当注意。

硅酸铅（$3PbO \cdot 2SiO_2$），黄色颗粒，系氧化铅与石英砂混合熔融制成，含PbO约85%，SiO_2 15%。硅酸铅的优点是粉尘小、杂质少，还原倾向小，在配合料中不易结团，挥发损失少，易于熔制等。

⑤ 引入氧化锌的原料。氧化锌（ZnO），分子量为81.4，相对密度为5.6。它是中间体氧化物，在一般情况下，以锌氧八面体［ZnO_6］作为网络外体氧化物，当玻璃中的游离氧足够时，可以形成锌氧四面体［ZnO_4］而进入玻璃的结构网络，使玻璃的结构更趋稳定。ZnO能降低玻璃的热膨胀系数，提高玻璃的化学稳定性和热稳定性、折射率。在氟乳浊玻璃中，ZnO能增加乳白度和光泽。在硒镉着色的玻璃中，ZnO能阻止硒的大量挥发，并有利于显色。在铅玻璃中加入2%～5%的ZnO，可以消除条纹缺陷。一般玻璃中含ZnO不超过5%～6%。ZnO主要用于光学玻璃、化学仪器玻璃、药用玻璃、高级器皿玻璃、微晶玻璃、低熔点玻璃、乳白玻璃和硒与硫化镉着色等玻璃中。引入ZnO的原料为锌氧粉和菱锌矿。

锌氧粉（ZnO），也称锌白，是白色粉末。氧化锌一般纯度较高，要求ZnO>96%，并不应含铅、铜、铁等化合物的杂质。锌氧粉颗粒较细，在配制时易结团块，使配合料不易混合均匀。对锌氧粉的要求：ZnO>96%，水溶性盐<1.5%，水分<0.1%，盐酸不溶物<0.25%。

菱锌矿的主要成分是碳酸锌（$ZnCO_3$），理论上含ZnO为64.9%，常含有SiO_2等杂质，原矿精选后，可以直接使用。

⑥ 引入氧化铍、氧化锶和氧化镉的原料。氧化铍（BeO），分子量为25.01，中间体氧化物。在游离氧足够时，能以铍氧四面体［BeO_4］参加结构网络。［BeO_4］带有电荷，彼此不能直接连接，BeO能显著地降低玻璃的热膨胀系数，提高热稳定性及化学稳定性，增加X射线和紫外线的透过率，并能提高折射率和硬度。BeO用于制造照明技术玻璃、X射线管透射窗、透紫外线玻璃等。引入氧化铍的主要原料有：氧化铍，不溶于水的白色粉末；碳酸铍（$BeCO_3$），不溶于水的白色粉末，含BeO 36.25%；绿柱石（$3BeO \cdot Al_2O_3 \cdot 6SiO_2$）是绿色结晶的天然矿物，含BeO 13.94%。铍化合物均有毒性，使用时应当注意。

氧化锶（SrO），分子量为103.63，是网络外体氧化物，对于玻璃的作用介于CaO和BaO之间。SrO能吸收X射线，用于制造电视显像管的面板。引入氧化锶的原料有：碳酸锶（$SrCO_3$），白色结晶，含SrO 70.2%；天然的菱锶矿，主要成分是$SrCO_3$；天青石（$SrSO_4$），浅蓝色斜方形结晶或无定形的纤维状，含SrO 50.4%。

氧化镉（CdO），分子量为108.41，是中间体氧化物。CdO能增加玻璃中La_2O_3、

ThO_2 的含量，提高玻璃的折射率，并使玻璃易熔，主要用于生产高折射、低色散的光学玻璃。引入氧化镉的原料有：氧化镉（CdO），褐色粉末；氢氧化镉［$Cd(OH)_2$］，白色粉末，加热即分解为 CdO 与 H_2O。镉化合物有毒性，使用时应注意。

(4) 引入四价金属氧化物的原料

① 引入二氧化锗的原料。二氧化锗（GeO_2），分子量为 104.6，为白色粉末，是玻璃形成体氧化物，以锗氧四面体［GeO_4］为结构组元。GeO_2 能提高玻璃的折射率、色散和密度。锗酸盐玻璃比硅酸盐玻璃的熔融温度低，化学稳定性差。以 GeO_2 代替 SiO_2 可以提高玻璃的低温黏度，降低高温黏度。GeO_2 用于制造高折射率的光学玻璃。

② 引入二氧化钛的原料。二氧化钛（TiO_2），分子量为 79.9，是中间体氧化物。在硅酸盐玻璃中，一部分 TiO_2 以钛氧四面体［TiO_4］进入结构网络中，一部分为八面体，处于结构网络外。TiO_2 可以提高玻璃的折射率和化学稳定性，增加吸收 X 射线和紫外线的能力。在含有 Al_2O_3、B_2O_3、MgO 的硅酸盐玻璃中，TiO_2 在低温时容易失透。TiO_2 用以制造高折射率的光学玻璃，吸收 X 射线和紫外线的防护玻璃和作为铝硅酸盐微晶玻璃的晶核剂。引入二氧化钛的原料，主要是由钛铁矿和金红石制取的二氧化钛，为白色粉末，其颗粒度应比一般油漆用的钛白粉的颗粒度大。

③ 引入二氧化锆的原料。二氧化锆（ZrO_2），分子量为 123.22，是中间体氧化物。ZrO_2 能提高玻璃的黏度、硬度、弹性、折射率、化学稳定性，降低玻璃的热膨胀系数。含 ZrO_2 的玻璃，比较难熔，含量超过 5%时，易析晶。ZrO_2 用于制造良好化学稳定性和热稳定性的玻璃，特别是耐碱的玻璃以及高折射率的光学玻璃，也用作微晶玻璃的晶核剂和优质耐火材料的原料。引入 ZrO_2 的原料为斜锆石和锆英石。斜锆石，即二氧化锆。锆英石（$ZrO_2 \cdot SiO_2$）是含 ZrO_2 的硅酸盐，无色结晶，有时带有黄、棕、红、紫等色，常含 Al_2O_3、CaO 以及稀土元素化合物等杂质。

6.2.2 辅助原料

辅助原料在玻璃生产过程用量少，但作用大，一般能够加速玻璃熔制过程或获得某些必要的性质。根据作用的不同，分为助熔剂、澄清剂、着色剂、脱色剂、乳浊剂、氧化剂等。

(1) 助熔剂

能促使玻璃熔制过程加速的原料称为助熔剂，也叫加速剂。有效的助熔剂为氟化合物、硼化合物、钡化合物和硝酸盐等。

氟化合物能加速玻璃形成的反应，降低玻璃液的黏度和表面张力，促进玻璃液的澄清和均化，也可以将有害杂质的 Fe_2O_3 和 FeO 变为 FeF_3，挥发排除或生成无色的 Na_3FeF_6，增加玻璃液的透热性。常用的氟化合物有萤石、硅氟酸钠等。向玻璃中引入 0.5%～1%的氟，可以提高熔制速度 15%～16%。由于氟化合物挥发后污染大气，不宜使用。

硼化合物主要是硼砂和硼酸，引入 1.5%的 B_2O_3 能提高熔制速度 15%～16%，与氟化合物共同使用效果更好。

硝酸盐可以和 SiO_2 形成低共熔物，同时还有氧化、澄清作用，因而加速了玻璃的熔制。一般引入量相当于 Na_2O 或 K_2O 的 10%～15%。

钡化合物主要是碳酸钡和硫酸钡，引入量为 0.25%～0.5%时，能提高熔制速度 10%～15%。

(2) 澄清剂

在玻璃配合料或玻璃熔体中，加入一种高温时本身能汽化或分解放出气体，以促进排除玻璃中气泡的物质，称为澄清剂。常用的澄清剂有白砒、三氧化二锑、硝酸盐、硫酸盐、氟化物、氯化物、氧化铈、铵盐等。

白砒即三氧化二砷（As_2O_3），相对密度为3.7～4，一般为白色结晶粉末或为无定形的玻璃状物质。白砒是极毒的原料，0.06g即能致人死命。在使用时要特别注意，并由专人负责保管。现在单独使用熔融白砒作澄清剂的已经很少，主要是以粉状白砒与硝酸盐共同使用。在配合料中加入的白砒低温时与硝酸盐分解放出的氧形成五氧化二砷，五氧化二砷在高温时又分解放出氧，进入到玻璃的气泡中，降低气泡中气体的分压，使其继续吸收气体，体积增大而排除到玻璃液外，促进了玻璃液的澄清。

$$As_2O_3 + O_2 \xrightarrow[1200℃以上]{600\sim1200℃} As_2O_5$$

白砒的用量一般为配合料质量的0.2%～0.6%，硝酸盐的引入量为白砒用量的4～8倍。一般为配合料质量的1.5%～5%。在铅玻璃中白砒的用量可达配合料质量的1.0%。

用白砒作澄清剂时，有一部分转入到玻璃体内，以As_2O_3和As_2O_5的形式残存下来。在灯工加工时，易被还原焰还原成为游离砷（$2As_2O_3 = 4As + 3O_2$），使玻璃变成黑色。灯工用玻璃最好不用或少用白砒。

三氧化二锑（Sb_2O_3），相对密度为5.1，为白色结晶粉末。它的澄清作用与白砒相似，必须与硝酸盐共同使用，才能达到良好的澄清效果。三氧化二锑的优点是毒性小，由五价锑转变为三价锑的温度较白砒低。在熔制铅玻璃时，由于铅玻璃的相对密度大，熔制温度低，常采用三氧化二锑作澄清剂。在钠钙硅酸盐玻璃中用0.2%的Sb_2O_3和0.4%的As_2O_3作澄清剂，澄清效果较好，而且可以防止二次小气泡的产生。Sb_2O_3与As_2O_3共同使用时，如用量较大，由于溶解度小以及形成砷酸盐或锑酸盐的结晶，易使玻璃乳化。

硝酸盐主要是硝酸钠、硝酸钾、硝酸钡。硝酸钠和硝酸钾在碱金属氧化物原料中已经讲到。硝酸钡［$Ba(NO_3)_2$］，相对密度为3.3，为无色透明结晶。由于硝酸钡分解温度较高，比硝酸钠和硝酸钾澄清效果好，常用于含钡的光学玻璃中。单独以硝酸盐为澄清剂时，其用量以硝酸钠为例，在钠钙硅酸盐玻璃中为配合料质量的3%～4%，在硼硅酸盐玻璃中为1%～2%，在铅玻璃中一般为4%～6%，如用硝酸钾或硝酸钡，可按下列系数进行换算（见表6-12）。

表6-12 硝酸盐换算系数

项目	$NaNO_3$	KNO_3	$Ba(NO_3)_2$
$NaNO_3$	1.0	1.2	1.5
KNO_3	0.85	1.0	1.25
$Ba(NO_3)_2$	0.7	0.8	1.0

硫酸盐，主要原料为硫酸钠、硫酸钡、硫酸钙。硫酸盐的分解温度较高，是高温的澄清剂。硫酸钠常用于瓶罐玻璃及一般钠钙硅酸盐工业玻璃中，其用量为配合料质量的1%～1.5%。硫酸钡也常应用于日用玻璃，特别是棕色瓶罐玻璃中，其用量为引入玻璃中Na_2O含量的0.5%，常与氟化物共用（氟化物的用量为引入0.5%的氟）。硫酸钙即石膏，用于高铝，低碱或无碱玻璃中。其用量为引入玻璃中CaO含量的0.5%，常与引入2%～4%氟的氟化物共用。

氟化物主要是萤石（氟化钙，CaF_2），硅氟化钠（Na_2SiF_6）。萤石是天然矿石，相对密度为2.9～3.2，是白、绿、蓝、紫等各种颜色的透明状岩石，对萤石的质量要求是成分稳定，CaF_2＞80%，Fe_2O_3＜0.3%。萤石作为澄清剂的用量，一般按引入配合料中0.5%的氟计算。硅氟化钠（Na_2SiF_6），相对密度为2.7，是化工产品，为黄白色粉末，有毒。一般用量为 Na_2O 含量的0.4%～0.6%。氟化物在熔制过程中，部分氟将成为 HF、SiF_4、NaF，他们的毒性比 SO_2 大。氟化物能在人体中富集。所以使用氟化物时应注意它对大气的污染。氟化物也是助熔剂和乳浊剂。

食盐（NaCl）在高温时气化挥发，促进玻璃澄清。一般使用量为配合料质量的1.3%～3.5%，过多则使玻璃乳化。适用于以硫着色的棕黄色玻璃和硼硅酸盐玻璃。

二氧化铈（CeO_2），柠檬黄色粉末。CeO_2 能提高玻璃吸收紫外线的能力，含 CeO_2 的玻璃在强辐射线照射下不变色。在玻璃的熔制温度下，CeO_2 能分解放出氧（$4CeO_2 = 2Ce_2O+3O_2$），是一种强氧化剂。用作澄清剂时，应与硝酸盐共用。二氧化铈的用量为配合料质量的0.3%～0.5%，超过0.7%会引起气泡。

用作澄清剂的铵盐，主要为硫酸铵［$(NH_4)_2SO_4$］，相对密度为1.53，白色结晶粉末。适宜的加入量为配合料质量的0.5%～1%，它可以与氯化钠和氟化物共用。对于低碱玻璃较为有效；硝酸铵（NH_4NO_3），相对密度为1.53，加入量为配合料质量的0.25%；氯化铵（NH_4Cl），相对密度为1.53，加入量为配合料质量的0.25%。

（3）着色剂

使玻璃着色的物质，称为玻璃的着色剂。着色剂的作用，是使玻璃对光线产生选择性吸收，显示出一定的颜色，其机理在前面章节中业已讨论。根据着色剂在玻璃中呈现的状态不同，分为离子着色剂、胶态着色剂和硫硒化物着色剂三类。

玻璃着色剂的着色情况见表6-13。

表6-13　几种玻璃着色剂的着色情况

着色剂	在氧化条件下的颜色	在还原条件下的颜色
硫化镉	无	黄色
硫化镉与硒	无	黄色、橙色至红色(加热显色)
氧化钴	蓝色带紫色	蓝色带紫色
氧化铜	蓝绿色	蓝绿色
氧化亚铜	绿蓝色	红色(加热显色)
氧化铈与氧化钛	黄色	黄色
氧化铬	黄绿色	翠绿色
金	红色(加热显色)	—
氧化铁	黄绿色	蓝绿色
氧化锰	紫色	无
氧化钕	紫色	紫色
氧化镍	紫红色(钾玻璃) 棕色(钠玻璃)	紫红色(钾玻璃) 棕色(钠玻璃)
硒	挥发	紫色
硫	无色	黄至琥珀色
铀	黄色带有绿色荧光	带有荧光的绿色

①离子着色剂。锰化合物，常用的有二氧化锰 MnO_2，为黑色粉末；氧化锰（Mn_2O_3），棕黑色粉末；高锰酸钾 $KMnO_4$，灰紫色结晶。锰化合物能将玻璃着成紫色，通常是用二氧化锰或高锰酸钾引入的。在熔制过程中，二氧化锰和高锰酸钾都能分解为氧化锰

和氧。玻璃系由氧化锰而着色。

$$4MnO_2 = 2Mn_2O_3 + O_2\uparrow$$

$$2KMnO_4 = K_2O + Mn_2O_3 + 2O_2\uparrow$$

氧化锰能分解成一氧化锰（MnO）（无色）和氧，其着色作用是不稳定的，必须保持氧化气氛和稳定的熔制温度，配合料中的碎玻璃量也要保持恒定。氧化锰与铁共用，可以获得橙黄色到暗红紫色的玻璃。与重铬酸盐共用，可以制成黑色玻璃。为了制得鲜明的紫色玻璃，锰化合物的用量一般为配合料质量的3%～5%。

钴化合物，主要有一氧化钴（CoO），为绿色粉末；三氧化二钴（Co_2O_3），深紫色粉末；四氧化三钴（Co_3O_4），暗棕色或黑色粉末（为CoO和Co_2O_3的混合物）。所有钴的化合物，在熔制时都转变为一氧化钴。氧化钴是比较稳定的强着色剂，它使玻璃能获得略带红色的蓝色，不受气氛影响。往玻璃中加入0.002%的一氧化钴，就可使玻璃获得浅蓝色；加入0.1%的一氧化钴，可以获得明亮的蓝色。钴化合物与铜化合物和铬化合物共同使用，可以制得色调均匀的蓝色、蓝绿色和绿色玻璃。与锰化合物共同使用，可以制得深红色、紫色和黑色的玻璃。

镍化合物，主要有一氧化镍（NiO），为绿色粉末；氢氧化镍［$Ni(OH)_2$］，为绿色粉末。氧化镍（Ni_2O_3），为黑色粉末。常用的为氧化镍。镍化合物在熔制中均转变为一氧化镍，能使钾-钙玻璃着成浅红紫色，钠-钙玻璃着成紫色（有生成棕色的趋向）。

铜化合物，常用的有含水硫酸铜（$CuSO_4\cdot 5H_2O$），为蓝绿色结晶；氧化铜（CuO），为黑色粉末；氧化亚铜（Cu_2O），红色结晶粉末。在氧化条件下加入1%～2%的CuO，能使钠钙玻璃着成青色，CuO与Cr_2O_3或Fe_2O_3共用，可制得绿色玻璃。Cu_2O与$CuSO_4\cdot 5H_2O$的用量可按CuO的用量进行计算。

铬化合物，主要有重铬酸钾（$K_2Cr_2O_7$），黄绿色结晶；重铬酸钠（$Na_2Cr_2O_7\cdot 2H_2O$），橙红色结晶；铬酸钾（K_2CrO_4），黄色结晶；铬酸钠（$Na_2CrO_4\cdot 10H_2O$），黄色结晶。铬酸盐在熔制过程中分解成为氧化铬（Cr_2O_3），在还原条件下使玻璃着成绿色，在氧化条件下，因同时存在有高价铬氧化物（CrO_3），使玻璃着成黄绿色，在强氧化条件下CrO_3含量增多，玻璃成为淡黄色至无色。铬化合物的用量以氧化铬计，为配合料质量的0.2%～1%，在钠钙硅酸盐玻璃中加入量为配合料质量的0.45%。在氧化条件下，氧化铬与氧化铜共同使用，可制得纯绿色玻璃。近年来常用铬矿渣作为绿色瓶罐玻璃的着色剂，它是用铬铁矿制铬酸盐后的残渣。

钒化合物，通常用三氧化二钒（V_2O_3）和五氧化二钒（V_2O_5）。钒的氧化物能使玻璃着成黄色（V^{5+}）、黄绿色（V^{3+}）、蓝色（V^{2+}）。在硅酸盐玻璃中很少能保持V_2O_5或VO_2，最后常分解成V_2O_3，使玻璃呈黄绿色，但不如铬的氧化物着色能力强。钒氧化物用以制造吸收紫外线和红外线的玻璃，如护目镜等。在强氧化条件下，用量为配合料质量的3%～5%。

铁化合物，主要有氧化亚铁（FeO），黑色粉末，能将玻璃着成蓝绿色；氧化铁（Fe_2O_3），红褐色粉末，能将玻璃着成黄色。氧化铁与锰的化合物或与硫及煤粉共同使用，使玻璃着成琥珀色。氧化铁因其需要量极少0.0019%即可着色，一般原料中均含有一定数量，故不必另加。

硫（S），黄色结晶，在一般玻璃中，硫不会以单体存在，主要是形成硫化物（硫铁化钠和硫化铁），使玻璃着色棕色或黄色。硫必须与还原剂，如煤粉或其他含碳物质共同使用。在一般瓶罐玻璃中，硫常用硫酸钡来引入，它的用量为配合料质量的0.02%～0.17%，煤粉的加入量与硫酸钡的加入量大体相等。

稀土元素氧化物，如三氧化铀（UO_3），将玻璃着成带荧光的黄绿色或荧光绿色，用量为配合料质量的0.5%～2%；氧化钕（Nd_2O_3），使玻璃着成玫瑰色并有双色现象，即在人工照明下，会发生由玫瑰蓝到玫瑰红的变色；氧化镨（Pr_2O_3），使玻璃着成美丽的绿黄色。

② 胶态着色剂。金化合物，常用的是氯化金（$AuCl_3$）。一般是将纯金用王水溶解制成$AuCl_3$溶液，再将溶液加水稀释使用。金红玻璃必须经过加热显色才能得到最后的颜色。为了使金的胶态粒子均匀分布，常在配合料中加入0.2%～2%的二氧化锡，使金发生分散作用。在配合料中加入0.01%金，就可以制得玫瑰色的玻璃。在无铅玻璃中，加入0.02%～0.03%的金，可制得红宝石玻璃。在铅玻璃中，则只需加入0.015%～0.02%的金，就可得同样颜色的金红玻璃。

银化合物，通常采用硝酸银（$AgNO_3$）。硝酸银在熔制时能析出银的胶体粒子，加热显色后使玻璃着成黄色。配合料中加入二氧化锡可以改善银黄的着色。银黄玻璃中着色剂的用量，以银计一般为配合料质量的0.06%～0.2%。

铜化合物，主要使用氧化亚铜（Cu_2O），也可以使用硫酸铜（$CuSO_4 \cdot 5H_2O$）。胶体铜的微粒使玻璃着成红色。它的着色能力很强。加入配合料质量0.15%的氧化亚铜，就足以制得红色的玻璃。考虑到Cu_2O不能完全转变为胶体粒子，故一般使用量为配合料质量的0.5%～5%之间。熔制铜红玻璃时，必须在配合料中加入还原剂，多采用金属锡（Sn）、氧化亚锡（SnO）、氯化亚锡（$SnCl_2$）与酒石酸钾（$KH_5C_4O_6$）。

③ 硫硒化合物着色剂。硒与硫化镉，单体硒的胶体粒子，使玻璃着成玫瑰红色。硒与硫化镉共用可以制成由黄色至红色的玻璃。硫化镉（CdS），单独用时其可以使玻璃着成淡黄色，加硒后，可以获得纯正的黄色。硒与硫化镉共同使用，形成硫化镉与硒化镉的固熔体（$CdS \cdot nCdSe$），使玻璃着成黄至红色。100%的CdS制成黄色玻璃，CdSe含量逐渐增高变为橙色而至红色。硒与硫化镉的用量，硒为配合料质量的0.6%～1%，硫化镉为配合料质量的1.5%～2.5%，加入CdS过多，玻璃容易产生乳化。

锑化合物，在钠-钙玻璃中加入三氧化二锑（Sb_2O_3）、硫和煤粉，在熔制过程中生成硫化钠（Na_2S），经过加热显色，Na_2S与Sb_2O_3形成硫化锑的胶体微粒（$3Na_2S + Sb_2O_3 = Sb_2S_3 + 3Na_2O$），使玻璃着成红色。锑红玻璃也可以直接使用硫化锑和碳。锑红玻璃中着色剂的用量，Sb_2O_3为配合料质量的0.1%～3%，硫为0.15%～1.5%，碳为0.5%～1.5%。

（4）脱色剂

对于无色玻璃来说，应当有良好的透明度。由于玻璃原料中含有铁、铬、钛、钒等化合物和有机物的有害杂质，在玻璃熔制时，从耐火材料中，有时从操作工具上也有熔于玻璃中的铁质，都可以使玻璃着出不希望的颜色。消除这种颜色的最经济的办法是在配合料中加入脱色剂。脱色剂按其作用，主要分化学脱色剂和物理脱色剂两种。

① 化学脱色剂。化学脱色是借助于脱色剂的氧化作用，使玻璃被有机物污染的黄色消除，以及使着色能力强的低价铁氧化物变成为着力能力较弱的三价铁氧化物（一般认为Fe_2O_3着色能力比FeO低10倍），以便使用物理脱色法进一步使颜色中和，接近于无色，使玻璃的透过率增大。常用的化学脱色剂有硝酸钠、硝酸钾、硝酸钡、白砒、三氧化二锑、氧化铈等。

硝酸钠和硝酸钾，分解温度为350℃和400℃，由于它们的分解温度低，必须与白砒和三氧化二锑共用，脱色效果才好。

白砒和三氧化二锑，它们的脱色作用也是氧化作用。它们还能消除因硒和氧化锰脱色时，因用量过多而形成的淡红色。

$$As_2O_3+6FeO \longrightarrow 3Fe_2O_3+2As$$
$$2As_2O_3+3Se \longrightarrow 4As+3SeO_2$$
$$2Mn_2O_3+As_2O_3 \longrightarrow 4MnO+As_2O_5$$

二氧化铈，其脱色作用基于在玻璃熔制的温度下分解放出氧，通常与硝酸盐共同使用。

卤素化合物，如萤石、硅氟酸钠、冰晶粉以及氯化钠，它们的作用是形成挥发性的 FeF_3 或 $FeCl_3$ 或成为无色的氟铁化钠（Na_3FeF_6）。

化学脱色剂的用量，与玻璃中铁的含量、玻璃的组成和熔制温度以及熔炉气氛等都有关系。通常硝酸钠的用量为配合料质量的1%～1.5%，As_2O_3 为0.3%～0.5%，Sb_2O_3 为0.3%～0.4%。氧化铈与硝酸盐共用时，CeO_2 为配合料质量的0.15%～0.4%，硝酸钠为0.5%～1.2%，氟化合物的用量为配合料质量的0.5%～1%。

② 物理脱色剂。物理脱色是往玻璃中加入一定数量的能产生互补色的着色剂，使玻璃由于 FeO、Fe_2O_3、Cr_2O_3、TiO_2 所产生的黄绿色到蓝绿色得到互补。物理脱色常常不是使用一种着色剂而是选择适当比例的两种着色剂。物理脱色法可能使玻璃的色调消除，但却使玻璃的光吸收增加，即使玻璃的透明度降低。物理脱色法，常与化学脱色法结合使用。物理脱色剂有：二氧化锰、硒、氧化钴、氧化镍等。

二氧化锰（MnO_2），使玻璃着成紫色与玻璃中的浅绿色互补，同时 MnO_2 能分解放出氧，也起化学脱色作用。MnO_2 的脱色不够稳定，常会受到熔制温度及熔炉气氛的影响。由于 MnO_2 一般纯度不高，常采用高锰酸钾来代替，现在基本上已不使用。

硒，使玻璃呈浅玫瑰色，与玻璃中的浅绿色中和，常受到温度及熔炉气氛的影响。

氧化钴（CoO），使玻璃着成蓝色。与玻璃的浅黄色中和，CoO 的脱色作用比较稳定。

氧化镍（NiO），使钾钙玻璃着成灰紫红色，钠钙玻璃着成灰紫色。与玻璃中的绿色中和后，玻璃产生灰色。在铅玻璃中因含铁极少，能着成纯净的紫色，故铅玻璃中用一氧化镍作脱色剂较好。一氧化镍受温度的作用及熔窑气氛的影响小。

在钾、钠钙硅酸盐玻璃中，经常同时使用硒与氧化钴进行物理脱色。在铅玻璃中，由于硒能使铅玻璃着成黄色而不能中和绿色，所以常常不用。

物理脱色剂的用量和化学脱色剂相同，与玻璃中的铁含量、玻璃的组成、玻璃的熔制温度，以及熔炉气氛等都有关系。必须经常检验、调整。一般来说，当玻璃中含铁量为0.02%～0.04%时，如果没有引入三氧化二砷或三氧化二锑，硒的引入量为0.5g（100kg玻璃中）。当引入三氧化二砷时，硒的引入量应增加到3～4g（100kg 玻璃中），钴的引入量应为0.05～0.2g（100kg 玻璃中）。氧化亚镍在铅晶质玻璃中的用量约为0.3～0.7g（100kg玻璃中）。氧化钴的用量为0.2～0.5kg（100kg 玻璃中）。硒用量过多的玻璃，在退火过程中，会出现玫瑰红色，这也是出于无色的氧化硒与玻璃中的 As_2O_3 或 Sb_2O_3 反应，又形成着色元素硒（$Sb_2O_3+2SeO \longrightarrow Sb_2O_5+2Se$）。如发现这种情况，应当减少硒的用量。玻璃中的含铁量超过0.1%时，不能使用脱色方法制得无色玻璃。据某些玻璃厂的经验，当含氧化铁超过0.06%时，则玻璃脱色后呈现灰色，脱色效果不好。

（5）乳浊剂

使玻璃产生不透明的乳白色的物质，称为乳浊剂。当熔融玻璃的温度降低时，乳浊剂析出大小为10～100nm 的结晶或无定形的微粒，与周围玻璃的折射率不同，并由于反射相衍射作用，使光线产生散射，从而使玻璃产生不透明的乳浊状态。玻璃的乳浊程度与乳浊剂的种类、浓度（用量）、玻璃的组成、熔制温度等有关。常用的乳浊剂有氟化物、磷酸盐、锡化物、氧化锑、氧化砷等。

氟化物是最常用的乳浊剂。在氟化物乳浊玻璃中，存在着 NaF、CaF_2 以及 AlF_3 的结晶微粒。常用的有冰晶石、硅氟酸钠、氟化钙等。冰晶石（$3NaF \cdot AlF_3$），白色结晶粉末，有天然的和人造的两种。天然的常含有大量的 SiO_2 和 Fe_2O_3。硅氟酸钠（Na_2SiF_6），白色粉末，使用时必须引入含 Al_2O_3 原料，如黏土和长石等。萤石（CaF_2），使用时也必须与含 Al_2O_3 原料共同引入。氟化物作为乳浊剂时，其用量一般按引入玻璃中3%～7%的氟计算。

磷酸盐乳浊剂比氟化物具有较大的结晶倾向，向玻璃中添加 Al_2O_3、B_2O_3 和 ZnO 对防止析出大颗粒的结晶是有利的。常用的有磷酸钙［$Ca_3(PO_4)_2$］、磷酸二氢铵（$NH_4H_2PO_4$）和骨灰等。其中骨灰，含67%～85%的 $Ca_3(PO_4)_2$，2%～3%的 $Mg_3(PO_4)_2$，10%左右的 $CaCO_3$ 和少量的 CaF_2。磷酸盐的用量：引入玻璃中4%的 P_2O_5 时，可以制得较弱的乳浊玻璃，适合于吹制2～5mm厚的制品；引入5%～6%的 P_2O_5 时，可制得隐约透明的制品；引入7%～8%的 P_2O_5 时，能产生强烈的乳浊玻璃。

锡化合物，主要有氧化锡（SnO_2）和二氯化锡（$SnCl_2$），均为白色粉末。SnO_2 呈分散的悬浮微粒而使玻璃乳浊。其用量为5%左右。$SnCl_2$ 在熔制中也变为 SnO_2。

氧化砷和氧化锑可以用作铅玻璃的乳浊剂，它们的用量为配合料质量的7%～12%。

（6）氧化剂与还原剂

在玻璃熔制时，能分解放出氧的原料，称为氧化剂；反之，能夺取氧的原料，称为还原剂。它们能给出氧化性或还原性的熔制条件。常用的氧化剂有硝酸盐、三氧化二砷、氧化铈等。常用的还原剂有碳（煤粉、焦炭粉、木炭、木屑）、酒石酸钾、锡粉及其化合物（氧化亚锡、二氯化锡）、金属锑粉、金属铝粉等。

随着人们对于玻璃生产技术的深入认识，发现在玻璃的熔制过程中，由于各种玻璃原料含有不同程度的含碳物质，它们同引入碳粉一样，影响着熔窑的熔制气氛。把这些含碳物质通过一定的测定方法并折合为含碳量（单位：mg/kg）来表示，将该测定值定义为COD值。以此来衡量原料对熔窑氧化、还原气氛的影响。COD是化学需氧量的英文缩写（chemical oxygen demand）。表6-14列出了玻璃中常用原料的COD值。

表6-14　各种玻璃原料的COD值　　mg/kg

原料名称	COD值范围	COD典型值
石英砂	210～810	450
石灰石	300～2640	1500
海水石灰石	12000～13200	12600
纯碱	60～450	225
长石	300～1050	780
高炉炉渣	27000～36000	30000
碳(煤)	590000～680000	650000
芒硝(人造丝副产品)	70～120	100
芒硝(造纸副产品)	600～750	635

6.2.3　碎玻璃

破碎的和不合格的玻璃制品、将玻璃液在水中骤冷得到的玻璃碎块以及生产中产生的玻璃碎片和社会上玻璃的废弃物，均可以用作玻璃的原料，统称为碎玻璃。采用碎玻璃不但可以利用废物，而且在合理使用下，还可以加速玻璃的熔制过程，降低玻璃熔制的热量消耗，从而降低玻璃的生产成本和增加产量。碎玻璃的用量，一般以配合料质量的25%～30%较好。熔制钠钙硅酸盐玻璃时，碎玻璃用量超过50%，会降低玻璃质量，使玻璃发脆，机械强度下降。但对于高硅和高硼玻璃，其碎玻璃的用量可以高达70%～100%，即可以完全使用碎玻璃，在添加澄清剂、助熔剂和补充某些挥发损失的氧化物（B_2O_3、Na_2O）后，进行二次重熔生产玻璃制品。有人认为如能补充挥发的氧化物，保持玻璃的成分不变，并使玻璃充分均化，则使用大量碎玻璃时，钠钙硅酸盐玻璃的机械强度也不降低。

碎玻璃的表面有很快吸附水汽和大气作用的倾向，使表面形成胶态，与玻璃内部的组成产生差异。碎玻璃中也缺少一部分碱金属氧化物和其他易挥发的氧化物。由于玻璃在熔制过程中与耐火材料相互作用，碎玻璃中的 Al_2O_3 和 Fe_2O_3 有所增加。由于这些原因，碎玻璃会在玻璃熔体中形成有界面分隔的所谓细胞组织，引起不均匀的现象，使玻璃变脆。

当玻璃重熔时，热分解会使 Fe_2O_3 转变为 FeO，同时铁的变价也影响硒的脱色作用，使玻璃的颜色变坏。热分解放出的氧，容易扩散到周围的气泡中去，与之一并逸出玻璃液外，导致玻璃缺氧，呈还原性熔制。有色玻璃重熔时，由于某些着色成分的挥发，使玻璃的颜色变浅；某些着色离子，也会向低价过渡，使玻璃的颜色改变。含氟的乳浊玻璃，因氟有矿化剂的作用易在玻璃中形成晶粒而发脆，故不能多量使用含氟碎玻璃。

使用碎玻璃时，要确定碎玻璃的粒度大小、用量、加入方法、合理的熔制制度，以保证玻璃的快速熔制与均化。当循环使用本厂碎玻璃时，要补充氧化物的挥发损失（主要是碱金属氧化物、氧化硼、氧化铅等）并调整配方，保持玻璃的成分不变。碎玻璃比例大时，还要补充澄清剂的用量。使用外来碎玻璃时，要进行清洗、选别、除去杂质，特别是用磁选法除去金属杂质。同时，必须取样进行化学分析，根据其化学成分进行配料。

碎玻璃的粒度没有严格的规定，但应当均匀一致。根据实践，如碎玻璃的粒度与配合料的其他原料的粒度相当，则纯碱将优先与碎玻璃反应，使石英砂溶解困难，整个熔制过程就要变慢变差。碎玻璃的粒度应当比其他原料的粒度大得多，这样有助于防止配合料分层，并使熔制加快。一般来说，碎玻璃粒度在2～20mm之间，熔制较快，但考虑到片状、块状、管状等碎玻璃加工处理等因素，通常采用20～40mm的粒度。

碎玻璃可预先与配合料中的其他原料均匀混合，也可以与配合料分别加入熔炉中。在熔炉冷修点火时，常用碎玻璃预先装填熔化池，或在烤炉后开始投料时，先投入碎玻璃，使池炉大砖的表面上先涂上一层玻璃液，以减少配合料对耐火材料的侵蚀。坩埚炉更换新坩埚后，也常先投入碎玻璃，用于搪洗坩埚。

6.2.4 天然含碱原料、矿渣原料和稀土氧化物原料

（1）天然含碱原料

天然含碱岩石，化学组成变化较大，除引入碱金属氧化物外，还同时引入 SiO_2、Al_2O_3、CaO、MgO 等氧化物，含铁化合物也较多，一般适用于制造瓶罐玻璃。由于 Al_2O_3 的含量较高，较难熔，黏度大，硬化快，制成的制品要迅速送入退火炉中。天然含碱原料需要进行煅烧、粉碎、浮选等加工处理。已采用的天然含碱原料有霞石、瓷石、珍珠岩、火山灰、食盐等。

霞石（$Na_2O \cdot Al_2O_3 \cdot 2SiO_2$）是霞石正长岩和脂光石的主要组成，无色或灰色带浅黄，浅褐，浅红色的结晶，晶面呈玻璃光泽，断口呈现脂肪光泽，硬度为5～6，相对密度为2.6。玻璃制造中采用浮选后的霞石精矿，为灰色结晶粉末，其化学组成为：SiO_2 42%～43%，Al_2O_3 28%～30%，Fe_2O_3 3%～3.5%，CaO 2%～2.5%，（Na_2O+K_2O）17%～19%，P_2O_5 0.2%～0.3%。也可以采用霞石正长岩，其主要化学组成为：SiO_2 42%～

54%，Al_2O_3 16%～36%，Fe_2O_3 3%～4%，(Na_2O+K_2O) 14%～15%。

瓷石是我国南方常用的陶瓷原料，由石英、长石、高岭石、绢云母等矿物组成。有时也含有碳酸盐颗粒。化学组成为：SiO_2 72%～76%，Al_2O_3 12%～16%，Fe_2O_3 0.3%～0.7%，CaO 1.0%～1.5%，MgO 0.5%～1.0%，(Na_2O+K_2O) 4%～8%。

珍珠岩为喷出岩类，是天然玻璃质颗粒的石英粗面岩，灰色至青火色，断面呈玻璃珍珠光泽，风化为油脂状，硬度为5.5～6。辽宁法库珍珠岩的化学组成为：SiO_2 73.73%，Al_2O_3 12.09%，Fe_2O_3 1.17%，CaO 0.84%，MgO 0.29%，K_2O 4.12%，Na_2O 2.81%。

火山灰是火山的喷出物，含Al_2O_3、Fe_2O_3较少，也可以用于制造半白色玻璃。其化学组成大致为：SiO_2 74%，Al_2O_3 14%，Fe_2O_3 0.8%～1%，(Na_2O+K_2O) 7%，CaO 1.5%。

食盐（NaCl），白色结晶。在熔制过程中，食盐可以和来自配合料或炉气中的水汽作用，形成Na_2O而进入玻璃中（$2NaCl+H_2O = Na_2O+2HCl$），因而能替代一部分纯碱。由于食盐在高温下，易于挥发，约有一半成为蒸气逸去。食盐的蒸气会沉积堵塞烟道，而且氯化氢气体也会侵蚀铁质烟囱，使用时应当注意。食盐也可以作为澄清剂和配合料的湿润剂。

(2) 矿渣原料

矿渣是在高炉炼铁过程中的副产品。在玻璃工业中矿渣原料一般适用于有色或深色玻璃，主要有高炉矿渣、锰矿废料、铬矿渣等。

高炉矿渣，主要用以引入玻璃中的Al_2O_3、SiO_2、CaO，可制造深色瓶罐玻璃或矿渣微晶玻璃。化学组成为：SiO_2 35%～65%，CaO 30%～45%，Al_2O_3 5%～20%，Fe_2O_3＜5%，MnO_2 2%，(K_2O+Na_2O)＜2%，S 2%～4%。

锰矿废料的化学组成为：MnO 38%～50%，Al_2O_3 0.85%～3%，Fe_2O_3 3.5%，CaO 1.77%～4%，Na_2O 2.5%～3.3%，酸不溶物31%～44%，可用以生产斑纹玻璃及有色玻璃。

铬矿渣是用铬铁矿制铬酸盐后的残渣，化学组成为：SiO_2 13%～18%，Al_2O_3 3%～5%，Fe_2O_3 6%～8%，CaO 23%～25%，MgO 21%～26%，Cr_2O_3 3.5%～5%。

(3) 稀土氧化物原料

由于稀土元素氧化物价格较贵，在玻璃工业中，应用还不广泛，仅应用于制造光学玻璃、特殊技术玻璃与高级艺术玻璃制品。主要有以下一些氧化物：

氧化镧（La_2O_3），白色粉末。它可以增加玻璃的抗水性，提高折射率和降低色散，用于制造高折射率低色散的光学玻璃。

二氧化铈（CeO_2），柠檬黄色粉末。它能提高玻璃吸收紫外线的能力，含CeO_2的玻璃在强辐射线照射下不变色。在玻璃的熔制温度下，CeO_2能分解放出氧（$4CeO_2 = 2Ce_2O+3O_2$），是一种强氧化剂。CeO_2与TiO_2共用能使玻璃着成金黄色。它用作玻璃的着色剂、脱色剂、澄清剂以及制造吸收紫外线的眼镜玻璃、X射线管、防辐射玻璃，还可以用作光学玻璃的抛光剂。

氧化钕（Nd_2O_3），蓝色结晶粉末，使玻璃着成玫瑰色并有双色现象（在人工照明下，会发生由玫瑰蓝到玫瑰红的变色），在钾、铅玻璃中，着色作用最强。Nd_2O_3与硒共用，可制得美丽的紫红色玻璃。氧化钕用作玻璃的着色剂、脱色剂，用以制造眼镜玻璃、激光玻璃、艺术玻璃等。

氧化镨（Pr_2O_3），黄色或绿色粉末。它使玻璃着成美丽的绿黄色。薄层时，玻璃较黄，厚层时玻璃较绿。用于制造艺术玻璃。

氧化钐（Sm_2O_3），黄色或白色粉末。它使玻璃着成美丽的黄色，用于制造艺术玻璃、光技术玻璃。

6.3 玻璃组成的设计和确定

6.3.1 玻璃组成设计原则

玻璃的组成（成分）是决定玻璃物理化学性质的主要因素，也是计算玻璃配合料的主要依据。改变玻璃的组成即可以改变玻璃的结构状态，从而使玻璃在性质上发生变化。在生产中，往往通过改变玻璃的组成来调整性能和控制生产。对于新品种玻璃的研制或对现有玻璃性质的改进，都必须首先从设计和确定它们的组成开始。

设计合适的玻璃化学组成是投资者与企业首要考虑的问题之一，它涉及企业的经济效益、产品结构、质量和企业效益等诸多因素。

玻璃的化学组成不仅决定了玻璃制品的性能，而且很大程度上还决定了成本。如特种玻璃化学组成中按照性质要求，需引入稀土元素成分，价格昂贵，在设计成分时选用性质相近的其他成分代替稀土元素，则可降低成本。所以成分设计不当，会造成产品质量下降，废品增加，成本提高。

玻璃的化学组成通常以组成玻璃的化合物或元素的质量比（质量分数/%）、摩尔比（摩尔分数/%）、原子比来表示，一般采用质量分数和摩尔分数，实用玻璃以质量分数最为常用。但对于特种玻璃如硫系玻璃，用原子比更为合适。在工业玻璃中，玻璃化学组成以质量分数表示，使用方便，直接可进行配方计算。摩尔分数使用不如质量分数简便，但由于玻璃的许多性质与化学组成的摩尔分数往往呈直线关系，而与质量分数呈复杂的曲线关系，因此许多学者在研究化学组成与性能计算中常常采用摩尔分数。

玻璃的科学研究，特别是性质和组成依从关系的研究，为玻璃组成的设计提供了重要的理论基础。但是理论只能定性地指出设计的方向，要得到合乎预定要求的玻璃，还必须通过实践，对拟定的玻璃组成进行反复的试验调整，最后才能把组成确定下来。

在设计玻璃组成时，应当注意以下原则：

① 根据组成、结构和性质的关系，使设计的玻璃能满足预定的性能要求。

② 根据玻璃形成图和相图，使设计的组成能够形成玻璃，析晶倾向小（微晶玻璃除外）。

③ 根据生产条件使设计的玻璃能适应熔制、成形、加工等工序的实际要求。

④ 玻璃化学组成设计必须满足绿色、环保的要求。

⑤ 所设计的玻璃应当价格低廉，原料易于获得。

据此，在设计玻璃组成时，应从以下几个方面考虑：

① 要依据玻璃所要求的性能选择适宜的氧化物系统，以确定玻璃的主要组成，通常玻璃的主要组成氧化物为3～4种，它们的总量往往达到90%。在此基础上再引入其他改善玻璃性质的必要氧化物，拟定出玻璃的设计组成。例如设计耐热和耐蚀性要求较高的化工设备用玻璃时，先要考虑采用热膨胀系数小、化学稳定性好、机械强度高的R_2O-B_2O_3-SiO_2或RO-Al_2O_3-SiO_2系统玻璃等。

② 为了使设计的玻璃析晶倾向小，可以参考有关相图，在接近共熔点或相界线处选择组成点。这些组成点在析晶时会形成两种以上不同的晶体，引起相互干扰、成核的概率减小，不易析晶。同时这些组成点熔制温度较低。应用玻璃形成图时，应当远离析晶区选择组成点，设计的组成应当是多组分的，这也有利于减小析晶倾向，一般工业玻璃其组成氧化物在5～6种以上。

③ 对于引入其他氧化物及其含量，则主要考虑它们对玻璃性能的影响。例如引入离子

半径小的氧化物有利于减小热膨胀系数和改善化学稳定性，也可以利用双碱效应来改善玻璃的化学稳定性和电性能等，有时可应用性能计算公式进行预算。也要考虑对［BO_3］与［BO_4］和［AlO_4］与［AlO_6］的转变影响。

④ 为了使设计的组成能付诸工艺实践，即工业上能进行熔制、成形等工艺，还要添加适当的辅助原料。如添加助熔剂和澄清剂，以使玻璃易于熔制；添加氧化或还原剂，以调节玻璃熔制气氛；添加着色剂或脱色剂，以使玻璃得到所需的颜色。它们的用量通常不大，但从工艺上考虑是必不可少的。

实际上，在设计玻璃组成时，一般要通过多次熔制实践和性能测定对成分进行多次校正。在实际的操作中，可采用现代的实验设计方法，如正交实验、多因素优化设计等，并借助计算机等手段进行优化，可以减少工作量。

在玻璃组成设计的工作中，通常分为两大类。一类是人们试图在玻璃的物理、化学性能上有较大突破时，如为了研制新型玻璃，往往按照要求设计新的组成；一类是在工业生产实践中，一般并不抛弃原有的基础玻璃，而为了改善某些性能和某些改进工艺操作条件，仅仅需要对成分作局部调整。

6.3.2 设计与确定玻璃组成的步骤

通常玻璃组成的设计与确定采取如下步骤：

（1）列出设计玻璃的性能要求

列出主要的性能要求，作为设计组成的指标。针对设计玻璃制品的不同分别有重点地列出其热膨胀系数、软化点、热稳定性、化学稳定性、机械强度、光学性质、电学性质等。有时还要将工艺性能的要求一并列出，如熔制温度、成形操作性能和退火温度等，作为考虑因素。

（2）拟定玻璃的组成

根据经验和查阅大量的文献，按照玻璃组成设计的基本原则进行。按照玻璃设计组成，设计类型的不同，采用不同的方法。

对于新品种玻璃，参考有关相图或玻璃形成图，选择组成点，拟出玻璃的原始组成；再根据玻璃性能和工艺要求添加其他氧化物，拟出玻璃的试验组成。

对于性能改善、工艺改进玻璃组成的拟定，根据设计玻璃的性能要求，参考现有玻璃组成，结合给定的生产工艺条件，拟定出设计玻璃的最初组成（原始组成）。然后按有关玻璃性质计算公式，对设计玻璃的主要性质进行预算。如果不合要求，则应当进行组成氧化物的增删及引入量的调整，然后，再反复进行预算、调整，直至初步合乎要求时，即作为设计玻璃的试验组成。

（3）试验、测试、确定组成

按照拟定的玻璃试验组成，制备配合料，在实验室电炉中进行熔制试验，并对熔好的玻璃进行有关性能的测试。通过试验和测试，对组成逐次调整修改，直至设计的玻璃达到给定的性能要求和工艺要求。然后在池炉中进行生产试验。在生产试验时对熔化、澄清、成形、退火等都应取得数据。必要时，再对组成氧化物进行调整，最后即确定为新设计玻璃的组成。

6.3.3 玻璃组成的设计与确定方法举例

（1）根据相图确定玻璃组成

将不同物质按不同配比，改变温度、压力（一般主要研究温度影响等外界条件），研究该系统平衡时组成与物相的关系，用几何图形表示，即可得到相图，有关硅酸盐系统的相图，已发表的不下四五千个，其中有不少都和玻璃有关。如何利用相图确定玻璃成分，尚有不少问题需要进一步解决。例如，若要设计一种化学仪器玻璃，要求热膨胀系数低于 $38\times10^{-7}/℃$，于是以 $CaO-Al_2O_3-SiO_2$ 系统相图为基础，可考虑成分设计方案如下。

仪器玻璃要求有较高的化学稳定性，较低的热膨胀系数，熔制温度又要为一般工业熔窑所能承受。在这些前提下，先考察一下 $CaO-Al_2O_3-SiO_2$ 系统相图，如图 6-9 所示。

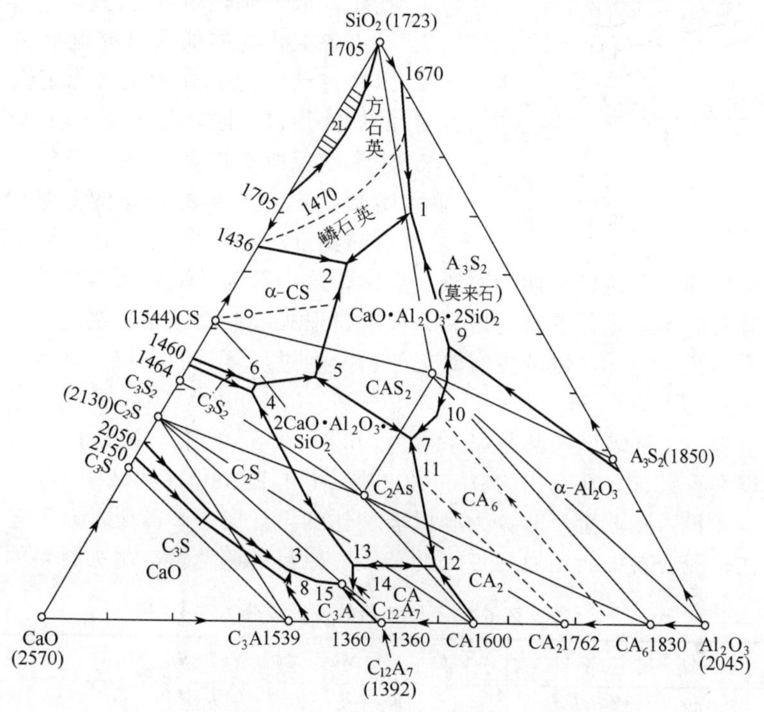

图 6-9　$CaO-Al_2O_3-SiO_2$ 系统相图

图中表明，含有足够量玻璃形成体（SiO_2 和 Al_2O_3）的仅有两个组成点，见表 6-15。

表 6-15　$CaO-Al_2O_3-SiO_2$ 系统相图中部分相区及其组成

序号	相	组成/%（质量分数）			温度/℃
		CaO	Al_2O_3	SiO_2	
1	$CaO\cdot Al_2O_3\cdot 2SiO_2+Al_2O_3\cdot 2SiO_2+SiO_2+$液	9.8	19.8	70.4	1345
2	$CaO\cdot Al_2O_3\cdot 2SiO_2+CaO\cdot SiO_2+SiO_2+$液	23.3	14.7	62	1170

值得注意的是第二点，其低共熔点为 1170℃，比第一个点低 175℃，而且 SiO_2 与 Al_2O_3 总量为 76%，符合玻璃形成体需要量的要求。如果成分调整后所需熔制温度高出低共熔点 300～400℃，也是工业熔窑所能达到的。

为了符合仪器玻璃的要求，在上述基础组成中，还必须加入一定量的其他氧化物。由于热膨胀系数不得超过 $38\times10^{-7}/℃$，因此，加入的氧化物必须有利于降低热膨胀系数。为此一般须加入小离子半径和高电荷的阳离子，如 Li^+、Mg^{2+}、Zn^{2+}、B^{3+}、Zr^{4+} 等，同时要保证化学稳定性和有利于工艺实践。我们所取的低共熔点组成中含有 23.3%CaO，显然，网络间隙离子量太多，不适合仪器玻璃的要求，因此，加入的氧化物以取代 CaO 为宜。如

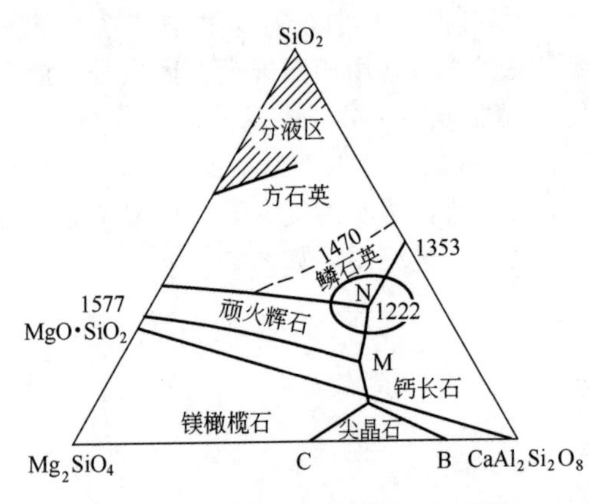

图 6-10　Mg_2SiO_4-$CaAl_2Si_2O_8$-SiO_2 假三元系统相图

果以 MgO 取代 CaO，则转入 CaO-MgO-Al_2O_3-SiO_2 四元系统，玻璃熔化温度还可进一步降低。又如图 6-10 所示为假三元相图三角形，其中组成点 M 为转熔点，温度为 1260℃，而 N 点的低共熔温度为 1220℃，此系统对无碱无硼玻璃与矿渣微晶玻璃的制造都有密切关系，在设计成分时，亦可适当参考。

各氧化物的加入量究竟以多少为合适，可以通过已知的成分和化学稳定性、热膨胀系数的规律加以判断，有的还可以进行计算。但是，为了确保所得玻璃的性质符合要求，必须进行熔制试验，并测定试样的基本性能（如黏度、析晶温度范围、软化温度、退火温度等）以了解试制的新成分玻璃是否达到预期的性质。显然，这不仅为了确保所得玻璃必须达到应有的性能指标，而且对制定新成分玻璃的熔制、成形、退火等制度也是必要的。在试制新成分玻璃时，还可以采用正交设计，以减少实验工作量。通过反复试验，得到基本上符合设计要求的成分，如表 6-16 所示。

由测定结果知，上述玻璃的热膨胀系数为 36.2×10^{-7}/℃；热稳定性（耐温差）196℃；化学稳定性（以失重%计）在水中为 0.0443，在 2mol/L NaOH 溶液中为 0.7483。

必须指出，在投入工业生产时，为确保玻璃达到设计成分，需要考虑工艺实践中的一些具体情况，例如，配合料中所用原料带入的杂质、原料的挥发量、耐火材料的侵蚀等。

表 6-16　校正后的设计成分

组成氧化物	SiO_2	Al_2O_3	CaO	MgO	ZnO	Li_2O	B_2O_3	ZrO_2
质量分数/%	62	14.7	7.6	5.0	5.0	1.5	3.6	0.6

天然原料带入较多成分中不需要的杂质，即使应用一般化工原料也会引入一些不必要的阳离子和阴离子或阴离子基团。如果部分原料用碳酸盐、硫酸盐、氟化物、氯化物等形式引入，那么，玻璃中含残留 CO_3^{2-}、SO_4^{2-}、F^-、Cl^- 等，它们对玻璃性质会带来一定影响，其影响程度与残留的百分比有关。此外，它们的允许含量和玻璃使用要求有关，例如，在平板玻璃内 SO_3 的含量可达 0.3%～0.5%左右。

当玻璃熔窑的温度达到 1500℃以上时，在熔制过程中，各种不同的原料都会有不同程度的挥发，有些原料中所含氧化物挥发性强，这种选择性的挥发造成了熔制所得玻璃成分与原设计成分发生偏离，因此，必须根据成分中有关氧化物（或其他化合物）的含量、熔制温度和时间等因素由试验得出或估计挥发量，在设计成分中加以补充是必要的。但必须指出，熔窑的类型对挥发量也有较大影响。例如，闭口坩埚要比开口坩埚挥发量小。全电熔窑要比一般熔窑挥发量小得多。表 6-17 列举了部分化合物的挥发量。

表 6-17　部分化合物的挥发量

化合物		B_2O_3	K_2O	Na_2O	ZnO	PbO	F^-
挥发量	一般熔窑	15.0	12.0	3.2	4.0	1.4	30.0
/%(质量分数)	电熔窑	<3	<3	<0.3	<0.3	0	4～5

挥发量的多少和化合物在玻璃成分中的含量关系较大，一般规律是：含量越高，挥发量的百分比也越高。

高温还会使玻璃液对耐火材料的侵蚀加剧，因此，耐火材料中的氧化物也会进入玻璃内使成分改变，如 SiO_2、Al_2O_3、Fe_2O_3 等在玻璃成分中含量增加，常常是由耐火材料受侵蚀所致。如果工业产品的成分要求严格，在配合料计算时，理应估计耐火材料的侵蚀量以保证达到设计成分要求。

（2）根据玻璃形成区确定玻璃组成

玻璃形成区是通过试验确定的表示玻璃形成范围的几何图形。玻璃形成范围与所用玻璃液数量、冷却速度和方法等一系列因素有关，因此带有动力学条件。如前所述，为保证设计的玻璃具有较小的析晶倾向，一般在选取成分点时，应尽量移向形成区的中间部分。目前在设计新的玻璃成分时，较多地应用三元玻璃形成区。现以 BaO-Al_2O_3-P_2O_5 系统三元玻璃形成区为例，要求设计一种较低色散、折射率 $n_D \approx 1.548$ 的磷酸盐玻璃成分时，应考虑下述各点：

首先，必须作出该系统的玻璃形成区，结果如图 6-11 所示。

其次，在选定成分时，还应注意：满足光学性质的要求；根据磷酸盐玻璃的特点，P_2O_5 的含量不宜过高，以避免熔制过程中挥发过多不易控制光学性质；具有足够的化学稳定性，较低的析晶倾向等。

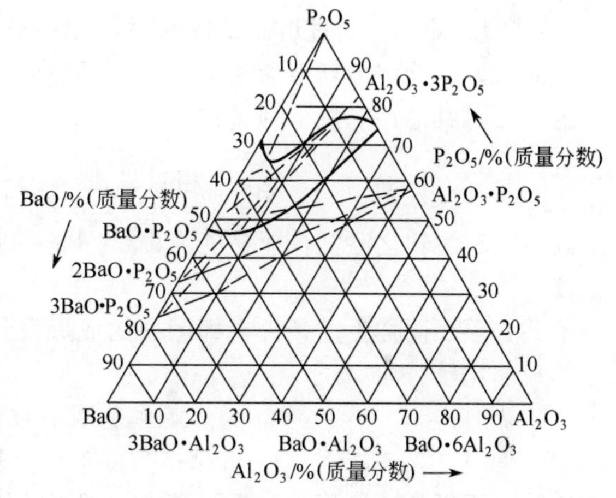

图 6-11　BaO-Al_2O_3-P_2O_5 系统三元玻璃形成区图

根据以上各点，形成区中的 A 区作为选择基本组成的区域。经过初步试验筛选，确定 P_2O_5 61.2%，Al_2O_3 3.8%，BaO 35.0%可以作为基础成分。

为了进一步减少 P_2O_5 的挥发，提高化学稳定性，降低析晶性能和调整光学常数，以 B_2O_3 代替 P_2O_5，以 CaO 和 ZnO 代替 BaO。通过熔制实验性能测试确定成分如下，P_2O_5 0.5%，B_2O_3 10.7%，Al_2O_3 3.8%，BaO 27.3%，CaO 4.0%，ZnO 3.7%。玻璃折射率 $n_D = 1.5483$，其他主要性能基本上亦能满足实际的要求。

（3）对已有组成作局部调整的方法

设计一瓶罐玻璃，使其化学稳定性和机速较现有玻璃有提高，价格降低。

现有玻璃的组成为：SiO_2 72.9%，Al_2O_3 1.6%，CaO 8.8%，B_2O_3 0.4%，BaO 0.5%，(Na_2O+K_2O) 15.6%，SO_2 0.2%。

按上述步骤：

① 列出设计玻璃的主要性能要求：

a. 提高化学稳定性；b. 增加机速；c. 降低价格；d. 其他性能不应低于现有玻璃，工艺条件与原来基本相同。

② 拟定玻璃组成。以现有玻璃为参考，进行组成的调整。

a. 在瓶罐玻璃中，碱金属氧化物（Na_2O、K_2O）对玻璃的化学稳定性影响最大。为了提高设计玻璃的化学稳定性，必须使设计玻璃中的 Na_2O、K_2O 比现有玻璃降低，同时适当增加 SiO_2、Al_2O_3，但因熔制条件与现有玻璃基本相同，故 Na_2O、K_2O 的降低与 SiO_2、

Al_2O_3 的增加不宜过多。

b. 由于要求增加机速，设计玻璃的料性应当比现有玻璃短，同时考虑到 MgO 对提高化学稳定性有利，而且又能防止析晶，为此在设计玻璃中添加了 MgO，并使 MgO+CaO 的含量比原有玻璃中 CaO 的含量增高。

c. 为了降低玻璃的价格，将原玻璃组成的 B_2O_3、BaO 减去。

d. 采用萤石为助熔剂，并增加澄清剂（芒硝）的用量，以加速玻璃的熔化和澄清。根据综合考虑拟定出设计玻璃的组成，并通过有关性质公式预算与现有玻璃比较，可以符合要求。设计玻璃的组成和现有玻璃组成对比如表 6-18。

表 6-18 设计玻璃的组成和现有玻璃组成对比 %（质量分数）

项目	SiO_2	Al_2O_3	CaO	MgO	BaO	B_2O_3	Na_2O+K_2O	F	SO_2	合计
现有组成	72.9	1.6	8.8	—	0.5	0.4	15.6	—	0.2	100.0
设计组成	73.2	2.0	6.4	4.5	—	—	13.5	0.25	0.25	100.1
组成偏差	+0.3	+0.4	−2.4	4.5	−0.5	−0.4	−2.1	0.25	0.05	+0.1

③ 试验、测试。通过熔制试验和对熔化的玻璃的性质进行测试，设计的玻璃符合提出的性能要求，即确定为新玻璃的组成。为了简便起见可以只测定玻璃的热膨胀系数、软化温度和退火点，其他性能按下列公式进行计算：

$$\text{相对机速}=\frac{S-450}{(S-A)+80} \tag{6-6}$$

式中，S 为软化温度，即黏度为 $10^{6.65}$ Pa·s 的温度；A 为退火点，即黏度为 10^{12} Pa·s 的温度。

上式必须在同样生产条件，即同样的成形设备，生产同样的产品和同样的操作下，才能与已知玻璃比较。

$$\text{工作范围指数}=S-A \tag{6-7}$$

$$\text{析晶指数}=\text{工作范围指数}-160 \tag{6-8}$$

正数为不析晶，负数为有析晶潜力。即当玻璃在低温供料，成形大尺寸制品或压制成形时，有析晶可能。

$$\text{料滴温度}=2.63(S-A)+S \tag{6-9}$$

根据上述试验和测试结果（见表 6-19），确定上述组成作为新玻璃的组成。

表 6-19 设计玻璃和现有玻璃的性能对比

性能	现有玻璃	设计玻璃	差值
澄清时间(1475℃)	50min	40min	10min
澄清时间(1450℃)	95min	95min	—
澄清时间(1425℃)	225min	225min	—
热膨胀系数($\alpha\times10^8$/℃)	89.8	81.5	−9%
软化温度($\eta=10^{6.65}$ Pa·s)	712℃	735℃	+23℃
相对机速	100%	106%	+6%
工作范围指数	182	187	+5
析晶指数	+22	+27	+5

续表

性能	现有玻璃	设计玻璃	差值
料滴温度($\eta=10^2$Pa·s)	1191℃	1226℃	+35℃
退火温度($\eta=10^{12}$Pa·s)	530℃	548℃	+18℃
应变温度	488℃	503℃	+15℃

6.4 配合料的计算与制备

6.4.1 配合料的计算

配合料的计算，是以玻璃的组成和原料的化学成分为基础。计算出熔化100kg玻璃所需的各种原料的用量，然后再算出每副配合料中，即500kg或1000kg玻璃配合料各种原料的用量。如果玻璃是以摩尔组成或分子式表示则应将摩尔组成或分子式首先换算为质量分数组成。

在精确计算时，应补足各组成氧化物的挥发损失，原料在加料时的飞扬损失，以及调整熔入玻璃中的耐火材料对玻璃成分的改变等。

计算配合料时，通常有预算法和联立方程式法，但比较实用的是采用联立方程式法和比例计算相结合的方法。列联立方程式时，先以适当的未知数表示各种原料的用量，再按照各种原料所引入玻璃中的氧化物与玻璃组成中氧化物的含量关系，列出方程式，求解未知数。

计算举例：某厂安瓿玻璃，根据其物理化学性能要求和本厂的熔制条件，确定玻璃组成是：$SiO_2$70.5%，$Al_2O_3$5.0%，$B_2O_3$6.2%，CaO 3.8%，ZnO 2.0%，R_2O（Na_2O+K_2O）12.5%。计算其配合料的配方：选用石英引入SiO_2，长石引入Al_2O_3，硼砂引入B_2O_3，方解石引入CaO，锌氧粉引入ZnO，纯碱引入R_2O（Na_2O+K_2O）。采用白砒与硝酸钠为澄清剂，萤石为助熔剂。

原料的化学成分见表6-20。

表6-20 原料的化学成分 %（质量分数）

项目	SiO_2	Al_2O_3	B_2O_3	Fe_2O_3	CaO	Na_2O	ZnO	As_2O_3
石英粉	99.89	0.18	—	0.01	—	—	—	—
长石粉	66.09	18.04	—	0.20	0.83	14.80	—	—
纯碱	—	—	—	—	—	57.80	—	—
氧化锌	—	—	—	—	—	—	99.86	—
硼砂	—	—	36.21	—	—	16.45	—	—
硝酸钠	—	—	—	—	—	36.35	—	—
方解石	—	—	—	—	55.78	—	—	—
萤石	—	—	—	—	68.40	—	—	—
白砒	—	—	—	—	—	—	—	99.90

设原料均为干燥状态，计算时不考虑其水分问题。

计算石英粉与长石的用量：

石英粉的化学成分：SiO_2 99.89%，Al_2O_3 0.18% 即一份石英粉引入 SiO_2 0.9989 份，Al_2O_3 0.0018 份。同样一份长石可引入 SiO_2 0.6609 份，Al_2O_3 0.1804 份，Fe_2O_3 0.1480 份，CaO 0.0083 份。

设石英的用量为 x，长石粉的用量为 y，按照玻璃组成中 SiO_2 与 Al_2O_3 的含量，列出联立方程式如下：

SiO_2　$0.9989x+0.6609y=70.5$

Al_2O_3　$0.0018x+0.1804y=5.0$

解方程　$x=52.6$　$y=27.2$

即熔制 100kg 玻璃，需用石英粉 52.6kg，长石粉 27.2kg（由石英引入的 Fe_2O_3 为 $52.6\times0.0001=0.0053$）。

计算由长石同时引入 Na_2O 和 CaO 与 Fe_2O_3 的量：Na_2O 为 $27.2\times0.1480=4.03$；CaO 为 $27.2\times0.0083=0.226$；Fe_2O_3 为 $27.2\times0.0020=0.054$。

计算硼砂量：硼砂化学成分为 B_2O_3 36.21%，Na_2O 16.45%。玻璃组成中 B_2O_3 为 6.2%，所以硼砂用量$=\dfrac{6.2\times100}{36.21}=17.1$，同时引入 Na_2O 量是 $17.1\times0.1645=2.82$。

计算纯碱用量：玻璃组成中含 Na_2O 为 12.5；由长石引入 Na_2O 为 4.03；由硼砂引入 Na_2O 为 2.82；尚需引入 Na_2O 为：$12.5-4.03-2.82=5.65$；纯碱的化学成分 Na_2O 为 57.8%，所以纯碱的用量为$=9.78$。

计算方解石的用量：玻璃组成中 CaO 为 3.8；由长石引入 CaO 为 0.226；还需引入 CaO 为 3.574。

方解石的化学成分为 CaO 55.78%，所以方解石的用量为$=\dfrac{3.574\times100}{55.78}=6.41$。

计算氧化锌用量：氧化锌的化学成分为 ZnO 99.80%，玻璃组成中 ZnO 2.0%，所以氧化锌用量为$=\dfrac{2.0\times100}{99.80}=2.01$。

根据上述计算，熔制 100kg 玻璃各原料用量为：

石英粉　52.6kg

长石粉　27.2kg

硼　砂　17.1kg

纯　碱　9.78kg

方解石　6.41kg

氧化锌　2.01kg

总　计　115.10kg

计算辅助原料及挥发损失的补充：

考虑用白砒作澄清剂为配合料的 0.2%，则白砒用量为 $115.10\times0.002=0.23$。

因白砒应与硝酸钠共用，按硝酸钠的用量为白砒的 6 倍，则硝酸钠的用量为 $0.23\times6=1.38$。

硝酸钠的化学成分 Na_2O 36.50%，由硝酸钠引入的 Na_2O 为 $1.38\times0.3635=0.502$，相应地应当减去纯碱用量为$=\dfrac{0.502\times100}{57.80}=0.87$，所以纯碱用量为 $9.78-0.87=8.91$。

用萤石为助熔剂。以引入配合料的 0.5 氟计，则萤石为配合料 $\dfrac{0.5\times78}{38}\times100\%=$

1.03%，所以萤石用量为 115.10×0.0103=1.18。萤石的化学成分 CaO 68.40%，由萤石引入的 CaO 为 1.18×0.684=0.81，相应地应减去方解石的用量为：$\frac{0.81\times100}{55.78}$=1.45，所以方解石实际用量为：6.41−1.45=4.96。

考虑 Na_2O 和 B_2O_3 的挥发损失，根据一般情况 B_2O_3 的挥发损失为本身质量的12%，Na_2O 的挥发损失为本身质量的 3.2%，则应补足：B_2O_3 为 6.2×0.12=0.74，Na_2O 为 12.5×0.032=0.40。需要加入硼砂=$\frac{0.74\times100}{36.21}$=2.04，2.04 份硼引入 Na_2O 量为 2.04×0.1645=0.34，故纯碱的补足量=$\frac{(0.40-0.34)\times100}{57.8}$=0.1。即纯碱的实际用量为 8.91+0.1=9.01；硼砂的实际用量为 17.1+2.04=19.14。

熔制 100kg 玻璃实际原料用量为：

石英砂	52.6kg
长石粉	27.2kg
硼　砂	19.14kg
纯　碱	9.01kg
方解石	4.96kg
氧化锌	2.01kg
萤　石	1.18kg
硝酸钠	1.38kg
白　砒	0.23kg
总　计	117.71kg

计算配合料气体率：配合料的气体率为$\frac{117.71-100}{117.71}\times100\%$=15.05%。

玻璃的产率为 (100/117.71)×100%=84.95%。

如玻璃每次配合料量为 500kg，碎玻璃用量为 30%，碎玻璃中 Na_2O 和 B_2O_3 的挥发损失略去不计，则：碎玻璃用量为 500×30%=150 (kg)；粉料用量为 500−150=350 (kg)；因此，放大倍数=$\frac{350}{117.71}$=2.973。

500kg 配合料中各原料的粉料用量=熔制 100kg 玻璃中各原料用量×放大倍数。

每副配合料中：

石英粉的用量为 52.6×2.973=156.38 (kg)

长石粉的用量为 27.2×2.973=80.87 (kg)

硼砂的用量为 19.14×2.973=56.90 (kg)

纯碱的用量为 9.01×2.973=26.79 (kg)

方解石的用量为 4.96×2.973=14.75 (kg)

氧化锌的用量为 2.01×2.973= 5.98 (kg)

萤石的用量为 1.18×2.973= 3.51 (kg)

硝酸钠的用量为 1.38×2.973=4.1 (kg)

白砒的用量为 0.23×2.973=0.68 (kg)

总　计　349.96kg

原料中如含水分，按下列公式计算其湿基用量

$$湿基用量=\frac{干基用量}{1-水分\%} \tag{6-10}$$

计算结果见表 6-21。

表 6-21 玻璃配合料的湿基计算

原料	熔制 100kg 干基用量/kg	原料含水量/%	每次制备 500kg 配合料减去碎玻璃后原料用量/kg	
			干基	湿基
石英粉	52.6	1	156.38	157.95
长石粉	27.2	1	80.87	81.62
纯碱	19.14	1	56.90	57.47
氧化锌	9.01	0.5	26.79	26.92
硼砂	4.96	0.8	14.75	14.86
硝酸钠	2.01	0.5	5.98	6.01
方解石	1.38	1	4.10	4.14
萤石	1.18	1	3.51	3.55
白砒	0.23	—	0.68	0.68
小计	117.71	—	349.96	353.27

拟定配合料粉料中含水量为 5%计算加水量：

$$加水量=\frac{粉料干基}{1-水分\%}-粉料湿基 \tag{6-11}$$

加水量$=\frac{349.96}{1-5\%}-353.27=368.38-353.27=15.11$（kg），需要加湿润水的水量为 15.11kg。

6.4.2 配合料的制备

原料车间的主要职责是制备出质量合乎要求的配合料。其制备过程，首先是根据入厂原料的情况将原料加工处理成符合配料质量要求的原料，然后计算出玻璃配合料的配方，称量出各种原料的质量，在混料机中均匀混合，制成所要求的配合料，再把配合料送到窑头料仓。

（1）配合料的质量要求

保证配合料的质量，是加速玻璃熔制和提高玻璃质量，防止产生缺陷的基本措施，对于配合料的主要要求如下：

① 具有正确性和稳定性。配合料必须能保证熔制成的玻璃成分正确和稳定。为此必须使原料的化学成分、水分、颗粒度等达到要求并保持稳定。并且要正确计算配方，根据原料成分和水分的变化，随时对配方进行调整。同时要经常校正料秤，务求称量准确。

② 合理的颗粒级配。构成配合料的各种原料均有一定的颗粒度，它直接影响配合料的均匀度、配合料的熔制速度、玻璃液的均化质量。

构成配合料的各种原料之间粒度有一定的比值，其粒度分布称为配合料的颗粒级配。配合料的颗粒级配（分布）不仅要求同一原料有适宜的颗粒度，而且要求各原料之间有一定的粒度比，其目的在于提高混合质量和防止配合料在运输过程中分层。应使各种原料的颗粒质量相近，难熔原料其粒度要适当减少；易熔原料其粒度要适当增大。

通过实验室分层试验，得出不同粒度（粒径比）对分层程度的影响（见图 6-12）。图 6-12 表明，纯碱和硅砂两种物料混合物的平均粒径比为 0.8 时，可获得混合物最低程度的分层。当纯碱和硅砂两种物料混合物的平均粒径比大于或小于 0.8 时，标准偏差随之增大，粒径比偏离 0.8 越远，分层越严重。

在整个熔制过程中，影响硅酸盐形成速度和玻璃形成速度的主要因素之一是原料的颗粒度，而且玻璃形成速度主要取决于石英砂的熔化与扩散。从热力学、动力学的观点看：当反应物的颗粒度减少时，该反应物的等温等压位也增加，即该物质的饱和蒸气压、溶解度、化学反应活度也增加，并且反应物的面积增大，因此小颗粒的原料比大颗粒的原料更容易加速硅酸盐和玻璃的形成，玻璃均化速度也提高。当然过细原料的引入，也会造成杂质含量增加、澄清难度加大的不利影响。

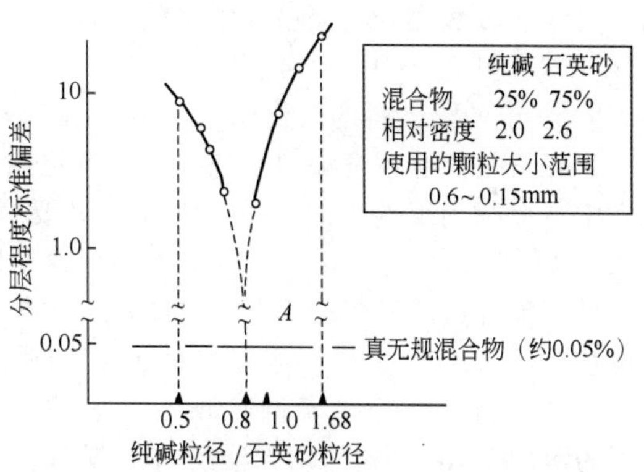

图 6-12 不同粒度（粒径比）对分层程度的影响

③ 具有一定的水分。用一定量的水，或含有湿润剂（减少水的表面张力的物质，如食盐）的水，湿润石英原料（硅砂、砂岩、石英岩），使水在石英原料颗粒的表面上形成水膜。这层水膜，可以溶解纯碱和芒硝达 5%，有助于加速熔化。同时，原料的颗粒表面湿润后黏附性增加，配合料易于混合均匀，不易分层。加水湿润，还可以减少混合和输送配合料以及往炉中加料时的分层与粉料飞扬，有利于工人的健康，并能减少熔制的飞料损失（减少 5%）。

如果原料的颗粒度发生变化，配合料的加水量也要变化，颗粒度愈细，加水量应当愈多，对纯碱配合料来说，其加水量为 3%～5%，而对芒硝配料来说为 3%～7%。

加水的配合料，称为湿配合料。在湿配合料中纯碱与水化合为一水化合物（$Na_2CO_3 \cdot H_2O$）。为了保持湿配合料的黏附状态，它的温度应当保持在 35℃以上。由于纯碱在水化时能够放热，在一般情况下，这一温度是可以达到的。如配合料的温度低于 35℃，一水纯碱将转变为低温稳定状态的七水纯碱（$Na_2CO_3 \cdot 7H_2O$）或十水纯碱（$Na_2CO_3 \cdot 10H_2O$）。七水或十水纯碱能迅速地吸取原料颗粒表面的自由水分，对配合料产生胶结作用，严重阻碍了配合料的运动。所以在加入熔炉之前，湿配合料的温度必须维持在 35℃以上。

近年来，也有采用 50%的氢氧化钠溶液来润湿玻璃配合料的。用 50%的氢氧化钠溶液湿润时，原料颗粒表面会形成氢氧化钠或硅酸钠薄膜，使纯碱不致水化，配合料的温度可以低于 35℃甚至 0℃。通常氢氧化钠溶液的用量约相当于 1.5%的水量。氢氧化钠引入 Na_2O 取代了一部分纯碱，配合料配方应作适当调整。氢氧化钠溶液可以与某种石灰石反应，发生胶结作用。所以在使用氢氧化钠溶液之前，应当预先在实验室进行试验，如有胶结作用也要了解在混合机和加料机中所允许的操作时间，以保证配合料易于处理。

④ 具有一定气体率。为了使玻璃液易于澄清和均化，配合料中必须含有一部分能受热分解放出气体的原料，如碳酸盐、硝酸盐、硫酸盐、硼酸盐、氢氧化铝等。配合料逸出的气体量与配合料质量之比，称为气体率。

$$气体率（\%）=\frac{逸出气体量}{配合料}\times 100$$

对钠钙硅酸盐玻璃来说，其气体率为 15%～20%。气体率过高会引起玻璃起泡，过低则又使玻璃“发滞”，不易澄清。硼硅酸盐玻璃的气体率一般为9%～15%。

⑤ 必须混合均匀。配合料在化学物理性质上，必须均匀一致。如果混合不均匀，则纯碱等易熔物较多之处熔化速度快，难熔物较多之处熔化就比较困难，甚至会残留未熔化的石英颗粒使熔化时间延长。这样就破坏了玻璃的均匀性，并易产生结石、条纹、气泡等缺陷，而且易熔物较多之处与池壁或坩埚壁接触时，易侵蚀耐火材料，也造成玻璃不均匀。因此必须保证配合料充分均匀混合。

⑥ 一定的配合料的氧化还原态势（Redox数）。以前对玻璃熔制过程中氧化还原态势的控制，经常只注意到窑炉内燃烧气氛的氧化还原性，而忽略了窑炉中配合料的氧化态势，但后者常常会起到很重要的作用。因此有必要对氧化还原态势同时进行控制。这种控制称为Redox（reducing & oxidizing potential）数控制。

玻璃配合料的氧化还原态势（Redox数）主要由加入的氧化剂和还原剂构成，另外还要考虑这些原料中常含有一些有机物或碳物质（原料的COD值）。目前国际上有两种计算Redox数的方法：一种是英国Calumite公司的方法；另一种是美国FMC公司的方法。表6-22所列为美国FMC公司所用方法的Redox数。

表6-22 美国FMC公司所用方法的Redox数

物料名称	氧化数	物料名称	还原数
1lb 芒硝	+1.0	1lb 纯碳	−23.7
1lb 二水石膏	+0.9	1lb 细煤粉	−16.0
1lb 重晶石	+0.6	1lb 硫	−13.3
1lb 硝酸钠	+3.0	1lb 硫铁矿	−6.5
1%水(配合料)	+4.0	1lb 萤石	−1.8
碎玻璃	?	1lb 食盐	−1.0
苛性钠	?	1lb 氧化亚铁	−1.0
空气/燃气比	?	1lb 白砒	?

注：1. 表中？表示目前尚未确定它们的定量值。
2. 1lb=0.45359237kg，全书同。

这些数值的确定，开始是对一些有明显氧化、还原能力的原料如芒硝、碳、硝酸钠、水等制定了一些数值，然后经过反复试验，修正后，才得到上表的数据。这些数据是以每2000lb砂为基准，引入1lb氧化剂或还原剂所取得的。

（2）原料的运输和储存

原料的运输和储存，是玻璃生产中不可忽视的问题。如原料的运输与储存处理不当，会使原料发生污染、报废，供应中断或积压资金，对生产来说都将造成影响。

原料在运输进厂前，一定要经过有关部门的化验和鉴定。由矿山或石粉厂进行质量控制的原料，每批都要附带化验单。由本厂进行质量控制的，应由本厂进行分析化验。原料进厂后要分批储存，严防混杂。

原料的运输主要依据当地的条件进行，在厂内的运输可采用手推车、电瓶车、铲车、斗式提升机、皮带运输机、螺旋运输机、气力输送等组成各种运输体系。运输过程中，应尽量减少粉尘不使原料彼此污染，同时用电磁铁除去混入的铁质。运输设备也要便于维护检修。

原料的储存应当有适当的数量。储存不足，可能产生供不应求，影响正常生产。储存过多，则又积压资金，增加储存的构筑物和倒运工作量。一般应根据原料的日用量，原料来源的可靠性，原料的运输距离、运输方式和条件，储存数日至数十日。

粉状原料，一般应放在料仓内。大量的粉状原料，如石英砂等可以放在堆场内。在露天储存时要注意防风、防雨、防冻等问题。化工原料，特别是纯碱、硝酸盐、硼酸、硼砂等应放在干燥库房内。硝酸盐原料遇火有爆炸的危险，要特别注意防火问题。有毒原料，特别是白砒，必须有专人负责，妥善保管，其包装用纸应当用火烧掉。碳酸钾等易吸水潮解的原料，应储存在密闭器内（通常为木桶）。着色剂原料等也要分别储存在一定容器内，而且要特别注意防止与其他原料发生污染。

大中型玻璃工厂，多采用吊车库储放块状矿物原料。粉状原料储放在粉料仓内，根据其储量和体积质量，确定粉料仓的大小。原料的体积质量，系指一立方米原料的质量（t/m^3）。它与原料的性状和粒度大小有关，最好由实际测量来确定。其体积质量可以用硅砂、砂岩、长石为1.8，石灰石、白云石为1.7，纯碱为0.9，硫酸钠为1.0等的近似值作为参考。

（3）原料的加工处理

为了使配合料均匀混合，加速玻璃的熔制过程，提高玻璃熔制质量，必须将大块的矿物原料和结块的化工原料进行破碎、粉碎、过筛等加工处理，使之成为一定大小的颗粒，原料经破碎、粉碎以后，分散度增加，其表面积大为增大，这就相应地增加了配合料各颗粒间的接触面积，加速了它们在熔制时的物理化学反应，提高了熔化速度和玻璃液的均匀度，有些原料如石英砂，在必要时还要进行精选除铁等处理。

合理选择和确定原料加工处理的工艺流程，是保证生产顺利进行和原料质量的关键因素之一。选择和确定工艺流程时应根据原料的性质、加工处理数量来选用恰当的机械设备。要尽量实现自动化，技术上既要先进可靠，经济上又要节约合理，流程要顺，不应有逆流和交叉现象。设备布置要紧凑，能充分利用原料自身的质量进行运输。原料加工处理的工艺流程可分单系统、多系统与混合系统三种。单系统流程，是各种矿物原料共同使用一个破碎、粉碎、过筛系统。它的设备投资少，设备利用率高，但容易发生原料混杂，每种原料加工处理后，整个设备系统都要进行清扫。这种工艺流程适用于小型玻璃工厂。多系统流程是每种原料各有一套破碎、粉碎、过筛的系统。这种流程适用于大、中型玻璃工厂。混合系统是用量较多的原料单独为一个加工处理系统。用量小的性质相近的原料，如白云石与石灰石，长石与萤石，共用一个加工处理系统。

① 原料干燥。湿的白垩、石灰石、白云石，精选的石英砂和湿轮碾粉碎的砂岩或石英岩、长石，为了便于过筛入粉料仓储存和进行干法配料，必须将它们加以干燥。用湿轮碾粉碎的砂岩和长石，脱水后含水分约为15%～20%，干燥后其水分为0.2%以下。可采用离心脱水，蒸汽加热，回转干燥筒、热风炉干燥等进行干燥。

芒硝的水分超过18%～19%时会结块和黏附在粉碎机械与筛网上，所以也应进行干燥，芒硝的干燥方法有三种：在高温下（650～700℃）采用回转干燥筒进行干燥；在较低温度下（300～400℃）采用隧道式干燥器或热风炉干燥器进行干燥；混入8%～10%的纯碱，吸收芒硝中的水分，使之便于粉碎和过筛。

② 原料除铁。为了保证玻璃的含铁量符合规定要求，原料的除铁处理是十分必要的。除铁的方法很多，一般分为物理除铁法和化学除铁法。

物理除铁法包括筛分、淘洗、水力分离、超声波、浮选和磁选等。筛分、淘洗和水力分离与超声波除铁，主要除去石英砂中含铁较多的黏土杂质、含铁的重矿物以及原料的表面含铁层。浮选法是利用矿物颗粒表面湿润性的不同，在浮选剂作用下，通入空气，使空气与浮选剂所形成的泡沫吸附在有害杂质的表面，从而将有害杂质漂浮分离除去。磁选法是利用磁性，把各种原料中含铁矿物和机械铁除去，由于含铁矿物如菱铁矿、磁铁矿、赤铁矿、氢氧化铁和机械铁等都具有大小不同的磁性，选用不同强度的磁场，可将它们吸引除去。一般采用滚轮磁选机（装在皮带运输机的末端），悬挂式电磁铁（装在皮带运输机上面）、振动磁选机（粉料经磁铁落下）等。它们的磁场强度为 4000G[1] 至 20000G。

化学除铁法，分湿法和干法两种，主要用于除去石英原料中的铁化合物。湿法一般用盐酸和硫酸的溶液或草酸溶液浸洗。有人认为用氢氟酸与次亚硝酸钠溶液浸洗，效果更好一些。干法则在 700℃以上的高温下，通入氯化氢气体，使原料中的铁变为三氯化铁（$FeCl_3$）而挥发除去。

③ 粉状原料的输送与料仓分层（离析）。通常加工粉碎过筛后的粉状原料输送入料仓，供制备配合料使用。布置紧凑的车间，可以尽量利用原料本身的质量由溜管将过筛后的粉料直接送入料仓。不能利用溜管的，用皮带运输机、斗式提升机等机械运输设备以及气力输送设备进行输送入仓。

料仓用钢板或钢筋混凝土制成。各种粉状原料多采用圆筒状料仓，亦有采用四角柱状的。对于原料的水分要特别注意，以防止原料在仓中结块和冬季冻结。对于纯碱、芒硝等易于吸收大气中水分的原料，也要防止它们吸水。硼酸在较高温度下会失去结晶水甚至失去 B_2O_3。因此热蒸汽管道不宜接近硼酸料仓。

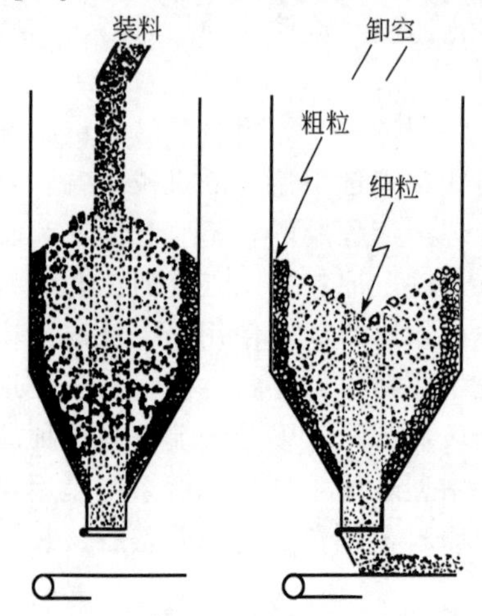

图 6-13　料仓原料颗粒分层情况

中心加料和中心卸料的粉料仓，会发生颗粒分层（离析）现象，如图 6-13 所示。当加料时，原料在加料口自由下落，细颗粒部分很快地穿过粗颗粒空隙下落，并集中在料堆顶部，形成一个以细颗粒为中心的锥体，而大颗粒部分由于粒度大，具有较高的能量，将围绕细颗粒位于锥形体外面，靠近仓壁。卸料时中心细颗粒部分先行放出。直至在仓内形成凹形倒锥体时，粗颗粒部分才开始放出。这样，在料仓放料的前一阶段，放出的料是小于平均粒度的细颗粒部分，而在后一阶段则是大于平均粒度的粗颗粒部分，结果使加入混料机中的各种原料，颗粒不匹配。在混合后发生分层，从而影响熔炉的操作或玻璃的熔制质量。

如果原料粗细颗粒间杂质的含量不等，则料仓分层将会影响到玻璃的化学组成，使它发生偏离。

原料的颗粒形状、表面性质，对料仓分层都有一定影响，但最主要的因素是原料的颗粒度差别，其次是原料的相对密度差别。由于粉状原料的颗粒度和相对密度都具有一定的范围，存在着一定的差别，因此料仓分层实际上是不可避免的，只有小心地使它减少。采用多个加料口和卸料口，可以减少原料细颗粒部分在料仓的中心形成锥体，也就是减少了料仓的分层程度。此外，采用隔板，或采用便于卸料的其他加料设备（如回转加料器、中央管孔加料器等），也可以减少料仓的分层。每隔 1 小时在各种原料的粉料仓下和混合的配合料中取出一定质量（通常为 100g）的粉料和配合料，用单一筛号（譬如 30 孔/cm^2，或 40 孔/cm^2 的筛）进行筛分分析（配合料需先用 20 孔/cm^2 的筛筛去碎玻璃），可以求出各个料仓分层和配合料分层的特性曲线，从而考虑它们之间的共同关系，研究减少分层的办法。

（4）配料料仓的布置

配料料仓的布置根据配料装置的不同而不同，归纳起来配料料仓的排布可分为塔仓（塔式料仓、群仓）和排仓（排式料仓）两种形式。

[1] $1G=10^{-4}T$。

塔仓是将料仓和配料设备分层排列，全部原料经一次提升送入料仓后，不需再次提升（见图 6-14）。碎玻璃可按容积或称量后加到配合料中。塔仓的优点是占地少，可以将几个料仓紧凑地布置在一起，合用一套称量系统、除尘系统和输送系统，可以减少设备数量、节约投资。由于塔仓的每台设备都得到充分的利用，效率甚高，故塔仓的布置特别适宜于中小企业的配料车间。不足之处是对设备维护保养要求很高，任何一台设备发生故障，整个配料系统的运转就要停顿，因而要求管理严格，设备的可靠性要高。此外因塔仓的布局紧凑，给维修业带来一定的困难。

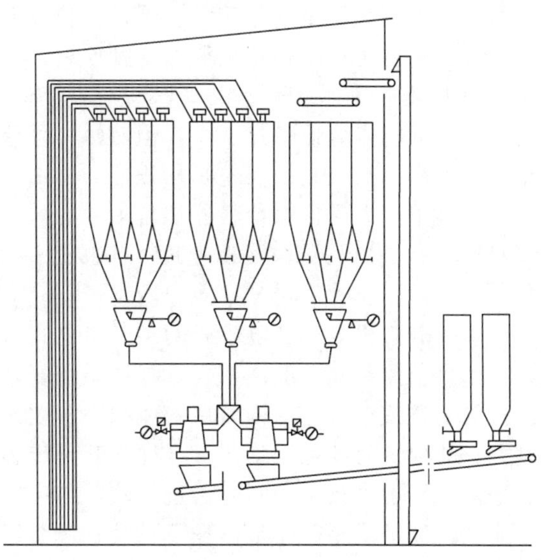

图 6-14　塔仓布置

排仓是将各种料仓及下部称量系统之轴线设在一个平面上（见图 6-15）。各种粉料可以分别采用皮带机、提升机、正（负）压空气输送机、脉冲输送机等送到料仓，料仓口设置振动给料机，也可采用设置可调式电机振动给料机、螺旋输送机卸料。碎玻璃可按容积或称量后均匀撒到输送配合料的皮带表面上。

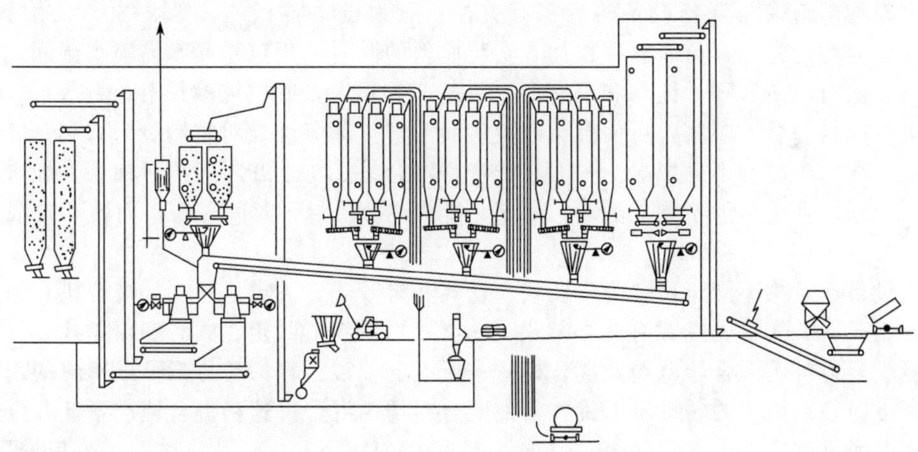

图 6-15　排仓布置

排仓基本上是每个料仓都设置一独立的称量系统和输送系统，生产能力较大，维修方便，即使个别系统发生故障一时无法修复正常，还可以利用旁路系统来保证整个配料工序的继续运转。缺点是占地面积多，投资高，设备利用率不足，解决集中治理粉尘有困难。

（5）配合料的称量

对于配合料称量的要求是：既快速又准确。如果称量错误就会使配合料或玻璃液报废。

玻璃工厂对称量的精确度要求，一般为 1/500（精确称量时，要求为 1/1000）。人工配料的工厂使用磅秤，称量时最好一人过秤一人复秤，以免发生差错。

大中型工厂，多采用自动秤。其称量方法有分别称量和累计称量两种。

分别称量：在每个粉料仓下面各设一称，原料称量后分别卸到皮带输送机上送入混合机中进行混合。这种称量法适用于排式料仓。对于每种粉料，由于原料用量不同，可以选定适当称量范围的秤，称量误差较小。但设备投资多。

累计称量：用一个秤依次称量各种原料，每次累计计算质量。秤可以固定在一处，也可以在轨道上来往移动（称量车），称量后直接送入混料机。这种称量法适用于塔式料仓和排式料仓。它的特点是设备投资少，但对每一种原料来说，都不能称量至全量或接近全量。称量精确度不高，而且它的误差是累积性的。

目前多采用电磁振动给料器往自动秤的料斗内加料或卸料，由自动控制系统进行控制。在加料时，有快档及慢档两档速度。当接近达到规定质量时，用慢档慢慢给料以减小给料误差。

电动秤分为机电式和电子式两类。机电式自动秤是在杠杆秤的基础上用电子仪表进行数字显示和自动控制，一般体积大，杠杆系统复杂，维修麻烦。电子式自动秤则克服了机电式自动秤的上述缺点，它结构简单，体积小，质量轻，安装使用方便，测量可靠，适于远距离控制。它的称量元件是传感器。当称量时，传感器受重力作用，机械量转换为电量，经过放大、平衡，显示出数字，同时通过比较器与定值点的给定信号比较，进行自动控制。

通常，称量误差往往是称量设备没有调节好而造成的，因此应当对称量设备，定期地用标准砝码进行校正，并经常维修，保持正常。

（6）配合料的混合

配合料混合的均匀度不仅与混合设备的结构和性能有关，而且与原料的物理性质，如相对密度、平均颗粒组成、表面性质、静电荷、休止角等有关。在工艺上，与配合料的加料量、原料的加料顺序、加水量及加水方式、混合时间以及是否加入碎玻璃等都有很大关系。

配合料的加料量与混合设备的容积有关，一般为设备容积的 30%～50%。加料顺序，不尽相同，但均是先加石英原料。在加入石英原料的同时，用定量喷水器喷水湿润，然后或按长石、石灰石、白云石、纯碱和澄清剂、脱色剂等顺序，或按纯碱长石、石灰石、小原料的顺序进行加料。后一顺序，可使石英原料表面溶解一部分纯碱对熔制更为有利。碎玻璃对配合料的混合均匀度有不良影响。一般在配合料混合终了将近卸料时再行加入。配合料的混合时间，根据混合设备的不同，为 2～8min，盘式混合机混合时间较短，而转动式混合机混合时间较长。

混合设备按结构不同，可分为转动式、盘式和桨叶式三大类。转动式混合机有箱式、抄举式、转鼓式、V 式等。盘式有艾立赫式（动盘式）、KWQ（定盘式）和碾盘式。

少量配合料可用混合箱（箱式混合机）进行混合。混合箱为正方形可以密封的木箱，按对角线的方向装在机架的转动轴上旋转，使配合料均匀混合。这种混合箱产量低，仅用于特种玻璃生产或科研工作。

常用的混合设备有抄举式混合机、转鼓式混合机、艾立赫式混合机、桨叶式混合机，前面两种混合设备系利用原料的重力进行混合，后两种则利用原料的涡流进行混合。具体见二维码。

混合设备

（7）配合料的输送与储存

配合料的输送与储存，既要保证生产的连续性和均衡性，也要考虑避免分层结块和飞料。

为了避免或减少配合料在输送过程中的分层和飞料现象，配料车间应尽量靠近熔制车间，以减少配合料的输送距离，同时要尽量减小配合料从混合机中卸料与向窑头料仓卸料的落差。在输送过程中，注意避免震动和选用适当的输送设备。

输送配合料的设备有皮带输送机、单元料罐、单斗提升机。皮带运输机有分料现象，但不严重；单斗提升机，在固定的轨道上运输，运行平稳，但窑头料仓中卸料时会产生飞料及分层现象；单元料罐多用单轨电葫芦作垂直和水平输送，不但运行平稳，而且还可以作为贮放原料的容器，分层少，是中小型工厂广泛采用的一种设备。

单元料罐，多为圆形（也有方形的），其容积与所用混合机相同。单元料罐的底部有一个可以启闭的卸料门，由中心铁杆的上下移动加以控制。卸料时，将铁杆下降，卸料门即行打开。单元料罐在卸料时也会引起分层和飞料现象，因此卸料的落差要尽量减小。单元料罐有时用电瓶车结合电葫芦进行运输。对于电瓶车道路，也要注意平稳，以减少料罐在车上发生震动。

近年来，亦采取真空吸送式气力输送设备输送配合料。

配合料的储存，以保证熔炉的连续生产为前提，储存时间不宜过长，以免配合料中的水分减少，配合料产生分层、飞料和结块现象，一般不超过 8h。配合料的储存设备可以采用窑头料仓、单元料罐和料箱等。

6.4.3　配合料的质量检验

配合料的质量是根据其均匀性与化学组成的正确性来评定的。配合料的均匀性是配合料制备过程操作管理的综合反映。一般用滴定法和电导法进行测定。

滴定法是在配合料的不同地点，取试样三个，每个试样约 2g 溶于热水，过滤，用标准盐酸溶液以酚酞为指示剂进行滴定。把滴定总碱度换算成 Na_2CO_3 来表示。将三个试样的结果加以比较，如果平均偏差不超过 0.5%，即均匀度认为合格；或以测定数值的最大最小比率（%）表示。

电导法较滴定法快速。它是利用碳酸钠、硫酸钠等在水溶液中能够电离形成电解质溶液的原理，在一定电场作用下，离子移动传递电子，溶液显示导电的特性。根据电导率的变化来估计导电离子在配合料中的均匀程度。一般也是在配合料的不同地点取试样三个，进行测定。

配合料的均匀度也可以用测定相对密度或根据筛分分析，和水与酸不溶物的含量等进行评定。筛分分析时，取 100g 配合料为样品，首先过 20 目筛，筛去碎玻璃，再进行其他原料的筛分分析。配合料的化学组成，是利用化学分析的方法，取一个平均试样，分析其各组成氧化物的含量。再与给定的玻璃组成进行比较，以确定其组成的正确性。

对于配合料中的含水量，也应进行测定。测定方法是取配合料 2～3g 放在称量瓶中称量，然后在 110℃的烘箱中干燥至恒重，在干燥器内冷却后，再称量其质量。两次质量之差，即配合料的含水量。按下式(6-12)，计算其水分。

$$\text{水分}(\%)=\frac{\text{湿重}-\text{干重}}{\text{湿重}}\times 100 \tag{6-12}$$

6.4.4　配合料的造粒

将配合料进行压块和成球，是解决配合料分层和飞料现象的有效办法。配合料在输送和储存过程中的分层、飞料，特别是往熔炉中投料时纯碱等的飞料会侵蚀耐火材料和蓄热室的格子砖，影响玻璃成分和熔制质量以及污染大气。配合料在压块和成球后，可以避免上述现象的产生，而且由于配合料中各原料的颗粒接触紧密，导热性增加，固相反应速度加快，组分氧化物的挥发损失减小，特别是可以采用细粉状原料，能缩短熔化时间，有人试验可缩短熔化时间 30%～40%。同时能够提高玻璃的熔制质量，使玻璃中的结石和气泡减少，增加玻璃产量，提高熔化率 30%～40%。但是也有人持不同的看法，认为不能节省燃料，未经预烧的粒化料也不能降低烟囱的污染。

采用盘式粒化机是比较经济的玻璃成球方法。其工艺过程是先按一般方法制成均匀的配合料，再将配合料在专门的盘式成球（粒化）盘上，边下料边添加黏结剂，边滚动而制成10～20mm的小球。然后在干燥设备中烘干使球具有一定的运输及储存强度，一般要求抗压166.7×10^4Pa以上。

黏结剂的选择，应使配合料易于成球，使成球后和干燥后的球粒具有一定的强度，对玻璃的熔制和质量不能产生任何不良影响，且价格不能过高。可采用水玻璃、石灰乳、氢氧化钠液、黏土等。采用废碱液较有经济价值。

成球盘是一个带边的倾斜圆盘，如图6-16所示。一般直径为1m以上。盘的边高H与直径D的平方成正比，盘的倾斜度在30°～60°内调节，盘在倾斜面上绕中心轴旋转，转速为10～25r/min。配合料与黏结剂自盘的上方连续加入，由于粒化料与未粒化料的摩擦系数不同，摩擦系数较小的粒化料逐渐移向上层，最后越过盘边而排出。由于这样的分级作用，成球盘可以得到较均匀的料粒，盘的倾斜度不能小于湿配合料的休止角，否则配合料将在盘内形“死”垫，破坏粒化，斜度越大，盘的转速也应越大。

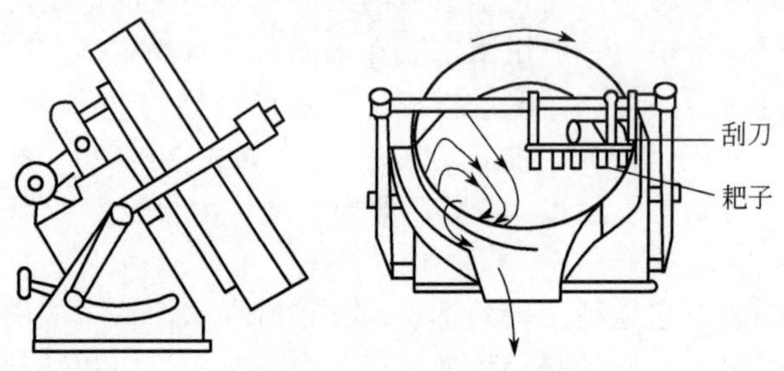

图6-16　成球设备

配合料的成球，除与成球设备有关外，与配合料的组成，颗粒度，黏结剂的种类、用量，黏结剂与配合料的混合均匀性等都有关。配合料含硼、碱较多，颗粒细，易于粒化成球，反之则成球率低。黏结剂的用量与配合料组成有关，用氢氧化钠液作黏结剂时，其用量对瓶罐玻璃来说，以球粒含水量13%左右为宜。配合料与黏结剂应当均匀混合，混合愈均匀，成球的稳定性愈好。

球粒的干燥，在连续作业的隧道或干燥炉中进行，干燥温度一般为150～200℃。温度过高，会使球发泡，强度降低，温度过低，则干燥时间过长。

思考题

1. 玻璃原料的选择原则有哪些？
2. 石英砂颗粒度与颗粒组成对玻璃生产有何影响？
3. 引入SiO_2、Na_2O、CaO、Al_2O_3、B_2O_3常用的原料都有哪些？
4. 玻璃组成设计的原则有哪些？设计与确定玻璃组成的原则？
5. 配合料计算的步骤有哪些？
6. 配合料的质量要求有哪些？

第 7 章
玻璃的熔制与缺陷

7.1 玻璃的熔制过程

熔制是玻璃生产中重要的工序之一，它是配合料经过高温加热形成均匀的、无气泡的、并符合成形要求的玻璃液的过程。玻璃制品的大部分缺陷主要在熔制过程中产生，玻璃熔制过程进行的好坏与产品的产量、质量、合格率、生产成本、燃料消耗和池窑寿命都有密切关系，因此进行合理的熔制，是使整个生产过程得以顺利进行并生产出优质玻璃制品的重要保证。

玻璃的熔制是一个非常复杂的过程，它包括一系列物理的、化学的、物理化学的现象和反应，这些现象和反应的结果使各种原料的机械混合物变成了复杂的熔融物即玻璃液。

为了尽可能缩短熔制过程和获得优质玻璃，必须充分了解玻璃熔制过程中所发生的变化和进行熔制所需要的条件，从而寻求一些合适的工艺过程和制定合理的熔制制度。

各种配合料在加热形成玻璃过程中有许多物理的、化学的和物理化学的现象是基本相同的，其主要变化如表 7-1 所示。

表 7-1　配合料在加热形成玻璃过程中的变化

序号	物理变化过程	化学变化过程	物理化学变化过程
1	配合料加热	固相反应	生成低熔混合物
2	吸附水的排除	盐类分解	各组分间相互溶解
3	个别组分的熔化	水化物的分解	玻璃和炉气介质间的相互作用
4	多晶转变	化学结合水的排除	玻璃和耐火材料之间的相互作用
5	个别组分的挥发	各组分相互作用并形成硅酸盐的反应	

玻璃熔制过程大致上可分为五个阶段，即硅酸盐形成、玻璃形成、澄清、均化和冷却成形等。现将这五个阶段的特点分述如下：

(1) 硅酸盐形成阶段

硅酸盐生成反应在很大程度上是在固体状态下进行的。料粉的各组分发生一系列的物理变化和化学变化，粉料中的主要固相反应完成，大量气体物质逸出。这一阶段结束时，配合料变成由硅酸盐和二氧化硅组成的不透明烧结物。大多数玻璃的这个阶段在 800～900℃时完成。

（2）玻璃形成阶段

由于继续加热，烧结物开始熔融，低熔混合物首先开始熔化，同时硅酸盐与剩余的二氧化硅相互熔化，烧结物变成了透明体，这时已没有未起反应的配合料，但在玻璃中还存在着大量的气泡和条纹，化学组成和性质尚未均匀一致，普通玻璃在这个阶段的温度为1200～1250℃之间。

（3）澄清

随着温度的继续提高，黏度逐渐下降，玻璃液中的可见气泡慢慢跑出玻璃进入炉气，即进行去除可见气泡的所谓澄清过程。

普通玻璃的澄清过程在1400～1500℃，澄清时玻璃液的黏度维持在10Pa·s左右。

（4）均化

玻璃液长时间处于高温下，由于玻璃液的热运动及相互扩散，条纹逐渐消失，玻璃液各处的化学组成与折射率亦逐渐趋向一致，均化温度可在低于澄清的温度下完成。

（5）冷却成形

通过上述四个阶段后玻璃的质量符合了要求。然后，将玻璃液的温度冷却至200～300℃，使黏度达到形成所需要的数值（一般在η为10^2～10^3Pa·s）。

以上所述玻璃熔制过程的五个阶段，大多是在逐步加热情况下进行研究的。但在实际熔制过程中是采用高温加料，这样就不一定按照上述顺序进行，而是五个阶段同时进行。

玻璃熔制的各个阶段，各有其特点，同时他们又是彼此互相联系和相互影响的。在实际熔制过程中，常常是同时进行或交错进行的。这主要决定于熔制的工艺制度和玻璃熔窑结构的特点。它们之间的关系如图7-1所示。

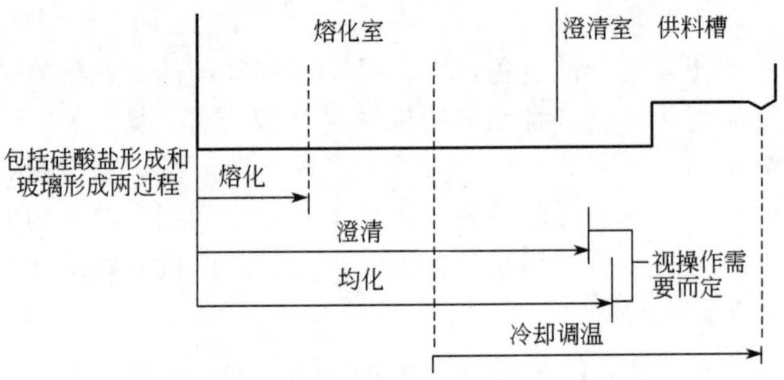

图7-1　玻璃熔制过程各阶段关系图

在玻璃熔制过程中存在固相、液相和气相。以上诸项相互作用，由此而构成极为复杂的转化和平衡关系。纵观玻璃的熔制过程，其实质是把配合料熔制成玻璃液，把不均质的玻璃液进一步改善为均质的玻璃液，并使之冷却到成形所需的黏度。因此也有把玻璃熔制的全过程分为两个阶段，即配合料的熔融阶段和玻璃液的精炼阶段。

7.1.1　硅酸盐形成和玻璃的形成

玻璃通常是由SiO_2、Al_2O_3、CaO、MgO、K_2O、Na_2O组成的，根据玻璃的不同要求还可以引入其他氧化物，如B_2O_3、ZnO、BaO、PbO等。为研究玻璃的熔制，就必须了解配合料各组分在加热过程中的各种反应。

从单组分的加热反应来看，其变化可归纳为：多晶转变，具有多种晶型的组分，在高温下可由一种晶型转变为另一种晶型；盐类分解，各种碳酸盐、硫酸盐和硝酸盐在一定温度下均发生分解并释放出气体；析出结晶水和化学结合水。

从多组分的加热反应来看，可以得出如下结论：它不仅包括单组分加热反应所具有的特点，而且还包括多组分所特有的加热反应，即硅酸盐形成反应和形成复盐的反应。例如，在三组分中可形成复盐和低共熔混合物。又如，以 CO_2 为例，它可来自：单组分的——各种碳酸盐的热分解；双组分的——各种碳酸盐的热分解和形成硅酸盐时的分解产物；三组分的——除上述双组分产生的 CO_2 外，还有来自复盐的分解和低共熔混合物的分解反应。

为了便于说明硅酸盐形成和玻璃形成过程，现将钠钙硅酸盐玻璃的形成过程介绍如下：

(1) 纯碱配合料（$SiO_2+Na_2CO_3+CaCO_3$）的硅酸盐形成和玻璃形成过程

100～120℃，配合料水分蒸发。

低于600℃时，由于固相反应，生成碳酸钠-碳酸钙的复盐。

$$CaCO_3+Na_2CO_3 \longequal CaNa_2(CO_3)_2$$

575℃发生石英的多晶转变，伴随着体积变化产生裂纹，有利于硅酸盐的形成。

$$\beta\text{-石英} \rightleftharpoons \alpha\text{-石英}$$

600℃左右时，CO_2 开始逸出。它是由于先前生成的复盐 $CaNa_2(CO_3)_2$ 与 SiO_2 作用的结果。这个反应是在600～830℃范围内进行的。

$$CaNa_2(CO_3)_2+2SiO_2 = Na_2SiO_3+CaSiO_3+2CO_2\uparrow$$

在720～900℃时，碳酸钠和二氧化硅反应。

$$Na_2CO_3+SiO_2 = Na_2SiO_3+CO_2\uparrow$$

740～800℃时，$CaNa_2(CO_3)_2$-Na_2CO_3 低温共熔物形成并熔化，开始与 SiO_2 作用。

$$CaNa_2(CO_3)_2+Na_2CO_3+3SiO_2 = 2Na_2SiO_3+CaSiO_3+3CO_2\uparrow$$

813℃，$CaNa_2(CO_3)_2$ 复盐熔融。

855℃，Na_2CO_3 熔融。

在912℃和960℃时，$CaCO_3$ 和 $CaNa_2(CO_3)_2$ 相继分解。

$$CaCO_3 \rightleftharpoons CaO+CO_2\uparrow$$

$$CaNa_2(CO_3)_2 \rightleftharpoons Na_2O+CaO+2CO_2\uparrow$$

约1010℃时，$CaO+SiO_2 \rightleftharpoons CaSiO_3$

1200～1300℃形成玻璃，并且进行熔体的均化。

(2) 芒硝配合料（$Na_2CO_3+Na_2SO_4+C+CaCO_3+SiO_2$）的硅酸盐形成和玻璃形成过程

芒硝配合料在加热过程中的反应变化比纯碱配合料复杂得多，因为 Na_2SO_4 的分解反应很困难，所以必须在碳或其他还原剂存在下才能加速反应。$Na_2CO_3+Na_2SO_4+C+CaCO_3+SiO_2$ 配合料加热反应过程如下：

100～120℃，排出吸附水分。

235～239℃，硫酸钠发生多晶转变：

$$Na_2SO_4\text{（斜方晶体）} \rightleftharpoons Na_2SO_4\text{（单斜晶体）}$$

260℃，煤炭开始分解，有部分物质挥发出来。

400℃，Na_2SO_4 与碳之间的固相反应开始进行。

500℃，开始有硫化钠和碳酸钠生成，并放出二氧化碳。

$$Na_2SO_4+2C = Na_2S+2CO_2\uparrow,\ Na_2S+CaCO_3 = Na_2CO_3+CaS$$

500℃以上，有偏硅酸钠和偏硅酸钙开始生成。

$$Na_2S+Na_2SO_4+2SiO_2 = 2Na_2SiO_3+SO_2\uparrow+S$$

$$CaS+Na_2SO_4+2SiO_2 = Na_2SiO_3+CaSiO_3+SO_2\uparrow+S$$

以上反应在 700～900℃时加速进行。

575℃左右 β-石英转变为 α-石英。

740℃，由于出现 Na_2SO_4-Na_2S 低温共熔物，玻璃的形成过程开始。

740～880℃，玻璃的形成过程加速进行。

800℃，$CaCO_3$ 的分解过程完成。

851℃，Na_2CO_3 熔融。

885℃，Na_2SO_4 熔融，同时 Na_2S 和石英颗粒在形成的熔体中开始熔化。

900～1100℃，硅酸盐生成的过程剧烈地进行，氧化钙和过剩的二氧硅起反应，生成偏硅酸钙。

$$CaO+SiO_2 = CaSiO_3$$

1200～1300℃，玻璃形成过程完成。

在上述反应中硫酸盐还原成硫化物是玻璃形成过程中的重要反应之一。如果还原剂不足，则部分硫酸盐不分解，而以硝水的形式浮于玻璃液表面（因为硫酸钠在玻璃熔体中的溶解度很小）。

因此，芒硝配合料在加料区的温度必须尽可能高一些，不能逐渐加热；因为它在熔制过程中还原剂不能立即烧掉，以便在高温下仍能以很大速度还原硫酸钠，这样可以避免因反应不完全而产生“硝水”。

综上所述，硅酸盐形成和玻璃形成的基本过程大致如下：

配合料加热时，开始主要是固相反应，有大量气体逸出。一般碳酸钙和碳酸镁能直接分解逸出二氧化碳，其他化合物与二氧化硅相互作用才分解。随着二氧化硅和其他组分开始相互作用，形成硅酸盐和硅氧组成的烧结物；接着出现少量液相，一般这种液相属于低温共熔物，它能促进配合料的进一步熔化，反应很快转向固相与液相之间进行，又形成另一个新相，不断出现许多中间产物。随着固相不断向液相转化，液相不断扩大，配合料的基本反应大体完成，成为由硅酸盐和游离 SiO_2 组成的不透明烧结物，硅酸盐形成过程基本结束。随即进入玻璃的形成过程。这时，配合料经熔化基本上已为液相，过剩的石英颗粒继续熔化于熔体中，液相不断扩大，直至全部固相转化为玻璃相，成为有大量气泡的、不均匀的透明玻璃液。当固相完全转入液相后，熔化阶段即告完成。固相向液相转变和平衡的主要条件是温度，只有在足够的温度下，配合料才能完全转化为玻璃液。

在实际生产过程中，将料粉直接加入高温区域时，硅酸盐形成过程进行得非常迅速，而且随料粉组分的增多而加快，但玻璃的形成非常缓慢，其形成速度取决于料粉的熔融速度。例如一般窗玻璃配合料的整个熔制过程要 32min（不包括澄清、均化和冷却阶段），而硅酸盐生成阶段只需 3～4min，因而需要 28～29min 用于砂粒的溶解。即硅酸盐形成和玻璃形成的两个阶段没有明显的界线，在硅酸盐形成结束之前，玻璃形成阶段即已开始，两个阶段所需时间相差很大。

7.1.2 玻璃的澄清

玻璃液的澄清过程是玻璃熔化过程中极其重要的一环。它与玻璃制品的产量和质量有密切关系。

在硅酸盐形成与玻璃形成阶段中，由于配合料的分解、部分组分的挥发、氧化物的氧化还原反应、玻璃与气体介质及耐火材料的相互作用等原因而析出大量气体。其中大部分气体将逸散于空间，剩余的大部分气体将溶解于玻璃液中，少部分气体还以气泡形式存在于玻璃液中。在析出的气体中也有某些气体与玻璃液中某种成分重新形成化合物。因此，存在于玻璃中的气体主要有三种状态，即可见气泡、溶解的气体和化学结合的气体。此外，尚有吸附在玻璃熔体表面上的气体。

随玻璃成分、原料种类、炉气性质和压力、熔制温度等不同，在玻璃液中的气体种类和数量也不相同。常见的气体有：CO_2、O_2、N_2、H_2O、SO_2、CO 等；此外，尚有 H_2、NO、NO_2 及惰性气体。

熔体的无泡和去气是两个不同的概念，去气应理解为全部排除玻璃液中的气体，其中包括化学结合的气体在内。事实上只有采用特殊方法熔制玻璃时才能排除这些潜在的气体，而在一般生产条件下是不可能的。

玻璃的澄清过程是指排除可见气泡的过程。从形式上看，此过程是简单的流体力学过程，实际上它是一个复杂的物理化学过程。

（1）澄清机理

澄清的过程就是首先使气泡中的气体、窑内气体与玻璃液中物理溶解和化学结合的气体之间建立平衡，再使可见气泡漂浮于玻璃液的表面而加以消除。

建立平衡是相当困难的，因为澄清过程中将发生下列极其复杂的气体交换：

① 气体从过饱和的玻璃液中分离出来，进入气泡或炉气中。

② 气泡中所含的气体分离出来进入炉气或溶解于玻璃中。

③ 气体从炉气中扩散到玻璃中。

图 7-2 为玻璃液中溶解的气体、气泡中的气体和炉气中的气体三者间的平衡关系图。

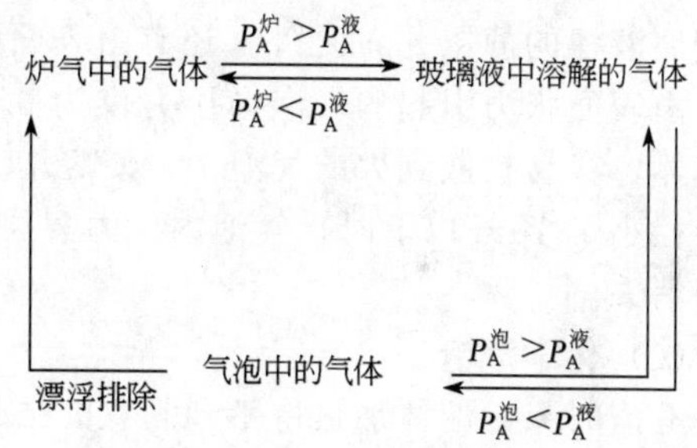

图 7-2 玻璃液中溶解的气体、气泡中的气体和炉气中的气体三者间的平衡关系图

在澄清过程中，可见气泡的消除按下式两种方法进行：

① 使气泡体积增大加速上升，漂浮出玻璃表面，而后破裂消失。

② 使小气泡中的气体组分溶解于玻璃液中，气泡被吸收而消失。

前一种情况主要是在溶化部进行的。按照斯托克斯定律，气泡上升速度与气泡半径的平方成正比，而与玻璃黏度成反比。即

$$V=\frac{2}{9}\times\frac{r^2g(\rho-\rho')}{\eta} \tag{7-1}$$

式中 V——气泡的上浮速度，cm/s；

r——气泡的半径，cm；

g——重力加速度，cm/s^2；

ρ——玻璃液的密度，g/cm^3；

ρ'——气泡中气体的密度，g/cm^3；

η——熔融玻璃液的黏度，P❶。

由上式可知：对于微细的气泡来说，除了玻璃的对流能引起它们的移动之外，几乎不可能漂浮到玻璃液表面。表 7-2 为不同直径的气泡通过池深为 1m 的玻璃液所需的时间。

---

❶ 1Pa·s=10P。

表 7-2　不同直径的气泡通过池深为 1m 的玻璃所需的时间

气泡直径/mm	气泡上浮速度/(cm/h)	气泡上浮 1m 所需时间/h
1.0	70.0	1.4
0.1	0.7	140
0.1	0.007	14000

在等温等压下，使玻璃液中气泡变大有两种方法：

① 多个小气泡集合为一个大气泡。

② 玻璃液中溶解的气体渗入气泡，使其扩大。

关于第一种方法，在澄清过程中是不会发生的。因为通常小气泡彼此距离比较远，而且玻璃液的表面张力又很大，都会阻碍小气泡的聚合。

第二种方法具有重要的实际意义。玻璃液中溶解气体的过饱和程度愈大，这种气体在气泡中的分压愈低，则气体就愈容易从玻璃液进入气泡。气泡增大后，它的上升速度增大，就能够迅速地漂浮出玻璃液表面。

玻璃液中气泡的消除与表面张力 σ 所引起的气泡内压力 p 的变化有关。当玻璃液中溶解的气体与玻璃液中气泡内气体的压力达到平衡时，气泡内气体的压力，可用下式来表达：

$$p=p_x+\rho gh+\frac{2\sigma}{r} \tag{7-2}$$

由于玻璃液的 $\sigma=0.25\sim0.3$N/m，若一个半径为 1/1000mm 的小气泡除了受大气压 p_x 和玻璃液柱的静压 ρgh 之外，还有由表面张力引起的 6atm[1] 的内压力。气泡的半径为 1mm 时，由表面张力引起的气泡内压力仅为 0.006atm，可以忽略不计。因此，溶解于玻璃液里的气体，容易扩散到大的气泡中，使之增大上升逸出，而微小的气泡则不能增大。通常气泡的半径小于 1μm 以下时，气泡内压力急剧增大，像这样微小的气泡就很容易在玻璃液中溶解而消失。

（2）化学澄清

澄清时只对熔体加热得不到满意的结果，必须添加一些析出气体的化学药品。化学澄清剂应在较高温度下才形成高分解压（蒸发压），即在熔化的配合料排气过程基本结束而熔体的黏度足够低时，就可使气泡以足够大的速度上升。最常用的化学澄清剂为硫酸钠（硫酸盐澄清剂）及多价氧化物如氧化砷、氧化锑等（氧澄清剂）。还有其他类型的澄清剂如卤化物，特别是氯化物及氟化物，也是在高温下产生高的蒸气压。

熔体中澄清气体的分压或澄清剂的蒸气压大于这种气体在气泡中的分压时，化学澄清就开始起作用。由于澄清气体扩散到气泡内，气泡开始长大。澄清开始的时间也可能在石英砂未完全熔化之前，即在配合料初熔阶段，因而澄清与初熔交叉。由于石英砂的熔化延迟也可能将澄清时间延长。

初熔结束时，一般情况下气泡中只含 CO_2、N_2 及 H_2O。这样其他气体只需比较低的分压就可使气泡长大。这就是要求使用的澄清剂总是析出与初熔后气泡中所含气体不相同的气体的原因。熔体中与气泡中澄清气体分压的差别愈大，气泡长得愈大，澄清也就愈有效。而熔体中澄清气体的分压、分解压或蒸气压都与温度、澄清剂的种类，也就是气体的溶解度、玻璃的组成以及熔体中澄清剂的浓度有关。不过增加澄清剂的含量不都会改善澄清效果，而是如涅密斯所指出的，用 As_2O_2、$NaSO_4$ 及 NaCl 澄清钠钙玻璃时有一个最佳值。

[1] 1atm=101325Pa。

① 气泡数及气泡体积随着澄清时间及澄清温度的变化。开布尔发现：大的气泡从熔体中排出的速度约与它在熔体中上升的速度相对应，而小的气泡的消失较由上升速度计算得的要快得多。从而得出这样的设想，即小气泡不仅上升到液面后消失，也可能消失在熔体中。

随着澄清时间的延长，气泡数的对数 $\lg v$（v＝单位体积玻璃内气泡所占的总体积）呈直线下降。因此化学澄清机理与澄清时间及澄清温度的关系是一致的。即如何从澄清不好到澄清好一般都可运用这一关系。

② 气泡的长大和收缩。涅密斯直接摄像的方法观察到含 As_2O_3＋$NaNO_3$、Na_2SO_4 或 NaCl 之类澄清剂的钠钙玻璃熔体中大小气泡都会长大，而当温度降低时气泡会缩小，即气泡中的气体又被熔体吸收。他从测定数值中计算出气泡长大速度 $k=\Delta r/\Delta t$，单位为 mm/min，发现在没有澄清剂时，速度很小，但随着澄清剂含量的增多而增大。加入 0.5%As_2O_3，k 的数值（0.013mm/min）约为没有澄清剂时的 65 倍。气泡长大速度的极大值并不意味着澄清的最佳条件。因为澄清剂含量增多，会增大熔体中的澄清气体的过饱和度，在有限的澄清时间内气体不能完全排出。温度下降时气泡收缩，没有澄清剂时，气体由于热收缩的收缩速度是很小的，加上澄清剂就很大了（加入 2%As_2O_3 时，温度从 1400℃降低到 1150℃，k 可达－0.02mm/min）。k 值只适用于给定的边界条件，因为它在玻璃组成、温度及澄清剂种类等参数改变时，随着溶解度的改变而改变。从这些数值得出的结论是气泡的长大是澄清气体扩散进入气泡的结果，而气泡收缩则是澄清气体向外扩散又被熔体吸收所造成的。可用跟踪分析澄清过程的方法加以证明。

③ 澄清气泡中气体含量随着时间及温度的变化。澄清过程中，气泡中的澄清气体含量随着澄清剂含量的增加而增大。澄清剂含量不变时，则随着温度的升高而增大。图 7-3 示出一种显像管玻璃在澄清过程中气泡中 O_2、N_2、CO_2 的含量（按气泡总容积计算）与澄清温度的关系。由于在澄清机理中，温度和时间的影响是一致的，也可得出气泡中气体的含量与澄清时间关系的十分类似的曲线。澄清初期，气泡中 CO_2 的含量比较高。由于温度比较低时，熔体中 CO_2 的过饱和程度比较大，直到约 1250℃气泡中的 CO_2 含量还明显增大，但超过 1250℃后，气泡中澄清气体增加很快，同时 N_2 及 CO_2 含量减少。从 CO_2 及 N_2 的高含量转化为 O_2 高含量的速度愈快，澄清进行得愈好。

由于气泡中澄清气体的分压增大，在澄清进行过程中其他气体（CO_2、H_2O、N_2）的分压逐渐降低。熔体及气泡之间这些气体的浓度差增大，结果又增强了 CO_2、N_2 以及其他在熔体中溶解的气体的扩散流，增大了气泡的长大速度。气泡长大速度增大的结果加速了气泡的上升和所有在玻璃中溶解的气体的排出。从而说明，澄清剂不仅可以除去熔体中存在的气泡，还可除去溶解的气体。

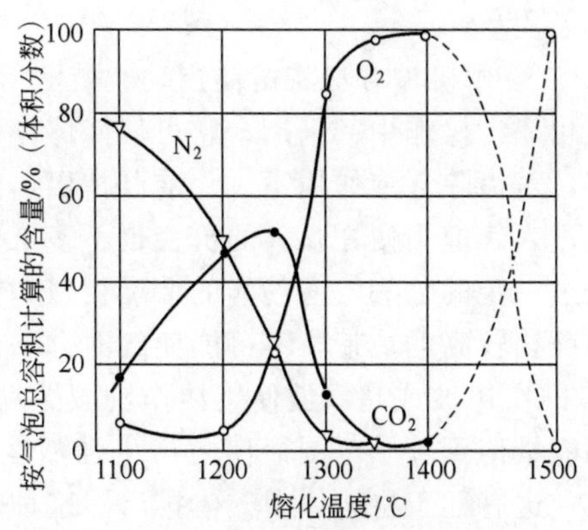

图 7-3　100g 玻璃中按气泡总体积计算的 O_2、N_2、CO_2 的含量与熔体温度的关系（熔制时间 120min）

因为 N_2 的溶解度很小，与 H_2O 及 CO_2 对比，它的扩散流几乎小到可以忽略。在澄清进行过程中，气泡总数及 N_2 的含量都很快减小。澄清过程中从气泡中排出 N_2 具有重要意义。因为 N_2 在熔体中的溶解度很小，只能通过气泡的上升将它排出。

温度降低时，澄清气体的溶解度增大而分压减小，澄清气体将被澄清熔体再吸收而使气泡收缩。以 SO_2 作为澄清气体时，SO_2 与 O_2 同时存在，较 SO_2 单独存在时气泡收缩得更快些。因而用硫酸盐澄清的玻璃静置时应保持氧化条件（熔体中不含溶解的 S^{2-}）。

气体被澄清熔体很快再吸收的结果使气泡中的气体含量出现另一种变化，即气泡中与澄清气体一同存在的其他气体含量相应地增大。在坩埚窑或池窑中，虽然温度保持不变，但澄清时间过长时也可能出现熔体中澄清气体耗尽而分压降低，从而产生这种气体含量的变化。

澄清情况良好时，残余的微小气泡中很少或几乎不含 N_2，只含大量的 CO_2 和微量的 H_2O。温度降低时 CO_2 的溶解度增大，因而在静置时这种残余气泡也会消失。1250℃时按容积计算，由于溶解而消失的 CO_2 气泡甚至较由于上升到表面而除去的气泡多些。

将澄清熔体静置是气泡消失的一种有效的澄清作用。这一点已从熔化试验中得到证明。澄清以后将温度降低与保持澄清时的温度对比。气泡的总体积以及气泡数都减少得多些。这一结果表明，澄清接近完全时降温到低于规定的澄清温度是何等重要。不过这种静置效果只在澄清已进行到残留的都是可溶解的气泡（不含 N_2）的阶段才能充分显示出来。在这种情况下，静置就成为澄清的重要组成部分了。

澄清不足时，在可溶解的气泡消失后残留的气泡中的澄清气体被再吸收，CO_2 也被熔体溶解一部分。N_2 的含量就很高了。玻璃中许多小气泡中含的 N_2 从半数到很高百分数很明显是澄清不足所致。

（3）物理澄清法

用物理方法来促进化学澄清是很自然的。

① 降低玻璃的黏度。降低黏度的方法在每一种澄清操作中都使用。人们根据需要与可能总是设法将温度提高，既可以加大澄清气体的分压，使气泡长大；又可以降低熔体的黏度以使气泡上升，使气泡快速从玻璃中逸出。总之是达到气泡快速离开玻璃的目的。按照气泡的上升速度与气泡半径的平方成正比，说明澄清过程中使气泡长大是何等重要。只从提高温度以降低黏度而不用澄清剂与添加澄清剂对比，其效果是十分微小的。齐默尔等按照上述原理建议采用的“温度冲击”。即在短暂时间内的温度升高，从时间及地点上只能在坩埚中起作用，而在池炉中由于炉上部的热交换，温度峰值很不突出。

② 利用玻璃液流的作用。人们已经在研究如何从温度控制及窑炉结构上采取措施，使玻璃液流能将玻璃熔体（按一定的容积计算）尽可能长些时间在溶体表面受到尽可能高的温度作用。

③ 用机械方法将熔体搅动、鼓泡等。用湿木头在熔体中搅拌而鼓泡或类似的方法在许多坩埚窑操作中都采用。它可使熔体作剧烈运动，目的是使熔体达到热均匀、化学均匀及排气，对消除气泡作用不大。前已指出，澄清后期熔体中气泡已不多，大小气泡合并及澄清气体进入气泡中使之长大的机会也不多了。用湿木头在熔体中产生 CO_2 气泡或在熔化池底部经过一定的喷头吹入气体的情况相似，在最顺利的情况下也只能将含气泡较多的玻璃液推到温度比较高的地带，不可能使气泡合并而产生澄清效果。

④ 声波或超声波使熔体作机械振动，通过离心力的作用除去气泡。通过声波或超声波将能量传到分子范围而使之产生强烈运动，从而加速熔体中气体的扩散，促使气泡核的形成，这有助于将熔体中气体排出。这种想法也使人们提出了相当的建议和做了一些应用技术上的试验。在较大规模工业生产上运用的困难在于能量的传递及可能造成耐火材料的侵蚀。用高速离心机除去特种技术玻璃中气泡的方法曾在一个美国专利中提出，适用于日产稍大于15t 玻璃熔体的工厂。密度小的气泡向转子的中心轴方向移动而从玻璃中排出。

⑤ 采用真空或加压。在真空中使熔体排气和澄清只能用于特种玻璃及小型熔制设备将熔体上的压力减到极小可促使气泡长大，加速气泡上升。而且按照亨利定律还有减小熔体中气体含量的作用。此外，例如碱硼酸盐之类的玻璃组分在澄清温度下蒸气压很高，减压情况

下可形成气泡且使气泡长大，即发生澄清剂的作用，特别是黏度很大的特种玻璃可用这一方法而不加澄清剂使制品完全没有气泡。

⑥ 利用粗糙表面和析晶以形成气泡核。使过饱和的熔体排气或避免熔体达到过饱和的各种方法中，使玻璃熔体析晶后再熔化一次是目前还在试验中的一种方法。这一方法在析晶时可形成大量气泡核，并由于溶解度条件的改变使气体排出而形成气泡。只是不能将气泡排出，因而需将玻璃再熔化，这在经济上是不利的。

7.1.3　玻璃液的均化

所谓均化就是使整个玻璃液在化学成分上达到一定的均匀性。当玻璃未均化前，主体玻璃与不均匀体两者性质不相同，对制品质量产生不利影响。例如两者热膨胀系数不同，则在两者界面上将产生应力，两者光学常数不同将产生折光，两者黏度和表面张力不同，将产生玻筋、条纹等缺陷。因此，不均匀的玻璃液对制品的产量和质量都有重大影响。

玻璃液的均化过程通常受下述三个方面的影响：

① 不均匀体的溶解、扩散、均化过程。玻璃液中不均匀体不断溶解和扩散，由于扩散速度低于溶解速度，所以玻璃液的均化速度随扩散速度的增大而加快，而扩散速度却又和均化温度及搅拌过程密切相关。提高均化温度可以降低玻璃液的黏度，增加分子热运动，对均化有利，然而它受制于耐火材料的质量。

② 玻璃液的热对流和气泡上升的搅拌作用也能促进玻璃液的均化。在流动的玻璃液中进行扩散要比在静止的玻璃液中快十万倍，它比延长玻璃液在高温下停留时间长的效果大得多。然而，热对流也有不利的一面，加强热对流往往同时增加了对耐火材料的侵蚀，导致产生新的不均匀体。

③ 在玻璃液的均化过程中，除黏度有重要影响外，玻璃液与不均匀体的表面张力对均化也有一定的影响。当玻璃液的表面张力小于不均匀体的表面张力时，不均匀体的表面积趋向减小，这不利于均化；反之将有利于均化过程。

7.1.4　玻璃液的冷却

即使是均化很好的玻璃液也不能马上成形成制品，因为不同的成形方法需要不同的黏度。当成形方法确定以后，它所需要的黏度对不同组成的玻璃来说所处的温度也不一样，均化好的玻璃黏度比成形时的黏度低。为了达到成形所需的黏度就必须降温，玻璃液需要冷却过程。一般的钠钙玻璃通常要降温 200～300℃。被冷却的玻璃液要求温度均匀一致，以利于成形。

在冷却阶段中，它的温度、气氛的性质和分压与前阶段相比有很大变化，因此破坏了原有气液相之间的平衡。由于玻璃是高黏度的液体，要建立新的平衡是比较缓慢的。由于原有平衡的破坏，可能会在玻璃液中出现小气泡，称为二次气泡或再生气泡。二次气泡均匀地分布在整个冷却的玻璃液中，直径一般在 0.1mm 以下，数量在每 $1cm^3$ 的玻璃中可达数千个之多，因而在冷却过程中要特别防止二次气泡的产生。

二次气泡产生的原因现在还不十分明确，可能有以下几种情况：

(1) 硫酸盐的热分解

在已澄清的玻璃液中往往残留有硫酸盐，这些硫酸盐可能来自配合料中的芒硝，也可能是炉气中的二氧化硫，氧与碱金属氧化物反应的结果。

$$Na_2O+SO_2+1/2O_2 \rightleftharpoons Na_2SO_4$$

硫酸盐在以下两种情况下，均能产生热分解，形成二次气泡。

① 由于某种原因使已冷却的玻璃液重新加热，导致硫酸盐的热分解而析出二次气泡。实践证明，二次气泡的产生不仅取决于温度的高低而且取决于升温的速度，较快的升温会加快二次气泡的形成。

② 当炉气中存在还原气氛时，亦能使硫酸盐产生热分解而析出二次气泡。

$$SO_4^{2-}+CO \rightleftharpoons SO_3^{2-}+CO_2\uparrow$$

$$SO_3^{2-}+SiO_2 \rightleftharpoons SiO_3^{2-}+SO_2\uparrow$$

（2）含钡玻璃在高温下降温时易生成二次气泡

在钡玻璃中，尤其是在含钡光学玻璃中，二次气泡的出现可能是由于 BaO 在高温下被氧化成 BaO_2，这个反应是吸热的。当温度降低时，BaO_2 开始分解放出氧气即生成小气泡。

$$2BaO_2 \rightleftharpoons 2BaO+O_2\uparrow$$

另外，钡玻璃在降温时，由于玻璃液对耐火材料的侵蚀也可能会出现二次气泡。

（3）溶解气体析出

气体的溶解度一般随温度的下降而增加，因而冷却后的玻璃液再次升高温度时将放出气泡。

为了避免二次气泡的出现，在冷却过程中必须防止温度回升。同时还必须根据玻璃化学组成的不同采用不同的冷却速度，铅玻璃可缓慢冷却，重钡玻璃应快速冷却，这样有利于气泡的消除。

7.2 影响玻璃熔制过程的工艺因素

7.2.1 玻璃组成

玻璃的化学组成对玻璃熔制速度有决定性影响，玻璃的化学组成不同，熔化温度和澄清时间也不同。在生产中往往以改变少量氧化物的含量来改善玻璃质量与相应的操作要求。

7.2.2 原料的性质及其种类的选择

原料的性质及其种类的选择，对熔制的影响很大。同一玻璃成分采用不同原料时，将在不同程度上影响配合料的分层（轻碱和重碱）、挥发量（应硼石和硼砂）、熔化温度（如引入氧化铝时所用原料的选择，氧化铝粉和长石）。

7.2.3 配合料的影响

（1）配合料的粒度

原料的粒度对熔化的影响很大，玻璃形成过程的反应速度和反应表面的大小成正比，原料颗粒愈细，反应表面就愈大，反应就愈快。扬德（Jander）认为反应常数 K 与颗粒的半径（r）平方成反比，即 $K=a/r^2$，式中 a 在特定条件下为常数。

试验指出：将整个配合料经过最大限度地粉碎之后，对纯碱配合料来说玻璃形成的速度增加了 3.5 倍，对纯碱-芒硝玻璃形成的速度则增加了 6 倍（与普通粒度相同的配合料相比）。在玻璃熔制过程中，石英砂的颗粒度和形状对熔制影响最大，其次是白云石、纯碱、芒硝的颗粒度。如果石英砂的颗粒度过大，则易造成熔制困难；如果颗粒度不均匀，个别粗粒砂会在玻璃中形成结石。但在实际生产中，石英砂的颗粒度不宜太细，否则会引起加料时粉料飞扬和使配合料分层结块，破坏配合料的均匀性，使玻璃成分发生变化，延长澄清时间，影响玻璃质量。一般对钠钙玻璃来说，石英的颗粒度控制在0.15～0.80mm范围内最合适。

在玻璃生产中采用粒状的重碱有利于熔化，其颗粒度一般在0.1～0.5mm之间，大致和石英砂的颗粒度相一致，它对配合料的均匀度及玻璃质量均有良好的作用。这种"重碱"在作业中飞料损失较少，可减轻池窑蓄热室的侵蚀及堵塞现象。

(2) 配合料的水分

在配合料中加入一定量的水分是必要的，湿物料比干物料有利于减少粉尘，防止分层，提高熔制速度，提高混合的均匀性。直接向配合料加水会引起混合不均匀，所以常先润湿石英质原料，使水分均匀地分布在砂粒表面形成水膜，此水膜约可溶解5%的纯碱和芒硝，有利于玻璃的熔制。砂粒越细，所需水的量越多，当使用纯碱配合料时，含水量以4%～6%为宜，芒硝配合料的含水量在7%以下。

(3) 配合料的气体率

为了加速玻璃熔制，要求配合料有一定的气体率，它们在受热分解后所逸出的气体对配合料和玻璃液有搅拌作用，能促进硅酸盐形成和玻璃的均化。对钠钙玻璃而言，配合料的气体率在15%～20%左右，气体率过大易使玻璃产生气泡，气体率过小，对硅酸盐形成和玻璃的均化均不利。

(4) 配合料的均匀性

配合料均匀度的优劣将影响玻璃制品的产量和质量，一般玻璃制品对配合料均匀度的具体要求是均匀度大于95%。

(5) 碎玻璃的影响

在配合料中加入一部分碎玻璃，可以防止配合料的分层，促进玻璃熔化，但碎玻璃要保持清洁，剔除有害杂质，其成分与所生产玻璃一致，用量一般控制在20%～40%。在长期使用碎玻璃的同时，要及时检查成分中的碱性氧化物烧失和二氧化硅升高等情况，要及时调整补充，确保成分稳定。

7.2.4 投料方式的影响

投入熔窑中配合料层厚度对配合料熔化速度及熔窑的生产率有重要影响。如果投料间歇时间长，料堆大，势必使料层和火焰接触面积小，表面温度高，内部温度低，使熔化过程变慢，同时表面的配合料熔化后形成一层含碱量低的膜层，黏度极大，气体很难通过，给澄清带来了困难。所以，目前采用薄层投料法，使配合料上方依靠对流和辐射得到热量，下方由玻璃热传导得到热量，因此热分解过程大大加速。此外，由于料层薄，玻璃液表面层温度高，黏度小，很有利于气泡的排除，提高澄清速度。

7.2.5 加速剂的影响

为了缩短熔化时间，通常加入少量的加速剂，例如使用B_2O_3为加速剂，它具有降低玻璃液黏度，加速澄清过程的作用。它在高温时会大大降低玻璃液的黏度；应用1.5%的B_2O_3可使熔窑生产率大大提高。

有些加速剂的作用是使二价铁转化为三价铁，提高玻璃液的透明度，使玻璃的热透性增加，从而加速熔制过程。As_2O_3 和 KNO_3 的混合物就属于这一类。加入氟化物（CaF_2、Na_2SiF_6、Na_3AlF_6）可使部分的铁变成挥发的 Na_3FeF_6 或无色的 FeF_3，同样也能提高玻璃的透热性，使熔制过程加速进行。试验证明，配合料在 1450℃熔制时如引入 1%氟所需时间仅为无氟配合料的二分之一。

氟化物加速熔化的原因在于一方面降低玻璃的黏度，另一方面提高了透明度，因此大大提高了辐射热的效率，加速了澄清和均化的过程。

7.2.6 熔制制度的影响

熔制制度是影响熔制过程最重要的因素。通常熔制制度包括温度制度、压力制度、气氛制度以及液面制度。

（1）温度制度

温度制度包括熔制温度、温度随时间的分布（间歇式窑）或温度随窑长空间的分布（连续式窑）以及制度的稳定性。最重要的是熔制温度。

熔制温度决定熔化速度，温度愈高硅酸盐反应愈强烈，石英熔化速度愈快，而且对澄清、均化过程也有显著的促进作用，在 1400～1500℃范围内，熔化温度每提高 1℃，熔化率增加 2%，但高温熔化受耐火材料质量的限制，一般在耐火材料能承受的条件下尽量提高熔制温度。

（2）压力制度

窑压要求保持在零压或微正压（0.5～2mmH_2O[1]），一般不允许呈负压，因为负压引入冷空气，不仅要降低窑温，增加热损失，还使窑内温度分布不均匀，在某些死角处温度偏低。但正压也不能过大，如正压过大，会使燃耗增大，窑体烧损加剧，影响澄清速度。

（3）气氛制度

窑炉气氛对熔制过程有至关重要的影响。窑内各处气氛的性质不一定相同，按其组成可分为氧化、中性或还原状态，视配合料和玻璃的组成以及各项具体工艺要求确定。

在熔制无色瓶罐玻璃的普通纯碱配合料时，必须保持氧化气氛。

在熔制含有碳粉作为还原剂的纯碱-芒硝配合料时，为了保持碳粉不在加料口烧尽，第一及第二对小炉必须保持还原性，但是在最后的小炉又必须将碳粉完全烧尽，以避免玻璃液被着色，故最后的小炉喷出口应当是氧化焰。

芒硝如果没有在熔化部反应完毕，它可溶解于玻璃液中，虽然溶解度不大，但是在冷却部或成形部被还原时，已经足够使玻璃中产生极显著的二次气泡。

经验证明，熔制纯碱-芒硝配合料时，当熔化部内有强烈氧化焰时，所产生的泡沫很薄而极致密，不易排出液面，而且有时向成形部方面扩展得很快，要澄清这样的玻璃液是很困难的。

因此，熔制纯碱-芒硝配合料时，窑的熔化部应保持还原气氛，而且配合料中还要有足够的还原剂，使芒硝分解完全。若是碳粉作还原剂，则澄清部最后又必须是氧化气氛，以烧掉过剩的碳粉。由此，成形部内由芒硝可能产生的二次气泡即可避免。

在熔制晶质玻璃与颜色玻璃时也须保持一定的气氛。为了避免氧化铅被还原成金属铅，熔窑中须保持氧化气氛；而为了熔制铜红玻璃，则必须保持还原气氛。

---

[1] 1mmH_2O=9.80665Pa。

（4）液面制度

玻璃液面一定要维持稳定，如果波动幅度过大、过频，对熔制质量和成形操作都不利。液面波动大，会加速对液面部位的耐火材料的侵蚀。液面波动是由于加料量和出料量不均匀引起的，同时加料量不稳定又会引起“跑料”现象。

一般来说，在池窑操作过程中必须达到 5 方面稳定：熔炉火陷温度和温度分布稳定（在达到工艺要求的温度前提下）；窑压稳定在微正压；加料量稳定；出料量稳定；液面稳定。

7.2.7　玻璃液流的影响

池窑中玻璃液的流动，除出料时引起强制对流外，还有温度差所引起的自然对流。玻璃液的对流与池窑中各部分的温度分布和热的移动密切相关。

玻璃液的流动对熔融玻璃液、未熔化的配合料和气泡的移动、玻璃的成形、玻璃液均化、耐火材料侵蚀都有重要影响。因此，控制配合料料堆位置、分布以及玻璃液的流动是很重要的。

7.2.8　窑炉、耐火材料的影响

玻璃熔制窑炉的选用、所用燃料的种类以及窑炉所用耐火材料，对玻璃熔制也有重要的影响，直接决定着玻璃生产的产量、质量。

7.2.9　熔制工艺改进的影响

在熔制过程中，熔制工艺的改进对熔化质量的改善以及熔化产量的提高起着至关重要的作用。通常采用以下措施来提高熔制水平：

① 机械搅拌与鼓泡。

② 辅助电熔、混合燃烧熔制、富氧燃烧以及浸没式燃烧技术。

③ 高压或真空澄清等。

7.3　玻璃熔制的温度制度

制定合理的熔窑温度制度是熔制高质量玻璃的必要条件。按照熔窑的操作形式，可分为间歇式作业、连续式作业。间歇式窑炉中又可分为坩埚窑、池窑，连续式窑炉中均为池窑。这里介绍坩埚窑、池窑的温度制度。

7.3.1　坩埚窑中玻璃熔制的温度制度

玻璃和配合料的组成、熔制温度、时间、气体介质的组成、炉气压力以及耐火材料质量等都是影响熔制过程的主要因素。在整个熔制过程中温度是基本条件。配合料必须在高温下才能形成玻璃液，又必须在更高的温度下澄清才能获得无气泡的均一的玻璃液，最后，又必须冷却至一定温度以提供符合成形所要求黏度的玻璃液。熔化温度主要根据玻璃和配合料的组成来确定。澄清、均化和冷却温度，则根据玻璃液在澄清、均化和冷却时所需的黏度来进行确定。澄清温度一般是相当于黏度为 $10^{0.7}$～10Pa·s时的温度，冷却温度一般是达到开始成形所要求的 10^2～10^3Pa·s黏度时的温度。

由熔化温度、澄清和均化温度以及冷却温度及其所需的时间规定坩埚窑中玻璃熔制的温度制度。温度和时间在熔制的各个阶段是彼此密切相关的，温度越高，熔制过程所需的时间就越短。然而提高熔制温度受到了耐火材料性能的限制，在较高温度下可能导致坩埚损坏，大大地缩短了它的寿命，而且会使配合料中某些组分挥发增多。因此，必须对熔制制度做合理选择，才能在合理的熔制温度下和一定时间内获得质量良好的玻璃。

根据熔制玻璃的种类，必须在窑内建立相应的气氛制度，使之成为氧化、还原或中性气氛，在大多数情况下必须保持窑内微正压。如用开口坩埚熔制一般器皿玻璃时，最好采用弱氧化气氛，在炉气中保持1%～2%的氧，而采用在炉气中保持0～0.5%氧的中性气氛进行熔制也是许可的。某些玻璃则在中性气氛条件下熔制更为合适，不允许采用还原性气氛。但有些颜色玻璃的着色必须保持还原气氛。例如熔制以氧化亚铜为着色剂的红色玻璃时就必须保持还原气氛。

因此，保持熔窑气氛和温度制度处于恒定状态，是熔制玻璃极其重要的条件。

在开口坩埚中熔制玻璃时，配合料主要是靠火焰和窑墙的辐射及部分依靠朝向火焰的坩埚侧壁的热传导得到热量。在圆形和长方形坩埚窑中，部分面向窑墙的坩埚壁不能获得足够的热量，有时还能散出热量。在这种情况下，玻璃液的透热性就具有很大的作用。透热性越低，则靠辐射所能达到的液层厚度越小。因此，在熔化透热性小的玻璃液时，应采用低而宽的坩埚，反之，熔化透热性高的玻璃液时，可以采用较高的坩埚。从热传导的意义来说，椭圆形的坩埚要比圆形的坩埚好，因为椭圆形坩埚只有一个部分坩埚壁面向窑墙。闭口坩埚则全靠坩埚侧壁的热传导得到热量。此外，坩埚的质量在很大程度上决定着玻璃的质量。玻璃液常有的缺陷如条纹、耐火材料结石和灰泡常常是由于坩埚抗侵蚀性和抗急冷急热性差等原因所造成的。

在坩埚窑中熔制玻璃遵循着下列五个阶段：加热熔窑；熔化；澄清与均化；冷却；成形。熔制一般日用玻璃如器皿和瓶罐时，这些阶段的内容是基本相同的。

（1）加热熔窑

在熔制日用器皿玻璃时，熔窑开始的温度为1200～1250℃。每次使用新坩埚时，须将坩埚预先焙烧至1450～1480℃高温，并一昼夜不加料，使坩埚烧结，具有较高的耐侵蚀能力。

在加热阶段中炉气的气氛可保持还原性或中性，以避免温度升高过快而损坏坩埚。炉气应保持微正压，否则会吸入冷空气影响温度顺利升高。

在添加配合料前，须先加入与熔制玻璃同一化学组成的碎玻璃，使其在低温下熔化，形成保护釉层，以减少对坩埚底部的侵蚀，还可以缩短熔化时间。

（2）熔化

先用碎玻璃熔化的玻璃液涂布坩埚内壁四周，使之形成保护层，以减轻配合料的侵蚀，然后开始加料熔化。熔化阶段的温度非常重要，有下列几种方式：

① 在温度为1400～1490℃时开始加料，保持这个温度直到配合料熔透为止，然后再升高到玻璃澄清的温度1450～1460℃。

② 在1350℃时即开始加料，然后逐渐地升高温度，直到配合料熔透为止，再在温度1450～1460℃时开始玻璃的澄清。

③ 加料及熔化均保持在较低且恒定的1360～1380℃温度下进行，直到配合料熔透。然后再提高到1450～1460℃（玻璃澄清所需要的温度）。这种方式在熔化含有最易熔化组分的配合料时被采用，例如熔制铅晶质玻璃。

熔化温度制度的选择须随不同条件而变化。例如熔窑的结构、坩埚的容积、玻璃和配合料的组成、加入碎玻璃的数量以及坩埚中残留下来的玻璃等。

当熔窑温度升高至预定温度时，即可进行第一次加料。第一次加入的配合料必须迅速熔化，要在足够高的温度下进行。低温熔化不但进行得很慢，而且最易熔的组分会从料堆中流出，导致留在表面上的难熔物很难熔化，在玻璃中形成条纹和结石。此外，易熔的熔融物将使耐火材料受到侵蚀，也会使玻璃形成缺陷。

第二次加料可选择以下方式之一：

①“熔透”法。须待熔融玻璃液中完全没有石英砂粒存在时再进行下次加料，这种方法比较少用，因为它将延长熔化时间。

②“锥形”法。第二次加料须在第一次加入的配合料残留呈圆锥形小堆，约占坩埚直径的三分之一时再进行。这种方法，第二次加料前的配合料熔化时间较短，但玻璃的澄清时间比第一种情况稍长。“锥形”法是广泛采用的方法。

③“多次铺撒”法。多在熔制易熔的玻璃及在容积很小的坩埚中熔制时采用。

第三次加料总是按照第二次一样的方法进行的。通常加料为三次，有多至五次者。

(3) 澄清与均化

玻璃液澄清与均化时，为了降低玻璃黏度，需要保持稍高温度，常采用“沸腾”的方法。当玻璃液中残留气体合并扩大时，才进行“沸腾”。多数情况下采用一次“沸腾”，有时需要进行多次。如熔制晶质玻璃就是这样。澄清过程应十分剧烈，澄清结束前试样上只能有极少量的大气泡。如果迟缓地进行，通常将制得有缺陷的玻璃。在这个阶段保持恒定的温度及气体制度是特别重要的，这些条件的改变就会使玻璃液难以澄清，甚至重新出现小气泡。

(4) 冷却

玻璃液澄清完毕以后，应当特别注意冷却过程，以便获得具有较高质量和成形所需黏度的玻璃液。只有当玻璃液仅存在个别气泡或没有气泡时，才能开始冷却。这时应将玻璃液降低到必要的温度，一般为 1180～1250℃，依玻璃的组成而不同。降低温度应缓慢地进行，这时窑内的压力可以是负的。应当避免将玻璃液冷却到低于所需的温度，然后再重新加热，这样可能引起小气泡的出现。

(5) 成形

在成形制品时，必须经常保持窑内与玻璃操作黏度相适应的温度。

玻璃熔制必须根据具体条件，对每种玻璃都要掌握最适宜的熔制工艺制度，在生产作业中严格执行。坩埚窑内熔制器皿玻璃的温度时间制度如图 7-4 所示。

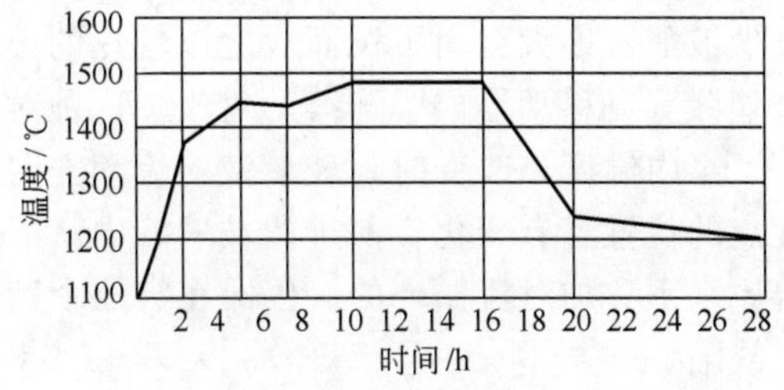

图 7-4　坩埚窑内熔制玻璃的温度时间制度
（日用器皿玻璃）

7.3.2　池窑中玻璃熔制的温度制度

间歇作业池窑（日池窑）的玻璃熔制过程，大致与坩埚窑相似，是周期性操作。一般操作程序是在 12h 中添加配合料且使之熔化，在 6h 中澄清和冷却，在 8h 中成形操作。成形完毕时，约残留玻璃液 100～150mm 深，不能再继续取用。在连续作业的池窑中玻璃熔制的各个阶段是沿窑的纵长方向按一定顺序进行的，并形成未熔化的、半熔化的和完全熔化的玻璃液的运动路线，即熔制是在同一时间、不同空间内进行的。

在连续作业的池窑中可沿窑长方向分为几个地带以对应于配合料的熔化、澄清与均化、冷却及成形的各个阶段。在各个地带内必须经常保持着进行这种过程所需要的温度。配合料从加料口加入，进入熔化带，即在熔融的玻璃表面上熔化，并沿窑长方向最高温度的澄清地带运动，在到达澄清地带之前，熔化应该已经完成。当进入高温区域时，玻璃熔体即进行澄清和均化。已澄清均化的玻璃液继续流向前面的冷却带，温度逐渐降低，玻璃液也逐渐冷却，接着流入成形部，使玻璃冷却到符合于成形操作所必需的黏度，即可用不同方法来进行成形。

沿窑长方向的温度曲线上，玻璃澄清时的最高温度点（热点）和成形时的最低温度点是具有决定意义的两点。无论在什么样的情况下，也不允许玻璃在继续熔制的过程中经受比热点更高的温度作用，否则将重新析出气体，产生气泡。

图 7-5 和图 7-6 是平板玻璃和瓶罐玻璃在连续作业池窑中的熔制温度制度。

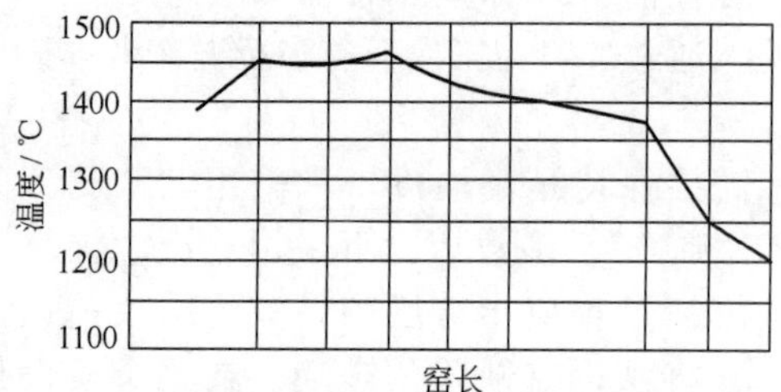

图 7-5　池窑内熔制玻璃的温度制度（平板玻璃）

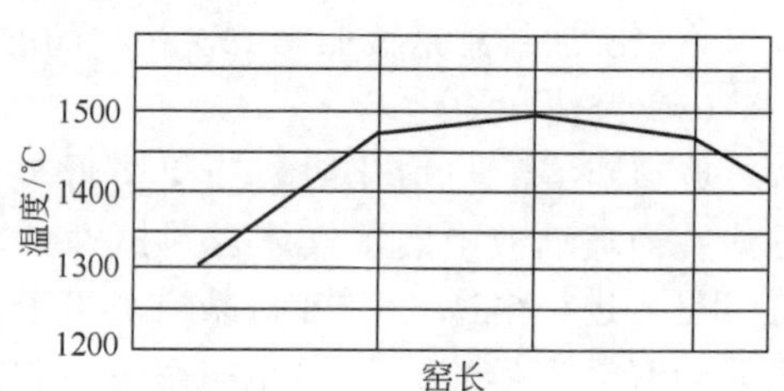

图 7-6　池窑内熔制玻璃的温度制度（瓶罐玻璃）

连续作业池窑沿窑长方向的每一点温度是不同的，但对时间而言则是恒定的，因而有可能建立稳定的温度制度。熔制工艺制度的正确与否，不仅影响所熔制玻璃的质量，而且还决定着熔制玻璃的产量。在连续作业池窑内，玻璃液从一个地带流到另一个地带，除因成形取用玻璃产生玻璃液流外，还由于在各地区的密度不同而形成了玻璃液流。由于加料口附近和流液洞处的玻璃液温度比澄清带低，池壁附近的玻璃液温度比熔化池中热点处低，温度低处玻璃液的密度大会向下沉而代之以较热的玻璃液，这些玻璃液又被冷却，又逐渐下沉，这样玻璃液重复移动形成了连续的对流。这种对流在规定的温度制度下是不变的。

窑内温度如改变时，玻璃液的流动方向就会改变，这将导致不良的后果。特别是最高温度点的位置若有变化，前进的玻璃液中就能带进尚未完成熔化的配合料质点。此外，还会带走原来不参加对流循环的、停滞在窑池个别地区和池底上的不动层。因此，常常会使玻璃产生缺陷。

玻璃液受窑内炉气介质变化的影响极为敏感。气体介质的组成和压力的变化即便不大，也将使玻璃液质量变坏。窑内气体介质的性质必须经常通过对各个喷火口的废气分析检查来进行控制。例如：在熔化碳酸钠配合料的普通日用玻璃时，应在玻璃液面范围内保持氧化气氛，使 FeO 向 Fe_2O_3 转变以利于减轻铁质的染色；当熔化硫酸盐配合料的平板玻璃时，在熔化区应保持还原气氛，特别要控制 $1^{\#}$、$2^{\#}$ 喷火口的气氛为还原性，使芒硝能充分还原，以防止产生硝水条纹；熔化含有氧化铅的玻璃时，特别要求强烈稳定的氧化气氛，以防止氧化铅被还原为铅。同时，在玻璃液面上和间隙砖水平上应保持零压或微正压，以避免吸入冷空气。正压过强会使窑上部砌体耐火材料受到强烈的侵蚀，并使澄清过程困难。

配合料的加料制度应使熔化的玻璃液量完全符合成形制品所取用的玻璃液量，从而保持玻璃液面恒定。在池窑中熔制玻璃时，配合料中碎玻璃的比例应当保持恒定，不能以工厂碎玻璃储备量的增减而随意改变。如果加料、玻璃液的熔化率及窑的作业制度发生改变，就不可避免地会改变已规定的液流方向，使之互相交错，影响玻璃质量。因此，应该严格遵守制定的熔制工艺制度。熔制过程正常与否，可以从玻璃液面的情况来判断。配合料在玻璃液面上的泡界线不应远离规定的位置，同时沿窑长取出的试样应和该地带所进行的熔化过程相符合。

熔窑的仪表控制和自动调节是稳定熔窑正常作业的一项重要措施。

(1) 仪表控制

要使池窑正常作业，必须保持一定的热工制度。采用仪表控制也就是要保持一定的表明制度特点的参数值。参数中有一些是主要的，熔窑作业即根据它们来进行调节；另外一些参数是辅助的，它们是为了控制设备状态及熔窑各部制度的相互关系。仪表控制可分为连续控制、定期控制和特定控制。连续控制就是要经常将制度最重要的示数用记录仪器记录下来。定期控制是按一定的时间间隔把观察到的示数记录下来。当要对整个窑和熔窑的各部分或辅助装置的工作情况作详细标定时才建立特定控制。

一般需要连续控制和定期控制的参数有熔化部温度、工作部温度、供料槽温度、玻璃液的温度、窑的压力、玻璃液面高度、煤气量及其温度和压力、重油量及其温度和压力、助燃空气量及其温度和压力、燃油雾化用压缩空气量及其温度和压力、蓄热室格子砖底部温度、蓄热室格子砖上部温度、烟道废气的温度、压力和组成以及烟囱拉力等。仪表控制的水平，可按生产管理上的需要来确定。进行详细的热工测定，通过热平衡计算，以求得池窑的热效率，从而对池窑的性能作出评价，进而指出改进作业制度和提高热效率的方向，并为今后改进熔窑设计提供依据。

(2) 自动调节

池窑作业制度的稳定对于玻璃机械化连续生产具有特别重要的意义。现代化生产使工艺参数保持不变的最好办法就是采用自动调节。采用自动调节在提高池窑生产率、节约燃料和减少耐火材料的消耗、提高产品质量、降低管理费用和产品成本等各方面起着重要的作用。通常玻璃熔窑使用气体燃料或液体燃料加热，可以进行自动调节的项目有：熔化池温度、工作池温度、燃料量及其温度和压力、燃料和燃烧空气的比例、上部空间压力、玻璃液面高度、火焰的换向及供料槽温度等。

窑内温度取决于很多可变因素，必须调节影响窑内温度的各个因素，使温度稳定。向窑内添加配合料是根据玻璃液平面的高低来调节的，可改变加料机的转数或加料间隔时间来保持液面恒定。窑内上部空间的压力可用与烟囱总烟道闸板相连的压力调节器来保持恒定。蓄热室的自动换向可以按规定时间间隔进行，或根据两边蓄热室格子砖的温度差来进行控制。

现代瓶罐玻璃池窑熔化池上部空间的压力控制为 0.5mmH_2O，玻璃液平面变化控制在 0.1～0.5mm，玻璃料滴温度变化控制范围为 2～3℃。目前正发展应用工业电视、窥视镜以及电子计算机来全面自动调节。利用工业彩色电视系统可以观察和监视池窑内部作业情况，检查熔制过程，并可使用录像机记录生产进行状况，对于进一步掌握分析研究池窑内部的工艺变化，具有一定意义。利用窥视镜（广角潜望镜）可以十分清楚地观察火焰和燃烧图像、配合料、浮渣等运动消失情况，并可观察熔窑各部分耐火材料使用损坏情况，以便对耐火材料的使用寿命作出更可靠的判断。利用电子计算机不仅能进行直接数字控制，还能达到最佳状态控制，使工业生产的产量最高、质量最好、成本最低。电子计算机还能完成池窑各控制点参数的巡回检测、越限报警、定时制表等工作。

7.4 玻璃体的缺陷

玻璃制品的缺陷可分为两大类：玻璃体本身的缺陷和制品在成形及加工过程中所造成的缺陷。本节所讨论的是玻璃体本身的缺陷。

玻璃体内由于存在着各种夹杂物，引起玻璃体均匀性的破坏，称为玻璃体的缺陷。从原料加工、配合料制备、熔化、澄清、均化、冷却、成形及切裁等各生产过程中，工艺制度的破坏或操作过程的差错，都会造成各种缺陷的产生。玻璃的缺陷使玻璃质量大大降低，甚至严重影响玻璃的进一步成形和加工，或者造成大量的废品。在生产实际中，理想的、均一的玻璃体是极少的，允许非均一性的程度取决于由该玻璃所制成的制品的用途。对于光学玻璃、艺术玻璃和许多特种工业玻璃，提出的要求极高；对于一般的日用玻璃则相对的要求较低。

玻璃体的缺陷种类和产生的原因是多种多样的。要查明缺陷产生的原因，不是很简单的，消除它也比较困难。因为玻璃体缺陷的产生与玻璃的熔制工艺过程紧密相关，同一类的缺陷可能在熔制过程的不同阶段由不同原因而产生。因此必须经常严格控制工艺过程，尽可能防止缺陷的产生。玻璃体的缺陷按其状态的不同，可以分成三大类：气泡（气体夹杂物）、结石（固体夹杂物）、条纹和节瘤（玻璃态夹杂物），这些缺陷属于内在缺陷。外观缺陷主要在成形、退火和切裁等过程中产生，主要包括光学变形（锡斑）、划伤、端面缺陷（爆边、凹凸、缺角）等。

不同种类的缺陷，其研究方法也不同，当玻璃中出现某种缺陷后，往往需要通过若干方法的共同研究，才能正确加以判断。在查明产生原因的基础上，及时采取有效的工艺措施来制止缺陷的继续发生。

7.4.1 玻璃体缺陷的形成原因

（1）气泡

在玻璃中常可以看到气泡。玻璃中的气泡是可见的气体夹杂物，是由玻璃中各种气体所组成的，不仅影响玻璃制品的外观质量，更重要的是影响玻璃的透明性和机械强度。因此它是一种极易引起人们注意的玻璃体缺陷。

气泡的大小由零点几毫米到几毫米。按照尺寸大小，气泡可分为灰泡（直径＜0.8mm）和气泡（直径＞0.8mm）。其形状也是各种各样的；有球形的、椭圆形的及线状的。气泡的变形主要是制品成形过程中造成的。

气泡的化学组成是不相同的，常含有 O_2、N_2、CO、CO_2、SO_2、氧化氮和水蒸气等。

根据气泡产生原因的不同，可以分为：一次气泡（配合料残余气泡）、二次气泡、外界空气气泡、耐火材料气泡和金属铁引起的气泡等。在生产实践中，玻璃制品产生气泡的原因很多，情况很复杂。通常是通过在熔化过程的不同阶段中取样，首先判断气泡是在何时何地产生的，再详细研究原料及熔制条件，从而确定其生成原因，并采取相应的措施加以解决。

① 一次气泡。随配合料各组分进入熔炉的结合气体约占原料的 10%～20%。配合料在熔化过程中，由于各组分一系列的化学反应和易挥发组分的挥发，释放出大量气体。尽管通过澄清作用，可以除去玻璃中的气泡，但实际上，玻璃澄清完结后，往往有一些气泡没有完全逸出，或是由于平衡的破坏，使溶解了的气体又重新析出，残留在玻璃之中，这种气泡叫作一次气泡。产生一次气泡的主要原因如下：

a. 配合料质量 配合料中砂子颗粒粗细不均匀、澄清剂用量不足、配合料的气相单一或是配合料和碎玻璃投料的温度过低、熔化和澄清温度较低等，都会产生一次气泡的缺陷。

b. 熔窑原因 在连续生产的池窑中，熔化带过长，配合料下面的玻璃液温度低。玻璃液熔化率过高时，将产生灰泡和小气泡，有时带有乳白色沉积物。若是沿窑长与宽的方向上温度分布不合理，最高温度区过短，在玻璃液中缺少明显的热对流效应，则未完全澄清的玻璃液可能流过最高温度区，残留一次气泡。若是在最高温度区之后温度剧烈降低，则造成流向成形部的液流速度过大，出料量太大也将形成一次气泡。

c. 工艺操作不合理 在间歇式池窑或坩埚窑中，由于澄清和搅拌的时间不够，沸腾的次数不够，形成了含有灰泡和小气泡的一次气泡；由于冷却过度会带有早期的气体夹杂物。玻璃液表面过冷所形成的一次气泡中，包含有各种尺寸的气泡。

d. 窑内气氛控制不当 窑内气体介质组成是否恰当，对于一次气泡的产生也很有关系。纯碱、芒硝的配合料，在熔化带的始端必须具有还原气氛，在熔化带的末端必须保持氧化气氛。否则将引起中等尺寸（3～10mm）气泡产生，它们聚集在一起，或排列成一串。

e. 炉内气体的压力 有时因窑内气体空间为负压，吸入了冷空气；或是由于池壁冷却系统的冷空气吹入窑内，在玻璃液表面上产生了过冷却的黏滞薄膜，阻碍气泡从熔化带和澄清的玻璃液中排出，造成一次气泡。

一次气泡产生的主要原因是澄清不良，解决办法主要是适当提高澄清温度和适当调节澄清剂的用量。根据澄清过程消除气泡的两种方法（大气泡溢出，或极小气泡被溶解吸收）来说，提高温度可以促使大气泡逸出。要使小气泡溶解吸收，则应降低温度，以增加玻璃溶解气体的能力（这在坩埚熔制中可以实现）。此外降低窑内气体压力，降低玻璃与气体界面上的表面张力也可以促使气体逸出。在操作上，严格遵守正确的熔化制度是防止一次气泡产生的重要措施。

② 二次气泡。澄清后的玻璃液同溶解于其中的气体处于某种平衡状态，此时玻璃中不含气泡，但尚有再发生气泡的可能。当玻璃液进入成形部，玻璃液所处的条件有所改变，例如窑内气体介质的成分改变，则在已经澄清的玻璃液内又出现气泡或灰泡。因为这时产生的气泡很小，而玻璃液在这一温度范围内的黏度又较大，排除这些气泡很困难，于是它们就大量残留在玻璃液内。

造成二次气泡的原因有物理和化学两种原因。

a. 物理原因 由于温度的波动使溶解度变化，从而使溶解气体的量出现差异，溶解入玻璃中气体的溶解度，除了水蒸气外，其余均随温度上升而降低，由于升温溶入的气体容易达到过饱和，对温度有较强依存关系的气体，当温度急剧上升，使溶入气体的分压升高，成为气泡。同时，溶入玻璃气体的过饱和状态由于机械的扰动而变化以至产生气泡，澄清不充分的玻璃，在工作池、供料道位置的温度下，在搅拌器表面产生气泡，气泡生成量一般依其转数而增加。此外，因供料道部位有铂金而处于还原状态下的硼硅酸盐玻璃，其界面也会产生重沸。

b. 化学原因 主要与玻璃的化学组成和使用的原料有关，如玻璃中含有过氧化物或高价态氧化物，这些氧化物分解易于产生二次气泡。因此，二次气泡的形成与玻璃熔制工艺密切相关，如果熔制工艺制度控制不当，二次气泡将是不可避免的。

熔制温度制度的稳定与否，直接关系到玻璃液的质量。如果已经冷却的玻璃液，由于熔窑温度的升高再次被加热，很容易使溶于玻璃中的残余气体形成气泡。与此相似，当生产中由于碎玻璃的用量增加、窑产量降低、机器停歇，或因加料减少等引起温度的升高，熔化带缩短，这时可能形成透明的或带有乳白膜的小气泡、灰泡。如果由于原料中含铁量的降低，或是配合料中引入氧化剂，造成玻璃液透明度的增加，玻璃液温度提高，这样也可能出现二次气泡。

熔制含有芒硝的配合料时，在熔化带应使芒硝分解完全，玻璃液中的 SO_3 含量不应超过0.35%～0.4%，并尽可能避免在冷却或成形时受还原焰的作用引起二次气泡。在冷却带或成形带所用的耐火材料不能含有还原剂夹杂物，如焦炭、碳化物、硅酸亚铁、铁珠或硫化物等，否则将产生由灰泡至较大的气泡。

以硫化物着色的玻璃液与含有硫酸盐的玻璃液接触时，由于含有不同氧化程度的硫互相反应放出 SO_2，产生二次气泡的危险比较大。其中多硫化物、硫铁化物与 SO_3 的反应如下：

$$5SO_3+Na_2S_2 \longrightarrow Na_2O+7SO_2\uparrow \text{或} 5Na_2SO_4+Na_2S_2+6SiO_2 \longrightarrow 6Na_2SiO_3+7SO_2\uparrow$$

$$2NaFeS_2+11SO_3 \longrightarrow 2FeO+Na_2O+15SO_2\uparrow$$

因此，以硫碳着色的棕色玻璃，不能加入含有 SO_3 的无色玻璃，以免由于不同熔体的相互作用使平衡状态转变导致气泡的产生。将已经变成棕色和无色的两种玻璃熔化在一起，就很容易证明上述发生气泡的反应。

不同化学组成的玻璃液混合时，由于相互间的作用，也可以造成二次气泡。在含有硫酸盐的玻璃中，硫酸盐能被二氧化硅所分解：$Na_2SO_4+nSiO_2 \longrightarrow Na_2O \cdot nSiO_2+SO_3\uparrow$。此外，试验证明，在同一时间及温度下，熔体中二氧化硅含量增加1%时，分离出来的 SO_3 量约为0.03%。因此，当含氧化硅较多的玻璃液与含氧化硅较少的玻璃液接触时，由于氧化硅含量的增加，平衡被破坏，其残余气体被排出而形成气泡。由此可见，在更换玻璃的化学组成（换料）时，需要有一个逐步过渡的过程，不能采用另一种化学组成直接更换的方法。

在冷却带、通道及流料槽处，由于窑炉气体介质中含有 SO_2 和 O_2，或由于炉气的还原性而产生硫化物，也可能产生二次气泡。冷却带和成形部的耐火材料气孔中排出的气体或是其中的硅酸铁在耐火材料表面上被还原，也要产生大量的二次气泡。有时，也有由于窑内气体压力的剧烈变化，或机械搅拌调节得不合适而引起二次气泡。

配合料中的易挥发组分自表面挥发，造成玻璃液表面层成分变化，产生析晶和条纹，同时伴随有少量的二次气泡。或由于表面挥发后，吸收窑内气体介质，吸收水分致使玻璃液表面层起泡。在生产中可以用通入易挥发组饱和蒸汽的方法或是用料道密封的方法，防止表面挥发。

在电熔窑和辅助电熔窑中，靠近电极处的玻璃液电解时，产生灰泡和各种尺寸的气泡。使用高稳定性材料做电极，注意电极在高温下被氧化并保持电极上安全的电流密度，可以避免由电极而引起的二次气泡。

③ 耐火材料气泡。在玻璃和耐火材料交界处常常看到玻璃内聚集许多气泡。此现象是由玻璃和耐火材料间的物理化学作用引起的。耐火材料本身有一定的气孔率，孔隙内常含有气体。当耐火材料接触玻璃液时，由于孔隙的毛细管作用将玻璃液吸入，气孔中的气体被排挤到玻璃液内，值得重视的是孔隙容积放出气泡的气体量是相当可观的。

耐火材料中所含铁的化合物，对于玻璃液内残余盐类的分解起催化作用也将引起气泡。在还原焰中烧结的耐火材料，其表面上和气孔内存在着碳素，这些碳素的燃烧也能形成气泡。

耐火材料受玻璃液侵蚀后，使得玻璃液中的 SiO_2、Al_2O_3 含量增加，促进 Na_2CO_3 分解。同时对玻璃液中比较不稳定的含 CO_2 及 SO_2 化合物也产生排挤作用，从而引起了排气，形成气泡。

耐火材料气泡的气体组成主要是 SO_2、CO_2、O_2 和空气等。为了防止这些气泡的产生，必须提高耐火材料的质量。接近成形部应选择不易与玻璃液反应形成气泡的筑炉材料，以利于提高玻璃液的质量。在操作上也应当尽可能地稳定熔窑的作业制度，如温度制度要稳定，温度不要过高，以避免加剧侵蚀耐火材料；玻璃液面稳定对减少耐火材料的侵蚀有着重要的意义。

④ 污染泡。直接由外部氛围气或由于搅拌等操作而带入，或者由于升温由耐火材料的气孔中带入玻璃液内。配合料粉料的颗粒间隙和碎玻璃中含有的气体，碎玻璃表面吸附的气体都会引入到玻璃液中。在成形过程中，由于夹带空气造成气泡是常见的现象。

固体异物产生的气泡：粉尘、煤灰、油等与玻璃液直接接触，可生成气泡的物质与耐火材料、金属等间接与玻璃液接触伴随产生侵蚀而生成气泡。

液体浸入产生气泡：水蒸气向电极冷却系统泄漏而进入玻璃液，气泡中的水蒸气对玻璃液出现过剩的溶解，水分由气泡扩散排出的同时，CO_2、N_2、SO_2 则进入气泡。气泡内壁面往往有晶体呈现，而且可检测出硫化物等。

熔融盐的气泡：向配合料中添加饱和量以上的硫酸盐，当气氛中 SO_2 量高时，硫酸盐在玻璃液中以液滴形态出现，玻璃冷却时析晶凝固而成为硝水泡。

⑤ 金属铁引起的气泡。在玻璃熔炉的操作中，不可避免地使用铁件，如炉的构件、工具等。有时因操作不慎或其他原因，铁件掉入玻璃液中，有的是与配合料（特别是碎玻璃）一起带入的。这些铁在玻璃液中逐渐溶解使玻璃液着色，而铁内所含的碳与玻璃中的残余气体相互作用排出气体，形成气泡。这种气泡的特点是：气泡的周围常常有一层为氧化铁所着色而成的褐色玻璃薄膜，有时在气泡的后面还出现褐色条纹。

为了防止此种气泡的产生，除了注意配合料中（特别是碎玻璃中）不含有铁质外，成形工具的质量，特别是浸入玻璃液内的部件质量要好，操作要谨慎。

(2) 结石（固体夹杂物）

结石是玻璃体内最危险的缺陷，是出现在玻璃体中的结晶状固体夹杂物，对玻璃制品的外观和光学均一性造成严重影响，也降低了制品的使用价值。这也是使玻璃出现开裂损坏的主要因素。结石与它周围玻璃的热膨胀系数相差愈大，产生的局部应力也就愈大，大大降低了制品的机械强度和热稳定性，甚至会使制品自动破裂。特别是结石的热膨胀系数小于周围玻璃的热膨胀系数时，在玻璃的交界面上形成张应力，常会出现放射状的裂纹，如图 7-7。在玻璃制品中，通常不允许有结石存在，应尽量设法排除它。

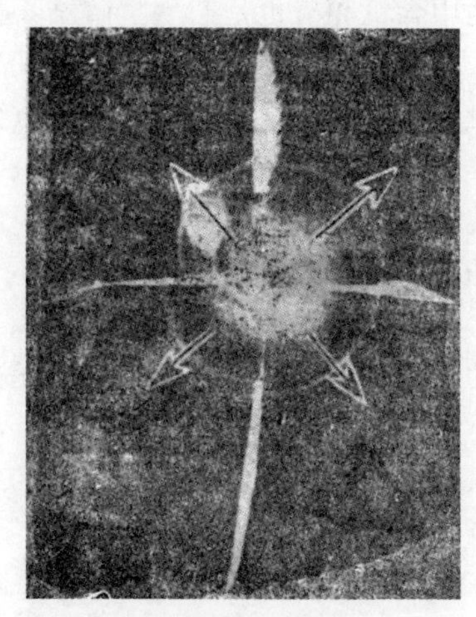

图 7-7 由“球形”细胞形成的裂纹

结石的尺寸大小不一，有针头状细点和较大块甚至连成片。其中包含的晶体有的用肉眼或放大镜即可察觉，有的需要用光学显微镜才可清楚辨别。不同的结石，它的化学组成和矿物组成也不相同。根据产生的原因，将结石分为：配合料结石（未熔化的颗粒）、耐火材料结石、析晶结石、硫酸盐夹杂物（碱性类夹杂物）、“黑斑”与外来污染物。

① 配合料结石。配合料结石是配合料中没有熔化的结晶组分颗粒，也就是未完全熔化的物料残留物，也称为粉料结石。在大多数情况下，配合料结石是石英颗粒。另外，氧化铝的颗粒也能生成玻璃体中的结石。

结石中的石英颗粒常呈白色颗粒且呈圆形，由于玻璃熔体的作用，在石英颗粒的周围有一层含 SiO_2 较高的无色圈，有时颗粒已经完全消失，只剩下这种玻璃圈。当颗粒还存在时，由于温度的作用，石英颗粒的边缘往往还会出现它的变体——羽状、骨架状或树枝状鳞石英或方石英，形成石英和方石英或石英与鳞石英的聚合体。方石英和鳞石英的生成，可能是由石英颗粒周围含 SiO_2 较高的玻璃中发生析晶所造成的，也可能是由石英颗粒长久地停留在高温并在 R_2O 的作用下而发生多晶转变所致。

配合料结石产生的原因较多，这些原因与原料的选择和加工、配合料制备工艺、加料方法、熔制条件等因素有关。如配合料中混入粗砂，混料不匀，配合料输送过程中的分料、熔化不当而发生的“跑料”现象等，会促使配合料结石的产生。参见原料、配合料章节，本章不再细述。

② 耐火材料结石。玻璃熔窑由耐火材料砌筑而成，分为两部分，一是窑内包围火焰空间的窑碹和胸墙，二是与玻璃液相接触的池壁和池底。

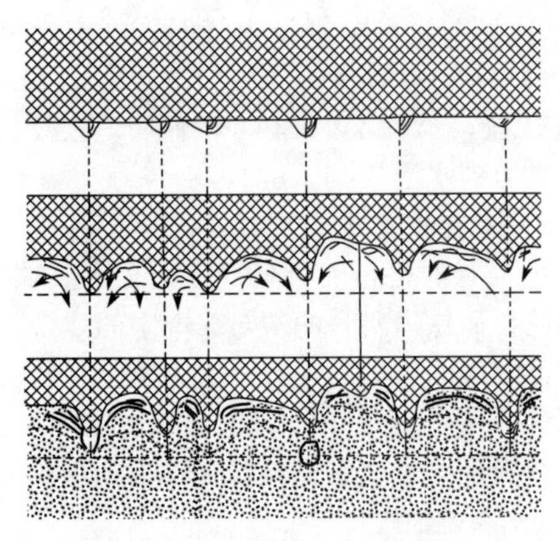

图 7-8　窑碹结石形成示意图

窑碹和胸墙长时间处于高温之下，同时受到碱气体和碱飞料以及其他挥发物的作用，在耐火材料的表面形成一层釉层，由于它的流动性和表面张力的作用，逐渐形成液滴。在重力作用下慢慢地向下流，当生成的玻璃液滴达到一定的质量和黏度时，由窑碹落下，或沿窑墙流入玻璃液中生成结石，如图 7-8 所示，这种结石即为窑碹结石。同样在闭口坩埚中，也有这样类似的结石产生，这种结石常呈泪滴状。

产生窑碹结石的原因常常是耐火材料质量差、火焰温度过高、配合料颗粒过细和加料方法不当等。另外，池窑的砌筑质量不良、烤窑不恰当和重油中含钒和硫也是产生窑碹结石的原因。

窑碹和胸墙常用硅砖砌成。这类耐火材料的蚀变有两方面，一方面是熔体中的碱分从接触表面向砖体中间扩散，另一方面主要是玻璃熔体从表面开始对耐火砖体进行溶蚀。由于这种溶蚀的结果可能形成富含二氧化硅的新玻璃相，这种新玻璃相的黏度较大，它不仅堵塞了砖体的气孔，还使得碱金属离子向砖体内的扩散受到阻碍。因此，只有当表面的玻璃相逐步随玻璃液的流动被带走时，砖体才进一步受到侵蚀。

由前已知含 SiO_2 高的配合料需高温熔制，大碹处采用优质硅砖，正常情况下这种纯白的砖不被侵蚀，仅表面有一层光亮的玻璃化釉层，但 Na_2O 与 B_2O_3 反应后的挥发物在高温下含量较多，在大碹处冷凝并且成为液相，这样易在砖内部形成空洞，又被称为向上钻孔的鼠洞。一旦形成之后，硼酸盐与硅砖反应后成为碹滴落入玻璃液内，或者流至碹的其他部位，胸墙等部位。

在硅质耐火材料的蚀变带中，鳞石英的重结晶作用占有相当重要的地位，因为碱分的扩散侵入，对鳞石英的生长具有良好的矿化作用。当砖体表面工作温度超过 1470℃时，或是在有矿化剂存在的较低的温度下，鳞石英又可能转化成方石英。由于重结晶和多晶转化作用，使砖体松懈以至于剥落，遭到损坏。因此，由硅砖形成的窑碹结石中，常常会含有粗粒的鳞石英和方石英晶体，并带有浅绿色（因硅砖生产中加入氧化铁作为矿化剂所引起）。高温熔制时由于碹顶硅砖溶蚀下流，导致电熔浇注砖的蚀损，进入玻璃液中产生耐火材料结石。黏土质窑碹结石常常含有刚玉霞石和少量的莫来石大晶体。

与玻璃液相接触的耐火材料，如下层池壁砖，坩埚等，大多用黏土质耐火材料制成。耐火黏土的主要矿物组成是高岭石（$Al_2O_3 \cdot 2SiO_2 \cdot 2H_2O$），单热水白云母（$0.2K_2O \cdot Al_2O_3 \cdot 3SiO_2 \cdot 1.5H_2O$），还含有一些杂质（均匀分布的石英、长石、氧化镁、金红石、硅酸镁等）。这类耐火材料结石的组成取决于耐火材料的组成和它的蚀变程度。在交代反应初期，砖体结构中的熟料松懈，但熟料颗粒形态改变不大，只有在气孔附近或与玻璃液接触的界面上才可明显地发现重结晶长大的（次生的）莫来石。熟料中间还可能转化分解成 β-Al_2O_3。如果交代反应不深，这些矿物颗粒尺寸都很小。此外，交代反应还形成一部分与原始玻璃液组成不同的、由熟料颗粒溶解而增添了 SiO_2 和 Al_2O_3 组分的新玻璃相。随着交代反应的发展，熟料颗粒逐步解体成为残余团粒，在它的周围就可能出现长得较大的莫来石和β-氧化铝，与玻璃液接触的界面上还可能出现霞石和玻璃相。如果交代反应更进一步发展，熟料颗粒就可能转化成零落的碎屑，甚至全部转化为次生的或新矿物相。这些矿物主要包括次生的莫来石和分解转化而来的 β-Al_2O_3 以及霞石（$Na_2O \cdot Al_2O_3 \cdot 2SiO_2$）、三斜霞石（$Na_2O \cdot Al_2O_3 \cdot SiO_2$）、白榴石（$K_2O \cdot Al_2O_3 \cdot 4SiO_2$）、正长石（$K_2O \cdot Al_2O_3 \cdot 6SiO_2$）、钠长石（$Na_2O \cdot Al_2O_3 \cdot 6SiO_2$）等。耐火黏土结石几乎常是多角形的。

池窑上层池壁和流液洞，一般采用耐蚀性较好、机械强度较大、没有开口气孔的高质量电熔耐火材料。

电熔莫来石砖的蚀变，主要是由玻璃液中 Na_2O 和 K_2O 对莫来石砖体的残余玻璃相产生交代反应，生成霞石和β-铝氧。这两种新产生的物相，在液流带动下可能被进一步溶解，使砖体表现出溶蚀现象。三斜霞石和霞石的形成主要随温度条件而定。反应产生的氧化铝，由于 Na_2O 进入结构中，即成了β-铝氧。对于含锆莫来石在其界面附近的玻璃相中，还可能形成骨架状的单斜锆石。由此可见，氧化锆成分转入玻璃后，由于它的溶解度较小，很容易析出成为晶核，在快速生长过程中，使单斜锆石变成骨架状的晶形。在池窑产生的结石中，如果包含有单斜锆石晶体，则是含锆莫来石砖受侵蚀剥落的证据。

锆刚玉砖的化学组成主要为 ZrO_2、Al_2O_3 及 SiO_2，分别以刚玉和单斜锆石为主要晶相。在玻璃液的作用下，Na_2O、K_2O 同样对它产生侵蚀，它的蚀变过程首先是玻璃液同砖体中原来的玻璃相逐渐扩散溶解，使砖体附近的玻璃液黏度增加，形成抗侵蚀的阻挡层。与此同时，交代反应也可产生β-铝氧、霞石、骨架状单斜锆石等。如果这种晶体被玻璃液带走，则将作为结石缺陷而存在。

由此可见，耐火材料结石与玻璃液和砖体间的接触温度、时间有很大关系。例如刚开始使用的坩埚和长期使用的坩埚造成的耐火材料结石不同。前者是由大量形状不定的单独粒子彼此烧结而成的多孔物质，粒子表面上有着微细的针状莫来石。后者几乎完全是由莫来石彼此错综复杂排列和玻璃体黏合在一起。

出现耐火材料结石的主要原因有：耐火材料质量低劣——耐火材料烧成温度不够，气孔率高，原料不纯，颗粒度配比不当，成形压力低（对于压力成形的耐火材料），电熔耐火材料浇缩孔过大，制造时气氛不适当以及退火不良，内应力大等。耐火材料使用不当——选用耐火材料应根据熔化温度、玻璃成分、使用部位的不同而不同。如高硅低碱料，一般池壁用石英砖；碱性料上层池壁用锆刚玉砖。此外，看火孔处如用硅砖，则很易被侵蚀出现结石，故应采用刚玉砖等。熔化温度过高——温度过高，则玻璃液与耐火材料反应剧烈，而且流动冲刷也加剧，侵蚀加速。助熔剂用量过大——助熔剂用量过大时，尤其是氟化物对耐火材料侵蚀特别严重。易起反应的耐火材料砌在一起，如硅砖与黏土砖在1400℃以上反应剧烈，因此，在此温度下使用时，应避免它们的直接接触。

③ 析晶结石。玻璃体的析晶结石，是由于玻璃在一定温度范围内，本身的析晶所造成的。这种析晶作用在生产中称之为“失透”，失透是玻璃生产中相当棘手的问题。析晶结石的尺寸常在百分之一毫米到数毫米之间，形状和色泽常是多种多样的，但是具有一定的几何形状为其特征。析晶结石有单独分布的，但大多数聚集成脉状、斑点、球体、条带等。

当玻璃液长期停留在有利于晶体形成和生长的温度条件下，玻璃中化学组成不均匀的部分，是促使玻璃体产生析晶的主要因素。析晶结石常常首先出现在各相分界线上、玻璃液表面上、气泡附近、与耐火材料接触部分，也常常在配合料结石和耐火材料结石以及条纹、线道中产生。例如，尘埃或类似的物质降落到玻璃液表面上将引起析晶，形成半圆球的结构，冷却后可像鱼鳞一样剥落下来。经过一段时间以后，将使整个表面析晶。

为防止析晶产生，首先要设计合理的玻璃化学组成，使玻璃熔体尽可能地减少析晶倾向，并保证在冷却和成形条件下对析晶有足够的稳定性。玻璃液的析晶倾向可以由它们的晶核形成速率和晶体生长曲线来表示。根据两者曲线在相应温度范围内的相交关系便可找到结晶倾向最大的温度范围。为了不让玻璃在此温度范围内析晶，常采用迅速冷却的方法，避免玻璃液在此温度范围停留过长时间，防止析晶产生。

另外，在玻璃生产中最好是选择这样一个成形温度范围，玻璃熔体中的晶核数要少，同时在成形过程中不使它们有较大的生长。目前在许多自动化操作中，成形是在较高的温度范围内进行的，即接近于晶核数较少的区域。一般说来，晶核数少，晶体生长速度较低的高温度范围，对生产是比较有利的。玻璃组成中不参与结晶的组分种类越多，或同时析出的晶体种类越多，就越不容易产生析晶，这是由于它们阻碍了分子进行晶格排列。

在生产操作中，制定合理的熔化制度和成形制度，是保证正常生产的主要因素。如果在生产中破坏了熔化制度和成形制度，将使析晶倾向增加。因为熔制制度的破坏，玻璃流动区域发生了变化，即破坏了原来某种规则的液流，而使池窑中的不动层玻璃液（在不动层内往往存在析晶结石）混入流动的玻璃液流，并产生其他缺陷。在冷却、成形过程中，特别要注意控制玻璃液在流液洞内的温度。对于以料滴供料、真空供料以及压延法、拉管机生产时，成形温度应尽可能地高于液线温度，以保证优质高产。

在窑炉设计时，熔化池应尽量避免死角，以免生成的析晶结石在温度波动时进入成形流。

浮法玻璃的生产工艺避免了玻璃液在析晶温度范围的长期停留，防止了析晶结石的产生。但若采用集厚法生产 15mm 以上的厚玻璃时，由于玻璃液在锡槽中停留时间较长，应注意析晶结石的产生。

如果在生产中产生了析晶结石，消除的方法是提高玻璃液的温度、消除或定期处理玻璃液滞集的部分、改善炉内的均化，均有利于防止玻璃析晶结石的产生。一般说来，防止析晶结石产生所采用的措施有：在不改变玻璃使用性能的条件下，增加组分，以降低析晶温度；提高成形速度，使制品尽快通过析晶区；水平拉管机更换旋转管时，要仔细烘烤至高温，防止在低温时就开始放玻璃液拉管，以免玻璃液在旋转管上析晶；在吹制和灯工中，减少再加热次数，防止玻璃反复在析晶温度范围内通过而引起析晶；流料槽加强保温，玻璃液在流料槽内不宜停留较长的时间。

常见的析晶结石形状如图 7-9 所示。

④ 硫酸盐夹杂物（碱性夹杂物）。玻璃熔体中所含的硫酸盐如果超过玻璃中所能溶解的数量时，就会以硫酸盐的形式成为浮渣分离出来，并且进入成品中。在玻璃成形时，这种硫酸盐浮渣还是液态，冷却后熔融的硫酸盐硬化而成结晶的小滴析出，通常也有叫“盐泡”，它具有典型的裂纹结构。它的来源主要是配合料中芒硝在熔化澄清过程中没有完全分解。当

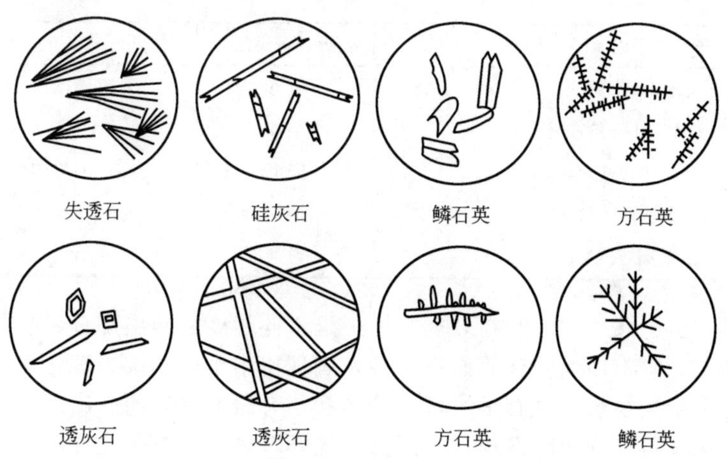

图7-9 典型析晶结石形状示意图

产生这种缺陷时，必须检查熔化初期火焰是否保持还原性，配合料中碳粉用量是否合适，以使硫酸盐夹杂物排除。有时候，出现硫酸盐泡是由于纯碱飞料受炉气中（SO_2+O_2）作用而形成的。这种泡叫作碱泡。

⑤ 黑色夹杂物“黑斑”与污染物。玻璃中也常发现黑色夹杂物，它们直接或间接由配合料而来，也有由于操作上的不慎而引入其他杂质使玻璃体产生缺陷。若夹杂物在玻璃中溶解很少，不形成特殊的溶液圈，而带有绿色条纹，则可能是由含铬的物体形成的，这种“黑色结石”大都是深绿色的氧化铬晶体。产生这种结石与砂子的含铬量有很大关系，必须很好地检查和处理砂粒。此外，它也可能由于其他原因进入熔体中形成黑色结石。以铬铁矿作为制造绿色玻璃的原料时，由于它在玻璃液中不易分解和熔化，磨得不够细，或是混合得不均匀，也有出现黑色结石的可能。在熔制含有氧化镍的颜色玻璃时，不允许用弱还原气氛，以免氧化镍被还原产生黑色结石。在制品中常见到黑色结石，一般是在工作部或料道中，由于不慎而带入的污染物，或是由于加热器被氧化脱皮而落入玻璃液中所引起的。

(3) 条纹和节瘤

玻璃主体内存在的异类玻璃夹杂物称为玻璃态夹杂物（条纹和节瘤），它属于一种比较普遍的玻璃不均匀性方面的缺陷，在化学组成和物理性质上（折射率、密度、黏度、表面张力、热膨胀、机械强度、有时包括颜色）与玻璃主体不同，如表7-3所示。

表7-3 不同条纹对玻璃折射率的影响

条纹的形成原因	折射率变化	1%夹杂物对折射率的变化值
(1)配合料熔化不好,引起玻璃液局部聚集		
二氧化硅	降低	0.0005～0.001
氧化钙	增加	0.0025
氧化钠	增加	0.0007
氧化钾	增加	0.0006
氧化铝	增加	0.0001
长石	增加	0.0001
锆化物	剧烈增加	—

续表

条纹的形成原因	折射率变化	1%夹杂物对折射率的变化值
(2)碹滴溶解	降低	0.0001
(3)耐火黏土溶解产物	增加	0.00005～0.0001
(4)石英耐火砖溶解产物	降低	0.0005
(5)高岭耐火砖溶解产物	增加	0.00009
(6)高铝耐火砖溶解产物	增加	0.00035

从外观来看，由于条纹、节瘤在玻璃主体上呈不同程度的凸出部分，它分布在玻璃的内部或玻璃的表面上。它与玻璃的交界面不规则，表现出由于流动或物理化学性的溶解而互相渗透的情况。大多呈条纹状，也有呈线状、纤维状，有时似疙瘩而凸出。有些细微条纹用肉眼看不见，必须用仪器检查才能发现，然而这在光学玻璃中也是不允许的。对于一般玻璃制品，在不影响使用性能情况下，可以允许存在一定程度的不均匀性。呈滴状的、保持原有形状的异类玻璃称为节瘤，在制品上呈颗粒状、块状或成片状。

条纹和节瘤由于它们产生的原因不同，可以是无色的，也可以是绿色的和棕色的。根据扩散的机理，条纹和节瘤的黏度比玻璃黏度低的，通常可以溶解在玻璃熔体中。然而残留在玻璃中的条纹和节瘤，一般其黏度都比玻璃黏度高。在生产实际中，常常遇到的条纹和节瘤大多富含二氧化硅和氧化铝。

条纹和节瘤产生的原因可以分为熔制不均、窑碹玻璃滴、耐火材料侵蚀和结石熔化四种。另外还有一种是工作池中玻璃液温差大，或料滴局部被冷却。在成形时由于低温部分玻璃先冷却，很厚，而高温部分未冷却，被吹薄，这种条纹的特征是很粗大。表 7-4 列出了不同条纹所产生应力的特征与玻璃密度的影响。

表 7-4 不同条纹所产生应力的特征与玻璃密度的影响

玻璃种类	形成条纹的组成	对应力的影响		对密度的影响	
		应力特征	应力强度	变化	程度
钠钙硅酸盐玻璃	Na_2O	张应力	很强	提高	强烈
普通工业玻璃(瓶罐、	CaO	张应力	中等	提高	强烈
器皿、窗玻璃)	SiO_2	压应力	—	降低	显著
—	Al_2O_3	压应力	—	降低	微弱
硼硅酸盐玻璃	SiO_2	压应力	—	降低	显著
耐热的派来克斯类	B_2O_3	张应力	—	降低	显著

条纹对于玻璃的热膨胀作用，可以产生不同大小、特征的应力。这种应力（结构应力）在制品退火过程中不能消除，并能使制品自行破裂。

① 熔制不均匀引起的条纹和节瘤。玻璃的熔化过程，无论从物理化学或从工艺方面看，都是一个十分复杂的过程。单纯依靠配合料的均匀混合制得化学均一性的玻璃是很困难的，必须在玻璃的熔化过程中，通过“均化”阶段的作用，使熔体内各部分互相扩散，消除不均一性。若是均化进行得不够完善，玻璃体中必将存在不同程度的不均一性。与此有关的因素如配合料均匀度、粉料飞扬、碎玻璃的使用情况和用量等问题，在原料、配合料制备章节中，已叙述。

熔制制度的稳定与条纹和节瘤的产生密切相关。当熔制温度不稳定时，破坏了均化的温度制度，同时也引起冻凝区的玻璃液参与液流，导致条纹和节瘤的产生。

还有一个对条纹有影响的因素是窑内气体。玻璃的表面张力受窑内气体影响甚大，同一种玻璃，受还原性气体作用后，它的表面张力要比受氧化性气体作用时提高 20%，当处于平衡的玻璃液面受到还原性的炉气作用时，熔体表面张力增加，表面撕裂，表面张力比较小的内部熔体推到表面上来，这一过程继续进行到玻璃熔体全部被还原为止。这种现象说明了窑内气体（还原性气体）可以促使玻璃液翻动，由此可见窑内气体对玻璃均匀性所产生的影响。对于由氧化还原作用而着色的含硫酸盐玻璃，窑内气体就可能对它产生着色（棕黄色）条纹。

在生产实际中，熔制不均匀引起的条纹和节瘤往往富含二氧化硅，而且在玻璃中比较分散。一般澄清良好的玻璃，均化也良好，也就是说在一般情况下，在无一次气泡的玻璃中，由于熔制不均匀而产生的条纹极少。工厂中大量出现的熔制不均匀而产生的条纹，都伴随有一次气泡和熔制不良引起的结石。

② 耐火材料被侵蚀引起的条纹和节瘤。这种条纹和节瘤是最常见的一种。玻璃熔体侵蚀耐火材料，被破坏的部分可能以结晶状态落入玻璃体内形成结石。也可能形成玻璃态物质溶解在玻璃体内，使玻璃熔体中增加了提高黏度和表面张力的组分，所以形成条纹。沿池壁大砖和坩埚壁处出现的严重不均匀性玻璃体，一般形成富氧化铝质条纹。

对于侵蚀性强的玻璃，这种侵蚀产生的条纹几乎是无法避免的，有时为了促进玻璃的均化而提高温度，但对耐火材料的侵蚀也增加了，以致于玻璃中条纹更多。相反要是降低温度，则均化困难。因此解决这样的问题主要是提高耐火材料的质量。特别是水平砖缝容易受侵蚀，垂直砖缝也易使碱分渗入。通常在坩埚底部先涂一层碎玻璃熔体，使含碱组分不与耐火材料直接接触。遵守既定的温度制度，避免温度过高等也是防止和消除条纹节瘤的重要因素。

③ 窑碹玻璃滴引起的条纹和节瘤。综前所述，碹滴滴入或流入玻璃体中，由于其化学组成和主体玻璃显然不同，也将形成条纹和节瘤。窑碹和胸墙部位的硅砖受蚀后形成的玻璃滴，属于富二氧化硅质的。坩埚壁耐火材料被侵蚀后形成的玻璃滴属于富氧化铝质的。这两种玻璃滴的黏度都很大，在玻璃熔体中扩散很慢，往往来不及溶解，形成了条纹和节瘤。

④ 结石熔化引起的条纹和节瘤。条纹和节瘤的产生有时由结石而来，因为结石在玻璃体中受玻璃熔体的作用，逐渐以不同的速度溶解。当结石具有较大的溶解度和在高温停留一定时间后，就可以消失。结石溶解后的玻璃体与主体玻璃仍具有不同的化学组成，形成节瘤或条纹。结石熔化后在它的周围形成溶液环，有时这种溶液环形成包囊状，若为黏土质耐火材料结石，可以从包囊中引出富含氧化铝的条纹，拖有长尾巴，结石本身留在包囊中有时也钻出包囊外。

7.4.2　玻璃体缺陷的检验

（1）气泡

一般根据气泡的外形尺寸、形状、分布情况以及气泡产生的部位和时间来判断气泡产生的原因。由外面带入的大气泡和由铁质所造成的气泡，比较容易识别，但在许多情况下，判断气泡的产生原因还是比较复杂的，因此从分析气泡的气体化学组成上研究它的形成过程是十分必要的。

气泡的分析方法步骤如下：将带有气泡的玻璃试样磨成薄片至气泡的玻璃壁极薄为止（0.5mm 以下），然后将试样浸入盛甘油的小容器中，并在其中用针刺穿气泡壁，气体在甘油内形成气泡，逐渐浮起，用载玻片将气泡接住并黏在载玻片上。将载玻片置于显微镜下，测量气泡的原始直径，然后通过很细的吸管，将不同的吸收剂注入气泡中，使之相互作用，每次作用后测定气泡直径的大小。根据气泡直径与原始直径的比值，可算出气体混合物中的成分组成。

采用的吸收剂可以有以下的几种：甘油——吸收 SO_2，甘油 KOH 溶液——吸收 CO_2，甘油乙酸溶液——吸收 H_2S，焦性没食子酸的碱性溶液——吸收 O_2，$CuCl_2$ 氨溶液——吸收 CO，胶质钯的氢氧化钠溶液——吸收 H_2，最后的差数为氮含量。此法的分析精确度为3%～5%。

(2) 结石

各种结石的产生原因虽然不同，但对于它们的检验则可采取同样的方法。检验的目的是查明结石的化学组成和矿物组成，以确定其产生的原因，进一步采取措施加以预防和排除。从熔制现场出发，即使暂时不能确定结石的矿物名称，但只要弄清结石的根源和原因，就能制定解决结石的措施，这样就可以较快地解决生产中急需解决的问题。但在大多数情况下，有必要对结石作出正确的鉴定，这样才能掌握生产的主动权，进而确定合理的解决方法。

在检查结石时，由于它的微量、细小和周围完全为玻璃质所包裹，因此要特别仔细做大量的工作。一般采取下列几种方法：

① 用肉眼或放大镜观察法：这是一种最基本最简单的方法，可以在现场随时取样检验。以肉眼或利用 10～20 倍的放大镜来观察结石，根据某些外形特征对它的性质作初步了解。在放大镜下观察时，应注意结石的颜色、轮廓、表面特征、四周玻璃颜色等。如果积累的实践经验较为丰富，就有可能推断结石的种类，但是根据它来做最后的判断是不够充分的，只能作为预测。由于石英形成的配合料结石和析晶结石都呈白色，坩埚和耐火材料形成的耐火黏土结石通常呈浅灰色。莫来石结石常呈青灰色及暗棕色。窑碹结石和耐火材料结石常伴生着条纹和节瘤，前者伴生的条纹和节瘤常呈绿色，后者伴生的条纹和节瘤可能被染成黄绿色。

在观察中，还应该注意结石多数发生在制品的哪一部分，结石是否完全埋藏在玻璃母体中，结石和玻璃在制品的表面上是否处于不相熔的状态等，这些对推断结石产生的原因很有帮助。如在制品表面发现完全未熔于玻璃的结石，一般要更换供料机料碗。如在管子内表面发现未熔于玻璃的结石，便更换旋转管，并考虑是否因压缩空气过滤不好而带入灰尘。如结石棱尚明显，一般由工作池以后的耐火材料造成，如很圆滑，一般是熔化池中产生的。

② 碳酸钠试验：这是一种简捷的方法，用纯碱试验能迅速区分结石的主要成分是 Al_2O_3 还是 SiO_2。在坩埚内用熔融的纯碱处理结石（其尺寸不大于 0.5mm），如果结石迅速完全熔解则可能主要含 SiO_2；如不熔可能是刚玉；如熔成渣滓，则可能是莫来石。

③ 化学分析：化学分析可以检验玻璃体中各种结石化学组成的类型，但它不能真正查明化学组成和矿物组成。这是因为将结石完全和它周围的玻璃体分开常常是办不到的，特别是粒子很小的结石和析晶结石。可以利用吹管，将有结石的玻璃液吹成极薄的空心泡，在薄壁上按相同的形状、颜色等分别剥取结石作为试样。在分析试样时，往往同时进行玻璃的分析。比较这两个分析结果，最后确定结石的化学组成。但仅根据化学组成还不能确定结石的特性。例如 SiO_2 可以包括石英、磷石英、方石英、硅辉石等。所以除化学分析外，还应采用岩相分析以鉴定结石的矿物组成。

化学分析法需要比较长的时间，在生产中需要用快速法，也常常只是分析结晶中的某一项或某几项主要组分的含量，例如测定 $Al_2O_3+Fe_2O_3+TiO_2$ 的含量。

④ 测定结石四周的折射率：如果结石非常小，或者不可能从玻璃中取出，那么可以通

过对结石周围玻璃的折射率测定来大致地加以区分。结石中矿物对周围玻璃的折射率影响有两种，即降低和提高。石英、蓝晶石、微斜长石、高岭石、霞石等使周围玻璃折射率降低，钛矿石、锆英石、金红石等使周围玻璃折射率提高。折射率数据见表 7-5。

表 7-5 结石中各种矿物周围玻璃折射率的变化特征

矿物	矿物的折射率		带有结石的玻璃试样折射率		
	n_o	n_g	熔融的矿物	有矿物外缘的玻璃	离矿物较远的玻璃
石英	1.544	1.553	1.458	1.485	1.517
蓝晶石	1.712	1.729	—	1.510	1.517
微斜长石	1.522	1.530	—	1.506	1.571
高岭石	1.561	1.566	—	1.509	1.571
霞石	1.534	1.538	—	1.520	1.571
钛铁矿	—	—	1.510	1.592	1.571
锆英石	1.930	1.980	—	1.570	1.571
金红石	2.615	2.903	—	1.630	1.571

⑤ 岩相分析法：是用偏光显微镜对矿物进行结晶光学性质的检验，这种方法作为结石类型的检验是很可贵的，也是当前普遍采用的方法。它迅速简便，而且能获得较多的资料。分析时，把结石样品做成切片置于偏光显微镜下进行观察，试样用量很少，需要的时间比较短，可以准确地确定结石的矿物类型，根据结石晶形、模糊程度及解理情况，能够推断结石在玻璃中的起源，提出相应的防止和改善措施。在岩相分析之前，最好能利用其他方法预计结石的矿物特征。结石的岩相分析可以采用粉末油浸法，也可以用薄偏法。

⑥ 电子显微镜法：电子显微镜法主要是利用透射电子显微镜（TEM）和扫描电子显微镜（SEM）对结石进行鉴定。透射电镜制样较繁，一般不常用。而 SEM 法由于制样方便，既可观察表面形貌，又可观察断口形貌，因此可方便地获得结石的形貌特征。利用 SEM 配置的波谱仪（WDS）或能谱仪（EDAX），可对结石的微区和局部进行化学组成分析。通过点、线、面分析，根据获得的晶体形貌特征和化学组成，可以准确地判断结石的种类。

⑦ X 射线法：测试玻璃体中结石的 X 射线光谱，根据谱线的特征和强度，与已知矿物的 X 射线光谱进行比较，可以确定结石的矿物组成。

（3）条纹和节瘤

检验条纹和节瘤的目的是查明其特点，并确定其产生的原因，从而可以采取相应措施以消除这种缺陷。条纹和节瘤的化学组成与周围的玻璃不同，这种组成上的差异将引起物理、化学性质上的不同，尤其是折射率和溶解度的不同常被用来检验条纹和节瘤。当条纹和节瘤的折射率和周围玻璃相差 0.001 以上时，就可以显著地看到条纹和节瘤。较小的条纹和节瘤可以利用光照射在试样上，观察试样后面的黑背景是否发生亮带来进行检验。也有采用具有黑白条纹背景或方格条纹的背景底板，使条纹和节瘤清楚地显示出来。肉眼不能观察的条纹和节瘤用专门的光投影仪来检验，如用干涉反射仪、显微干涉仪、条纹仪等。

为了查明条纹和节瘤的产生原因，检验方法和采用的仪器较多，其中较简单、常用的有以下几种：

① 侵蚀法：玻璃在腐蚀剂中的溶解速度与玻璃的化学组成、腐蚀剂种类、浓度、作用时间和温度有关。把带有条纹和节瘤的玻璃试样浸入腐蚀剂中，由于条纹和节瘤与主体玻璃的成分不同，因此溶解度不同。侵蚀的结果，使条纹和节瘤出现山脉形的峰和谷。常用的腐蚀剂有：HF、HBF_2OH＋HCl、HPO_3、NaOH。

带有条纹和节瘤的玻璃试样经表面磨平抛光后，放在 25℃、1％的氢氟酸中，富二氧化硅质的条纹和节瘤的溶解比周围玻璃要缓慢，形成凸起的表面。富氧化铝质的条纹和节瘤溶解得很慢，结果条纹和节瘤比周围玻璃高，形成了高凸起。图 7-10 中示意地列出各种条纹在不同腐蚀剂中腐蚀后的表面形状。

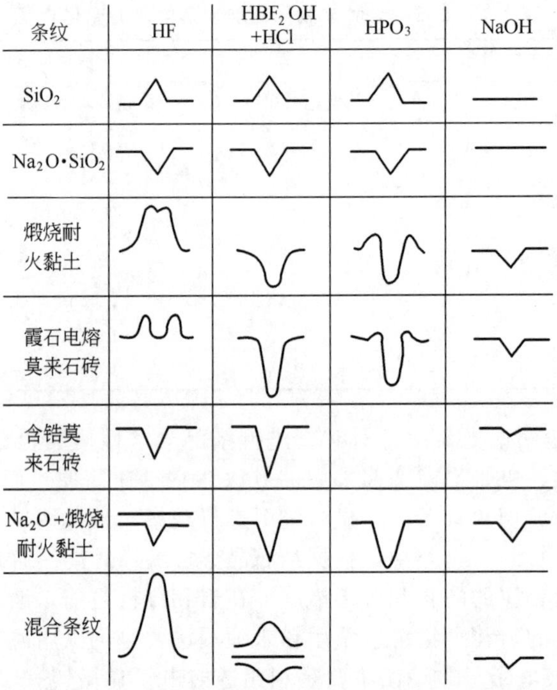

条纹	HF	HBF_2OH +HCl	HPO_3	NaOH
SiO_2				
$Na_2O\cdot SiO_2$				
煅烧耐火黏土				
霞石电熔莫来石砖				
含锆莫来石砖				
Na_2O+煅烧耐火黏土				
混合条纹				

图 7-10　平板玻璃中条纹的耐腐蚀性示意图（各种腐蚀剂作用后的凸起高度）

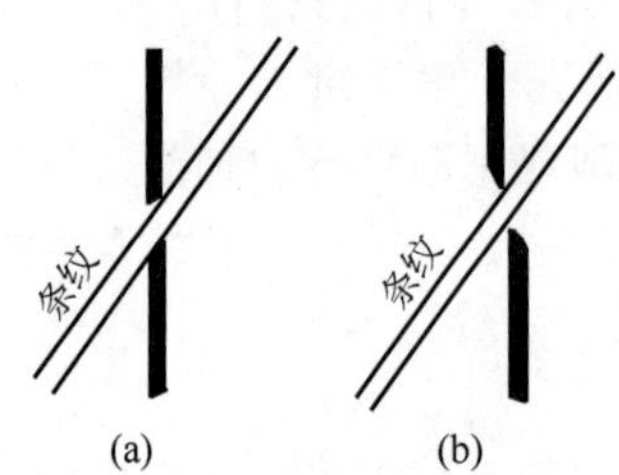

图 7-11　条纹的直线观察法

② 直线观察法：通过带有条纹的玻璃，观察玻璃后面的黑线条背景的情况。使黑线条和条纹成 45°角交叉，可以观察到黑线条发生弯折。如果在条纹附近的黑线条弯折成与条纹相平行时［如图 7-11(a) 所示］，则条纹的折射率比玻璃的大，如果黑线条弯折成垂直于条纹时［如图 7-11(b) 所示］，则条纹的折射率比玻璃的小。

③ 偏光干涉法：利用偏光光显微镜，在正交偏光下，带有条纹的玻璃将产生光程差，利用干涉仪可以测定条纹的折射率。生产上多数按环切试验法检验产品质量等级。该方法系用低倍（15 倍）偏光显微镜，调节偏光镜成正交，插入灵敏色板（光程差为 565nm），将环切面放入油浸皿中（浸油用氯代苯或二甲基苯二乙酸），置于镜下，在视域中定出环切面中蓝色干涉色的位置，此即为张应力。若对整个切面检查，则可确定最高应力是在外层还是在内表面，或是在两者之间。根据观察到的条纹数量、性质、应力和位置，就可确定制品的级别。

④ 绕射法：用放大镜观察，可以看到条纹对光的绕射，并以此来确定条纹的折射率较玻璃折射率的大小，借以判断条纹的化学组成。通常情况，条纹中的 SiO_2 含量比主体玻璃多时，其折射率比主体玻璃低，而条纹中 Al_2O_3 的含量比主体玻璃多时，其折射率比主体玻璃高。

第一种情况是取带有条纹的玻璃放在放大镜和它的焦点 F 之间，条纹的中央光亮，两侧黑暗，如图 7-12(a) 所示。如玻璃试样放在放大镜的焦点 F 以外，则条纹的中央黑暗，两侧光亮，如图 7-12(b) 所示。这种情况表示条纹的折射率比玻璃的小。

第二种情况则相反。把玻璃试样放在放大镜和它的焦点 F 之间时，条纹的中央黑暗，两侧光亮，如图 7-12(c) 所示。如将玻璃试样放在放大镜焦点 F 以外时，条纹的中央光亮，两侧黑暗，如图 7-12(d) 所示。这种情况表示条纹的折射率比玻璃的大。

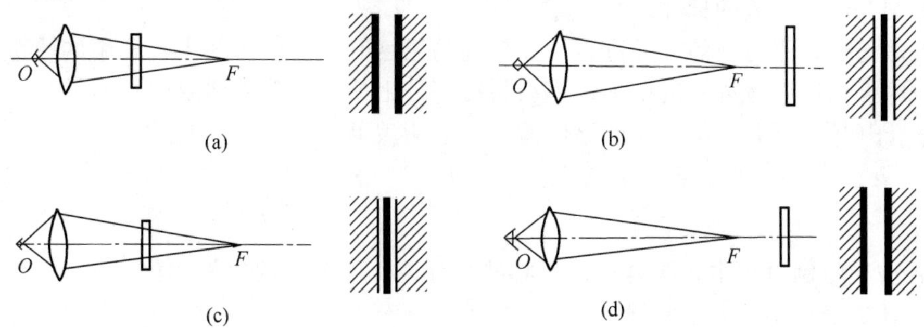

图 7-12 由放大镜观察的条纹绕射图

⑤ 离心浮沉法：离心浮沉法是将粉碎的样品，用离心法使主体玻璃与条纹很好地进行分离。简单介绍操作的情况如下。

将 2～3g 含条纹的玻璃粉碎、过筛，选出 0.05～0.15mm 的颗粒，用甲醇洗去附着的粉尘。然后将制成的玻璃粉末放在 0.01mmHg❶ 的真空中加热到 25℃，保持 3h 后，最好在含有 CaO 的干燥皿中冷却。这样，颗粒表面吸附的气体和水分大致被除去。

浸渍试样的液体用 4-溴乙烷（密度 3.0g/cm^3）和水杨酸异丙基酯（密度 0.9g/cm^3）配制成混合液，它的密度应与试样的密度相等（先用试样将混合液的密度校正，即在 35℃的温度下玻璃应恰好在混合液中悬浮）。混合液在 0.01mmHg 的真空中加热到 100℃进行脱气。

液体及试样粉末一起放入离心机的玻璃试管中，再一次抽真空。将离心玻璃试管熔融封闭，也可用胶塞和磨口塞封闭。离心玻璃试管在 3000r/min 的离心机中旋转，并保证分离过程中保持有一定的温度。因为温度稍有偏差，将引起密度上，也就是组成上的显著差别。根据试验结果认为，如温度相差 1℃，就相当于密度相差 0.002g/cm^3，在组成上相差 1% SiO_2。玻璃试样粉末按不同密度沿离心玻璃试管长度以一定的比例分布，分成若干密度不同部分，各部分的分离是以逐渐提高温度，亦即降低混合液的密度，按照一定的时间取出分离物来进行的。以各部分的比数为纵坐标，密度或离心过程中的温度为横坐标，绘出密度-组成曲线（见图 7-13）。图 7-13(a) 中所示的玻璃基本上或完全是均一的，接近 0 及 100% 时曲线上的偏斜可以认为是试验误差。图 7-13(b) 中所示的玻璃是主体玻璃中含有较轻的条纹物质。图 7-13(c) 中所示的玻璃是主体玻璃与较轻及较重的玻璃混合物。

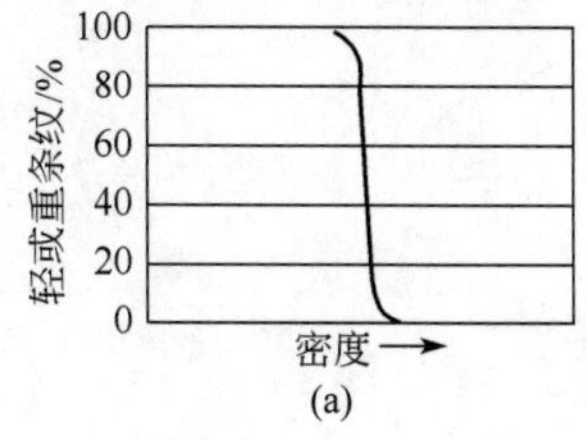

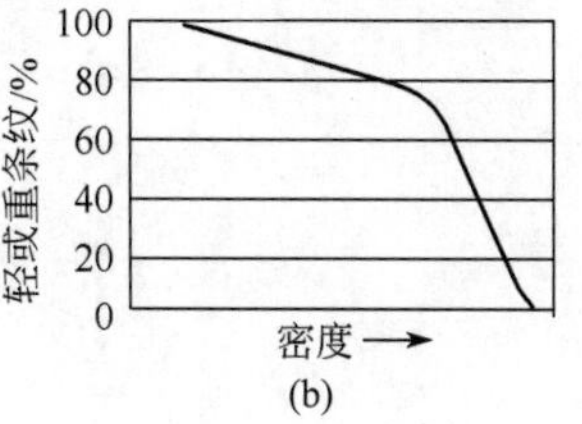

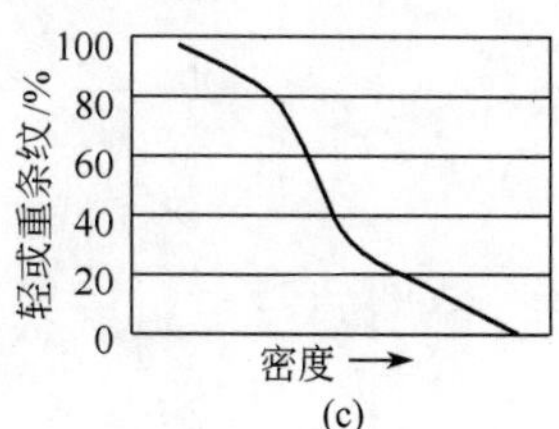

图 7-13 密度-组成曲线

❶ 1mmHg＝133.322Pa。

当玻璃没有均化好，即一部分含助熔剂较多，而另一部分又含得较少时，特别容易得到这种曲线。从曲线图中可以得知：由倾斜度较大的曲线部分的纵坐标高度得出条纹的总含量；曲线中间部分的倾斜度为主体玻璃与条纹混合情况的标准；最高密度部分与最低密度部分的总差别为组成偏差的标准。

浮沉法还可以用另外的方式进行。在较高的温度时，液体密度小，玻璃试样粉末全部沉在管底；降低温度则液体密度增加，细粉将有部分上浮，直到液体温度足够低时，细粉全部上浮。细粉开始下沉和开始上浮的温度差可以表明玻璃的不均一程度。

思考题

1. 在玻璃熔制过程中，配合料发生哪些物理、化学及物理化学变化？
2. 简述玻璃熔制的五个阶段。
3. 简述玻璃澄清原理（物理、化学的）。
4. 熔制过程中，炉内气体、气泡中气体及溶解在玻璃中的气体平衡如何？
5. 影响玻璃熔制的因素有哪些？
6. 玻璃体中有哪些缺陷？采取什么措施可防止缺陷的产生？

第 8 章
玻璃的成形与退火

玻璃的成形方法可以分为两类：热塑成形和冷成形。后者包括物理成形（研磨和抛光）和化学成形（高硅氧的微孔玻璃）。通常把冷成形归属到玻璃的冷加工中，玻璃的成形是指热塑成形，即熔融的玻璃液转变为具有固定几何形状制品的过程。玻璃必须在一定的温度范围内才能成形，在成形时，玻璃液除做机械运动外，还同周围介质进行连续的热传递。由于冷却和硬化，玻璃首先由黏性液态转变为可塑态，然后再转变成脆性固态。

玻璃制品在生产过程中由熔融状态的玻璃液变成脆性固体玻璃制品，玻璃经受激烈的不均匀的温度变化，使内外层产生温度梯度，硬化速度不一样，引起制品中产生不规则的热应力。这种热应力能降低制品的机械强度和热稳定性，也影响玻璃的光学均一性，若应力超过制品的极限强度，便会自行破裂。所以玻璃制品中存在不均匀的热应力是一项重要的缺陷。退火是一种热处理过程，可使玻璃中存在的热应力尽可能地消除或减小至允许值。除玻璃纤维和薄壁小型空心制品外，几乎所有玻璃制品都需要进行退火。

8.1 玻璃的性能对成形的作用

在生产过程中玻璃制品的成形过程分为成形和定形两个阶段，第一阶段赋予制品以一定的几何形状，第二阶段把制品的形状固定下来。玻璃的成形和定形是连续进行的，定形是成形的延续，但定形所需的时间比成形长。决定成形阶段的因素是玻璃的流变性，即黏度、表面张力、可塑性、弹性以及这些性质的温度变化特征。决定定形阶段的因素是玻璃的热性质和周围介质影响下的玻璃硬化速度。各种玻璃制品的成形工艺过程，一般是根据实际参数采用试验方法来确定的。

8.1.1 玻璃液黏度对成形的作用

黏度在玻璃制品的成形过程中起着重要作用，黏度随温度下降而增大的特性是玻璃制品成形和定形的基础。在高温范围内钠钙硅酸盐玻璃的黏度-温度梯度较小，而在 900～1000℃之间，黏度增加很快，即黏度-温度梯度$\left(\frac{\Delta\eta}{\Delta T}\right)$突然增大、曲线变弯。在相同的温度区间内两种玻璃相比较，黏度-温度梯度较大的称为短性玻璃；反之，称为长性玻璃。如图 8-1 所示。

玻璃的成形温度范围选择在接近黏度-温度曲线的弯曲处，以保证玻璃具有自动定型的速度。玻璃的成形温度高于析晶温度，如果成形过程冷却较快，黏度迅速增加，很快通过结晶区就能避免析晶。

玻璃制品成形开始和终了时的黏度变化随玻璃的组成、成形方法、制品尺寸大小和质量等是不相同的。成形开始时的黏度为 $10^{1.5}\sim10^{4}$ Pa·s，如玻璃纤维开始成形的黏度为 $10^{1.5}\sim10^{2}$ Pa·s，平板玻璃为 $10^{1.5}\sim10^{3}$ Pa·s，玻璃瓶罐为 $10^{1.75}\sim10^{4}$ Pa·s（小型轻量瓶为 $10^{1.75}$ Pa·s，大型重瓶为 $10^{2.25}$ Pa·s），拉管及人工成形为 $10^{3}\sim10^{5}$ Pa·s。成形的终了时黏度为 $10^{5}\sim10^{7}$ Pa·s。但是，概括来说，可以认为一般玻璃的形成范围为 $10^{2}\sim10^{6}$ Pa·s。

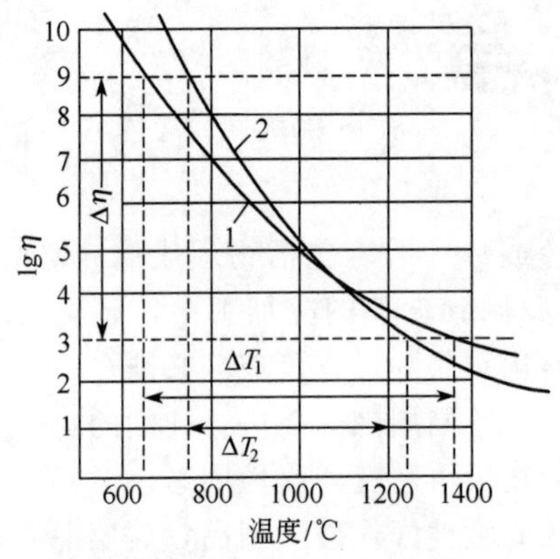

图 8-1 玻璃液的黏度与温度的关系

1—料性长玻璃；2—料性短玻璃

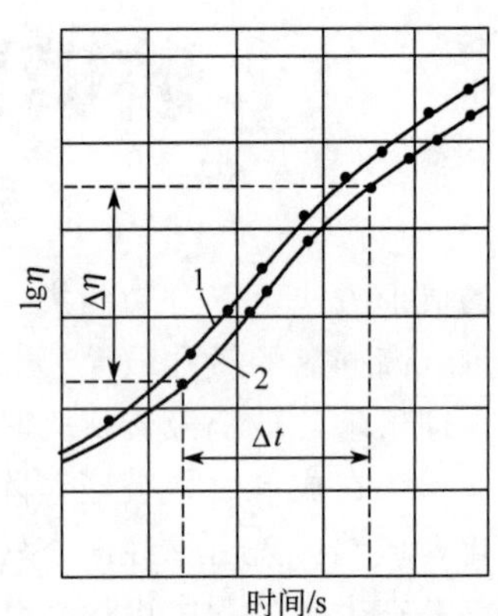

图 8-2 玻璃液的黏度与冷却时间的关系

1—料性长玻璃；2—料性短玻璃

玻璃的黏度愈小，流变性就愈大。通过温度的控制，使玻璃的黏度发生改变，即可改变玻璃的流变性，以达到成形和定形。

玻璃的黏度-温度曲线，只能定性说明玻璃硬化速度的快慢，也就是只能说明成形制度的快慢，而没有把时间因素考虑在内。为了把玻璃的黏度与成形机器的动作联系起来，玻璃的硬化采用黏度-时间曲线，即黏度的时间梯度 $\left(\frac{\Delta\eta}{\Delta t}\right)$ 来定量地表示，如图 8-2 所示。

利用玻璃黏度的可逆性，可以在成形过程中多次加热玻璃，使之反复达到所需要的成形黏度，以制造复杂的制品。在吹制成形过程中，黏度还可以自动调节制品壁的厚薄。任何局部薄壁会立即引起这一区域的黏度提高，从而使玻璃变硬，造成对于吹制的拉伸抗力。厚壁部分温度较高、黏度较小，易于拉伸，最终使制品壁的厚薄比较均匀。

玻璃的黏度是玻璃组成的函数，改变组成就可以改变玻璃的黏度及黏度-温度梯度，使之适应于成形的温度制度。但是玻璃组成的改变影响到玻璃的其他性质发生变化，应当十分注意。

8.1.2 表面张力对成形的作用

在成形过程中，表面张力也起着重要作用，表面张力表示表面的自由能使表面有尽量缩小的倾向，表面张力是温度和组成的函数。它在高温时作用速度快，而在低温或高黏度时作用速度缓慢。表面张力使自由的玻璃液滴成为球形，在不用模型吹制料泡和滴料供料机料滴形状的控制中，表面张力是控制的主要因素。

8.1.3 弹性对成形的作用

玻璃在高温下是黏滞性液体，而在室温下则是弹性固体。当玻璃从高温冷却到室温时，首先黏度成倍地增长，然后开始成为弹性材料，然而黏性流动依然存在。继续冷却，黏度逐渐增大到不能测量，就流动的观点来说，黏度已经没有意义。玻璃由液体变为弹性材料的范围，称为黏-弹性范围。

弹性可以立即恢复因应力作用而引起的变形，黏性则在应力作用下开始使玻璃质点流动，直至应力消除为止，它是不能恢复应力作用的变形的。所以，弹性不随时间而变化，黏性则在应力消失前继续流动。温度高时黏度小，玻璃的流动过程能立即完成。只有在有黏性而没有弹性的情况下，成形的玻璃制品不会产生永久应力。

对瓶罐玻璃来说，黏度在 10^6 Pa・s 下时为黏滞性液体，黏度为 10^5 Pa・s 或 10^6 Pa・s 至 10^{14} Pa・s 之间为黏-弹性材料，黏度为 10^{15} Pa・s 以上时为弹性固体。所以黏度为 10^5～10^6 Pa・s 时，已经存在弹性作用了。在成形过程中，如果维持玻璃液为黏滞性液体，不管如何调节玻璃液的流动，是不会产生缺陷的（如微裂纹等）。

在大多数玻璃成形过程中，可能已达到弹性发生作用的温度，至少在制品的某些部位已接近于这样的温度。弹性及消除弹性影响所需的时间在成形操作中是很重要的，在成形的低温阶段，弹性与缺陷的产生是直接相关的。

8.1.4 比热容、热导率、热膨胀、表面辐射强度和透热性对成形的作用

玻璃的热性质是成形过程中影响热传递的主要因素，对玻璃的冷却速度以及成形的温度制度有极大的关系。玻璃的比热容决定着玻璃成形过程中需要放出的热量。玻璃的比热容随温度的下降而下降。高温时，不论是长性玻璃或短性玻璃，瓶罐玻璃的比热容不随其组成发生明显的变化。

玻璃的热导率表示在单位时间内的传热量。表面辐射强度用辐射系数来表征，透热性即为红外线和可见光的透过能力。玻璃的热导率、表面辐射强度和透热性愈大，冷却速度就愈快，成形速度也就愈快。

玻璃的热膨胀或热收缩，以热膨胀系数表征。它与玻璃中应力的产生和制品尺寸的公差都有关系。液体玻璃的热膨胀比其在弹性范围内要大 2～4 倍，甚至 5 倍。瓶罐玻璃在室温下其线膨胀系数为 90×10^{-7}/℃左右，在液态范围内则为 $(200\sim300)\times10^{-7}$/℃。成形时，玻璃与模壁表面接触因冷却而发生收缩。在最冷点上，即玻璃的表面上收缩最大，而愈向玻璃内部，收缩逐渐减小。这样，玻璃表面就存在着张应力。当玻璃仍处于液体状态时，由于质点流动，应力立即消除。但当玻璃部分地到达弹性固体状态，同时模型表面因受热膨胀，玻璃制品的收缩和铸铁模型的膨胀有 1%～2% 的差值，这样就在成形的制品上产生残余应力，导致表面裂纹。因此在成形中应当考虑不产生缺陷的应力消除速度问题。

由于玻璃的热收缩，应当注意成形时的允许公差及模型尺寸。

在生产电真空玻璃或成形套料制品时，玻璃的热膨胀系数也是十分重要的。玻璃与玻璃的热膨胀系数应当匹配，玻璃与封接金属的热膨胀系数也要匹配，否则会因出现应力而破裂。

8.2 玻璃的成形制度

玻璃的成形制度是指在成形各阶段的黏度-时间或温度-时间制度。由于制品的种类，成

形方法与玻璃液的性质各不相同，在具体情况下，其成形制度也不相同，而且要求精确和稳定。

成形制度应使玻璃制品在成形过程中，各主要阶段的工序和持续时间同玻璃液的流变性质及表面热性质协调一致，以决定成形机的操作和节奏。在成形过程中玻璃液的黏度由热传递来决定。为了使制品成形的时间尽可能地短，出模时又不致变形，表面也不产生裂纹等缺陷，就必须控制和掌握热传递过程。因此，在确定成形制度之前，应当首先讨论玻璃在成形过程中的热传递。

8.2.1 玻璃成形过程中的热传递

在成形过程中玻璃中的热量要转移到冷却空气中去，对于无模成形的玻璃制品，如平板玻璃、玻璃管、玻璃纤维等，其冷却介质只有空气，情况较为简单。模型成形的玻璃制品，如瓶罐、器皿等空心制品，其冷却介质为模型，而模型的冷却介质又为空气，情况较为复杂。这里只作一般定性的讨论。

在模型中成形时，玻璃液中的热量主要由模型传递出去，以达到各阶段所需要的黏度。由于一般玻璃的比热容小于金属模型（一般为铸铁）的比热容，所以在模型中，玻璃的接触表面温度的降低很大，而模型内表面，温度的升高较小。又由于玻璃的热传导较差，所以同模型接触时，温度的降低主要限于玻璃极薄的表面层，其内部温度尚高，如图 8-3 所示。当玻璃与模型脱离后，由于内外层温差大，内部的热量向表面层进行激烈的热传递，这时表面层对空气的传热比较慢，使玻璃表面又重新加热。这种现象称为“重热”，是瓶罐等空心玻璃制品成形操作的基础。

玻璃成形过程中的热传递，还应当考虑到玻璃与模型、模型与空气的两个临界层。这两个临界层虽然很薄，但有较大的阻抗热流的作用。图 8-4 所示为雏形的物理量与热阻的关系。由玻璃内部而来的热量，从传热学上说，必须克服很大的热阻才能到达雏形的表面，这是由玻璃的传热能力较差所致。当热流到了玻璃与模型的临界层，就会受到相当大的阻抗。在模型中，热流相当容易地向模型外壁流动，但到了模型与空气的临界层，又会同样碰到阻抗。由于变化复杂，这两个临界层的热阻很难列出公式。由图可知，玻璃的热阻大，模型的热阻小，玻璃与金属的临界层热阻相当大。

玻璃
铸铁
℃
℃
1000
900
800
600
500
10mm
10mm

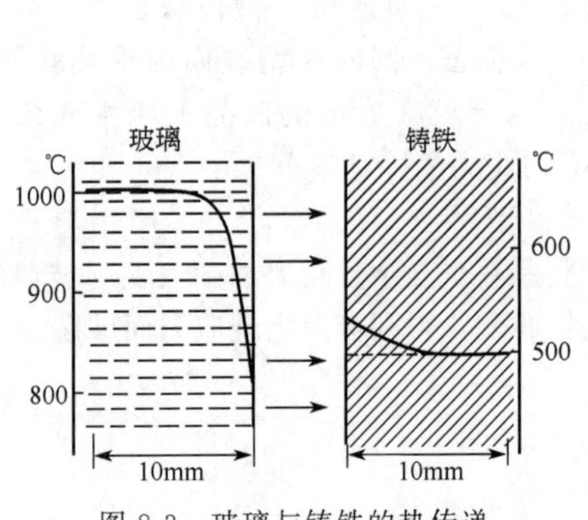

图 8-3 玻璃与铸铁的热传递

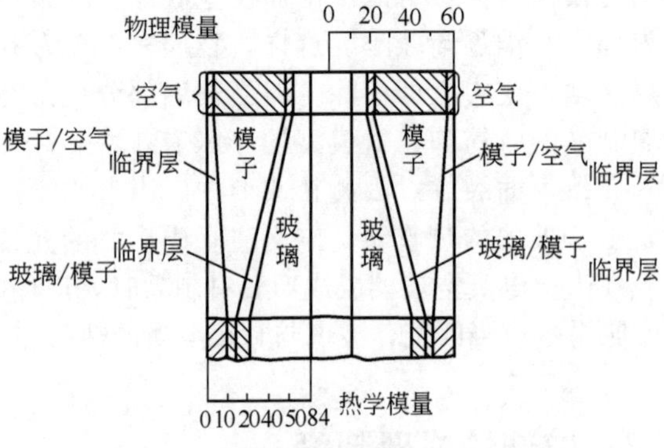

距离/mm
0 20 40 60
物理模量
空气
空气
模子/空气
临界层
模子
模子
模子/空气
临界层
玻璃/模子
临界层
玻璃
玻璃
玻璃/模子
临界层
0 10 20 40 50 84
热学模量
热阻/(mm·kW/W)

图 8-4 雏形的物理量与热阻关系

实际上，玻璃液与模型内表面接触时，由于骤冷，体积有一定的收缩，使玻璃制品有脱离模型的倾向。因为重热，玻璃制品的表面再次软化膨胀，又与模型接触，再出现热传递。因此从玻璃制品表面经模型的热传递，可能是冷却$\rightleftharpoons$重热反复地进行。这种热传递随时间而衰减，即临界层的热阻随时间而增大。

在压制成形时玻璃液和模型的接触较好，其临界层的热阻的增量比吹制成形时热阻的增量小。由于玻璃液和模型的温差大，不论是压制或吹制，在制品成形开始时模型的热阻都很小，亦即热流的传递在成形开始时是很大的。由于玻璃的热传导能力很差，大量的热量是从玻璃表面层移去使之迅速冷却。若冷却进行得过快，就会在玻璃表面层中产生张应力，这就是制品出现裂纹和破裂的原因。

从玻璃传递到模型的热流受到几个因素的影响，最重要的参数是玻璃的表面温度、模型内表面的温度以及玻璃同模型间的热阻。从玻璃方面来看，这种热阻是玻璃的表面黏度与成形中将玻璃压向模型的有效压力的函数。从模型方面来说，这种热阻可看作是模型表面粗糙度和淀积物的函数。由玻璃决定的因素是可以改变的，而模型表面温度、模型内表面性能以及成形时所用压力是可以控制的。为了得到良好的成形，务必尽一切办法来掌握这些可控制的因素。当玻璃和模型紧密接触时，热阻可以视为零。这时所传递的总热量 Q 与接触面积和接触时间的平方根之积成正比。

$$Q=KAt^{1/2} \tag{8-1}$$

式中，A 为接触面积；t 为接触时间；K 为比例常数；传递的热量 Q 为 $t^{1/2}$ 的函数。所以要想把 Q 增大，要么将接触面增大，要么将接触时间延长。在实际生产中，玻璃与模型几乎难以达到一种完善的接触。由于成形模接触面积大，而且在成形模中已过渡到定形阶段，为了求得最大的生产速度，只有延长成形模时间，而牺牲雏形模时间。

在玻璃制品成形时，棱角和棱边的热传递也很重要。任何一个热物体以小的角度暴露在一冷物体的大角度下时，就会受到过强的冷却。

吹-吹法成形时，在雏形吹制之前，紧靠装料线下方有一圈冷玻璃，这一部分玻璃在吹制雏形时不再消失，从而形成扑气箍。模型的接缝点在没有其他因素影响时有变冷的倾向，从而引起玻璃的不均匀降温。因此，在采用吹-吹法时，倒吹气开始得越早越好，而且使用柱形闷头是有利的。在采用压-吹法时，使用不分部的雏形模（整体的雏形模），可使温度分布均匀。

8.2.2 玻璃的成形制度

对于不同的玻璃制品，不同的成形方法和不同的玻璃液性质，其成形制度是不相同的。在具体成形情况下需要确定不同工艺参数，即成形温度范围、各个操作工序的持续时间、冷却介质或模型的温度。

玻璃液的黏度-时间曲线是确定成形制度的主要依据。而玻璃液的黏度-时间曲线，是在成形过程具体的热传递情况下，由玻璃的黏度-温度梯度$\left(\frac{\Delta\eta}{\Delta T}\right)$和玻璃液的冷却速度$\left(\frac{\Delta T}{\Delta t}\right)$来决定的。玻璃液的黏度-温度梯度与玻璃液的组成有关。玻璃液在成形过程中的冷却速度却受下列因素的影响：成形的玻璃制品的质量 m 和表面积 S，玻璃的比热容 C_P，玻璃制品成形开始的温度 T_1 和成形终了的温度 T_2，玻璃的表面辐射强度（用辐射系数 C 表征），玻璃的透热性（用可见光谱红外区光能吸收系数 K' 来表征）以及玻璃所接触的冷却介质（空气或模型）的温度 θ。

对微量玻璃来说，其冷却速度为：

$$\frac{\Delta T}{\Delta t}=-\frac{CS}{C_P}(T-\theta) \tag{8-2}$$

于是，玻璃质量 m 的冷却时间 t 为：

$$t=\frac{mC_P}{CS}\ln\frac{T_1-\theta}{T_2-\theta}=\frac{1}{K}\ln\frac{T_1-\theta}{T_2-\theta} \tag{8-3}$$

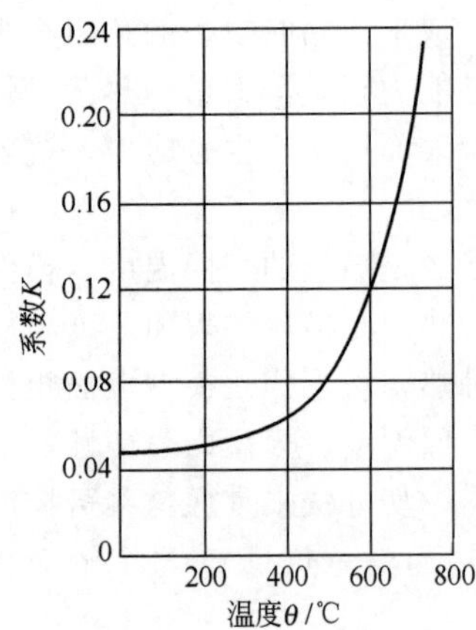

图 8-5　系数 K 与接触的冷却介质温度 θ 的关系

式中，K 为计算系数。玻璃的比热容越小，表面积和辐射系数越大，系数 K 也越大。当系数 K 增大时，玻璃的冷却速度也就更快。系数 K 主要是根据所形成的玻璃制品形状，特别是$\frac{m}{S}$值，随外部介质的温度 θ 和玻璃着色的特性而变化。在无色玻璃的冷却过程中，玻璃的化学组成对 K 的影响不大。图 8-5 所示为系数 K 与冷却介质温度 θ 的关系。这是指普通无色玻璃（含 0.1% Fe_2O_3）在空气中冷却以及$\frac{m}{S}$等于 3 的条件下的情况。

由图 8-5 可知，在 T_g 或高于 T_g 时，K 值急剧增大。当$\frac{m}{S}$值改变时，要相应修改系数 K 值。例如当$\frac{m}{S}=3$，在给定的温度下 $K=0.05$，而当$\frac{m}{S}=0.5$ 时，$K=0.3$。

如玻璃在金属模型中成形，由于冷却介质由空气换成金属，从而改变了热传递的条件和辐射系数，在相应的温度下，系数 K 值将增大数倍。在金属模中成形时，玻璃液强烈地冷却不仅是由于 K 值的增大，而且也由模型本身的蓄热能力较大所致。这样就缩短了成形过程中定形阶段的时间，使产量有所提高。玻璃瓶罐成形过程中热流传递速度对玻璃液冷却时间的影响如表 8-1 所示。

表 8-1　玻璃瓶罐成形过程中热流传递速度对玻璃液冷却时间的影响

热流传递速度/(mm/s)		与玻璃冷却时间相适应的1个瓶子的成形时间/s	模型的生产能力即1h内生产的数量
在铸铁模型中	在玻璃中		
2.3	0.21	24	150
2.7	0.25	18	200
3	0.28	14.4	250
3.2	0.30	12	300
3.5	0.33	10.3	350

一般说来，各种有色玻璃较无色玻璃的系数 K 值小。而且当玻璃中各种着色剂的含量达到 1%时，K 值会剧烈地减小 25%～50%。但是当着色剂的浓度增大时，K 值的变化又不显著。主要着色剂对 K 值的影响顺序为 $CoO>CuO>Cr_2O_3>Fe_2O_3>Mn_2O_3$。制品的表面较其中部冷却和硬化要快得多，玻璃中部和距离为 d 处的温度差同距离的平方成正比，也就是说这一温度梯度可表示为：

$$\Delta T'=T_{cp}-T_d=Bd^2 \tag{8-4}$$

式中，T_{cp} 为制品中部的温度；T_d 为制品 d 处的温度；B 为温度分布常数；d 为与制品中部的距离。

于是，按方程式(8-3)，玻璃制品外表面层的冷却时间为：

$$t_{d}=\frac{1}{K}\ln\frac{T_{1CP}-\theta}{T_{2CP}-\theta} \tag{8-5}$$

根据式(8-3) $T_{2CP}-T_{2d}=Bd^{2}$，即：$T_{2CP}=T_{2d}+Bd^{2}$

$$t_{d}=\frac{1}{K}\ln\frac{T_{1CP}-\theta}{(T_{2d}-\theta)+Bd^{2}} \tag{8-6}$$

式中，T_{1CP} 为成形开始时中间层温度；T_{2CP} 为成形终了时中间层温度；T_{2d} 为成形终了时表面层的温度。

玻璃液中间层的冷却时间为：

$$t_{CP}=\frac{1}{K}\ln\frac{T_{1}-\theta}{T_{2CP}-\theta} \tag{8-7}$$

玻璃液中间层和表面层冷却到一定温度的时间差值，可以用时间梯度 $\Delta t'$ 表示（假如 T_{2CP} 和 T_{2d} 相近似）。

$$\Delta t'=t_{CP}-t_{d}=\frac{1}{K}\ln\left[1+\frac{Bd^{2}}{T_{2}-\theta}\right] \tag{8-8}$$

$$\Delta t'=\frac{mC_{P}}{SC}\ln\left[1+\frac{Bd^{2}}{T_{2}-\theta}\right] \tag{8-9}$$

温度分布常数 B，主要取决于玻璃着色性质及着色程度、玻璃的辐射系数 C 和玻璃的透热性。有色玻璃的温度分布常数 B 值特别急剧地增大，也就是说急剧增大了表面层和中间层的温度梯度 $\Delta T'$ 和冷却的时间差 $\Delta t'$。

表 8-2 列出了一些玻璃的 B 值、表面层冷却时间 t_{d} 值和温度梯度 $\Delta T'$ 值。

表 8-2 玻璃冷却时的 B、t_{d}、$\Delta T'$

氧化物	玻璃的组成/%(质量分数)								
	1	2	3	4	5	6	7	8	9
SiO_2	49	61.1	74.4	72.49	72.5	70.97	59.9	68.49	59.9
B_2O_3	13	6	0.4	—	—	—	5.9	—	5.9
Al_2O_3	—	—	0.64	1.67	1.66	3.43	—	3.1	—
TiO_2	—	—	—	0.08	0.04	0.07	—	—	—
Fe_2O_3	—	—	0.07	0.13	0.12	0.16	—	1.57	—
CaO	—	—	7.6	10.25	10.24	8.57	—	8.94	—
MgO	—	—	—	1.83	0.17	2.8	—	0.34	—
ZnO	20	—	—	—	—	—	—	—	—
BaO	—	18.8	—	—	—	—	18.4	—	18.4
Na_2O	—	4.7	15.97	13.4	15.28	13.8	4.6	15.35	4.6
K_2O	18	9.4	—	—	—	—	4.6	15.35	4.6
FeO	—	—	—	—	—	—	—	—	2
Mn_2O_3	—	—	—	—	—	—	—	2.3	—
CoO	—	—	—	—	—	—	2	—	—
$\Delta T'$/℃	—	155	120	70	50	55	282	280	—
t_d/s	126	117	—	—	—	—	94	—	93
B	—	91	—	26.4	15.8	17.5	126	—	—

图 8-6 为在不同的冷却条件 T（与周围介质的热传递）下，温度分布常数 B 随玻璃的光能吸收系数 K'而变化的关系。成形的玻璃液在金属模型中冷却时，函数 $B=f(K')$ 的值将位于图中直线 2 右侧的直线上（图中未画出）。对于一般钠钙镁铝硅酸盐玻璃 B 值大约为 20～25。

从式(8-8) 和式(8-9) 可以认为，成形的玻璃制品壁厚 d，对 $\Delta t'$值影响极大。当无色玻璃转为有色玻璃时，常数 B 显著增大，而系数 K 则减小。所以有色玻璃的内层冷却变硬较慢，而外层则大大加快。

式(8-3) 到式(8-9) 可以计算玻璃制品成形过程中冷却所需要的时间。利用这些方程式计算所得的函数 $T=f(t)$ 值可以绘制成玻璃的温度-时间曲线，即玻璃的冷却曲线。此曲线同黏度-温度曲线一起，可进一步计算 $\lg\eta=f(t)$ 的值，绘制成玻璃的黏度-时间曲线，即玻璃的硬化曲线，如图 8-7 所示。根据玻璃在成形过程中的温度-时间曲线或黏度-时间曲线，结合实际参数，就可以规定出相应的成形制度。

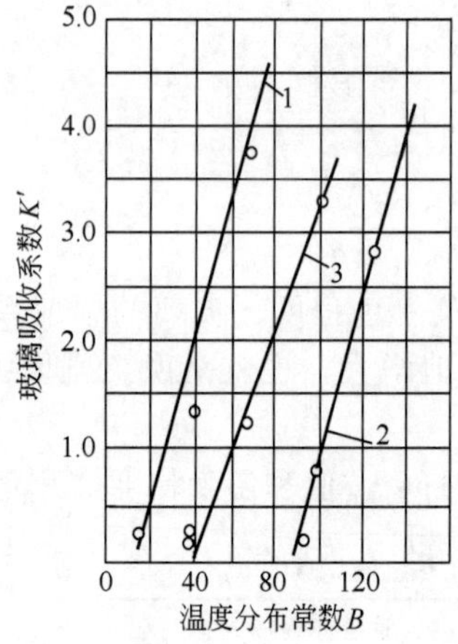

图 8-6　玻璃中温度分布常数 B 与玻璃硬化时光能吸收系数 K'的关系

1—在空气中；2—在金属坩埚中；3—在隔热介质的金属坩埚中

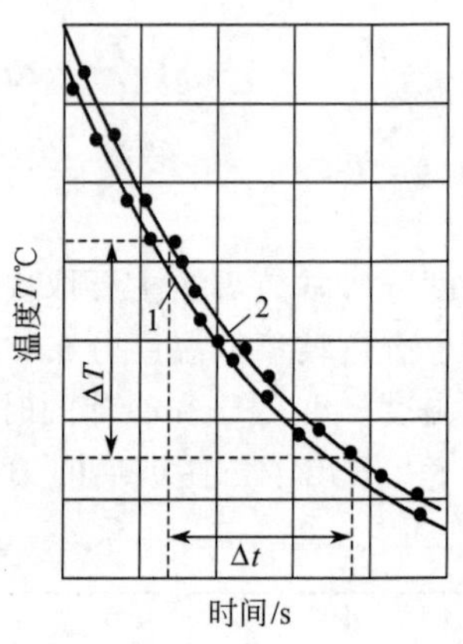

图 8-7　玻璃的温度与冷却时间的关系

1—料性长玻璃；2—料性短玻璃

规定玻璃液的成形温度范围，即工作黏度范围，是以玻璃液应具有完整成形的流动性，在外力作用下易于成形，有一定冷却硬化速度与不产生析晶相缺陷等来考虑的。如前所述，选择在玻璃的黏度-温度曲线的弯曲处。

玻璃成形的工作黏度范围，根据不同的成形方法、制品的大小和质量各不相同。概括地说为 10^2～10^6 Pa·s，一般工业玻璃其上限为 5×10^2 Pa·s 或 10^3 Pa·s，下限通常等于 4×10^7 Pa·s。小型玻璃制品，其成形的工作黏度范围小，大型制品的工作黏度范围大。

“长性”玻璃的黏度-温度梯度比“短性”玻璃的小，硬化速度较慢，因此其成形的工作黏度范围大，成形过程的持续时间长。在成形过程中如果成形机的结构不可改变，而玻璃制品成形各阶段的持续时间也不能调整，为了适应成形操作的特点与机速的要求，就需要改变玻璃的料性长短，即改变玻璃的组成，使之适合。

成形各阶段的持续时间，可以根据玻璃黏度-时间曲线的 $\Delta\eta$ 和 Δt 值来确定。实际上各阶段的持续时间与玻璃的热传递密切相关，在给定的成形方法和给定的成形设备下应当考虑玻璃制品的质量与其表面积的比值$\left(\frac{m}{S}\right)$、将玻璃压向模壁的有效压力、模型的材料、质量与冷却情况等。

不同的玻璃成形机，其操作时间周期是不同的。空心玻璃制品的成形时间周期包括：供料入雏形模和形成雏形、雏形传递和重热、在成形模中成形和冷却制品以及取出制品等。每一个循环称为周期。雏形模和成形模周期在整个成形周期中占有相当的比例。由于雏形模和成形模的使用时间有一定的重叠，一个制品的成形时间周期和机器的操作时间周期是不相同的。后者比前者时间短。雏形模周期和成形模周期重叠的时间越长，模腔的生产效率越高。

在雏形模中所形成的雏形温度极大地控制着最后成形制品中玻璃的分布。在一定的模型温度制度下，雏形模与玻璃液的接触时间是十分重要的，既不能使玻璃冷却过快，也不能使玻璃冷却不足，否则将会使制品厚薄不匀和产生表面缺陷。玻璃液的$\frac{m}{S}$小，模型的质量大，模型材料传热快的雏形模的周期时间应当短，反之则长。

雏形模周期和成形模周期之间，即在雏形模打开，雏形传送入成形模，直至在成形模中吹制制品之前，有一定的玻璃表面重热时间。重热对制品中玻璃的均匀分布和制品的表面质量都起着重要的作用。重热的时间随雏形玻璃表面温度下降的大小而变化。

成形模周期控制着制品最后的形状和使玻璃硬化至制品从模中取出时不致变形。成形模周期应当与玻璃的硬化速度相适应，不能太慢、太快，太慢将影响产量，太快会使制品产生表面缺陷。

模型的温度制度也是成形制度的一个重要方面。除了冷的衬碳模外，在成形之前，模型应加热到适当的操作温度。在成形过程中，模型从玻璃中吸取并积蓄热量，同时辐射和对流又将热量传递给模外的冷却介质。这时玻璃表面被冷却硬化。从冷模型加热到操作温度稳定所需要的操作时间与模型的厚度有关。在压-吹法中，厚 2cm 的模型约为 20min，而厚 4cm 的模型约为 40min。模型内表面随着与玻璃的接触和脱离，温度呈周期性变化。为了维持稳定的操作温度，模型从玻璃中吸取的热量和散失到冷却介质中的热量必须相等。这样，模型的外表面和距外表面一定距离的模壁处，温度应当稳定。试验数据说明，在距离模型内表面 1cm 处，其温度波动已不显著。也就是说模型的内表面及其邻近处为不稳定的传热带，它积蓄热量，又称蓄热带，而其内部和外表面则为稳定的传热带，不积蓄热量。铸铁的雏形模和成形模的温度分布见图 8-8。r 为模型的半径坐标，a 为瓶子的半径坐标，$r/a=1$ 为模型内表面。

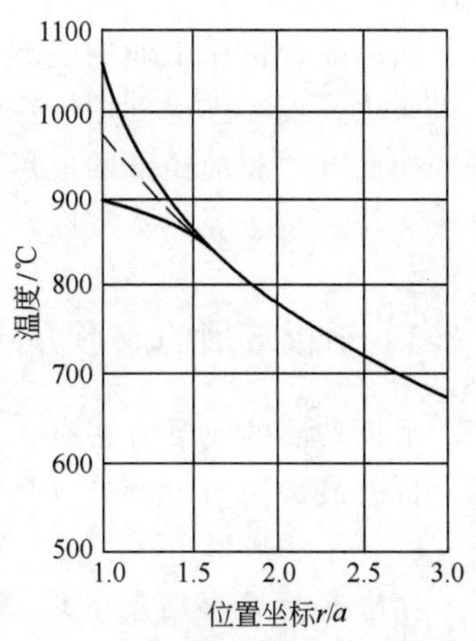

图 8-8 铸铁雏形模和成形模的温度分布

模型的厚度对模型的温度制度影响较大。厚度不足时，稳定的传热带缩小，甚至完全不存在，温度的波动将扩展到模型的外表面。在这种情况下，模型的温度制度即变为不稳定，甚至模型外面的冷却条件发生变化时，也影响到模型的温度制度随之变化。所以在实际上模型的厚度应比模型的蓄热带的厚度大 0.5 到 1 倍左右。厚壁模型操作可靠，不要求特别严格地调整外部冷却条件。但是过厚的模型，由于蓄热量太大，可能使模型达不到合适的操作温度。相反，薄壁模型受热较快，蓄热能力小，要求较高的成形速度或更精细地调整冷却制度。

模型的内表面温度变化范围的大小，直接影响着成形的玻璃制品的质量。变化的范围越大，制品的表面质量越差，特别是模型内表面温度低时不可避免地会使玻璃表面形成裂纹和锻纹。一般情况，用吹-吹法制造瓶子时，雏形模的表面温度变化范围为 50～

80℃。模型温度较高时，玻璃制品表面质量较好，制品中玻璃的分布也较为均匀。模型允许的上限温度决定于玻璃的性质、玻璃液的温度和模型材料，主要以不使玻璃黏附在模型上为原则。

雏形模和成形模的温度制度指标如表 8-3 所示。

表 8-3　模型的温度制度指标

模型	向周围大气中的热辐射强度/(W/m^2)	模型温度/℃		在模壁截面上温度差/℃	玻璃料与模型接触时的冷却程度/℃
		内表面	外表面		
雏形模	1214.17～25586	300～500	140～220	160～280	30～70
成形模	34890～85585	450～580	200～300	250～280	150～250

8.3　玻璃的成形方法

由于玻璃的黏度与表面张力随温度而变化，玻璃的成形和定形连续进行的特点，使得玻璃能接受各种各样的成形方法。这是玻璃与其他材料不同的重要性质之一。

最早的玻璃制品是用人工捏塑的，大约在 1 世纪时发明了吹管，也因为当时玻璃的熔制温度已经较过去有所提高，才出现了吹制的成形方法。目前人工成形方法和中世纪时仍然基本相同。随着机械工业的发展，玻璃成形首先发展为半机械化，到 20 世纪初才进一步发展为机械化。现在已达到用计算机完全自动控制的程度。根据玻璃制品形状和大小的不同，可以选择最方便和最经济的成形方法。主要的成形方法有压制法、吹制法、拉制法、压延法、浇注法与烧结法等。本节以玻璃的产品类型分类介绍玻璃的成形方法。

8.3.1　平板玻璃的成形方法

平板玻璃的成形方法有：垂直引上法（有槽引上和无槽引下）、平拉法、浮法和压延法等。目前最常用的生产方法是浮法和压延法。

（1）浮法成形

浮法是指熔窑熔融的玻璃液在流入锡槽后在熔融金属锡液的表面上成形平板玻璃的方法。熔窑的配合料经熔化、澄清、冷却，成为 1150～1100℃左右的玻璃液，通过熔窑与锡槽相连接的流槽，流入熔融的锡液面上，在自身重力、表面张力以及拉引力的作用下，玻璃液摊开成为玻璃带，在锡槽中完成抛光与拉薄，在锡槽末端的玻璃带已冷却到 600℃左右，把即将硬化的玻璃带引出锡槽，通过过渡辊台进入退火窑。其过程如图 8-9 所示。

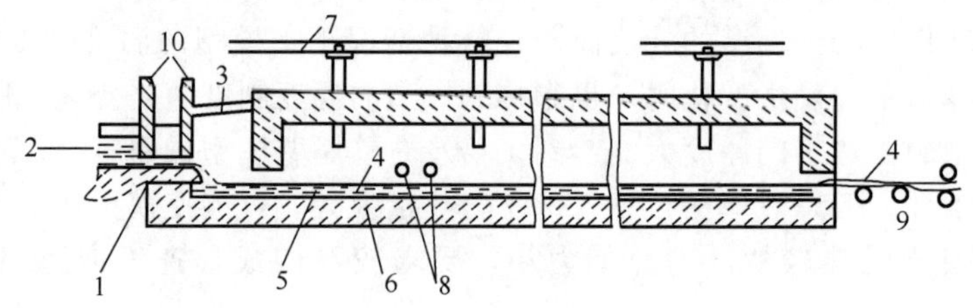

图 8-9　浮法生产示意图

1—流槽；2—玻璃液；3—碹顶；4—玻璃带；5—锡液；6—槽底；7—保护气体管道；8—拉边器；9—过渡辊台；10—闸板

浮法玻璃的成形是在锡槽中进行的。玻璃液由熔窑经流槽进入锡槽后，其成形过程包括自由展薄、抛光、拉引等。为此讨论以下 4 个问题。

① 玻璃液在锡液面上的浮起高度。玻璃液与锡液互不浸润、互无化学反应。锡液的密度大于玻璃液，因而玻璃液浮于锡液表面。其浮起高度 h_1 和沉入深度 h_2 可用下式表示：

$$h_1=\left(1-\frac{d_g}{d_\tau}\right)H, H=h_1+h_2 \tag{8-10}$$

式中，d_g、d_τ 为玻璃液、锡液的密度；H 为玻璃液在锡液面上的自由厚度。

② 浮法玻璃的自由厚度。当浮在锡液面上的玻璃液不受到任何外力作用时所显示的厚度称自由厚度。它决定于下列各力之间的平衡：玻璃液的表面张力 σ_g、锡液的表面张力 σ_t、玻璃液与锡液界面上的表面张力 σ_{gt} 以及玻璃液与锡液的密度 d_g、d_t。其间的关系可用下式表示：

$$H^2=\frac{2d_t(\sigma_g+\sigma_{gt}-\sigma_t)}{gd_g(d_t-d_g)} \tag{8-11}$$

式中，g 为重力加速度。

应用上述公式可对浮法玻璃的自由厚度 H 作如下估算：当成形温度为 1000℃时，$\sigma_g=340\times10^{-3}$N/m、$\sigma_t=500\times10^{-3}$N/m、$\sigma_{gt}=550\times10^{-3}$N/m、$d_t=6.7\text{g/cm}^3$、$d_g=2.5\text{g/cm}^3$，把上述各值代入式(8-11) 得 $H=7$mm，它与实测相近。

③ 玻璃在锡液面上的抛光时间。玻璃液由流槽流入锡槽时，由于流槽面与锡液面存在落差以及流入时的速度不均将形成正弦状波纹，在进行横向扩展的同时向前漂移，此时正弦状波形纹将逐渐减弱（如图 8-10 所示）。处于高温状态下的玻璃液由于表面张力的作用，使其具有平整的表面，达到玻璃抛光的目的，其过程所需时间即为抛光时间。它对设计锡槽的长度与宽度是一重要的技术参数。

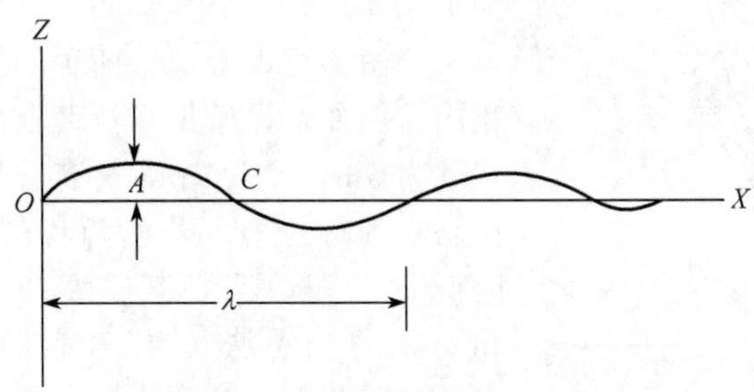

图 8-10 玻璃带的纵向断面

可以把玻璃液由高液位（流槽面）落入低液位（锡槽面）所形成的冲击波的断面曲线近似地假定为正弦函数：

$$Z=A\sin\frac{2\pi}{\lambda}X \tag{8-12}$$

把 1 个波长 λ 范围内的玻璃液视为一个玻璃滴，因而其中任一点的 X 处所受到的压强 P 是玻璃表面张力所形成的压强和流体的静压强之和，即：

$$P=\sigma_g\left(\frac{1}{R_1}+\frac{1}{R_2}\right)+d_g gZ \tag{8-13}$$

式中，σ_g 为玻璃液在成形温度（1000℃）时的表面张力，N/m；R_1、R_2 分别为玻璃液在长度和宽度方向的曲径半径；d_g 为玻璃液在成形温度时的密度；g 为重力加速度；$\sigma_g\left(\frac{1}{R_1}+\frac{1}{R_2}\right)$为表面张力形成的附加压强，又称拉普拉斯公式。

经运算可得下式：

$$P=\left(\frac{4\pi^2}{\lambda^2}\sigma_g+d_g g\right)Z \tag{8-14}$$

玻璃板的抛光作用主要是表面张力，因而表面张力的临界值应不低于静压力值。此时：

$$\lambda^2\leqslant\frac{4\pi^2}{d_g g}\sigma_g \tag{8-15}$$

由上式可求得 λ 的临界值 λ_0。

在表面张力作用下，波峰与波谷趋向于平整的速度 V，可以应用黏滞流体运动的管流公式：

$$\sigma_g=\eta V \tag{8-16}$$

式中，η 为玻璃黏度。

应用上述各式可以估算浮法玻璃的抛光时间。设浮法玻璃的成形温度为 1000℃，其相应参数分别为：$\eta=10^3$Pa·s、$\sigma_g=350\times10^{-3}$N/m、$d_g=6.7$g/cm^3、$d_g=2.5$g/cm^3，把上述各值代入式(8-15) 及式(8-16) 可得 $\lambda_0=2.4$cm、$V=3.5\times10^{-2}$cm/s。因 $t=\lambda/V$，得 $t=68.5$s。

生产实践表明，若流入锡槽的是均质玻璃液，则它在抛光区内停留时间为 1min 左右，就可以获得光亮平整的抛光面，所以上述估算与生产实践相符。

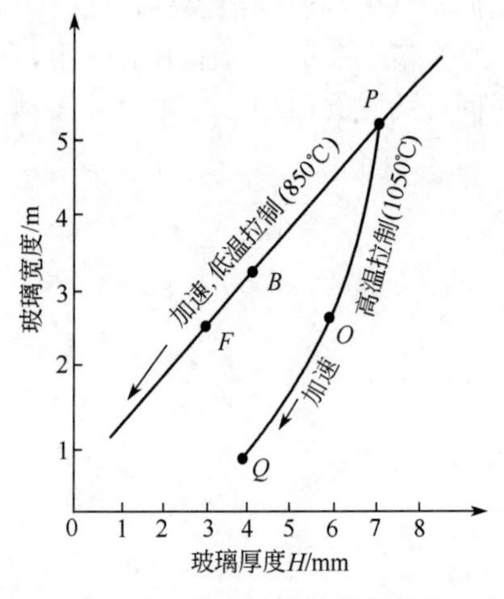

图 8-11　高温和低温拉薄曲线

④ 玻璃的拉薄。浮法玻璃的拉薄在工艺上有两种方法，即高温拉薄法与低温拉薄法，如图 8-11 所示。在高温拉薄时（1050℃），其宽度与厚度变化如图 8-11 中 POQ 所示；在低温拉薄（850℃），其曲线为 PBF。

从图上可以看出，两种不同的拉薄法其效果并不相同。例如，设原板在拉薄前的状态为 P 点，即原板宽度为 5m，厚为 7mm。若分别用高温拉制法和低温拉制法进行拉薄，若使两者的宽度均为 2.5m，则相应得 F 点和 O 点，其厚度却分别为 3mm（低温法）和 6mm（高温法）。或者它们分别拉制到 B 点和 Q 点，这时两者的厚度均为 4mm，其板宽却分别为 3m（低温法）和 0.75m（高温法）。

由上可知，采用低温拉薄比高温拉薄更为有利。实际上低温拉薄还可以分为两种，即低温急冷法和低温徐冷法。

低温急冷法：玻璃在离开抛光区后，进入强制冷却区，使其温度降到 700℃，黏度为 10^7Pa·s；而后玻璃进入重新加热区，其温度回升到 850℃，黏度为 10^5Pa·s，在使用拉边器情况下进行拉薄，其收缩率达 30%左右。

低温徐冷法：玻璃在离开抛光区后，进入徐冷区，使其温度达 850℃，再配合拉边器进行高速拉制。这种方法的收缩率可降到 28%以下。

在进行拉薄时必须配备拉边器，其配用台数与拉制的厚度有关，如表 8-4 所示。

表 8-4　拉边器配用台数

玻璃厚度/mm	5	4	3	2	1.6
拉边器配用台数/台	1	2～3	3～4	4～5	7

使用锡液作浮抛介质的主要缺点是 Sn 极易氧化成 SnO 及 SnO_2，它不利于玻璃的抛光，同时又是产生虹彩、沾锡、光畸变等玻璃缺陷的主要原因，为此须采用保护气体。一般，保护气体由 N_2+H_2 组成，两者可采用如表 8-5 所示比例。

表 8-5　N_2 与 H_2 的比例

H_2/%	4～6	6～7	8～9
N_2/%	96～94	94～93	92～91

实际上在锡槽各部的 N_2 与 H_2 的比例并不相同，在锡槽的进出口处的 H_2 的比例要稍大些。

（2）垂直引上法成形

可分为有槽垂直引上法、无槽垂直引上法两种。

① 有槽垂直引上法。有槽垂直引上法是玻璃液通过槽子砖缝隙成形平板玻璃的方法。其成形过程如图 8-12 所示，玻璃液由通路 1 经大梁 3 的下部进入引上室，小眼 2 是供观察、清除杂物和安装加热器用的。进入引上室的玻璃液在静压作用下，通过槽子砖 4 的长形缝隙上升到槽口，此处玻璃液的温度为 920～960℃，在表面张力的作用下，槽口的玻璃液形成葱头状板根 7，板根处的玻璃液在引上机 9 的石棉辊 8 拉引下不断上升与拉薄形成原板 10。玻璃原板在引上后受到主水包 5、辅助水包 6 的冷却而硬化。槽子砖是主要的成形设备，其结构如图 8-13 所示。

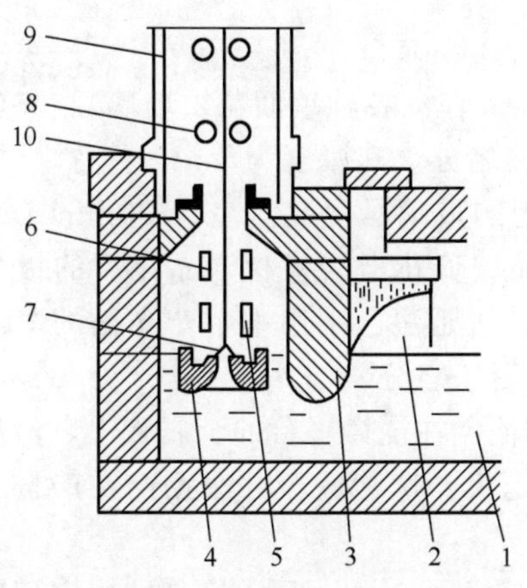

图 8-12　有槽垂直引上室

1—通路；2—小眼；3—大梁；4—槽子砖；5—主水包；6—辅助水包；7—板根；8—石棉辊；9—引上机；10—原板

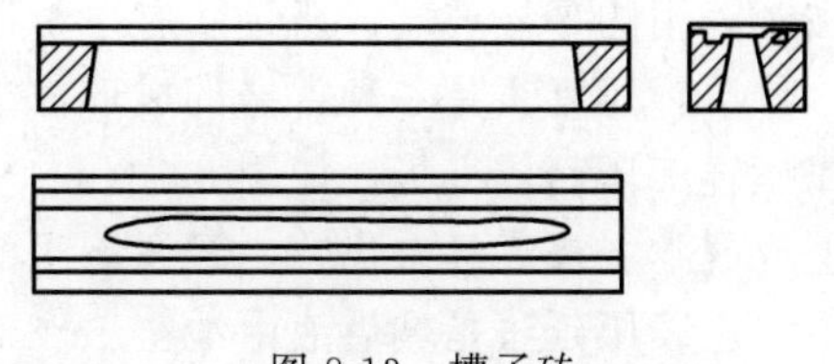

图 8-13　槽子砖

采用有槽法生产窗玻璃的过程是玻璃液经槽口成形、水包冷却、机膛退火而成原板，原板经裁板而成原片。其中，玻璃性质、板根的成形、边子的成形、原板的拉伸力是玻璃成形机理的四个关键部分。

② 无槽垂直引上法。图 8-14 为无槽垂直引上室的结构示意图。可以看出，有槽与无槽引上室设备的主要区别是：有槽法采用槽子砖成形，而无槽法采用沉入玻璃液内的引砖并在玻璃液表面的自由液面上成形。由于无槽引上法采用自由液面成形，所以由槽口不平整（如槽口玻璃液析晶、槽唇侵蚀等）引起的波筋就不再产生，其质量优于有槽法，但无槽引上法的技术操作难度大于有槽引上法。

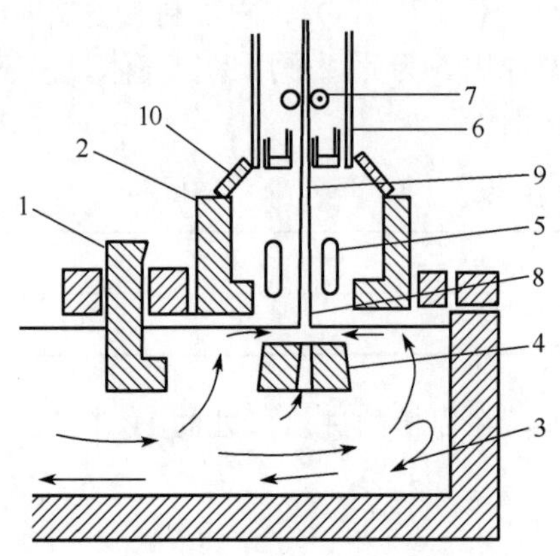

图 8-14　无槽垂直引上室

1—大梁；2—L 型砖；3—玻璃液；4—引砖；5—冷却水包；6—引上机；7—石棉辊；8—板根；9—原板；10—八字水包

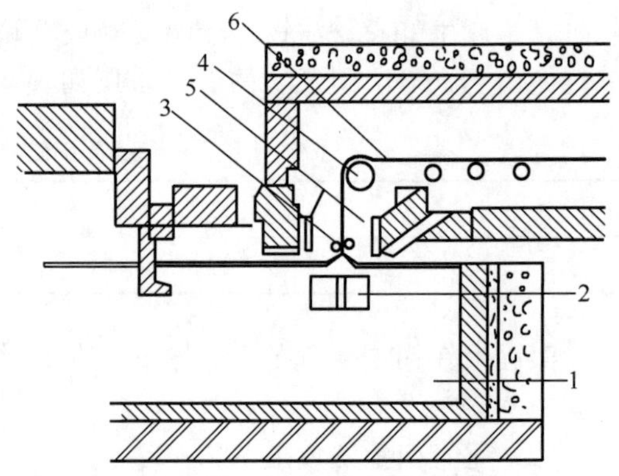

图 8-15　平拉法成形示意图

1—玻璃液；2—引砖；3—拉边器；4—转向辊；5—水冷却器；6—玻璃带

(3) 平拉法成形

平拉法与无槽垂直引上法都是在玻璃液的自由液面上垂直拉出玻璃板。但平拉法垂直拉出的玻璃板在 500～700mm 高度处，经转向辊转向水平方向，由平拉辊牵引，当玻璃板温度冷却到退火上限温度后，进入水平辊道退火窑退火。玻璃板在转向辊处的温度 620～690℃。图 8-15 为平拉法成形示意图。

(4) 压延法成形

用压延法生产的玻璃品种有：压花玻璃（2～12mm 厚的各种单面花纹玻璃）、夹丝网玻璃（制品厚度为 6～8mm）、波形玻璃（有大波、小波之分，其厚度为 7mm 左右）、槽形玻璃（分无丝和夹丝两种，其厚度为 7mm）、熔融法制的玻璃马赛克（生产 20mm×20mm、25mm×25mm 的彩色玻璃马赛克）、熔融法制的微晶玻璃花岗岩板材（晶化后的板材再经研磨抛光而成制品，板材厚度为 10～15mm）。目前，压延法已不用来生产光面的窗用玻璃和制镜用的平板玻璃。压延法有单辊压延法、对辊压延法之分。

单辊压延法是一种古老的成形方法。它是把玻璃液倒在浇铸平台的金属板上，然后用金属压辊滚压而成平板，如图 8-16(a)，再送入退火炉退火。这种成形方法无论在产量、质量上或成本上都不具有优势，是属淘汰的成形方法。

连续压延法是玻璃液由池窑工作池沿流槽流出，进入成对的、用水冷却的中空压辊，经滚压而成平板，再送入退火炉退火。采用对辊压制的玻璃板两面的冷却强度大致相近。由于玻璃液与压辊成形面的接触时间短，即成形时间短，故采用温度较低的玻璃液。连续压延法的产量、质量、成本都优于单辊压延法。各种压延法示于图 8-16 中。

对压延玻璃的成分有如下要求：在压延前，玻璃液应有较低的黏度以保持良好的可塑性；在压延后，玻璃的黏度应迅速增加，以保证固型，保持花纹的稳定与花纹清晰度，制品应有一定的强度并易于退火。

对夹丝网玻璃所用丝网有以下要求：丝网的热膨胀系数应与玻璃匹配；丝网与玻璃不起化学反应，防止碳素钢中的碳素与玻璃中游离氧生成 CO_2；丝网应有一定的强度和熔点，防止在夹入过程中发生拉断与熔断；丝网应具有磁性，以便在处理碎玻璃时容易除去；在掰断夹丝网玻璃时丝网应比较容易掰断；价格便宜，易于采购。

通常采用的丝网直径为 0.46～0.53mm 的含 18Cr 的低碳钢。

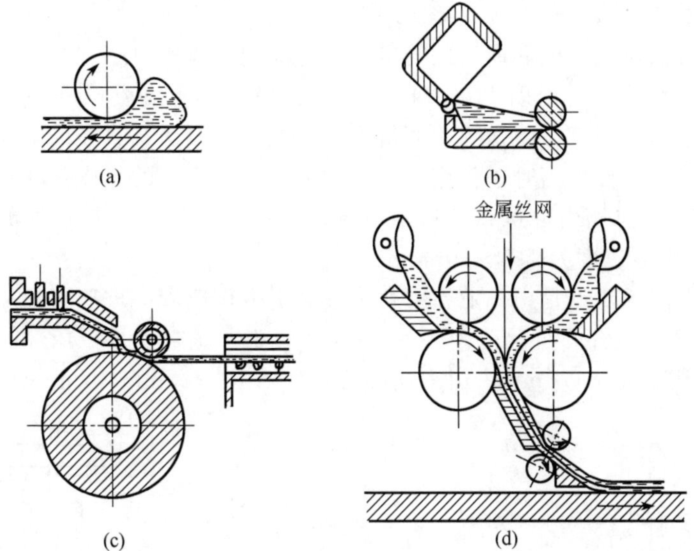

图 8-16　各种压延法示意图

(a) 单辊压延法；(b) 辊间压延法；(c) 连续压延法；(d) 夹丝玻璃压延法

8.3.2　玻璃管的成形方法

管玻璃（又称玻璃管）的机械成形方法有水平拉管和垂直引上（或引下）两类方法。水平拉制有丹纳法和维罗法。垂直引上法分有槽的和无槽的两种。

(1) 丹纳法

丹纳拉管法可以制造外径 2～70mm 的玻璃管。主要用以生产安瓿瓶、日光灯、霓虹灯等所用的薄壁玻璃管。玻璃液从池窑的工作部经流槽流出，由闸砖控制其流量。流出的玻璃液呈带状落在耐火材料的旋转管上。旋转臂上端直径大，下端直径小，并以一定的倾斜角装在机头上，由中心钢管连续送入空气。旋转管以净化煤气加热。在不停地旋转下，玻璃液从上端流到下端形成管根。管根被拉成玻璃管，经石棉辊道引入拉管机。拉管机的上下两组环链夹持玻璃管使之连续拉出，并按一定长度截断。图 8-17 为丹纳拉管法示意图。

(2) 维罗法

维罗法：玻璃液从漏料孔中流出，在漏料孔的中心有空心的耐火材料和耐热合金管，通入压缩空气使玻璃成为管状。当玻璃管下降到一定位置时，即放在石棉导辊上。用与丹纳法相同的拉管机拉制。拉制速度随外径及管壁厚度的增加而降低；并与玻璃的化学组成和硬化速度有关，一般为 2～140m/min。图 8-18 为维罗拉管法示意图。

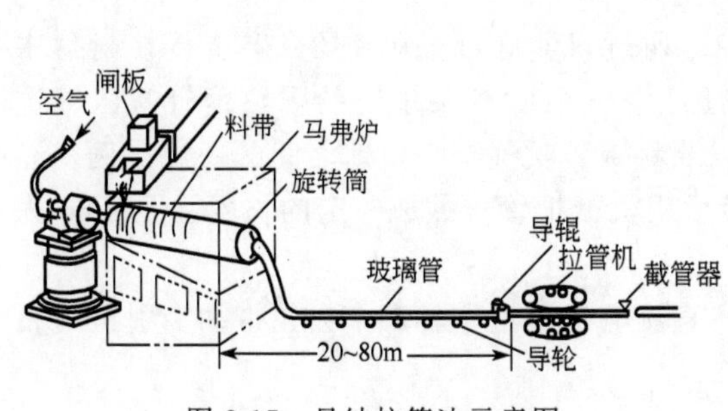

图 8-17　丹纳拉管法示意图

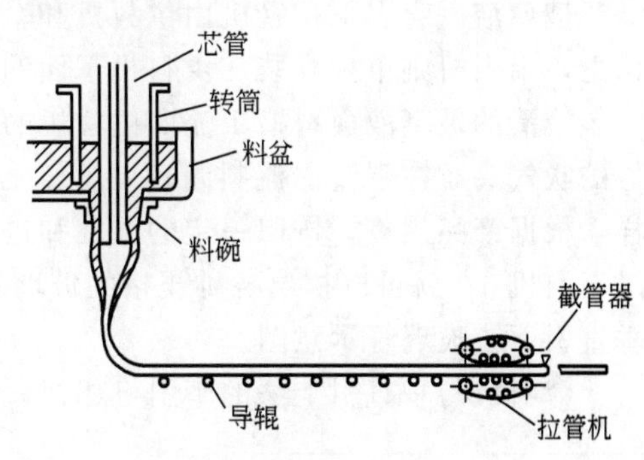

图 8-18　维罗拉管法示意图

（3）垂直引上法

垂直引上法可以拉制薄壁和厚壁的管道，而主要用于拉制厚壁工业管道。

垂直有槽引上法的设备由引上机（拉管机）和槽子砖所组成。拉制的方法是采用“抓子”从槽子砖内拉出玻璃管，再送入引上机内。根据管壁厚薄和直径的不同，调整引上机的速度，愈厚引上速度愈慢。当管子拉到顶端时，玻璃管按需要的长度割断，放到收集玻璃管的槽子里。图 8-19 为有槽引上拉管工作示意图。用这种方法引上玻璃管的直径范围为 2～30mm；每根管的引上速度为 1.5～20m/min。

垂直无槽引上法的要点是由作业室中自由液面引上玻璃管，玻璃液是从池窑作业部沿通路流入。引上薄壁玻璃管的直径范围为 4～40mm，引上速度为 6～12m/min。引上厚壁玻璃管道的直径范围为 50～170mm。引上速度一般为 0.7～2.5m/min。

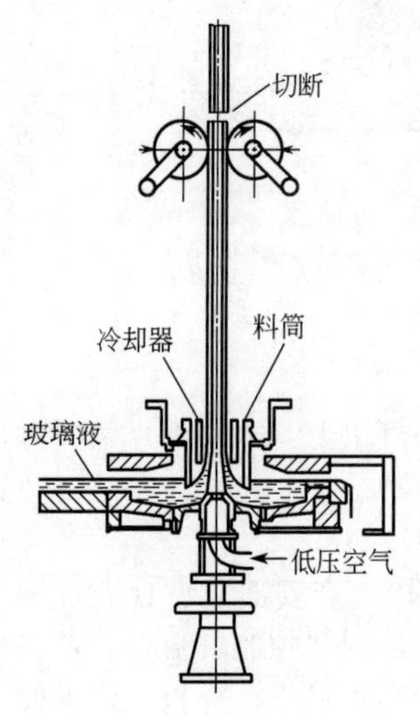

图 8-19　有槽引上拉管工作示意图

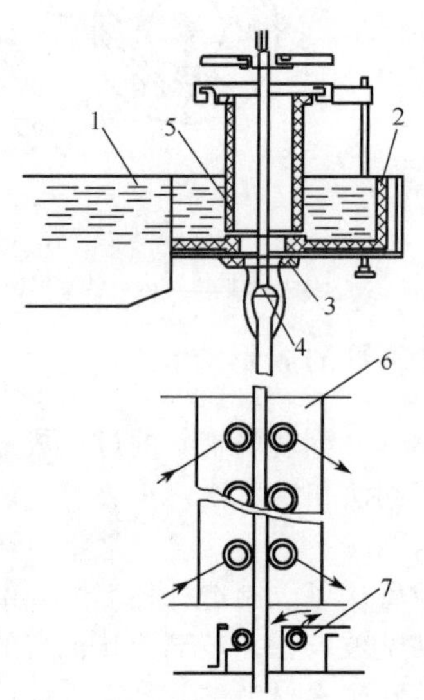

图 8-20　垂直引下拉玻璃管示意图

1—料槽；2—料盆；3—料碗；4—吹气头；5—料筒；6—牵引机；7—机械截管

（4）垂直引下法

垂直引下拉管法具有设备简单，改换品种时操作简便，配上转绕机可以直接生产蛇形管等优点，能生产直径为 1in❶、2in、3in 的厚壁玻璃管以及外径为 8～100mm 的仪器用管。

玻璃液垂直引下拉管机由供料机和牵引机两部分组成。供料机安装在与池窑相连接的料槽上，牵引机则单独安装在供料机下面的工作台上。

澄清的玻璃液由料槽 1 流向供料机的料盆 2，通过料盆底部的料碗 3，顺着装在料盆中心的吹气头 4 往下流。流料量由料筒 5 控制。压缩空气由吹气头中心的耐热钢管吹入。这样，根据产品规格，按照一定的温度和进气量以及料碗、吹气头、机速之间的一定比例，经过牵引机 6，就可以拉出各种规格的玻璃管。最后用机械把管子截成一定的长度。图 8-20 为垂直引下拉玻璃管示意图。

牵引机与垂直引上法的牵引机相似，是由一直流电机通过主轴和伞齿轮带动牵引机对石

❶ 1in＝0.0254m。

棉导辊同步运转。石棉导辊安装在机膛侧壁的扇形齿轮上，从而使每对石棉导辊随着玻璃管直径的大小自由紧合。根据管径的要求，调整机速和料碗出料孔，即可拉制出不同规格的制品。

8.3.3　玻璃瓶罐的成形

将合乎成形要求的玻璃做成玻璃瓶罐的过程即为玻璃瓶罐的成形，成形后的制品从高温冷却到常温时，会产生热应力，为了将玻璃中的热应力尽可能消除，需要对玻璃制品进行退火。瓶罐成形主要设备有供料道、供料机、制瓶机等。

(1) 供料道

供料道是一个用耐火材料砌造的封闭通道，玻璃自池窑作业部经此通道至供料机的料碗。供料道由冷却段和调节段组成，玻璃液在供料道中通过精确的调节，达到成形所需要的温度。供料道的作用是把池窑已熔制好的玻璃液调节至适于制品成形温度。它可根据需要对玻璃液进行既经济且有效的加热或冷却。可将合乎制瓶机所要求的适当温度和黏度的玻璃液送入供料机。

供料道由冷却段和调节段组成，其结构示意图见图 8-21。

冷却段的作用是使熔化好的玻璃液自池窑流出后进入冷却和加热的区段，使玻璃液达到成形制品需要的平均温度。为增加冷却程度，冷却风仅仅吹供料道的碹顶部分，加热则集中在两侧料槽顶部。

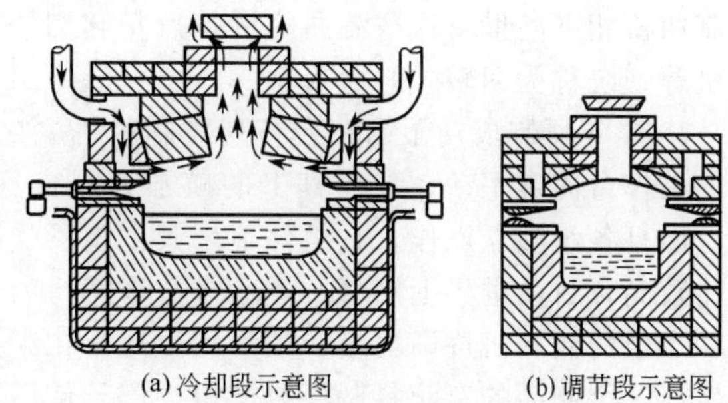

(a) 冷却段示意图　(b) 调节段示意图

图 8-21　供料道结构示意图

调节段的作用是使玻璃液温度分布均匀，当制品质量和机速发生变动时就必须改变料滴温度。但是由于供料道与温度大致一致的池窑直接连在一起，所以制品和机速变动时，就必须依靠供料道的冷却段和调节段采用加热或冷却的手段调节玻璃液的温度。

(2) 供料机

机械成形的供料方法有滴料和吸料两种，目前瓶罐玻璃生产中大都采用滴料法。使用供料机将合乎成形要求的玻璃液变成料滴均匀地滴入制瓶机接料装置中。供料机是当前各种滴料式制瓶机的配套设备。

供料道终端的料盆部分称为供料机。供料机可将供料道中被加热成均质的玻璃液变成成形时所需要的料滴，以供制瓶机使用，它是由耐火材料制作的部件和机械部件装配而成的。与供料道相接的供料机料盆内的熔融玻璃液是利用装在冲头机构上的耐火材料冲头从料碗中压出，然后被剪料机构切断即成料滴。

供料机的结构由料盆、料碗、冲头和套筒等组成。供料机各部位的功能是：

① 料盆：是由耐火材料制成的容器，供成形料滴所需的一定量的玻璃液起到保温和蓄积作用。

② 冲头：是一根耐火材料制成的头部呈锥形的圆棒，可上下运动，将料碗中的玻璃液吸入并从碗口压出。

③ 套筒：是在冲头周围旋转的耐火材料圆筒，使玻璃液均匀并能调节玻璃液流量。

④ 料碗：是装在料盆内的耐火材料小碗，碗底有孔，冲头将玻璃液从孔中压出，形成料滴，料碗根据制品质量决定碗底孔的直径。

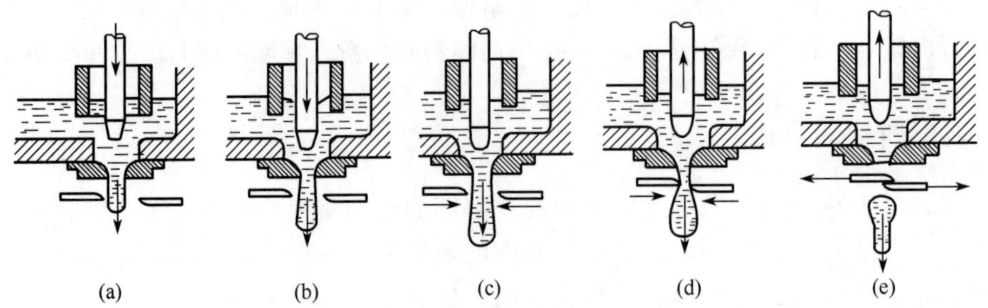

图 8-22　滴料供料机料滴形成过程示意图

滴料式供料机的任务是将具有一定质量、形状与温度的料滴以一定供料速率垂直而无扭折地落向雏形模，料形取决于成形过程，基本可归纳成如图 8-22 所示的五个主要步骤：在旋转着的匀料筒内冲头作等速下降，玻璃从料碗向外流出；冲头加速下降；冲头在最低位置停留，剪刀开始合闭；剪刀开始合闭，同时冲头加速上升；料滴被剪落，冲头等速上升。

（3）自动制瓶机

1915 年新的供料方法——供料机和滴料机的出现，促使采用供料机滴料方法的各种自动制瓶机相继问世，这些制瓶机的特点是它们的制瓶模子均随着工作台一起转动，如林取制瓶机等，统称为回转式制瓶机。

1925 年研制成功了第一台行列式制瓶机，它以新的工作原理在供料机供料下进行工作。它的工作台固定不动，装在其上的模子只有自身的开闭动作，因此比回转式制瓶机的动作少，而且各组独立操作，一组停下来其他组不受影响，结构简单、操作安全、模子的利用率也比较高，目前世界上制瓶行业大多数采用行列式制瓶机，六组行列式制瓶机应用最广，八组和十组的制瓶机逐渐增多，最高组数达十二组。一组同时生产二个制品的双滴料制瓶机以及生产三个制品的三滴料制瓶机已得到广泛使用。

制瓶机成形方法主要有三种：吹-吹法（瓶子）、压制法（器皿）和压-吹法（瓶子和器皿）。

① 吹-吹法。吹-吹法和人工吹制瓶子的原理相同，先向雏形模中吹入压缩空气做成瓶子雏形（称为雏形料泡）再将雏形料泡翻转，交给成形模，向成形模中吹入压缩空气，最后做出瓶子。

基体操作工序：装料——由料碗落下的料滴，装入雏形模，为使料滴容易落入雏形模，必须使用漏斗。瓶口成形——料滴在雏形模中被来自上部的压缩空气压入模内。这时在口模下部为了不使玻璃挤出，冲头从下上升到规定的位置，形成瓶口。吹成雏形料泡——冲头下降，向冲头冲出的凹洞，从下面吹入压缩空气（称为倒吹气）吹成雏形料泡，这时为了不使玻璃中从雏形模底部挤出，用挡板（即初形模底板）盖住模子底部。雏形料泡翻送——挡板上升，雏形模开放，雏形料泡在被口模夹住的状态下做 180°翻转，移送到成形模中，在成形模合上的瞬间，口模放开，雏形料泡便完全落入成形模中。重热——雏形料泡在离开金属雏形模后，进入成形模前，使雏形料泡内外玻璃温度分布均匀，这一短暂的时间间隔称为“重热”，由于与雏形模接触的玻璃料泡表面，金属模具吸热而产生硬化层，若立即在成形模中吹制成形则不易得到厚薄均匀、表面光洁的制品。吹气成形（正吹气）——在成形模内，从雏形料泡口部吹入压缩空气（吹气时间可根据需要调整）进行最后的吹气，吹成形状完整的制品。钳移——成形模开放，钳瓶夹具将制品移置到固定的风板上。利用拨瓶机构，将风板上冷却的制品按时拨送到送瓶机的输送带上。

② 压-吹法。压-吹法的基本原理是将落入雏形模的料滴用金属冲头压制成瓶子的雏形，然后在成形模中吹制成完整的瓶子，压-吹法一般用于制作广口瓶。

压-吹法的操作工序：装料——料碗落下的料滴装入雏形模内；堵塞——为了不使玻璃料从口模下部挤出，使冲头稍为上伸，堵住落下的料滴；压成雏形料泡——挡板将雏形模上部盖住，堵住料滴，冲头进一步向上顶压，使玻璃与雏形模、挡板、口模紧密贴靠形成瓶口和雏形料泡；重热——冲头下降、雏形模开放，开始雏形料泡的“重热”；翻转——口模夹着雏形料泡作 180°翻转传送至成形模；吹气成形——在成形模内，从雏形料泡口部吹入压缩空气（吹气时间可根据需要调整），进行最后的吹气，吹成完整的制品；钳移——成形模开放，钳瓶夹具将制品移置到固定的风板上，利用拨叉将风板上冷却后的制品按时拨到送瓶输送带上。

③ 压制法。压制法比较简单，它是将由料碗落下的料滴进入成形模内用金属冲头压制成形，其特点是工艺简单、尺寸准确，制品外表面可带有花纹，但压制品表面有模缝，不光滑等。压制法不能生产如下产品：内腔是上小下大的空心制品、内壁有花纹的制品和薄长制品。

8.4 玻璃中的应力

物质内部单位截面上的相互作用力称为内应力。玻璃的内应力根据产生的原因不同可分为三类：因温度差产生的应力，称为热应力；因组成不一致而产生的应力，称为结构应力；因外力作用产生的应力，称为机械应力。

8.4.1 玻璃中的热应力

玻璃中的热应力按其存在的特点，分为暂时应力和永久应力。

（1）暂时应力

温度低于应变点而处于弹性变形温度范围内的玻璃，在加热或冷却的过程中，即使加热或冷却的速度不是很大，玻璃的内层和外层也会形成一定的温度梯度，从而产生一定的热应力。这种热应力，随着温度梯度的存在而存在，随着温度梯度的消失而消失，所以称为暂时应力。

图 8-23 表明玻璃经受不同的温度变化时，暂时应力的产生和消失过程。设一块一定厚度、没有应力的玻璃板，从常温加热至该玻璃应变点以下某一温度，经保温使整块玻璃板中不存在温度梯度。再将该玻璃板双面均匀自然冷却，因玻璃导热性能差，所以表面层的温度急剧下降，而玻璃内层的温度下降缓慢。因此，在玻璃板中产生了温度梯度，沿着与表面垂直的方面温度分布曲线呈抛物线型，如图 8-23 所示。

玻璃板在冷却过程中，处于低温的外层具有较大的收缩，但这种收缩受到温度较高、收缩较小的内层的阻碍，不能自由缩小到它的正常值而处于拉伸状态，产生了张应力。而内层则由于外层收缩较大而处于压缩状态，产生了压应力。这时在玻璃板厚度方向的应力变化，是从最外层的最大张应力值，连续地变化到最内层的最大压应力值。在由张应力变化到压应力的过程中，其间存在某一层的张应力同压应力大小相等，方向相反，相互抵消。该层压应力为零，称为中性层。

玻璃冷却到外表层温度接近外界温度时，外层体积几乎不再收缩。但此时玻璃内层的温度仍然较高，将继续降温，体积继续收缩。这样外层就受到内层的压缩，产生压应力。而内

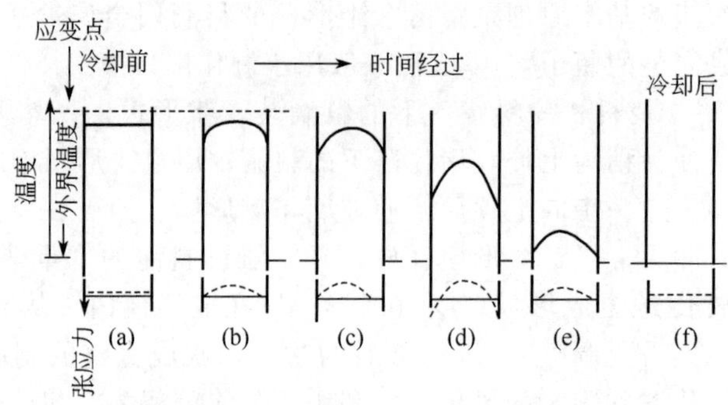

图 8-23　玻璃暂时应力的产生和消失示意图

层的收缩则受到外层的拉伸，产生张应力。其应力值随内部温度的降低而增加，直到温差消失为止。这时内外层产生的应力方向，刚好同冷却过程中玻璃所产生的应力方向相反，且大小相等，互相可以逐步抵消，如图 8-23(e) 所示。所以在玻璃冷却到内外层温度一致时，玻璃中不存在任何热应力，如图 8-23(f) 所示。同理，一块没有应力的玻璃在加热到应变点以下的某一温度的过程中，也会产生这种暂时应力。应力的产生和消失过程与在冷却过程中应力的产生和消失相同，只是方向相反。即外层为压应力，内层为张应力。

综上所述，温度均衡以后玻璃中的暂时应力随之消失。但应指出，当暂时应力值超过玻璃的极限强度时，玻璃同样会自行破裂，所以玻璃在脆性温度范围内的加热或冷却速度也不宜过快。但可以利用这一原理以急冷的方法切割管状物和空心玻璃制品。

(2) 永久应力

当玻璃在常温下，内外层温度均衡后，即温度梯度消失后，在玻璃中仍然存在着热应力，这种应力称为永久应力或残余应力。

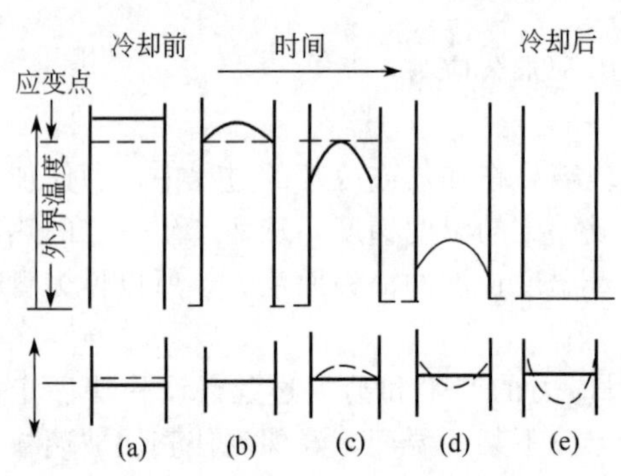

图 8-24　玻璃中永久应力产生示意图

用图 8-24 来说明玻璃中产生永久应力的原因及其形成过程。将一块没有应力的玻璃板，加热到高于应变点以上某一温度，如图 8-24(a) 所示。经加热后的玻璃板，令其两面均匀自然冷却，经一定时间后玻璃中的温度分布呈抛物线型，如图 8-24(b) 所示，形成温度差。玻璃外层温度低，收缩值大，在降温收缩过程中受内层阻碍，产生张应力。而内层的温度高收缩小，受外层收缩的压力作用，产生压应力。但由于玻璃的温度在应变点以上时具有黏弹性，质点的热运动能力较大，玻璃内部结构基团间可以产生位移和变形，使由温度梯度所产生的内应力得以消失，这个过程称为应力松弛。这时玻璃内外层虽然存在温度梯度，但不存在应力。但当玻璃在应变温度以一定的速度冷却时，玻璃从黏性体逐渐地转变为弹性体，内部结构基团之间的位移受到限制，由温度梯度所产生的应力不能全部消失。当外表层冷却到室温时，玻璃存在的内应力为由温度梯度所产生的应力 P 减去因基团位移被松弛的部分应力 x，即用 $P-x$ 表示。当玻璃继续冷却到室温，加热后玻璃的表面层产生压应力，而内层产生张应力。所以，在玻璃的温度趋于同外界温度一致的过程中，玻璃内保留下来的热应力，不能刚好抵消温度梯度消失所引起的反向应力。即玻璃冷却到室温，内外层温度均衡后，玻璃中仍然存在应力。其应力的大小为 $(P-x)-P=-x$，如图 8-24(e) 所示。

综上所述，玻璃内永久应力的产生是在应变温度范围内，应力松弛的结果。应力松弛的程度取决于在这个温度范围内的冷却速度、玻璃的黏度、热膨胀系数及制品的厚度。为了减少永久应力的产生，应根据玻璃的化学组成、制品的厚度，选择适当的退火温度和冷却速度，使其残余应力值在允许的范围内。

8.4.2 玻璃中的结构应力

玻璃中因化学组成不均匀导致结构不均匀而产生的应力，称为结构应力。结构应力属永久应力。例如在玻璃的熔制过程中由于熔制均化不良，使玻璃中产生条纹和结石等缺陷，这些缺陷的化学组成与主体玻璃不同，其热膨胀系数亦有差异，如硅质耐火材料结石的热膨胀系数为 $6\times10^{-6}℃^{-1}$，而一般玻璃为 $9\times10^{-9}℃^{-1}$ 左右。在温度到达常温后，由于不同热膨胀系数的相邻部分收缩不同，使玻璃产生应力。这种由于玻璃固有结构所造成的应力，显然是不能用退火的办法来消除的。在玻璃中只要有条纹、结石的存在，就会在这些缺陷的内部及其周围的玻璃体中引起应力。

除上述因熔制不均造成的结构应力外，不同热膨胀系数的两种玻璃间及玻璃与金属间的封接、套料等都会引起结构应力的产生。应力的大小取决于两种接触物的热膨胀系数差异程度。如果差异过大，制品就会在冷却过程中炸裂。造型不妥引起散热不均，也是产生结构应力的原因之一。

8.4.3 玻璃的机械应力

机械应力是指外力作用在玻璃上，在玻璃中引起的应力。它属于暂时应力。随着外力的消失而消失。机械应力不是玻璃体本身的缺陷，只要在制品的生产过程及机械加工过程中所施加的机械力不超过其机械强度，制品就不会破裂。

8.4.4 玻璃中应力的表示和测定

（1）玻璃中应力的表示方法

玻璃中的应力，常用偏振光通过玻璃时所产生的双折射来表示，这种方法便于观察和测量应力。无应力的优质玻璃是均质体，具有各向同性的性质。光通过这样的玻璃，其各方向上速度相同，折射率亦相同，不产生双折射现象。当玻璃中存在应力时，由于受力部位玻璃的密度发生变化，玻璃成为光学上的各向异性体，偏振光进入有应力的玻璃时，就分为两个振动平面相互垂直的偏光，即双折射现象。它们在玻璃中的传播速度也不同，这样就产生了光程差。因此，光程差是由双折射引起的。双折射的程度与玻璃中所存在的应力大小成正比，即玻璃中的应力与光程差成正比。

受单向应力 F 的玻璃单元体（如图 8-25），当光线沿 z 轴通过时，y 方向的折射率 n_y，与 x、z 方向的折射率 n_x、n_z 不同，因此沿 x 及 z 方向通过的光线即产生双折射，其大小与玻璃中应力 F 成正比。

$$\Delta n=n_y-n_z=(C_1-C_2)F=BF \qquad (8\text{-}17)$$

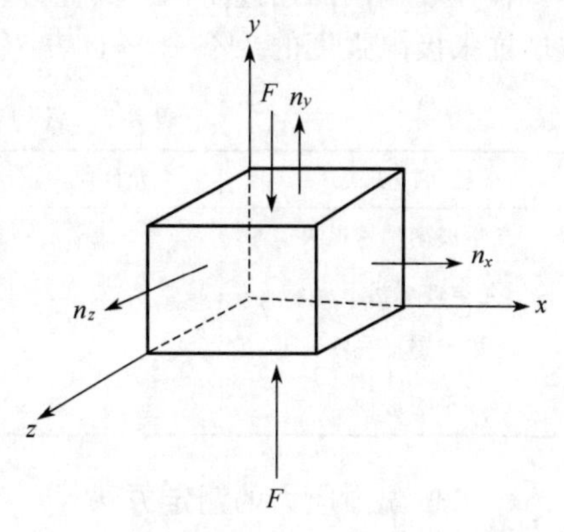

图 8-25 应力玻璃单元体折射率示意图

式中，Δn 为通过玻璃两个垂直方向振动光线的折射率差；B 为应力光学常数。当 Δn 以 nm/cm 表示时，B 的单位为布，1 布 $=10^{-12}Pa^{-1}$；F 为应力，Pa；C_1、C_2 为光弹性系数。

如果玻璃中某点有三个相互垂直的正应力 F_x、F_y、F_z，光线沿与 F_x、F_y 方向垂直的 z 轴通过，产生的双折射以下式表示：

$$\Delta n=B(F_x-F_y)$$

当 $F_y=0$ 时，$\Delta n=BF_x$；应力 F_z 同光线处于平行方向，对双折射的光程差没有影响。当 $F_x=F_y$，则 $\Delta n=0$；这说明均匀分布的应力对与其垂直的光线不产生双折射。

部分玻璃的应力光学常数列于表 8-6。玻璃中的应力同双折射成正比，即同光程差成正比，所以可用测量光程差的办法间接测量应力的大小。

表 8-6　部分玻璃的应力光学常数

玻璃种类	$B/\times10^{-12}Pa^{-1}$	玻璃种类	$B/\times10^{-12}Pa^{-1}$
石英玻璃	3.46	一般冕牌玻璃	2.61
96%二氧化硅玻璃	3.67	轻钡冕	2.88
低膨胀硼酸盐玻璃	3.87	重钡冕	2.18
铝硅酸盐玻璃	2.63	轻燧	3.26
低电耗的硼酸盐玻璃	4.78	钡燧	3.16
平板玻璃	2.65	中燧	3.18
钠钙玻璃	2.44～2.65	重燧	2.71
硼硅酸盐冕牌玻璃	2.99	特重燧	1.21

注：一般玻璃的应力光学常数约为 $2.85\times10^{-12}Pa^{-1}$。

设玻璃单位厚度上光程差为 δ（nm/cm），则 $\delta=\dfrac{V(t_y-t_x)}{d}$，将 $t_y=\dfrac{d}{V_y}$ 和 $t_x=\dfrac{d}{V_x}$ 代入上式。式中，δ 为玻璃单位厚度上的光程差，nm/cm；V 为光在空气中的传播速度；V_y、V_x 为光在玻璃中沿 x 及 y 方向的传播速度；t_y、t_x 为光沿 x、y 方向通过玻璃的时间；d 为玻璃厚度，cm。又因为 $\Delta n=BF$，所以 $\delta=\Delta n=BF$。

$$F=\frac{\delta}{B} \tag{8-18}$$

玻璃中光程差 δ 可用偏光仪测定。按公式(8-18) 求出的应力值，其单位为 Pa；也可以用玻璃单位厚度上光程差 δ 来直接表示，其单位为 nm/cm。

各种玻璃制品用途不同，其允许存在的永久应力值也不同，列于表 8-7 中。其数值约为玻璃抗张极限强度的 1%～5%，表 8-7 中是以光程差表示的允许应力值。

表 8-7　各种玻璃的允许应力（以光程差表示）

玻璃种类	允许应力/(nm/cm)	玻璃种类	允许应力/(nm/cm)
光学玻璃精密退火	2～5	镜玻璃	30～40
光学玻璃粗退火	10～30	空心玻璃	60
望远镜反光镜	20	玻璃管	120
平板玻璃	20～95	瓶罐玻璃	50～400

(2) 玻璃内应力的测定方法

① 偏光仪观察法。偏光仪是由起偏镜和检偏镜构成，如图 8-26。光源 1 的白光以布儒

斯特角（57°）通过毛玻璃5入射到起偏镜2，由其产生的平面偏振光经灵敏色片3到达检偏镜4。检偏镜的偏振面与起偏镜的偏振面正交。灵敏色片的双折射光程差为565nm，视场为紫色。如果玻璃中存在应力，当玻璃被引入偏振场中时，视场颜色即发生变化，出现干涉色。根据玻璃中干涉色的分布和性质，可以粗略估计出应力大小和部位。观察转动的玻璃局部有强烈颜色变换时，可推断它存在较大且不均匀应力。颜色变换最多的地方，应力最大。

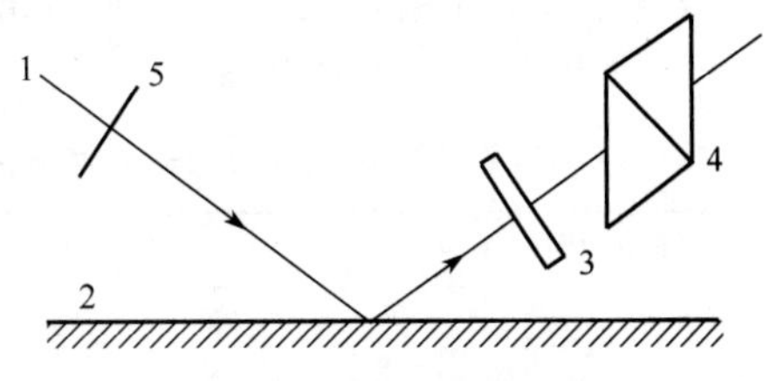

图8-26 偏光仪结构示意图

灵敏色片光程差与玻璃应力产生的光程差相加或相减，可使玻璃中存在的很小应力明显观察出来。

② 干涉色法。干涉色法可以进行定量测定。将被测玻璃试样放入偏光仪的正交偏光下使玻璃与水平面成45°角，这时确定视场中所呈现的颜色，然后向左右两方向转动玻璃，根据两个方向上的最大的颜色变化，按表8-8查出其对应的光程差。

如仪器中装有灵敏色片，必须考虑到灵敏色片固有的光程差。一般引起视场呈紫色的灵敏色片，其程差为565nm。转动玻璃时视场颜色变化为玻璃与灵敏色片的总光程差。

当玻璃的应力为张应力时，视场总光程差为玻璃固有光程差同灵敏色片光程差之和，玻璃的光程差为视场总光程差减去565nm。当玻璃的应力为压应力时，视场总光程差为灵敏色片光程差同玻璃固有光程差之差，玻璃的光程差为565nm减去视场总光程差。

加有灵敏色片时，视场颜色与光程差的关系如表8-9。

表8-8 正交偏光下视场颜色与光程差的关系

颜色	总光程差/nm(压应力下)	颜色	总光程差/nm(张应力下)
铁灰	50	蓝	640
灰白	200	绿	740
黄	300	黄绿	840
橙	422	橙	945
红	530	红	1030
紫	565	紫	1100
—	—	蓝绿	1200
—	—	绿	1300
—	—	黄	1400
—	—	橙	1500

③ 补偿器测定法。在正交偏光下用补偿器来补偿玻璃内应力所引入的相位差。仪器的检偏器由尼科尔棱镜、旋转度盘及补偿器组成。在测定时，旋转检偏器，使视场呈黑色。放置玻璃后，如有双折射，视场中可看到两黑色条纹隔开的明亮区。旋转检偏器，重新使玻璃中心变黑，记下此时检偏器的位置，根据检偏角度差 ϕ，按下式计算玻璃光程差：

$$\delta=\frac{3\phi}{d} \tag{8-19}$$

式中 δ——玻璃的光程差，nm/cm；

ϕ——检偏镜旋转角度差；

d——玻璃中光通过处的厚度，cm。

此法可以测出 5nm 的光程差。

表 8-9　加有灵敏色片时视场颜色与光程差的关系

张应力时的颜色	光程差/nm	张应力时的颜色	光程差/nm
黄	325	红	35
黄绿	275	橙	108
绿	175	淡黄	200
蓝绿	145	黄	265
蓝	75	灰白	330

（3）测试应力需注意的问题

所有方法测出的均是相互垂直的两主应力的差值。如果两主应力相等，即使应力值很大，测出的应力也是零，这种现象经常会产生误导，使人容易忽略实际存在的应力。因此，一般选择主应力之一为零的部位作为测量点。

只有垂直于光路的应力才能测出。如果一维主应力平行于光透射方向，则也会得出不存在应力的错误结论。另一方面，此特性也常被用来解决上述（1）条所讨论的问题，如玻璃中存在二维应力，应使主应力之一平行于光路，从而准确测出另一主应力值。

测出的应力是光经过的玻璃内不同位置应力的代数和。如果一个玻璃瓶壁的外表面存在压应力，而内表面是张应力，光从瓶身一侧射进、从另一侧射出，则测得的应力是各处应力的平均值，各处的实际应力很可能远大于此平均值。

光的入射方向须与玻璃表面垂直。异型制品须浸入与玻璃折射率相同的液体中，以杜绝反射、折射等现象产生的光学作用，这些作用会干扰应力干涉色，影响应力测量精度。

应力测定并不是一项高难度的工作，但它涉及的因素多，且容易混淆，稍不注意就会得出错误甚至相反的结果。在实际测定之前，一定要先分析造成玻璃制品失效的应力因素，选择合理的测定方法与步骤。应力测定的目的是反馈给玻璃生产工段，为其采用更合适的热处理设备、制定更合理的热处理工艺提供依据。因此应力测定既是检验工序的工作，更重要的应该是工艺过程控制的一环，应力测定与生产工艺应紧密结合在一起。

8.5　玻璃的退火

玻璃的退火，是为了减少或消除玻璃在成形或热加工过程中产生的永久应力，提高玻璃使用性能的一种热处理过程。

8.5.1　玻璃中应力的消除

根据玻璃内应力的形成原因，玻璃的退火实质上是由两个过程组成的，即应力的减弱和消失，防止新应力的产生。玻璃没有固定的熔点，从高温冷却，经过液态转变成脆性的固态物质，此温度区域称为转变温度区域，上限温度为软化温度，下限温度为转变温度。在转变温度范围内玻璃中的质点仍然能进行位移，即在转变温度附近的某一温度下，进行保温、均热，可以消除玻璃中的热应力。

由于此时玻璃黏度相当大，应力虽然能够松弛，但不会影响制品的外形改变。

（1）应力的松弛

玻璃在转变温度以上属于黏弹性体，由于质点的位移使应力消失称为应力松弛。根据麦克斯韦（Maxwell）的理论在黏弹性体中应力消除速度，用下列方程表示：

$$\frac{\mathrm{d}F}{\mathrm{d}t}=-MF \tag{8-20}$$

式中，F 为应力；M 为比例常数（与黏度有关）。

阿丹姆斯（Adams）和威廉逊（Williamson）通过实验得出玻璃在给定温度保温时，应力消除的速度符合下式：

$$\frac{\mathrm{d}\sigma}{\mathrm{d}t}=-A\sigma^2 \tag{8-21}$$

积分得：

$$\frac{1}{\sigma}=\frac{1}{\sigma_0}+At \tag{8-22}$$

式中，σ_0 为开始保温时玻璃的内应力，Pa；σ 为经过时间 t 后玻璃的内应力，Pa；A 为退火常数，与玻璃的组成及应力消除的温度有关。

在较高的温度及低温保温的后期，阿丹姆斯和威廉逊方程比较接近实际，是简单而实用的。

如以双折射以 δ_n（nm/cm）表示应力，即 $\delta_n=B$，$\delta_{n0}=B_0$，则方程式(8-22）变为：

$$\frac{1}{\delta_n}-\frac{1}{\delta_{n0}}=A't \tag{8-23}$$

式中，$A'=A/B$ 为退火常数，随玻璃组成及温度而变化；B 为应力光学常数。

退火常数 A'，随保温温度 T 的升高而以指数率递增：

$$\lg A'=M_1T-M_2 \tag{8-24}$$

式中，M_1、M_2 为应力退火常数，取决于玻璃组成。

硅酸盐玻璃的 M_1 值几乎一致，约为 0.033 ± 0.005，M_2 值则相差较大。由上式可以看出，保温温度 T 愈高，则 A'值愈大，应力松弛的速度也愈大。不同组成玻璃的 M_1 和 M_2 列于表 8-10。

表 8-10 不同组成玻璃的 M_1 和 M_2 %（质量分数）

SiO_2	B_2O_3	Al_2O_3	PbO	BaO	ZnO	CaO	K_2O	Na_2O	B	M_1	M_2
67	12	—	—	4	—	—	8	9	2.85	0.030	18.68
73	—	—	—	—	—	12	1	14	2.57	0.029	17.35
47	4	1	—	29	11	—	5	3	2.81	0.032	20.10
40	6	3	—	43	8	—	—	—	2.15	0.038	24.95
46	—	—	24	15	8	—	4	3	3.10	0.028	16.28
54	—	—	35	—	—	—	5	6	3.20	0.033	15.92
45	—	—	48	—	—	—	4	3	3.13	0.038	18.34

（2）冷却时应力的控制

冷却时，玻璃中应力的产生与冷却速度、制品的厚度及其性质有关。根据阿丹姆斯和威廉逊提出的内应力与冷却速度之间的关系式：

$$\sigma=\frac{\alpha E h_0}{6\lambda(1-\mu)}(a^2-3x) \tag{8-25}$$

式中，α 为热膨胀系数；E 为弹性模量；h_0 为冷却速度；λ 为热导率；a 为板厚的一半；x 为所测定的距离；μ 为泊松比（薄板材料在受到纵向拉伸时的横向压缩系数）。

由式(8-25) 可知，在冷却过程中温度梯度的大小是产生内应力的主要原因，冷却速度愈慢，温度梯度愈小，产生的应力也就很小。另外内应力的产生与应力松弛有关，松弛速度愈慢，产生的永久应力愈小。当松弛速度为零时，则在任何冷却速度下，玻璃也不会产生永久应力。

根据各种玻璃允许存在的内应力，可以利用上式计算冷却速度以防止内应力的产生。

8.5.2 玻璃的退火温度

(1) 玻璃的退火温度及退火温度范围

玻璃中内应力的消除与玻璃的黏度有关，黏度愈小，内应力的消除愈快。为了消除玻璃中的内应力，必须将玻璃加热到低于转变温度 T_g 附近的某一温度进行保温均热，使应力松弛。选定的保温均热温度，称为退火温度。退火温度可分为最高退火温度和最低退火温度。最高退火温度是指在该温度下经 3min 能消除应力 95%，一般相当于退火点（$\eta=10^{12}$ Pa·s）的温度，也叫退火上限温度。最低退火温度是指在此温度下经 3min 仅消除应力 5%，也叫退火下限温度。最高退火温度至最低退火温度之间称为退火温度范围。

大部分器皿玻璃最高退火温度为 (550±20)℃；平板玻璃为 550～570℃；瓶罐玻璃为 550～600℃；铅玻璃为 460～490℃；硼硅酸盐玻璃为 560～610℃。低于最高退火温度 50～150℃的温度为最低退火温度。实际生产中常采用的退火温度，都低于玻璃最高退火温度 20～30℃。

(2) 退火温度与玻璃组成的关系

玻璃的退火温度与其化学组成密切相关，凡能降低玻璃黏度的成分，均能降低退火温度。如碱金属氧化物的存在能显著降低退火温度，其中 Na_2O 的作用大于 K_2O。SiO_2、CaO 和 Al_2O_3 能提高退火温度。PbO 和 BaO 则使退火温度降低，而 PbO 的作用比 BaO 的作用大。ZnO 和 MgO 对退火温度的影响很小。含有 B_2O_3 15%～20%的玻璃，其退火温度随着 B_2O_3 含量增加而明显地提高。如果超过这个含量时，则退火温度随着含量的增加而逐渐地降低。

① 根据奥霍琴经验公式计算出黏度 $\eta=10^{12}$ Pa·s 时的温度，即玻璃的最高退火温度。

$$T_\eta = AX+BY+CZ+D \tag{8-26}$$

常数 A、B、C、D，见黏度一章。

② 根据表 8-11 已知玻璃组成的最高退火温度和表 8-12 组成氧化物含量变化 1%时对退火温度的影响，计算玻璃的最高退火温度。

例如求组成为 SiO_2 72.5%，CaO 8.4%，Al_2O_3 1.5%，MgO 1.54%，Na_2O 13.8%，Fe_2O_3 0.2%的玻璃最高退火温度。

先在表 8-11 中选择与所求玻璃组成氧化物相同并含量比较接近的玻璃 SiO_2 74.76%、Al_2O_3 0.93%、CaO 7.52%、MgO 1.64%、Na_2O 14.84%，Fe_2O_3 0.08%，作为基准玻璃，其最高退火温度为 524℃。按表 8-12 计算基准玻璃与所求玻璃组成氧化物变化后，对退火温度的影响为：

$$Al_2O_3=(+3)\times(1.5-0.93)=1.71(℃)$$

$$CaO=(+6.6)\times(8.4-7.52)=5.81(℃)$$

$$MgO=(+3.5)\times(3.6-1.64)=6.9(℃)$$

$$Na_2O=(-4)\times(13.8-14.8)=4.0(℃)$$

所求玻璃的最高退火温度为：524＋1.71＋5.81＋6.9＋4.0＝542.4℃

表 8-11　几种玻璃的最高退火温度

SiO_2	CaO	MgO	Na_2O	K_2O	Al_2O_3	Fe_2O_3	PbO	B_2O_3	MnO_2	最高退火温度/℃
72.6	5.5	3.7	16.5	—	0.9	—	—	0.8	—	530
73.2	5.6	3.7	16.5	1.5	1.0	—	—	—	—	540
74.59	10.38	—	14.22	—	8.45	0.21	—	—	—	581
74.13	9.47	—	13.54	—	2.67	0.09	—	—	—	562
74.25	7.91	—	12.72	—	5.23	0.07	—	—	1.2	560
66.33	17.28	—	15.89	—	0.52	0.06	—	—	—	496
82.83	0.02	—	16.89	—	0.28	0.08	—	—	—	522
72.29	9.76	—	15.65	—	0.72	0.06	—	—	—	560
68.34	10.26	—	16.62	—	2.50	2.10	—	—	—	570
74.59	10.38	0.30	14.22	—	8.45	0.21	—	—	—	581
74.76	7.52	1.54	14.84	—	0.93	0.08	—	—	—	524
67.78	—	—	18.65	—	0.46	0.08	12.56	—	—	465
59.34	—	—	12.31	—	0.43	0.06	27.77	—	—	446
75.38	8.40	—	6.14	9.38	0.65	0.07	—	2.05	—	588
62.42	8.90	—	6.26	8.06	0.62	0.08	—	13.65	—	610
57.81	—	—	9.55	—	0.98	—	—	31.26	—	523
64.00	7.00	—	11.5	—	10.0	—	—	7.00	—	630
71.00	10.20	—	—	18.6	—	—	—	—	—	670
66.45	5.40	—	7.85	13.7	1.5	—	—	1.10	—	535
72.00	1.55	1.45	7.20	10.45	—	—	—	8.15	—	560
52.49	—	—	—	9.60	—	—	—	1.45	—	490
47.00	—	—	—	6.04	—	—	—	—	—	485
31.60	—	—	—	2.85	—	—	65.35	—	—	370

表 8-12　保持玻璃黏度 $\eta=10^{12}$ Pa·s 时，组成氧化物变化 1%时对退火温度的影响

取代氧化物	取代氧化物在玻璃中含量/%（质量分数）									
	0～5	5～10	10～15	15～20	20～25	25～30	30～35	35～40	40～50	50～60
Na_2O	—	—	−4.0	−4.0	−4.0	−4.0	−4.0	—	—	—
K_2O	—	—	—	−3.0	−3.0	−3.0	—	—	—	—
MgO	＋3.5	＋3.5	＋3.5	＋3.5	＋3.5	—	—	—	—	—
CaO	＋7.8	＋6.6	＋4.2	＋1.8	＋0.4	0	—	—	—	—
ZnO	＋2.4	＋2.4	＋2.4	＋1.8	＋1.2	＋0.4	0	—	—	—
BaO	＋1.4	0	−0.2	−0.9	＋1.1	−1.6	−2.0	−2.6	—	—
PbO	−0.8	−1.4	＋1.8	−2.4	−2.6	−2.8	−3.0	−3.1	−3.1	—

续表

取代氧化物	取代氧化物在玻璃中含量/%（质量分数）									
	0～5	5～10	10～15	15～20	20～25	25～30	30～35	35～40	40～50	50～60
B_2O_3	+8.2	+4.8	+2.6	+0.4	−1.5	−1.5	−2.6	−2.6	−2.8	−3.1
Al_2O_3	+3.0	+3.0	+3.0	+3.0	—	—	—	—	—	—
Fe_2O_3	0	0	−0.6	−1.7	−2.2	−2.8	−2.8	—	—	—

注：“+”表示温度升高，“−”表示温度降低。

（3）玻璃退火温度的测定

玻璃退火温度的测定除用上述方法确定外，还可用下列方法进行测定。

① 黏度记法：用黏度计直接测量玻璃的黏度 $\eta=10^{12}$ Pa·s 时的温度，但所用设备复杂，测定时间长，工厂一般不常采用。

② 热膨胀法：一般玻璃热膨胀曲线由两部分组成：低温膨胀线段及高温膨胀线段，这两个线段延长线交点的温度，约等于 T_g，亦即最高退火温度的大约数值。它随升温速率的不同而变化，平均偏差为±15℃。

③ 差热法：用差热分析仪测量玻璃试样的加热曲线或冷却曲线。玻璃体在加热或冷却过程中，分别产生吸热或放热效应。加热过程中吸热峰的起点为最低退火温度，最高点为最高退火温度。冷却过程中放热峰的最高点为最高退火温度，而终止点为最低退火温度。

④ 双折射法：在双折射仪的起偏镜及检偏镜之间设置管状电炉，炉中放置待测玻璃试样，以 2～4℃/min 的速率升温。观察干涉条纹在升温过程中的变化，应力开始消失时，干涉条纹也开始消失，这时就是最低退火温度；当应力全部消失时，干涉条纹完全消失，这时的温度比 T_g 高。

试验证明，边长 1cm 的立方体玻璃样品，当升温速率为 1℃/min 时，干涉色完全消失的温度，接近于用黏度计法所测得的黏度 $\eta=10^{12}$ Pa·s 时的温度，即最高退火温度。其最大误差不超过±3℃。

8.5.3 玻璃的退火工艺

玻璃制品的退火工艺过程包括加热、保温、慢冷及快冷四个阶段。根据各阶段的升温、降温速度及保温温度、时间可作温度与时间关系的曲线，如图 8-27。此曲线称为退火曲线。

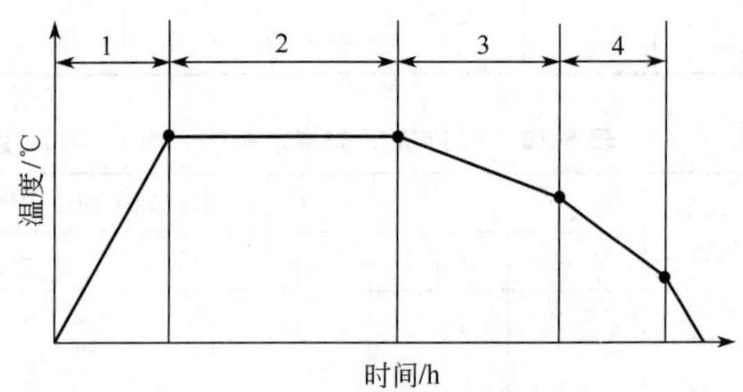

图 8-27 玻璃退火温度制度曲线图

（1）加热阶段

按不同的生产工艺，玻璃制品的退火分为一次退火和二次退火。制品在成形后立即进行退火的，称为一次退火。制品冷却后再进行退火的，称为二次退火。无论一次退火还是二次退火，玻璃制品进入退火炉时，都必须把制品加热到退火温度。在加热过程中玻璃表面产生压应力，内层产生张应力。此时加热升温速度可以相应地快些。但考虑玻璃制品厚度的均匀性，制品的大小、形状及退火炉中温度分布的均匀性等因素，都会影响加热升温速度。为了安全起见，一般技术玻璃取最大加热升温速度的 15%～20%，即采用 $\frac{20}{a^2}$～$\frac{30}{a^2}$℃/min 加热升温速度。光学玻璃制品要求更严，加热升温速度小于$\frac{5}{a^2}$℃/min。其中 a 为玻璃制品厚度，单位 cm（实心制品为其厚度的一半）。

（2）保温阶段

将制品在退火温度下进行保温，使制品各部分温度均匀，并消除玻璃中固有的内应力。在这阶段中要确定退火温度和保温时间。退火温度可根据玻璃的化学组成计算出最高退火温度。生产中常用的退火温度比最高退火温度低 20～30℃，作为退火保温温度。

当退火温度确定后，保温时间可按玻璃制品最大允许应力值进行计算：

$$t=\frac{520a^2}{\Delta n} \tag{8-27}$$

式中，t 为保温时间，min；a 为制品厚度，cm；Δn 为玻璃退火后允许存在的内应力，nm/cm。

（3）慢冷阶段

经保温玻璃中原有应力消除后，为防止在冷却过程中产生新的应力，必须严格控制玻璃在退火温度范围内的冷却速度。在此阶段要缓慢冷却，防止在高温阶段产生过大温差，再形成永久应力。

慢冷速度取决于玻璃制品所允许的永久应力值，允许值大，速度可相应加快。慢冷速度可按下式计算：

$$h=\frac{\delta}{13a^2} \quad (℃/min) \tag{8-28}$$

式中，δ 为玻璃制品最后允许的应力值，nm/cm；a 为玻璃的厚度（实心制品为其厚度的一半）。

（4）快冷阶段

快冷的开始温度，必须低于玻璃的应变点，因为在应变点以下玻璃的结构完全固定，这时虽然产生温度梯度，也不会产生永久应力。在快冷阶段内，只能产生暂时应力，在保证玻璃制品不因暂时应力而破裂的前提下，可以尽快冷却。一般玻璃的最大冷却速度为：

$$h_c=\frac{65}{a^2} \quad (℃/min) \tag{8-29}$$

在实际生产中都采用较低的冷却速度。对一般玻璃取此值的 15%～20%，光学玻璃取 5%以下。

8.5.4　制定退火制度时的有关问题

制定退火制度时还应注意以下几个问题：

① 退火炉内温度分布不均的影响。目前一般使用的退火炉断面温度分布是不够均匀的，从而使制品的温度也不均匀。为此，设计退火曲线时，对慢冷速度要取比实际所允许的永久应力值低的数值，一般取允许应力值的一半进行计算。

② 不同制品在同一退火炉内的退火问题。化学组成相同，厚度不同的制品在同一退火炉内退火时，退火温度应按壁厚最小的制品确定，以免薄的制品变形多，加热和冷却速度则按壁厚最大的制品来确定，以保证厚壁制品不致因热应力造成破裂。

化学组成不同的制品在同一退火炉内退火时，应选择退火温度最低的玻璃制品作为保温温度。同时采取增加保温时间的措施。

③ 制品固有应力的影响。当快速加热时，除按温差计算暂时应力之外，还应估计固有应力的影响。

④ 制品的厚度和形状的影响。制品壁愈厚，在升温和冷却过程中内外层温度梯度愈大，在退火温度范围内，厚壁制品保温温度愈高，在冷却时其黏弹性应力松弛愈快，制品的永久应力也就愈大。形状复杂的制品应力容易集中，因此它和厚壁制品一样应采用偏低的保温温度，适当延长保温时间。加热和冷却速度都应较慢。

⑤ 分相对制品的影响。如派来克斯类硼硅酸盐玻璃，在退火温度范围内会发生分相，使玻璃的性质发生改变。为了避免这种现象，退火温度不能过高，退火时间 t 也不宜过长，同时要尽力避免重复退火。

8.5.5 玻璃的精密退火

光学玻璃的退火，除消除其残留的永久应力外，还要具有高度的均匀性和一定的光学常数才能满足使用要求。因此需采用精密退火。若玻璃从高于 T_g 温度的某一温度 T_i 冷却时，在不同的冷却过程中性质上必然会有所差异。如淬火玻璃的折射率和密度比低温退火玻璃的要小。如果将玻璃在最高退火温度附近保温相当长时间后，玻璃各部分的结构将趋于均一，其折射率也就趋于均一而达到平衡值。然后，以适当缓慢的速度冷却，使其以最小的温差降至最低退火温度，这样就可以得到折射率较为均一的玻璃。

玻璃的精密退火，常用线性退火曲线，采用较高退火温度，以后按应力的允许值要求，恒速降温至快冷阶段。所以从开始降温到快冷阶段的范围内退火曲线是一直线。这种退火制度的优点是：退火温度高，质量好；规程简单，易于自动控制；可准确计算退火后的折射率，便于光学常数的生产控制；退火时间较短。

思考题

1. 简述玻璃成形的两个阶段及其相互关系。
2. η-T、η-t、T-t 曲线各自表达的含义及相互关系。
3. 试述成形制度与黏温曲线的关系。
4. 玻璃中各种应力产生的原因及特点。
5. 分析暂时应力和永久应力产生原因的异同。
6. 简要叙述玻璃退火工艺过程各阶段的特点。
7. 绘制玻璃退火温度制度曲线及制定退火曲线应注意哪些问题？

第9章
玻璃的加工和表面处理

成形后的玻璃制品，除了极少数（如瓶罐等）能直接符合要求外，大多还需进行加工，以得到符合要求的制品；某些平板玻璃在进行工艺加工前，还需对玻璃原片进行加工处理。加工可以改善玻璃的外观和表面性质，还可进行装饰。

在玻璃生产过程中，表面处理具有十分重要的意义。从清洁玻璃表面起，直到制造各种钢化或涂层的玻璃。表面处理的技术应用很广，使用的材料、方法也是多种多样的。

本章主要涉及玻璃的冷加工、热加工及钢化处理等多种加工和表面处理技术。

9.1 玻璃的冷加工

玻璃的冷加工又称机械加工，在常温下，通过机械方法来改变玻璃及玻璃制品的外形和表面状态的过程，称为冷（机械）加工。冷（机械）加工的基本方法有：研磨与抛光、切割、磨砂、喷砂、刻花、砂雕、钻孔和切削等。

9.1.1 研磨与抛光

玻璃的研磨与抛光是对不平整玻璃表面进行加工，成为平整而光洁的表面；或者是将玻璃毛坯制品的形状、尺寸研磨和抛光，达到规定的形状和尺寸要求，而且表面又很光洁的冷加工方法。目前玻璃的研磨和抛光，使用最多的是光学玻璃和眼镜片的加工；特殊情况下使用的压延法夹丝平板玻璃需要研磨与抛光；微晶玻璃基片和某些方法生产的超薄玻璃基片等也需要研磨和抛光。

玻璃的研磨分粗磨和细磨，粗磨是用粗磨料将玻璃表面或制品表面粗糙不平或成形时余留部分的玻璃磨去，有磨削作用，使制品具有需要的形状和尺寸，或平整的面。开始用粗磨料研磨，效率高，但玻璃表面会留下凹陷坑和裂纹层，需要用细磨料进行细磨，直至玻璃表面的毛面状态变得较细致，再用抛光材料进行抛光，使毛面玻璃表面变成透明、光滑的表面，并具有光泽。研磨、抛光是两个不同的工序，这两个工序合起来，称为磨光。经研磨、抛光后的玻璃，称磨光玻璃。

（1）玻璃研磨与抛光的机理

多年来，机械研磨、抛光机理，各国学者研究得很多，共存的见解归纳起来，有三类不同的理论：磨削作用论、流动层论、化学作用论。磨削作用论：对于研磨，较多学者认为以磨削开始。1665 年虎克提出研磨是用磨料将玻璃磨削成一定的形状，抛光是研磨的延伸，从而使玻璃表面光滑，纯粹是机械作用。这一认识延续至 19 世纪末。流动层论：以英国学者雷莱、培比为代表，认为玻璃抛光时，表面具有一定的流动性，也称可塑层。可塑层的流动，把毛面的研磨玻璃表面填平。化学作用论：英国的普莱斯顿和苏联的格列宾希科夫，先后提出在玻璃的磨光过程中，不仅仅是机械作用，而且存在着物理、化学的作用，是以上三种或其中两种理论的综合。

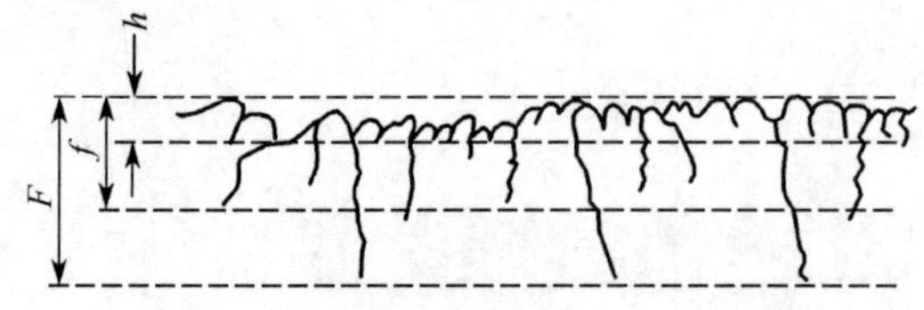

图 9-1　研磨玻璃断面（凹陷层及裂纹层）

h—平均凹陷层；f—平均裂纹层；F—最大裂纹层

① 玻璃的研磨机理。玻璃的研磨过程，首先是磨盘与玻璃做相对运动，自由磨料在磨盘负载下对玻璃表面进行划痕与剥离的机械作用，同时在玻璃上产生微裂纹。磨料所用的水既起着冷却作用，同时又与玻璃的新生表面产生水解作用，生成硅胶，有利于剥离，具有一定的化学作用。如此重复进行，玻璃表面就形成了一层凹陷的毛面，并带有一定深度的裂纹层，如图 9-1 所示。

根据苏联学者卡恰洛夫研究，认为凹陷层的平均深度 h，取决于磨料的性质与颗粒直径，其关系为：

$$h=K_1D \tag{9-1}$$

式中，K_1 为不同磨料的研磨常数，见表 9-1；D 为磨料平均直径。

这时产生的裂纹层的平均深度 f 与凹陷层的平均深度 h 的关系为

$$f=2.3h \tag{9-2}$$

而最大裂纹层深度：

$$F=(3.7\sim4.0)h \tag{9-3}$$

表 9-1　各种磨料的研磨常数

磨料种类	石英砂	石榴石	刚玉	碳化硅	碳化硼
K_1	0.17	0.22	0.27	0.28	0.33

不同化学组成的玻璃，其物理、力学、化学等性能均有差异，这对研磨表面生成的凹陷层深度和裂纹层深度都有很大影响。表 9-2 为各种不同玻璃都用 105～150μm 的碳化硅磨料，在相同的研磨条件下，所得的凹陷层深度和裂纹层深度的比较。从表中看出，机械强度高的玻璃，凹陷层深度和裂纹层深度都比较小。

表 9-2　玻璃性质与凹陷层和裂纹层深度的关系

玻璃名称	玻璃的物理力学性能					凹陷层平均深度 H/μm	裂纹层最大深度 F/μm	磨除量(10min)/cm^3
	相对密度/$g\cdot cm^{-3}$	显微硬度/Pa	显微抗拉强度/Pa	弹性模量/Pa	泊松比			
重铅玻璃	6.00	2840×10^6	844×10^6	4940×10^7	0.255	60～65	240～255	3.20
重燧玻璃	4.60	3924×10^6	1110×10^6	5850×10^7	0.257	58～60	230～255	2.12
燧石玻璃	3.66	4415×10^6	1530×10^6	7500×10^7	0.237	50～55	220～223	1.45
钡冕玻璃	2.88	4905×10^6	1590×10^6	7490×10^7	0.212	44～52	180～191	1.26
冕 玻 璃	2.53	5540×10^6	2090×10^6	7820×10^7	0.217	42～48	174～191	0.91
石英玻璃	2.20	7848×10^6	3440×10^6	6960×10^7	0.136	34～40	148～156	0.45

将原始毛坯玻璃研磨成精确的形状或表面平整的制品，一般研磨的磨除量为 0.2～1mm，或者更多些。所以要用较粗的磨料，以提高效率。但由于粗颗粒使玻璃表面留下的凹陷层深度和裂纹层深度很大，不利于抛光。必须使研磨表面的凹陷层和裂纹层的深度尽可能减小，所以要逐级降低磨料粒度，以使玻璃毛面尽量细些。一般最后一级研磨的玻璃毛面的凹陷层平均深度 h 为 3～4μm，最大裂纹层深度 F 为 10～15μm。

② 玻璃的抛光机理。对玻璃抛光机理的认识，目前存在着不同的见解，有些见解还带有假说性质，比较公认的是相互交错的机械、化学和物理化学作用的概念，用来解释抛光过程的生产效率及抛光表面质量的影响等比较确切。

玻璃抛光时，除将研磨后表面的凹陷层（3～4μm）全部除去外，还需要将凹陷层下面的裂纹层（10～15μm）也抛光除去。这个厚度虽比研磨时磨除的厚度小得多（仅为研磨时磨去的厚度的 1/40～1/20），但抛光过程所需时间却比研磨过程多得多（为研磨时间的 2 倍或更多），即抛光效率比研磨效率低得多。

（2）影响玻璃研磨过程的主要工艺因素

玻璃研磨过程中标志研磨速度和研磨质量的是磨除量（单位时间内被磨除的玻璃数量）和研磨玻璃的凹陷层深度。磨除量大即研磨效率高，凹陷层深度小则研磨质量好。工艺因素中某些只对其中一项有影响，也有对二项均有影响的，但常常对一项有好的影响，而对另一项起相反的作用。各项工艺因素的影响分述如下：

① 磨料性质与粒度。磨料的硬度大，通常研磨效率高，参见表 9-3 所示。金刚砂和碳化硅的研磨效率都比石英砂高得多。但硬度大的磨料使研磨表面的凹陷深度较大，这从上面的公式(9-1) 和表 9-1 可以明显看出。磨粒颗粒度大小与玻璃磨除量的关系见图 9-2，磨除量随粒度的增大而增加。根据公式（9-1），研磨玻璃凹陷深度随粒度的增大而增加，即研磨质量随粒度增大而变坏。为此，在研磨刚开始时，用较粗的粒度提高玻璃磨除量，以便在较短时间内使玻璃制品达到合适的外形或表面平整。之后，用细磨料逐级研磨，以使研磨质量逐步提高，最后达到抛光要求的表面质量。

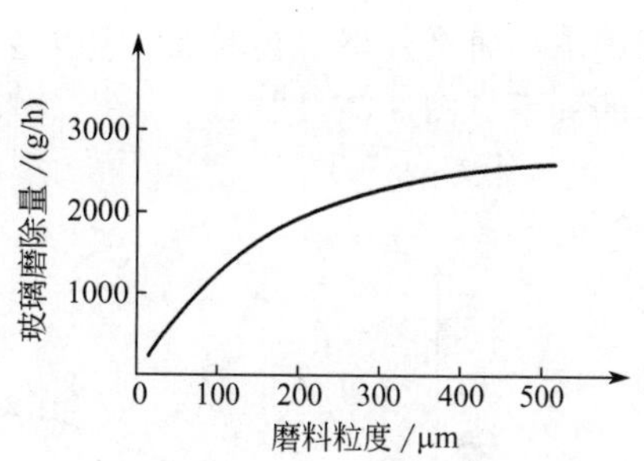

图 9-2　磨料粒度与研磨效率关系

表 9-3　玻璃磨料的性能

名称	组成	颜色	密度/g·cm^{-3}	莫氏硬度	显微硬度	研磨效率比值
金刚砂	C	无色	3.4～3.6	10	98100	—
刚玉	Al_2O_3	褐、白	3.9～4.0	9	19620～25600	—
电熔刚玉	Al_2O_3	白、黑	3.0～4.0	9	19620～25600	2～3.5
碳化硅	SiC	绿、黑	3.1～3.39	9.3～9.75	28400～32800	—
碳化硼	B_4C	—	2.5	＞9.5	47200～48100	2.5～4.5
石英砂	SiO_2	白	2.6	7	9810～10800	1

② 磨料悬浮液的浓度和给料量。磨料悬浮液一般由磨料加水制成悬浮液使用。水不仅使磨料分散、均匀分布于工作面，并且带走研磨下来的玻璃碎屑，冷却摩擦产生的热，以及促成玻璃表面水解成硅胶薄膜。所以水的加入量对玻璃磨除量有一定影响。通常以悬浮液密度或悬浮液的液固比来表示悬浮液的浓度，各种粒度的磨料都有最适宜的浓度，过大或过

小，都影响玻璃磨除量，如图 9-3 所示。磨料浓度过小，还会使研磨表面造成伤痕。磨料的给料量对玻璃磨除量的影响如图 9-4 所示。

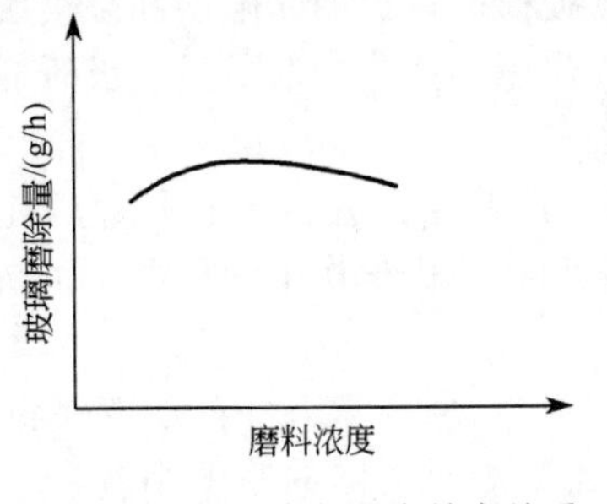

图 9-3　磨料浓度与研磨效率关系

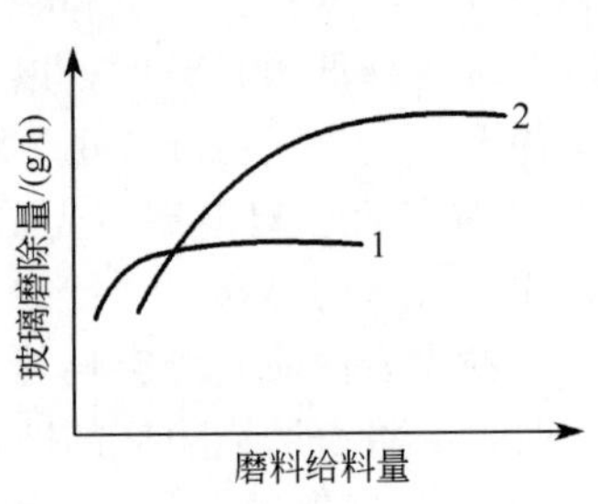

图 9-4　磨料给料量与研磨效率关系

1—细砂；2—粗砂

从图中的曲线可以看出，玻璃磨除量随着磨料给料量的增加而提高，但到一定程度后，如再增加磨料给料量，玻璃磨除量提高的速度减慢，甚至再增加给料量，玻璃磨除量不再提高，所以每种粒度的磨料都有一定的最适宜给料量。

③ 磨盘转速和压力。磨盘的转速和压力与研磨效率都成正比关系。磨盘转速快，将磨料往外甩得就多；压力增大，磨料的磨损度显著增加。所以都必须相应提高磨料的给料量，否则不仅研磨效率不会增加，甚至会降低，还会出现伤痕等缺陷。磨盘转速和压力与研磨效率的关系见图 9-5、图 9-6。

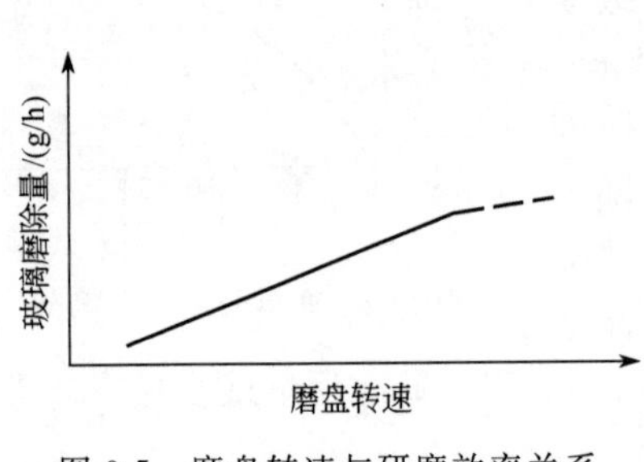

图 9-5　磨盘转速与研磨效率关系

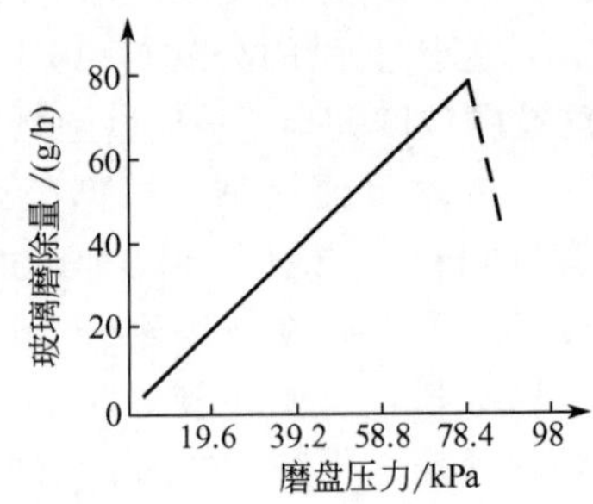

图 9-6　磨盘压力与研磨效率关系

④ 磨盘材料。磨盘材料硬度大能提高研磨效率。铸铁材料的研磨效率为 1，有色金属则为 0.6，塑料仅为 0.2。但硬度大的磨盘使研磨表面的凹陷深度也较深。而硬度小的塑料盘，可使玻璃的凹陷深度比铸铁盘降低 30%。因此，如最后一级粒度的磨料采用塑料盘，就可大大缩短抛光时间。

⑤ 玻璃的化学组成。玻璃的化学组成对研磨效率和凹陷深度的影响，已列在表 9-2，质软的玻璃易研磨，但留下的凹陷深度较大。

（3）影响玻璃抛光过程的主要工艺因素

研磨后的玻璃表面有凹陷层，下面还有裂纹层，因此玻璃表面是散光而不透明的。必须把凹陷层及裂纹层都抛去，才能获得光亮的玻璃。因而，总计要抛去玻璃层厚度 10～15μm。对于光学玻璃等要求高的玻璃，必须把个别大的裂纹也抛去，则总抛去厚度还要多。在一般生产条件下，玻璃的抛光速度仅 8～15μm/h，因此所需抛光时间比研磨时间长得多。减少玻璃研磨的凹陷深度，就是缩短抛光时间。常常在研磨的最后阶段用细一些磨料或用软质磨盘等措施来获得研磨表面浅的凹陷层。另外采用合适的工艺条件，也能提高抛光效率并缩短加工时间。影响抛光的工艺因素分述如下：

① 抛光材料的性质、浓度和给料量。在表9-4中，已列出各种抛光材料的抛光效率，氧化铈、氧化锆比常用红粉的抛光效率高。水在抛光过程比在研磨过程中所起的化学-物理化学作用更为明显，因此抛光悬浮液浓度对抛光效率的影响是很敏感的。若使用红粉，一般以相对密度1.10～1.14为宜。刚开始抛光时，采用较高的浓度，以使抛光盘吸收较多的红粉，玻璃表面温度也可提高，抛光效率高。但抛光的后一阶段，浓度则逐步降低，否则会由于玻璃表面温度过高而破裂，同时红粉也易在抛光盘表面形成硬膜，使玻璃表面擦伤。用量多，效率增加，但过量时，效率反而降低，各种不同的条件下都有最适宜的用量。

表9-4 玻璃抛光材料的性能

名称	组成	颜色	相对密度/(g/cm^3)	莫氏硬度	抛光效率/(mg/min)
红粉	Fe_2O_3	赤、褐	5.2～5.1	5.5～5.6	0.56
氧化铈	CeO_2	淡黄	7.3	6	0.88～1.04
氧化铬	Cr_2O_3	绿	5.2	6～7.5	0.28
氧化锆	ZrO_2	白	5.7～6.2	5.5～6.5	0.78
氧化钍	ThO_2	白、褐	9.7	6～7	1.26

② 抛光盘的转速和压力。抛光盘的转速和压力与抛光效率之间存在着正比关系。转速和压力增大，抛光材料和玻璃的作用机会加多、加剧，玻璃表面温度增高，反应加速，反之则低。抛光盘转速和压力增大的同时必须相应增加抛光材料悬浮液给料量，否则，玻璃温度过高易破，也易产生擦伤。

③ 周围环境温度和玻璃表面温度。抛光效率随表面温度的升高而增加，周围空间温度对玻璃表面温度影响大，特别在气温低的时候，没有保暖措施，玻璃表面温度不能提高，抛光效率也就不能提高。例如，周围空间温度从5℃提高到20℃，抛光效率几乎增加一倍，超过30℃增加速度趋于缓慢。因此为了提高抛光效率，抛光操作环境温度宜维持25℃左右。

④ 抛光悬浮液的性质。红粉悬浮液氢离子浓度对抛光效率的影响见图9-7。pH在3～9范围内是最适宜的，过大或过小均不好。加入各种盐类如硫酸锌、硫酸铁等，可起加速作用。

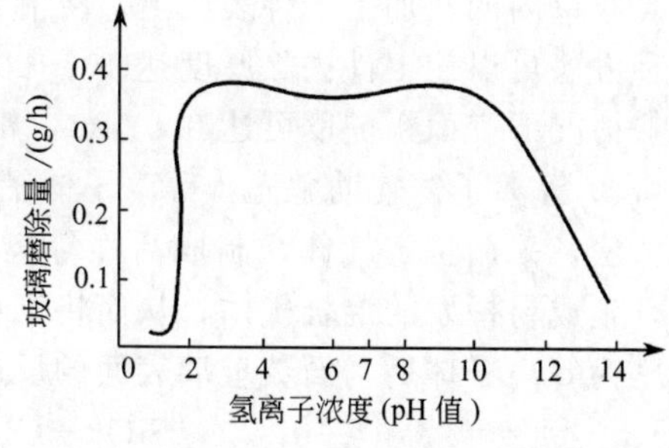

图9-7 红粉中氢离子浓度对抛光效率的影响

⑤ 抛光盘材质。一般抛光盘都用毛毡制作，也有用呢绒、马兰草根等。粗毛毡或半粗毛毡的抛光效率高，细毛毡和呢绒的抛光效率低。装饰器皿玻璃表面的刻花、磨刻线条、花纹也是用研磨方法，但它是用小尺寸的铁轮、铜轮加磨料和水进行的，或是用砂轮加水进行的。玻璃制品表面深刻，常用粗磨和细磨再进行抛光。草刻和雕刻则使用不同号的磨料（或砂轮）。磨轮直径、厚度、硬度、端面形状不尽一致，通过它能在玻璃表面刻出深浅不同、毛面度不同、形状各异的复杂图案。图案层次分明的部分还可经抛光使其更明亮，从而达到提高玻璃器皿美感的效果。

(4) 新型抛光技术

对于光学玻璃加工，传统的研磨及抛光方法从精度和效率方面已不适应。目前发展了许多新的加工技术，如数控研磨和抛光技术、离子束抛光技术、应力盘抛光技术、超光滑表面加工技术、延展性磨削加工、弹性发射抛光法、激光抛光、振动抛光等，这些新技术已完全适应光学领域迅猛发展的要求。光学透镜新的加工技术，都边检测、边修正，不仅加工精度高，而且加工速度提高几倍到几十倍，对人工技术的依赖性已很小，新研磨和抛光技术的智能化程度都很高，重复精度高。数控研磨和抛光、应力盘抛光技术等，专门针对球面和非球面光学透镜的加工，非常专业化。这里只介绍几种通用的新型抛光技术。

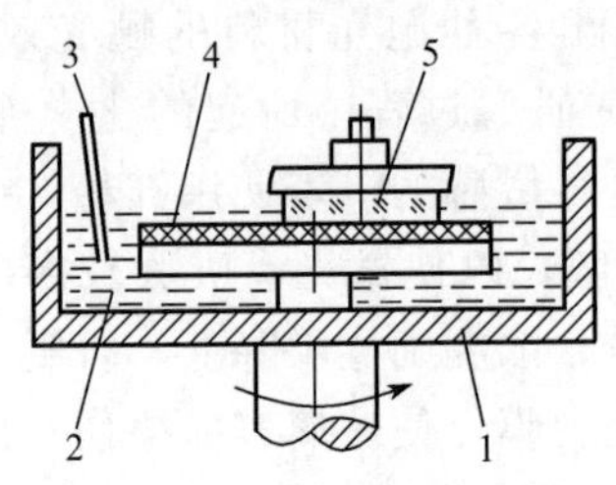

图 9-8　浴法抛光示意图

1—塑料浴槽；2—抛光液；3—搅拌器；4—抛光盘；5—玻璃工件

① 浴法抛光：浴法抛光是指工件和抛光盘都浸在抛光液中，所用装置示意图见图 9-8。

抛光液的深度以设备静止时淹没工件 10～15mm 为宜，搅拌器是使抛光液处于悬浮状态，不产生沉淀，抛光玻璃时一般使用氧化铁（红粉）、氧化铝等抛光材料，几种玻璃材料浴法抛光的效果见表 9-5。

表 9-5　浴法抛光效果

玻璃材料名称与牌号	磨　料	表面粗糙度/nm
光学玻璃 F4	Al_2O_3(超级)	1
光学玻璃 BK-7	Al_2O_3(超级)	0.6
硼硅酸盐玻璃 Duran50	Al_2O_3(超级)	0.5
石英玻璃 Herasil	Al_2O_3(超级)	0.5
石英玻璃 Homosil	Al_2O_3(超级)	0.3
石英晶体	Al_2O_3(超级)	0.4

② 离子束抛光：离子束抛光是玻璃工件在传统抛光后，用来进一步提高抛光精度的补充抛光方法。先在真空（1.33Pa）条件下，使用高频或放电等方法使惰性气体（氩、氪、氙等）原子成为离子，再用 20～25kV 的电压加速，然后碰撞到位于 1.33×10^{-3}Pa 真空度的真空室内的被加工工件表面上，将能量直接传给工件材料原子，使其逸出表面而被去除。这种方法可以使工件去除厚度达 10～20μm，是典型的采用物理碰撞方法进行的抛光技术，一般情况下表面粗糙度可达 0.01μm，精度高的达 0.6nm。

③ 等离子体辅助抛光：等离子体辅助抛光是利用化学反应来去除表面材料而实现抛光的方法，采用特定气体，制成活性等离子体，活性等离子体与工件表面作用，发生化学反应，生成易挥发的混合气体，从而将工件表面材料去除。如石英玻璃，采用 CF_4 抛光气体，激励为等离子体后与石英玻璃表面的反应为：

$$SiO_2+CF_4 \xlongequal{} SiF_4\uparrow+CO_2\uparrow$$

等离子体辅助抛光通常需在 1.3×10^2Pa 真空环境下进行，效率高，表面质量好，表面粗糙度小于 0.5nm。

9.1.2　切割与钻孔

在玻璃机械加工中往往需要进行切割、钻孔，如玻璃门、屏风等通常先切割成要求的尺寸和安装的孔后，再进行其他加工。

（1）切割

切割是利用玻璃的脆性和残余应力，在切割点加一刻痕造成应力集中，使之易于折断。对于不太厚的板、管，均可用金刚石、合金刀或其他坚韧工具在表面刻痕，再加折断。为了增强切割处应力集中，也可在刻痕后再用火焰加热，更便于切割。如玻璃杯成形后有多余的料帽，可用合金刀沿圆周刻痕，再用扁平火焰沿圆周加热，即可割去。切割是玻璃装饰加工最基本最常用的一种方法。切割分划切和锯切两种。前者多用于较薄玻璃板、管、瓶颈；而后者则主要针对较厚的或条块状玻璃。

① 划切：利用玻璃的脆性、抗张应力低和有残余应力的性能，在切割处加一刻痕，造成局部应力集中，易于折断，如用玻璃刀切割平板玻璃，又如平板玻璃用刀轮在线横切、纵切、掰断等。划切常用工具有：在黄铜端部镶嵌金刚石的玻璃刀以及切较硬较厚玻璃的硬质合金刀轮。硬质合金如钨钴合金，切割玻璃如图 9-9 所示。

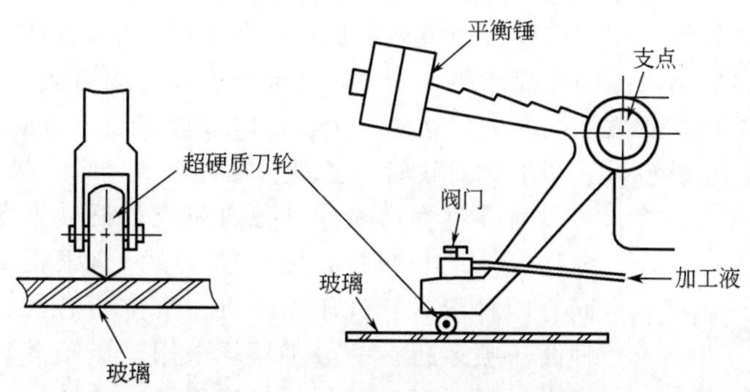

图 9-9　硬质合金刀轮切割玻璃示意图

在划切玻璃时应加水或煤油等液体冷却，对切口和切割工具寿命都有好处。

② 锯切：利用玻璃的脆性进行磨切。早期多用金属圆盘旋转或金属钢丝拉动外加研磨液的方法，但 20 世纪 80 年代后已很少采用了。现多用金刚石锯片或碳化硅锯片来切割。金刚石锯片是把金刚砂颗粒镶嵌在圆形锯片边缘锯齿部分，结合剂用青铜，冷却剂大多用水，少数用煤油。其切割速度比砂轮快 4～5 倍。碳化硅锯片是把碳化硅的各种粗细颗粒和酚醛树脂结合剂结合在一起，经成形、加压、硬化制成。切割时也要加水冷却。

（2）钻孔

对玻璃进行装饰加工往往需要穿孔或钻孔。穿孔常用的方法有机械法，如研磨钻孔、钻床钻孔。还有其他方法如冲击钻孔、超声波钻孔、激光钻孔等。其中激光钻孔将在热加工中叙述。

① 机械穿孔法。主要有研磨钻孔和钻床钻孔。研磨钻孔法有两种：一种是用金属（例如铜或黄铜）实心棒状钻头或取芯管状钻头（钻较大孔径时用）加研磨液进行研磨式钻孔。研磨液多用碳化硅磨料加水而成。磨料粒度一般用 80～100 号；另一种是用金属钻头（实心棒状或取芯管状），表面镀有金刚砂，外加冷却剂（水）磨削钻孔。这种钻头钻孔效率高。研磨钻孔法孔径范围一般为 3～100mm。钻床钻孔：此法类似金属钻孔，它是用碳化钨或硬质合金钻头，加冷却水、轻油或松节油等冷却，在玻璃指定部位切削钻孔。钻孔速度比钻金属孔慢，适用孔径范围为 3～15mm。

采用机械法穿孔时，必须注意将切削液循环于孔的内部深处。另外，为了防止孔的周边生成类似贝壳状的缺陷，一般将孔打到板面的一半时，翻过来再从反面打通。或者在玻璃背面加贴另一片玻璃一起打孔。

② 冲击钻孔法。此法是利用钻孔凿子在电磁振荡器的控制下连续冲击玻璃表面进行打孔。凿子用硬质合金材料制成。电磁振荡器可产生 2000 次/min 以上的冲击频率。

③ 超声波钻孔法。这是一种高精度的钻孔方法。它是利用超声波发生器，使加工工具发生振幅为 20～50μm，频率为 16～30kHz 的振动，在振动工具和玻璃间注入研磨液。由于磨料只起到一次的锤击作用，且一次加入量又非常少，因而变形很小，表面光洁度高，精度好。又由于振动频率高，故加工效率高，每分钟可达数百立方毫米。孔的形状也不限于圆形，且能同时穿几个孔。

9.1.3 喷砂及砂雕

(1) 喷砂

即用喷枪向玻璃制品表面喷射石英砂或金刚砂等磨料，使其形成毛面，产生透光而不透视效果的加工方法。如果利用镂空模板使喷砂形成花纹图案或文字，则称其为砂雕。喷砂的基本原理：高速喷向玻璃表面的砂流产生冲击力，使玻璃表面形成纵横交错的微裂纹，进一步的冲击使微裂纹扩展及新微裂纹产生，达到一定程度时玻璃表面质点就呈贝壳状剥落，从而形成粗糙的表面，光线照射后产生散射效应，呈现不透明或半透明的状态。

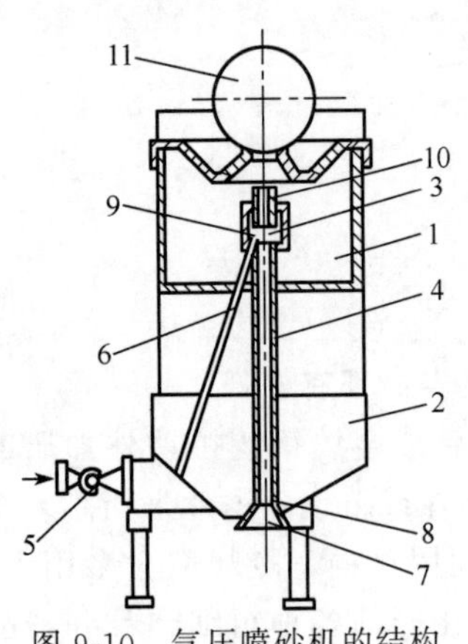

图 9-10　气压喷砂机的结构
1—工作室；2—料斗；3—喷口；4—喷管；5—压缩空气阀门；6—压缩空气管道；7—吸砂口；8—锥形钟罩；9—喷嘴；10—喷砂嘴；11—玻璃制品

喷砂过程在喷砂设备内完成。喷砂设备包括喷砂机、压缩空气系统和磨料处理装置。喷砂机根据高速喷射的能源不同有四种形式：气压喷砂机、真空喷砂机、蒸汽喷砂机和特种高压喷砂机。一般工厂均采用气压喷砂，即利用压缩空气或高压风机产生的高速气流喷砂。

气压喷砂机，如图 9-10 所示。主要包括：工作室、料斗、喷枪及吸砂管、压缩空气管及除尘装置。工作室在喷砂操作过程中封闭以防止粉尘飞扬。压缩空气经压缩空气管道通入喷枪。高速气流所形成的负压将料斗中的磨料由吸砂管吸入喷枪，并形成磨料射流由喷枪喷出，射向玻璃制品，完成喷砂。

喷枪的喷嘴容易磨损，必须选择合理的材料并勤于更换。喷嘴材料有硬质合金、精细陶瓷和碳化硼等，以硬质合金最为常用。压缩空气压力为 0.4～1.0MPa。可根据玻璃制品大小，喷砂精细度要求等选用。喷砂所用磨料有石英砂、碳化硅、碳化硼、刚玉、玻璃细珠等。颗粒度一般为 0.06～0.12mm、0.12～0.25mm、0.25～0.5mm 三种级别。若花纹线条细密或雕刻图案精致时，宜采用光滑的细磨料；若图案粗犷或大面积喷砂时宜采用粗磨料。使用过的磨料应回收，经颗粒分级后再反复使用。

喷砂玻璃的表面易脏，并且缺少光泽。要求高的产品要用氢氟酸和硫酸的混合液进行适当处理。

(2) 砂雕

砂雕是在喷砂的基础上发展而来的，可以替代部分刻花、浮雕、透雕、立雕、镂雕等多种雕刻技法，还将砂雕与机械刻花、雕刻、化学蚀刻、施釉和上金结合起来，坯体不仅可利用无色透明的玻璃，也可利用颜色玻璃套料的制品，进一步从平面砂雕发展到三维空间的新型装饰方法，在同一玻璃制品上，根据花纹图案的要求可得到透明、半透明、不透明、乳浊光面、乳浊毛面、多层彩色（坯体多次套薄层不同颜色的玻璃）、平面上层次不同的多种颜色（坯体上同一部位多次套薄层不同颜色的玻璃或不同部位套不同颜色的薄层玻璃）和金色的多种装饰效果。

砂雕工艺流程为：设计制作镂空图案底版→底版贴在玻璃制品表面或加保护层→喷砂→除去保护层→清洗干燥→砂雕制品。

镂空图案的底版可用纸、橡胶、金属薄板等雕刻而成。纸制底版现在常用一种特殊纸，一面涂有压敏胶。将纸平覆在玻璃上，轻微加压，就可紧贴在玻璃表面。然后用小刀在纸上雕刻图案花纹，进行镂空。此法特别适合于平板玻璃砂雕。但缺点是不能深雕，且用纸是一次性的。镂空底版也常用橡胶带和 PVC 胶带。橡皮胶带背面涂有胶，可直接粘贴于玻璃表面，易于雕刻镂空。其中薄胶带适合于浅雕，但也是一次性的；而厚橡胶带可作深雕，并适合各种形状的玻璃制品，且能反复使用。PVC 胶带（聚氯乙烯）是合成制品，用其所制底版不易开裂，弹性好，能反复使用，适合深雕。但刻制图案稍难一些。

金属底版常用的是 0.5～2mm 的铅片或锌片。柔性及弹性均较好，易镂空雕刻图案，也能紧贴于玻璃表面，使用寿命长，可反复使用几十次，但不适合于制作精细图案。

涂保护层法主要适合于不规则形状的玻璃制品和形状特别复杂的玻璃工艺品。所涂保护层由无机材料加黏结剂配制而成。无机物主要有滑石粉、白垩粉等。黏结剂主要由松香、甘油、沥青、黄蜡、松节油、动物胶等按一定比例配制。保护胶要现用现配，按比例调配，充分搅拌并加热。施加保护胶层可采用浸入法、浇浆法、涂抹法和丝网印刷法。保护胶要趁热涂在玻璃表面，待适当固化后，就可用小刀雕刻或按丝网印刷程序（适合于精细图文、商标）制作镂空花纹图案，然后进行喷砂。砂雕用保护层配方见表 9-6。

表 9-6　砂雕用保护层配方

原料/g	1	2	3	4
滑石粉	—	1050	300	60
氧化锌	300	—	—	—
甘油	—	1350	—	—
松香	—	—	—	25
清漆	—	—	—	40
沥青	—	—	—	600
黄蜡	—	—	—	30
亚麻仁油	—	—	1000	—
松节油	—	—	100	100
动物胶	100	1250	—	—
水	600	1500	—	—

在施加保护层以前，玻璃表面必须进行清洁处理，以洗去灰尘、油污、纸屑等，然后干燥，以增加涂层的附着力，防止涂层开裂。施加保护层的方法有浸入法、浇浆法、涂抹法和丝网印刷法。对特殊形状和复杂形状的小型玻璃制品可将其浸入在保护胶中，片刻即取出，使保护胶均匀黏附在玻璃表面上。对大型、复杂形状的玻璃制品，如用浸入法所需保护胶数量大，可采用浇浆法，将保护胶浇在玻璃制品上，具体操作方法与陶瓷浇釉法相似。涂抹法系用毛刷将保护胶涂在玻璃表面，特别适用于平板玻璃。对大面积平板玻璃，也可用胶辊涂抹，一般需涂刷多次，涂层厚度与砂雕深度有关。

9.1.4 刻花与雕刻

（1）刻花

玻璃刻花是指玻璃表面上有许多刻面，这种多棱的刻面大大地提高了玻璃的光泽和折光效应，从而使刻花成为装饰玻璃表面的通用技术之一。刻花又分为草刻和精刻两种。草刻是用电熔刚玉轮或矿轮（有时也用金刚石轮），根据加工图案的不同要求，刻花轮的轮缘有不同的弧形和不同大小的角度，在磨轮上保持有充分的水对玻璃表面一次性随意磨刻花草等图案，不同的花纹可以用不同形状的磨轮来完成，花纹不经过粗磨、细磨、抛光几个步骤，由磨轮一次完成，所以花纹呈半透明状，国外称花灯笼，是低档的刻花产品。精刻是指玻璃表面刻有多棱的几何花纹，刻面比较深，故又称深刻。精刻面经粗磨、细磨、抛光而呈全透明的平滑面，而起折光效果。对于壁不厚的钠钙玻璃，一般用草刻。精刻适合于含 PbO 折射率高的中铅和高铅玻璃，以及套色的玻璃制品。

目前的玻璃表面刻花以自动刻花为主。根据工作原理有程序控制自动刻花机和光学控制自动刻花机。

① 程序控制自动刻花机，如德国的 BM3BS 型，其工作原理是先把要加工的花纹图案，在坐标图上画出曲线，再把曲线整理成数字程序，根据数字程序来铣制凸轮，刻花机对玻璃制品进行刻花，就是用凸轮来控制玻璃制品的旋转与走刀，使磨轮在玻璃制品表面刻出花纹，见图 9-11 示意图，玻璃制品的旋转与走刀由凸轮在 0°～300°范围内的运行来实现，并保留 60°作为回程。凸轮的最大升程为 80mm，因而玻璃制品的走刀值也就是 80mm，刻花深度由磨轮施给玻璃制品的压力来调整。磨轮采用金刚砂轮，最大直径为 150mm，最大宽度为 18mm。由于刻花图案由圆弧组成，很容易表达为数学公式，使各点次序紧密地相互连续排列，可以非常准确，对不同图案，采用不同凸轮即可，而更换凸轮只需 30min。德国 SM8 型 8 工位的自动刻花机，可以刻横、纵、圆、点等，生产速度每班（8h）600 件，显然比人工刻花的效率高得多。

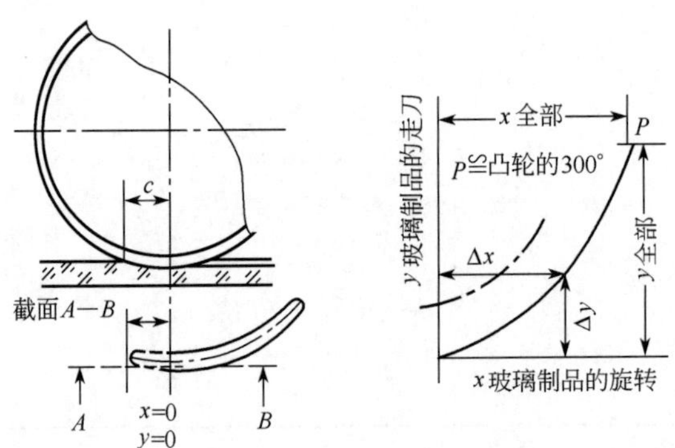

图 9-11 玻璃制品的刻花曲线与玻璃制品旋转和沿轴向走刀值的合成示意图

② 光学控制自动刻花机是利用光电头在特殊制备的图样的纸带上进行扫描，通过扫描给相应的电机以三种不同的信息：玻璃制品走刀值、玻璃制品旋转值、磨刻头位置。从而控制磨轮按要求的图案刻在玻璃制品上。光电头控制自动刻花原理见图 9-12。刻花的深度可以用控制磨盘的压力、连续改变走刀的速度或两者结合起来。采用此类型刻花机最大的优点是可以在最短时间内按图样进行磨刻，磨刻图案内的刻线可以紧密排列，不需特殊装置即可

进行曲线磨刻，变更图案的设备调整时间也很短。刻花机有8个工位，磨刻时间根据图案而定，一般在5～10min之间，这种设备的生产效率是很高的。

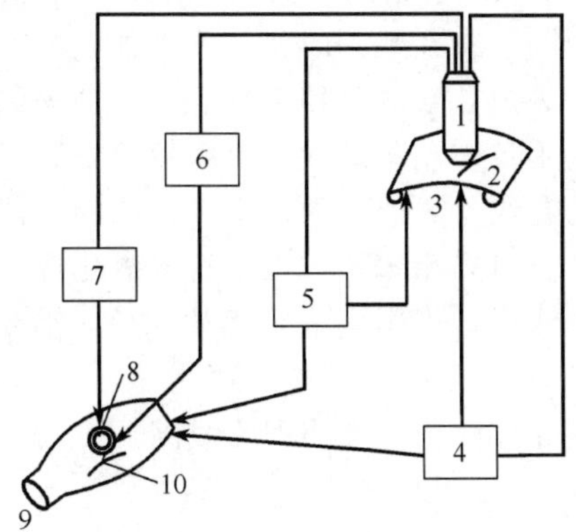

图9-12 光学控制自动刻花机原理图

1—光电头；2—花纹；3—纸带；4—玻璃制品旋转电机与纸带传动电机；5—玻璃制品走刀（y方向）进给和纸带传动的电机；6—磨刻压力转换器；7—研磨头传动电机；8—研磨轮；9—玻璃制品；10—花纹

（2）雕刻

玻璃雕刻是指玻璃表面刻有精细的立体造型或图案。刻花和雕刻两者的区别在于刻花是以多棱图案、几何花纹为主，而雕刻不限于几何花纹，也有人物、风景和文字，而且运用了浮雕技术。

玻璃表面雕刻包括凹雕、浮雕、半圆雕、透雕等形式，凹雕和浮雕应用最多。凹雕是在玻璃表面上雕刻出凹形而不同层次的人物、山水、动物和文字等花纹；浮雕是在玻璃表面以绘画的图样进行雕刻，刻有一些背景，再雕出有一定凸度的人物像、图案等。玻璃雕刻立体感和真实感强，刻法复杂、艺术性较高。要达到雕刻的作品精制、高雅，玻璃要选用透明度高、硬度低的材质，如铅晶质玻璃。

玻璃雕刻利用铜制的研磨轮，直径5～10mm，厚1～3mm，由60种左右的研磨轮配成一组，铜盘的转速为300～500r/min，具体根据铜轮直径和雕刻花纹而定。在雕刻机上装有变速器或塔轮，可根据需要随时调整转速。雕刻机的结构示意图如图9-13。

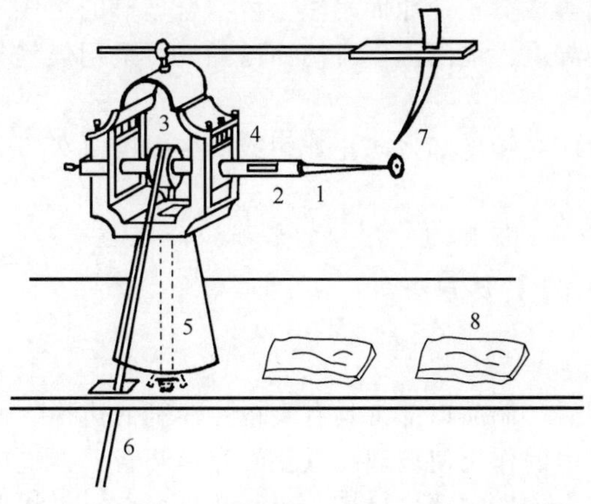

图9-13 雕刻机的结构示意图

1—铜轮；2—支撑轴；3—传动轮；4—旋转轴承；5—支撑座；6—皮带；7—小皮片；8—轴承

铜轮的边缘，根据雕刻的花纹情况呈锐角或扁平状。在雕刻过程中，铜轮的边缘会产生磨损，可用钢制切割刀进行切削修整，以保持要求的形状。

雕刻用磨料有矾土（Al_2O_3）、金刚砂等，根据雕刻情况可分别选用 M-28、M-20、M-14、M-10 和 M-5 标号的金刚砂。在雕刻时将金刚砂加入亚麻仁油混合成为膏状使用。

雕刻前，先在玻璃制品上画成花纹的草稿，然后手持玻璃制品放在铜轮的下方，进行雕刻。与刻花时相反，刻花时是手持玻璃制品放在研磨轮上方。

加入磨料时用铜轮雕刻的花纹是半透明的，由于雕刻的深浅不同而呈现立体感，为了增加装饰效果，在图案的个别部分可采用木轮，以浮石或氧化锡粉为抛光剂进行抛光而使此部分呈现透明状。为了提高雕刻速度，可用刚玉轮代替铜轮，劳动生产率能提高 1～2 倍，也能雕刻出复杂的图案和人像。

雕刻好的玻璃制品用溶剂除去油等污染物即为成品。

9.2 玻璃制品的热加工

玻璃制品的热加工在器皿玻璃、仪器玻璃等的生产中是十分重要的。有很多复杂形状和特殊要求的制品，需要通过热加工进行成形。另外一些玻璃制品，需要用热加工来改善制品的性能及外观质量。随着装饰行业的发展，出现了一些新的加工方法。

9.2.1 玻璃制品的热加工原理

玻璃制品的热加工原理与成形的原理相似，主要是利用玻璃黏度随温度改变的特性以及表面张力与热导率来进行的。各种类型的热加工，都必须把制品加热到一定的温度，由于玻璃的黏度随温度升高而减小，同时玻璃热导率较小，所以能采取局部加热的方法，在需要热加工的地方使之局部达到变形、软化，甚至熔化流动，以进行切割、钻孔、焊接等加工。利用玻璃的表面张力大，使玻璃表面趋向平整的作用，可将玻璃制品进行火抛光和烧口。

在热加工过程中，需掌握玻璃析晶性能，防止玻璃析晶。玻璃与玻璃或与其他材料（如金属陶瓷等）加热焊接时，两者的热膨胀系数必须相同或者相近。玻璃在火焰上加工时，要防止玻璃中的砷、锑、铅等成分被还原而发黑。要结合玻璃的组成与性能，控制适宜的火焰性质与温度。由于玻璃的导电性能随温度升高而增强，可采用煤气与电综合加热的方法来加工厚壁制品。

经过热加工的制品，应缓慢冷却，防止炸裂或产生大的永久应力。对许多制品还必须进行二次退火。

9.2.2 玻璃制品热加工的主要方法

（1）烧口

许多吹制品经过切割后，制品口部常具有尖锐、锋利的边缘。通常用集中的高温火焰将其局部加热，依靠表面张力的作用使玻璃在软化时变得圆滑。在烧口以前，先进行爆口、磨口。如制品成形后直接用火焰切割和烧口，称为联合烘爆口，可将爆口、磨口、烧口三道工序一次完成，但口部明显加厚，只适用于低、中档产品。由于烧口以后，口部形状变化，故近代的高级玻璃器皿已不烧口，而用磨口代替。先用金刚砂轮把口部磨平，再用磨砂片磨一倒角，这样口部形状为一平面。

（2）真空成形

真空成形是制造精密内径玻璃管的方法。采用机械拉管时，管径不十分准确，有一定误差；为了满足玻璃仪器和电子工业的需要，必须将已拉成的玻璃管进行真空成形。将校正管径的玻璃管一端熔封，然后放入一根精密准确加工的金属芯棒，另一端再与真空系统相连。然后抽真空，同时将玻璃管缓慢而均匀地加热，直到玻璃管与金属芯棒紧密贴附。冷却后由于金属芯棒收缩较大而极易取出，得到精密内径的玻璃管。所用的金属芯棒根据玻璃成分及软化温度来选择，软质玻璃（软化温度低于700℃，而热膨胀系数大于60×10^{-7}/℃）或硼硅酸盐玻璃用一般钢或铜镍合金；含二氧化硅高的玻璃用钼、钨或石墨芯子，加工到万分之二至万分之五的精密度。玻璃的内径应比芯棒外径稍大，但不宜超过1mm。抽真空可用一般真空泵，真空度达到10^{-2}mmAg柱即可。加热可以在电热炉与灯工机床上进行，加热温度根据玻璃软化温度而定，派来克斯玻璃加热温度为700℃。

（3）火抛光、火焰切割或穿孔

① 火抛光是采用最少辐射热的燃烧器发出强烈的火焰，对玻璃制品在制造过程中所形成的尖锐缺陷进行加热，使缺陷熔化修复而制品不变形的一种加工工艺。由于玻璃制品在成形过程中常常不可避免地会在表面出现微裂纹、小凸起、褶皱、波纹等缺陷，火抛光是最简单实用的消除方法。所使用的燃烧器及其喷出火焰的形状应根据制品形状设计。火焰气氛保持弱氧化性，即以明亮的“蓝色”为好。

② 火焰切割即是通过火焰加热来达到切割玻璃的目的。对于不同种类的玻璃制品，常见有三种热切方法。急冷切割——将圆管状的玻璃一边旋转一边用喷灯火焰沿周边的狭小范围内进行急速加热，再用冷却液体接触加热部位，在热应力的作用下将玻璃管切断。喷灯火焰热源可以是氢氧焰或城市煤气加氧气。冷却体则常用易于引起裂纹起点的物体，如磨石、金属圆板等。爆口——用金刚石或超硬合金在玻璃上划痕，再向划痕部位加热，则裂纹扩展就使玻璃切断。也有在加热时加上划痕，随玻璃冷却，热应力使裂纹扩展而切断的。爆口能得到与熔断法一样的镜面状割断面。熔断——用高速的火焰对制品进行局部集中加热，使玻璃局部达到熔化流动状态，同时又通过高速气流的冲击，使制品断开。通常采用煤气-氧焰，或氢氧焰等高速喷射火焰。

③ 钻孔是一种通过火焰局部加热熔融进行穿孔的方法。采用的高速喷射火焰与熔断法相同。只是使用时在玻璃需要穿孔的部位集中熔融，同时通过高速气流穿透。

9.2.3 特殊加工方法

随着玻璃装饰行业的迅速发展，出现了许多新的玻璃加工方法，下面分别加以叙述。

（1）激光切割与钻孔

由于激光能使物体局部产生10000℃以上的高温，所以也用于玻璃的切割与钻孔。特点是准确、卫生、效率高，不存在切割工具的磨损问题等。通常采用CO_2激光器产生的激光，经转向棱镜，再经透镜聚焦到玻璃切割部分，其结构如图9-14。对厚1.6～3mm的钠钙玻璃，用9W的激光器；其切割速度为5mm/s。不同厚度的玻璃应该选用不同功率的激光器和不同的切割速度。

激光也可用来连续切割平板玻璃的边缘，其特点是不需要掰断，而且断口整齐没有玻璃碎屑附着在玻璃表面，也没有煤油等冷却液黏附玻璃，可以不用磨边，不需要洗涤、干燥，可省去生产中一些工序。

此外激光也可和金刚砂刀轮组合起来，在浮法生产线上用于切边，安装在平拉与浮法生产线上的切边装置见示意图9-15。

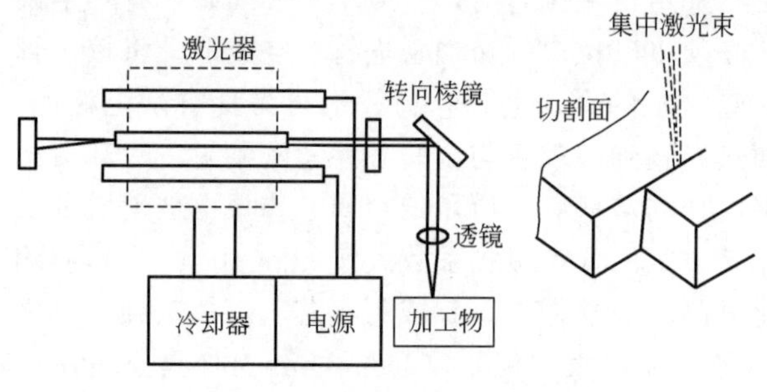

图9-14　激光切割的工作原理

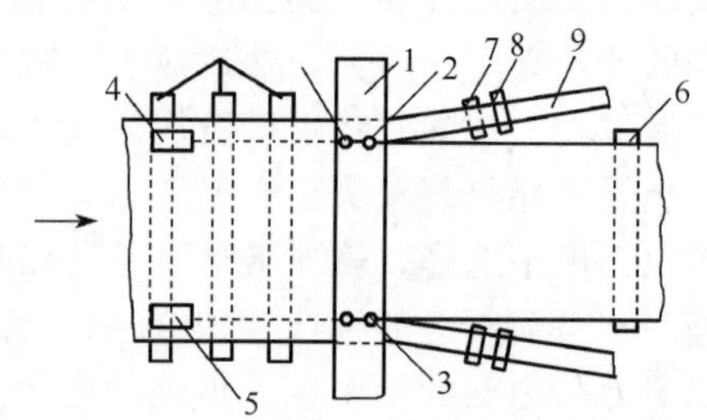

图9-15　平板玻璃生产线上用的激光切边装置

1—安装臂；2,3—金刚砂刀轮；4,5—激光光源；6—转辊；7,8—转辊；9—切割下的玻璃边

此装置由金刚砂刀轮2、3与激光光源4、5组成。金刚砂刀轮在安装臂1上，而安装臂1则安装在拉出的玻璃板上。通过金刚砂刀轮在拉制的玻璃板两边划出刻痕，然后再用激光照射。激光光源以水平方向发射，经反射器反射90°，正好射到刻痕上，使玻璃板主体断裂。切割下的玻璃边9用转辊7、8支持，由于转辊的转动，使切下的玻璃边离开玻璃板的主体。采用此法的优点是激光束的功率比一般单用激光切割所需功率至少减小50%，能切割普通玻璃与微晶玻璃，厚度可达10mm以上，板材的机械应力对切割没有影响。CO_2激光的波长为10.6μm，以便玻璃吸收。金刚砂刀轮刻具的负荷最好在1kg以下，切割速度95mm/s。

用激光也可以进行空心玻璃制品（玻璃杯、烧杯）的切口与安瓿瓶的切口和封口。

(2) 高压水射流切割与钻孔

高压水射流切割与钻孔原理：水通过高压泵、增压器、水力分配器，达到750～1000MPa压力，经喷嘴射出超声速的水流，速度可达500～1500m/s（空气中的声速为340m/s），从而可对玻璃进行切割和钻孔。在喷嘴中也可加入微粒（150μm左右）磨料，如石榴石、石英砂等，磨料消耗量约27kg/h。图9-16为高压射流喷嘴结构示意图。在喷出流体的过程中，磨料颗粒由于混合室中所造成的负压作用，被吸入快速液流中，和液流混合后喷出。切割玻璃边缘的效果（倒角）既取决于磨料颗粒大小，也取决于切割速度，磨料颗粒愈小，切割速度愈高，倒角愈大。一般厚3.8mm的玻璃，用1000MPa射流切割时，切割速度为46mm/s。射流切割时无尘无味。这种方法也称高效节能水刀。

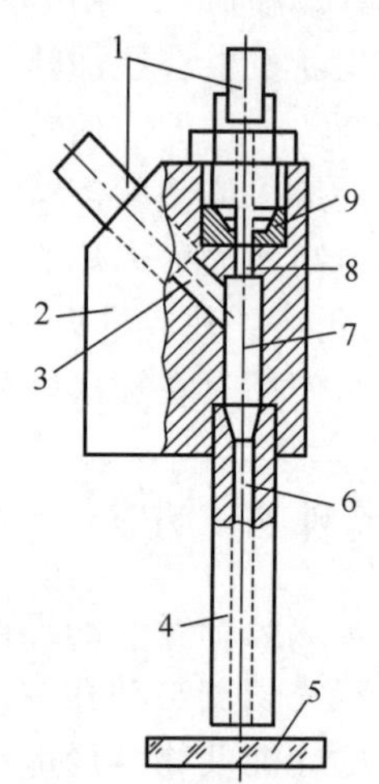

图9-16　高压射流喷嘴结构示意图

1—管道；2—喷嘴（切割刀）；3—磨料输送管道；4—混料桶；5—玻璃；6—输出管道；7—流体和磨料混合室；8—喷出管；9—金刚石喷嘴

高压射流切割的应用：用高压射流切割复杂外形的玻璃时，先用普通切割工具，将玻璃切割出粗略的外形，然后用掺有磨料的高压射流沿复杂形状的轮廓线切割，可以很精确地切割成所要求的形状。切刀的负荷为40N，射流喷嘴直径0.15mm，射流压力800MPa，喷嘴口离玻璃表面距离为2mm。制品切割的全过程为8s，与传统方法相比较效率提高了9～10倍。如美国Waterknife水压喷射设

备，可产生 377MPa 压力的射流。PASER 型水加磨料的高压射流设备，不仅可切割玻璃、塑料、复合材料，也可切割钛、镍、铬基合金等金属。我国自行设计制造的高压射流切割机系列商品，水加压到 180～200MPa，磨料使用 60～100 目的石榴石，以二倍音速将水喷出，即为水刀，有独特的防止回水功能，可切割各种硬度的金属材料和非金属材料，如普通钢材、合金钢材、玻璃、陶瓷、石材、塑料和复合材料等，并设有计算机控制和编程软件，切缝质量好，切割智能化程度高，不仅可切割直线，而且任何形状的图案均可切割。高压射流切割设备还可切割夹层玻璃、防弹玻璃、航空玻璃，如切割 37mm 厚的防弹玻璃，玻璃表面不受损伤，玻璃边缘质量与金刚砂磨光相似。用含细磨料颗粒在 700MPa 压力下高速喷射直径 0.3mm 的射流来切割玻璃，不产生火花，无残余应力，切割断面的质量高。

高压射流钻孔的应用：高压射流钻孔与上述切割相似，可用掺有磨料的水悬浮液，在 500～1000MPa 的压力下形成射流，在平板玻璃上钻成要求的尺寸和形状的孔。如需在 0.5～3.0mm 厚的玻璃上钻任意形状的孔，可先用 1000MPa 压力、直径 0.15mm 脉冲射流在玻璃表面初钻孔。然后用磨料悬浮液流在 600～800MPa 压力下，形成的射流继续钻孔。金刚砂磨料可采用平均颗粒尺寸为 10～60μm 或更大一些的石英砂，扩孔切割速度为 30～40mm/s。

高压射流加工的特点：加工时无侧压力，切割时玻璃不变形，不会产生残余应力；可将玻璃切割成任意形状或在玻璃上钻任意形状的孔；切割缝隙宽度极小，切口整齐，无毛边，加工余量小，玻璃的损耗在同类加工方法中较小；加工时温度低，切割温度只有 60～90℃，对玻璃制品不会造成热应力和破坏；加工时无粉尘，与传统的加工方法相比，碎屑可减少 93%～95%；可用计算机控制，可全部实现自动化。

(3) 玻璃表面激光刻花

激光刻花原理：玻璃表面刻花是将激光器发射的激光通过透镜聚焦到玻璃表面，玻璃吸收光能后，将光能转变为热能，使玻璃表面加热、熔化、汽化，在剧烈的汽化过程中，产生较大的蒸气压力，此压力排挤和压缩熔融玻璃，造成了溅射现象，此时溅射速度很快，达到 340m/s，形成很大的反冲，在玻璃表面造成定向冲击波，在冲击波的作用下，使表面层产生微裂纹并剥落；另外由于激光是局部加热，微区温度很高，而附近区域仍处于室温，这种温度不均所引起的表面热膨胀不一致，产生很大的应力，也引起玻璃表面裂纹和剥落，达到表面刻花目的。由于玻璃对可见光的透过性，仅吸收中、近红外线，所以输出可见光的激光器就不适合用于玻璃加工，只有输出中、近红外线的激光器才适用，如 CO_2、YAG 激光器即可用于玻璃刻花。

由激光器输出的激光需要用透镜聚焦，以提高功率密度。利用脉冲激光可以达到 10^{10}℃/s 的加热速度，由于加热区域受到严格限制，产生的温度梯度大于 10^{6}℃/cm，足以使玻璃产生微裂纹而从表面剥落。

激光刻花的工艺流程：玻璃表面在激光刻花前，需进行清洁处理，再在玻璃制品外覆盖刻花花纹的镂空金属模板。为了减少激光透过模板给非刻花部位的热量，可对模板进行涂黑等表面处理，以增加模板对激光的吸收。刻花时就将 CO_2 激光器发出的激光经光学聚焦形成需要的光斑形状后，对着模板的镂空部位。

激光刻花设备结构见图 9-17。图中 1 为激光器，输出的激光束由控制系统 9 对活门 2 进行控制操作，经聚焦透镜 3 聚焦后的激光束，通过喷嘴 4 作用于盖有镂空模板 6 的玻璃制品 5 上，喷嘴可做水平运动，玻璃制品安放在有多工位托盘 7 的大旋转盘 8 上，大旋转盘旋转，以便将待刻花玻璃制品送到激光刻花位置，而多工位托盘 7 又能自转与垂直运动，以使整个玻璃制品外表都能与激光束接触，一个玻璃制品刻花结束，大旋转盘就将该制品送走，转动后送上另一个制品到刻花工位。聚焦透镜用水进行冷却，刻花时，高温蒸发出的玻璃废气由废气排放系统 10 排除。采用 60W 的 CO_2 激光器在玻璃杯上刻葡萄叶的图案，只需 35～55s。

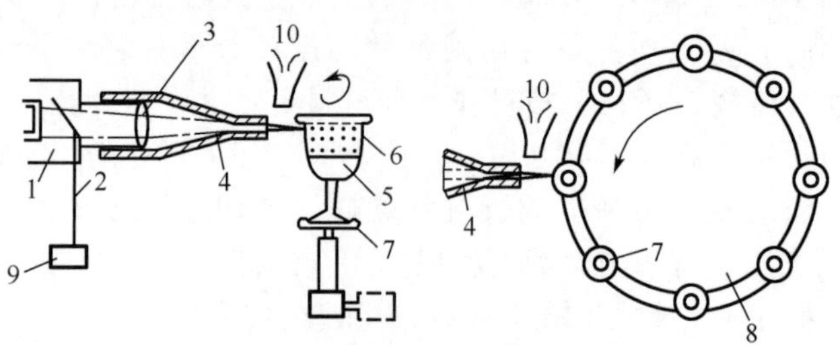

图 9-17 激光刻花设备结构

激光刻花的特点：刻花时间短，生产效率高，比普通机械刻花效率高几十甚至几百倍，适合于批量化作业；由于激光的方向性、单色性，可聚得一定波长的高能量激光束。从而可精确地进行微区加工；激光刻花无机械接触，无工具、材料消耗，也不影响玻璃性质；激光热加工速度极快，在千分之一秒内，热量来不及向邻近区域扩散，玻璃制品不会变形；激光刻花可实现自动化和流水作业。目前，激光刻花可用计算机控制，很容易完成，不仅适合于商标、文字、标记和简单图案的刻花，而且能进行复杂图案的刻花。

（4）玻璃等离子弧刻花

等离子体是由电离气体、电子和未电离的中性粒子（中性原子和分子）组成的集合体，这种气体整体显中性，但存在相当数量的电子和离子，其正负电荷几乎相等。等离子体由弧光放电、高频放电、微波放电等多种方法形成。高温等离子体是继气体、液体、固体三态物质之后的第四态物质。

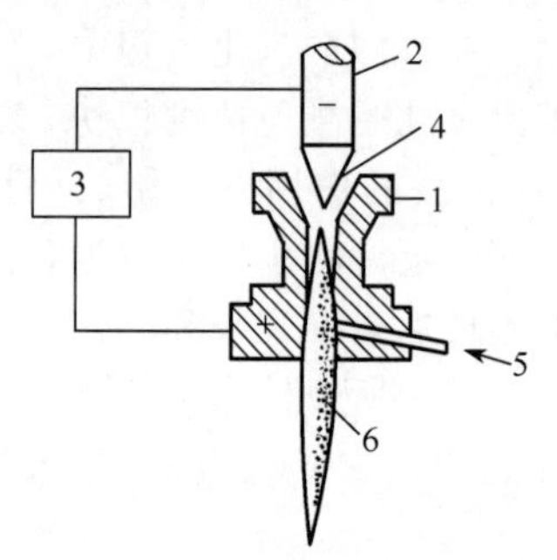

图 9-18 产生等离子弧的原理示意图

1—喷嘴；2—后电极；3—电源；4—工作气体；5—冷却水；6—等离子弧

用于玻璃表面刻花的等离子体是由气体分子在强电场作用下，发生电离，变成带负电的自由电子和带正电的离子，从而形成弧光放电。产生等离子弧的原理见图 9-18。电弧经过机械压缩（设有喷嘴）、热压缩作用（喷嘴周围冷却）以及磁收缩效应等，将电弧压缩成能量极高的等离子弧，形成高达 10000℃以上的高温。

玻璃刻花时，将金属丝送入喷嘴，即形成金属粒子焰流，此焰流比等离子焰流具有更高的能量，使接触的玻璃表面出现高度的软化和熔融，然后再进行冷却。带有金属涂层部分的玻璃与未涂金属部分的玻璃同时冷却，由于玻璃与金属的热膨胀系数不同及表面冷却不均匀，玻璃基体产生内应力，形成玻璃表面的微裂纹，当微裂纹达到一定数量后，金属涂层即在玻璃表面上剥落。在等离子喷涂前，将玻璃制品表面套镂空花纹模板，喷涂后在镂空花纹处有金属涂层，经冷却，金属涂层和接触的玻璃表面出现剥落，也就在玻璃上刻出了花纹。

刻花的玻璃基体可用普通钠钙玻璃，玻璃表面在等离子体弧喷涂前，先可用丙酮或乙醇等溶去油污，再用洗涤液、自来水、去离子水清洗，之后干燥，套上按要求图案设计的镂空花纹模板，然后进行等离子弧喷涂。等离子弧喷涂可用手持式的等离子喷枪进行，等离子喷枪结构如图 9-19。

金属熔融温度、熔融粒子所需热量、玻璃软化所需热量见表 9-7。

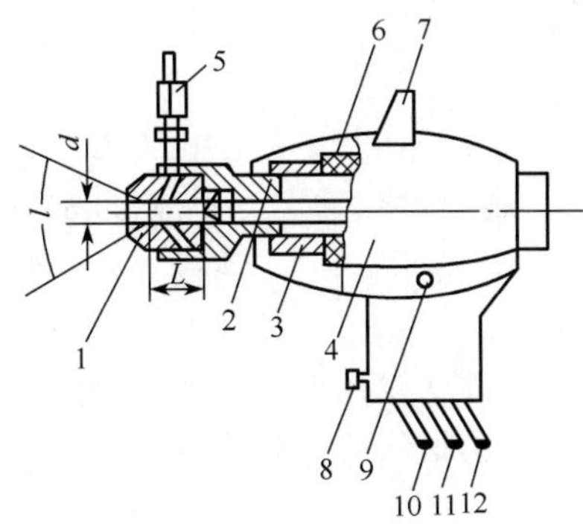

图 9-19　等离子喷枪结构示意图

1—喷嘴；2—电极；3—电极座；4—枪体；5—送金属丝管；6—密封圈；7—挂钩；
8—送金属丝开关；9—应急开关；10—进水管；11—送气管；12—电缆和出水管

表 9-7　熔融金属粒子所需热量、玻璃软化所需热量

金属材料	熔点/℃	转变温度/℃	所具热量/J	所需热量/J
锡	231	—	108.13	—
铝	666	—	591.88	—
铜	1063	—	1463.01	—
45 号钢	1560	—	2123.20	—
钠钙玻璃	—	562	—	563±25

由表 9-7 可知，锡的熔点和其熔融粒子所需热量都太低，不能用于等离子弧刻花，铝、铜、45 号钢都可使用，45 号钢熔融粒子所需热量最高，所以使用效果最好。喷射到玻璃表面的金属的热量必须大于玻璃表面软化时所需的热量，才能起到刻花作用。这可通过计算得出能否进行刻花。

由于熔融不同金属粒子所需热量不等，这些金属粒子与玻璃基体的热膨胀系数又有不同，所以等离子弧刻花，使用不同金属刻花效果就有差异。在等离子弧刻花的实践中，使用铜为涂层材料时，在玻璃表面上的涂层厚度需 400μm，才能使玻璃表面层剥落；采用铝为涂层材料时，涂层厚度为 600μm。

等离子弧刻花工艺简单，生产效率高，刻一个制品只需 5～10s，便于实现生产自动化，操作人员少。此外用等离子弧刻花，制品表面的显微硬度测定结果为 605～620MPa，此时的玻璃表面应力为 2～5MPa，该值与物理钢化玻璃相近，即等离子弧将金属粒子喷射到玻璃表面，既刻花的同时也起到了对玻璃制品的钢化作用，使玻璃增强，所以对于机械化洗涤的玻璃餐具，等离子弧刻花的装饰是更合适的。但等离子刻花后玻璃表面存在少量直径 5～20μm 的气泡，还有细微的贝壳状裂纹。

对等离子刻花制品，用测光仪测定刻花面的透光率与化学蚀刻的玻璃透光率结果如表 9-8 所示。

表 9-8　等离子弧刻花玻璃的透光率

样　品	玻璃制品厚度/mm	透过率/%
未处理样品	5	84
等离子弧刻花	5	56
氢氟酸蚀刻	5	73

9.2.4 玻璃的热弯

将玻璃加热到软化温度附近，用自重法或机械加压法使玻璃产生永久性变形，获得一定形状的加工方法称为玻璃的热弯。热弯是一种较为常见的热加工方法。建筑物拱形廊，拐弯处的弧形幕墙、隔板，汽车用挡风玻璃、汽车镜，玻璃锅盖等都要使用热弯玻璃。

玻璃的热弯通常在热弯炉中进行。先将玻璃切裁成需要的规格尺寸，再进行预热，将玻璃加热到软化点附近的温度，就可实施热弯。热弯通常有三种方法：模压式压弯法、重力沉降法和挠性弯曲法。

① 重力沉降法：又称槽沉法。在加热炉内，热塑性玻璃在自重下弯曲而落在一定形状的模具上。这种方法所用的设备简单。用周边模具来压弯玻璃板。玻璃的中间部位一点也不会有模具痕迹，其光学质量往往优于硬面压制弯曲的产品。

用自重法可生产四周深弯度的弯形玻璃及供夹层用的弯形玻璃对。采用自重法时，在局部加热过程中玻璃有可能变形。因此必须注意使各部分的加热量达到良好的过渡状态，对加热、弯曲时的温度曲线及时间要求严格。

② 模压式压弯法：按曲面玻璃所需的形状做成钢制阳模和阴模，在其外表面用玻璃布包裹。由此阴阳模（压模）对热塑玻璃进行热压。玻璃按模子的形状而压紧定型。

压模不能制成玻璃所要求的最终形状，因为玻璃最后总是比模子要平直一些。解决办法一是经过多次试验后，制出确切的模子，使压弯的玻璃在允许的误差范围内。二是用螺丝扣调节阳模和阴模的周边，这样就可以迅速调节，以适应厚度不同的玻璃和不同的工作条件。三是对汽车玻璃这样要求越来越精致的玻璃，要用一种铰链式阴模。将玻璃绕着阳模周围包起来。阴模的中心部分往往是一种固定件，两头有铰链及叶片。在中心部分加压成形后，两个叶片就慢慢围绕阳模把玻璃弯曲并包起来。

③ 挠性弯曲法：按弯曲玻璃所要求的曲面，用挠性辊弯成所需形状。在这种热弯设备中，轴心圆钢的外面套上不锈钢做成的软管。在软管内每隔一定距离安装一石墨轮，以支撑外面的软管。软管旋转形成挠性辊，使玻璃弯曲。

9.3 玻璃的钢化

将平板玻璃或其他玻璃制品经过物理或化学方法处理，使玻璃表面层产生均匀分布的永久应力，从而获得高强度和高热稳定性的玻璃深加工方法称为玻璃的钢化。钢化有两种方法，一种是物理钢化法，又称热钢化法，或称淬火；另一种是化学钢化法。

9.3.1 玻璃物理钢化

（1）玻璃的物理钢化原理

将玻璃加热到一定的温度，然后将玻璃迅速冷却，使玻璃内产生很大的永久应力，这个过程称为玻璃淬火。通过这样的热处理，在冷却后使玻璃内部具有均匀分布的内应力，从而提高玻璃的强度和热稳定性，这种淬火玻璃又称为钢化玻璃。它的强度比退火玻璃高4～6倍，达$40kg/mm^2$左右，而热稳定性可提高到165～310℃左右。

玻璃的物理钢化是把玻璃加热到低于软化温度（其黏度值高于$10^8Pa \cdot s$）后进行均匀

快速冷却而得。玻璃外部因迅速冷却而固化，而内部冷却较慢。当内部继续收缩时，玻璃表面产生压应力，而内部为张应力，如图 9-20(a) 所示。

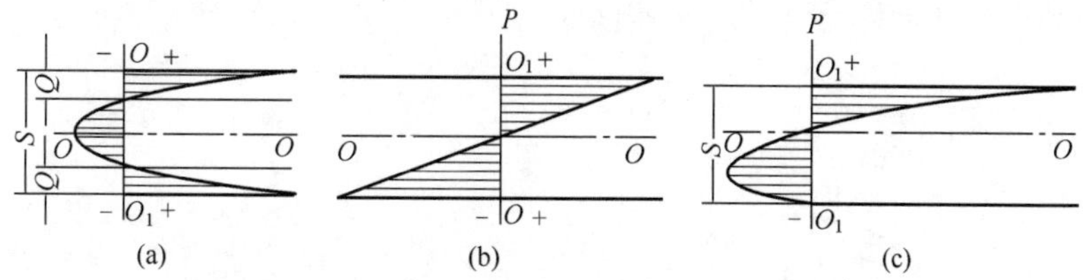

图 9-20 钢化玻璃应力分布

当退火玻璃板受荷载弯曲时玻璃的上表层受到张应力，下表层受到压应力，如图 9-20(b) 所示。玻璃的抗张强度较低，超过抗张强度玻璃就破裂，所以退火玻璃的强度不高。如果负载加到钢化玻璃，其应力分布如图 9-20(c) 所示，钢化玻璃表面（上层）的压应力增大，而所受的张应力较退火玻璃小。同时在钢化玻璃中最大的张应力不像退火玻璃存在于表面上而移向板中心。由于玻璃抗压强度比抗张强度几乎大 10 倍，所以钢化玻璃在相同的负载下并不破裂。此外在钢化过程中，玻璃表面上的微裂纹受到强烈压缩，同样也使钢化玻璃的机械强度提高。

同理，当钢化玻璃骤然经受急冷时，在其外层产生的张应力被玻璃外层原本存在的方向相反的压应力所抵消，使其热稳定性大大提高。

钢化玻璃的张应力存在于玻璃的内部，当玻璃破裂时，在外层的保护（虽然保护力并不强）下，能使玻璃保持在一起或为布满裂缝的集合体。而且钢化玻璃内部存在的是均匀的内应力。根据测定，当内部张应力为 30～32kg/mm^2 时，可以产生 0.6m^2 的断裂面，相当于把玻璃粉碎到 10mm 左右的颗粒。这也就解释了钢化玻璃在炸裂时分裂成小颗粒块状，不易伤人的原因。

如前所述，永久应力的产生是由应力松弛和温度形变被冻结下来的结果。加热玻璃的温度愈高，应力松弛的速度也愈快，钢化后产生的应力也愈大，而且玻璃各部分以不同的速度冷却，使玻璃表面的结构具有较小的密度，而内层具有较大的密度。这种结构因素引起各部分的热膨胀系数不同，也引起内应力的产生。

把钢化时玻璃开始均匀急冷的温度称为淬火温度或钢化温度 T_2，一般取 $T_2=T_0+80$℃左右（$\eta \approx 10^{9.5}$dPa · s）。工厂钢化 6mm 的平板玻璃时，淬火温度为 610～650℃，加热时在 220～300s 范围内，或者以每毫米厚需 36～50s 加热时间予以计算。

根据巴尔杰涅夫提出，钢化玻璃的强度 $\sigma_{钢}$ 与钢化程度 Δ 有下列关系：

$$\sigma_{钢}=\sigma_0+x\Delta/B \tag{9-4}$$

式中，σ_0 为退火玻璃的表面强度，kg/m^2；B 为应力光学常数，2.5×10^{-7}cm^2/kg；x 为与中间层应力的比例系数；Δ 为钢化程度，mm^2/kg。

从式(9-4) 可见，钢化玻璃的强度随着钢化程度和 x 增大而增强。研究结果表明，钢化玻璃的强度主要取决于其表面的压应力（称为机械因素）大小，但近年来认为，除了这一因素外，由于高温急冷所引起的玻璃表面结构的变化也是影响玻璃物理钢化的重要因素之一。

(2) 影响玻璃物理钢化的工艺因素

当一定厚度的玻璃淬火时，玻璃中产生的应力大小随着淬火温度和冷却强度的提高而增大。当淬火温度达到一定值时，应力松弛程度几乎不再增加，应力趋于一极限值，此极限值称为玻璃的淬火程度。它取决于玻璃的冷却强度、玻璃厚度和化学组成。

① 冷却强度。在玻璃工业中，一般钢化玻璃采用风冷钢化，冷却强度越大，钢化越激

烈。但冷却强度取决于空气的风压和风栅上小孔距玻璃的距离。另外，喷嘴的直径也影响玻璃的淬火程度，直径越大，空气接触玻璃的面积越大，冷却强度也随之增加。淬火程度与淬火温度及冷却强度之间的关系如图 9-21 所示。

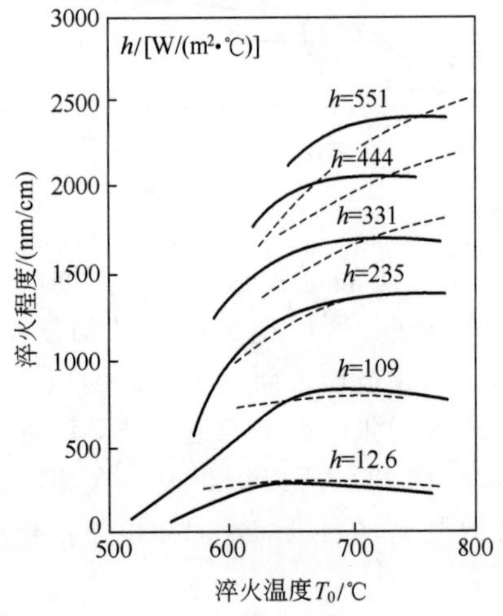

图 9-21　淬火程度同淬火温度及冷却强度的关系（6.1mm 板厚）

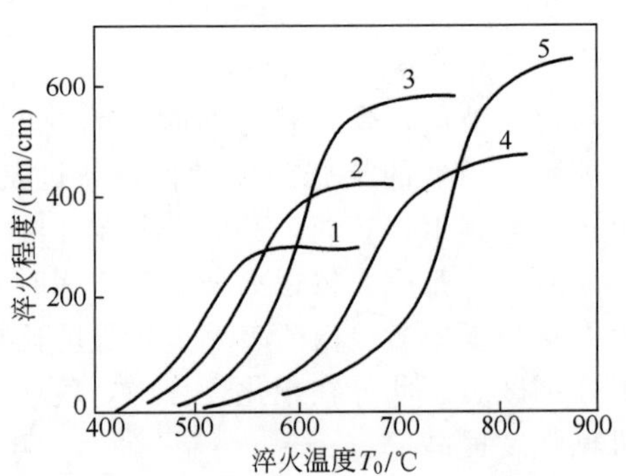

图 9-22　几种玻璃的淬火曲线（自然对流）

1—铅玻璃；2—压延玻璃；3—硼硅玻璃；4—低碱玻璃；5—锆玻璃

② 玻璃的化学组成。玻璃的化学组成对淬火程度影响很大。因为应力的大小与玻璃的热膨胀系数 α、杨氏模量 E、温度梯度 ΔT 成正比，与泊松比 μ 成反比。而 α、E、μ 都是由玻璃的化学组成来决定的，不同化学组成的玻璃淬火程度是不同的，如图 9-22 所示。在 R_2O-SiO_2 中用 20%RO 取代 SiO_2，则淬火程度增加一倍。

③ 玻璃厚度。在相同条件下，玻璃越厚，淬火程度越高，见图 9-23 所示。平板玻璃钢化一般用 2.5mm 以上的玻璃，以保证产生较大的永久应力。厚度小，则相应的冷却强度极高才能得到较好的淬火程度。对于非平板玻璃制品，淬火时要求厚度要均匀，相差不能太大，否则会因应力分布不均而破裂。

（3）物理钢化工艺技术

① 玻璃风冷钢化工艺技术。玻璃风冷钢化工艺又分为水平和垂直风冷钢化方法。

水平风冷钢化玻璃的加热和冷却过程中，玻璃是在运行的状态下进行的，要求生产线设备安装平稳，保证玻璃在高的温度下不受较大的震动，否则会对玻璃钢化带来影响。其生产工艺过程包括玻璃的切割、端面的研磨、清洗干燥、装架、入炉加热、出炉、风冷、卸架、检验包装等过程。其中加热采用钢化加热炉，对电炉的要求是炉内温度要分布均匀，炉温要易控制。在电炉的结构设计中，要考虑破碎玻璃的清除方便。目前国外采用红外辐射加热元件，可提高热效率 2～3 倍，且加热温度区波动范围小，加热均匀。加热炉温度控制采用可

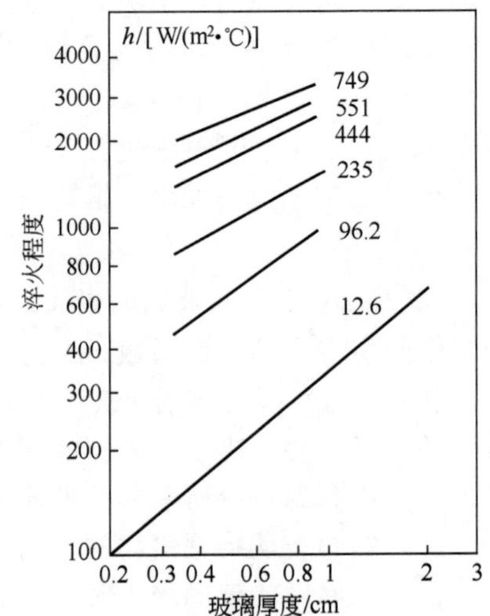

图 9-23　淬火程度同玻璃厚度、冷却强度的关系

控温度控制装置，炉温要求控制在 5℃以内，采用计算机对钢化加热炉进行控制，以保证炉温的稳定性，减少炉温波动范围，提高玻璃的钢化质量。同时对于风栅的要求是安装在加热炉附近，距离一般为 450～500mm，还应使风栅和电炉的中心线相吻合。对于风栅的选用，只要结构性能上达到足够的冷却强度，都可选用。

垂直风冷钢化工艺中玻璃在加热和冷却时是不动的，冷却是依靠风的运动，将喷出的气流均匀冷却玻璃。

② 玻璃气垫钢化工艺技术。玻璃气垫钢化工艺技术是利用高热值气体，配以一定比例空气，使其燃烧产生高温气体，经过特制的喷嘴喷射到被加热的玻璃表面，实现对玻璃的加热。气体同时为一层气垫床，托浮玻璃在气垫床上行走，在行走的过程中玻璃被加热到钢化温度，然后通过传动装置快速进入冷却装置。冷却装置也是一种带有喷嘴的气垫床结构，玻璃在此托浮起来同时吹风冷却，之后再进入传动装置行走，完成钢化过程，达到钢化目的。该方法的优点是可进行薄玻璃的钢化。

气垫钢化玻璃生产线一般分为四个过程，即玻璃预加热过程、气垫床加热过程、玻璃吹风过程、玻璃输送过程。

③ 玻璃微粒钢化工艺技术。玻璃微粒钢化工艺技术就是用固体微粒作为冷却介质，通过微粒与玻璃的接触，将加热的玻璃快速冷却，使得玻璃表面形成压应力层，中间形成张压应力层，这是一种玻璃钢化生产新技术。冷却微粒一般可选择氧化铝粉，颗粒尺寸一般为 50～500μm。

④ 玻璃区域钢化生产工艺技术。区域钢化玻璃是指玻璃通过不同区域的不同加热或冷却，使得玻璃获得不同钢化效果。也就是说，在一块玻璃上，某结构处是全钢化，而另一部分是半钢化效果。区域钢化玻璃的生产一般有两种生产形式，其一是玻璃加热相同，而冷却不同；其二是玻璃冷却相同，而加热不同。一般全钢化区冷却风速为 60～80m/s，风压为 90～120MPa；区域钢化区冷却风速度为 30～40m/s，风压为 40～60MPa。

⑤ 热弯钢化玻璃工艺技术。玻璃热弯钢化，实际上就是把玻璃加热到高于玻璃钢化温度以上，热后再让玻璃进入带有弧度的冷却风栅，这种风栅在汽缸的推动下可以前后运动，使其对玻璃产生压力，先使得平板状玻璃成形为弧度状玻璃，然后风栅迅速后移，风机自动开启吹风急冷玻璃。把这种热弯钢化玻璃的生产方法，一般称为一步模压热弯法。

热弯钢化玻璃的生产方法，除一步模压热弯法外，也可采取先把平板玻璃事先在热弯炉内进行热弯，待冷却后，然后再进行钢化，把这种热弯钢化玻璃的生产方法，一般称为二步钢化法。

对于钢化玻璃锅盖的生产，一般选择水平钢化生产工艺。事先按照产品尺寸要求，把玻璃切割成为圆片形，然后再进行研磨、打孔，把制备好的玻璃放入特制的耐热金属支架上，然后送入玻璃钢化炉内加热，玻璃在炉内的加热过程中，当达到一定的温度，玻璃在自重力的作用下，逐渐产生弯曲，当弯曲弧度达到要求的弧度时，玻璃自动进入风栅吹风急冷，使其得到钢化。把这种热弯钢化方法可以称为水平自重热弯法。这种热弯钢化工艺，对玻璃钢化炉的温度控制和玻璃的运行速度控制一定要严格要求，这是保证玻璃钢化质量的关键。

9.3.2 玻璃化学钢化

化学钢化是通过改变玻璃表面的组成来提高玻璃强度的。目前所用的方法主要有表面脱碱、涂覆热膨胀系数小的玻璃、碱金属离子交换法。一般所称化学钢化是指离子交换的增强处理方法。碱金属离子交换有低温型离子交换和高温型离子交换两种方法。

（1）低温型离子交换法

在玻璃转变温度范围内，将玻璃浸在含有比玻璃中碱金属半径大的碱金属熔盐中，用离子半径较大的碱金属阳离子去交换玻璃表面离子半径较小的碱金属阳离子，从而使玻璃表面形成含有较大容积碱离子的表面层。由于玻璃结构质点容积大，冷却到室温时收缩小；而玻璃内部结构质点容积小，冷却时收缩大，从而在玻璃表面产生压应力。例如用 Li^+ 置换 Na^+，或用 Na^+ 置换 K^+，然后冷却。

根据定量的研究结果，认为大离子浸入所产生的压应力与浸入的离子数量成正比。低温型离子交换虽然比高温型交换速度慢，但由于钢化中玻璃不变形而具有实用价值。

容器的选择：对一定的熔盐，必须注意选择容器材料。大多数盐可以安全地盛在不锈钢或高硅氧类玻璃烧杯内。含氯离子的熔盐对不锈钢有一定的侵蚀作用，最好盛在高硅氧类玻璃烧杯内。为了防止意外事故，上述容器必须盛在一个更大的、周围围着细砂的容器内（温度波动可以控制在±1℃）。

（2）高温型离子交换法

指交换温度在玻璃转变温度 T_g 以上进行的离子交换。这种离子交换改变了玻璃表面的组成结构，在玻璃表面上形成一层热膨胀系数小的物质。由于玻璃在转变温度以上时内部和表面的应力得到了松弛，成为无应力状态。但当冷却到室温时，玻璃表面由于热膨胀系数小的物质存在而收缩小，而玻璃内部因热膨胀系数大而收缩大，从而在玻璃表面产生压应力，内部产生张应力，使玻璃得到了强化。

高温型离子交换法有代表性的是含有 Na_2O 或 K_2O 的玻璃在 $T_g \sim T_f$ 范围内，使其与 Li 盐接触，发生离子交换。此交换过程在玻璃表面形成含 Li^+ 的表面层。因 Li^+ 表面层的热膨胀系数小，而内部 Na 或 K 玻璃组成热膨胀系数大，从而使玻璃强度得到了增强。同时，玻璃中如含有 Al_2O_3、TiO_2 等成分时，通过离子交换，能产生热膨胀系数极低的β-锂霞石（$Li_2O \cdot SiO_2$）结晶，冷却后的玻璃表面将产生很大的压应力，可得到强度高达 700MPa 的玻璃。

例如：将含 SiO_2 57%～66%、Al_2O_3 13.5%～23%、Na_2O 38%～11%、Li_2O 10%～13%（质量分数）的玻璃在 600～750℃下浸在 Li^+、Na^+、Ag^+ 的熔盐中，玻璃中的 Na^+ 被 Ag^+ 或 Li^+ 置换，产生双层交换层：外侧是β-锂霞石，内侧是偏硅酸锂结晶化玻璃层，能极大地增大强度。

（3）影响离子交换的工艺因素

影响离子交换的工艺因素有：玻璃成分、熔盐成分、处理温度、处理时间。下面分别加以叙述。

① 玻璃成分对离子交换的影响。玻璃组成比工艺条件的变化对玻璃的强度影响更大。同普通钠钙硅酸盐玻璃相比，含 Al_2O_3 多的铝硅酸盐玻璃化学钢化后有较强、较厚的压应力层。化学钢化的钠钙硅酸盐玻璃的压应力层，最外表面压应力为 7000～10000nm/cm，应力层厚度为 30～40μm，相对的铝硅酸盐玻璃最外表面压应力在 15000nm/cm 以上，应力层厚度达 150μm。从离子交换的实用观点来看，能够在较短的时间内获得满足强度要求的离子交换层厚度是非常重要的，一般使用交换速度快、应力松弛小的玻璃组成。各种成分在离子交换中的作用如下：

SiO_2-RO-R_2O

SiO_2-Al_2O_3-R_2O

SiO_2-Al_2O_3-RO(MgO，CaO，SrO，ZnO，BaO，PbO)-R_2O

SiO_2-Al_2O_3-B_2O_3-RO-R_2O

SiO_2-Al_2O_3-B_2O_3-RO-RO_2(ZrO_2，TiO_2，CeO_2)-R_2O

在后两个系统的成分中，SiO_2 含量在 50%以下时，玻璃的化学稳定性差；含量在 65%以上时，生产玻璃时原料难以熔化。SiO_2 以 60%～65%为宜。

Al_2O_3 在离子交换中起加速作用，其原因在于以 Al_2O_3 取代 SiO_2 后，体积增大。[AlO_4] 的分子体积为 41cm^3/mol，而 [SiO_4] 的分子体积为 27.24cm^3/mol。用 Al_2O_3 取代 SiO_2 后，分子体积增大，结构网络空隙扩大，有利于碱离子扩散；另一方面，体积增大，也有利于吸收大体积的 K^+，促进离子交换。Al_2O_3 的合适用量为 1%～17%。含量小于 1%时，玻璃的化学稳定性差，含量大于 17%时，生产玻璃时原料难熔。

如果增加 RO 减少 SiO_2，对离子交换会有不良影响。这是因为 R^+ 与非桥氧相互作用较与桥氧离子作用更为强烈；用少量 RO 取代 SiO_2，将导致扩散速度降低。直径愈小的 R^{2+} 对氧的极化愈激烈，其结合也较牢固，使 R^+—O—R^{2+} 中的 R^+—O 键反而变弱，所以碱离子在含小直径 R^{2+} 的玻璃中，其扩散系数比在含大直径 R^{2+} 玻璃中有所增加。用 R^{2+} 取代 SiO_2 还会堵塞碱离子通道。所以玻璃中含小离子的二价金属氧化物较含大离子二价金属氧化物对碱离子的扩散影响要小。ZnO、MgO 比 CaO、SrO、BaO 为好。ZnO 加入以后，玻璃增强效果好，而且可改善作业性能，并可防止玻璃失透。

ZrO_2 与 Al_2O_3 并用，强化效果比较好。但 ZrO_2 含量大于 10%以上时熔化困难，成形温度高，一般宜在 10%以下。含 TiO_2 成分的玻璃在进行离子交换后，强度明显增加，如含 TiO_2 25.2%的玻璃，离子交换后抗弯强度可达 710MPa。B_2O_3 与 Al_2O_3 并用，强化层厚度增加，强度提高。硼硅酸盐玻璃进行离子交换后，强化层厚 20～40μm，抗弯强度达 500～600MPa，比处理前高 10～20 倍。

碱金属氧化物含量对离子交换有很大影响。Na_2O 含量在 10%以下时，交换效果不好。Na_2O 含量增加，交换层厚度相应增加，但 Na_2O 含量达到 15%以上时，化学稳定性下降。Na_2O 与 Li_2O 并用，离子交换的效果较好，但 Li_2O 在 2%以下时，增强效果差。

熔融盐液和玻璃之间的离子交换量，可以用下式计算：

$$D_{AP}=\frac{M^2\pi}{4c_0t} \tag{9-5}$$

式中，M 为离子的扩散量；c_0 为玻璃基体中 Na_2O 的含量；t 为离子交换时间。

在含有 Na_2O 和 K_2O 的玻璃中，存在两种大小离子互相匹配的位置，许多学者研究发现：在离子交换过程中，玻璃基体中碱离子的扩散，是经过离子之间的跃迁而完成的。在上述玻璃中，钾离子（熔融盐液中的钾离子和玻璃中的钾离子）跳跃有以下四种方式：

a. 从钾离子位置到临近钠离子的空穴；

b. 从钾离子位置到临近钾离子的空穴；

c. 从钠离子位置到临近钠离子的空穴；

d. 从钠离子位置到临近钾离子的空穴。

从以上四种形式可以看出：在 a 种情况下，所产生的压应力是由于“挤塞”现象所产生的。这是因为钾离子半径比钠离子半径大。b 种情况下，离子之间的跳跃不产生应力。c 种情况也没有应力发生。d 种情况下，有一个从“挤塞”状态的应力释放过程，与 a 情况正好相反。因为钠离子在玻璃中迁移较钾离子高得多，因此，在离子交换中，熔融盐液中钾离子跳跃进入钠离子的空穴，然后以 a 种情况跳跃到临近钠离子空穴。这种离子交换的数量越多，进入表面层的深度越深，所得成品的表面压应力值越大，压应力层的厚度也越大。

钾离子由熔融盐介质中扩散到玻璃内部钠离子位置需要消耗空穴的能量。该能量是 K^+ 挤入到 Na^+ 位置所需要的能量，也可以说是扩大 Na^+ 空穴半径来适应 K^+ 半径所需要的能量；此种能量，是由熔融盐液被加热后获得的热能转换而成的。假定玻璃中 Na^+ 位置和 K^+ 位置间的静电作用是相等的，那么在含有 Na^+ 和 K^+ 的玻璃中，K^+ 经多次扩散后活化能逐渐减小，最后 K^+ 在进入至玻璃表面层一定深度后，停留在 Na^+ 的位置上，不再跳跃，这也就是离子交换过程的结束。

通过合适的工艺条件，几乎对含碱（Na_2O、Li_2O）玻璃，都可以用 K^+ 交换，取得一定增强效果。其中以 $Na_2O\text{-}CaO\text{-}SiO_2$ 及 $Na_2O\text{-}Al_2O_3\text{-}SiO_2$ 玻璃为基体的化学钢化玻璃使用最为广泛。

② 熔盐成分对玻璃强度的影响。熔盐材料中起置换作用的是 KNO_3，其他为辅助添加剂。长期处于高温状态下的 KNO_3 会发生少量分解，其浓度降低会造成成品的抗冲击强度降低。

KNO_3 熔盐的纯度高时，二价离子的含量少，当 KNO_3 纯度不高时，杂质中就会带入 Ca^{2+}、Sr^{2+}、Mg^{2+} 等离子，这些离子的半径为：Ca^{2+} 0.099nm，Sr^{2+} 0.113nm，Mg^{2+} 0.065nm。而 Na^+ 为 0.065nm、K^+ 为 0.113nm。由于 Ca^{2+}、Sr^{2+} 半径与 Na^+ 半径接近，易于与 Na^+ 进行置换，从而妨碍了 K^+ 与 Na^+ 的置换。因为二价离子的半径比 K^+ 半径小，因而置换之后表面产生的压应力也就小，以致增强效果降低，玻璃的强度增加不明显。

Na_2O 是 KNO_3 熔盐的杂质，经过长时间大批量玻璃进行离子交换后，再取熔盐进行化学分析，会得到如下结果：熔盐中 K_2O 含量较原料 KNO_3 中 K_2O 的含量减少，而熔盐中 Na_2O 含量较原料 KNO_3 中增加。这是 Na^+ 在熔盐中富集的结果，这种在熔盐中富集会影响离子置换的进行，使玻璃增强效果不好，而且有使玻璃表面产生浑浊、发霉的缺点。当 Na_2O 含量在 0.5%时，玻璃的增强开始受到影响。要使产品获得稳定的强度，就必须经常补充熔盐或及时对熔盐进行净化处理，保持熔盐的新鲜状态。

③ 处理温度。在低于玻璃应变温度时处理玻璃，热扩散的速度是很慢的，而玻璃强度的提高又取决于 K^+ 的扩散系数。所以强度随着处理温度逐渐增高而增强。从动力学观点分析，可以认为：扩散控制着交换过程，交换速度与温度成指数关系。$Na_2O\text{-}CaO\text{-}SiO_2$ 玻璃在 KNO_3 熔盐中进行离子交换时，要求满足 105～126kJ/mol 的条件。处理温度较低时，达不到上述条件，交换过程不可能进行完全，也就不可能获得足够大的表面压缩应力。强度显然不会太高。反之，当温度过高时，因玻璃结构的松弛，可使 Na^+ 和 K^+ 重排或迁移而导致强度降低。只有当离子交换的应力积累大于玻璃网络离子的热离解能时，强度的增加才能产生最大值。

④ 处理时间。单位表面积玻璃吸收的物质（或离子）总量与时间的平方根成直线关系。因此，在一定的时间内，要使反应总量增加一倍，处理时间就得增加四倍。只要样品的范围保持无限大，在大的松弛时间内，应力的增大应与处理时间的平方根成直线关系。但与松弛时间有关的处理时间变得较长时，应力可以从直线关系开始下降。可见，在一定温度下处理的离子交换玻璃的强度，并不是随着时间的增延可以无限地增大。

从离子交换层的厚度来看，它并不是随着时间的增延而越来越厚，而是当离子交换层达到一定厚度后随着时间的增延，离子交换层的厚度反而有减薄的趋势。

（4）加速离子交换的方法

下面举出两种工业上实用的加速离子交换方法。

① 电化学法。这是一种采用附加电压，在电场中进行离子交换，以加快离子扩散速度的方法。各种玻璃在外加电场下加速离子交换的方法很多，应用于平板玻璃的方法之一是：

在熔盐槽的一端装上阳极，另一端装上阴极，把 Na_2O-CaO-SiO_2 系统玻璃浸入 KNO_3 熔盐中，玻璃浸入后在电场中形成一块隔板，把熔盐分为阳极和阴极两部分。电场基本垂直于玻璃表面，这样就加速了熔盐中阳极一侧 K^+ 向玻璃表面扩散，同时也促进了同一电场中阴极一侧同等数量的 Na^+ 迁移出玻璃，但是这种方法仅能处理玻璃的一面。交替地变换阳极和阴极，才能处理玻璃的两面，使玻璃两面交替地进行离子交换。

② 两段处理法。将 Na_2O-CaO-SiO_2 系统玻璃浸入 450℃熔融的 KNO_3 熔盐中，一次处理 38h，形成 40μm 厚的压应力层，抗弯强度增强到 294MPa。

采用两段法处理，即在不同组分的 K^+ 熔融盐液中做两次处理，获得上述相同增强效果的处理时间却大大缩短。该方法是首先把玻璃浸入温度为 600℃、由 Na_2SO_4 53.81%、K_2O 46.19%组成的混合盐中，处理 25min 后，浸入温度为 450℃的纯 KNO_3 熔盐中处理 10.5h，经处理后，玻璃的抗弯强度增加到 313.6MPa，而处理时间却大大缩短，总处理时间仅 11h。

(5) 化学钢化的特点与适用性

化学钢化与物理钢化在玻璃中产生的应力分布不同。如图 9-24 所示。化学钢化玻璃表面层有很强的压应力，且压应力层厚度较薄；而与其相平衡的内部张应力却很小。因此化学钢化的玻璃当内部张应力层达到破坏时，不像物理钢化玻璃那样碎成小片。

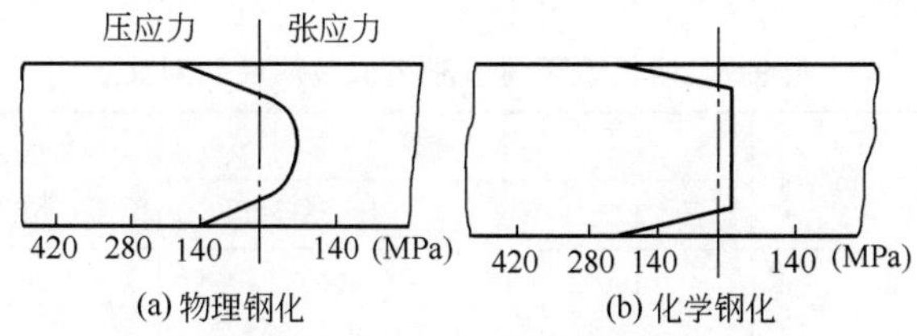

图 9-24　化学钢化与物理钢化在玻璃中的应力分布

化学钢化特别是低温型离子交换，没有像物理钢化那样的软化变形（翘曲）缺点，适合于薄平板玻璃，厚度不同、形状复杂的玻璃制品的增强。但通常钠钙玻璃化学钢化产品产生的压应力层薄，强度也受到影响。

物理钢化法生产效率高，成本较低，能生产大规格产品。但对厚度薄、尺寸小、形状复杂的玻璃制品却不适合。化学钢化法则反之，虽生产效率较低，成本较高，然而对小件、薄壁、异形的玻璃制品却是理想的钢化方法。

9.3.3 钢化玻璃的性能

钢化玻璃同一般玻璃比较，其抗弯强度、抗冲击强度以及热稳定性等，都有很大提高。

(1) 钢化玻璃的抗弯强度

钢化玻璃抗弯强度要比一般玻璃大 4～5 倍。如 6mm×600mm×400mm 钢化玻璃板，可以支持三个人的质量 200kg 而不破坏。厚度 5～6mm 的钢化玻璃，抗弯强度达 1.67×10^8Pa。

钢化玻璃的应力分布，在玻璃厚度方向上呈抛物线型。表面层为压应力，内层为张应力(如图 9-25 所示)，当其受到弯曲载荷时，由于力的合成结果，最大应力值不在玻璃表面，而是移向玻璃的内层，这样玻璃就可以经受更大的弯曲载荷。

钢化玻璃的挠度比一般玻璃大 3～4 倍，如 6mm×1200mm×350mm 的一块钢化玻璃，最大弯曲达 100mm。

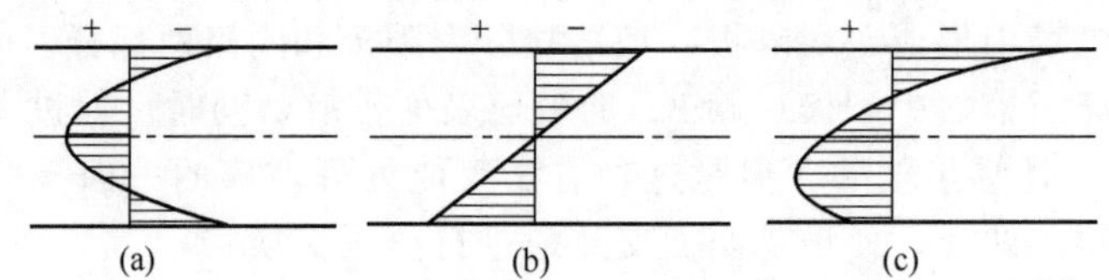

图 9-25　淬火玻璃受力时应力沿厚度分布

（a）玻璃应力分布；（b）退火玻璃受力应力分布；（c）淬火玻璃受力应力分布

图中＋表示张应力，－表示压应力

（2）钢化玻璃抗冲击强度

钢化玻璃抗冲击强度比一般玻璃大好几倍。如厚 6mm 的一般玻璃为 0.24kg·m，同样厚度的钢化玻璃达 0.83kg·m，强度对比见表 9-9。

（3）钢化玻璃的热稳定性

钢化玻璃的抗张强度提高，弹性模量下降，此外，密度也由热稳定性系数 K 的计算公式可知，钢化玻璃可经受温度突变的范围达 250～320℃，而一般玻璃只能经受 70～100℃。如 6mm×510mm×310mm 的钢化玻璃铺在雪地上，浇上 1kg 327.5℃的铅水而不会破裂。淬火玻璃同一般玻璃性能对比见表 9-9。

表 9-9　钢化玻璃同一般平板玻璃性能对比

种类	厚度/mm	热稳定性		冲击强度/kg·m	抗弯强度/Pa
		无破坏	100%破坏		
一般玻璃	2	100℃	140℃	0.07	7.35×10^7
	3	80℃	120℃	0.14	6.37×10^7
	5	60℃	100℃	0.17	4.9×10^7
钢化玻璃	5	170℃	220℃	0.83(6mm)	1.47×10^7
	8	170℃	220℃	1.2	—
	10	150℃	200℃	1.5	—

（4）钢化玻璃的其他性能

钢化玻璃也称安全玻璃，它破坏时首先是在内层，由张应力作用引起破坏的裂纹传播速度很大，同时外层的压应力有保持破碎的内层不易散落的作用，因此钢化玻璃在破裂时，只产生没有尖锐角的小碎片。

钢化玻璃中有很大的相互平衡着的应力分布，所以一般不能再行切割。在钢化加热过程中，玻璃的表面裂纹减小，表面状况得到改善，这也是钢化玻璃强度较高和热稳定性较好的原因之一。

9.4　玻璃的封接

封接玻璃的概念范围很广，因为能与玻璃进行封接的材料很多，几乎包括一切能与各种金属或合金、陶瓷以及其他玻璃（包括微晶玻璃）封接在一起的玻璃。目前用得最多的是玻璃与金属的封接，而玻璃与玻璃、玻璃与陶瓷的封接日趋增多。例如钠硫电池中，需要用 DM-305 玻璃同九五瓷管件封接。国外在某些军用示波管之类的电子产品中，采用了相当于牌号 DB-404 玻璃与橄榄石瓷的封接。

玻璃与金属封接是加热无机玻璃，使其与预先氧化的金属或合金表面达到良好的浸润而紧密地结合在一起，随后玻璃与金属冷却到室温时，玻璃和金属仍能牢固地封接在一起，成为一个整体。

经封接加工后的封接件，必须达到以下两点：

① 足够的机械强度和热稳定性：由于电真空器件在制造和使用过程中都要受到热的和机械的冲击，封接件必须坚实，不致遭受破坏。

② 必须气密：电真空器件要有良好的真空气密性，才能保证器件的电气特性和寿命，封接界面熔结良好、无裂缝、无气泡。

9.4.1 封接原理

玻璃与金属封接，首先是两种材料间有良好的黏着力，这取决于两种材料的性质，即玻璃能湿润金属。其润湿角愈小，则黏着力愈好。纯金属的润湿角一般比其氧化物的润湿角大，同时高价氧化物的润湿角也比低价氧化物的大，表 9-10 是钼及其氧化物的润湿角。

表 9-10 钼及其氧化物的润湿角

金属或氧化物名称	Mo	MoO_3	MoO_2
润湿角	146°	120°	60°

从表 9-10 可以看出，纯金属钼的润湿角最大，而低价氧化物 MoO_2 的润湿角小得多，这样用低价氧化物的 MoO_2 与钼系玻璃封接，其黏着力比用纯金属钼与钼系玻璃封接的要大得多。因此在被封接的金属上形成密实的氧化物薄膜，特别是此种氧化物能略溶于玻璃中时，则黏着作用就更好。为了得到良好的不透气的封接，常常先在金属上制得一层低价氧化物薄膜（可将金属在空气中加热氧化，或涂上一层氧化物薄膜），这层氧化物能部分地溶于玻璃，就可获得气密良好的封接效果。松而多孔的氧化膜（如铜、铁的氧化物）妨碍了玻璃与金属间的黏着作用，得不到气密的封接，因而不能采用这种氧化物薄膜。

由于有大量气泡存在，造成熔封处的不密实。在熔封过程中，多半是由被封接的金属放出大量气体，如含有碳的金属氧化时，放出 CO_2，所以含碳金属应预先在 H_2 中或真空中退火，封接时要使用还原焰等措施，以避免产生气体包裹在封接件中，影响封接的气密性。被封接的玻璃与金属之间的热膨胀系数总有差异，纯金属的热膨胀曲线几乎是直线，而玻璃在转变湿度附近向上弯曲，因而封接件就产生应力，如图 9-26 所示。

即使采用热膨胀系数比较接近的两种材料，在正常情况下封接时，由于温度高，玻璃尚处于黏滞流动状态，它可以通过自身的塑形变形来消除应力，这时不会产生应力。但在封接结束、冷却时，在 T_g 以下，玻璃开始失去黏滞流动性，到退火下限温度时玻璃完全失去塑性变形，开始产生应力，应力情况视两种材料的热膨胀曲线及封接形式不同而异。封接玻璃的热膨胀曲线如图 9-27。经验证明，封接应力应小于 980.665×10^4Pa，否则，将在封接界面出现裂纹，且不能保证封接件的气密性。

封接操作结束后的封接件，如急速冷却则会产生更大的应力，由于玻璃导热性差，玻璃在接近金属处先冷却，若此处已达脆性状态，而其他部分还未失去塑性变形时，会产生很大的应力，有使封接件损坏的危害，所以封接后的封接件必须退火。

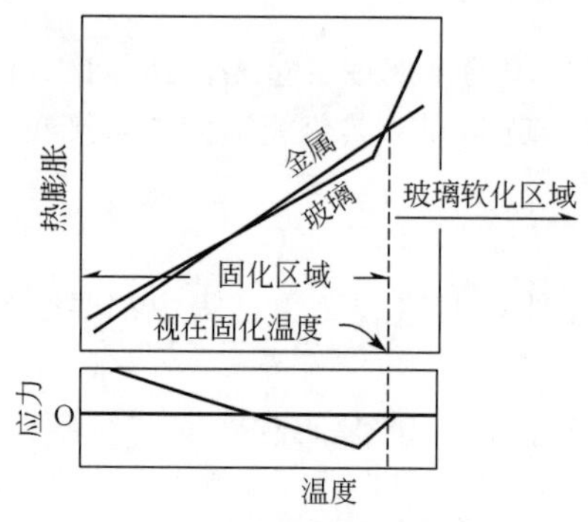

图 9-26　玻璃与金属膨胀差引起的应力

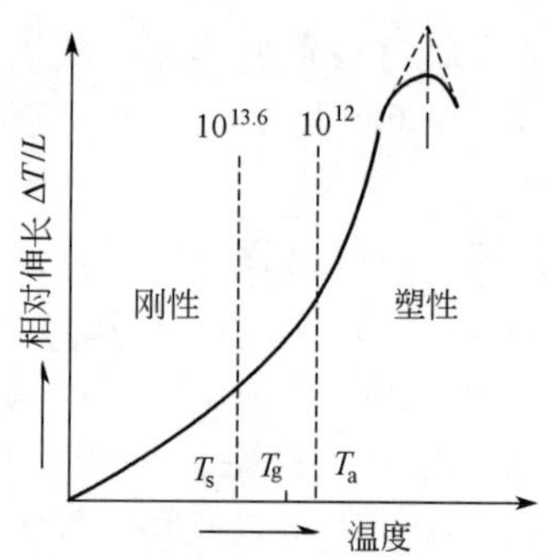

图 9-27　封接玻璃的热膨胀曲线

（图中表明了应变温度 T_s、转变温度 T_g、退火温度 T_a，以及材料呈塑形和刚性时的区别）

为了避免封接应力对封接件的破坏，可采用以下措施：

（1）选用热膨胀系数相近的金属和玻璃封接

这是最普通的方法。从室温到玻璃的 T_g 的范围内，金属和玻璃的热膨胀系数相差不超过10％，就可以使封接应力在安全范围以内。

（2）利用软的或薄而细的金属来封接

采用这种方法，由于金属的延展性，它所产生的弹性变形可松弛由于玻璃与金属的热膨胀系数相差较大所产生的应力。

9.4.2　对封接玻璃的性能要求

玻璃与金属的良好封接以及封接制品性能的优劣，在相当大程度上取决于该封接玻璃的性能，因此封接前，对采用的封接玻璃性能的了解及选择适宜的玻璃与金属封接是极为重要的。对于与金属封接的玻璃的性能要求：在受热工作状态下不变形，保持刚性固态，与金属结合牢固，且结合处能保持良好的气密性，封接制品需有一定的热性能、电性能及有关理化性能，因而，所选择的玻璃应具有较好的抗热震性、电绝缘性能、力学性能以及化学稳定性。

（1）玻璃的抗热震性

室温下，玻璃是一种硬而脆的材料。在外力作用下，玻璃不可能像金属一样产生塑性变形，而容易产生脆性破裂。当温度发生突变性变化时，玻璃体由于经受不住热震而破坏。玻璃的热震破坏分两种情况：当受急热时，玻璃体表面产生压应力，内部受到拉应力；当受急冷时情况相反，即表面产生拉应力，内部受到压应力。由于受到瞬时热应力的作用，玻璃就应从应力集中的地方，即玻璃与金属封接的交界处或有表面缺陷的地方先行破裂。但玻璃“抗压不抗拉”，抗拉强度仅为抗压强度的10％左右。玻璃经受急冷的破坏性要比经受急热的破坏性大得多。但无论是急冷或急热，如果是在局部温度作用下，则热震破坏性较大。

影响热震性的主要因素是热膨胀系数（α），α 越大，热震性越差，故在选择与金属相封接的玻璃时，宜采用 α 较低的材质，使封接体有较佳的抗热震性。一般情况下，与金属封接用的玻璃分为两大类：一类是硬（质）玻璃，α 为（32～35）$\times 10^{-7}$/℃；另一类是软（质）玻璃，α 略高于 88×10^{-7}/℃。由于软玻璃比硬玻璃 α 大，因此软玻璃的热震性一般比硬玻璃差。纯金属的 α 比合金的通常大，所以选择合金与相匹配的硬玻璃进行封接，比纯金属与软玻璃封接的抗热震性要好得多。

此外，玻璃的抗热震性还与封接件的几何形状与尺寸有关。当玻璃与金属封接时，如果玻璃的表面积越大，厚度越厚，则封接件的抗热震性越差。

（2）玻璃的热膨胀系数

与金属相封接的玻璃，两者的 α 必须尽可能接近，以使封接后产生尽可能小的应力。如果热膨胀系数的差值 $\Delta\alpha$ 超过 $\pm5\times10^{-7}/℃$，则在封接界面会产生较大的内应力，当应力超过极限强度，封接件就会破坏，在封接玻璃交界处出现纵向线形裂纹。要得到无裂缝的封接件，一般要求在玻璃的应变温度以下，两者的热膨胀曲线基本接近。

（3）玻璃的电绝缘性能

对于封接玻璃，电绝缘性能一般要求较高。室温下，石英玻璃的电阻率高达 $10^{16}\Omega\cdot cm$ 以上，普通玻璃的电阻率不低于 $10^{13}\Omega\cdot cm$。但玻璃的电阻率随着温度的上升而急剧下降。在电子玻璃中，规定相应的参数 $T_{k\text{-}100}$ 点，它是以体积电阻率 $10^{8}\Omega\cdot cm$ 时的温度来表示玻璃绝缘性能的好坏，即取 $\lg\rho=8$ 的温度定义为 $T_{k\text{-}100}$ 点。此点越高，则玻璃的电绝缘性能越好。

温度超过1000℃时，电阻率直线下降，玻璃几乎成为导体。玻璃是典型的离子导电物质，导电机理是离子在场强作用下移动而造成的。所以，对于绝缘性能要求较高的封接件来说，引入玻璃组成中的一价金属氧化物应相应减少。

另外，当玻璃表面吸附水分或其他杂质时，表面电阻明显下降。当梅雨季节来临，许多未加保护层的电子元件或其他封接制品阻抗变小，这是由于它从潮湿空气中俘获羟基离子使得电导增加。因此，减少玻璃组成中碱金属氧化物的含量和加强玻璃的表面处理，有助于提高玻璃封接件的电气性能。

（4）玻璃的抗水性

玻璃的抗水性主要取决于玻璃的化学组成，尤其是碱金属氧化物。玻璃组成中碱金属氧化物愈多，抗水性愈差；反之，RO愈少，抗水性愈好。另外，增加玻璃组成中 Al_2O_3、ZnO或 ZrO_2 的含量，则有利于抗水性的提高。通过热处理或表面处理，也可提高玻璃的抗水性。

（5）玻璃的软化温度

对于封接玻璃，除主要性能外，希望玻璃的软化温度不要过高。软化温度过高，一方面导致熔封温度的升高，另一方面不利于封接时的流动性，若流动性不良，玻璃体就不可能布满整个封接空间，润湿不充分，封接强度低，这也是造成慢性渗漏的一个重要原因。

（6）对玻璃质量的要求

用于封接的玻璃在澄清过程中，必须充分排除气泡，也不应有结石及明显的条纹。玻璃中由条纹所构成的拉应力，如果与金属封接所形成的应力相加，此拉应力能使封接件炸裂。

9.4.3　封接的形式

玻璃与金属的封接形式，概括地说可以分为匹配封接和非匹配封接两大类。

（1）匹配封接

指金属与玻璃直接封接，如图9-28所示。但必须选用膨胀系数和收缩系数相近似的玻璃和金属。使封接后玻璃中产生的封接应力在安全范围之内。一般来说，某种金属应配以专门的玻璃来封接，如钨与钨系玻璃封接，钼与钼系玻璃封接等。这是玻璃与金属封接的主要形式之一。

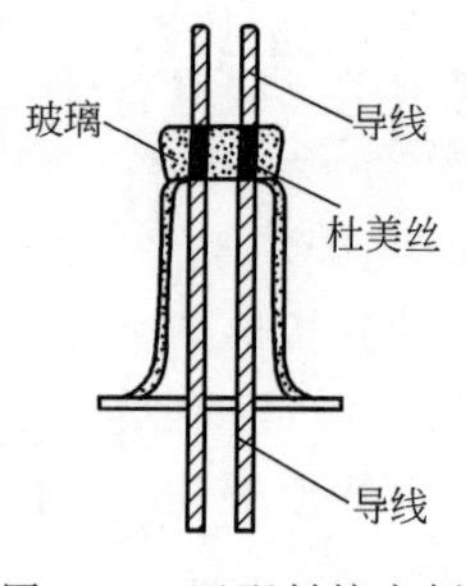

图 9-28　匹配封接实例

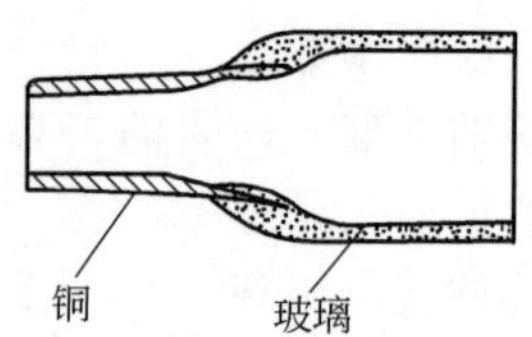

图 9-29　非匹配封接实例

（2）非匹配封接

指金属和玻璃或其他待封接的两种材料的热膨胀系数相差很大而彼此封接的形式，如图 9-29 所示。若直接封接，则封接件中的玻璃将产生较大的危险应力。解决非匹配封接有以下几种方法：

① 选用直径细小的金属丝，或将金属端部加工成劈形薄片与玻璃直接封接，目的是利用金属的弹性变形来松弛应力，使封接件所产生的应力减弱，不足以使之破坏。如无线电发送管中，铜丝（$\alpha=178\times10^{-7}/℃$）和硬质玻璃（$\alpha=36\times10^{-7}/℃$）直接封接；高压水银灯管内石英玻璃（$\alpha=5.5\times10^{-7}/℃$）与铂箔（$\alpha=93\times10^{-7}/℃$）的直接封接，这些都属于非匹配封接。

② 选用柔软的金属，使封接处产生的应力可由金属变形而得到补偿。铜就是一例。使用直径小于 0.8mm 的杜美丝也可以。

③ 采用过渡玻璃进行封接，过渡玻璃的热膨胀系数介于被封接的金属与玻璃之间，如果金属和玻璃间的热膨胀系数相差很大，可用几种不同的过渡玻璃，依次几层封接，最后一种过渡玻璃与金属的热膨胀系数相近，就成为匹配封接。

凡是两种以上不同玻璃的相对连接，称为递级封接，该接头统称为过渡接头。例如将软质玻璃与九五硬质玻璃相对接，则需用七种以上热膨胀系数不同的玻璃管依次逐段对接才能完成。这一类非匹配封接也是玻璃封接的另一种主要形式。

（3）金属焊料封接

为了消除金属与玻璃直接封接的困难，先在玻璃表面上涂覆一层金属，然后用焊料使其焊在金属部件上。这种焊接方法常用在密封电容器以及其他较小的电器零件上。但这种焊接件不耐高温。

玻璃表面涂覆金属薄膜的方法很多，用银或铂的化合物的悬浮液加热而获得银层或铂层；在真空中进行金属的蒸发及沉积；金属的阴极溅射；将金属粉末或液态金属喷到玻璃上等等。然后用焊锡、氧化锌、含银的锡铅焊料等使金属薄膜与金属件封接。此工艺相当于陶瓷金属化。

（4）机械封接

石英玻璃由于热膨胀系数很低，因而与金属或合金的封接有困难，可在玻璃与金属之间涂覆熔融的低熔点金属作焊料，冷却后焊料紧密地使金属与玻璃密封，这种封接方法称为机械封接，如图 9-30 所示。如钨或钼导线和石英玻璃封接的地方填满熔融的铅（327℃），冷却后，铅层就牢牢地和石英玻璃黏合起来。也可用内表面涂覆有锡的金属筒加热，直到锡开始熔化（232℃），将玻璃管插入金属筒内再冷

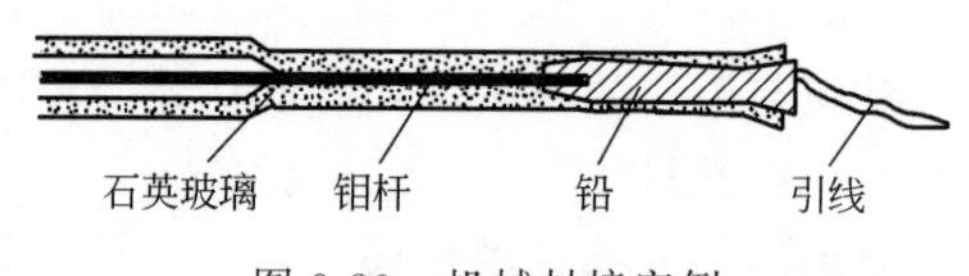

图 9-30　机械封接实例

却，玻璃管与金属筒也就结合在一起。

另外，按照封接技术来分，可以分为：火焰封接、感应封接、高频电阻熔焊封接、压力扩散封接、粉末玻璃封接、玻璃料封接、氯化银封接。其中氯化银封接可以说是玻璃非匹配封接的一种新工艺。AgCl 是一种白色粉末，熔点为 457.5℃，将它夹持在两种玻璃材料的封接界面处，此焊料具有很强的塑性变形能力。两种热膨胀系数相差很大的玻璃材料在封接过程中产生的应力，可借助 AgCl 的塑性变形能力松弛掉，这是该工艺的理论根据。封接温度一般选用 480～490℃，保温 5min 左右，具体规范应按工件大小、形状和焊料放置方式而定。封接完成后，AgCl 焊料呈半透明。由于它是光敏材料，长期暴露在空气中受环境侵蚀后，逐渐转变成浅褐色，但这并不影响接头性能。接头具有足够的强度和真空气密性，能在 400℃下长期工作。

按金属零件的几何形状，可以分为珠状封接、管状封接、盘片封接、带状封接、羽状边缘。按封接的方式还可简单分成直接封接和间接封接两大类。前者主要是指玻璃熔融体与金属材料在高温下的直接熔合，后者是指通过封接玻璃焊料把两者连接成一体。

9.4.4 玻璃封接的条件

玻璃与金属的性质完全不同，要使两者很好地封接在一起，需满足一定的条件。

(1) 两者的热膨胀系数要十分接近

玻璃和金属应从室温到低于玻璃退火温度上限的温度范围内，两者热膨胀系数尽可能一致，这样就可得到无应力的封接体。如果两者热膨胀系数和收缩率不一致，则在封接体中两者都能产生应力，当应力值超过玻璃的强度极限时，封接处容易开裂，导致元件漏气和失效。即使在短时间没有开裂，时间一长，由于玻璃体承受不了应力的作用，也会逐渐产生微裂纹。尤其当电子器件受到震动和碰撞时，微裂纹会迅速蔓延和扩展，导致器件的突然损坏。一般情况下，封接体中存在的压应力比玻璃的抗压强度小得多。玻璃的抗拉强度是抗压强度的 1/10，因此选择的玻璃和金属由于热膨胀系数不同引起的拉伸应力，必须小于玻璃的抗拉强度。

金属的热膨胀系数在没有物相变化的情况下几乎是一常数（如图 9-31），而玻璃的热膨胀系数在超过退火温度后会急剧上升。当温度超过软化温度后，玻璃因处于黏滞状态，应力会自动消失而使热膨胀系数显得无关紧要。通常，如果玻璃和金属的 α 在整个温度范围内相差不超过±5%，应力便可控制在安全范围内，玻璃就不会炸裂。形成良好的封接件，单纯满足这一点是不够的。

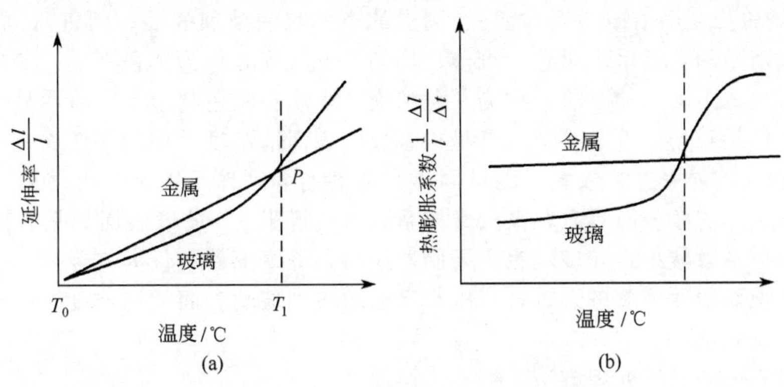

图 9-31　金属和玻璃的热膨胀特性

(a) 延伸率与温度的关系；(b) 热膨胀系数与温度的关系

（2）玻璃能润湿金属表面

玻璃对金属表面的润湿能力是通过润湿角来衡量的，润湿角及玻璃的润湿能力参见本书 8.1.2 节。润湿的概念可作为封接工艺的理论基础，因为玻璃和金属的封接实际上是表面润湿问题。通常情况下，玻璃和纯金属表面几乎不润湿（润湿角 θ 很大），但在空气和氧气介质中，润湿情况会出现明显改善，这是金属表面形成一层氧化膜而促进了润湿的缘故。

9.5 玻璃的表面处理技术

在玻璃生产过程中，表面处理具有十分重要的意义。从清洁玻璃表面起，直到制造各种涂层的玻璃。表面处理技术的应用很广，使用的材料、方法也是多种多样的，基本上可归纳为三大类型。

① 玻璃的光滑面或散光面的形成，是通过表面处理以控制玻璃表面的凹凸。例如器皿玻璃的化学蚀刻、灯泡的毛蚀，以及玻璃的化学抛光。

② 改变玻璃表面的薄层组成，改善玻璃表面的性质，以得到新的性能。如表面着色以及用 SO_2、SO_3 处理玻璃表面，增加玻璃的化学稳定性。

③ 在玻璃表面上用其他物质形成薄层而得到新的性能，即表面涂层。如镜子的镀银、表面导电玻璃、憎水玻璃、光学玻璃表面的涂膜等。

9.5.1 玻璃表面的清洁处理

玻璃基片和坯体在进行玻璃表面处理前，还应进行表面的清洁处理。因为基片或坯体的清洁程度对玻璃表面处理的产品质量有很大的影响。因此清洁处理对于后续的玻璃表面处理工艺是非常重要的。下面简单加以叙述。

（1）玻璃表面清洁度的检验标准

玻璃表面进行清洗前，必须检验玻璃表面清洁度，以此为根据来选择清洗方法。常用的检验方法有以下几种。

① 玻璃表面与液体的接触角法。在洁净的玻璃表面倒上水和乙醇，都能扩展而完全润湿，接触角几乎等于零。如玻璃表面有污染，水和酒精就不能完全润湿，呈明显且较大的接触角。

② 呵痕试验法。用洁净（经过滤）、潮湿的空气吹向玻璃表面（呵气），放在黑色背景前，如玻璃为洁净的，就呈现黑色、细薄、均匀的湿气膜，称为黑色呵痕。如玻璃表面有污染，水汽就凝集成不均匀的水滴，称为灰色呵痕。水滴在灰色呵痕上，有明显的接触角，而黑色呵痕中水的接触角接近于零值。这是检查玻璃表面清洁度常用的简便而有效的方法。

③ 玻璃表面的静摩擦系数法。测量固体与玻璃的静摩擦系数是检查玻璃表面清洁度的一种灵敏的方法。洁净表面具有很高的摩擦系数，接近于 1。玻璃表面如粘有油脂或有吸附膜存在，静摩擦系数减小，如玻璃吸附硬脂酸层时，静摩擦系数仅为 0.3。

通过测定玻璃表面静摩擦系数，可以半定量地得到玻璃表面的清洁度，由此可评估各种不同方法的清洗效果。

（2）玻璃表面的清洁处理方法

清洁玻璃表面的方法很多，主要根据玻璃表面原有的污染程度、满足后续的玻璃表面处理工艺以及最终产品使用的目的要求，可选其中一种清洁方法，也可将几种方法结合起来使用。

玻璃表面清洁有原子级清洁表面和工艺技术上的清洁表面两种。原子级清洁表面需在超真空条件下进行，是特殊科学用途所要求的。一般只需要工艺技术上的清洁表面，以满足对产品加工的要求。

常用的清洁处理方法有以下几种。

① 用溶剂清洗。常用的溶剂有水溶液（酸或碱溶液、洗涤剂水溶液等）、无水溶剂（乙醇、丙酮、乳化液等）。通常根据玻璃表面污染物的性质来选择溶剂的种类。

最简单的擦洗方法是用脱脂棉、镜头纸、橡皮辊或刷子，蘸水、酒精、去污粉、白垩等擦拭玻璃表面。擦洗时要防止将玻璃磨伤，同时要将表面残余的去污粉、白垩用纯水和乙醇清洗掉。另一种常用方法是将玻璃放在装有溶剂的容器中，进行浸泡清洗。浸泡一定时间后，用镊子或其他特制夹具，将清洗过的玻璃取出，用纯棉布擦干，此法所需设备简单，操作方便，成本也较低。用于清洗的有机溶剂有乙醇、丙酮、四氯化碳、三氯乙烯、异丙醇、甲苯等。

除了利用溶剂溶解污染物外，还可利用溶剂和玻璃表面的化学反应，以清洗表面，如采用酸洗和碱洗。实验室常用的洗液为 $K_2Cr_2O_7$ 和 H_2SO_4 的混合液，能氧化玻璃表面的油污，使油污从玻璃表面除去。铬离子容易吸附在玻璃表面，除去比较困难，如要防止铬离子吸附，可改用硫酸和硝酸的混合液来清洗玻璃表面。除氢氟酸外，混合酸加热到 60～85℃时效果较好。如玻璃表面风化，已形成高硅层，此时需在清洗液中加入一定比例的氢氟酸，例如用硝酸和氢氟酸的混合液，可消除风化层。对于中铅玻璃、高铅玻璃以及含氧化钡的玻璃，不适合采用酸清洗，以防止酸对玻璃表面的侵蚀。采用 NaOH、Na_2CO_3 等碱性溶液，能较好地清除玻璃表面油脂和类油脂，使这些脂类皂化成脂肪酸盐，然后再用水洗去。但浸泡时间不宜过长，除去表面污染物层就终止，避免玻璃表面受碱侵蚀形成凹凸不平层。

为了提高清洗效率，生产中常用喷射清洗的方法，将运动流体施加于玻璃表面，以剪切力来破坏污染物与玻璃表面的黏附力，污染物脱离玻璃表面再被流体带走。通常采用一种扇形喷嘴，喷嘴安装接近玻璃处，与玻璃表面之间的距离不超过喷嘴直径的 100 倍，喷射压力为 350kPa，压力愈大，清洗效果愈好。考虑到降低成本，一般依次使用热水、含洗涤剂的水溶液、自来水、去离子水作为溶剂进行喷射清洗。

② 加热处理。加热处理是比较简单的表面清洁方法，可除去玻璃表面黏附的有机污物和吸附的水分，如在真空下加热，效果更好。一般玻璃加热清洁处理的温度为 100～400℃，在超真空下加热到 450℃，可得到原子级的清洁表面。

加热方法可用电阻丝式高温火焰。采用重复“闪蒸法”，即在短周期（几秒钟）内加热到高温，反复“闪蒸”能成功地清洁表面，且避免玻璃表面一些组成的扩散和挥发。不易挥发的油污，可能受热分解而在表面残留碳粒。

只有高温火焰，如氢-空气火焰，借着具有高热能的气体冲击玻璃表面的油污膜，把能量传给油污分子而有效地去除油污膜。酒精焰不能使玻璃表面获得黑色呵痕，煤气和压缩空气火焰，可使玻璃表面获得黑色呵痕。

③ 有机溶剂蒸气脱脂。用有机溶剂蒸气处理玻璃表面，在 15s～15min 内能清除玻璃表面的油脂膜，可作为最后一道清洗工序。常用的有机化合物有乙醇、异丙醇、三氯乙烯、四氯化碳等。在异丙醇蒸气中处理过的玻璃静摩擦系数为 0.5～0.64，清洁效果好。在四氯化碳、三氯乙烯蒸气中处理的玻璃，静摩擦系数为 0.35～0.39，但这些溶剂中氯与玻璃表面的吸附水反应生成盐酸，盐酸会沥滤玻璃表面的碱，所以用上述两种溶剂蒸气处理的玻璃表面常有白粉状的附着物。用异丙醇蒸气处理时，玻璃中的碱也会与醇分子中的 OH^- 基团迅

速反应，碱被氢取代而从玻璃表面移去，玻璃表面也形成硅胶层，这是此法的缺点。

当玻璃表面污染比较严重时，在有机化合物蒸气处理前，先用去垢剂洗涤，以缩短有机溶剂蒸气的脱脂时间。此法处理后的玻璃带静电，易吸附灰尘，故必须在离子化的清洁空气中处理，以消除静电。

④ 超声波清洗。超声波清洗是将玻璃放在装有清洗液的不锈钢容器中，容器底部或侧壁装有换能器将输入的电磁振荡转换成机械振荡，玻璃在低频（20～100kHz）或高频（1MHz）的超声波振动下进行清洗。低频时，振动液中的汽蚀作用将污浊的玻璃表面的粗粒除去。高汽蚀将损坏玻璃表面，所以低频时要小心地控制输出功率。声频时清洗作用较缓和，可用较大的功率。超声波清洗每次操作时间为 15 秒到几分钟。此法得到静摩擦系数为 0.4。

⑤ 辉光放电处理。将两片玻璃夹起来，两端夹入锡箔并通电，即沿玻璃表面放电，则表面上的异物可除去。实际应用较多的为辉光放电，在氩、氧等气体中放电电压为 500～5000V，产生等离子体，玻璃放在等离子体中，受到辉光放电等离子体中电子、阳离子、受激原子和分子轰击，使表面变清洁。此法常用于镀膜时玻璃基片的清洁处理。

⑥ 紫外线辐照处理。利用紫外线辐照玻璃表面，使玻璃表面的碳氢化合物等污物分解，从而达到清洁目的。在空气中用紫外线辐照玻璃 15h 就能得到清洁的表面。如果增加紫外线的能量，用可产生臭氧波长的紫外线辐照玻璃 1min 就可产生很好的效果，这是由于玻璃表面的污物受到紫外线激发而离解，并与臭氧中的高活性原子生成易挥发的 H_2O、CO_2 和 N_2，使污物清除。

⑦ 离子轰击处理。离子轰击或称离子蚀刻、离子溅射，在表面测试仪中常用来清洁样品表面。常用溅射离子为 Ar^+，由离子枪加速，加速能量为 $500\sim10^4$eV，工作电流为 1～200μA。溅射的 Ar^+ 可逐步剥去表面污染物质，随溅射时间的增加，剥去的表面层深度也增加。在利用高能离子轰击玻璃污物的同时，也会使玻璃表面本身的一些组成蚀刻掉，所以应控制合适的溅射速度和溅射时间，以获得清洁的玻璃表面，又不致影响原有表面的组成和结构。

⑧ 干冰清洗。此方法是 20 世纪 80 年代末开始应用的清洗技术，目前国外在航空、汽车制造、食品加工等工业方面已广泛应用。将干冰颗粒磨成细粉，通过喷射清洗机，与压缩空气混合，喷射到被清洗物品的表面，起到类似刮刀的作用，将污垢迅速剥离、清除。此法的优点是对环境无任何污染，速度快、效率高、成本低、操作简便，并在被清洗物表面不残留清洗介质，不需要进一步清洗与干燥。在玻璃工业的表面清洗方面很有应用前景。

实际生产中，由于玻璃表面的污物不是一种类型，往往有多种组分的污物，所以一方面要根据污物的类型来选择清洗剂，另一方面要提高清洗质量和清洗效率，常常不能采用单一清洁处理方法，而是采用多种方法进行综合处理。对于生产不久，油腻、污物比较少的玻璃，可采用喷射清洗法，先喷自来水，冲洗灰尘，再喷洗涤液，清洗油污，然后喷热水，冲去残留的洗涤液，最后用去离子水清洗。也可将喷射和擦洗结合起来，先喷自来水，冲洗浮灰，再喷洗涤液并用刷子擦洗，然后用水或热水冲洗，最后用去离子水清洗。对于油污比较多的玻璃，先用有机溶剂浸泡或用有机溶剂蒸气脱脂，然后进行喷射清洗，除去灰尘等颗粒状物，最后用软化水或酒精冲洗。对于储存时间比较久，油污又比较多的玻璃，先用酸浸泡，除去风化层，用水冲洗去除残留酸，再用碱性溶液或洗涤剂，并配合刷洗、揩拭或超声振动，以除去油污，然后用水冲洗去除残留碱性溶液，最后用去离子水、软化水或酒精冲洗。

清洗液之间彼此是不相容的，从一种清洗液换成另一种清洗液之前，必须用水冲洗去除残留清洗液以及表面上的沉淀物，酸洗后再用碱洗，中间必须先用水将酸冲洗干净，才能再用碱洗。同时还要注意清洗液之间的可溶混性，如从水洗后再用有机溶剂洗时，必须考虑两者之间能否混溶，通常由水换成有机溶剂时，中间需加一种混溶的助溶剂，如用酒精进行中间处理。

已经清洁好玻璃，应尽快进行加工处理，避免储存时产生二次污染。如必须储存，应放置在封闭容器、保洁柜、干燥箱内的架子上，防止玻璃吸附水分、灰尘和油污。

9.5.2　玻璃表面的蚀刻、化学抛光和蒙砂

玻璃表面的蚀刻、化学抛光和蒙砂都是利用酸对玻璃表面的化学侵蚀作用。不同的是蚀刻是用酸对玻璃局部表面进行侵蚀，玻璃表面呈现一定的花纹图案，可以是光滑透明的，也可以是半透明的毛面；抛光是整个玻璃受到侵蚀，得到光滑而透明的玻璃表面；而蒙砂则使玻璃成为半透明的毛面。

（1）玻璃表面蚀刻

玻璃的蚀刻是用氢氟酸溶掉玻璃表层的硅氧化物。根据残留盐类溶解度的不同，得到有光泽的表面或无光泽的毛面。干燥的氟化氢与玻璃是不起作用的，在有水或水蒸气的情况下，钠钙玻璃与氢氟酸反应为：

$$Na_2O \cdot CaO \cdot 6SiO_2 + 28HF = 2NaF + CaF_2 + 6SiF_4 + 14H_2O$$

SiF_4 在一般条件下是气体状态，但在氢氟酸溶液中来不及挥发，而与 HF 反应生成络合硅氟酸：

$$3SiF_4 + 3H_2O = H_2SiO_3 + 2H_2SiF_6$$

$$SiF_4 + 2HF = H_2SiF_6$$

氟硅酸与硅酸盐水解产生的氢氧化物相互作用，得到氟硅酸盐：

$$Na_2SiO_3 + 2H_2O = 2NaOH + H_2SiO_3$$

$$H_2SiF_6 + 2NaOH = Na_2SiF_6 + 2H_2O$$

玻璃与氟氢酸作用后生成盐类的溶解度各不相同。氢氟酸盐类中，碱金属（钠和钾）的盐易溶于水，而氟化钙、氟化钡、氟化铅不溶于水。在氟硅酸盐中，钠、钾、钡和铅盐在水中溶解很少，而其他盐类则易于溶解。

对于蚀刻后玻璃的表面性质取决于氢氟酸与玻璃作用后所生成的盐类性质，溶解度的大小，结晶的大小以及是否容易从玻璃表面清除。如生成的盐类溶解度小，且以结晶状态保留在玻璃表面不易清除，遮盖玻璃表面，阻碍氢氟酸溶液与玻璃接触反应，则玻璃表面受到的侵蚀不均匀，得到粗糙无光泽的表面。如反应物不断被清除，则腐蚀作用很均匀，得到非常平滑或有光泽的表面，称为细线蚀刻。

玻璃表面蚀刻过程中产生的结晶大小对玻璃的光泽度有一定影响，结晶大的，产生光线漫射，表面无光泽。

影响表面蚀刻的主要因素有：

① 玻璃的化学组成。含碱少或含碱土金属氧化物很少的玻璃不适合毛面蚀刻。如玻璃中含氧化铅较多时，则常常会形成细粒的毛面；含氧化钡时，则呈粗粒的毛面；含有氧化锌、氧化钙或氧化铝时，则呈中等粒状的毛面。

② 蚀刻液的组成。蚀刻液中如含有能溶解反应生成盐类的成分，如硫酸等，即可得到有光泽的表面。因此可以根据表面光泽度的要求来选择蚀刻液的配方。

蚀刻液或蚀刻膏的采用要根据生产需要来确定。蚀刻液可由 HF 加入 NH_4F 与水组成。蚀刻膏由氟化铵、盐酸、水并加入淀粉或粉状冰晶石粉配成。任何类型的蚀刻都是选择性地

侵蚀，按设计的花纹图案进行侵蚀，可以在制品上不需要腐蚀的地方涂上保护漆或石蜡，使部分玻璃表面免于侵蚀；也可以在需要的地方涂覆蚀刻膏，以达到蚀刻的目的。

（2）玻璃表面的化学抛光

化学抛光的原理与蚀刻一样，是利用氢氟酸破坏玻璃表面原有的硅氧膜生成一层新的硅氧膜，以使玻璃得到很高的透过率和光洁度。化学抛光比机械抛光效率高，而且节约了大量动力。化学侵蚀、化学侵蚀和机械的研磨相结合是化学抛光的两种方法。前者大多应用于玻璃器皿，后者大多数应用于平板玻璃。

采用化学侵蚀法进行抛光时，除使用氢氟酸外，还要加入能使侵蚀生成物（硅氟化物）溶解的添加物。一般采用硫酸，因硫酸的酸性强，同时沸点高，不容易挥发，室温下比较稳定，通常将硫酸加入氢氟酸中，配成抛光液。另外，由于氢氟酸易挥发，侵蚀性强，需在密闭条件下进行抛光，同时对废气、废水必须进行处理。

影响化学抛光的因素有以下几种。

① 玻璃的成分。铅晶质玻璃最易于抛光，钠钙玻璃抛光速度较慢，效果较差。

② 氢氟酸与硫酸的比例。根据玻璃成分来调整。苏联实际生产中铅晶质玻璃抛光酸液配方为：7%～10.5%的氢氟酸（氢氟酸含量40%或70%）和58%～65%的硫酸（硫酸含量92%～96%）；工厂常用的钠钙玻璃抛光液中，水、氢氟酸和硫酸体积比为1：（1.62～2）：（2.76～3），硫酸的浓度为10.75～11.22mol/L，氢氟酸的浓度为6.11～7.4mol/L，符合上述条件，抛光后的制品表面质量较好。

③ 酸液的温度。温度过低则反应过慢，过高则反应过于剧烈，给制品带来缺陷并增加了酸液的挥发，一般以40～50℃为宜。

④ 处理时间。时间过短，作用不完全；时间过长则表面有盐类沉淀。具体时间应根据酸液的配比、温度、处理设备制定。一般用短时间（6～15s）多次酸处理方法，但处理次数也不宜过多，过多时（超过10次）容易形成波纹等缺陷。每次酸处理后，都应将制品表面用水冲洗以去掉沉淀的盐类，如不洗净就会影响抛光质量。

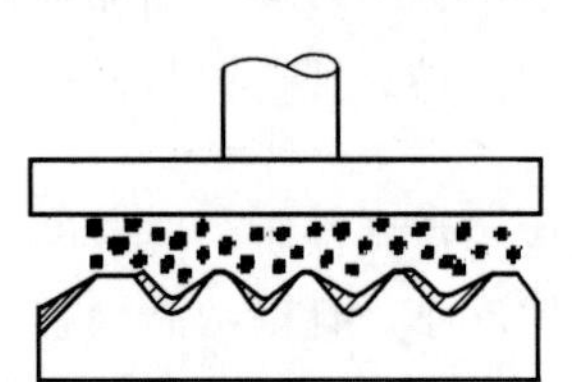

图9-32　化学研磨原理示意图

化学侵蚀和机械研磨相结合的方法称化学研磨法。在玻璃表面添加磨料和化学侵蚀剂，化学侵蚀生成的氟硅酸盐，通过研磨而去除，使化学抛光的效率大为提高。此方法一度被视为高效率抛光玻璃的生产方法。只是由于浮法平板玻璃生产的兴起，化学研磨没有得到推广。化学研磨的原理示于图9-32。所用的化学侵蚀液配方为HF 10%、NH_4F 20%～30%、水50%～60%、添加物（调整黏度与抑制反应生成物）10%。

（3）玻璃表面蒙砂

蒙砂实质上就是毛面蚀刻法，毛面蚀刻限于玻璃制品的局部，而蒙砂是整个玻璃制品外表面受到侵蚀而形成的无光泽的毛面。生成的难溶反应物成为小颗粒晶体牢固地附着在玻璃表面上，颗粒下面与颗粒间隙的玻璃表面和酸液的接触程度不同，侵蚀程度也不同，而使表面凹凸不平。可以通过控制附着于玻璃表面的晶体大小及数量，获得粗糙的毛面或细腻的毛面。蒙砂有浸入法和喷涂法两种方法。

① 浸入法蒙砂。浸入法简单易行，设备简单，操作方便，常常将清洗干净的制品用吊篮、吊筐或其他工具浸入侵蚀液中即可。侵蚀液的配方与毛面蚀刻相似，钠钙玻璃所用侵蚀液配方见表9-11。

表9-11　浸入法蒙砂所用侵蚀液配方　　%（质量分数）

原料	1	2	3
氢氟酸	40.2	46.2	22.1
氟化氨	26.8	26.0	23.0
硫酸	3.9	—	—
盐酸	—	—	37.2
水	29.1	27.8	17.7

玻璃成分是影响蒙砂效果最主要的因素，玻璃的成分对蒙砂效果有明显的影响。玻璃成分中CaO、PbO、BaO、Al_2O_3含量愈多，酸侵蚀后形成毛面的颗粒愈大。对于相同的玻璃成分，酸液中加入盐类愈少，毛面的颗粒也愈大。这些情况和玻璃中晶核生成和晶体长大是一致的。加入盐类少，溶液中形成复盐的机会也比较少，晶核的数量也比较少，表面盐类的结晶就长得大一些；反之，晶体长得细而密集。

要得到较精细的蒙砂毛面，玻璃中CaO含量要高一些，在侵蚀液中加入的盐类应多一些。一般钠钙玻璃成分很容易与酸作用进行蒙砂。铅玻璃和颜色玻璃对侵蚀液比较敏感，采用和钠钙玻璃相同的蒙砂条件，侵蚀后形成一种很容易擦伤的丝状表面层。为了防止出现此类缺陷，可以采用较弱的酸液进行蒙砂。硼硅酸盐和乳白玻璃很难进行蒙砂，故应根据玻璃成分来调整酸液的配方，提高蒙砂温度并延长时间。

玻璃储存时表面生成硅氧风化膜，在酸侵蚀时也会造成侵蚀不均，影响蒙砂效果。因此最好在生产线上安装蒙砂酸槽，将生产出的玻璃制品及时进行蒙砂，尽量避免长期储存。对已产生风化膜的玻璃制品，应先用水洗，再用稀的氢氟酸除去表面硅氧膜。玻璃表面成分不均匀，也会影响蒙砂后的表面状况。一方面在生产中尽量避免成分波动，另一方面可以重复进行酸处理，以达到预期的均匀性。

除酸液的浓度对侵蚀速度和侵蚀程度有影响外，酸液的侵蚀温度和侵蚀时间也有很重要的影响。一般酸液侵蚀温度为15～50℃，最佳范围为20～25℃。温度过高，氢氟酸挥发增加，造成大量损失，同时减弱了酸的浓度；温度过低，侵蚀时间增加，且一些附着物在玻璃表面难以洗净。在浸入酸液前，应对玻璃制品进行预热，使玻璃制品保持和酸液相同的温度，否则就会引起酸液温度的波动。

在酸液侵蚀时要求玻璃制品的各部分侵蚀均匀，防止玻璃制品未浸入酸液之前，氢氟酸蒸气就与玻璃制品反应，造成侵蚀不均。因此在酸槽外层设有冷却夹套，由盐水和内装氟利昂的蛇形冷却管组成冷却系统，以降低酸的温度，防止氢氟酸的挥发。同时在酸槽上方安设抽风口，将挥发的氟化氢蒸气抽走。此外还需对酸液进行搅拌。这些措施均可保证酸液对玻璃制品均匀侵蚀。酸液使用一定时间后，当浓度发生变化时，必须补充新酸，调整酸液浓度。

② 喷涂法蒙砂。喷涂法蒙砂采用一套运行装置，将玻璃制品放在运行装置上，在运行过程中喷酸液进行蒙砂。此工艺比较先进，生产规模大，效率高，还节省了酸液的循环和调节工序。常见的运行装置为循环的链轮。将需蒙砂的玻璃制品放在橡胶制成的定位装置上，而此定位装置安装在聚丙烯制成的循环链轮的链环中间，链轮带动玻璃制品进入预处理、喷酸、清洗和干燥等各工序。

a. 预处理：可用20～30℃的循环水加入少量氢氟酸，以除去玻璃制品表面的油渍、污痕等，也可在软水中加入1%表面活性清洁剂（如三聚磷酸钠等）清洗玻璃表面。

b. 喷酸：用几个喷嘴将40～50℃的酸液喷到玻璃表面，进行腐蚀。然后用气流吹散附着在玻璃表面上的酸滴，直到玻璃表面不带酸滴为止，以便下一步的清洗。常用酸液的配方（质量分数）为：氢氟酸 4.6%，硫酸 4.6%，氟化氢铵 63.3%，硫酸钾 7.3%，硫酸铵 1.8%，水 18.3%。

c. 清洗和干燥：清洗分两次进行。第一次用 60～70℃循环水清洗，由于水温较高，可提高表面反应物在水中溶解度，每 1000L 水可反复使用 2h 后再换清水。第二次用 40～50℃的循环水清洗，要将所有的反应残余物洗去。此装置需安装两台通风设备，一台用于排出酸雾，另一台用于吹去水滴和干燥玻璃制品。清洗好的玻璃制品在 40℃的热气流中干燥。

9.5.3 玻璃表面的镀膜

玻璃表面镀膜是表面处理常用的方法，通过镀不同的膜，以改善玻璃的光学、热学、电学、力学、化学等性能，有些膜也能起装饰作用。因此，膜层既具功能性，也具装饰性。

玻璃表面镀膜的方法，有化学法和物理法。化学法常用的镀膜方法有：还原法、气相沉积（CVD）法、溶胶-凝胶法等，物理法有真空蒸发法、阴极溅射法、电子束沉积法、离子镀膜法等。

(1) 化学还原法

化学还原法比较古老，但至今仍在应用。可用来镀银、镀镍等。镀金则较为困难，而镀铜则更为不易。用某些有机物（例如葡萄糖）的还原反应，从银络化合物的氨溶液中沉淀出金属银，并使其均匀分布在玻璃表面。

下面以保温瓶胆镀银为例加以说明：在保温瓶胆夹层玻璃表面上镀上一层银膜，成为一个反光面，达到隔绝热辐射的目的。此道镀银工序通常利用葡萄糖的还原作用，从银络合物的氨溶液中沉淀出银的微粒，并使之均匀地附着在玻璃表面。形成的银层厚度应大于 0.1μm，以使反射率大于 90%。

镀银前应将玻璃表面清洗干净，无任何杂质和硫化物。随后，将 $SnCl_2$ 的蒸馏水溶液注入夹层，进行数分钟清洗敏化处理。然后立即进行镀银。

镀银液是用 $AgNO_3$、氨水及 NaOH 配制成的银铵溶液 $Ag[(NH_3)_2]OH$。还原液是配制成的单糖（$C_6H_{12}O_6$）溶液。将镀银液与还原液按 1∶1 的比例从尾管灌入已洗涤的瓶坯夹层内。此时就已开始进行以下反应：

$$2Ag[(NH_3)_2]OH + C_6H_{12}O_6 \longrightarrow Ag\downarrow + C_6H_{12}O_7 + 4NH_3 + H_2O$$

镀银过程是在镀银车上进行的。瓶坯不停地旋转或翻转，使银液均匀分布。镀银车下部用煤气等火焰加热，以保持适当的温度。镀好后倒出残液，再用蒸馏水浸泡 1～3h，镀银过程即告完成。最后经过抽气封口，对银层进行保护。

化学镀银的特点是设备比较简单，可以在任何工厂进行。缺点是银层比较厚，达 100～200nm。原料消耗比较大，均匀性也不如真空沉积法好，同时也容易发生污染。

(2) 化学气相沉积（CVD）法

化学气相沉积法包括液相挥发气相沉积法和固体粉末气相沉积法。它们都是涂层材料在喷到玻璃表面之前已挥发成气体，在接近或就在玻璃表面上发生化学反应，形成固相薄膜，凝聚在玻璃表面。不希望在气相下发生反应，以免形成粉末状沉积物。为了使反应活化，可采用一些使反应加速进行的措施，如催化剂、高频电场、光辐射、X 射线辐射、电弧、电子轰击、等离子辅助等。

利用化学气相沉积法可在玻璃表面形成金属膜和氧化物膜。金属膜一般利用还原和热解反应在玻璃表面产生。许多金属，如铬、钴、镍、铁、锌、锰、铟、铝等，都可单独或几种共同形成沉积薄膜，从而赋予玻璃多种颜色和特性，如反光性。

氧化物膜常利用水解反应或氧化和热解反应来制取。常见的氧化物膜有 SnO_2，TiO_2，ZrO_2，ZnO 等。以在线镀 SnO_2 膜为例，以氮气为载体，将四氯化锡、氮气及水蒸气分别通入恒温可控管中，再从狭长的喷嘴喷出。通过扩散，四氯化锡和水蒸气混合。水解反应在600℃左右移动的浮法玻璃表面发生，水解反应产物形成 SnO_2 的薄膜。除此之外，利用金属烷基的氧化和热解反应，在 250～750℃的玻璃表面上形成 TiO_2、ZrO_2、ZnO 等薄膜，从而得到各种颜色的吸热装饰玻璃。

固体粉末的制备一般采用一种金属或几种金属的乙酰丙酮酸盐溶于氨水或四甲基氯化物的溶剂中，经干燥制成很细的粉末，有的还制成空心粉末。

粉末在线热喷涂是将粒度 500～600μm 的粉末料分散于气流中，经气化输送器均匀地喷撒在一定拉引速度行进着的高温（约 600℃）浮法玻璃板上，经热分解形成金属或金属氧化物薄膜。通常喷涂装置设在退火窑的“A”区。为了使喷涂物料能及时有效地发生热分解反应，能在玻璃表面形成金属氧化物膜，携带粉料的气流与粉料的混合温度应在 510～565℃。粉末在线热喷涂的主要技术关键是：粉末能准确、均匀输送到位，废料、废气的收集和排放，喷嘴均匀喷撒不偏等。

（3）溶胶凝胶法

通过溶胶凝胶方式在玻璃表面上形成薄膜的方法称为溶胶凝胶法。依此法在玻璃表面形成氧化物薄膜需满足以下条件：①出发物质要有充分的溶解度，溶解了的物质在溶剂蒸发后不成为晶体；②待涂层的基体与溶液之间的润湿性要好；③溶液要具有适当的黏度，在镀膜上易扩展；④凝胶态的薄膜要变成均匀的固态膜。可以满足这些条件的有金属氢氧化物胶体、金属醇化物等。

溶胶凝胶法形成氧化物膜一般是将正硅酸乙酯（TEOS）与其他阳离子的硝酸盐、金属醇化物一起在酸性状态下进行搅拌，形成反应液，再在玻璃表面发生缩聚反应，形成凝胶，热解脱水后，硝酸盐及有机化合物分解，便在玻璃表面上形成了薄膜。

将溶胶施于玻璃表面的方法有浸渍法、沉降法、喷涂法以及旋转散开法。其中浸渍法应用得比较广泛，可以获得较大面积的膜和双面膜。这种方法是将待涂层的基片从溶胶中以一定速度向上提引，从而使薄膜在基片玻璃表面上形成。其他施加方法可以得到单面涂层，类似于液相还原沉积法。

溶胶凝胶法可将许多金属氧化物制成玻璃表面涂层，如过渡金属元素 Fe、Cr、Mn、Co、Ni、Cu 等的氧化物。因此，可根据需要使制得的膜具有一定的颜色特征，例如：SiO_2-CoO 膜为蓝色；SiO_2-NiO 膜为灰色；SiO_2-Cr_2O_3 膜为绿色；SiO_2-Fe_2O_3 膜为淡黄至茶色；SiO_2-Fe_2O_3-Cr_2O_3 膜为黄色；SiO_2-Mn_2O_3-Fe_2O_3 膜为深浅不同的茶色；铜红膜等。也可根据需要制成具有某种特性的膜，如紫外线吸收膜、热反射膜、低辐射膜、多层膜等。

例如：将正硅酸乙酯与乙醇按体积比 3∶1 配制成溶液。其中，正硅酸乙酯与水的摩尔比为 5∶1。加入少量盐酸起催化剂作用，促进水解和混溶程度。再加入少量冰醋酸作为胶粒分散剂，调节溶液的流变性，延长凝胶时间。另一种溶液是金属阳离子的硝酸盐溶液，按要求的色泽和性能配制成一定的浓度。将两种溶液混合加热到 40℃左右，并搅拌约 30min，形成反应液。再将反应液陈化 24～48h，得到浸镀液，就可进行浸镀。

将需涂层的玻璃基片进行充分清洗，随后浸入镀液中 30～40s，即可得到一凝胶层。再以 5～25cm/min 的匀速度将玻璃基片提升。然后在 110～150℃下干燥 20～30min。最后在 400～590℃下进行热处理 30min。随之自然冷却到室温，即可在玻璃表面得到 SiO_2-Me_xO_y

膜（Me 为金属元素）。

(4) 真空蒸发法

真空蒸发镀膜的基本原理是在低于 136.8×10^{-6}Pa 的真空条件下，将待蒸发的金属加热到蒸发温度，使之挥发沉积到玻璃表面上，形成所需要的膜层。蒸发沉积的全部过程是由真空蒸发镀膜设备来完成的。

真空电阻加热蒸镀是采用高熔点金属（如钨、钼、钽等）做成螺旋状或舟状的蒸发源或者将石墨做成坩埚，通以大电流而产生高温。还可将刚玉坩埚或石墨坩埚外面绕以钨丝，通以大电流而间接加热坩埚。这样蒸发舟和坩埚就同时起到盛放蒸镀材料和加热器的双重作用。钽、钼和钨是最适宜作舟的材料。钽和钼易于弯折成形，钨则很难。显然，这种方法所加于蒸镀材料的温度总低于蒸发源本身的温度，当然也要受到蒸发源材料熔点的限制，一般很难超过 2000℃。

真空电子枪蒸镀是将蒸镀材料盛放在导电的坩埚内，在高真空状态下用电子束轰击加热使之蒸发的方法。电子束由电子枪产生和控制。电子枪蒸镀的特点是可以使蒸镀材料局部加热避免材料的分解，并且可以避免蒸镀材料与蒸发舟相侵蚀，易于制备高要求的优质膜，避免了真空电阻加热法蒸镀的一些困难。

部分金属气化，气压达到 10^{-2}cm 时热力学温度见表 9-12，在此种温度下气化能得到较好的膜。

表 9-12　部分金属气化气压达到 10^{-2}cm 时热力学温度

金属	热力学温度/℃	金属	热力学温度/℃
镉	541	金	1745
锌	623	铝	1261
镁	712	铁	1694
钙	878	铂	2362
铬	1490	钨	3585
银	1319	镍	1717
锑	973	—	—

真空蒸发法按生产方式可分为间歇式与连续式两种。间歇式是在设备内装入一定量的基板，蒸镀结束后，解除真空取出试样，如此重复进行。连续式装置中设备做成许多室，用闸阀隔断，试样一室、一室地向前移动，并在大块（$3.6\times3.0m^2$）的平板玻璃上镀上质量良好的膜层。

现采用真空沉积法大量生产的玻璃制品有反射镜、热反射玻璃等。民用镜除了化学镀银外，现在也采用真空沉积法生产。车内反射镜，多数用铬（Cr），汽车外侧反射镜用铝（Al），都可用真空蒸发法大量生产。

(5) 阴极溅射镀膜法

在低真空中（一般为 $10^{-2}\sim10^{-1}$Pa），阴极在荷能粒子（通常为气体正离子，通过气体放电而产生）的轰击下，阴极表面的原子从中逸出的现象称为阴极溅射。逸出的原子一部分受到气体分子的碰撞而回到阴极，另一部分则凝结于阴极附近的基板上形成薄膜。

阴极溅射一般是在惰性气体或氧气等反应气体中进行的。对于某些金属，如铂（Pt）、钼（Mo），采用热蒸发法有困难，为得到这些金属的薄膜，采用阴极溅射法是便利的。在阴极溅射过程中可将反应气体引入溅射室，以便改变或控制淀积的膜层特性，这种方法称为反应溅射。由于氧化物薄膜的机械强度、化学稳定性及光学特性都很好，所以在溅射气体中掺入氧气而溅射金属制得的氧化物光学膜，在光学零件制造中应用得很广。阴极溅射法的缺点是效率不够高，为使这种方法能有效地用于工业生产就需要有可保证在大面积上制得给定参数膜层的设备。在生产中已使用溅射法镀金制造导电玻璃、热反射玻璃以及集成电路基板上的电极等。

(6) 离子镀膜法

离子镀膜法实质上是将蒸发法与溅射法相结合的方法。其与蒸发法的相似处在于成膜物质作为蒸发源在热源的作用下蒸发逸出。与溅射法的相似处在于成膜物质与玻璃基体之间存在着强大电场，使气体发生辉光放电而产生等离子体。与二者的不同之处在于用等离子体撞击的是已经蒸发出的成膜物质原子或分子，使其发生电离，从而使成膜物质以离子状态加速转移到玻璃基体上。

在一密闭的充有惰性气体（如氩气）的真空镀膜室中，成膜物质蒸发源放在下部的坩埚中，用电阻、电子枪或高频加热，使成膜物质蒸发。蒸发源坩埚装在下部的阳极上，而玻璃基片装在镀膜室上部的阴极上。镀膜室真空度为 $10^{-3}\sim10^{-2}$Pa，阴极负电压为 $-5000\sim-1000$V。镀膜开始前为了清洁玻璃表面，增强膜的附着力，先在阴极通负电压，使电离的氩气体等离子体轰击玻璃表面，进行溅射清洗，然后再镀膜。镀膜时使成膜物质原子蒸发进入气体等离子场，并受到等离子体撞击而电离成离子状态。此成膜物质离子在电场中被加速。根据所加电压的不同，离子加速的能量可达 $1\sim1000$eV，然后沉积在安装于阴极的玻璃基片上，形成薄膜。

同阴极溅射法一样，离子镀膜法可以镀各种膜。金属膜如金、银、铜等，氧化物膜如二氧化钛膜、二氧化硅膜等，还有氟化物膜、硫化物膜、氮化物膜、硼化物膜及其混合物膜，此法也可镀单层膜和多层膜。其独特的优点如下：

① 等离子轰击清洁玻璃表面，使膜与玻璃的附着力增强，膜层不易脱落。

② 膜层的致密度高，甚至与成膜物质本身的密度相同。

③ 绕镀性能好，玻璃制品背面也能镀上。对形状复杂的玻璃制品，能产生相对均匀的镀层，适合于玻璃工艺品。而阴极溅射法则一般适宜于平板玻璃。

④ 成膜物质蒸发电离后被电场加速，沉积速度快，镀膜效率高。沉积速度可达 $1\sim50\mu m/min$。而一般阴极溅射法速度只有 $0.01\sim1\mu m/min$。

思考题

1. 玻璃研磨抛光的机理是什么？影响研磨抛光过程的主要工艺因素有哪些？
2. 叙述浴法抛光的原理。
3. 玻璃表面激光刻花的机理。
4. 对封接玻璃有哪些性能要求？与玻璃形成气密封接的金属需满足哪些要求？
5. 物理钢化和化学钢化有何异同？
6. 玻璃表面化学蚀刻的机理以及影响蚀刻表面的主要因素。
7. 玻璃表面镀膜的物理和化学方法主要有哪些？

第10章 玻璃工业的环境保护

玻璃工业对环境的污染，涉及面较广。在玻璃制造过程中，从原料、熔化、成形、加工到各辅助工序都会产生对大气、水、土壤的污染。下面简单从空气污染、水污染和固体废弃物方面加以介绍。

10.1 玻璃本身有害物的污染与防治

玻璃本身有害物对人类和环境的污染可分为：a. 玻璃中有害物的溶出。玻璃作为容器，盛装食品、饮料等，由于玻璃中某些组分的溶出，使人类的消化系统吸收有害物；另外废玻璃在地面上堆放及玻璃废弃物在环境中受水的作用而溶出有害物，如铅、镉等流入水源与土壤，使食物链受污染，也就使人类间接受到废玻璃的污染。b. 玻璃及玻璃原料中有害物的挥发。在熔制和加工过程中玻璃及玻璃原料的有害物挥发，使人类的呼吸系统吸收有害物，并污染周围环境，如铅、氟、砷等。c. 玻璃及玻璃原料的有害物接触吸收。在玻璃制造、加工和使用过程中，玻璃及玻璃原料的有害物与人类接触，通过皮肤及黏膜的吸收而中毒，如铊、铍、砷等。d. 玻璃及玻璃原料的放射性。如铀玻璃、钍玻璃以及制造所用原料氧化铀、氧化钍等都具有放射性，会对人造成一定的危害。

在大量生产的玻璃产品中，a 和 b 项的污染是主要的，c 和 d 项一般在特种玻璃及其原料中才会发生，所以在此主要介绍玻璃中有害物的溶出和有害物的挥发。

10.1.1 玻璃本身有害物的危害性

在叙述玻璃本身有害物的危害性时，需要将玻璃制造过程中所用的有害原料一并讨论，因为二者紧密相关，且其危害机理是一致的。玻璃本身的有害物，包括重金属铅、镉、锌、钡、铬、铍、铊、锰、钒、铜、镍等，非金属化合物包括砷、氟、磷、氯、硫等，以及放射性物质等。

玻璃工业有害物的危害程度，不单纯取决于本身的毒性，还要由其在玻璃工业中的应用范围、用量以及应用频繁程度来决定。

在光学、电真空、电子、器皿、辐射防护玻璃以及低熔焊料、色釉中均要使用铅玻璃，且在某些玻璃品种中 PbO 用量比较高，如 ZF6 牌号光学玻璃含 PbO 65.59%，吸收 X 射线玻璃、低熔点玻璃中 PbO 用量可达 70%以上，晶质玻璃品种还以 PbO 含量来区别：高铅（PbO 30%以上）、中铅（PbO 24%以上）、低铅（PbO 10%以上）晶质玻璃，在此情况下很难用其他成分代替，因此铅的毒害一直是研究的重点。

砷的毒性很大，普通玻璃用氧化砷作澄清剂，光学玻璃、电子玻璃中用硫化砷、硒化砷、碲化砷。由消化道进入人体的三氧化二砷，其中毒剂量为 0.01～0.52g，致死剂量为 0.06～0.2g，敏感性增高时 0.001g 就可发生中毒症状。体检时尿中砷含量达 0.5～0.87mg/L，毛发、指甲中砷含量 20～50mg/100g 以上，即为砷中毒。

除光学玻璃、颜色玻璃和防中子射线等特种玻璃和色釉用镉外，镉在玻璃工厂中应用并不普遍，所以一般玻璃厂镉的中毒现象很少发生。钡虽然毒性大，但钡盐（$BaSO_4$、$BaCO_3$）在水中溶解很小，且挥发性也不大。在正常使用时不会产生钡中毒，因此有时还用 BaO 代替 PbO 制造无铅玻璃；铜、锰、钒、镍、铬等均有毒性，铜的中毒剂量要 250mg/100g 以上，且主要是硫酸铜的中毒，大都用作着色剂；锰、镍、铬也是玻璃着色剂，这些原料用量少，影响面不大。钒的氧化物常用于电子玻璃、光学玻璃、封接玻璃以及着色剂，钒在极小的剂量下即可引起中毒，毒性很大，其氧化物的蒸气、粉尘也可引起慢性和急性中毒；铍用于光学玻璃、激光玻璃和 X 射线管玻璃等特种玻璃中。

氟、磷、氯、硫也会中毒，因氟除了在乳浊玻璃、马赛克玻璃、光学玻璃和特种玻璃中应用外，大量生产的平板玻璃、瓶罐玻璃、仪器玻璃也常用氟化物作澄清剂，玻璃化学抛光、磨砂、蚀刻以及清洁处理等加工工艺也要用氟化物。

10.1.2　玻璃中有害物溶出的污染及防治

玻璃中有害物溶出的污染程度取决于：溶出有害物的毒性大小；玻璃盛装或接触食品及饮料的性质；玻璃的耐侵蚀性。

玻璃中有害物的种类较多，作为盛装或接触食品及饮料的玻璃，其溶出的有害物主要为 Pb、Cd、As_2O_3、Na_2O。根据国际标准组织对接触食品的玻璃和微晶玻璃器皿中铅和镉的溶出量作了规定，此标准还适用于碗碟、成套酒茶具、储藏餐具，不包括烹调用炊具。将口部以下 5mm 的整个器皿装满浓度为 4%的乙酸溶液，扁平器皿则浸于盛装试液的其他器皿中，在 24℃保持 24h 后，测定其溶出量。几种有害物溶出量限度如表 10-1 所示。

表 10-1　ISO 规定玻璃中有害物溶出量限度

种类	溶出量限度	
	Pb	Cd
扁平容器	1.7mg/dm^2	0.17mg/dm^2
小桶形容器(体积 1.1L 以下)	5mg/L	0.51mg/L
大桶形容器(体积 1.1L 以上)	2.5mg/L	0.25mg/L

根据国内外研究成果，可以采取下列措施减少铅的溶出量：

① 铅玻璃容器可用作冷饮料的水具和烈性酒的用具，如矿泉水杯、白酒和威士忌酒杯。但避免装热的食品和饮料，冷饮料和烈性酒也不宜盛装时间过长。

② 铅玻璃容器用于盛装弱酸性和中性的食物和饮料，如水、牛奶、新鲜咖啡等。强酸性的食物和饮料如柠檬汁、可口可乐等，不能用铅玻璃作容器，各种果酒的总酸度较高，尽量不用含铅的玻璃瓶包装。

③ 优化玻璃的化学成分，在铅玻璃成分中加入一定数量的 Al_2O_3，同时用 Na_2O 代替 K_2O，均可减少铅的溶出量。尽可能减少玻璃成分中的铅含量，或者用 BaO、ZnO、TiO_2 等代替 PbO，研制钡、锌、钛等晶质玻璃。

防止玻璃中其他有害物的溶出，可采取类似防止铅溶出的措施：

① 在玻璃成分中用其他无毒或毒害较小的成分代替毒害较大的成分，如以无毒的二氧化铈（CeO_2）和焦锑酸钠（$Na_2H_2Sb_2O_7 \cdot 5H_2O$）代替氧化砷（$As_2O_3$），或以毒性较小的砷酸钠（$Na_3AsO_4 \cdot 12H_2O$）代替氧化砷。在电真空玻璃工厂，焦锑酸钠作澄清剂，特别对含 PbO、BaO 的玻璃澄清效果很好。砷酸钠的毒性仅为 As_2O_3 的 1/60，且在运输过程中无粉尘飞扬，其用量为 0.3%～0.4%。目前国内的复合澄清剂由锑、砷氧化物和氧化铈等配合而成，如 C-11 复合澄清剂，含五价锑、砷氧化物 28%～31%（其中 As_2O 51.6%）和 $CeO_2$0.15%～2%，其中五价锑起主要作用，此种复合澄清剂毒性较小，可代替 As_2O_3 作澄清剂。

② 设计玻璃成分时，尽量提高玻璃的化学稳定性，如成分中玻璃组成物的比例要高，而且组成物的阳离子电荷要多，直径要小；在网络调整物中采用高电荷的离子，如 M^{4+}、M^{3+}、M^{2+}，少用低价碱金属氧化物；在相同价数的离子中，采用半径小、键强高的氧化物；利用双碱、三碱效应，阻塞效应，积聚效应来降低一价离子的扩散；还可利用在玻璃侵蚀表面形成单层或多层表面膜的方法来提高玻璃的耐蚀性。

10.1.3 玻璃原料中有害物挥发的污染及防治

玻璃熔制和加工过程中，一些原料中部分有害物由于受热而挥发或由于化学反应而放出气体。一般玻璃原料有害物挥发量见表 10-2。

表 10-2 玻璃熔制和加工过程中原料有害物挥发量

有害物	挥发量/%	有害物	挥发量/%
Pb	4～30	F	10～70
As	15～30	P	3～25

上表中挥发量波动很大，因为影响因素比较多，包括基础玻璃成分、原料品种、熔化温度、熔制气氛、熔窑结构和加料方式等。如玻璃成分中碱金属含量 20%以上，磷的挥发可达 22%，碱金属含量降低到 6%～7.5%，磷的挥发量仅为 3%～5%；原料品种的影响也较大，如氟化物用氟硅酸钠引入时，挥发量为 30%～40%，用冰晶石引入时，挥发量仅为 10%～20%；熔化温度提高，挥发量也有所增加，如 1420～1440℃之间，温度每提高 10℃，铅的挥发量增加 0.5%～0.6%；坩埚窑与池窑相比，坩埚窑的挥发较少，而电炉的挥发更少，在坩埚窑内用闭口坩埚熔化铅玻璃时，PbO 的挥发量为 2%～5%，池窑中熔化时，一般 PbO 的挥发量为 6%，最高达 30%，采用电炉冷液面熔化，Pb 的挥发仅为 0.2%，F 的挥发仅为 3%；不同的加料方式，均会影响到有害物的挥发量，如加料口短，油枪火焰直接接触料堆，铅的挥发量大，如将加料口延长，含铅原料会烧结，则铅的挥发量就有所降低。

从上述影响挥发的因素可看出，采取下列措施可防止和减少有害物的挥发：

① 采用合适的玻璃成分，尽量减少有害物的用量，在基础成分中降低碱金属氧化物含量，有利于减少有害物的挥发。

② 采用挥发性小的原料引入。如 PbO 不采用红丹（Pb_3O_4）和黄丹（PbO），而用硅酸铅引入。采用硅酸铅为原料时，铅的挥发量明显降低，如用黄丹为原料，铅的挥发量为

20%左右。改用硅酸铅（$1.5PbO \cdot SiO_2$）为原料时，铅的挥发量降到5%左右。通过严格控制工艺，硅酸铅的含铁量可达0.01%以下，并可制成颗粒状，减少了配料与混料时的粉尘，混合料的分层现象也有改善，玻璃熔化速度加快。氟化物尽量采用冰晶石，少用氟硅酸钠。磷酸盐玻璃在含 P_2O_5 量不高且含有 CaO 时，采用磷矿石和磷酸钙而不用磷酸二氢铵和磷酸氢二铵，以减少磷的挥发。

③ 改进火焰窑的设计。对现有火焰窑，可加长加料口，温度达到1250～1350℃，配合料可在加料口预熔，避免油枪火焰直接接触料堆，同时减小燃油小炉的二次风进角，使油枪喷出火焰紧贴玻璃液面燃烧，这些措施均可减少铅的挥发。

④ 设计冷碹顶全电熔窑。在冷上部空间深池垂直熔化全电熔窑中，电极垂直安装窑底，池窑下部温度比较高，而窑炉空间温度比较低，窑上部温度更低。生产实际中熔化 PbO 24%的铅晶质玻璃 PbO 的挥发仅为0.2%。用此类型电炉熔化乳白玻璃，熔化温度为1350～1400℃，氟化物挥发量仅为3%～5%。

10.2 玻璃工业的污染及其防治

玻璃工业的污染主要有废气、粉尘、废水。

10.2.1 废气的污染及其防治

玻璃工业的废气实际上不全部是气体，包括悬浮在气体内的颗粒和液滴，是烟气、烟雾和烟尘的混合物。

（1）废气的来源与组分

① 熔窑、退火窑及其他热加工窑炉的燃料燃烧过程中所产生的气体。

② 配合料熔制时进行物理、化学、物理化学反应过程中所放出的气体和配合料在熔制过程中的挥发。

③ 玻璃制品热加工和化学加工过程中产生的废气。如印花、烤花时产生铅化合物和碳氢化合物挥发的气体，酸抛光和酸蚀刻时产生氟化氢和氟化硅的有毒气体，热喷涂时产生氯化氢等有毒气体。

④ 温度计、荧光灯、高压汞灯制造过程中产生的汞蒸气。

燃料的燃烧产物与配合料在熔制过程中产生的气体，是构成玻璃熔窑废气的主要组成，废气中对环保有影响的主要为 SO_x 和 NO_x、F、Cl 等。不同玻璃品种的废气组分略有不同。

（2）废气中有害污染物的危害性

玻璃工厂废气中的主要有害成分为 SO_2、NO_x、CO、HF、Cl 及碳氢化合物，其中 SO_2、NO_x 含量比较大。不同含量的 SO_2 对人类危害性有所差异。实际生产中，在含硫原料熔化时，由于硫酸盐的分解和 SO_2 的氧化，同时产生2%～5%SO_3。排入大气中 SO_2 也在废气金属粉尘的催化下形成 SO_3，在污染和带雾的大气中7h后，SO_3 浓度可升高到20%～24%。SO_3 吸湿性很强，在湿度大的空气中就能形成酸雨，不仅对人类造成危害，而且对动物、植物和建筑物均造成损伤。

在 NO_x 中含量最大的是一氧化二氮（N_2O）、一氧化氮（NO）和二氧化氮（NO_2），大气正常组成 NO 浓度仅为 0.5×10^{-6}，但能氧化成 NO_2，特别在有臭氧存在情况下，更容易氧化成 NO_2。废气中 NO_x 如为水雾粒子吸收，就形成 HNO_2、HNO_3 及硝酸盐和亚硝酸盐等酸性雨雾。在紫外线照射下，NO_x 可分解生成臭氧，臭氧又与不饱和链状碳氢化合物反应，形成臭氧化合物、有机过氧化合物及醛类等，这些产物又进行分解、聚合，产生颗粒状空气溶胶，这就是光化学烟雾，对人类的结膜、呼吸道的黏膜有刺激作用，而且对植物和橡胶制品有害。NO 可使人类血液输氧能力下降，出现缺氧紫绀症状，也可使神经受损伤，引起痉挛和麻痹。

硫化氢存在于发生炉煤气和煤气洗涤系统中，废气中很少。H_2S 有恶臭，浓度 0.1×10^{-6} 时就可闻到臭味，浓度 100×10^{-6} 时吸入 2～15min，可使人感到嗅觉疲劳。H_2S 的慢性中毒可引起人体一系列病症。大量 H_2S 的急性中毒会引起呼吸和心脏停搏而迅速死亡。

一氧化碳除了废气中含有少量外，大部分出现在使用发生炉煤气、水煤气以及锡槽保护气体等地方。空气中含 CO 为 0.02%时，2～3h 即可发生中毒症状，含量 0.08%时，2h 即可昏迷，浓度更高危险性更大。空气中 CO 达到 1.2g/m^3，短时间即可致人死亡。

（3）废气污染物的治理措施

防止废气污染可在废气产生源头到产生废气后的处理，多方面采取措施，具体措施有：

① 采用清洁能源：如以天然气作燃料比用重油和发生炉煤气产生的废气污染物要低得多。以电为能源的电炉，产生的废气更低。对传统用重油和发生炉煤气的燃料可选择低硫煤和低硫重油，或对煤和重油进行脱硫。燃料的热值提高也可减少废气生成量。

② 采用冷上部空间和深池垂直熔化电熔窑：在一般池窑中，依靠火焰对玻璃表面配合料加热，配合料表面温度比较高，配合料分解的 SO_2 等气体污染物直接排入炉气中。在冷碹顶全电熔池窑中，由浸没在玻璃液中几排电极加热，配合料温度比较低，硫酸钠分解的 SO_2 气体可以和配合料中的纯碱发生反应，重新生成硫酸钠，接着硫酸钠再返回配合料中温度较高的区域，这时有些 SO_2 溶解在玻璃中，其余的逸出，穿过冷配合料层向上渗透，然后再与纯碱反应，并再返回，从而因硫的反应而逸入炉气中的主要气体为 CO_2，使这类池窑废气中 SO_2 含量大为降低。

③ 采用配合料粒化和废气预热配合料：目前用氢氧化钠代替纯碱并将配合料粒化后再加料，可降低废气中烟尘含量的 30%～40%。利用废气在窑头的预热器对配合料和碎玻璃进行预热，如将配合料从室温加热到 300℃，则可节约能量 20%，且废气中 SO_x、NO_x 和卤化物含量明显降低。废气仅预热碎玻璃，SO_x 可减少 20%～30%，而预热配合料时（包括粉料和碎玻璃）SO_x 可减少 70%；NO_x 可减少 30%以上，卤化物减少 80%。

④ 采用富氧、喷氧和纯氧助燃：采用富氧助燃技术，以氧含量大于 21%的富氧空气用喷嘴送入窑内进行助燃，通常以含氧 30%的效果最佳，可节约燃料 8%～10%，也能减少 NO_x、SO_2、CO_2 及粉尘的排放量。喷氧是在小炉下用特殊设计的氧喷枪向熔化池内喷出一股氧气流，在玻璃表面产生温度更高的火焰，可保护大碹，还可提高玻璃产量，并能降低污染物的排放量，但选择氧气喷枪安装合适的位置比较困难，操作费用很高，而且换火时燃烧控制需要再增加投资，因此应用并不普遍。纯氧助燃是近年发展的方向。纯氧比空气助燃可节约燃料 30%～70%，在相同规模的熔窑情况下纯氧助燃窑比空气助燃的熔窑可提高产量 40%，减少废气排放量 80%。

⑤ 对废气进行脱硫处理：脱硫的方法可分为干法和湿法两大类。湿法是今后发展的方向，其优点是脱硫率高、结构紧凑，造价低，其缺点是脱硫后烟气温度低，不易扩散，需采取烟气再加热的排放措施。干法的优点是没有湿法的废水处理程序，脱硫后烟气温度不降低，可直接排放；缺点是脱硫率较低，约在 80%～90%。设备笨重，投资及生产费用高。干法脱硫常用的方法有活性炭法、氧化铜法、接触氧化法等。活性炭法应用较广泛，优点是工作稳定，能回收硫酸。氧化铜法是以氧化铝为载体，氯化铜为吸附剂吸收 SO_2，生成硫

酸铜，然后用氢还原硫酸铜，回收氧化铜和 SO_2，该法的缺点是费用较高。接触氧化法是用五氧化二钒作催化剂，将 SO_2 转化成 SO_3。

干法中最新的是用喷雾干燥器同布袋或静电除尘器组合成的开式二段流程。方法是先将溶液及浆状的碱性反应物送入喷雾干燥器的雾化器，烟气中的 SO_2 被雾化成液滴的碱性反应物吸收，并与碱反应生成盐类，液滴水分蒸发后，盐类即以粉尘的形式存在，由干燥器排出的烟气进入除尘器。将各种粉尘同时除去，烟气净化后可以达到排放标准。

湿法脱硫以石灰-石灰石法应用最为普遍，其次是亚硫酸钠法。

石灰-石灰石法：用石灰石浆或石灰浆洗涤烟气吸收 SO_2，生成亚硫酸钙，然后对生成的沉淀物进行充分氧化，就可以得到硫酸钙。主要的反应过程是：$SO_2+CaCO_3 \longrightarrow CaSO_3+CO_2$ 或 $SO_2+Ca(OH)_2 \longrightarrow CaSO_3+H_2O$。该法使用的原料来源多，价格便宜，所以在国外得到广泛应用。

亚硫酸钠法：该法的原理是以亚硫酸钠为吸收剂，吸收 SO_2 生成亚硫酸氢钠（$Na_2SO_3+SO_2+H_2O \longrightarrow 2NaHSO_3$）。当再加入 NaOH 时，又得到 Na_2SO_3（$NaHSO_3+NaOH \longrightarrow Na_2SO_3+H_2O$）。这种方法具有流程简单、操作方便以及脱硫率高（达 90%）等优点。

上述排烟脱硫的方法，多用于大型锅炉、电站、冶金及化工等部门。玻璃熔窑的排烟脱硫采用的方法类似亚硫酸钠法，以 NaOH 溶液为吸收剂，在吸收塔内吸收 SO_2（$SO_2+2NaOH \longrightarrow Na_2SO_3+H_2O$）。调整由吸收塔排出的吸收液的 pH 值，再经氧化变成 Na_2SO_4 溶液，使之析晶分离后可回收使用。由吸收塔排出的烟气，经过吸收 SO_2 和除尘处理后即可排放。脱硫率达 97%以上，除尘率达 95%以上。

目前控制 SO_2 污染大气的措施，除排烟脱硫特别受到重视大力开展研究外，重油脱硫技术在 20 世纪 70 年代有了很大发展。如果将重油中的硫由 3%降低到 0.15%，脱硫率可达 95%。存在的问题是重油所含的硫主要为有机硫，直接脱硫成本高。至于建筑烟囱向高空排放的稀释方法，只能减轻局部地区的污染程度，但却扩大了污染范围。

⑥ 对废气进行脱氮处理：玻璃池窑的熔制温度，一般均在 1500℃左右，同一般的锅炉相比，烟气中 NO_x 的浓度较高，池炉约为 $(1600\sim1800)\times10^{-6}$，坩埚炉约为 $(100\sim500)\times10^{-6}$。如美国玻璃工业每年排放的 NO_x 为 6.81 万吨，占 NO_x 固定排放源的 0.600%。为降低烟气中 NO_x 的浓度，可以从两方面采取措施，一是降低 NO_x 的生成量，二是排烟脱氮。

控制 NO_x 生成量的方法是降低火焰温度及减少供氧量，如两段燃烧法、烟气循环燃烧法、安装低氮氧化物喷嘴等。还有在燃烧时掺水、甲醇或金属化合物等使燃烧温度下降，可降低 20%～60%的 NO_x。上述这些方法在玻璃池窑上采用均有困难，目前主要是采取排烟脱氮的方法，这是防治 NO_2 最重要的措施。

排烟脱氮的方法有干法及湿法两大类。

干法排烟脱氮：可分为还原法、吸附法、吸收法等。其中还原法和吸附法比较重要。a. 气相氧化吸附法：用活性炭、活性氧化铝、硅胶、分子筛等作为吸附剂，吸附 NO_2，它们有很强的吸附能力。当有臭氧、氧存在的条件下，NO 可以迅速转化为 NO_2，NO_2 在水里的溶解度要比 NO 大得多，可以用水吸收成为硝酸，也可以用氢氧化钠或氢氧化钙溶液吸收成为亚硝酸盐。此方法对于 NO_x 浓度甚低，特别是 NO 所占比例大的烟气，使用起来有困难。b. 催化还原法：用铂或铜等为催化剂，以 H_2S 或 NH_3 为还原剂，可以单独将烟气中的氮氧化物还原为 N_2。一般认为在采用 NH_3 为还原剂时有以下几个反应：$6NO_2+8NH_3 = 7N_2+12H_2O$、$6NO+4NH_3 = 5N_2+6H_2O$、$4NH_3+3O_2 = 2N_2+6H_2O$。

上述第三个反应的速度比前两个要低，所以在一定条件下还原效果是好的。如 NH_3 与 NO_x 的物质的量之比为 1，而 O_2 与 NH_3 物质的量之比为 10 时，还原效率可达 99%。这种还原法的优点是反应温度较低，可在 200～300℃的条件下进行，并且反应过程放热少，温度只升高 30～40℃。该法的缺点是要耗费用途广泛的氨。反应过程的温度范围较小，当高于 300℃，NH_3 就快速氧化生成 NO_x，还容易出现亚硝酸铵等盐类，使管道堵塞。

湿法排烟脱氮：有氧化吸收法、酸碱吸收法、络合吸收法以及还原法等。其中比较重要是氧化吸收法。a. 氧化吸收法：当水中有 $KMnO_4$、$NaClO_2$、O_3、ClO_2 以及 H_2O_2 存在的条件下，NO 容易氧化成 NO_2 或生成硝酸盐。$KMnO_4$ 或 $NaClO_2$ 的碱性水溶液对 NO 有较高的吸收效率。$KMnO_4$ 的氧化效能不受烟气中 CO_2 的影响，并且还可以同时排出烟气中的 SO_2。吸收后的主要产物是硝酸盐、硫酸盐和二氧化锰，后者可以再生为 $KMnO_4$。b. 络合吸收法：烟气中的 NO 可以和硫酸亚铁反应生成络合物，反应过程如下：$NO + FeSO_4 \longrightarrow Fe(NO)SO_4$。生成的络合物加热分解时放出 NO 被回收。同时加入硫酸，可以起到防止硫酸亚铁氧化的作用。为了提高排氮效率，还可以用水洗法再次吸收。我国治理 NO_x 污染的方法有液体吸收法、催化还原法、固体吸收法。

SO_x 及 NO_x 的同时净化的方法如下：a. 臭氧氧化法：将臭氧注入经除尘并冷却过的烟气中，在铜基催化剂催化下，臭氧将 NO 氧化为 NO_2。然后，将含 SO_x 和 NO_x 的烟气与石灰和少量的含氯添加剂（如 NaCl 和 $CaCl_2$）反应，SO_x 转化为亚硫酸钙和亚硫酸氢钙，再加以氧化就变成硫酸钙得到回收。所吸收的 NO_2 加热分解生成 N_2 后排入大气。b. 液相吸收法：用三价铁和乙烯二胺四醋酸络合物-三氧化硫为吸收剂的液相吸收法，可同时脱氮 98%，脱硫 94%。此外，用活性炭吸附，也可以同时除去 NO_x 和 SO_x。

10.2.2 粉尘的污染及其防治

玻璃工业的粉尘，主要包括两部分：一是原料破碎，粉碎加工及输送过程所产生的原料粉尘；二是燃料燃烧及原料在池窑的高温及气流作用下产生的灰尘。后一部分绝大多数都从烟囱中排出，故也叫烟尘。

粉尘按其颗粒的大小，分为落尘及飘尘两种。落尘的直径大于 10μm，为 10～100μm。落尘不能长时间在空中停留，很快就在尘源附近降落到地面。飘尘的直径小于 10μm，可以在空气中长时间飘浮。直径小于 1μm 的微粒，可以随气流一道运动。飘尘中相当大一部分比细菌还小，可以在空中飘浮数年之久。飘尘可以通过人的呼吸作用进入鼻孔、支气管，并有一部分进入肺泡中沉积下来。

按粉尘的化学组成又可分为：

① 硅质（矽质）粉尘：包括硅石、石英砂及其他含 SiO_2 矿物，玻璃工业大部分原料中均含有 SiO_2 成分，而危害性较大的为游离二氧化硅粉尘，即指不与其他元素的氧化物结合在一起的二氧化硅，如单体石英等。玻璃原料产生的粉尘中游离二氧化硅粉尘含量为矿石中 SiO_2 含量的 63%～83%，因此玻璃工厂中硅石、砂岩、硅砂、硅砖的粉尘中游离二氧化硅含量高于 80%，其他矿石的游离二氧化硅含量一般也超过 10%。

② 金属及其他化合物粉尘：包括铅及氧化铅、镉及氧化镉、氧化锌、氧化锰、氧化铬、铬酸钾、铬矿粉、氧化钒、氧化镍以及纯碱等粉尘。

③ 非金属化合物粉尘：包括氧化砷及砷酸盐、氟化物、硒化物、碲化物以及石棉粉尘。

④ 煤与炭尘：主要是由炭的颗粒组成的，在煤粉碎、过筛、运输、加煤以及制造煤气加工过程中产生，窑炉烟气中也含很多煤尘与炭尘。各种粉尘的危害性见表 10-3。

表 10-3　各种粉尘的危害性

粉尘种类	危害性	疾　病
游离硅石、碳粉、石棉	尘肺	硅肺、炭肺、石棉肺
含硅原料、铬化物、红粉	肺脏疾病	肺脏疾病
氧化铅、铬化物、砷化物	中毒性或变态性反应	中毒性疾病
砷及其化合物、镍、沥青、焦油	皮肤疾病	砷皮症、镍湿疹及皮肤病
其他有机和无机粉尘	黏膜性疾病	慢性支气管炎
木粉、霉粉、铁粉、锌粉	火灾、爆炸	

(1) 粉尘的危害

粉尘对人体的危害相当大，一般认为它是大气中毒气、毒物中的元凶。世界上许多重大污染事件都是由大气中粉尘引起的。粉尘的危害同它的化学成分和颗粒的大小有关。含游离二氧化硅、有毒化合物的粉尘，对人体的危害最大。直径在 5～20μm 的粉尘，在人的呼吸道中被鼻、咽、气管及呼吸道黏液阻挡，不能进入肺部。随同呼吸道黏液排除。直径小于 5μm 的飘尘，由于气体扩散作用，被黏附在上呼吸道黏液中，也随黏液被排出。直径在 0.5～5μm 的飘尘，可以不受阻挡进入肺部，在肺细胞沉积；还可能进入血液进而在人的内脏及其他部位沉积。它是引发气管炎、支气管哮喘、肺气肿的重要病因。烟气中一般都有 SO_2，粉尘同 SO_2 结合，可生成厚数百米的粉尘烟雾，在一定条件下，可以引起人类大批死亡或患病。

在硅酸盐工业，由二氧化硅飘尘引起的硅肺病，是危害很大的职业病。特别是玻璃工厂，配合料中石英原料占的比重很大，原料车间工人在没有完善除尘设备的条件下工作，很容易患硅肺病。

(2) 粉尘产生的原因

根据一般玻璃的生产工艺来分析粉尘产生的原因：

① 原料的品种选择不合适：如 SiO_2 原料采用硅石，需要经过粗碎、细碎等加工过程，产生的粉尘比用石英砂要多。又如 MgO 若用碳酸镁和 CaO 若用碳酸钙等化工原料，密度较小，粉尘容易飞扬。

② 原料的颗粒选择不当：国外规定石英砂主要颗粒直径为 0.1～0.5mm（占 90%以上），0.5～0.6mm 为 2%～3%，0.1mm 以下小于 2%～3%，0.75mm（75μm）以下没有。我国工厂原料粒度标准规定通过某一筛网，没有规定不同直径的颗粒比。如硅砂，45μm 以下占 5%～8%，砂岩粉 50μm 以下占 4.5%，最多占 20%。又如白云石和石灰石 45μm 以下占 15%～20%。

③ 熔制中飞料与废气中的飞尘：我国平板玻璃池窑投料口粉尘浓度为 3.3～5mg/m^3，投料操作室内粉尘浓度为 1～1.8mg/m^3。熔化含铅玻璃的坩埚窑，以红丹为原料时，坩埚窑加料时铅尘浓度为 3.86mg/m^3，坩埚窑开缸前为 3.28mg/m^3，坩埚开缸后 10h，则为 0.6mg/m^3，池窑周围铅尘浓度为 0.3mg/m^3。

④ 原料储存、混合、运输设备设计和安装不妥：如料仓的休止角设计不当，运输过程粉料自由降落均会产生粉尘，混合机操作口设计和安装不妥，也会产生粉尘。如平板玻璃称量处的粉尘浓度为 2.7～5mg/m^3，混合机放料口为 24～30mg/m^3，混合机周围为 2.3～2.6mg/m^3。至于一些机械化程度不高的小厂，混合时粉尘浓度更高，如以红丹为原料熔化铅玻璃的坩埚窑工厂，其混合机操作口铅尘浓度达 170mg/m^3 以上，混合机周围环境铅尘浓度也有 9mg/m^3 以上。

⑤ 耐火材料制造与加工的粉尘：制造耐火材料时原料粉碎、筛分、混合时产生的粉尘；筑窑和修窑时切割、研磨耐火砖产生的粉尘以及混合耐火泥的粉尘。耐火材料粉尘直径一般为 1～10μm。

⑥ 冷加工时的玻璃与磨料碎屑：玻璃切割、喷砂、磨砂、研磨抛光时产生的玻璃粉末与磨料碎屑，玻璃粉尘直径一般为 1～10μm。

⑦ 使用发生炉煤气产生的煤尘：运煤系统、加煤时产生的煤粉与煤灰、煤气站、煤气交换器、烟道产生的煤尘和炭尘。

⑧ 除尘设施选型不当与管理不善，除尘系统跑、冒、滴、漏现象不能及时处理。包装材料用的木板、纸张、稻草所产生的粉尘。

（3）除尘措施

① 选择不必进行加工或不易扬尘的原料。用天然硅砂代替硅石粉；用粒度 0.1～1.0mm 的粒化重碱（容重 0.94～1t/m^3）代替轻质纯碱（容重 0.55～0.65t/m^3，粒度 0.075mm），尽量减少 0.1mm 以下微粒的使用，可基本防止占玻璃原料 20%纯碱粉尘的污染。

② 控制原料颗粒的直径下限，不采用直径小于 5μm 占较大比例的细粉。如硅砂颗粒直径在 0.1～0.5mm 之间，占 90%以上，小于 5μm 的不超过 2%；长石的颗粒直径在 0.075～0.42mm 之间，占 90%以上，小于 5μm 的不超过 4%；白云石和石灰石颗粒直径应在 1～3mm 之间，小于 5μm 的不超过 4%。

③ 在不影响产品质量条件下，粉体工程尽可能采用湿式作业。如硅石用湿法粉碎，配合料含水量控制在 3%～5%之间。有粉尘扩散区域的上空要用喷雾降尘。

④ 混合料进行粒化或压块密实化。德国用盘式制粒机制造 4.9mm 粒化料，瑞典用滚筒式粒化机制造 1～3mm 大小的钠钙玻璃和铅玻璃粒化料。苏联采用颗粒配合料比粉料配合料的粉尘浓度降低 58%～92%，在熔化池含尘量下降 33%～79%，玻璃熔窑废气含尘量下降了 38%～94%，日产 14.5t 的流液洞池窑用普通配合料废气含尘量为 25t/a，改用压块配合料后废气中含尘降低到 11t/a，废气含尘量减少 50%以上。

⑤ 原料粉碎、运输、储存、混合设备选型和安装适当。原料避免过度粉碎，原料运输过程中尽量用负压输运，原料储存时有专用料仓，使粉体流动稳定。

⑥ 所有产生粉尘的设备和区域均需设置密封罩进行严密封闭，并设抽风罩，保持罩内负压均匀，防止粉尘逸出。另外，对于所有产生粉尘的设备和区域应合理选择和布置除尘设备，以降低操作环境中的含尘量，达到卫生标准要求。

对玻璃工厂含粉尘的空气，采用袋式除尘器，对直径 0～5μm 粉尘分级效率为 99.5%，5～10μm、10～20μm、20～44μm 以及 44μm 以上颗粒的分级效率均为 100%，全效率为 99.7%，效率是最高的，所以玻璃工厂将脉冲反吹袋式除尘器作为常用的除尘装置，除尘后的粉尘还可回收利用。如粉尘浓度较高时，可增加旋风除尘器作为一级除尘装置。除尘管道的直径不应小于 100mm，管道需有输送粉尘不致沉积下来的合理风速，垂直管道风速应为 12～14m/s，水平管道则为 16～20m/s。

⑦ 原料和配料车间厂房位置、建筑、通风换气应有利于降低粉尘浓度。如这些车间应位于厂区主导风下风侧，空气湿度不得低于 30%，合适相对湿度为 40%～60%。空气流动速度不大于 0.5m/s，通风换气以局部抽风为主，将粉尘在扬尘点就地抽走。另外加强粉尘检测、个人防护以及管理工作。

10.2.3 废水的污染及其治理

水质的污染是指进入水体中的污染物数量，超出了水体的自净能力，水质具有毒性而不能使用。玻璃工业能对水造成污染的物质主要有砷、酚、氟化物以及重金属铅、汞、镉、铬以及它们的化合物。此外，废水中铜、镍、硒、银、锌、铍及它们的化合物，也被列为有毒物质。工业废水最高允许排放浓度见表10-4。允许排放废水的pH值范围为6～9。

表10-4 工业废水最高允许排放浓度

序号	有害物质名称	最高允许排放浓度/($kg/m^3 \times 10^3$)
1	汞及其无机化合物	0.05(按Hg计)
2	镉及其无机化合物	0.10(按Cd计)
3	六价铬化物	0.50(按Cr计)
4	砷及其无机化合物	0.50(按As计)
5	铅及其无机化合物	1.0(按Pb计)
6	氟的无机化合物	1.0(按F计)
7	有机磷	0.5

(1) 玻璃工厂中废水的来源

玻璃工业废水中的污染物，多数是通过生产及洗涤等而进入的。废水的特点是pH值高、无机固体悬浮物多、生化需氧量（BOD）及化学需氧量（COD）低。

玻璃工厂中废水的来源较多，主要有冷却水、各生产过程中产生的废水以及冲洗水等，具体为：

① 设备与玻璃液冷却水：包括冷却循环水、含污冷却水。冷却循环水指熔窑池壁水包和水管冷却水、玻璃液冷却水、成形机及其他设备冷却水。该类水使用后水质不起变化，主要是水温升高，属于热污染，经冷却后可循环使用。含污冷却水是指冷却设备时，同时带来一些污染物，主要是油类污染，如成形时模具的冷却水。如污染物很少，可不经处理循环使用，如污染物较多，需经处理后再循环使用。玻璃液冷却水，是直接与玻璃液接触的冷却水，包括池窑放料、供料机放料、坩埚窑挖料、釉料淬冷等所用冷却水。一般钠钙玻璃淬冷时，溶于水中的成分很少，而含铅、镉、磷等化学稳定性差的玻璃，水淬时有铅、镉、磷等成分溶出，需检测污染物含量，如含量超标，需进行处理后再循环使用。

② 原料加工处理中的废水：包括石英原料擦洗、浮选及化学除铁所产生的废水，一般含有泥沙以及因用浮选剂不同而有酸、氟、有机物等污染物；硅石湿法粉碎所产生的含细砂、污泥的废水；碎玻璃回收清洗所产生的含有浮悬物、污泥、有机物等废水。

③ 燃料及其加工处理中的废水：指燃料本身含有的水分以及燃料气化过程中所产生的废水。如熔窑以重油为燃料时，重油在装卸、输送、储存过程中所排放的2%左右的水分，其中含有石油类污染物；又如用发生炉煤气为燃料时，在气化过程中的沥滤水含有煤粉和浮悬物，发生炉灰盘水封水和洗涤煤气的洗涤水含有悬浮物、煤焦油、酚、硫化物和少量氰化物，熔窑煤气交换器的水封水也含有上述污染物。油站废水含油量在600～6000mg/L。

④ 玻璃深加工过程中的废水：包括玻璃原片或坯体清洗所产生的含灰尘、油污和洗涤剂的废水；玻璃研磨、抛光与刻花所产生的含玻璃粉末、研磨剂和抛光剂的废水；玻璃切割、钻孔产生的含玻璃粉、磨料、冷却液的废水，化学镀银产生的硝酸银与氨水反应物的废水；热喷涂所产生的含有金属盐类及酸的废水；化学钢化产生的含硝酸盐的废水；化学蚀刻、化学抛光与蒙砂所产生的含氟与酸的废水。

⑤ 地面与设备冲洗水：根据车间各工段生产情况与不同类型、不同用途的设备冲洗时废水中含有不同的污染物，如原料车间的含硅质粉尘、各种矿物粉尘、含铅粉尘；熔制车间

污水含有配合料粉尘、含铅粉尘、耐火泥、砖屑、玻璃粉末等；成形车间污水含有玻璃粉末、油污等；加工车间则根据加工工艺不同而含有不同组成污物，如温度计、高压汞灯车间冲洗废水中含有汞，色釉车间冲洗水含有铅、镉等污染物。

⑥ 其他废水：包括金属加工所排放含油类、乳化液的金属屑末的废水，湿法通风、除尘、降温排放的含原料粉尘、泥沙的废水，以及锅炉房废水。

（2）废水污染治理的措施

废水污染可从两大方面进行治理：

① 改进生产工艺，减少废水的产生量和减少废水中污染物。如硅砂的浮选，不用氢氟酸改用氮烷基丙撑二胺等新型浮选剂，除 pH 值为 2.7 外，其他指标均符合排放标准。窑炉用天然气、液化石油气或电加热，基本上没有废水产生；采用热煤气也比洗涤煤气减少含酚废水产生。

② 对废水进行处理，减少污染物及其危害，尽可能回收利用。污水处理通常分为：一级处理、二级处理和三级处理。

一级处理：主要是去除水中的悬浮固体和漂浮物，同时通过中和与均衡等预处理，对废水进行调节。如达到排放标准，即排放；达不到排放标准，则进行二级处理。常用物理、化学和物理化学的处理方法，包括过滤、中和、沉淀、漂浮分离、通过一级处理，BOD 去除率仅为 30%左右。

二级处理：主要去除废水中呈胶体和溶解状态的有机污染物，常用方法为物理、化学与生物处理，包括中和、氧化还原、凝聚沉淀、漂浮分离、浓缩吸附、过滤以及生物还原、生物氧化等。通过二级处理 BOD 去除率可达 90%以上，大部分处理水可以达标排放。

三级处理：在一、二级处理基础上，对难降解的有机物和有毒物质进行专门处理。

（3）玻璃工厂废水专项污染物处理方法

① 含固体悬浮物废水：指含有粉尘、泥沙、玻璃粉末等易沉淀的浮悬废水，一般采用自然沉降法，然后过滤或离心脱水，根据滤液的清洁程度，部分外排，部分回收利用。沉淀物可以回收利用，也可作为废渣处理。为了加速悬浮物沉淀，可以加入凝聚剂，如硫酸钙、氯化钙、硫酸铝等。

② 含酚废水：含酚废水包括单元酚（如苯酚）和多元酚，还包括邻位、间位和对位被取代的酚化合物的总称，并以酚类的含量来表示其浓度。以玻璃纤维厂为例，废水中含酚达 40～400mg/L，平板玻璃厂洗涤煤气的废水含浮悬物及油类为 10～200mg/L，酚为 150～250mg/L，氰化物为 5mg/L，COD 43.2mg/L。通常采用生化技术处理含酚废水，废水先经沉淀去除浮悬物后再送到曝气净化池，使水与空气充分接触，从而使好气细菌（主要是杆菌和球菌）分解酚类，进行净化，用此法处理后，废水中含酚量可降至 0.5mg/L 以下，达到排放要求。

③ 含油废水：含重油、汽油、煤油、柴油、润滑油、乳化油等的废水，平板玻璃厂废水中含油脂量为 12～15mg/L，风挡玻璃厂废水中油脂浓度高达 1700mg/L。含油废水首先通过格栅除去粗大杂物，再通过沉淀池将泥沙沉淀，然后通过隔油池除去浮油，最后通过油水分离器进一步除油，经此处理的风挡玻璃厂油脂浓度可降至 10mg/L，基本达到排放要求。如在油水分离器后再加一气浮装置，在油水中通入空气，产生大量微小气泡，油污附着其上，上浮到水的表面，从而与水分离，此装置不仅可除去表面油污，而且可除去废水中乳化油，采用此处理后，污水中含油量可降到 1mg/L 以下。如可溶性有机物多，还需进行生物治理后再排放。至于含油泥则用焚烧处理。

④ 含铅废水：根据玻璃工厂配合料中铅含量的不同而废水中铅含量各异，配合料铅含量少的工厂，一般废水中含铅量为 0.43～100mg/L；电视显像管厂废水中含铅量达 380～400mg/L，

而且由于显示屏和管锥部分需要低熔玻璃封接，在回收封接料时，产生含铅和氟的酸性废水，废水中含铅量达 400mg/L。含铅废水处理方法有沉淀法、混凝法、吸附法、离子交换法。

⑤ 含酸、碱废水：单纯含酸、碱的污水，如化学分析产生废水，在数量少、浓度低时，稀释后即可排放。浓度高时，用中和法处理。玻璃制品化学加工产生的废水，不仅呈酸性或碱性，而且含铅、氟等，因此不能简单采用中和法，而是需按含铅、氟的废水进行处理。

⑥ 含有机物污水：可采用空气氧化、臭氧氧化以除去污水中有机物和还原性物质。空气氧化是在氧化塔中吹入空气以氧化硫化氢、硫醇以及硫的钠盐和铵盐，为了提高效率，有时还加入催化剂。臭氧（O_3）在水中分解很快，能与废水中大多数有机物及微生物迅速作用，对除臭、脱色、杀菌以及除酚、氰、铁、锰，降低 COD 和 BOD 有显著效果，剩余臭氧容易分解为氧，一般不产生二次污染，比较适合于三级处理。

⑦ 含氟废水：生产不同品种的玻璃，废水中含氟量也有显著差异，压制和吹制玻璃工厂排出的废水中氟化物含量范围为 194～1980mg/L，其中上限为采用化学抛光和蒙砂工艺所产生的。电视显像管厂废水中氟化物平均浓度为 143mg/L，而乳浊玻璃制造中由于采用含氟原料和氢氟酸蒙砂，废水中氟化物浓度高达 2800mg/L。含氟废水可采用硫酸钾铝（明矾）沉淀法、石灰沉淀法、吸附法（包括沸石离子交换法、羟基磷灰石吸附法、矾土吸附法）等。其中石灰沉淀法是沉淀高浓度氟离子的经典技术，是常用的方法，其反应为：$2HF+Ca(OH)_2 \longrightarrow CaF_2\downarrow+2H_2O$ 滤液中的酸也被石灰中和，如：$H_2SO_4+Ca(OH)_2 \longrightarrow CaSO_4\downarrow+2H_2O$ 乳白灯泡厂产生的高浓度的含氟废水，用高钙石灰进行一级处理，水中氟化物仍达 29mg/L，还高于排放标准，再通过矾土接触床进行二次吸附，氟化物浓度能降至 2mg/L，可以排放。器皿玻璃厂的含氟废水，加入含 CaO 为 30%～40%的过饱和石灰水，再经压缩空气搅拌，中和后送入沉淀池，排出水中的氟化物仅为 1mg/L，硫酸盐在 300mg/L 以下。

⑧ 含铬的废水：净化含铬废水的方法有电解法、化学还原法、离子交换法、钡盐法等。

电解还原法：含铬废水通入电解处理槽，废水中要投加一定量的食盐。以铁板为阴阳极，用压缩空气搅拌。在直流电作用下，铁阳极溶解出亚铁离子 Fe^{2+}，将六价铬还原成三价铬；阴极氢离子将六价铬还原为三价铬。由于氢离子放电析出氢气，废水由酸性变成弱碱性，pH 值升高，使氢氧化铬沉淀，废水可达排放标准。

化学还原法：常用的还原剂有硫酸亚铁、二氧化硫、亚硫酸氢钠等。当采用硫酸亚铁为还原剂时，可使废水中的六价铬变为三价铬。然后加入石灰，生成难溶的 $Cr(OH)_3$；当以亚硫酸氢钠为还原剂时，含六价铬离子的废水，在加入 $NaHSO_3$ 后，生成硫酸铬，铬离子变为三价，再加入石灰，生成 $Cr(OH)_3$ 沉淀。

离子交换法：对于废水中以铬酸根（CrO_4^{2-}）形式存在的六价铬，可用离子交换树脂加以净化。主要用于处理电镀车间废水。使用的树脂有 Na^+ 型阳离子交换树脂、混合型阴离子交换树脂、H^+ 型阳离子交换树脂、OH^- 型阴离子交换树脂、Na^+ 型磺化煤等。

钡盐法：钡盐法就是用碳酸钡、氯化钡，使废水中铬生成钡盐沉淀的方法。处理后废水中铬浓度可达排放标准。废水 pH 值的大小，对铬净化影响很大，应严格控制。

思考题

1. 采取哪些措施可防止和减少玻璃中有害物的挥发？
2. 采取什么措施可防止玻璃工业中废气对环境的污染？
3. 玻璃工业中粉尘的主要来源有哪些方面？并说明产生的原因以及除尘措施有哪些？
4. 玻璃工业废水的来源以及治理废水污染的措施有哪些？

参考文献

[1] 田英良，孙诗兵．新编玻璃工艺学．北京：中国轻工业出版社，2018.

[2] Johnson T. Technology priorities：Results of the glass technology roadmap workshop. Ceram Eng Sci Proc，1998，19（1）：99-110.

[3] 中国硅酸盐学会．硅酸盐辞典．北京：中国建筑工业出版社，1984.

[4] 浙江大学．硅酸盐物理化学．北京：中国建筑工业出版社，1981.

[5] 冯端，师昌绪，刘治国，等．材料科学导论．北京：化学工业出版社，2002.

[6] 周达飞．材料概论．北京：化学工业出版社，2001.

[7] 干福熹，等．玻璃的光学和光谱性质．上海：上海科学技术出版社，1992.

[8] 邱关明，黄良钊．玻璃形成学．北京：兵器工业出版社，1987.

[9] Huang Q，Chen W，Liang X，Lv C，Xiang W. Ag nanoparticles optimized the optical properties and stability of $CsPbBr_{12}$ glass for high quality backlight display，ACS Sustainable Chem Eng 2023，11（26）：9773-9781.

[10] 萧泰．材以为学：玻璃艺术设计实践．上海：同济大学出版社，2021.

[11] 陈正树，等．浮法玻璃．武汉：武汉理工大学出版社，1997.

[12] 潘金龙．玻璃工艺学．北京：中国轻工业出版社，1994.

[13] 日本建筑学会．玻璃在建筑中的应用．北京：中国建筑工业出版社，2010.

[14] 王承遇．玻璃表面处理技术．北京：化学工业出版社，2004.

[15] 刘新年，赵彦钊．玻璃工艺综合实验．北京：化学工业出版社，2005.

[16] 武秀兰，等．硅酸盐生产配方设计与工艺控制．北京：化学工业出版社，2004.

[17] Ma N，Horike S. Metal-organic network forming glasses. Chem Rev 2022，122（3）：4163-4203.

[18] 王芬，等．硅酸盐制品的装饰及装饰材料．北京：化学工业出版社，2004.

[19] 马眷荣，等．建筑玻璃应用技术．北京：化学工业出版社，2005.

[20] 王承遇，等．艺术玻璃和装饰玻璃．北京：化学工业出版社，2009.

[21] H基甫生-马威德，等．玻璃制造中的缺陷．黄照柏，译．北京：轻工业出版社，1998.

[22] 谈国强，刘新年．硅酸盐工业产品性能及测试分析．北京：化学工业出版社，2004.

[23] 朱雷波．平板玻璃深加工学．武汉：武汉理工大学出版社，2002.

[24] 李超．玻璃加工技术丛书——玻璃强化及热加工技术．北京：化学工业出版社，2013.